21 世纪高等教育给水排水工程系列规划教材

水 工 程 施 工

主　编　邵林广

副主编　朱　雷

参　编　田长勋　钟　力

主　审　张　勤

机械工业出版社

本书分为四篇,每篇自成体系。全书着重对给水排水构筑物施工、给水排水管道施工、给水排水设备的制作与安装、水工程施工组织与质量管理作了较全面而系统的介绍,不但总结了国内外成熟而广为应用的施工技术,而且充分反映了已在施工单位推广使用的新材料、新技术、新工艺。

本书取材新颖,内容丰富,针对适用,具有系统性、科学性和实践性。

本书既可作为高等学校给排水科学与工程本科、专科水工程施工课程教材,又可作为环境工程等专业管道工程施工教材及建筑水暖、市政工程有关施工技术人员培训教材,还可供建筑设计、市政工程建设与监理、给水排水管道工程维修等工程技术人员参考。

本书配有电子课件,免费提供给选用本教材的授课教师,需要者请根据书末的“信息反馈表”索取。

图书在版编目(CIP)数据

水工程施工/邵林广主编. —北京:机械工业出版社,2008.6
(2015.6 重印)
21 世纪高等教育给水排水工程系列规划教材
ISBN 978 – 7 – 111 – 24214 – 7

Ⅰ. 水… Ⅱ. 邵… Ⅲ.①给水工程—工程施工—高等学校—教材②排水工程—工程施工—高等学校—教材 Ⅳ. TU991.05

中国版本图书馆 CIP 数据核字(2008)第 084837 号

机械工业出版社(北京市百万庄大街 22 号 邮政编码 100037)
策划编辑:刘 涛 责任编辑:马军平
版式设计:霍永明 责任校对:张晓蓉
封面设计:王伟光 责任印制:刘 岚
北京圣夫亚美印刷有限公司印刷
2015 年 6 月第 1 版第 4 次印刷
169mm×239mm ·33.5 印张·1 插页·648 千字
标准书号:ISBN 978 – 7 – 111 – 24214 – 7
定价:48.00 元

前　　言

本书是根据"普通高等教育建筑类教材建设研讨会"的精神，以及高等学校土建学科教学指导委员会给水排水工程专业指导委员会审定的关于"水工程施工"本科教学的基本要求编写的，是 21 世纪高等教育给水排水工程系列规划教材之一。

《水工程施工》较系统地论述了给水排水构筑物、管道工程等施工的理论与方法。在内容编写上，本书力求反映 21 世纪初水工程施工的新技术。本书详细地阐述了水工程施工的通用技术，而且对正在推广使用的新技术作了充分的反映；同时，对那些仍在沿用的传统施工技术也作了恰如其分的叙述；而对那些专业性很强的施工技术，则作了一般性介绍。

为适应市场经济的发展和对人才的需求，考虑到有利于学生毕业后择业，本书增编了管道及给水排水设备制作与安装，以及水工程施工组织、质量管理、水工程施工监理等方面的内容。

水工程施工是一门涉及面广、实践性很强的专业课。本课程在教学方式上，应理论联系实际，结合生产实习或现场教学，引导学生自学，提高学习效果。在教学中，可根据各校专业方向，学生就业渠道，在学习内容上有所侧重与取舍。

本书由邵林广教授任主编，朱雷副教授任副主编，重庆大学张勤教授主审。第 1、2、6、7、9、11、12、13 章由武汉科技大学邵林广编写；第 3、4、10、14 章由武汉科技大学朱雷编写；第 5、8 章由河南城建学院田长勋编写；第 15、16 章由武汉建工集团建安工程有限公司钟力编写。

本教材在编写过程中，得到了安徽国帧环保公司胡天媛高级工程师、武汉科技大学 2007 级研究生陈林、武汉生物工程学院陈健老师的大力支持和帮助。江苏宜兴泉溪环保设备有限公司、安徽国帧环保公司、武汉生宝实业有限公司、四川中嘉玻璃钢有限公司、湖北澄宇环保科技有限公司等厂家为本书的编写提供了产品样本和相关资料。谨向以上单位和个人表示衷心的感谢。

本书编写过程中，由于时间紧迫、编者水平有限，书中不妥之处，真诚地欢迎广大师生和读者不吝指正。

编　者

目　　录

第4篇 水工程施工组织与质量管理

第 1 篇

给水排水构筑物施工

第 1 章

沟槽、基坑施工

沟槽、基坑施工是给水排水工程施工中的主要项目之一。基坑、管沟土方开挖、回填等工作所需的劳动量和机械动力消耗均很大，往往是影响施工进度、成本及工程质量的重要因素。

沟槽、基坑施工具有以下特点：

(1) 影响因素多且施工条件复杂　土壤是天然物质，种类多且成分较为复杂，性质各异又常遭遇地下水的干扰。组织施工直接受到所在地区的地形、地物、水文、地质以及气候诸多条件的影响。施工必须具有针对性。

(2) 量大面广且劳动繁重　如给排水管道施工属线型工程，长度常达数千米，甚至数十千米，而某些大型污水处理工程，在场地平整和大型基坑开挖中，土石方施工工程量可达数十万到百万立方米。对于量大面广的土石方工程，为了减轻劳动强度，提高劳动生产率，加快工程进度，降低工程成本，应尽可能采用机械化施工来完成。

(3) 质量要求高，与相关施工过程紧密配合　土石方施工，不仅要求标高和断面准确，也要求土体有足够的强度和稳定性。常需与相关的施工排水、沟槽支撑和基坑护壁、坚硬岩土的爆破开挖等施工过程密切配合。

为此，施工前要作好调查研究，搜集足够的资料，充分了解施工区域地形地貌、水文地质和气象资料；掌握土壤的种类和工程性质；明确土石方施工质量要求、工程性质、施工工期等施工条件，并据此作为拟定施工方案、计算土石方工程量、选择土壁边坡和支撑、进行排水或降水设计、选择土方机械、运输工具及施工方法等的依据。

此外，在给水排水管道和构筑物工程施工中，常会遇到一些软弱土层，当天然地基的承载力不能满足要求时，就需要针对当地地基条件，采用合理、有效和经济的施工方案，对地基进行加固或处理。当室外给水排水管道和构筑物工程施工告一段落时，应及时进行土方回填。

1.1 土的工程性质及分类

1.1.1 土的组成

1. 土的三相

土由矿物固体颗粒、水分和空气组成，称为土的三相。其中固相为矿物颗粒及有机质；液相为水；气相为空气。矿物颗粒有大小不等的粒径和形状，从漂石至细微的粘土颗粒。粒径大小称为粒度。相近粒度的颗粒划分为一组。

矿物固体颗粒由各种矿物组成，是土的主要成分，也是决定土性质的主要因素。矿物固体颗粒构成土的骨架，颗粒之间有孔隙，水与空气填充其间。土中的水分为自由水、弱结合水和强结合水。可在土的孔隙间流动的水为自由水，又称为自由地下水，简称地下水。强结合水是紧附在矿物固体颗粒表面的一层水，无出水性，其性质接近于固体，不冻结，土受压时不移动，在 105℃ 以上蒸发。薄膜水在强结合水的外层，离颗粒表面越远，越能从固态转变为自由水。土中水还以水汽状态存在。由于土的三相是混合分布的，矿物颗粒间又有孔隙，因此，土具有碎散性、压缩性，土颗粒间具有相对移动性和透水性。

2. 土的主要物理性质

（1）土的密度 ρ 自然状态下单位体积土的质量，称为土的密度，即

$$\rho = \frac{m}{V} \tag{1-1}$$

式中 m——自然状态下土的质量；

V——自然状态下土的体积。

单位体积内干土颗粒质量称为土的干密度 ρ_d，即

$$\rho_d = \frac{m_s}{V} \tag{1-2}$$

式中 m_s——自然状态下体积为 V 的土烘干后土颗粒的质量。

土孔隙充水饱合的单位体积土的质量称为饱合密度，即

$$\rho_s = \frac{m_s + V_s \rho_w}{V} \tag{1-3}$$

式中 V_s——土颗粒的体积；

ρ_w——水的密度（1000kg/m³）。

土的密度与土压密程度有关，土愈密实，土的密度愈大。

（2）土的天然含水率 ω 和土的饱和度（润湿度）S_r 土的天然含水率 ω 又称质量含水率，是一定体积的土内水质量 m_w 与颗粒质量 m_s 之比的百分数，即

$$\omega = \frac{m_w}{m_s} \times 100\% \tag{1-4}$$

土的天然含水量变化范围很大，土的含水量与土颗粒的矿物性质、埋藏条件等因素有关。

土的饱和度 S_r 又称土的相对含水量，表示土的孔隙中有多少部分充满了水，即土内水的体积 V_w 与孔隙体积 V_v 之比

$$S_r = \frac{V_w}{V_v} \times 100\% \tag{1-5}$$

完全干的土，$V_w = 0$，则 $S_r = 0$；完全饱和的土，$V_w = V_v$，则 $S_r = 100\%$。工程上根据饱和度不同，将土分为稍湿土、湿土和饱和土三种。按《地基基础设计规范》规定：饱和度在 50% 以下的土称稍湿土；饱和度在 50% ~ 80% 为湿土；饱和度在 80% ~ 100% 为饱和土。

（3）土中固体颗粒的相对密度 d_s　土的固体颗粒单位体积的质量与水在4℃时单位体积的质量之比称土中固体颗粒的相对密度，简称颗粒的相对密度，即

$$d_s = \frac{m_s}{V_s \rho_w} \tag{1-6}$$

式中　ρ_w——4℃时水的单位体积质量为 1000kg/m^3。

土颗粒相对密度取决于土的矿物和有机物组成，粘土颗粒相对密度一般为 2.7 ~ 2.75，砂土颗粒相对密度一般为 2.65。

（4）土的孔隙度 n 和孔隙比 e　孔隙度和孔隙比都是表明土的松密程度的指标。孔隙度表示土内孔隙所占的体积，用百分数表示；孔隙比为土内孔隙体积与土粒体积之比值，即

$$n = \frac{V_v}{V} \times 100\% \tag{1-7}$$

$$e = \frac{V_v}{V} \tag{1-8}$$

但是，土样的孔隙度在土样被压缩前后是变化的。孔隙度无法表示压缩量多少，因为土被压缩后，土的总体积改变了，土的孔隙体积也变了。压缩量 Δh 表示为

$$\Delta h = \frac{e_1 - e_2}{1 - e_1} h \tag{1-9}$$

式中　e_1——压缩前土的孔隙比；

　　　e_2——压缩后土的孔隙比；

　　　h——压缩前土层厚度。

孔隙度和孔隙比是根据土的密度、含水量和相对密度实验的结果，经计算求得。

1.1.2 土的状态指标

土的状态指标就是土的松密程度和软硬程度的指标。标准贯入试验锤击数是非粘性土（砂、卵石等）的松密程度指标。砂类土密实程度标准见表1-1。

表 1-1 砂土的密实度

密 实 度	松 散	稍 密	中 密	密 实
标准贯入试验锤击数	$N \leqslant 10$	$10 < N \leqslant 15$	$15 < N \leqslant 30$	$N > 30$

这种分类方法简便，但是没有考虑砂土颗粒级配对砂土分类可能产生的影响。密实度反映土的承载能力。用孔隙比 e 值来表示砂土的密实程度时，可能会因颗粒形状而导致不能正确反映。例如，颗粒均匀的密砂，e 较大；而颗粒不均匀的松砂，则 e 较小。因此，应该用相对密实度 D_r 表示砂土的密实状态，即

$$D_r = \frac{e_{max} - e}{e_{max} - e_{min}} \tag{1-10}$$

式中　e——砂土的天然孔隙比；

　　　e_{max}——砂土的最大孔隙比；

　　　e_{min}——砂土的最小孔隙比。

砂土密实程度与相对密度 D_r 关系见表1-2。

表 1-2 砂土密实与相对密度 D_r

砂土密度	松 散	中 密	密 实
相对密度 D_r	$0.33 \geqslant D_r > 0$	$0.67 \geqslant D_r > 0.33$	$1 \geqslant D_r > 0.67$

根据野外鉴别方式，碎石土分为密实、中密、稍密三种。

天然状态下粘性土的软硬程度取决于含水量多少：干燥时呈密实固体状态；在一定含水量时具有塑性，称塑性状态，在外力作用下能沿力的作用方向变形，但不断裂也不改变体积；含水量继续增加，大多数土颗粒被自由水隔开，颗粒间摩擦力减小，土具有流动性，力学强度急剧下降，称流动状态。按含水量的变化，粘性土可呈4种状态：流态、塑态、半固态、固态。流态、塑态、半固态和固态之间分界的含水量，分别称为流性限界（又称液限）ω_L、塑性限界（又称塑限）ω_P 和收缩限界 ω_S。

土的组成不同，塑限和液限也不同。应用液性指数 I_L 来表示土的软硬程度，即

$$I_L = \frac{\omega - \omega_P}{\omega_L - \omega_P} \tag{1-11}$$

式中　ω——土的天然含水量；

　　　ω_P——土的塑限；

　　　ω_L——土的液限。

当 $I_L \leqslant 0$ 时，土处于固态或半固态；当 $0 < I_L < 1$ 时，土处于塑态；当 $I_L \geqslant 1$ 时，土处于流态。如果土中的粘土颗粒较多，则土颗粒的比表面积较大，需有较大的含水量才能使土呈塑态和流态，因而流限和塑限都要高些。

在土的流限和塑限之间，土呈塑态。流限与塑限之差称为塑性指数 I_P，即

$$I_P = \omega_L - \omega_P \tag{1-12}$$

塑性指数是反映土的粒径级配、矿物成分和溶解于水中盐分等土组成情况的一个指标。粘性土可按塑性指数值来分类，见表 1-3。

表 1-3 粘性土分类

粘性土分类	轻亚粘土	亚粘土	粘土
塑性指数 I_P	$3 < I_P \geqslant 10$	$10 < I_P \geqslant 17$	$I_P \geqslant 17$

1.1.3 土的压缩性

土颗粒之间有孔隙。土受压力作用后，孔隙体积被压缩，这是土的压缩性。与土中孔隙相比，土中颗粒和水可以认为是不被压缩的。因此，土体压缩可以认为只是土中孔隙被压缩，孔隙体积 V_v 减少。压力越大，孔隙体积减少越多。被水充盈的土孔隙，只有当水被排走后才会被压缩。土在压力作用下，土内孔隙水排出，孔隙体积减少，土的骨架与孔隙水所受的压力逐渐调整，三者同时进行，是一个排水、体积减少和压力传递的过程。在一定压力作用下，这个过程从起始到终结要经历一定时间。因此，土压缩是一个时间过程。压缩过程时间的长短，随土质、压力和含水量的不同而不同。

1.1.4 土的渗透性

土的渗透性表示土的透水的性质，其定量表示为单位时间天（d）内水在土层中行经的距离（m）。土的渗透性用渗透系数 K 表示。土的渗透系数大小取决于土的种类、土颗粒大小和粒径级配、均匀性和土的密实程度等。同一种土的渗透系数是随土的紧密程度而变化的。

1）砂土的渗透系数 K 与有效粒径的经验公式为

$$K = cd_{10}^2(0.7 + 0.03t) \tag{1-13}$$

式中　K——渗透系数（m/d）；

$\quad d_{10}$——颗粒的有效粒径（mm）；

$\quad t$——渗透水的温度（℃）；

$\quad c$——常数，粘土质砂为 500～700，纯砂为 700～1000。

2）几种土渗透系数的经验值见有关设计手册。但在各种实际计算中，为精确起见，渗透系数一般应实测确定。

1.1.5 土的可松性和压密性

天然原状土经过开挖、运输、堆放而松散使体积增大，称作土的可松性；挖填或取土回填，填压后会压实，使得体积减小称为土的施工压缩。

土经过开挖、运输、堆放而松散，松散土与原土的体积之比用可松性系数 K_1 表示，即

$$K_1 = \frac{V_2}{V_1} \qquad (1-14)$$

土经过开挖、运输、回填、压实后仍较原土体积增大，最后体积与原土体积之比用可松性系数 K_2 表示，即

$$K_2 = \frac{V_3}{V_1} \qquad (1-15)$$

式中　V_1——开挖前土的自然密实体积；

　　　V_2——开挖后土的松散体积；

　　　V_3——压实后土的体积。

土的可松性系数大小取决于土的种类，见表 1-4。

表 1-4　土的可松性系数

土 的 名 称	体积增加百分比		可松性系数	
	最初	最后	K_1	K_2
砂土、轻亚粘土	8~17	1~2.5	1.08~1.17	1.0~1.03
种植土、淤泥、淤泥质土	20~30	3~4	1.2~1.30	1.0~1.04
亚粘土、潮湿黄土、砂土混碎（卵）石、轻亚粘土混碎（卵）石、素填土	14~28	1.5~5	1.14~1.28	1.02~1.05
粘土、重亚粘土、砾石土、干黄土、黄土混碎（卵）石、亚粘土、混碎（卵）石、压实素填土	24~80	4~7	1.24~1.30	1.04~1.07
重粘土、粘土混碎（卵）石、卵石土、密实黄土、砂岩	26~32	6~9	1.26~1.32	1.06~1.09
泥灰岩	33~37	11~15	1.33~1.37	1.11~1.15
软质岩石、次硬质岩石	30~45	10~20	1.30~1.45	1.10~1.20
硬质岩石	45~50	20~30	1.45~1.50	1.20~1.30

注：1. K_1 是用于计算挖方工程量、装运车辆及挖土机械的主要参数。

　　2. K_2 是计算填方所需挖土工程量的主要参数。

　　3. 最初体积增加百分比 $= \dfrac{V_2 - V_1}{V_1} \times 100\%$；最后体积增加百分比 $= \dfrac{V_3 - V_1}{V_1} \times 100\%$。

土的压实或夯实程度用压实系数 λ_c 表示，即

$$\lambda_c = \frac{\rho_d}{\rho_{max}} \tag{1-16}$$

式中 ρ_d——土的控制干密度（g/cm³）；

ρ_{max}——土的最大干密度（g/cm³）。

土的密实度和土的含水量有关。土中水没有被排除，空隙比不会减少。但如果没有合适的含水量，颗粒间缺乏必要的润滑，压实时能量消耗大。输入最小能量而导致最大干密度的含水量，称为土的最佳含水量。当土的自然含水量低于最佳含水量2%时，土在回填前要洒水渗浸。土的自然含水量过高，应在压实或夯实前晾晒。

1.1.6 土的抗剪强度

土的抗剪强度是土抵抗剪切破坏的性能。

通过直剪仪测定土的抗剪强度。如图 1-1 所示，土样放在面积为 A 的剪力盒内，并受垂直压力 N 和水平力 T 作用，此时，在土样内产生法向应力 σ，即

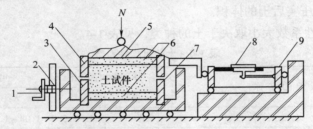

图 1-1 土的切应力实验装置示意

1—手轮 2—螺杆 3—上盒 4—下盒 5—传压板 6—透水石
7—开缝 8—测微计 9—弹性量力环

$$\sigma = \frac{N}{A} \tag{1-17}$$

而在剪切面上产生切应力 τ，即

$$\tau = \frac{T}{A} \tag{1-18}$$

τ 随 T 的增大而增大。但 T 在一定限值内并不会导致土样剪切破坏。这是因为在剪切面上产生的切应力小于土的抗剪强度时，土样就不会被剪坏。当 T 增加到 T' 时，在剪切面发生土颗粒相互错动，土样破坏。土样开始破坏时，剪切面上的切应力称土的抗剪强度。

T' 随垂直压力 N 增大而增大。土的抗剪强度由剪切试验求得。

以不同的 N 和 T 进行多次试验（3～5 次），在直角坐标纸上绘出法向应力与抗剪强度的 τ 的关系曲线，如图 1-2 所示。由此得到砂土的抗剪强度的计算

公式

$$\tau = \sigma \tan\varphi \tag{1-19}$$

式中 φ——土的内摩擦角。

砂是散粒体，颗粒间没有相互的粘聚作用，砂的抗剪强度来源于颗粒间摩擦力。由于摩擦力来源于土内部，称内摩擦角。粘性土抗剪强度组分，除了内摩擦力外，还有一部分粘聚力（C），粘性土的抗剪强度曲线如图 1-2 所示。粘性土的抗剪强度计算公式为

$$\tau = \sigma \tan\varphi + C \tag{1-20}$$

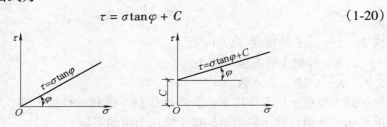

图 1-2 砂土、粘性土的抗剪强度曲线

土的密实度、含水率、抗剪强度试验的仪器装置和操作方法，都影响 φ 和 C 值。工程中需用的砂土 φ 值，粘土 φ 值和 C 值，都应取土样由剪切试验求得。

完全松散的砂土自由地堆放在地面上，砂堆的斜坡与地平面构成的夹角 α，称为自然倾斜角（或安息角）。

为了保持基坑、沟槽土壁的稳定，必须有一定边坡。边坡以 $1:n$ 表示，如图 1-3 所示，n 为边坡系数，即

$$n = \frac{a}{h} \tag{1-21}$$

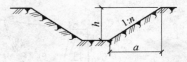

图 1-3 挖方边坡

对于砂土，边坡与地平面的夹角接近于土的自然倾斜角。含水量大的土颗粒间产生润滑作用，使土的内摩擦力或粘聚力减弱，因此应留有较缓的边坡。含水量小的砂土颗粒间的内摩擦力减少，亦不宜采用陡坡。当沟槽上方荷载较大时，土体会在压力下产生滑移，因此边坡应缓，或采取支撑加固。深沟槽的上层槽应为缓坡。

1.1.7 土压力

各种用途的挡土墙、地下管沟的侧壁、沟槽的支撑、顶管工作坑的后背，以及其他各种挡土结构，都受到土从侧向施加的压力，如图 1-4 所示。这种土压力称侧土压力，或称挡土墙压力。

土压力 E 可由下式确定

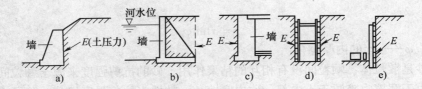

图 1-4 各种挡土结构

a) 挡土墙 b) 河堤 c) 池壁 d) 支撑 e) 顶管工作坑后背

$$E = \frac{1}{2}\gamma h^2 K \qquad (1-22)$$

式中　γ——土的密度（g/cm³）；

　　　h——挡土墙高度（cm）；

　　　K——土压力系数。

挡土墙在土压力作用下，会产生位移。位移的性质不同，土压力系数 K 值也不同，从而导致不同类型的挡土墙压力值的不同。

如图 1-5a 所示，在土压力作用下，挡土结构可能稍微向前移动，并绕墙角 C 转动。当挡土墙达到某一位移量时，土体 ABC 达到极限平衡状态，并具有沿 BC 潜在滑移面向下滑移趋势，从而在滑移面上产生抗剪强度。抗剪强度有助于减弱土体对挡土结构的推力。在这种情况下，产生的位移称正位移，产生的极限状态称主动极限状态，产生的土压力 E_a 称主动土压力，如重力式挡土墙。

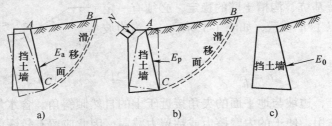

图 1-5 挡土墙位移和侧土压力作用

a) 挡土墙位移导致的主动土压力 b) 挡土墙位移导致的被动土压力

c) 挡土墙没有位移的静止土压力

如果挡土结构在荷载 N 作用下，如图 1-5b 所示，推向土体 ABC，使土体产生负位移。当挡土结构的位移量达到某一位移量时，土体 ABC 达到被动极限平衡状态，并有继续沿 BC 滑移面向上滑移趋势，从而在滑移面上产生抗剪强度。此时，土体对挡土结构的作用方向和 BC 面上切应力的方向一致，抗剪强度使土体对挡土结构的推力增加。在这种情况下，土压力 E_p 称被动土压力，如顶管工作坑后背。

当墙体稳而重，在土体的侧向压力作用下，没有发生位移，土体处于弹性平衡状态时所产生的侧向压力 E_0 称为静止土压力，如沟槽支撑板。

1.1.8 沟槽土的分类与开挖难易程度

1. 沟槽土的分类

沟槽土的种类很多，其分类的方法也很多。但一般按土的组成、生成年代和生成条件对土进行分类。

按 GB 50007—2002《建筑地基基础设计规范》将地基土分为岩石、碎石土、砂土、粉土、粘性土、人工填土六类。每类土又分成若干小类。

（1）岩石 在自然状态下颗粒间连接牢固，呈整体的或具有节理裂隙的岩体。

（2）碎石土 粒径大于 2mm 的颗粒质量占土体总质量的 50% 以上，根据颗粒级配和占土体总质量的百分率不同，分为漂石、块石、卵石、圆砾和角砾，见表 1-5。

表 1-5 碎石土的分类

土 的 名 称	颗 粒 形 状	粒 组 含 量
漂石 块石	圆形及亚圆形为主 棱角形为主	粒径大于 200mm 的颗粒质量超过土体总质量的 50%
卵石 碎石	圆形及亚圆形为主 棱角形为主	粒径大于 20mm 的颗粒质量超过土体总质量的 50%
圆砾 角砾	圆形及亚圆形为主 棱角形为主	粒径大于 2mm 的颗粒质量超过土体总质量的 50%

注：应根据表中粒径分组，由大到小以最先符合者确定碎石土的种类。

（3）砂土 粒径大于 2mm 的颗粒质量小于或等于土体总质量的 50% 的土为砂土。砂土根据粒径和土体总质量的百分率不同，又分为砾砂、粗砂、中砂、细砂、粉砂，见表 1-6。

表 1-6 砂土的分类

名 称	颗 粒 级 配
砾砂	粒径大于 2mm 的颗粒质量超过土体总质量的 25% ~ 50%
粗砂	粒径大于 0.5mm 的颗粒质量超过土体总质量的 50%
中砂	粒径大于 0.25mm 的颗粒质量超过土体总质量的 50%
细砂	粒径大于 0.075mm 的颗粒质量超过土体总质量的 85%
粉砂	粒径大于 0.075mm 的颗粒质量超过土体总质量的 50%

（4）粉土 粉土性质介于砂土与粘性土之间。塑性指数 $I_P \leqslant 10$。当 I_P 接近 3 时，其性质与砂土相似；当 I_P 接近 10 时，其性质与粉质粘土相似。

（5）粘性土　粘土按其粒径级配、矿物成分和溶解于水中的盐分等组成情况的指标，分为轻亚粘土、亚粘土和粘土。

（6）人工填土　按其生成分为素填土、杂填土和冲填土三类：

1）素填土。由碎石土、砂土、粘土组成的填土。经分层压实的统称素填土，又称压实填土。

2）杂填土。含有建筑垃圾、工业废渣、生活垃圾等杂物的填土称为杂填土。

3）冲填土。由水力冲填泥砂产生的沉积土称为冲填土。

2．土的开挖难易程度

沟槽开挖施工中，常按土的坚硬程度、开挖难易，将土石分为 8 类 16 级，见表 1-7。

表 1-7　土的工程分类

土的分类	土的级别	土的名称	用开挖方法表示土的坚硬程度
一类土（松软土）	I	砂；轻亚粘土；冲积砂土层；种植泥土；泥炭（淤泥）	用锹挖掘
二类土（普通土）	II	亚粘土；潮湿的黄土；夹有碎石卵石的砂；种植土；填筑土及轻亚粘土	用锹挖掘，少许用镐翻松
三类土（坚土）	III	轻及中等密实粘土；重亚粘土；粗砾石；干黄土及含碎石、卵石的黄土；亚粘土；压实填筑土	主要用镐，少许用锹挖掘，部分用撬棍
四类土（砂砾坚土）	IV	重粘土及含碎石、卵石的粘土；密实的黄土；砂土	整个用镐或橇棍，然后用锹挖掘，部分用楔子及大锤
五类土（软石）	V - VI	硬石炭纪粘土；中等密实的灰岩；泥炭岩；白垩土	用镐或橇棍、大锤，部分使用爆破方法
六类土（次岩石）	VII - IX	泥岩；砂岩；砾岩；坚实页岩；泥灰岩；密实的石灰岩；风化花岗岩；片麻岩	用爆破方法开挖，部分用风镐
七类土（坚石）	X - XIII	大理岩；辉绿岩；粗、中粒花岗岩；坚实白云岩；砂岩；砾岩；片麻岩；石灰岩；风化痕迹的安山岩；玄武岩	用爆破方法开挖
八类土（特坚石）	XIV - XVI	安山岩；玄武岩；花岗片麻岩；坚实的细粗花岗岩；闪长岩；石英岩；辉长岩；辉绿岩	用爆破方法开挖

1.2　施工测量与放线

给水排水构筑物、管道工程的施工测量是为了使给水排水构筑物、管道的实际平面位置、标高和形状尺寸等符合设计图样要求。

施工测量后，进行构筑物、管道放线，以确定给水排水构筑物基坑、管道沟槽开挖位置、形状和深度。

1.2.1　施工测量

施工单位在开工前，建设单位应组织设计单位进行现场交桩。其内容为：

1）双方交接的主要桩橛应为站场的基线桩及辅助基线桩、水准基点桩以及构筑物的中心桩及有关控制桩、护桩等，并应说明等级号码、地点及标高等。

2）交接桩时，由设计单位备齐有关图表，包括给排水工程的基线桩、辅助基线桩、水准基点桩、构筑物中心桩以及各桩的控制桩及护桩示意图等，并按上述图表逐个桩橛进行点交。水准点标高应与邻近水准点标高闭合。接桩完毕，应立即组织力量复测。接桩时，应检查各主要桩橛的稳定性，护桩设置的位置、个数、方向是否合乎标准，并应尽快增设护桩。设置护桩时，应考虑下列因素：①不被施工弃土埋没或挖掉；②不被行人、车辆碰移或损坏；③不在地下管线或其他构筑物的位置上；④不因地形变动（如施工的填挖）而影响视线。

3）交接桩完毕后，双方应填写交接记录，说明交接情况、存在问题及解决办法，由双方交接负责人与有关交接人员签章。

施工单位进行施工测量通常分为两个步骤：第一步是进行一次站场的基线桩及辅助基线桩、水准基点桩的测量，复核建设单位提供的桩橛位置及水准基点标高是否正确无误，在复核测量中进行补桩和护桩工作。通过第一步测量可以了解给水排水构筑物、管道工程与其他工程之间的相互关系。

第二步按设计图样坐标进行测量，对给排水构筑物、管道及附属构筑物的中心桩及各部位置进行施工放样，同时做好护桩。

施工测量的允许误差，应符合表 1-8 的规定。

给水排水管线测量工作应有正规的测量记录本，认真详细记录，必要时应附示意图，并应将测量的日期、工作地点、工作内容，以及参加测量人员的姓名记入。测量记录应由专人妥善保管，随时备查，作为工程竣工的原始资料。

表 1-8 施工测量允许误差

项 目	允许误差/mm
水准测量高程闭合差	平地 $\pm 20\sqrt{L}$ 山地 $\pm 6\sqrt{L}$
导线测量相对闭合差 导线测量方位角闭合差	$\pm 40\sqrt{N}$
直接丈量测距两次较差	1/3000 1/5000

注: 1. L 为水准测量高程闭合路线的长度 (mm)。

2. N 为水准或导线测量的测站数。

1.2.2 基坑、管道放线

给水排水构筑物基坑、管道及其附属构筑物的放线，可采取经纬仪或全站仪定线、直角交汇法或直接丈量法。

给水排水管道放线前，应沿管道走向，每隔 200m 左右用原站场内水准基点设临时水准点一个。临时水准点应与邻近固定水准基点闭合。

给水管道放线，一般每隔 20m 设中心桩；排水管道放线，一般每隔 10m 设中心桩。给水排水管道在阀门井室处、检查井处、变换管径处、管道分枝处均应设中心桩，必要时设置护桩或控制桩。

给水排水管道放线后，应绘制管路纵断面图，按设计埋深、坡度，计算出挖深。

1.3 沟槽断面与土方量计算

1.3.1 沟槽断面及其选择

如图 1-6 所示，沟槽断面可分为直槽、梯形槽（大开槽）和混合槽等。还有适合两条或两条以上管道埋设的联合槽。

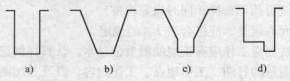

a)   b)   c)   d)

图 1-6 沟槽断面种类

a) 直槽 b) 梯形槽 c) 混合槽 d) 联合槽

确定沟槽断面时，应在保证工程质量和施工安全及施工方便的前提下，尽量减小断面尺寸，以减少土方量，降低工程造价。

沟槽断面的选择通常应考虑的因素有：土的种类、地下水情况、施工环境、施工方法、管道埋深、管长以及沟槽支撑条件等。

1. 沟槽底宽

如图 1-7 所示，沟槽底宽应便于施工操作。一般采取管道结构基础宽度加上两倍的工作宽度，即

$$W = B + 2b \qquad (1-23)$$

式中　W——沟槽底宽（m）；

　　　B——管道基础宽度（m）；

　　　b——工作宽度（m）。

管道结构两侧的工作宽度可按表 1-9 的规定取用。

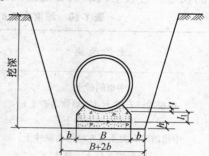

图 1-7　沟槽底宽和挖深

B—管基础宽度　b—槽底工作宽度

t—管壁厚度　l_1—管座厚度

h—基础厚度

表 1-9　管道结构两侧的工作宽度

管道结构宽度 /m	每侧工作宽度/m	
	金属管道及砖沟	非金属管道
200 ~ 500	0.3	0.4
600 ~ 1000	0.4	0.5
1100 ~ 1500	0.6	0.6
1600 ~ 2000	0.8	0.8

如有外防水层的砖沟，每侧工作宽度应取 0.8m；如管侧填土采取机械夯实时，每侧工作宽度应能满足机械操作的需要。

沟槽开挖深度由管道设计纵断面图确定。

2. 沟槽边坡

在天然湿度的土壤中开挖沟槽，如果地下水位低于槽底，可以考虑开成直槽，其边坡系数常采取 0.05。当槽深 h 不超过下列数值时，可开成直槽并不需要支撑：砂土、砾砾石，$h < 1.0\text{m}$；亚砂土、亚粘土，$h < 1.25\text{m}$；粘土，$h < 1.5\text{m}$。

如果槽深较大，最宜分层开挖成混合槽。人工挖槽时，每层深度以不超过 2m 为宜，机械开挖则按机械性能确定。

地质条件良好，土质均匀，地下水位底于沟槽、基坑底面高程，且挖方深度在 5m 以内，且边坡不加支撑的边坡应不大于表 1-10 最大边坡的规定。

在管道工程施工中，沟槽开挖所遇到的具体情况相差很大，沟槽边坡的确

定，应根据现场土的种类、开挖深度、开挖方法、地下水的情况、边坡留置时间的长短、边坡上荷载及邻近建筑物、公路、铁路等静、动荷载等因素综合考虑。

表 1-10　深度在 5m 以内沟槽、基坑（槽）的最大边坡

土 的 类 别	最大边坡（1: n）		
	坡顶无荷载	坡顶有静载	坡顶有动载
中密的砂土	1 : 1.00	1 : 1.25	1 : 1.50
中密的碎石类土（充填物为砂土）	1 : 0.75	1 : 1.00	1 : 1.25
硬塑的轻亚粘土	1 : 0.67	1 : 0.75	1 : 1.00
中密的碎石类土（充填物为粘性土）	1 : 0.5	1 : 0.67	1 : 0.75
硬塑的亚粘土、粘土	1 : 0.33	1 : 0.50	1 : 0.67
老黄土	1 : 0.10	1 : 0.25	1 : 0.33
软土（经井点降水后）	1 : 1.00	—	—

1.3.2　土方量计算

根据选定的沟槽断面进行土方量计算。沟槽为梯形断面时，则断面面积为

$$F = (B + nh)h \tag{1-24}$$

式中　F——沟槽断面面积（m²）；

　　　B——沟槽底宽（m）；

　　　n——边坡系数；

　　　h——沟槽深度（m）。

两相邻断面间的土方量计算式为

$$V = \frac{1}{2}(F_1 + F_2)L \tag{1-25}$$

式中　V——两相邻断面间的土方量（m³）；

　　F_1、F_2——两相邻横断面面积（m²）；

　　　L——两断面间距（m），两断面间距一般取 10 ~ 20m，最大不得超过100m。

埋设排水管道的沟槽通常以两相邻检查井所在处沟槽断面为计算断面。

基坑（槽）土方量按其几何体积计算，每侧工作宽度为 1 ~ 2m。

1.4　沟槽、基坑开挖

沟槽、基坑土方开挖为加快施工进度，应尽量采用生产效率高的机械来完成，有条件的可进行综合机械化作业。对于较浅、长度不大的管槽、基坑，也可以人工开挖。

　　沟槽、基坑土方机械开挖，应依施工具体条件，选择单斗挖土机和多斗挖土机。

1.4.1　单斗挖土机开挖

　　在给排水管道工程中，广泛采用单斗挖土机开挖沟槽和基坑。单斗挖土机按其行走装置的不同，分为履带式和轮胎式两类。根据工作的需要，工作装置可更换。按其工作装置的不同，分为正向铲、反向铲、拉铲和抓铲4种。按其传动方式有机械传动和液压传动两种。动力装置一般为内燃机。

　　（1）正向铲（图1-8）　正向铲挖土机能开挖停机面以上Ⅰ～Ⅳ类土，适用于开挖高度2m以上，底部尺寸较大的沟槽和基坑，但需设置下坡道。常用正向铲斗容量为 $0.5 \sim 1m^3$ 。

图1-8　正向铲

　　（2）反向铲（图1-9）　反向铲挖土机的挖土特点是：后退向下，强制切土。其挖掘力不如正向铲，能开挖停机面以下的Ⅰ～Ⅱ类土，深度在4m左右的管沟或基坑，也可用于地下水位较高的土方开挖。

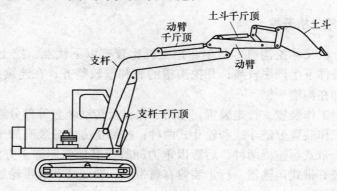

图1-9　反向铲

　　（3）拉铲（图1-10）　拉铲挖土机的铲土用钢丝绳悬挂在挖土机长臂上，挖土时土斗在自重作用下落到地面切入土中。其挖土特点是：后退向下，自重切土。其挖土深度和挖土半径较大，能开挖停机面以下Ⅰ～Ⅱ类土，但不如反向铲动作灵活准确，适于开挖大型基坑、沟渠和水下开挖等。

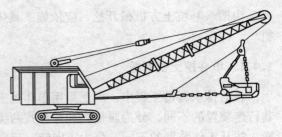

图 1-10 拉铲

（4）抓铲（图 1-11） 抓铲挖土机是在机臂前端用钢丝绳吊装一个抓斗。其挖土特点是：抓斗直上直下，自重切土。其挖掘力较小，只能挖Ⅰ～Ⅱ类土，用于开挖面积较小，深度较大的沟槽或基坑，特别适于水下挖土。

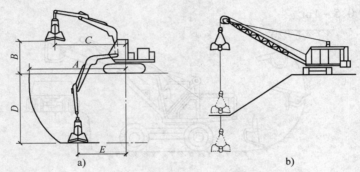

a)   b)

图 1-11 合瓣铲（抓铲）挖土机

a）液压式合瓣铲 b）绳索式合瓣铲

A—最大挖土半径 B—卸土高度 C—卸土半径

D—最大挖土深度 E—最大挖土深度时的挖土半径

1.4.2 多斗挖土机开挖

多斗挖土机又称挖沟机，与单斗挖土机比较有以下优点：挖土作业是连续的，在同样条件下生产率较高；开挖沟槽的底和壁较整齐；在连续挖土的同时，能将土自动卸在沟槽一侧。

挖沟机由工作装置，行走装置，动力、操纵及传动装置等部分组成。挖沟机的类型，按工作装置分链斗式和轮斗式两种；按卸土方式分装有卸土带式运输器的和无装卸土带式运输器两种，后者以重力卸载或其他强制卸土方法进行卸土。挖沟机大多装有带式运输器。行走装置有履带式、轮胎式和履带轮胎式三种。动力一般为内燃机。

图 1-12 为链斗式挖沟机。机链斗式挖沟机开挖沟槽宽度与土斗宽度相同。为加大开挖宽度，一般在土斗两侧各装设一铸钢制的括耳，使开挖宽度由 0.8m 加大至 1.1m。如要增大挖深，可更换较长的斗架。图 1-13 为倾斜地面开行的挖

沟机。

轮斗式与链斗式挖沟机的主要区别在于，前者的土斗是固定在圆形的斗轮上的，斗轮旋转使土斗连续挖土。当土斗旋升至斗轮顶点时，土即卸至带式运输器上被运出卸在沟槽一侧。斗轮通过钢索升降改变挖土深度。

挖沟机不宜开挖坚硬的土和含水量较大的土。宜开挖黄土、砂土和粉质粘土等。

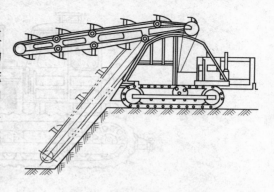

图 1-12 链斗式挖沟机

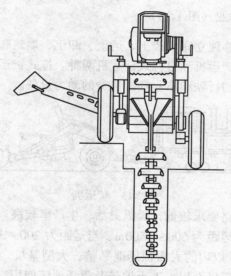

图 1-13 倾斜地面开行的挖沟机

1.4.3 推土机及其作业

推土机由拖拉机和推土铲刀组成。索式推土机的铲刀借本身自重切入土中，在硬土中切土深度较小。液压式推土机（图 1-14）由于用液压操纵，能使铲刀强制切入土中，切土深度较大。同时，液压式推土机铲刀还可以调整角度，具有更大的灵活性。

推土机能单独地进行挖土、运土和卸土作业，具有操纵灵活、运行方便、所需工作面较小、行驶速度较快等特点，适用于场地清理，场地平整，开挖深度不大于 1.5m 的基坑以及回填作业等。

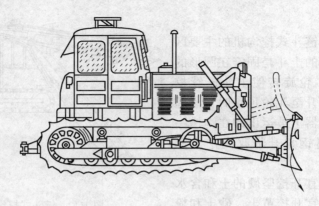

图 1-14 液压推土机

1.4.4 铲运机及其作业（图 1-15）

铲运机是一种能够独立完成铲土、运土、卸土、填筑和平整的土方机械。按行走机构可分为拖式铲运机和自行式铲运机两种。拖式铲运机由拖拉机或推土机牵引，自行式铲运机的行驶和作业都靠自身的动力设备。

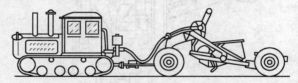

图 1-15 铲运机

铲运机对行驶道路要求较低，操纵灵活，生产率较高。可在Ⅰ～Ⅲ类土中直接挖土、运土，适用运距为 600～1500m，当运距为 200～350m 时效率最高。铲运机常用于坡度在 20°以内的大面积场地平整，大型基坑、沟槽的开挖，路基和堤坝的填筑等；不适于砾石层、冻土地带及沼泽地区使用。坚硬土开挖时要用推土机助铲或用松土机配合。

1.4.5 液压挖掘装载机及其作业

液压挖掘装载机（图 1-16）是装有数种不同功能的工作装置的施工机械，如反向铲土、装载、起重、推土等。常用的反铲的斗容量为 $0.2m^3$。最大挖深 4m，最大回转角度 180°，故常用于中、小型管道沟槽的开挖。

常用的装载斗容量为 $0.6m^3$，最大提升高度 4.2m，用于场地平整，清除树根、块石等作业。

液压挖掘装载机机身结构紧凑、动作灵活、运行方便，适用于一般大型机械不能适应的施工现场。

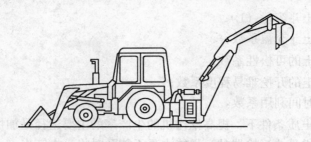

图 1-16 液压挖掘装载机

1.4.6 沟槽、基坑土方工程机械化施工方案的选择

大型管沟、基坑的土方工程施工中应合理地选择土方机械，使各种机械在施工中配合协调，充分发挥机械效率，保证工程质量，加快施工进度、降低工程成本。因此，在施工前要经过经济和技术分析比较，制订出合理的施工方案，用以指导施工。

1．制订施工方案的依据

1）工程类型及规模。

2）施工现场的工程及水文地质情况。

3）现有机械设备条件。

4）工期要求。

2．施工方案的选择

在大型管沟、基坑施工中，可根据管沟、基坑深度、土质、地下水及土方量等情况，结合现有机械设备的性能、适合条件，采取不同的施工方法。

开挖沟槽常优先考虑采用挖沟机，以保证施工质量，加快施工进度。也可以用反向铲挖土机挖土，根据管沟情况，采取沟端开挖或沟侧开挖。

大型基坑施工可以采用正向铲挖土机挖土，自卸汽车运土；当基坑有地下水时，可先用正向铲挖土机开挖地下水位以上的土，再用反向铲或拉铲或抓铲开挖地下水位以下的土。

采用机械挖土时，为了不使地基土遭到破坏，增加地基处理费用，管沟或基坑底部应留不少于 200mm 厚土层，由人工清理整平。

3．挖沟机的生产率计算

挖沟机的生产率为

$$Q = 0.06nqK_{充}\frac{1}{K_{松}}KK_{时} \tag{1-26}$$

式中　Q——挖沟机的生产率（m^3/h）；

n——土斗每分钟挖掘次数；

q——土斗容量（L）；

$K_充$——土斗充盈系数；

$K_松$——土的可松性系数；

K——土的开挖难易程度系数；

$K_时$——时间利用系数。

在一定的土质条件下，提高挖沟机的生产率的主要途径是加快开挖时的行驶速度。但应考虑带式运输器的运送能力是否能及时将土方卸出。

4. 单斗挖土机与自卸汽车配套计算.

（1）单斗挖土机生产率计算　单斗挖土机的生产率计算式为

$$Q = 60nqK_1K_2 \tag{1-27}$$

式中　Q——单斗挖土机每小时挖土量（m^3/h）；

n——每分钟工作循环次数；

q——土斗容量（m^3）；

K_1——土的影响系数，按土的等级确定：Ⅰ级土约为1.0；Ⅱ级土约为0.95；Ⅲ级土约为0.8；Ⅳ级土约为0.55；

K_2——时间利用系数（一般为0.75～0.95）。

（2）挖土机数量确定　根据土方量大小和工期，可确定挖土机数量 N，即

$$N = \frac{Q}{Q_d TCK_h} \tag{1-28}$$

式中　Q——土方量（m^3）；

Q_d——挖土机生产率（m^3/台班）；

T——工期（工作日）；

C——每天工作班数；

K_h——时间利用系数（一般为0.75～0.95）。

若挖土机数量已定，工期 T 可按下式计算

$$T = \frac{Q}{NQ_d CK_h} \tag{1-29}$$

（3）自卸汽车配套计算　自卸汽车装载容量 Q_1 一般宜为挖土机容量的3～5倍。自卸汽车的数量 N_1，应保证挖土机连续工作，可按下式计算

$$N_1 = \frac{T}{t_1} \tag{1-30}$$

其中

$$T = t_1 + \frac{2L}{V_c} + t_2 + t_3; \quad t_1 = nt$$

式中　T——自卸汽车每一工作循环延续时间（min）；

t_1——自卸汽车每次装车时间（min）；

t——挖土机每次作业循环的延续时间（s），如 WI—100 型正向铲挖土机为 25～40s；

L——运距（m）；

V_c——重车与空车的平均速度（m/min），一般取 20～30km/h；

t_2——卸车时间（一般为 1min）；

t_3——操纵时间（包括停放待装、等车、让车等），一般取 2～3min；

n——自卸汽车每车装土次数，按下式计算

$$n = \frac{Q_1 K_s}{q K_c \rho} \tag{1-31}$$

式中　Q_1——自卸汽车装载容量（m³）；

　　　q——挖土机斗容量（m³）；

　　　K_c——土斗充盈系数，取 0.8～1.1；

　　　K_s——土的最初可松性系数；

　　　ρ——土的密度（一般取 1000kg/m³）；

1.5　沟槽、基坑支撑

1.5.1　支撑的作用、种类及适用条件

1. 支撑的目的及要求

开挖管沟或基坑，如土质与周围场地条件允许，采取梯形槽（大开槽）开挖，往往比较经济。但有时受环境限制且开挖的土方量太大，此时可采取直槽加支撑的施工方法。

支撑是防止沟槽或基坑土壁坍塌的挡土结构，一般采取木材或钢材制作。

沟槽或基坑支撑与否应根据工程特点、土质条件、地下水位、开挖深度、开挖方法、排水方法、地面荷载等因素确定。一般情况下，高地下水位砂性土质并采用集水井排水时，沟槽或基坑土质较差、深度较大而又开挖成直槽时，均应支撑。

沟槽或基坑支撑应满足下列要求：

1）支撑应具有足够的强度、刚度和稳定性，保证施工安全。

2）便于支设和拆除。

3）不妨碍沟槽或基坑开挖及后续工序的施工。

2. 支撑的种类及适用条件

支撑形式有横撑、竖撑和板桩撑等。

横撑（图 1-17）用于土质较好，地下水量较小的沟槽。横撑随着沟槽逐渐挖深而分层铺设，支设容易，但拆除时不安全。竖撑（图 1-18）用于土质较差，地下水较多或有流砂的情况下。竖撑的特点是撑板可在开槽过程中用打桩机先于挖土打入土中，在回填以后再逐根拔出，因此施工十分安全。

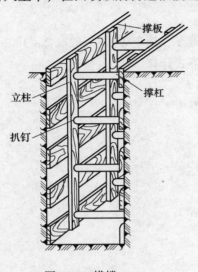 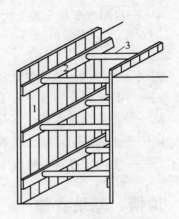

图 1-17　横撑　　　　　　　　　　　图 1-18　竖撑

1—撑扳　2—横木　3—撑杠

横撑和竖撑均由撑板、立柱和撑杠组成。撑板分木撑板和金属撑板两种，木撑板不应有裂纹等缺陷。通常采用的是金属撑板（图 1-19），由钢板焊接于槽钢上拼成，槽钢间用型钢（工字钢、槽钢、H 型钢）焊接加固。

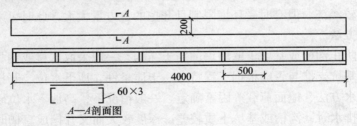

图 1-19　金属撑板

立柱和撑杠一般采用型钢（工字钢、槽钢、H 型钢），如图 1-20 所示，撑杠由撑头和圆套管组成。撑头为一丝杠，以球铰连接于撑头板，带柄螺母套于丝杠。使用时，将撑头丝杠插入圆套管内，旋转带柄螺母，柄把止于套管端，而丝杠伸长，则撑头板就紧压立柱，使撑板固定。丝杠在套管内的最短长度为 20cm，以保安全。这种工具式撑杠由于支设方便，更换不同长度套管，可满足不同槽宽的需要，因而得到广泛使用。

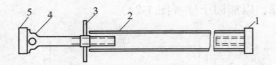

图 1-20　工具式撑杠

1—撑头板　2—圆套筒　3—带柄螺母　4—球铰　5—撑头板

　　板桩撑是将桩板垂直地打入槽或坑底下一定深度（图 1-21）。按使用材料分，板桩撑分木板桩、钢板桩和钢筋混凝土板桩等几种。采用板桩对沟槽或基坑土壁进行支护，既能挡土又能止水。

　　木板桩适用于不含卵石及不坚硬土质的地层，且开挖深度在 4m 以内的沟槽或基坑。

　　板桩两侧有榫口连接，板厚小于 8cm 时常采用人字形榫口，厚度大于 8cm 的板桩常采用凸凹企口形榫口。桩底部为双斜面形桩脚，如打入砂砾土层，应增加铁皮桩靴。

　　钢板桩适用于砂土、粘性土、碎石类土层，开挖深度可达 30m。钢板桩的断面有 U 形、平板形和 Z 形，如图 1-22 所示。钢板桩的桩与桩之间由各种形式的锁口相互咬合。重复使用时，应对锁口和桩尖进行修整。钢板桩接长时，应焊夹板加固。

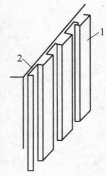

图 1-21　板桩撑

1—槽钢桩板

2—槽壁

　　预制钢筋混凝土板桩，用于连接的榫口有凸凹形和半圆形两种，如果打入砂砾层，桩尖应增焊钢板靴。

　　较浅的沟槽或基坑板桩可以不加支撑，仅依靠入土部分的土压力来维持板桩的稳定。当沟槽开挖较深时，需设置一道或几道支撑。支撑方式可根据具体情况选用横撑或上层锚杆。

　　板桩是在开挖沟槽或基坑之前沿边线打入土中，因此，板桩撑在沟槽或基坑开挖及其后序工序施工中，始终起保障安全作用。

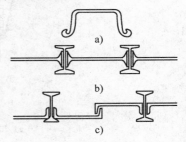

图 1-22　桩板的断面

a) U 形　b) 平板形　c) Z 形

　　在各种支撑中，板桩撑是安全度最高的支撑。因此，在弱饱和土层中，经常选用板桩撑。

　　在开挖较大基坑或使用机械挖土，而不能安装撑杠时，可改用锚碇式支撑（图 1-23）。锚桩必须设置在土的破坏范围以外，挡土板水平钉在柱桩的内侧，柱桩一端打入土内，上端用拉杆 4 与锚桩拉紧，挡土板内侧回填土。

　　在开挖较大基坑，当有部分地段下部放坡不足时，可以采用短桩横隔板支撑或临时挡土墙支撑，以加固土壁（图 1-24）。

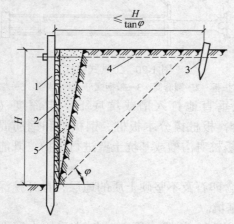

图 1-23　锚碇式支撑

1—柱桩　2—挡土板　3—锚桩　4—拉杆　5—回填土　φ—土的内摩擦角

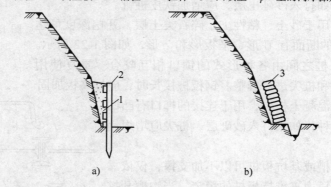

a)　　　　　　　　　　　　　b)

图 1-24　加固土壁措施

a）短桩横隔板支撑　b）临时挡土墙

1—短桩　2—横隔板　3—装土草袋

1.5.2　支撑的计算

根据实测资料表明，在排除地下水的情况下，作用在支撑上的土压力分布如图 1-25 所示，其中 γ 为土的重度，E_a 为主动土压力系数，φ 为土的内摩擦角，H 为深度，C 为土的粘聚力，b 为撑板宽度。支撑的计算内容为：确定撑板、立柱（或横木）和撑杠尺寸。

1. 撑板的计算

撑板按简支梁计算，如图 1-25 所示。

计算跨度等于立柱或横木的间距 l_1，每块撑板的宽度为 b、厚度为 d，所承

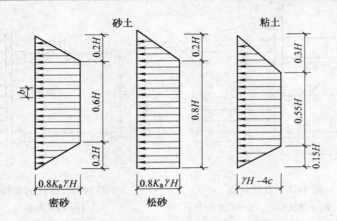

图 1-25 支撑计算的侧土压力简化计算图形

H—沟槽深度 K_a—主动土压力系数 γ—土的重度 c—土的粘聚力

受的均布荷载等于 pb（kN/m），其中 p 是侧土压力，对砂土取 $0.8\gamma H \tan^2\left(45° - \dfrac{\phi}{2}\right)$，对软粘土取 $\gamma H - 4c$。

撑板的最大弯矩为

$$M_{max} = \frac{pbl_1}{8} \tag{1-32}$$

撑板的抵抗矩为

$$W = \frac{bd^2}{6} \tag{1-33}$$

因此，撑板的最大弯曲应力为

$$\sigma = \frac{M_{max}}{W} = \frac{3pl_1}{4d^2} \leqslant [\sigma_w] \tag{1-34}$$

式中 $[\sigma_w]$——材料允许弯曲应力。

2. 立柱计算

立柱所受的荷载 q 等于撑板所传递的侧土压力，反力 R 如图 1-26 所示。计算时，假设在支座（横撑）处为简支梁，再算出最大弯矩，并校核最大弯曲应力。

3. 撑杠的计算（图 1-27）

撑杠所受的荷载等于简支立柱或横木的反力，按压杆进行强度和稳定计算。

支撑构件的尺寸取决于现场已有材料的规格，因此，支撑的计算只是对已有结构进行校核。如果支撑构件应力过大，可适当增加立柱和横撑的数目。现场施工常凭经验来确定支撑构件的尺寸。

木撑板一般长 2~6m，宽为 20~30cm，厚 5~10cm。

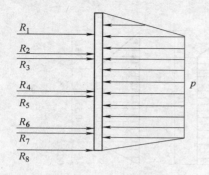

图 1-26 立柱计算

$R_1 \sim R_8$—撑杠反力 p—侧土压力

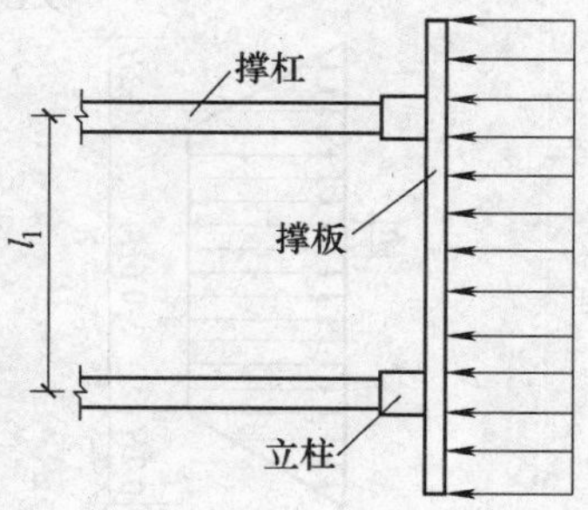

图 1-27 撑杠的计算

l_1—撑杠间距

横木的截面尺寸一般为 10cm×15cm～20cm×20cm（视槽宽而定）。立柱的截面尺寸为 10cm×10cm～20cm×20cm（视槽深而定）。槽深在 4m 以内时，立柱间距为 1.5m 左右；槽深为 4～6m 时，立柱间距在疏撑中为 1.5m，密撑为 1.2m；槽深为 6～10m 时，立柱间距为 1.5～1.2m。撑杠垂直间距一般为 1.2～1.0m。

1.5.3 支撑的设置与拆除

1. 支撑的设置

1）横撑和竖撑的设置挖槽到一定深度或到地下水位以上时，开始支设支撑，然后逐层开挖逐层支设。横撑支设顺序为：首先支设撑板并要求紧贴槽壁，而后安设立柱（或横木）和撑杠，要求横平竖直，支设牢固。竖撑的支设顺序为：将撑板密排立贴在槽壁，再将横木在撑板上下两端支设并加撑杠固定。然后随着挖土，撑板底端高于槽底，再逐块将撑板打入至槽底。根据土质，每次挖深 50～60cm，将撑板下锤一次。撑板打至槽底排水沟底为止。下锤撑板每到 1.2～1.5m，加撑杠一道。

2）板桩撑设置板桩是在开挖沟槽或基坑前，沿开挖边线打入土中，打入到要求的深度为止。

打桩的方法有锤击打桩、水冲沉桩、振动沉桩和静力压桩等，其中以打桩机锤击打桩应用最广。

2. 支撑的拆除

施工过程中，更换立柱和撑杠位置，称为倒撑。一般在下列情况下必须倒撑：

1）原支撑妨碍下一道工序正常进行。

2）原支撑不稳定。

3）一次拆撑有危险。

4）由于其他原因必须重新安设支撑。

在施工期间，应经常检查槽壁和支撑的情况，尤其在有流砂地段或雨后，更应仔细检查。如发现支撑各部件有弯曲、倾斜、松动等现象，应立即采取加固措施。如槽壁有塌方预兆，应加设支撑，而不应采取倒撑方法，以免发生安全事故。

沟槽内工作全部完成后，才可将支撑拆除。拆撑与沟槽回填应同步进行，边填边拆。板桩的拆除可在沟槽部分回填后，采取拔桩机拔桩，拔桩后所留孔洞，应及时回填土或采取冲水灌砂填实。

1.6　地基处理

在工程实际中，常遇到一些软弱土层如：土质疏松、压缩性高、抗剪强度低的软土，松散砂土和未经处理的填土。当在这种软弱地基上直接敷设管道或修建构筑物不可能时，往往需要对地基进行加固或处理。

地基处理的目的是：

1）改善土的剪切性能，提高抗剪强度。

2）降低软弱土的压缩性，减少基础的沉降或不均匀沉降。

3）改善土的透水性，起着截水、防渗的作用。

4）改善土的动力特性，防止砂土液化。

5）改善特殊土的不良地基特性（主要是指消除或减少湿陷性黄土的湿陷性和膨胀土的胀缩性等）。

地基处理的方法有换土垫层、挤密与振密、碾压与夯实、排水固结和浆液加固等五类。但常用的地基处理的方法主要为换土垫层、挤密与振密、碾压与夯实。各类方法及其原理见表 1-11。各类方法的具体采用，应从当地地基条件、目的要求、工程费用、施工进度、材料来源、可能达到的效果以及环境影响等方面进行综合考虑，并通过试验和比较，采用合理、有效和经济的处理方案，必要时还需要在构筑物整体性方面采取相应的措施。

表 1-11　地基处理方法分类

分　类	处 理 方 法	原 理 及 作 用	适 用 范 围
换土 垫层	素土垫层 砂垫层 碎石垫层	挖除浅层软土，用砂、石等强度较高的材料代替，以提高持力层土的承载力，减少部分沉降量；消除或部分消除土的湿陷性、胀缩性及防止土的冻胀作用；改善土的抗液化性能	适用于处理浅层软弱土层地基、湿陷性黄土地基（只能用灰土垫层）、膨胀土地基、季节性冻土地基
挤密 振实	砂桩挤密法 灰土桩挤密法 石灰桩挤密法 振冲法	通过挤密或振动使深层土密实，并在振动挤压过程中，回填砂、砾石等材料，形成砂桩或碎石桩，与桩周土一起组成复合地基。从而提高地基承载力，减少沉降量	适用于处理砂土粉土或部分粘土颗粒含量不高的粘性土

(续)

分 类	处理方法	原理及作用	适 用 范 围
碾压 夯实	机械碾压法 振动压实法 重锤夯实法 强夯法	通过机械碾压或夯击压实土的表层，强夯法则利用强大的夯击，迫使深层土液化和动力固结而密实，从而提高地基土的强度，减少部分沉降量，消除或部分消除黄土的湿陷性，改善土的抗液化性能	一般适用于砂土、含水量不高的粘性土及填土地基。强夯法应注意其振动对附近（约30m内）建筑物的影响
排水 固结	堆载预压法 砂井堆载预压法 排水板法 井点降水预压法	通过改善地基的排水条件和施加预压荷载，加速地基的固结和强度增长，提高地基的强度和稳定性，并使基础沉降提前完成	适用于处理厚度较大的饱和软土层，但需要具有预压的荷载和时间，对于厚的泥炭层则要慎重对待
浆液 加固	硅化法 旋喷法 碱液加固法 水泥灌浆法	通过注入水泥、化学浆液，将土粒粘结；或通过化学作用、机械拌和等方法，改善土的性质，提高地基承载力	适用于处理砂土、粘性土、粉土、湿陷性黄土等地基，特别适用于对已建成的工程地基事故处理

1.6.1 换土垫层

换土垫层是一种直接置换地基持力层软弱土的处理方法。施工时将基底下一定深度的软弱土层挖除，分层填回砂、石、灰土等材料，并加以夯实振密（图1-28）。换土垫层是一种较简易的浅层地基处理方法，在各地得到广泛应用。

换土垫层适用于较浅的地基处理，一般用于地基持力层扰动小于 0.8m 的地基处理。如有地下水，可采取满槽挤入片石的方法，由沟一端开始，依次向另一端推进，边挖边挤入片石，片石缝隙用级配砂石填充。片石厚度不小于扰动深度的 80%。垫层作为地基的持力层，可提高承载力，并通过垫层的应力扩散作用，减少对垫层下面的地基的单位面积的荷载。

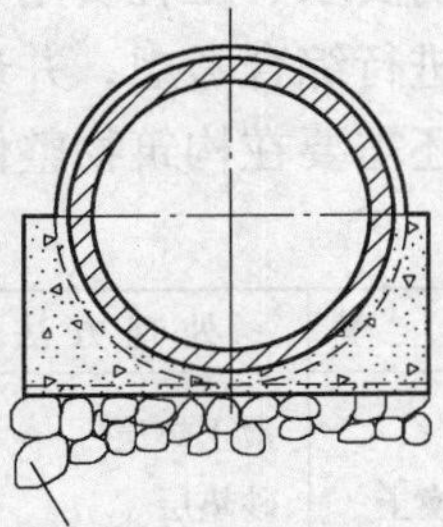

换土垫层厚度确定可采取钎插法，即人用力将 9 ~ 16mm 钢筋插入到硬底，插入土中深度即近似为地基换土垫层处理的深度。

换土垫层

图 1-28 管道的换土垫层

换土垫层施工的基本要求为：垫层材料，应分层铺设，分层压实。与地基土接触的最下一层的压实应避免对地基土的扰动。

1.6.2　挤密与振密

1. 挤密桩

挤密桩可采用类似沉管灌注桩的机具和工艺，通过振动或锤击沉管等方式成孔、在管内灌料（砂、石灰、灰土或其他材料）、加以振实加密等过程而形成的。图 1-29 为砂桩施工的机械设备。

（1）挤密砂石桩　挤密砂石桩用于处理松散砂土、填土以及塑性指数不高的粘性土。对于饱和粘土由于其透水性低，可能挤密效果不明显。此外，还可起到消除可液化土层（饱和砂土、粉土）发生振动液化。砂石桩宜采用等边三角形或正方形布置，直径可采用 300 ~ 800mm，根据地基土质情况和成桩设备等因素确定。对饱和粘土地基宜选用较大的直径。砂石桩的间距应通过现场试验确定，但不宜大于砂石桩直径的 4 倍。

桩孔内的填料宜用砾砂、粗砂、中砂、圆砾、角砾、卵石、碎石等。填料中含泥量不得大于 5%（质量分数），并不宜含有大于 50mm 的颗粒。

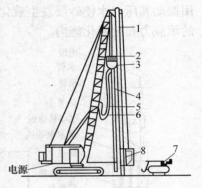

图 1-29　砂桩施工的机械设备
1—导架　2—振动机　3—砂漏斗
4—工具管　5—电缆　6—压缩空气管
7—装载机　8—提砂斗

（2）生石灰桩　在下沉钢管成孔后，灌入生石灰碎块或在生石灰中掺加适量的水硬性掺合料（如粉煤灰、火山灰等，约占30%（质量分数），经密实后便形成了桩体。生石灰桩之所以能改善土的性质，是由于生石灰的水化膨发挤密、放热、离子交换、胶凝反应等作用和成孔挤密、置换作用。

生石灰桩直径采用300 ~ 400mm，桩距为 3 ~ 3.5 倍桩径，超过 4 倍桩径的效果常不理想。

生石灰桩适用于处理地下水位以下的饱和粘性土、粉土、松散粉细砂、杂填土以及饱和黄土等地基。湿陷性黄土则应采用土桩、灰土桩。

2. 振冲法

在砂土中，利用加水和振动可以使地基密实。振冲法就是根据这个原理而发展起来的一种方法。振冲法施工的主要设备是振冲器（图 1-30a），它类似于插入式混凝土振捣器，由潜水电动机、偏心块和通水管三部分组成。振冲器由吊机就位后，同时起动电动机和射水泵，在高频振动和高压水流的联合作用下，振冲器下沉到预定深度，周围土体在压力水和振动作用下变密，此时地面出现一个陷口，往陷口内填砂一边喷水振动，一边填砂密实，逐段填料振密，逐段提升振冲器，直到地面，从而在地基中形成一根较大直径的密实的碎石桩体，一般称为振冲碎石桩。

从振冲法所起的作用来看，振冲法分为振冲置换和振冲密实两类。振冲置换法适用于处理不排水抗剪强度不小于20kPa的粘性土、粉土、饱和黄土和人工填土等地基。它是在地基土中制造一群以石块、砂砾等材料组成的桩体，这些桩体与原地基土一起构成复合地基。而振动密实法适用于处理砂土、粉土等，它是利用振动和压力水使砂层发生液化，砂土颗粒重新排列，孔隙减少，从而提高砂层的承载力和抗液化能力。

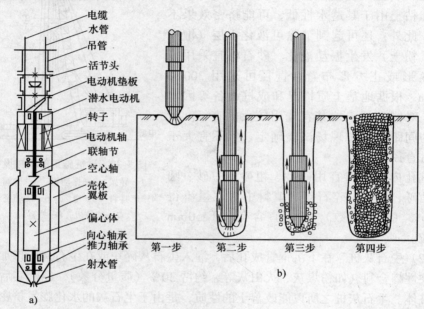

图 1-30 振冲法施工程序图

a）振冲器构造图 b）施工程序

1.6.3 碾压与夯实

1.机械碾压

机械碾压法采用压路机、推土机、羊足碾或其他压实机械来压实松散土，常用于大面积填土的压实和杂填土地基的处理。

处理杂填土地基时，应首先将建筑物范围内一定深度的杂填土挖除，然后先在基坑底部前后碾压，再将原土分层回填碾压，还可在原土中掺入部分砂和碎石等粗粒料。

碾压的效果主要取决于压实机械的压实能量和被压实土的含水量。应根据具体的碾压机械的压实能量，控制碾压土的含水量，选择合适的铺土厚度和碾压遍数。最好是通过现场试验确定，在不具备试验的场合，可参照表1-12选用。

表 1-12　垫层每层铺土厚度和碾压遍数

施 工 设 备	每层铺填厚度/cm	每层压实遍数
平碾（8~12t）	20~30	6~8
羊足碾（5~16t）	20~35	8~16
蛙式夯（200kg）	20~25	3~4
振动碾（8~15t）	60~130	6~8
振动压实机（2t，振动力98kN）	120~150	10
插入式振动器	20~50	—
平板式振动器	15~25	—

2．振动压实法

振动压实法是利用振动机（图1-31）振动压实浅层地基的一种方法，适用于处理砂土地基和粘性土含量较少、透水性较好的松散杂填土地基。

振动压实机的工作原理是由电动机带动两个偏心块以相同速度相反方向转动而产生很大的垂直振动力。这种振动机的频率为1160~1180r/min，振幅为3.5mm，自重20kN，振动力可达50~100kN，并能通过操纵机使它能前后移动或转弯。

振动压实效果与填土成分、振动时间等因素有关。一般地说振动时间越长效果越好，但超过一定时间后，振动引起的下沉已基本稳定，再振也不能起到进一步的压实效果。因此，需要在施工前进行试振，以测出振动稳定下沉量与时间的关系。对于主要是由炉渣、碎砖、瓦块等组成的建筑垃圾，其振动时间约在1min以上。对于

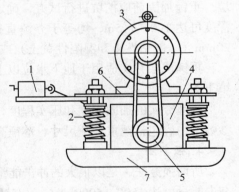

图 1-31　振动压实机示意
1—操纵机构　2—弹簧减振器　3—电动机
4—振动器　5—振动机槽轮　6—减振架
7—振动夯板

含炉灰等细颗粒填土，振动时间约为3~5min，有效振实深度为1.2~1.5m。注意振动对周围建筑物的影响。一般情况下振源离建筑物的距离不应小于3m。

3．重锤夯实法

重锤夯实法是利用起重机械将夯锤提到一定高度，然后使锤自由下落，重复夯击以加固地基的方法（图1-32）。

夯锤一般采用钢筋混凝土圆锥体（截去锥尖），其底面直径为1~1.5m，质

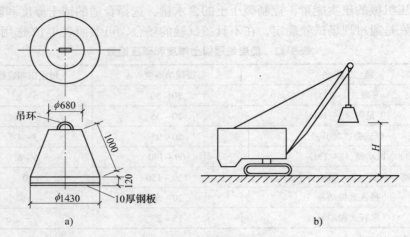

图 1-32 重锤夯实

a) 夯锤 b) 起重机械提升夯

量为 1.5~3.0t，落距 2.5~4.5m。施工时，重锤由移动式起重机吊挂而锤击土层。重锤加固前应挖坑进行试夯，确定夯实参数。经若干遍夯击后，其加固影响深度可达 1.0~1.5m，均等于夯锤直径。当最后两遍的平均击沉量不超过 10~20mm（一般粘性土和湿陷性黄土）或 5~10mm（砂土）时，即可停止夯击。

重锤浅层夯实适用于地下水位以上的非饱和粘性土、砂土、湿陷性黄土和回填土等。

重锤夯实的加固深度和压实程度，根据土质、含水量和夯实制度而定。夯实参数的内容包括锤重、锤尺寸、落锤高度、落点形式、锤击遍数等。

4. 强夯法

所谓强夯法，是以很大的冲击能量对土层进行较大深度的固结。强夯的单击夯击能量可达 1500~5000kN/m。夯锤重为 100~2000kN，锤底面积达 2~6m²，锤高度十几米到几十米，加固深度达 10~40m。

夯锤重量可由下式确定

$$H' \approx \sqrt{Mh} \tag{1-35}$$

式中 M——锤重（t）；

h——落距（m）。

有效加固深度 H 按下式计算

$$H = K\sqrt{Mh} \tag{1-36}$$

式中 K——深度影响系数，其值见表 1-13。

与传统的重锤表面夯实不同，强夯法还适用于软粘土和饱和土加固。强夯法还广泛应用于海滩和地下地基加固，尤其对湿陷性黄土的地基处理非常有效。

强夯处理软弱地基，方法简单，施工速度快，一般夯击 3～6 遍，每遍每点夯 5～20 遍，夯击间距为 5～15m，加固软粘土两遍，夯击间隔时间为 1～4 周。加固后地基承载力可提高 2～5 倍，沉降量达 0.3～3m。强夯法的加固费用一般远较其他加固方法低。

表 1-13　深度影响系数

研 究 者	K 值
美国	0.5
日本	0.4～0.7
中国建筑科学研究院	0.45（砂土）、0.6（粉土）
上海石油化工总厂设计院	0.5
太原理工大学	饱和砂土　0.5～0.6
	填土　0.6～0.8
	湿陷性黄土　0.34～0.4

5. 机械碾压法

机械碾压工具有压路机、夯捣式压路机、轮胎式压路机、振动式压路机等。夯捣式压路机是圆筒碾滚上安装羊蹄或蟹足形突块，即为羊足碾等。碾压的影响深度一般为 0.3～0.5m。如果换土回填压实地基，换土层厚度一般为 0.2～0.3m/层。换填土的含水量，碾压的每层铺土厚度、碾压遍数，碾压荷载和碾压密实度要求等应由试验测定。

1.7　土方回填

沟槽回填分为部分回填及全部回填。当管道施工完毕，尚未进行水压试验或闭水（气）试验前，在管道两侧回填部分土，是为了保证试验时，管道不产生位移的需要；当管道验收合格，则进行全部回填。尽可能早地回填，可保护管道的正常位置，避免沟槽坍塌或下雨积水，并可及时恢复地面交通。

沟槽回填土的重量一部分由管子承受。提高管道两侧（胸腔）和管顶的回填土密实度，可以减少管顶垂直土压力。根据经验，沟槽各部分的回填土密实度如图 1-33 所示。管道两侧及管顶以上 500mm 范围内的密实度应不小于 95%。

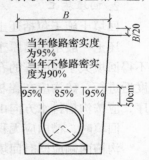

图 1-33　沟槽回填土密实度要求

1. 夯实机具

土方回填常采用如下机具：

（1）木夯、铁夯　木夯、铁夯是用人力操作的夯实机具，常在无电源或小面积及狭窄施工现场使用。

（2）蛙式夯 由夯头架、拖盘、电动机和传动减速机构组成（图1-34）。该机具构造简单，操作轻便，是目前广泛使用的一种小型机具。夯土时，电动机经带轮二级减速，使偏心块转动，从而使摇杆绕拖盘上的连接绞转动，使拖盘上下起落。夯头架也产生惯性力，使夯板作上下运动，夯实土方。同时，由于惯性作用，蛙式夯自行向前移动。夯土时，根据密实度要求及土的含水量，由试验确定夯土制度。功率为 2.8kW 的蛙式夯，在最佳含水量条件下，铺土厚度 25～30cm，夯实 3～4 遍，即可达到回填土密实度 95% 左右。

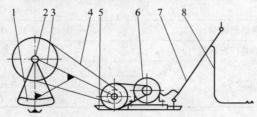

图 1-34　蛙式夯构造示意
1—偏心块　2—前轴装置　3—夯头架　4—传动装置
5—拖盘　6—电动机　7—操纵手柄　8—电器控制设备

（3）火力夯 火力夯即内燃打夯机。该机由燃料供给动力，属振动冲击式夯土机具，在最佳含水量条件下，铺土厚度 25～30cm，夯实 1～2 遍，即可达到回填土密实度 95% 左右。火力夯夯实沟槽、基坑、墙边墙角土方比较方便。

（4）履带式打夯机 用履带式起重机提升重锤，锤型有梨形和方形等形式，夯锤重量 1～4t，夯击高度为 1.5～5m。夯实土层的厚度最大可达 300cm，它适用于沟槽上部夯实或大面积夯土工作。

（5）压路机 压路机有静作用压路机和振动压路机两种。压实上层还土时使用，压实土层的厚度最大可达 50cm，工作效率较高。

2．回填施工

回填土施工包括还土、摊平、夯实、检查等几个工序。

还土一般用沟槽原土或基坑原土。在管顶以上 500mm（山区 300mm）内，不得回填大于 30mm 的石块、砖块等杂物。填土应在管道基础混凝土达到一定强度后进行；砖沟应在盖板安装后进行；现浇混凝土沟按设计规定。沟槽回填顺序，应按沟槽排水方向由高向低分层进行。

回填时，槽内应无积水，不得回填淤泥、腐殖土、冻土及有机物质。

沟槽两侧应同时回填夯实，以防管道位移。回填土时不得将土直接砸在抹带接口及防腐绝缘层上。

沟槽回填前，应建立回填制度。根据不同的压实机具、土质、密实度要求、夯击遍数、走夯形式等确定还土厚度和夯实后厚度。

胸腔和管顶上 50cm 内范围夯实时，夯击力过大，将会使管壁及接口开裂。因此，应根据管材强度及接口形式确定回填标准。给水 UPVC 管试压合格后的大面积回填，宜在管道内充满水的情况下进行。

每层土夯实后，应测定密实度。测定的方法有环刀法和贯入法两种。

回填应使沟槽上土面略呈拱形，以免日久因土沉陷而造成地面下凹。拱高，亦称余填高，一般为槽宽的 1/20，常取 15cm。

复习思考题

1．土有哪些主要的物理性质？

2．土的渗透性如何表示？怎样确定？

3．试述土压力的种类。

4．试述沟槽土的分类。

5．试述施工测量的目的和步骤。

6．给排水管道放线的要求有哪些？

7．试述沟槽断面种类及其选择。

8．沟槽断面选择时应考虑哪些因素？

9．某建筑小区铺设一条长 100m、管径为 400mm 的钢筋混凝土排水管。沟槽土为粘土，坡顶无荷载，沟槽平均挖深 1.6m；采取梯形断面，最大边坡为 1:0.33，管道采取素土基础，接口为水泥砂浆抹带接口。管道基础宽为 600mm。求沟槽开挖土方量。

10．试述换土垫层适用条件、常用材料和施工方法。

11．地基浅层压实的方法有哪些？适用哪些场合？

12．试述沟槽回填施工的内容及其基本要求。

13．试述沟槽开挖机械的种类及其适用条件。

14．试述沟槽支撑的目的和要求。

15．试述沟槽支撑的种类及其适用条件。

16．试述沟槽支撑的设置与拆除。

17．土方回填施工中，常用哪些夯实机具？各在什么场合使用？

18．土方回填施工的要点是什么？

第2章
施 工 排 水

含水土层内的水分以水气、结合水和自由水三种状态存在。结合水没有出水性。土体孔隙中的自由水在重力作用下会产生流动，土体被水透过的性质称为渗透性，通常以渗透系数 K 来表示。水在土中渗流属于"层流"。达西（法国）通过渗流实验得出水在土中的渗流规律，即达西线性渗透定律

$$V = KI \qquad (2-1)$$

式中 V——渗透速度（m/d、m/h 或 m/s）；

       I——水力坡度，$I = \dfrac{H}{L}$；

       L——水的渗流线长度（m）；

       H——在渗流线长度 L 内的水头差（m）；

       K——渗透系数（m/d、m/h 或 m/s）。

当渗水通过土体的断面积（也称过水断面）为 W 时，其渗透流量为

$$Q = KIW \qquad (2-2)$$

土的渗透系数大小取决于土的结构、土颗粒大小及粒径级配、土的密实度等。同一种土的渗透系数是随土的密度程度而变化的。表 2-1 给出的渗透系数值仅供参考。在施工中为了获得可靠的渗透系数值，应进行实测求得。

表 2-1 渗透系数 K 值

土 的 类 别	$K/$（m/d）	土 的 类 别	$K/$（m/d）
粘土	< 0.001	粉砂	0.5 ~ 1
重砂粘土	0.001 ~ 0.05	细砂	1 ~ 5
轻砂粘土	0.05 ~ 0.1	中砂	5 ~ 20
粘砂土	0.1 ~ 0.25	粗砂	20 ~ 50
黄土	0.25 ~ 0.5	砾石	50 ~ 150

当沟槽开挖到地下水位以下时，有时会出现土粒随地下水一起流动，涌入沟槽的现象，称之为"流砂"。沟槽开挖发生流砂，使得沟底土丧失承载力，恶化

了施工条件，严重时会引起塌方、滑坡，甚至危及临近建筑物或人身安全。

流砂现象一般发生在细砂、粉砂等不良土层中。而在粘性土中，由于土粒间粘聚力较大，不会发生流砂现象，但有时在承压水作用下出现整体隆起现象。因此，施工时必须消除地下水的影响，当然也必须消除地表水和雨水的影响。

施工排水的目的是将水位降至基坑、槽底以下一定的深度，以改善施工条件，稳定边坡，防止地基承载力下降。

施工排水分集水井排水和人工降低地下水位两种。前者是将流入沟槽或基坑内的地下水、地表水、雨水汇集到集水井，然后用水泵抽走。后者是在沟槽或基坑开挖前，把地下水水位降低到工作面标高以下。

2.1 集水井排水

集水井排水系统如图 2-1 所示。从槽底、槽壁渗出的地下水，经排水沟汇集到集水井，然后用水泵排出槽外。

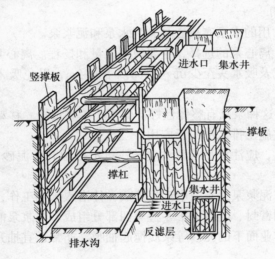

图 2-1 集水井排水系统

沟槽开挖到接近地下水位时，修建集水井并安装水泵，然后继续开挖沟槽至地下水位时，先在槽底中线处开挖排水沟，使水流向集水井。当挖至接近槽底设计标高时，排水沟改挖在槽底两侧或一侧。

1. 排水沟

排水沟断面尺寸，由地下水量而定，通常为 300mm × 300mm。排水沟底一般低于槽底 300mm，并以 3% ~ 5% 的坡度坡向集水井。

2．集水井

为了防止槽底土结构遭到破坏，集水坑应设置在沟槽范围以外，地下水走向的上游。为了防止地下水对槽底和集水井的冲刷，进水口两侧采用密撑或板桩加固，如图 2-1 所示。

当槽底为粘土或亚粘土时，通常开挖土井，或井壁用竹、木等材料加固，或设置直径不小于 0.6m 的混凝土管集水井。井底低于槽底 0.8～1.0m，并能保证排水泵的正常运行。

当土质为砂土、粉土或不稳定的亚粘土，一般采用混凝土管集水井。管径不小于 1500mm，采用沉井法或水射振动法下管，井底标高在槽底以下 1.5～2.0m 处。

混凝土管集水井井底铺设碎石滤水层，以免在抽水时间较长时将泥砂抽出，并防止井底土被搅动。

集水井的数量和间距根据地下水量、井的尺寸大小，以及水泵抽水能力而定，一般每 50～150m 设置一个。

3．水泵的选用

集水井排水常用的水泵有离心泵、潜水泵和泥浆泵。

（1）离心泵　离心泵的选择，主要根据流量和扬程。离心泵的安装，应注意吸水管接头不漏气及吸水头至少沉入水面以下 0.5m，以免吸入空气，影响水泵的正常使用。

（2）潜水泵　这种泵具有整体性好、体积小、重量轻、移动方便及开泵时不需灌水等优点，在施工排水中广泛应用。

潜水泵使用时，应注意不得脱水空转，也不得抽升含泥砂量过大的泥浆水，以免烧坏电动机。

（3）泥浆泵　泥浆泵是泵与电动机连成一体潜入水中工作，由水泵、三相异步电动机、橡胶圈密封、电器保护装置等四部分组成。泥浆泵的叶轮前部装一搅拌叶轮，它可将作业面下的泥沙等杂质搅起抽吸，非常适宜抽升含泥砂量大的泥浆水。

集水井排水是一种常用的简易的降水方法，适用于少量地下水的排除，以及槽内的地表水和雨水的排除。对软土或土层中含有细砂、粉砂或淤泥层时，不宜采用这种方法。

2.2　人工降低地下水位

人工降低地下水位就是在沟槽或基坑开挖前，在沟槽一侧或两侧埋设一定数量的滤水管（井），利用抽水设备抽水，使地下水位降低到沟槽以下，并在沟槽开挖过程中不断抽水，使所挖的土始终保持干燥状态。人工降低地下水改善了工作条件，防止了流砂发生，土方边坡也可陡些，从而减少了挖方量。

人工降低地下水位的方法根据土层性质和允许降低的不同，分为轻型井点、喷射井点、电渗井点、管井井点和深井井点等。上述各种井点所对应的渗透系数和降低水位的深度，参照表2-2。

表2-2 各种井点的适用范围

井 点 类 别	渗透系数/（m/d）	降低水位深度/m
单层轻型井点	0.1 ~ 50	3 ~ 6
多层轻型井点	0.1 ~ 50	6 ~ 12
喷射井点	0.1 ~ 2	8 ~ 20
电渗井点	< 0.1	根据选用的井点确定
管井井点	20 ~ 200	3 ~ 5
深井井点	10 ~ 250	> 15

在给排水管道工程施工中，一般采用轻型井点法就能满足需要，而在给排水构筑物基础施工中，常采用管井井点和深井井点降低地下水。

1. 轻型井点

轻型井点适用于粉砂、细砂、中砂、粗砂等渗透系数为 0.1 ~ 50m/d，要求降低地下水位深度 3 ~ 6m 的场合。

（1）轻型井点系统的组成 轻型井点系统由滤管、直管、弯联管、总管和抽水设备组成（图2-2）。滤管设在含水层内，地下水经滤管、直管、弯联管、总管，由抽水设备排除，如图2-3所示。滤管是井点设备的重要组成部分，其构造是否合理，

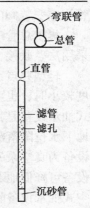

图 2-2 轻型井点
系统管路

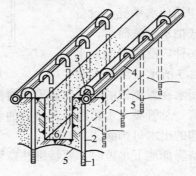

图 2-3 沟槽双排井点系统
1—滤管 2—直管 3—橡胶弯联管
4—总管 5—地下水降落曲线 6—沟槽

对抽水效果影响较大。滤管（图2-4）由镀锌钢管制作，公称通径一般取50mm，长1~1.5m，管壁钻呈三角形分布的滤孔。滤管的下端用管堵封闭；也可安装沉砂管，使地下水中夹带的砂粒沉积在管内。滤管外壁包扎滤网，防止砂粒进入。滤网材料和网孔规格根据土颗粒粒径和地下水水质而定。滤网一般分为两层，内层的滤网采用30~50眼/cm的铜丝布或尼龙丝布，外层粗滤网采用5~10眼/cm的塑料纱布。管壁与滤网之间用塑料绳骨架绕成螺旋形隔开，滤网外面用粗铁丝网保护。滤管上端与直管连接。

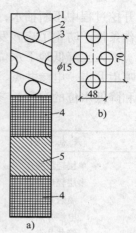

图2-4　滤管构造图
a) 井点滤管构造
b) 井点管孔眼布置
1—井点滤管　2—滤孔
3—塑料绳骨架　4—铜丝
或尼龙布　5—塑料纱布

直管与滤管管径相同，其长度5~7m。上端用弯联管与总管连接。

弯联管通常采用橡胶管，直径与直管相同。每个弯联管均应安装阀门，以便井点检修。

集水总管一般用直径150mm的钢管，总管分节，常采用法兰联接，每节长4~6m。

轻型井点系统采用真空式或射流式抽水设备。降水深度较小时，也可采用自引式抽水设备。自引式抽水设备是用离心水泵直接从总管抽水，地下水位降落深度仅为2~5m。真空式抽水设备为真空泵—离心水泵联合机组。该抽水设备可降低地下水位深度为5.5~6.5m。真空式抽水设备除真空泵、离心水泵外，还需要沉砂罐、稳压罐、冷却循环水系统，设备复杂、操作不便。射流式抽水设备简单，工作可靠，操作方便，是一种广泛应用的抽水设备。其工作原理如图2-5所示。离心水泵

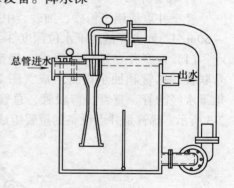

图2-5　射流泵

从水箱内抽水，泵压高压水在射流器的喷口出流形成射流，产生真空度，将地下水由滤管、直管、弯联管、总管吸入水箱内，水箱内的水经滤清后一部分参入循环，多余部分由水箱上部的出水口排除。

采用射流式抽水设备降低地下水位时，要特别注意管路、水箱的密封，否则会影响降水效果。

（2）轻型井点系统的计算　轻型井点系统的计算，是确定在降低地下水位的范围内，井点系统总涌水量计算需埋设的井点管数目、埋深、水泵的抽水能力等。计算井点系统时，应具备地质剖面图（包括含水层厚度、不透水层厚度、地

下水位线)、土的物理力学性质(包括含水土层颗粒组成、饱和含水量、土的渗透系数等)、抽水实验报告(包括井位、井径、滤管所在土层等)和井点系统设备性能等资料。

1)涌水量计算。一般地,施工中遇到的大多为潜水不完整井(图2-6),其涌水量可由下式确定

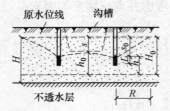

原水位线 沟槽

不透水层

图 2-6 潜水不完整井的有效带计算图

$$Q = 1.366K \frac{(2H_0 - S_0)S_0}{\lg R - \lg x_0} \tag{2-3}$$

式中 Q——涌水量(m^3/d);

K——渗透系数(m^3/d);

S_0——降水深度(m);

R——影响半径(m);

x_0——设计沟槽或基坑半径(m);

H_0——含水层有效带厚度(m)。

$H_0 = \alpha(S_0 + L)$,其中 L 为滤管长度,当 $\frac{S_0}{S_0 + L} = 0.2$ 时,$\alpha = 1.3$;当 $\frac{S_0}{S_0 + L} = 0.3$ 时,$\alpha = 1.5$;当 $\frac{S_0}{S_0 + L} = 0.5$ 时,$\alpha = 1.7$;当 $\frac{S_0}{S_0 + L} = 0.8$ 时,$\alpha = 1.85$。

2)渗透系数 K 和影响半径 R 的确定。渗透系数 K 和影响半径 R 是涌水量计算的重要参数,取值是否正确,直接影响计算结果的准确性,尽管 K 和 R 的计算方法有很多种,但为了提高涌水量计算的精度,一般应进行现场抽水试验确定。

(3)井点管数量及井距计算 井点管的数量取决于井点系统涌水量的多少和单根井点管的最大出水量,单根井点管的最大出水量与滤管的构造、尺寸、土的渗透系数有关,按下式计算

$$q = 65\pi dL \sqrt[3]{K} \tag{2-4}$$

式中 q——单根井点管的最大出水量(m^3/d);

d——滤管直径(m);

L——滤管长度（m）;

K——渗透系数（m³/d）。

井点管根数 n 按下式计算

$$n = 1.1 \frac{Q}{q} \tag{2-5}$$

式中　1.1——备用系数，考虑井点管堵塞等因素;

$\quad\quad$ Q——涌水量（m³/d）。

井点管间距 l 按下式计算

$$l = \frac{L_0}{N} \tag{2-6}$$

式中　L_0——集水总管长度（m）;

$\quad\quad$ N——井点管根数。

在确定井点管间距时，应注意以下几点：

1）井距不能过小，否则彼此干扰大，影响出水量，因此井距必须大于 $5\pi d$。

2）在总管拐弯处及靠近河流处，井点管宜适当加密。

3）在渗透系数小的土中，考虑到抽水使水位降落的时间比较长，宜使井距靠近。

4）间距应与总管上的接口间距相配合。

（4）轻型井点布置　轻型井点的布置要根据沟槽或基坑的平面形状及尺寸、沟槽或基坑的深度、土质、地下水位高低及流向、降水深度要求等因素确定。

1）平面布置。沟槽降水，可采用单排或双排布置。一般情况下，槽宽小于 2.5m，要求降低地下水位深度不大于 4.5m 时，可采用单排井点平面布置，并布置在地下水流上游一侧。

井点管应布置在沟槽或基坑上口边缘外 1～1.5m 处。布置过近，不利于施工，而且可能使井点露出而与大气连通，破坏井点真空系统。

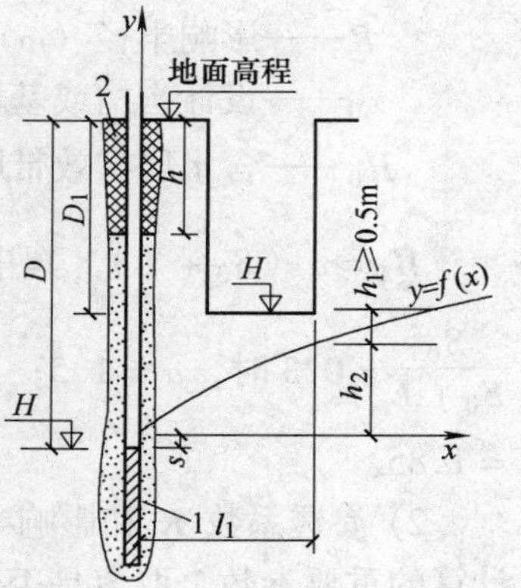

2）高程布置。轻型井点的降深一般不超过 6m。井点管上端的埋设高程由下式确定（图 2-7）

图 2-7　井点管埋设高程

1—砂圈过滤层　2—粘土密封

D—地面至滤管顶标高的距离

D_1—地面至槽底的距离

$$H = H_1 + h_1 + h_2 + s \tag{2-7}$$

式中　H——井点管上端埋设高程（m）;

$\quad\quad$ H_1——槽底高程（m）;

$\quad\quad$ h_1——降水后地下水位与槽底的最小距离，根据施工要求，$h_1 \geq 0.5m$;

h_2——水力坡降，$h_2 = Il_1$，I 为水力梯度，在细砂、粉砂层取 1/8 ~ 1/10，l_1 为井点管距对面槽底边缘距离（m）；

s——井点管壁局部损失（m），取 0.5m。

为了提高降水深度，总管埋设高程应接近原地下水位。一般情况下，总管位于原地下水位以上 0.2 ~ 0.3m。因此，总管和井点管通常是开挖小沟进行埋设或设置在基坑分层开挖的平台上。总管布置以 1/1000 ~ 2/1000 的坡度坡向水泵。

抽水设备常设置在总管中部或一端，水泵进水管轴线尽量与地下水位接近，常与总管在同一标高，或高出 0.5m 左右，但水泵轴线不宜低于原地下水位以上 0.5 ~ 0.8m。

（5）轻型井点的施工顺序　开挖井点沟槽，敷设集水总管；冲孔，沉设井点管，灌填砂滤料；弯联管与集水总管连接；安装抽水设备；试抽。

井点管的埋设方法有射水法、冲孔（或钻孔）法及套管法，根据设备条件及土质情况选用。

射水法是在井点管的底端装上水冲装置来冲孔下沉井点管，如图 2-8 所示。冲孔装置内装有球阀和环阀，用高压水冲孔时，球阀下落，高压水流在井点管底部喷出使土层形成孔洞，井点管依靠自重下沉，泥砂从井点管和土壁之间的孔隙内随水流排出，较粗的砂粒随井点下沉，形成滤层的一部分。当井点管达到设计标高后，冲水停止，球阀上浮，可防止土进入井点管内，然后立即填砂滤层。冲孔直径应不小于 300mm，冲孔深度应比滤管深 0.5m 左右，以利沉泥砂。井点管要位于砂滤层中层。

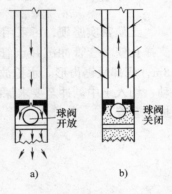

a)　　　　　b)

图 2-8　直接用井点管水冲
a）水向下冲射　b）抽水时

冲孔法是用直径为 50 ~ 70mm 的冲管冲孔后，再沉放井点管，如图 2-9 所示。

冲管长度一般比井点管约长 1.5m，下端装有圆锥形冲嘴，在冲嘴的圆锥面上钻有 3 个喷水小孔，各孔之间焊有三角形立翼，以辅助冲水时扰动土层，便于冲管更快下沉。冲管上端用橡胶管与高压水泵连接。加快冲孔速度，减少用水量，有时还在冲管两旁加装压缩空气管。

冲孔前先在井点管位置开挖小坑，并用小沟渠将小坑连接起来，以便排水。冲孔时，先将冲管吊起并插在井点坑内，然后开动高压水泵将土冲松，冲管边冲边沉，冲孔时应使孔洞保持垂直，上下孔径一致。冲孔直径一般为 300mm，以保证管壁有一定厚度的砂滤层；冲孔深度一般比滤管底深 0.5mm 左右。

井孔冲成后，拔出冲管，立即插入井点管，并在井点管与孔壁之间填灌砂滤层。砂滤层所用的砂一般为粗砂，滤层厚 60 ~ 100mm，填充高度至少要到滤管顶以上 1 ~ 1.5m，也可填到原地下水位线，以保证水流畅通。

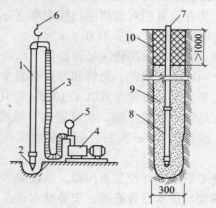

图 2-9　冲管冲孔法

1—冲管　2—冲嘴　3—橡胶管　4—高压水泵　5—压力表

6—起重吊钩　7—井点管　8—滤管　9—填砂　10—粘土封口

土质密实坚硬，可采用套管辅助切土。若土质十分松软，可用套管在冲土时支撑孔壁。套管冲沉井点管如图 2-10 所示。套管直径为 350 ~ 400mm，长 6 ~ 8m，底部呈锯齿形。水枪放在套管内。冲孔时，套管由起重机吊起并作上下移动，切入土中。冲至要求深度，放入井点管，并在套管内填入砂滤层，同时慢慢拔出套管。

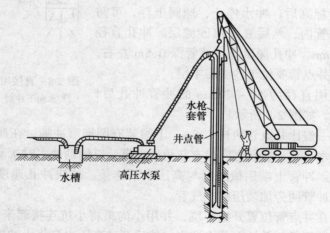

图 2-10　套管冲沉井点管

每根井点管沉设后应检验渗水性能。井点管与孔壁之间填砂滤料时，管口应有泥浆水冒出，或向管内灌水时，能很快下渗，方为合格。

井点管沉设完毕，即可接通总管和抽水设备，然后进行试抽。要全面检查管路接头质量，井点出水状况和抽水设备运行情况等。如发现漏气和死井（井点管淤塞）要及时处理，检查合格后，井点孔口到地面距离范围内，应用粘土填塞，以防漏气，填深不小于1m。

轻型井点使用时，应连续抽水（特别是开始阶段）。时抽时停，易使滤管堵塞，也易抽出土粒，使出水混浊，并可能造成附近建筑物下土粒流失而使地面沉降。抽水过程中应调节离心泵的出水阀以控制水量，使抽水保持均匀。

井点系统的拆除，应从水泵停止抽水后进行。用起重机拔起井点管，若井点管难拔时，可用高压水自直管冲下后再拔。拔出后的井点管和直管应检修保养。井点管埋设孔一般用砂土回填。

2. 喷射井点

当沟槽或基坑开挖较深，降水深度要求大于6m时，宜采用喷射井点降水，降深可达8～20m。在渗透系数为3～50m/d的砂土中应用此法最为有效，在对渗透系数为0.1～3m/d的粉砂、淤泥质土中效果也较显著。根据工作介质不同，喷射井点分为喷水井点和喷气井点两种。国内目前采用较多的为喷水井点。

(1) 喷射井点设备与布置　喷射井点设备由喷射井管、高压水泵及进水排水管路组成（图2-11a）。喷射井管有内管和外管，在内管下端设有喷射器与滤管相连（图2-11b）。高压水（0.7～0.8MPa）经外管与内管之间的环形空间，并经喷射器侧孔流向喷嘴，由于喷嘴处截面突然缩小，压力水经喷嘴以很高的流速喷入混合室，使该室压力下降，造成一定的真空度。此时，地下水被吸入混合室与高压水汇合，流经扩散管，由于截面扩大，水流速度相应减小，使水的压力逐渐升高，沿内管上升经排水总管排出。

高压水泵宜采用流量为50～80m³/d的多级高压水泵，每套约能带动20～30根井管。

喷射井点的平面布置，当基坑宽小于10m时，井点可作单排布置；当大于10m时，可作双排布置；当基坑面积较大时，宜采用环形布置（图2-11c）。井点间距一般采用2～3m。

(2) 喷射井点的施工与使用　喷射井点的施工顺序为：安装水泵及进出水管路；敷设进水总管和回水总管；沉设井点管并灌填砂滤料，接通进水总管及时进行单根井点试抽，检验；全部井点管沉设完毕后，接通回水总管，全面试抽，检查整个降水系统的运转状况及降水效果。然后让工作水循环进行正式工作。

为防止喷射器磨损，宜采用套管法成孔，加水及压缩空气排泥，当套管内含泥量小于5%时才下井管及灌填滤水层，然后再将套管拔起。冲孔直径400～600mm，深度应比滤管底深1m以上。

进水、回水总管与每根井点管的连接均需设置阀门，以便调节使用和防止不抽水时发生回水倒灌。井点管路接口应严密，以防漏气。

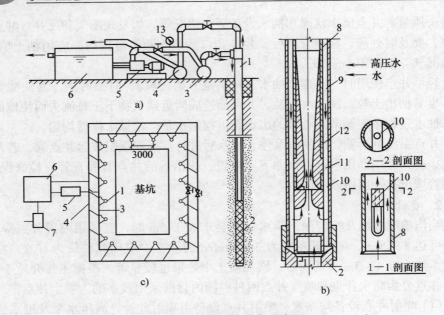

图 2-11 喷射井点设备及布置
a) 井点设备组成　b) 井管断面图　c) 井点平面布置图
1—喷射井管　2—滤管　3—进水总管　4—排水总管　5—高压水泵　6—集水池
7—水泵　8—内管　9—外管　10—喷嘴　11—混合室　12—扩散管　13—压力表

开泵初期，压力要小于 0.3MPa，以后再逐渐正常。抽水时若发现井管周围有泛砂冒水现象，应立即关闭井点管进行检修。工作水应保持清洁，试抽两天后应更换清水，以减轻工作水对喷嘴及水泵叶轮的磨损。

（3）喷射井点计算　喷射井点的涌水量计算及确定井点管数量与间距、抽水设备等均与轻型井点计算相同。

3．管井井点

在土的渗透系数大（$K \geqslant 20\text{m/d}$）、地下水量大的土层中，宜采用管井井点。

管井井点是沿基坑周围每隔一定距离（20～50m）设置一个管井，每个管井单设一台水泵不断抽水来降低地下水位。降水深度 3～15m。

井管一般用直径为 200mm 的钢管制作，过滤部分可采用钢筋焊接骨架，外缠镀锌铁丝，并包滤网。管井井点采用离心式水泵或潜水泵抽水。

4．深井井点

当降水深度较大，在管井井点内采用一般的离心泵或潜水泵满足不了降水要求时（降水深度大于 15m），可加大管井深度，改为深井泵，即为深井井点。深井泵分为电动机安装在地面上的深井泵及深井潜水泵等。

5．电渗井点

对于渗透系数 <0.1m/d 的土层（如粘土、淤泥、砂质粘土等），宜采取电渗

井点。

电渗井点的原理源于电动试验。在含水细颗粒土中，插入正、负电极并通过直流电后，土颗粒从负极向正极移动，水由正极向负极移动，前者称电泳现象，后者称电渗现象，而全部现象为电动现象。

另外，天然状态的粘土颗粒分散在水溶液中，水分子具有极性，在粘土中按极性取向，包围在颗粒外，形成水化膜，构成土粒表面的束缚水。束缚水分粘结水和粘滞水两种。粘结水以结合水状态存在，无出水性，不易排除，它对施工无影响。粘滞水有较大的自由度，可因电动作用以自由水状态而排除。

在弱透水层中降水，可以形成毛细水区域。被排除的粘滞水在土层中转化为毛细水。含有毛细水的饱和土无出水性。因此，电渗井点可使地下水位降低，从而提高土体的稳定性和耐压强度。

复习思考题

1. 施工排水的目的和要求是什么？
2. 试述施工排水的方法及其适用条件。
3. 试述集水井排水系统的组成。
4. 试述集水井抽水设备及其适用条件。
5. 试述喷射井点布置方式以及井管的制作。
6. 试述管井井点、深井井点降水的特点及其适用范围。

第3章

钢筋混凝土工程

混凝土结构是以混凝土为主要材料制成的结构，包括素混凝土结构、钢筋混凝土结构和预应力钢筋混凝土结构等。素混凝土结构是指由无筋或不配置受力钢筋的混凝土制成的结构；钢筋混凝土结构是指由配置受力钢筋的混凝土制成的结构；预应力钢筋混凝土结构是指由配置受力的预应力钢筋通过张拉或其他方法建立预加应力的混凝土制成的结构。其中，钢筋混凝土结构在水处理构筑物施工中应用最为广泛。

钢筋混凝土结构是以混凝土承受压力、钢筋承受拉力，能比较充分合理地利用混凝土（高抗压性能）和钢筋（高抗拉性能）这两种材料的力学特性。与素混凝土结构相比，钢筋混凝土结构承载力大大提高，破坏也呈延性特征，有明显的裂缝和变形发展过程。钢筋有时也可以用来协助混凝土受压，改善混凝土的受压破坏脆性性能和减少截面尺寸。对于一般工程结构，其经济指标优于钢结构。技术经济效益显著。

钢筋混凝土结构具有用材合理、耐久性好、耐火性好、可模性好、整体性好、易于就地取材等特性。但也存在自重偏大、抗裂性差、施工比较复杂，工序多、新老混凝土不易形成整体，混凝土结构一旦破坏，修补和加固比较困难等不利因素。

钢筋混凝土结构可以采用现场整体浇筑结构，也可以是预制构件装配式结构。现场浇筑整体性好，抗渗和抗震性较强，钢筋消耗量也较低，可不需大型起重运输机械等。但施工中模板材料消耗量大，劳动强度高，现场运输量较大，建设周期一般也较长。预制构件装配式结构，由于实行工厂化、机械化施工，可以减轻劳动强度，提高劳动生产率，为保证工程质量，降低成本，加快施工速度，并为改善现场施工管理和组织均衡施工提供了有利的条件。

钢筋混凝土工程由钢筋工程、模板工程和混凝土工程所组成。在施工中应选择合适的建筑材料、施工工艺和施工技术，由多种工种密切配合完成钢筋混凝土工程施工。钢筋混凝土工程的施工程序如图3-1所示。同时，在钢筋混凝土工程中，新材料、新结构、新技术和新工艺得到了广泛的应用与发展，并已取得了显著的成效。

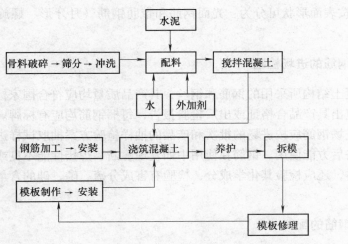

图 3-1　钢筋混凝土工程施工程序图

3.1　钢筋工程

钢筋工程施工应遵循 GBJ 141—1990《给水排水构筑物施工及验收规范》，其中未包括的部分须遵循 GB 50204—2002《混凝土结构工程施工质量验收规范》的要求。

3.1.1　钢筋的分类

钢筋混凝土结构中使用的钢筋可以按加工工艺、化学成分、力学性能、表面形状等不同的方法进行分类。分类方法如下：

1）按加工工艺可分为：热轧钢筋、冷加工钢筋、热处理钢筋、高强钢丝和钢绞线等。其中后三种用于预应力钢筋混凝土结构。

2）按化学成分可分为：碳素钢钢筋和普通低合金钢钢筋。碳素钢钢筋按碳含量多少，可分为低碳钢钢筋（碳的质量分数低于 0.25%）、中碳钢钢筋（碳的质量分数为 0.25%～0.7%）和高碳钢钢筋（碳的质量分数为 0.7%～1.4%）。碳含量增加，能使钢材强度提高，性质变硬，但也使钢材的可塑性和韧性降低，焊接性能变差。普通低碳钢钢筋是在炼钢时对碳素钢加入少量合金元素而形成的。低合金钢钢筋具有强度高、塑性及可焊性好的特点，因而应用较为广泛。

3）热轧钢筋按力学性能可分为：HPB235、HRB335 和 HRB400 或 RRB400 三级。HPB235 钢筋屈服强度 235N/mm²，HRB400 钢筋屈服强度 400N/mm²。

工程中普遍使用的主力受力钢筋是 HRB335，辅助钢筋大多为等级更低的 HPB235。

4）按表面形状可分为：光面钢筋和带肋钢筋（月牙形、螺旋形、人字形钢筋）等。

3.1.2 钢筋的进场检验

混凝土结构所采用的钢筋和钢丝，其产品质量均应符合国家标准。钢筋出厂时厂家应出具产品合格证或出厂检验报告，每捆钢筋均应有标牌。按施工规范要求，对进场钢筋应按进场的批次和产品的抽样检验方案抽取试样进行机械性能试验，合格后方能使用。钢筋在使用中如发现脆断、焊接性能不良或机械性能显著不正常时，还应检验其化学成分，检验有害成分硫、磷、砷的含量是否超过允许范围。

3.1.3 钢筋的配料

钢筋的配料是根据施工图中的构件配筋图，分别计算各种形状和规格的单根钢筋下料的长度和根数。钢筋因弯曲或弯钩会使其长度变化，在配料中不能直接根据图样中的尺寸下料，必须了解混凝土保护层、钢筋弯曲、弯钩等规定，再根据图中尺寸计算其下料长度。

1. 钢筋下料长度计算

各种钢筋下料长度计算方法如下：

直钢筋下料长度 = 构件长度 − 保护层厚度 + 弯钩增加长度

弯起钢筋下料长度 = 直段长度 + 斜段长度 − 弯曲调整值 + 弯钩增加长度

箍筋下料长度 = 箍筋周长 + 箍筋调整值

上述钢筋需要搭接时，还应增加钢筋搭接长度。

2. 弯曲调整值

在设计图中，钢筋的尺寸一般按外包尺寸标注，但加工下料长度应按中线计算。钢筋在弯曲处形成圆弧，但弯曲后轴线长度不变。钢筋的量度方法是沿直线量外包尺寸，如图 3-2 所示。因此计算下料长度时，必须从外包尺寸中扣除量度差值。这一工作是对外包长度的调整，因此量度差值也叫"弯曲调整值"。根据理论推算并结合实践经验，钢筋弯曲的调整值可参见表 3-1。

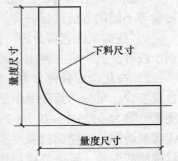

图 3-2　钢筋弯曲时的量度方法

表 3-1　钢筋弯曲调整值

钢筋弯曲角度	30°	45°	60°	90°	135°
钢筋弯曲调整值	$0.35d$	$0.5d$	$0.85d$	$2d$	$2.5d$

注：d 为钢筋直径。

3. 弯钩增加长度

钢筋的弯钩形式有三种，即半圆弯钩、直弯钩及斜弯钩，如图 3-3 所示。钢筋端部弯钩长度一般只计外包线（钩顶切线）以外需要增加的长度。这个需要增加的长度与弯钩的制作方法和弯钩形式有关。人工弯制时，为了有利于钢筋扳子卡固，端部要留有平直段（一般 $3d$），机械弯制时，平直段可以缩短，甚至取消。半圆弯钩是最常用的一种弯钩。直弯钩多用在柱钢筋的下部、箍筋和附加钢筋中。斜弯钩多用在直径较小的钢筋中。弯钩增加长度为：半圆弯钩为 $6.25d$，直弯钩为 $3.5d$，斜弯钩为 $4.9d$。

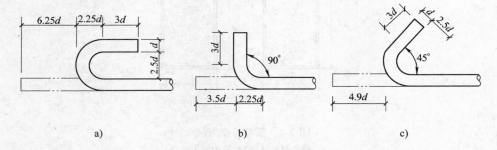

图 3-3　钢筋弯钩计算简图
a）半圆弯钩　b）直弯钩　c）斜弯钩

在生产实践中，由于实际弯心直径与理论弯心直径有时不一致，钢筋粗细和机具条件不同等而影响平直部分的长短（手工弯钩时，平直部分可适当加长；机械弯钩时，平直部分可适当缩短），因此在实际配料计算时，对弯钩增加长度常根据工程具体情况，采用表 3-2 中的经验数据。

表 3-2　半圆弯钩增加长度（用机械弯）

钢筋直径 d/mm	一个弯钩	两个弯钩
4	$8d$	$16d$
5	$7d$	$14d$
6	$6d$	$12d$
8 ~ 10	$5d$	$10d$
12 ~ 16	$5.5d$	$11d$
18 ~ 22	$5d$	$10d$
25 ~ 32	$4.5d$	$9d$

注：d 为钢筋直径。

4．弯起钢筋斜长

弯起钢筋的斜长系数见表 3-3。

表 3-3 弯起钢筋斜长系数

弯起角度	$\alpha = 30°$	$\alpha = 45°$	$\alpha = 60°$
斜边长度 S	$2h_0$	$1.41h_0$	$1.15h_0$
底边长度 L	$1.732h_0$	h_0	$0.575h_0$
增加长度 $S-L$	$0.268h_0$	$0.41h_0$	$0.575h_0$

注：h_0 为弯起高度。

5．箍筋调整值

箍筋调整值，即为弯钩增加长度和弯曲调整值两项之差或和，根据箍筋量外包尺寸或内皮尺寸确定，如图 3-4 所示。箍筋调整值见表 3-4。

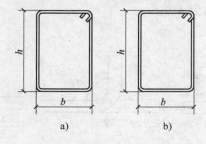

a)   b)

图 3-4 箍筋量度方法

a) 量外包尺寸   b) 量内皮尺寸

表 3-4 箍筋调整值

箍筋量度方法	箍 筋 直 径/mm			
	4 ~ 5	6	8	10 ~ 12
量外包尺寸	40	50	60	70
量内皮尺寸	80	100	120	150 ~ 170

3.1.4 钢筋的代换

施工中缺少设计图样中所要求的钢筋的品种或者规格时，以现有的钢筋品种或者规格代替设计所要求的钢筋的品种或者规格，以促使施工能按计划进度进行。钢筋的代换原则为：

1）等强度代换：按钢筋承担的拉、压能力相等原则进行代换。

2）等面积代换：按钢筋面积相等的原则进行代换。

3）等弯矩代换：按抗弯能力相等的原则进行代换。

4）进行抗裂验算：对构件裂缝开展宽度有控制要求的。

5）满足构造要求：钢筋间距、最小直径、钢筋根数、锚固长度等。

钢筋代换时，必须充分了解设计意图和代换材料性能，并严格遵守现行钢筋混凝土设计规范的各项规定；凡重要结构中的钢筋代换，应征得设计单位同意。

钢筋代换后，应满足构造方面的要求（如钢筋间距、最小直径、最少根数、锚固长度、对称性等）及设计中提出的特殊要求（如冲击韧性、抗腐蚀性等）。

3.1.5　钢筋的加工

钢筋的调直、除锈、剪切、弯曲等工作，都是钢筋加工的具体内容。

（1）钢筋的调直　钢筋成型加工之前必须进行的工作就是调直。调直的方法可以用调直机、卷扬机等机械调直；也可以人工在钢板上用锤子敲打；更多的是采用冷拉法。当采用冷拉方法调直钢筋时，HPB235 级钢筋的冷拉率不宜大于4%；HRB335 级、HRB400 级和 RRB400 级钢筋的冷拉率不宜大于 1%。冷拔钢丝和冷轧带肋钢筋调直后，其抗拉强度一般要降低则可适当降低调直筒的转速和调直块压紧程度。

（2）钢筋的除锈　钢筋在运输、存放等管理过程中，难免会沾污油渍、漆污、生锈等。过去在施工前，除锈是必须要进行的工序，以免影响与混凝土的粘接。但实践证明，不严重的锈对粘接性并无影响。所以，现在对轻度的锈蚀不再清除。在冷拉、调直等加工工序中，锈会自动脱落。生锈严重的一般还是要清理。常用的除锈方法有：钢丝刷擦刷，机动钢丝轮擦磨，机动钢丝刷磨刷，喷沙枪喷沙，生锈很严重，有特殊要求的，可在硫酸或者盐酸池中进行酸洗除锈。

（3）钢筋的剪切　钢筋的剪切是指钢筋的下料切断。这一工作主要是选择合适的剪切机具。常用的剪切机具有：电动剪切机或液压剪切机（剪切 $\phi40mm$ 以下的钢筋）、手动剪切器（剪切 $\phi12mm$ 以下的钢筋）、氧炔焰切割、电弧切割（切割特粗钢筋）。

（4）钢筋的弯曲成型　$\phi40mm$ 以下的钢筋一般用专门的钢筋弯曲机弯曲成型，弯曲机可弯 $\phi6mm \sim 40mm$ 的钢筋。大于 $\phi25mm$ 的钢筋当无弯曲机时也可采用扳钩弯曲。

（5）钢筋加工的质量检验　钢筋加工质量检验的数量按每工作班同一类型钢筋、同一加工设备检查不应少于 3 件。钢筋加工的允许偏差见表 3-5。

表 3-5　钢筋加工的允许偏差值

项　　目	允许偏差/mm
受力钢筋顺长度方向全长的净尺寸	±10
弯起钢筋的弯折位置	±20
箍筋内的净尺寸	±5

3.1.6 钢筋的焊接

钢筋焊接方法很多，焊接设备复杂，技术要求较高。用焊接方法将钢筋连接起来，与绑扎相比，可以改善结构受力性能，提高工效，节约钢筋，降低成本。钢筋的焊接应按 JGJ 18—2003《钢筋焊接及验收规程》规定执行。

钢筋的焊接方法有：闪光对焊、电弧焊、电渣压力焊、电阻点焊、气压焊等。钢筋的焊接质量与钢材的可焊性、焊接工艺有关。

钢筋的接头宜设置在受力较小处。同一纵向受力钢筋不宜设置两个或两个以上接头。接头末端至钢筋弯起点的距离不应小于钢筋直径的 10 倍。在施工现场应按（JGJ 107—2003）《钢筋机械连接通用技术规程》、（JGJ 18—2003《钢筋焊接及验收规程》的规定，对钢筋机械连接接头、焊接接头的外观进行检查，其质量应符合有关规程的规定。

当受力钢筋采用机械连接接头或焊接接头时，设置在同一构件内的接头宜相互错开。纵向受力钢筋机械连接接头及焊接接头连接区段的长度为 $35d$（d 为纵向受力钢筋的较大直径）且不小于 500mm，凡接头中点位于该连接区段长度内的接头，均属于同一连接区段。同一连接区段内，纵向受力钢筋机械连接及焊接的接头面积百分率为该区段内有接头的纵向受力钢筋截面面积与全部纵向受力钢筋截面面积的比值。同一连接区段内，纵向受力钢筋的接头面积百分率应符合设计要求；当设计无具体要求时，应符合下列规定：

1）在受压区不宜大于 50%。

2）接头不宜设置在有抗震设防要求的框架梁端、柱端的箍筋加密区；当无法避开时，对等强度高质量机械连接接头，不应大于 50%。

3）直接承受动力荷载的结构构件中，不宜采用焊接接头；当采用机械连接接头时，不应大于 50%。

同一构件中相邻纵向受力钢筋的绑扎搭接接头宜相互错开。绑扎搭接接头中钢筋的横向净距不应小于钢筋直径，且不应小于 25mm。钢筋绑扎搭接接头连接区段的长度为 $1.3l_1$（l_1 为搭接长度），凡搭接接头中点位于该连接区段长度内的搭接接头均属于同一连接区段。

1. 闪光对焊

闪光对焊广泛应用于钢筋接长及预应力钢筋与螺纹端杆的焊接。热轧钢筋宜优先采用闪光对焊。

钢筋闪光对焊的原理如图 3-5 所示，是利用对焊机使两段钢筋接触，通过低电压的强电流，待钢筋被加热到一定温度变软后，进行轴向加压顶锻，形成对焊接头。对焊广泛应用于 HPB235、HRB335 和 HRB400 或 RRB400 等各级钢筋的接长及预应力钢筋与螺纹端杆的焊接。

根据钢筋品种、直径和所用焊机功率等不同，闪光对焊可分为连续闪光焊、预热闪光焊和闪光-预热-闪光焊三种工艺。

（1）连续闪光焊 连续闪光焊工艺过程包括连续闪光和顶锻过程。施焊时，先闭合电源，使两钢筋端面轻微接触，此时端面的间隙中即喷射出火花般熔化的金属微粒——闪光，接着徐徐移动钢筋使两端面仍保持轻微接触，形成连续闪光。当闪光到预定的长度，使钢筋接头加热到将近熔点时，以一定的压力迅速进行顶锻。先带电顶锻，再无电顶锻到一定长度，焊接接头即告完成。

（2）预热闪光焊 预热闪光焊是在连续闪光焊前增加一次预热过程，以扩大焊接热影响区。其工艺过程包括预热、闪光

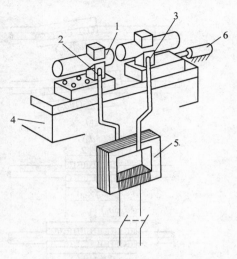

图 3-5 钢筋闪光对焊原理
1—焊接的钢筋 2—固定电极 3—可动电极
4—机座 5—变压器 6—手动顶压机构

和顶锻过程。施焊时先闭合电源，然后使两钢筋端面交替地接触和分开，这时钢筋端面的间隙中即发生断续的闪光，而形成预热的过程。当钢筋达到预热的温度后进入闪光阶段，随后顶锻而成。

（3）闪光-预热-闪光焊 闪光-预热-闪光焊是在预热闪光焊前加一次闪光过程，以便使不平整的钢筋端面烧化平整，使预热均匀。其工艺过程包括：一次闪光、预热、二次闪光及顶锻过程。钢筋直径较粗时，宜采用预热闪光焊和闪光-预热-闪光焊。

2．电弧焊

电弧焊是利用弧焊机使焊条与钢筋之间产生高温电弧，使钢筋熔化而连接在一起，冷却后形成焊接接头。

钢筋电弧焊的接头形式有：搭接焊接头、帮条焊接头、坡口焊接头、熔槽帮条焊接头和水平钢筋窄间隙焊接头，如图 3-6 所示。

钢筋焊接加工的效果与钢材的焊接性有关，即指被焊钢材在采用一定焊接材料和焊接工艺条件下，获得优质焊接接头的难易程度。钢筋的焊接性与其碳含量及合金元素含量有关，碳含量增加，焊接性降低；锰含量增加也影响焊接效果。含适量的钛，可改善焊接性能。钢筋的焊接效果还与焊接工艺有关，即使较难焊的钢材，如能掌握适宜的焊接工艺也可获得良好的焊接质量。

钢筋电弧焊接头外观检查时，应在接头清渣后逐个进行目测或量测，并应符合下列要求：焊缝表面平整，不得有较大的凹陷、焊瘤；接头处不得有裂纹；咬

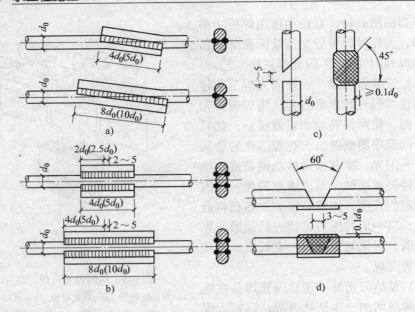

图 3-6　钢筋电弧焊的接头形式

a) 搭接焊接头　b) 帮条焊接头　c) 立焊的坡口焊接头　d) 平焊的坡口焊接头

边、气孔、夹渣等，以及接头尺寸偏差不得超过表 3-6 的规定；坡口焊的焊缝加强高度为 2~3mm。外观检查不合格的接头，经修整或补强后，可提交二次验收。

表 3-6　电弧焊钢筋接头尺寸和缺陷的允许偏差

次	偏差项目名称	单　位	允许偏差值
1	帮条对焊接头中心的纵向偏移	mm	$0.50d$
2	接头处钢筋轴线的曲折	度	4
3	接头处钢筋轴线的偏移	mm	$0.1d$ (3)
4	焊缝高度	mm	$-0.05d$
5	焊缝宽度	mm	$-0.10d$
6	焊缝长度	mm	$-0.50d$
7	横向咬肉深度	mm	0.5
8	焊缝表面上气孔和夹渣在长 $2d$ 的焊缝表面上（对坡口焊为全部焊缝上）	个　mm²	2　6

注：1. 允许偏差值在同一项目内如有两个数值时，应按其中较严的数值控制。

　　2. d 为钢筋直径。

　　钢筋电弧焊接头拉力试验，应从成品中每批抽取三个接头进行拉伸试验。对装配式结构节点的钢筋焊接接头，可按生产条件制作模拟试件。接头拉力试验结果，应符合三个试件的抗拉强度均不得低于该级别钢筋的抗拉强度标准值；至少有两个试件呈塑性断裂。当检验结果有一个试件的抗拉强度低于规定指标，或有两个试件发生脆性断裂时，应取双倍数量的试件进行复验。

3. 点焊

点焊是将钢筋交叉点放入点焊机的两电极间，使钢筋通电发热至一定温度后，加压使焊点金属焊牢。点焊的工作原理如图 3-7 所示。

点焊过程可分为：预压、加热熔化、冷却结晶三个阶段。钢筋点焊工艺，根据焊接电流大小和通电时间长短，可分为强参数工艺和弱参数工艺。强参数工艺的电流强度较大（120 ~ 360A/mm²），通电时间短（0.1 ~ 0.5s）；这种工艺的经济效果好，但点焊机的功率要大。弱参数工艺的电流强度较小（80 ~ 160A/mm²），而通电时间较长（0.5s 至数秒）。点焊热轧钢筋时，除因钢筋直径较大，焊机功率不足，需采用弱参数工艺外，一般都可采用强参数工艺，以提高点焊效率。点焊冷处理钢筋时，为了保证点焊质量，必须采用强参数工艺。

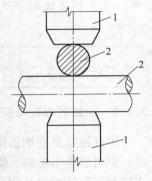

图 3-7　点焊原理
1—电极　2—钢筋

点焊制品的外观检查，应按同一检验批内，对梁、柱和独立基础，应抽查构件数量的 10%，且不少于 3 件；对墙和板，应按有代表性的自然面抽查 10%，且不少于 3 面；对大空间结构，墙可按相邻轴线间高度 5m 左右划分检查面，板可按纵横轴线划分检查面，抽查 10%，且均不少于 3 面。外观检查的内容主要包括：焊点处熔化金属均匀；无脱落、漏焊、裂纹、多孔性缺陷及明显的烧伤现象；量测制品总尺寸，并抽纵横方向 3 ~ 5 个网格的偏差，应符合表 3-7 的规定。

表 3-7　钢筋点焊制品外观尺寸允许偏差

项　次	测量项目		允许偏差/mm
1	焊接网片	长	±10
		宽	
		网格尺寸	
2	焊接骨架	长	±10
		宽	±5
		高	±5
3	骨架箍筋间距		±10
4	网片两对角线之差		±10
5	受力主筋	间距	±10
		排距	±5

点焊制品的强度检验，应从每批成品中抽取。热轧钢筋焊点做抗剪试验，试

件为 3 件；冷拔低碳钢丝焊点除做抗剪试验外，还应对较小的钢丝做拉力试验，试件各为 3 件。焊点的抗剪试验结果应符合表 3-8 规定。拉力试验结果应不低于乙级冷拔低碳钢丝的规定数值。试验结果如有一个试件达不到上述要求，则取双倍数量的试件进行复验。

表 3-8　钢筋焊点抗剪力指标　　　　　　　　（单位：kN）

项　　次	钢筋级别	较小一根钢丝直径/mm								
		3	4	5	6	6.5	8	10	12	14
1	HPB235				6.8	8.0	12.1	18.8	27.1	36.9
2	HRB335						17.1	26.7	38.5	52.3
3	冷拔低碳钢丝	2.5	4.5	7.0						

3.1.7　钢筋的绑扎与安装

绑扎连接是在钢筋搭接处用铁丝绑扎而成，是最常用和最简便的钢筋接长方法，但可靠性不够好。绑扎连接一般是采用 20～22 号铁丝将两段钢筋扎牢使其连接起来而达到接长的目的。当纵向受拉钢筋的绑扎搭接接头面积百分率不大于 25% 时，其最小搭接长度应符合表 3-9 的规定。当纵向受拉钢筋搭接接头面积百分率大于 25%，但不大于 50% 时，其最小搭接长度应按表 3-9 中数据乘以系数 1.2 取用；当接头面积百分率大于 50% 时，应乘以系数 1.35 取用。

表 3-9　钢筋绑扎接头的最小搭接长度

混凝土类别	钢筋级别	受　拉　区	受　压　区
普通混凝土	HPB235	$30d_0$	$20d_0$
	HRB335	$35d_0$	$25d_0$
	HRB400	$40d_0$	$30d_0$
	冷拔低碳钢丝	250mm	200mm
轻骨料混凝土	HPB235	$35d_0$	$25d_0$
	HRB335	$40d_0$	$30d_0$
	HRB400	$45d_0$	$35d_0$
	冷拔低碳钢丝	300mm	250mm

注：d_0 为钢筋直径；钢筋绑扎接头的搭接长度，除应符合本表要求外，在受拉区不得小于 250mm，在受压区不得小于 200mm，轻骨料混凝土均应分别增加 50mm；当混凝土强度等级为 C13 时，除冷拔低碳钢丝外，最小搭接长度应按表中数值增加 $5d$。

在同一检验批内，对梁、柱和独立基础，应抽查构件数量的 10%，且不少于 3 件；对墙和板，应按有代表性的自然面抽查 10%，且不少于 3 面；对大空间结构，墙可按相邻轴线间高度 5m 左右划分检查面，板可按纵、横轴线划分检查面，抽查 10%，且均不少于 3 面。钢筋安装位置的允许偏差和检验方法应符合表 3-10 的规定。

表 3-10　钢筋安装位置的允许偏差和检验方法

项　目		允许偏差/mm	检 验 方 法
绑扎钢筋网	长、宽	±10	钢尺检查
	网眼尺寸	±20	钢尺量连续三档，取最大值
绑扎钢筋骨架	长	±10	钢尺检查
	宽、高	±5	钢尺检查
受力钢筋	间距	±10	钢尺量两端中间，各一点取最大值
	排距	±5	
	保护层厚度　基础	±10	钢尺检查
	保护层厚度　柱、梁	±5	钢尺检查
	保护层厚度　板、墙、壳	±3	钢尺检查
绑扎箍筋、横向钢筋间距		±20	钢尺量连续三档，取最大值
钢筋弯起点位置		20	钢尺检查
预埋件	中心线位置	5	钢尺检查
	水平高差	+3，0	钢尺和塞尺检查

注：1. 检查预埋件中心线位置时，应沿纵、横两个方向量测，并取其中的较大值。

　　2. 表中梁类、板类构件上部纵向受力钢筋保护层厚度的合格点率应达到 90% 及以上，且不得有超过表中数值 1.5 倍的尺寸偏差。

3.2　模板工程

所谓模板工程，是指在钢筋混凝土结构施工中用以保证结构或构件的位置、形状、尺寸正确的模型工程。模板也是对结构或构件进行防护和方便养护混凝土的工具。模板工程是混凝土工程不可缺少的作业内容，模板工程需要消耗大量的木材、钢材、劳动力、资金等，模板工程质量还会直接影响混凝土工程的质量和进度。因此，对模板工程也要给予高度重视。

模板工程必须有足够的强度、刚度和稳定性，以保证结构或构件的形状和尺寸以及相互位置的正确；模板的构造应简单，且安装和拆除应方便；模板的表面应光洁，使结构或构件的观感好；模板的接缝应少，且不应漏浆。

3.2.1　模板的分类

模板的分类方法较多，常用的分类方法有以下几种：

1）按材料分：木模板、钢模板、钢木模板、铝合金模板、塑料模板、胶合板模板（木、竹）、玻璃钢模板、预应力混凝土薄板模板等。

2）按施工方法分：现场装拆式模板、固定式模板、移动式模板等。

3）按结构或构件类型分：基础模板、柱模板、梁模板、楼板模板、墙模板、楼梯模板、壳模板、烟囱模板等。

3.2.2　常用模板

（1）木模板　木模板由拼板和拼条组成，如图 3-8 所示。木模板多在加工场或现场制作，根据需要加工成不同尺寸的元件，尺寸大小应以便于移动及利于多次使用为原则。

（2）组合钢模板　组合钢模板由钢模板和配件两大部分组成。组合钢模板的模板部分包括平面模板、阴角模板、阳角模板和连接角模，如图 3-9 所示。配件包括连接件和支承件。配件的连接件包括 U 形卡、L 形插销、钩头螺栓、紧固螺栓、对拉螺栓、扣件等，如图 3-10所示；配件的支承件包括柱箍、钢楞、支柱、斜撑、钢桁架等，如图 3-11所示。组合钢模板的规格见表 3-11。

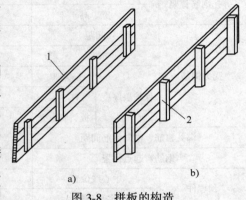

图 3-8　拼板的构造

a）一般拼板　b）梁侧板的拼板

1—板条　2—拼条

表 3-11　组合钢模板规格

规　格	平　面　模　板	阴　角　模　板	阳　角　模　板	连　接　模　板
宽度/mm	300，250，200，150，100	150×150 100×150	100×100 50×50	50×50
长度/mm	1500，1200，900，750，600，450			
肋高/mm	55			

（3）大模板　大模板是指大尺寸的工具式定型模板，如图 3-12 所示。大模板由面板系统、支撑系统、操作平台以及附件组成。面板系统包括面板、水平加劲肋、竖楞。支撑体系主要是承受水平荷载，防止模板倾覆，增加模板的刚度，包括支撑桁架和地脚螺钉。操作平台包括平台架、脚手平台和防护栏杆。附件主要有穿墙螺栓和固定卡具。

（4）滑升模板　滑升模板由模板系统、操作平台系统和提升机具系统三部分组成，如图 3-13 所示。

（5）构件模板　在现浇结构中，主要是柱、梁、板、墙等几种构件的模板。

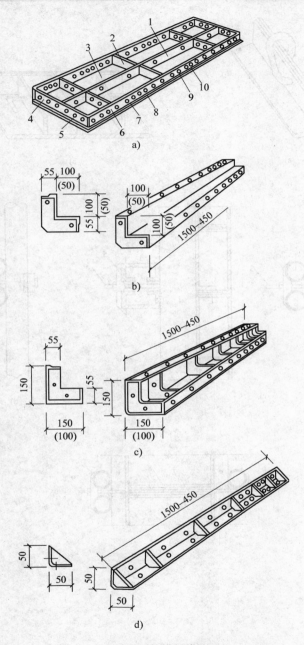

图 3-9　钢模板类型

a) 平面模板　b) 阳角模板　c) 阴角模板　d) 连接角模

1—中纵肋　2—中横肋　3—面板　4—横肋　5—插销孔

6—纵肋　7—凸棱　8—凸鼓　9—U 形卡孔　10—钉子孔

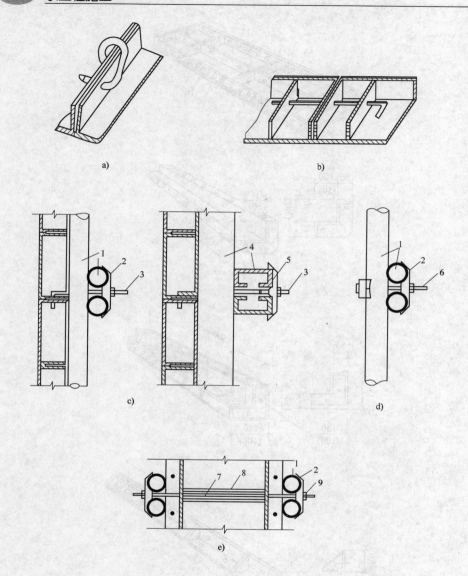

图 3-10 钢模板连接件

a) U 形卡联接   b) L 形插销联接   c) 钩头螺栓联接   d) 紧固螺栓联接   e) 对拉螺栓联接
1—圆钢管钢楞   2—"3"字形扣件   3—钩头螺栓   4—内卷边槽钢钢楞   5—蝶形扣件
6—紧固螺栓   7—对拉螺栓   8—塑料套管   9—螺母

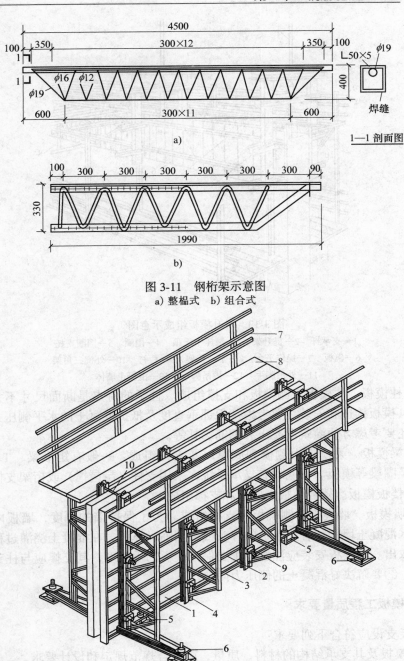

图 3-11 钢桁架示意图

a) 整榀式 b) 组合式

图 3-12 大模板构造示意图

1—板面 2—水平加劲肋 3—支撑桁架 4—竖楞 5—调整水平度的螺旋千斤顶
6—调整垂直度的螺旋千斤顶 7—栏杆 8—脚手板 9—穿墙螺栓 10—固定卡具

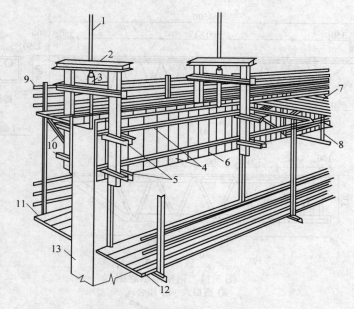

图 3-13 滑升模板组成示意图

1—支承杆 2—提升架 3—液压千斤顶 4—围圈 5—围圈支托
6—模板 7—操作平台 8—平台桁架 9—栏杆 10—外挑三角架
11—外吊脚手 12—内吊脚手 13—混凝土墙体

1）柱模板。柱模板由侧模板和支撑组成。柱子的特点是断面尺寸不大而比较高，其模板构造和安装主要考虑须保证垂直度及抵抗混凝土的水平侧压力；此外，也还要考虑方便灌筑混凝土和钢筋绑扎等。

2）梁模板。梁模板由侧模和底模以及支撑组成。一般有矩形梁、T 形梁、花篮梁及圈梁等模板。梁底均有支承系统，采用支柱（琵琶撑）或桁架支模。

3）楼板模板。楼板模板由底模和支撑组成。

4）墙模板。墙模板由侧模板和支撑组成。为了保持墙的厚度，墙板内加撑头。防水混凝土墙则加有止水板的撑头或采用临时撑头，在混凝土浇灌过程中逐层逐根取出。墙模板安装应注意：①要保证模板的垂直度，其支撑应与柱支撑成为整体；②要解决好混凝土的侧压力问题。

3.2.3 模板工程质量要求

模板支设应符合下列要求：

1）模板及其支承结构的材料、质量，应符合规范规定和设计要求。

2）模板及支撑应有足够的强度、刚度和稳定性，并不致发生不允许的下沉与变形，模板的内侧要平整，接缝严密，不得漏浆。

3）模板安装后应仔细检查各部构件是否牢固，在浇灌混凝土过程中要经常检查，如发现变形、松动要及时修整加固。

4）现浇整体式结构模板安装的允许偏差见表 3-12。

表 3-12 现浇结构模板安装的允许偏差

项 次	项 目		允许偏差/mm
1	轴线位置		5
2	底模上表面标高		±5
3	截面内部尺寸	基础	±10
		柱、墙、梁	+4，-5
4	层高垂直	全高小于等于 5m	6
		全高大于 5m	8
5	相邻两板表面高低差		2
6	表面平整（2m 长度上）		5

5）固定在模板上的预埋件和预留洞均不得遗漏，安装必须牢固，位置准确，允许偏差见表 3-13。

表 3-13 预埋件和预留洞的允许偏差

项 次	项 目		允许偏差/mm
1	预埋钢板中心线位置		3
2	预埋管中心线位置		3
3	预埋螺栓	中心线位置	2
		外露长度	+10，-0
4	预留孔中心线位置		3
5	预留洞	中心线位置	10
		截面内部尺寸	+10，-0

6）组合钢模板在浇灌混凝土前，还应检查下列内容：①扣件规格与对拉螺栓、钢楞的配套和紧固情况；②斜撑、支柱的数量和着力点；③钢楞、对拉螺栓及支柱的间距；④各种预埋件和预留孔洞的规格尺寸、数量、位置及固定情况；⑤模板结构的整体稳定性。

3.2.4 模板的拆除

（1）模板的隔离剂 为了减少模板与混凝土构件之间的粘结，方便拆模降低模板的损耗，在模板内表面应涂刷隔离剂。常用的隔离剂有肥皂下脚料、纸筋灰膏、粘土石灰膏、废润滑油、滑石粉等。建筑模板脱模剂是一种新型非油性混凝土模板脱模材料，用量少、无毒、不燃、无腐蚀、不分层、附着力好，对混凝土、人体、环境均无污染，具有增强混凝土表面自养能力、模板防锈多重功能。

（2）模板的拆除　及时拆除模板，将有利于模板的周转和加快工程进度。拆模要掌握时机，拆除模板的日期应根据构件的性质、用途和混凝土的凝结硬化速度以及施工温度等确定。

模板的拆除应符合以下规定：

1）非承重构件，应在混凝土强度能保证其表面及棱角不因拆除模板而受损坏时，方可拆除。

2）承重构件应在与结构相同、养护条件相同的试块达到表 3-14 规定的强度后方可拆除。

表 3-14　整体式结构拆模时所需的混凝土强度

项　次	结构类型	结构跨度/m	按设计混凝土强度的标准值百分率计（%）
1	板	≤2	50
		>2，≤8	75
		>8	100
2	梁、拱、壳	≤8	75
		>8	100
3	悬臂梁构件	—	≥100

3）在拆除模板过程中，如发现混凝土有影响结构安全的质量问题时，应暂停拆除，经过处理后，方可继续拆除。

4）已拆除模板及其支架的结构，应在混凝土强度达到设计强度后才能允许承受全部计算荷载。

拆除模板时不要用力过猛过急，拆模程序一般应是后支先拆，先支后拆，先拆除非承重部分，后拆除承重部分。重大复杂模板的拆除，事先应制定拆模方案。拆除跨度较大的梁下支柱时，应先从跨中开始，分别拆向两端。定型模板，特别是组合钢模板，要加强保护，拆除后逐块传递下来，不得抛掷，拆下后立即清理干净，板面涂油，按规格分类堆放整齐，以利再用。倘其背面油漆脱落，应补刷防锈漆。

3.3　混凝土的制备

混凝土是以胶凝材料、细骨料、粗骨料和水（根据需要掺入外掺剂和矿物质混合材料）按适当比例配合，经均匀拌制、密实成型及养护硬化而成的人造石材。

混凝土工程施工的内容包括混凝土骨料加工、混凝土拌制、混凝土运输、混凝土浇注、混凝土养护、混凝土冬季施工、混凝土夏季施工、特殊混凝土施工等内容。

给水排水工程中的混凝土，大部分用在构筑物上，其特点是薄壁、多筋，并有抗渗、抗冻的要求，尤其应防止开裂。对此，从材料、配合比、搅拌、运输、浇筑、养护等环节，均应采取适当的施工方法和保障措施，以确保使用功能。

混凝土的强度等级应按立方体抗压强度标准值划分，混凝土强度等级采用符号 C 与立方体抗压强度标准值（以 N/mm² 计）表示。立方体抗压强度标准值系指对按标准方法制作和养护的边长为 150mm 的立方体试件，在 28d 龄期，用标准试验方法测得的抗压强度总体分布中的一个值，强度低于该值的百分率不超过 5%。

当混凝土的生产条件在较长时间内能保持一致，且同一品种混凝土的强度变异性能保持稳定时，应由连续的三组试件组成一个验收批，其强度应同时满足下列要求

$$mf_{cu} \geqslant f_{cu,k} + 0.7\sigma_0 \qquad (3\text{-}1)$$

$$f_{cu,min} \geqslant f_{cu,k} - 0.7\sigma_0 \qquad (3\text{-}2)$$

当混凝土强度等级不高于 C20 时，其强度的最小值尚应满足下式要求

$$f_{cu,min} \geqslant 0.85 f_{cu,k} \qquad (3\text{-}3)$$

当混凝土强度等级高于 C20 时，其强度的最小值尚应满足下式要求

$$f_{cu,min} \geqslant 0.90 f_{cu,k} \qquad (3\text{-}4)$$

式中　mf_{cu}——同一验收批混凝土立方体抗压强度的平均值（N/mm²）；

$f_{cu,k}$——混凝土立方体抗压强度标准值（N/mm²）；

σ_0——验收批混凝土立方体抗压强度的标准差（N/mm²）；

$f_{cu,min}$——同一验收批混凝土立方体抗压强度的最小值（N/mm²）。

混凝土标号可按表 3-15 换算为混凝土强度等级。

表 3-15　混凝土标号与强度等级的换算表

混凝土标号	100	150	200	250	300	400	500	600
混凝土换算强度等级	C8	C13	C18	C23	C28	C38	C48	C58

3.3.1　混凝土的分类

混凝土的分类方法有很多，主要有以下几种：

1）按胶凝材料分：无机胶凝材料混凝土，如水泥混凝土、石膏混凝土等；有机胶凝材料混凝土，如沥青混凝土等。

2）按使用功能分：普通结构混凝土、防水混凝土、耐酸及耐碱混凝土、水工混凝土、耐热混凝土、耐低温混凝土等。

3）按质量密度分：特重混凝土（密度大于 2700kg/m³，含重骨料如钢屑、重晶石等）、普通混凝土（密度为 1900～2500kg/m³，以普通砂石为骨料）、轻混

凝土（密度为 1000~1900kg/m³）和特轻混凝土（密度小于 1000kg/m³，如泡沫混凝土、加气混凝土等）。

4) 按施工工艺分：普通浇筑混凝土，离心成型混凝土，喷射、泵送混凝土等；按拌合料流动度分为：干硬性和半干硬性混凝土、塑性混凝土、大流动性混凝土等。

在给水排水构筑物施工工程中，普通混凝土的应用最为广泛。

3.3.2 普通混凝土的组成材料

1. 水泥

水泥的种类，按性质和用途可分为普通用途水泥和特种用途水泥。普通用途水泥包括硅酸盐水泥、普通硅酸盐水泥、矿渣硅酸盐水泥、火山灰质硅酸盐水泥、粉煤灰硅酸盐水泥以及复合硅酸盐水泥。特种用途水泥，如早强水泥、快凝快硬水泥、膨胀水泥、油井水泥、耐火水泥以及其他专用水泥。

(1) 硅酸盐水泥　硅酸盐水泥俗称纯熟料水泥，是用石灰质（如石灰石、白垩、泥灰质石灰石等）和粘土质（如粘土、泥灰质粘土）原料，按适当比例配成生料，在 1300~1450℃ 高温下烧至部分熔融后所得的以硅酸钙为主要成分的熟料，加以适量的石膏，磨成细粉而制成的一种不掺任何混合材料的水硬性胶凝材料。其特性是早期及后期强度都较高，在低温下强度增长比其他水泥快，抗冻、耐磨性都好，但水化热较高，抗腐蚀性较差。

(2) 普通硅酸盐水泥　普通硅酸盐水泥简称普通水泥，是在硅酸盐水泥熟料中，加入少量混合材料和适量石膏，磨成细粉而制成的水硬性胶凝材料。混合材料的掺量按水泥成品质量百分比计：掺活性混合材料时，不超过 15%；非活性材料的掺量不得超过 10%。普通硅酸盐水泥除早期强度比硅酸盐水泥稍低外，其他性质接近硅酸盐水泥。

(3) 矿渣硅酸盐水泥　矿渣硅酸盐水泥简称矿渣水泥，是在硅酸盐水泥熟料中，加入粒化高炉矿渣和适量石膏，磨成细粉而制成的水硬性胶凝材料。粒化高炉矿渣掺量按水泥成品质量百分比计 20%~70%。允许用不超过混合材料总掺量 1/3 的火山灰质混合材料。石灰石、窑灰代替部分粒化高炉矿渣，但代替总量最多不超过水泥质量的 15%，其中石灰石不得超过 10%，窑灰不得超过 8%。替代后水泥中的粒化高炉矿渣不得少于 20%。矿渣水泥的特性是早期强度较低，在低温环境中强度增长较慢，但后期强度增长快，水化热较低，抗硫酸盐侵蚀性较好，耐热性较好，但干缩变形较大，析水性较大，抗冻、耐磨性较差。

(4) 火山灰质硅酸盐水泥　火山灰质硅酸盐水泥简称火山灰水泥，是在硅酸盐水泥熟料中，加入火山灰质混合材料和适量石膏，磨成细粉制成的水硬性胶凝材料。火山灰质混合材料（火山灰、凝灰岩、硅藻土、煤矸石、烧页岩等）的掺

量按水泥成品质量百分比计为 20%~50%。允许用不超过混合材料总掺量 1/3
的粒化高炉矿渣代替部分火山灰质混合材料，代替后水泥中的火山灰质混合材料
不得少于 20%。火山灰水泥的特性是：早期强度较低，在低温环境中强度增长
较慢，在高温潮湿环境中（如蒸汽养护）强度增长较快，水化热低，抗硫酸侵蚀
性较好，但抗冻、耐磨性差，拌制混凝土需水量比普通硅酸盐水泥大，干缩变形
也大。

（5）粉煤灰硅酸盐水泥　粉煤灰硅酸盐水泥简称粉煤灰水泥，是在硅酸盐水
泥熟料中，加入粉煤灰和适量石膏，磨成细粉的水硬性胶凝材料。粉煤灰的掺量
按水泥成品质量百分比计为 20%~40%。允许用不超过混合材料总量 1/3 的粒
化高炉矿渣代替粉煤灰，此时混合材料总掺量可达 50%，但粉煤灰掺量仍不得
少于 20%或超过 40%。粉煤灰水泥的特性是：早期强度较低，水化热比火山灰
水泥还低，和易性比火山灰水泥要好，干缩性较小，抗腐蚀性能好，但抗冻、耐
磨性较差。

（6）复合硅酸盐水泥　复合硅酸盐水泥简称复合水泥，是指由硅酸盐水泥熟
料、两种或两种以上规定的混合材料，加入适量石膏磨细制成的水硬性凝聚材
料。水泥中混合材料总掺量按质量总掺量应大于 15%，但不超过 50%。水泥中
允许用不超过 8%的窑灰代替部分混合材料，掺矿渣时混合材料掺量不得与矿渣
水泥重复。

六种常用水泥的强度等级和各龄期强度要求见表 3-16。按照水泥标准，将
水泥按早期强度分为两种类型，其中 R 型为早强型水泥。

表 3-16　六种常用水泥强度等级及各龄期强度

品　　种	强 度 等 级	抗压强度/（N/mm²）		抗折强度/（N/mm²）	
		3d	28d	3d	28d
硅酸盐水泥	42.5	17.0	42.5	3.5	6.5
	42.5R	22.0	42.5	4.0	6.5
	52.5	23.0	52.5	4.0	7.0
	52.5R	27.0	52.5	5.0	7.0
	62.5	28.0	62.5	5.0	8.0
	62.5R	32.0	62.5	5.5	8.0
普通水泥 复合水泥	32.5	11.0	32.5	2.5	5.5
	32.5R	16.0	32.5	3.5	5.5
	42.5	16.0	42.5	3.5	6.5
	42.5R	21.0	42.5	4.0	6.5
	52.5	22.0	52.5	4.0	7.0
	52.5R	26.0	52.5	5.0	7.0

（续）

品　种	强度等级	抗压强度/（N/mm²）		抗折强度/（N/mm²）	
		3d	28d	3d	28d
矿渣水泥 火山灰水泥 粉煤灰水泥	32.5	10.0	32.5	2.5	5.5
	32.5R	15.0	32.5	3.5	5.5
	42.5	15.0	42.5	3.5	6.5
	42.5R	19.0	42.5	4.0	6.5
	52.5	21.0	52.5	4.0	7.0
	52.5R	23.0	52.5	4.5	7.0

水泥从加水搅拌到开始失去可塑性的时间，称为初凝时间；终凝为水泥从加水搅拌至水泥浆完全失去可塑性并开始产生强度的时间。为了便于混凝土的搅拌、运输和浇筑，国家标准规定：硅酸盐水泥初凝时间不得少于 45min、终凝时间不得超过 12h 为合格。凝结时间的检验方法是以标准稠度的水泥净浆，在规定的温、湿度环境下，用凝结时间测定仪测定。

在使用水泥的时候必须区分水泥的品种及强度等级掌握其性能和使用方法，根据工程的具体情况合理选择与使用水泥，这样既可提高工程质量又能节约水泥。

在施工过程中还应注意以下几点：

1）优先使用散装水泥。

2）运到工地的水泥，应按标明的品种、强度等级、生产厂家和出厂批号，分别储存到有明显标志的仓库中，不得混装。

3）水泥在运输和储存过程中应防水防潮，已受潮结块的水泥应经处理并检验合格方可使用。

4）水泥库房应有排水、通风措施，保持干燥。堆放袋装水泥时，应设防潮层，距地面、边墙至少 30cm，堆放高度不得超过 15 袋，并留出运输通道。

5）先出厂的水泥先用。

6）应避免水泥的散失浪费，做好环境保护。

2．骨料

砂石骨料是混凝土最基本的组成成分。通常 1m³ 的混凝土需要 1.5m³ 的松散砂石骨料。所以对混凝土用量很大的给水排水工程中，砂石骨料的需求量是很大的，骨料的质量好坏直接影响混凝土强度、水泥用量和混凝土性能，从而影响水工建筑物的质量和造价。为此，在给水排水工程施工中应统筹规划，认真研究砂石骨料储量、物理力学指标、杂质含量及开采、储存和加工等各个环节。使用的骨料应根据优质、经济、就地取材的原则进行选择。可以选用天然骨料、人工骨料，或者互相补充。选用人工骨料时，有条件的地方宜选用石灰岩质的料源。

骨料料场的合理规划是骨料生产系统的设计基础，是保证骨料质量、促进工程进展的有力保障。骨料料场规划的原则是：

1）满足水工混凝土对骨料的各项质量要求，其储量力求满足各设计级配的需要，并有必要的富裕量。

2）选用的料场，特别是主要料场应场地开阔，高程适宜，储量大，质量好，开采季节长，主辅料场应能兼顾洪枯季节互为备用的要求。

3）选择可采率高，天然级配与设计级配较为接近，用人工骨料调整级配数量少的料场。

4）料场附近有足够的回车和堆料场地，且占用农田少。

5）选择开采准备量小，施工简便的料场。

骨料的质量要求包括：强度、抗冻、化学成分、颗粒形状、级配和杂质含量。骨料分为粗骨料和细骨料。粗骨料质量要求如下：

1）粗骨料最大粒径不应超过钢筋净距的 2/3、构件断面最小边长的 1/4、素混凝土板厚的 1/2。对少筋或无筋的混凝土结构，应选用较大的粗骨料粒径。

2）在施工中，宜将粗骨料按粒径分成下列几种粒径组合：当最大粒径为 40mm 时，分成 D20、D40 两级；当最大粒径为 80mm 时，分成 D20、D40、D80 三级；当最大粒径为 150（120）mm 时，分成 D20、D40、D80、D150（D120）四级。

3）应控制各级骨料的超、逊径含量。

4）采用连续级配或间断级配，应由实验确定。

5）粗骨料表面应洁净，如有裹粉、裹泥或被污染等应清除。

6）粗骨料的其他品质要求见下表：粗骨料的品质要求见表 3-17。

表 3-17　混凝土粗骨料技术指标

项　目		指　标	备　注
泥含量（%）	D20，D40 粒径级	≤1	按质量计
	D80，D150（D120）粒径级	≤0.5	
泥块含量		不允许	
坚固性（%）	有抗冻要求的混凝土	≤5	
	无抗冻要求的混凝土	≤12	
硫化物及硫酸盐含量（%）		≤0.5	折算成 SO_3，按质量计
有机质含量		浅于标准色	如深于标准色，应进行混凝土强度对比实验，抗压强度比不应低于 0.95
表观密度/（kg/m³）		≥2550	
吸水率（%）		≤2.5	
针片状颗粒含量（%）		≤15	按颗粒质量计；经实验论证，可以放宽至 25%

7）细骨料质量要求：①细骨料应质地坚硬、清洁、级配良好；人工砂的细度模数宜在 2.4～2.8 范围内，天然砂的细度模数宜在 2.2～3.0 范围内，使用山砂、粗砂、特细砂应经实验论证；②细骨料的含水率应保持稳定，人工砂饱和面干的含水率不宜超过 6%，必要时应采取加速脱水措施；③细骨料的其他品质要求见表 3-18。

表 3-18   混凝土细骨料技术指标

项　　目		指　　标		备　　注
		天然砂	人工砂	
泥含量（%）	D20，D40 粒径级	≤3		按质量计
	D80，D150（D120）粒径级	≤5		
泥块含量		不允许	不允许	
坚固性（%）	有抗冻要求的混凝土	≤8	≤8	
	无抗冻要求的混凝土	≤10	≤10	
硫化物及硫酸盐含量（%）		≤1	≤1	折算成 SO_3，按质量计
有机质含量		浅于标准色	不允许	
表观密度/（kg/m³）		≥2500	≥2500	
云母含量（%）		≤2	≤2	按质量计
轻物质含量（%）		≤1		按质量计；经实验论证，可以放宽至 25%
石粉含量（%）			6～18	按质量计

天然砂的最佳级配，《普通混凝土用砂质量标准及检验方法》（JGJ 52—1992）的规定见表 3-19。对细度模数为 3.7～1.6 的砂。按 0.63mm 筛孔的累计筛余量（以质量百分率计）分成三个级配区。砂的颗粒级配应处于表中的任何一个级配区内。

表 3-19   砂颗粒级配区

筛孔尺寸/mm	级　配　区		
	Ⅰ 区	Ⅱ 区	Ⅲ 区
	累计筛余（%）		
10.00	0	0	0
*5.00	*10～0	*10～0	*10～0
2.50	35～5	25～0	15～0
1.25	65～35	50～10	25～0
*0.63	*85～71	*70～41	*40～16
0.315	95～80	92～70	85～55
0.16	100～90	100～90	100～90

　　砂的实际颗粒级配与表中所列的累计筛余百分率相比，除 5mm 和 0.63mm 筛号（表中＊号所标数值）外，允许稍有超出分界线，但其总量不应大于 5%。

　　砂的级配用筛分试验鉴定。筛分试验是用一套标准筛将 500g 干砂进行筛分，标准筛的孔径由 5mm、2.5mm、1.25mm、0.63mm、0.315mm、0.16mm 组成，筛分时，须记录各尺寸筛上的筛余量，并计算各粒级的分计筛余百分率和累计筛余百分率。

　　砂的粒径愈细，比表面积愈大，包裹砂粒表面所需的水泥浆就越多。由于细砂强度较低，细砂混凝土的强度也较低。因此，拌制混凝土，宜采用中砂和粗砂。

　　粗骨料石子分卵石和碎石。卵石表面光滑，拌制混凝土和易性好。碎石混凝土和易性要差，但与水泥砂浆粘结较好。石子也应有良好级配。碎石和卵石的级配有两种，即连续粒级和单粒级。颗粒级配范围见表 3-20，公称粒径的上限为该颗粒级的最大粒径。

表 3-20　卵石或碎石级配范围的规定

级配情况	粒径/mm	累计筛余（按质量计）(%)											
		筛孔尺寸（圆孔筛）/mm											
		2.5	5	10	15	20	25	30	40	50	60	80	100
连续级配	5~10	95~100	80~100	0~15	0								
	5~15	95~100	90~100	30~60	0~10	0							
	5~20	95~100	90~100	40~70		0~10	0						
	5~30	95~100	90~100	70~90		15~45		0~5					
	5~40		95~100	75~90		30~65		0~5		0			
间断级配	10~20		95~100	85~100		0~15	0						
	15~30		95~100		80~100			0~10					
	20~40			95~100		85~100			0~10	0			
	30~60				95~100			75~100	45~75		0~10	0	
	40~80					95~100			70~100		30~60	0~10	0

　　粗骨料的强度越高，混凝土的强度也越高，因此，石子的抗压强度一般不应低于混凝土强度的 150%。

　　拌制混凝土时，最大粒径越大，越可节约水泥用量，并可减少混凝土的收缩。但 JGJ 53—1992《普通混凝土用碎石或卵石质量标准及检验方法》规定：最大粒径不应超过结构截面最小尺寸的 1/4，同时也不得超过钢筋间最小净距的 3/4。否则将影响结构强度的均匀性或因钢筋卡住石子后造成孔洞。

　　石子的针、片状颗粒、含泥量、含硫化物量和硫酸盐含量等均应符合 JGJ 53—1992 的规定。

3．水

能饮用的自来水及洁净的天然水，都可以作为拌制混凝土用水。要求水中不含有能影响水泥正常硬化的有害杂质。工业废水、污水及 pH 值小于 4 的酸性水和硫酸盐含量超过水质量 1% 的水，均不得用于混凝土中；海水不得用于钢筋混凝土和预应力混凝土结构中。

4．外加剂

混凝土中掺入适量的外加剂，能改善混凝土的工艺性能，加速工程进度或节约水泥。外加剂根据剂量配比配成稀释溶液与水一起使用。在混凝土拌和机上，一般都设有虹吸式量水器，在水通过管道注入拌和机内时，实现自动量水。常用的外加剂有早强剂、减水剂、速凝剂、缓凝剂、抗冻剂、加气剂、消泡剂等。

（1）早强剂　早强剂可以提高混凝土的早期强度，对加速模板周转，节约冬季施工费用都有明显效果。早强剂的常用配方、适用范围及使用效果参见表3-21。

表 3-21　早强剂配方参考表

项次	早强剂名称	常用掺量（占水泥质量的百分数）（%）	适 用 范 围	使 用 效 果
1	三乙醇胺 [$N(C_2H_4OH)_3$]	0.05	常温硬化	3~5d 可达到设计强度的 70%
2	三异丙醇胺 [$N(C_3H_6OH)_3$] 硫酸亚铁（$FeSO_4 \cdot 7H_2O$）	0.03 0.5	常温硬化	5~7d 可达到设计强度的 70%
3	氯化钙（$CaCl_2$）	2	低温或常温硬化	7d 强度与不掺者对比约可提高 20%~40%
4	硫酸钠（Na_2SO_4） 亚硝酸钠（$NaNO_2$）	3 4	低温硬化	在 -5℃ 条件下，28d 可达到设计强度的 70%
5	三乙醇胺 硫酸钠 亚硝酸钠	0.03 3 6	低温硬化	在 -10℃ 条件下，1~2 月可达到设计强度的 70%
6	硫酸钠 石膏（$CaSO_4 \cdot 2H_2O$）	2 1	蒸汽养护	蒸汽养护 6h，与不掺者对比，强度约可提高 30%~100%

（2）减水剂　减水剂是一种表面活性材料，能把水泥凝聚体中所包含的游离水释放出来，从而有效地改善和易性，增加流动性，降低水灰比，节约水泥，有利于混凝土强度的增长。常用的减水剂种类、掺量和技术经济效果见表3-22。

表 3-22　常用减水剂的种类及掺量参考表

种　类	主要原料	掺量（占水泥质量的百分数）（%）	减水率（%）	提高强度（%）	增加坍落度/cm	节约水泥（%）	适用范围
木质素磺酸钠	纸浆废液	0.2～0.3	10～15	10～20	10～20	10～15	普通混凝土
MF 减水剂	甲基萘磺酸钠	0.3～0.7	10～30	10～30	2～3 倍	10～25	早强、高强、耐碱混凝土
NNO 减水剂	亚甲基二萘磺酸钠	0.5～0.8	10～25	20～25	2～3 倍	10～20	增强、缓凝、引气
UNF 减水剂	油　萘	0.5～1.5	15～25	15～30	10～15	10～15	
FDN 减水剂	工业萘	0.5～0.75	16～25	20～50		20	
磺化焦油减剂	煤焦油	0.5～0.75	10	35～37		5～10	早强、高强、大流动性
糖蜜减水剂	废　蜜	0.2～0.3	7～11	10～20	4～6	5～10	混凝土

（3）加气剂　常用的加气剂有松香热聚物、松香皂等。加入混凝土拌和物后，能产生大量微小（直径为 $1\mu m$）、互不相连的封闭气泡，以改善混凝土的和易性，增加坍落度，提高抗渗和抗冻性。

（4）缓凝剂　能延缓水泥凝结的外加剂，常用于夏季施工和要求延迟混凝土凝结时间的施工工艺。例如，在浇筑给水构筑物或给水管道时，掺入水泥质量的 0.2%～0.3% 的己糖二酸钙（制糖业副产品）；当气温在 25℃左右环境下，每多掺 0.1%，能延缓混凝土凝结时间 1h。常用的缓凝剂有糖类、木质素磺酸盐类、无机盐类等。其成品有己糖二酸钙、木质素磺酸钙、柠檬酸、硼酸等。

3.3.3　混凝土的配合比设计

普通混凝土配合比设计，应根据混凝土等级及施工所要求的混凝土拌合物坍落度指标进行。若混凝土还有其他技术性能要求，除在计算和配制过程中予以考虑外，尚应增添相应的试验项目，进行试验确认。

混凝土施工配合比必须通过试验确认，满足设计技术指标和施工要求，并经审批后方可使用。混凝土施工配料必须经审核后签发，并严格按签发的混凝土施工配料单进行配料，严禁擅自更改。在施工配料中一旦出现漏配、少配或者错配，混凝土将不允许使用。

混凝土配合比设计应满足设计需要的强度和耐久性。水灰比的最大允许值和最小水泥用量可参见表 3-23。混凝土拌合料应具有良好的施工和易性。混凝土的配合比要求有较适宜的技术经济性。

普通混凝土配合比设计，应在保证结构设计所规定的强度等级和耐久性，满足施工和易性及坍落度的要求，并符合合理使用材料、节约水泥的原则下，确定单位体积混凝土中水泥、砂、石和水的最佳质量比。

表 3-23 混凝土的最大水灰比和最小水泥用量

环 境 条 件		结构物类别	最大水灰比			最小水泥用量/kg		
			素混凝土	钢筋混凝土	预应力混凝土	素混凝土	钢筋混凝土	预应力混凝土
干燥环境		正常的居住和办公用房屋内部件	不规定	0.65	0.60	200	260	300
潮湿环境	无冻害	高湿度的室内部件 室外部件 在非侵蚀性土和（或）水中的部件	0.70	0.60	0.60	225	280	300
	有冻害	经受冻害的室外部件 在非侵蚀性土和（或）水中的部件 高湿度且经受冻害的室内部件	0.55	0.55	0.55	250	280	300
有冻害和除冰剂的潮湿环境		经受冻害和除冰剂作用的室内和室外部件	0.50	0.50	0.50	300	300	300

注：1. 当采用活性掺合料取代部分水泥时，表中最大水灰比和最小水泥用量即为替代前的水灰比和水泥用量。

2. 配制 C15 级及其以下等级的混凝土，可不受本表限制。

1．配合比计算程序

（1）计算混凝土配制强度 $f_{cu,0}$

混凝土配制强度按下式计算

$$f_{cu,0} \geqslant f_{cu,k} + 1.645\sigma \tag{3-5}$$

式中　$f_{cu,0}$——混凝土的施工配制强度（N/mm²）；

　　　$f_{cu,k}$——设计的混凝土立方体抗压强度标准值（N/mm²）；

　　　σ——混凝土强度标准差（N/mm²）。

混凝土强度标准差宜根据同类混凝土统计资料计算确定，并应符合以下规定：

1）计算时，强度试件组数不应少于 25 组。

2）当混凝土强度等级为 C20 和 C25 级，强度标准差计算值小于 2.5N/mm² 时，计算配制强度用的标准差应取不小于 2.5N/mm²；当混凝土强度等级等于或大于 C30 级，强度标准差计算值小于 3.0N/mm² 时，计算配制强度用的标准差应取不小于 3.0N/mm²。

3）当施工单位无近期统计资料时，可按表 3-24 取值。

表 3-24　σ 取值表

混凝土强度等级	< C15	C20 ~ C35	> C35
σ/（N/mm^2）	4	5	6

（2）计算水灰比（W/C）　计算公式如下

$$\frac{W}{C} = \frac{Af_{ce}}{f_{cu,0} + ABf_{ce}} \tag{3-6}$$

式中　A、B——回归系数（碎石混凝土：A 取 0.46，B 取 0.07；卵石混凝土：A 取 0.48，B 取 0.33）；

f_{ce}——水泥 28d 抗压强度实测值（N/mm^2）；

W/C——混凝土所要求的水灰比。

计算所得的混凝土水灰比值应与表 3-23 中的数值进行比较，当计算水灰比大于该表中数值时，应按表取值。

（3）确定每立方米混凝土的用水量（m_{wo}）　W/C 在 0.4 ~ 0.8 之间时，塑性混凝土的用水量可按表 3-25 确定；干硬性混凝土的用水量可按表 3-26 确定。$W/C < 0.4$ 的混凝土或强度等级大于等于 C60 以及采用特殊成型工艺的混凝土用水量应通过试验确定。流动性和大流动性的用水量可以表 3-25 中坍落度 90mm 为基础，按坍落度每增大 20mm 用水量增加 5kg 的原则计算出未掺外加剂时的混凝土的用水量。

表 3-25　塑性混凝土的用水量　　　　（单位：kg/m^3）

拌合物稠度		卵石最大粒径/mm			碎石最大粒径/mm		
项目	指标	10	20	40	10	20	40
坍落度/mm	10 ~ 30	190	170	150	200	185	165
	30 ~ 50	200	180	160	210	195	175
	50 ~ 70	210	190	170	220	205	185
	70 ~ 90	215	195	175	230	215	195

表 3-26　干硬性混凝土的用水量　　　　（单位：kg/m^3）

拌合物稠度		卵石最大粒径/mm			碎石最大粒径/mm		
项目	指标	10	20	40	10	20	40
维勃稠度/s	16 ~ 20	175	160	145	180	170	155
	11 ~ 15	180	165	150	185	175	160
	5 ~ 10	185	170	155	190	180	165

注：1. 本表用水量系采用中砂的平均值，采用细砂时，可增加 5 ~ 10kg；采用粗砂时，则可减少 5 ~ 10kg。

2. 掺用外加剂或掺合料时，用水量应相应调整。

（4）计算每立方米混凝土的水泥用量（m_{co}） 计算公式如下

$$m_{co} = \frac{m_{wo}}{W/C} \qquad (3-7)$$

式中 m_{co}——每立方米混凝土的水泥用量（kg）；

m_{wo}——每立方米混凝土的用水量（kg）。

计算所得的水泥用量如小于表 3-23 中所规定的最小水泥用量，应按表 3-23 取值。混凝土的最大水泥用量不得大于 $550kg/m^3$。

（5）确定混凝土的砂率 坍落度为 10~60mm 的混凝土的砂率，可按表3-27 选取。坍落度大于 60mm 的混凝土砂率，可经试验确定，也可在表 3-27 的基础上，按坍落度每增大 20mm 砂率增大 1% 的幅度予以调整。坍落度小于 10mm 的混凝土，其砂率应通过试验确定。

表 3-27 混凝土砂率选用表 （单位：%）

水灰比（W/C）	卵石最大粒径/mm			碎石最大粒径/mm		
	10	20	40	10	20	40
0.40	26~32	25~31	24~30	30~35	29~34	27~32
0.50	30~35	29~34	28~33	33~38	32~37	30~35
0.60	33~38	32~37	31~36	36~41	35~40	33~38
0.70	36~41	35~40	34~39	39~44	38~43	36~41

注：1. 本表数值为中砂的砂率，对细砂或粗砂，可相应减少或增大。

2. 对薄壁构件取偏大值。

3. 砂率系指砂与骨料总量的质量比。

（6）粗骨料用量（m_{go}）和细骨料用量（m_{so}）

1）当采用质量法时，应按下式计算

$$m_{co} + m_{go} + m_{so} + m_{wo} = m_{cp} \qquad (3-8)$$

$$\beta_s = \frac{m_{so}}{m_{so} + m_{go}} \times 100\% \qquad (3-9)$$

式中 m_{co}——每立方米混凝土的水泥用量（kg）；

m_{go}——每立方米混凝土的粗骨料用量（kg）；

m_{so}——每立方米混凝土的细骨料用量（kg）；

m_{wo}——每立方米混凝土的用水量（kg）；

m_{cp}——每立方米混凝土拌合物的假定质量（kg）；其值可取 2350~2450kg。

β_s——砂率（%）。

2）当采用体积法时，应按下式计算

$$\frac{m_{co}}{\rho_c} + \frac{m_{go}}{\rho_g} + \frac{m_{so}}{\rho_s} + \frac{m_{wo}}{\rho_w} + 0.01\alpha = 1 \tag{3-10}$$

$$\beta_s = \frac{m_{so}}{m_{so} + m_{go}} \times 100\% \tag{3-11}$$

式中　ρ_c——水泥密度（kg/m³），可取 2900 ~ 3100kg/m³；

　　　ρ_g——粗骨料的表观密度（kg/m³）；

　　　ρ_s——细骨料的表观密度（kg/m³）；

　　　ρ_w——水的密度（kg/m³），可取 1000kg/m³；

　　　α——混凝土的含气量百分数，在不使用引气型外加剂时，α 取 1。

ρ_g 及 ρ_s 应按《普通混凝土用碎石或卵石质量标准及检验方法》（JGJ 53—1992）和《普通混凝土用砂质量标准及检验方法》（JGJ 52—1992）所规定的方法确定。

（7）泵送混凝土　泵送混凝土应选用硅酸盐水泥、普通硅酸盐水泥、矿渣硅酸盐水泥和粉煤灰硅酸盐水泥，不宜采用火山灰质硅酸盐水泥。粗骨料宜采用连续级配，其针片状颗粒含量不宜大于 10%；粗骨料的最大粒径与输送管径之比宜符合表 3-28 的规定。中砂通过 0.315mm 筛孔的颗粒含量不应少于 15%。

表 3-28　泵送混凝土粗骨料的最大粒径与输送管径之比

石 子 品 种	泵送高度/m	粗骨料最大粒径与输送管径比
碎　　石	< 50	≤1:3.0
	50 ~ 100	≤1:4.0
	> 100	≤1:5.0
卵　　石	< 50	≤1:2.5
	50 ~ 100	≤1:3.0
	> 100	≤1:4.0

泵送混凝土应掺用泵送剂或减水剂，并宜掺用粉煤灰或其他活性矿物掺合料，其质量应符合国家现行有关标准的规定。泵送混凝土的用水量与水泥和矿物掺合料的总量之比不宜大于 0.60；水泥和矿物掺合料的总量不宜小于300kg/m³；砂率宜为 35% ~ 45%。

2. 混凝土配合比的试配和调整

根据计算出的配合比，取工程中实际使用的材料和搅拌方法进行试拌。当坍落度或粘聚性、保水性不能满足要求时，应在保持水灰比不变的条件下，调整用水量或砂率；当拌合物密度与计算不符，偏差在 2% 以上时，应调整各种材料用量。以上各项经调整并再试验符合要求后，方可制作试件检验抗压强度。

试件的制作，至少采用三个不同的配合比，其中一个是上述的基准配合比，其他两个配合比的水灰比值分别增加或减少 0.05，其用水量与基准配合比基本相同，砂率可分别增加或减少 1%。当拌合物坍落度与要求相差较大时，可以增减用水量进行调整。

每种配合比应至少制作一组（三块），标准养护到 28d 后进行试压。从中选择强度合适的配合比作为施工配合比，并相应确定各种材料用量。现场配料时还要根据砂、石含水率对砂、石和水的数量作相应的调整。

3.4 现浇混凝土工程

现浇混凝土工程的施工，是将配制好的混凝土拌合物充分搅拌后，再经过运输、浇筑、养护等施工过程，最终制成达到设计要求的工程构筑物。

3.4.1 混凝土的搅拌

混凝土的搅拌，是将施工配合比确定的各种材料进行均匀拌合，经过搅拌的混凝土拌合物，水泥颗粒分散度高，有助于水化作用进行，能使混凝土和易性良好，具有一定的粘性和塑性，便于后续施工过程的操作，质量控制和提高强度。

1. 混凝土的搅拌方式

混凝土搅拌方式按其搅拌原理可分为自落式和强制式两类，如图 3-14、图 3-15 所示。搅拌机的搅拌原理及其适用范围见表 3-29。选择混凝土搅拌机型号，要根据工程量大小、施工组织手段、混凝土技术参数等因素确定。

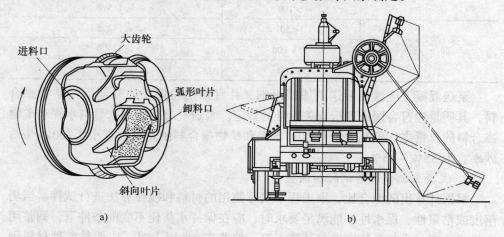

图 3-14 自落式搅拌机

a）搅拌作用示意图 b）自落式搅拌机

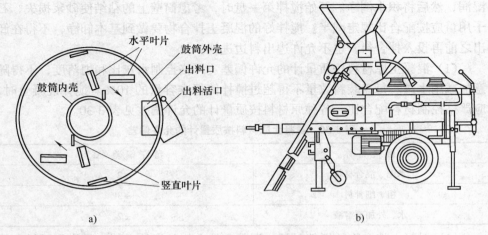

图 3-15　强制式搅拌机

a）搅拌作用示意图　b）强制式搅拌机

表 3-29　搅拌机的搅拌原理及其适用范围

类　别	搅 拌 原 理	机　型	适 用 范 围
自落式	筒身旋转，带动叶片将物料提高，在重力作用下物料自由坠下，重复进行。物料互相穿插、翻拌、混合	鼓形	流动性及低流动性混凝土
		锥形	流动性、低流动性及干硬性混凝土
强制式	筒身固定，叶片旋转，对物料施加剪切、挤压、翻滚、滑动、混合	立轴	低流动性或干硬性混凝土
		卧轴	

　　自落式搅拌机是利用旋转的拌和筒上的固定叶片将配料带到筒顶，再自由跌落到筒的底部，从而实现拌和目的。它是按重力的机理拌和混凝土的，由于仅靠自落掺拌，搅拌作用不够强烈，多用来拌制具有一定坍落度的混凝土。自落式搅拌机应用较为广泛。自落式搅拌方式宜用于搅拌塑性混凝土和低流动性混凝土，搅拌时间一般为 90 ~ 120s/盘，动力消耗大，效率低。

　　强制式搅拌机的拌和是按剪切机理进行的。这种搅拌机大多是立轴水平旋转的，搅拌机中有转动的涡轮桨状的叶片，这些叶片的角度、位置不同，叶片转动时，要克服物料的惯性力、摩擦力、粘滞力，强制物料产生环向的、径向的、竖向的运动，以达到均匀混合的目的。强制式搅拌方式作用强烈均匀，质量好，搅拌速度快，生产效率高。但因其转速比自落式搅拌机高 2 ~ 3 倍，其动力消耗要比自落式搅拌机大 3 ~ 4 倍，叶片磨损严重，加之构造复杂，维护费用较高，适宜于搅拌干硬性混凝土、轻骨料混凝土和低流动性混凝土。

　　2. 混凝土拌合物的搅拌

　　混凝土拌合物在搅拌前，应先在搅拌机筒内加水空转数分钟，使搅拌筒充分湿润，然后将积水倒净。开始搅拌第一盘时，考虑筒壁上的粘结使砂浆损失，石子用量应按配合比规定减半。搅拌好的混凝土拌合物要做到基本卸净，不得在卸出之前再投入拌合料，也不允许边出料边进料。

（1）混凝土原材料按质量计的允许偏差　严格控制水灰比和坍落度，不得随意加减用水量。每盘装料数量不得超过搅拌筒标准容量的 10%。搅拌混凝土时，应严格控制材料配合比，各种原材料按质量计的允许偏差见表 3-30。

表 3-30　混凝土原材料按质量计的允许偏差

材 料 名 称	允 许 偏 差（%）
水泥、混合材料	±2
粗、细骨料	±3
水、外加剂溶液	±2

（2）混凝土拌合物的搅拌时间　混凝土拌合物的搅拌时间，是指从原料全部投入搅拌机筒时起，至拌合物开始卸出时止。搅拌时间随搅拌机类型及拌合物和易性的不同而异，其最短搅拌时间应符合表 3-31 的规定。

表 3-31　混凝土搅拌的最短时间　　　　　　　　　　（单位：s）

混凝土坍落度 /mm	搅拌机类型	搅拌机出料量/L		
		< 250	250 ~ 500	> 500
≤30	强制式	60	90	120
	自落式	90	120	150
> 30	强制式	60	60	90
	自落式	90	90	120

在混凝土拌和中应定时检测骨料含水量。混凝土掺和料在现场宜用干掺法，且必须拌和均匀。混凝土拌和物出现下列情况之一，按不合格处理：①错用配合比；②混凝土配料时，任意一种材料计量失控或漏配；③拌和不均匀或夹带生料；④出口混凝土坍落度超过最大允许值。

（3）混凝土拌合物的投料顺序　施工中常用的投料顺序有：一次投料法、二次投料法、水泥裹砂法等。

1）一次投料法。它是将砂、水泥、石和水同时投入搅拌机搅拌筒进行搅拌。水泥应夹放在砂、石之间，以减少水泥飞扬。

2）二次投料法。它是先将水、水泥、砂子投入拌合机，拌合 30s 成为水泥砂浆，然后再投粗集料拌合 60s，这时集料与水泥已充分拌合均匀。采用这种方法，因砂浆中无粗集料，便于拌合，粗集料投入后易被砂浆均匀包裹，有利于提高混凝土强度，并可减少粗集料对叶片和衬板的磨损。经多次实验，用数理统计分析结果表明，在各种原材料用量不变的情况下，采用二次投料法，3d 强度平均增长 20%，7d 强度平均增长 27%。采用二次投料法还可以减少构件 28d 强度的离散性，用常规法生产的构件 28d 强度均方差为 28.99%，离散率为 8.9%，而用二次投料法生产的构件 28d 强度均方差为 21.3%，离散率为 5.6%。

（4）进料容量　进料容量是将搅拌前各种材料的体积累加起来的容量即干料容量。进料容量约为出料容量的 1.4～1.8 倍（一般取 1.5 倍）。

3．混凝土搅拌站

为了保持混凝土生产相对集中、方便管理、减少占地，工程中常根据生产规模和条件，将混凝土制备过程需要的各种设施组装成拌和站或拌和楼。混凝土搅拌站的设置有工厂型和现场型两种。

工厂型搅拌站为大型永久性或半永久性的混凝土生产企业，向若干工地供应商品混凝土拌合物。我国目前在大中城市已分区设置了容量较大的永久性混凝土搅拌站，拌制后用混凝土运输车分别送到施工现场；对建设规模大、施工周期长的工程，或在邻近有多项工程同时进行施工，可设置半永久性的混凝土搅拌站。这种设置集中站点统一拌制混凝土，便于实行自动化操作和提高管理水平，对提高混凝土质量、节约原材料、降低成本，以及改善现场施工环境和文明施工等都具有显著优点。

现场混凝土搅拌站是根据工地任务大小，结合现场条件，因地制宜设置。为了便于建筑工地转移，通常采用流动性组合方式，使机械设备组成装配连接结构，尽量做到装拆、搬运方便。现场搅拌站的设计也应做到自动上料、自动称量、机动出料和集中操纵控制，使搅拌站后台（指原材料进料方向）上料作业走向机械化、自动化生产。

3.4.2　混凝土的运输

1．混凝土运输的基本要求

混凝土运输是混凝土搅拌与浇筑的中间环节。在运输过程中要解决好水平运输、垂直运输与其他材料、设备运输的协调配合问题。在运输过程中混凝土不初凝、不分离、不漏浆，无严重泌水，无大的温度变化，以保证入仓混凝土的质量。因此，装、运、卸的全过程不仅要合理组织安排，而且要求各个环节要符合工艺要求，保证质量。混凝土每装卸转运一次，都会增加一次分离和砂浆损失的机会，都会延长运输时间。故要求运输过程转运次数一般不多于两次，卸料和转运时的自由跌落高度不大于 2m。道路平顺，盛料的容器和车厢严密不漏浆，从装料到入仓卸料整个过程不宜超过 30～120min，一般不宜超过表 3-32 的规定。夏季运输时间要更短，以保持混凝土的预冷效果；冬季运输时间也不宜太长，以保持混凝土的预热效果。从拌和楼出料到浇筑仓前，主要完成水平运输，从浇筑仓前到仓里，主要完成垂直运输。只有少数情况，将拌和楼布置在缆机下，由缆机吊运不脱钩的料罐直接入仓，既完成水平运输，又完成垂直运输。采用汽车或者带式运输机直接入仓，比较便捷，但应特别注意控制混凝土的质量。

表 3-32 混凝土拌合物从搅拌机中卸出后到浇筑完毕的延续时间

气 温 /℃	持 续 时 间 /min			
	采用搅拌车		其他运输工具	
	≤ C30	> C30	≤ C30	> C30
≤25	120	90	90	75
>25	90	60	60	45

2．混凝土运输机具

运输机具可根据运输量、运距、设备条件合理选用。水平运输可选用手推车、带式运输机、机动翻斗车、自卸汽车、混凝土搅拌运输车、轻轨斗车、标准轨平台车等；垂直运输可选用快速提升斗（升高塔）、井架（钢架摇臂拔杆）、各类起重机、混凝土泵等。下面简要介绍几种常用的运输机具。

（1）混凝土搅拌运输车 它是在汽车的底盘上安装了一台斜仰的反转出料式锥形搅拌机形成的运输车。在运输途中搅拌机缓慢旋转继续搅拌混凝土，防止离析；到达浇筑地点以后，反转出料。在夏天高温季节，一般在混凝土中加入缓凝剂，防止运输途中发生初凝。这种运输方式一般都设有中心拌和站，用于距离远、交通方便的分散零星的工地，以避免各处都设料场和搅拌机械。采用这种运输方式，混凝土运输费用较高，但是总的经济效果较好。

（2）混凝土泵 它是一种以管道方式运输混凝土的方法，它可以一次性完成水平运输、垂直运输，并直接输送到浇筑地点。因此，它是一种短距离、连续性运输和浇筑工具。这种运输特点决定了泵送混凝土必须是流态混凝土，要求坍落度为 5～15cm，骨料粒径不能太大，一般控制最大骨料粒径小于管道内径的1/3，避免堵塞。粗骨料宜用卵砾石，以减少摩阻力。泵送混凝土的水泥用量较大，单价较高。在给水排水工程中混凝土泵多用活塞泵。输送混凝土的管道一般用无缝钢管、铝合金管、硬塑料管和橡胶、塑料制的软管等，其内径一般为 75～200mm，每一节一般长 0.3～3m，都配有快速接头。

3.4.3 混凝土的浇筑

混凝土拌合物的浇筑（浇灌与振捣）是混凝土工程施工中的关键工序，对于混凝土的密实度和结构的整体性都有直接的影响。

混凝土浇筑施工的工艺流程由仓面准备、入仓铺料、平仓振捣、成品养护组成。

1. 仓面准备

仓面准备是混凝土浇筑前的准备作业，内容一般包括地基表面处理、施工缝处理、立模、钢筋混凝土中的钢筋和预埋件的安设等。

（1）地基表面处理　地基分砂砾地基、土基、岩基，不同的地基有不同的处理要求。

1）砂砾地基。应清除杂物，平整建基面，先浇厚度 10～20cm 的低标号混凝土作为垫层，防止漏浆。

2）土基。应先铺碎石，盖上湿砂，压实以后，再浇筑混凝土。

3）岩基。先用人工清除表面松软岩石、处理带有尖棱、反坡的部分，并用高压水枪冲洗；如果有油污和粘结的杂物，还需用金属丝刷配合刷洗，直至洁净为止。洗刷后鼓风吹干岩面的积水以利于混凝土与岩石的牢固结合。地基表面处理完经过质检合格后，方可开仓浇筑。

（2）施工缝处理　前次浇筑的混凝土表面往往会产生灰白色的软弱乳皮层（它是浇筑收仓时，集中在表面的含水量很大的浮浆形成的，也叫水泥膜），它的存在影响新老混凝土的牢固结合。因此，在新一期混凝土浇筑前，必须用高压水枪或者风沙枪将前期混凝土表面的乳皮层清除干净，使表面石子半露，形成麻面，以利新老混凝土的牢固结合。施工缝常用的处理方法有：凿毛、刷毛、风沙枪喷毛、高压水冲毛处理、界面涂刷处理等方法。

1）凿毛。凿毛是人工用铁锤或者风镐凿去混凝土表面乳皮层的简单方法。其优点是：处理时间好安排，处理质量有保证；缺点是：损失混凝土多，劳动强度大，效率低。凿毛适用于中小型工程和大型工程的狭窄部位。要求处理时间控制在混凝土凝固并达到一定强度后，一般为拆模强度或者强度不小于 $2.5N/mm^2$。

2）刷毛。刷毛是人工用钢丝刷刷去乳皮层的方法。要求处理时间控制在混凝土初凝后，人在上面踩不坏混凝土面，又能刷动乳皮层为宜。

3）高压水冲毛。这是利用水利冲去乳皮层的做法。其优点是：施工方便，效率较高。其缺点是：冲刷时间不好控制，冲得过早，混凝土被冲掉的多，损失大，也可能冲松一定的深度，影响混凝土质量；冲得过晚，混凝土强度已较高，冲不动，对新老混凝土结合不利。

4）界面涂刷处理法。界面涂刷处理法是在混凝土达到能上人的强度后，人工清除混凝土表面的疏松部分，但不是去掉乳皮层；再用水冲净浮灰，在不存在明水的情况下，涂刷 YJ—302 混凝土界面处理剂；然后浇筑新混凝土。这样，新老混凝土的粘结强度可提高 15～30 倍，处理工效可提高数 10 倍。

2. 入仓铺料

混凝土入仓铺料一般有平层铺料、阶梯铺料、斜层铺料三种方法。

（1）铺料方法比较

1）平层铺料法。每一层都是从仓面的同一端一直铺到另一端，周而复始，水平上升。平层铺料法应用最为广泛，但要求供料强度大，若采用大仓面浇筑，供料强度不足时，容易留下施工缝，故应采取预防措施。

2）阶梯铺料法。将混凝土铺成台阶形，水平前进阶梯，一般宽不小于3m，浇筑高度不超过1.5~2.0m，台阶3~5个。

3）斜层铺料法。混凝土斜向分层铺筑，倾角一般不大于10°。要求在斜坡上振捣混凝土时，必须自下而上振捣；反之，则会引起上部下陷而崩裂。

阶梯铺料和斜层铺料的优点是：混凝土铺料暴露面积小，所需混凝土供料强度小；在夏季，当混凝土入仓温度低于外界温度时，能够减少吸热量，有利于防止大体积混凝土出现温度裂缝；在冬季，能够减少散热，有利于抗冻。阶梯铺料和斜层铺料的缺点是：在平仓振捣时，容易引起砂浆顺坡向下流动，仓面末端稀浆集中，导致混凝土离析，强度不均。所以，阶梯铺料和斜层铺料一般都采用流动性较小的混凝土。

为了保证混凝土浇筑时不产生离析现象，混凝土自高处倾落时的自由倾落高度不宜超过2m。若混凝土自由倾落高度超过2m，则应设溜槽或串筒，在竖向结构（如墙、柱）中浇筑混凝土时，如浇筑高度超过3m，也应采用串筒或溜槽，如图3-16所示。

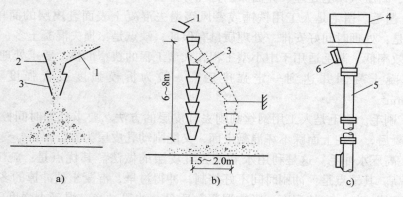

图3-16　溜槽与串筒

a）溜槽　b）串筒　c）振动串筒

1—溜槽　2—挡板　3—串筒　4—漏斗　5—节管　6—振动器

（2）铺料厚度要求　混凝土入仓铺料多采用平浇法，它是由仓面某一边逐层有序连续铺填。铺料层的厚度与振动设备的性能、混凝土粘稠度、骨料强度和气温高低有关。混凝土浇筑前不应发生初凝和离析现象。混凝土运到后，其坍落度应满足表3-33的要求。混凝土浇筑层厚度应符合表3-34的规定。

表 3-33 混凝土浇筑时坍落度值

结 构 种 类	坍落度/mm
基础或地面等的垫层、无配筋的大体积结构或配筋稀疏的结构	10 ~ 30
板、梁和大、中型截面的柱子	30 ~ 50
配筋密列的结构（薄壁、斗仓、筒仓、细柱等）	50 ~ 70
配筋特密的结构	70 ~ 90

表 3-34 混凝土浇筑层厚度

捣 实 混 凝 土 的 方 法		浇筑层的厚度/mm
插入式振捣		振捣器作用部分长度的 1.25 倍
表面振动		200
人工捣固	在基础、无筋混凝土或配筋稀疏的结构中	250
	在梁、墙板、柱结构中	200
	在配筋密列的结构中	150
轻骨料混凝土	插入式振捣	300
	表面振动（振动时需加荷）	200

（3）铺料对供料的要求 供料能力要保证每一个浇筑层在初凝之前能够覆盖上一层混凝土，而且能振实为整体。若供料过慢，超过初凝时间的混凝土表面会产生乳皮，再振捣也难以消除，从而造成薄弱的结合面。这种薄弱结合面一般称为施工缝。其抗剪、抗拉、抗渗能力降低，这是非常有害的。施工中，如因故供料不足或者中断供料，必须停浇，并按施工缝处理。

（4）重塑试验 在施工中，一般通过重塑试验来掌握混凝土是否超过初凝时间。重塑试验的标准是：用振捣器振捣 20s，振捣器周围 10cm 以内还能够泛浆，而且不留孔洞。满足这些条件，说明已浇筑的混凝土还能够重塑，可以继续浇筑上层混凝土。

3．平仓振捣

（1）平仓 将卸入浇筑仓内成堆的混凝土料按规定厚度铺平叫平仓。平仓也是很重要的工作，平仓不好，粗骨料集中、成堆，形成架空，混凝土会离析泌水、漏振，产生冷缝等事故。平仓可用插入式振捣器插入料堆顶部振动，使混凝土液化后自行摊平。但是，不能因为平仓用了振捣器，平仓后就不再振捣，这样很容易出现漏振。仓面较大的，又没有模板拉条影响的，可用小型履带式推土机平仓，一般还在机后安装上振捣器组，平仓、振捣两用，边平仓，边振捣，效率较高。

（2）振捣 对混凝土进行机械振捣是为了提高混凝土密实度。振捣前浇灌的混凝土是松散的，在振捣器高频率低振幅振动下，混凝土内颗粒受到连续振荡作用,成"重质流体状态",颗粒间摩阻力和粘聚力显著减少,流动性显著改善;粗骨料向下沉落,粗骨料孔隙被水泥砂浆填充;混凝土中空气被排挤,形成小气泡上浮;一部分水分被排挤,形成水泥浆上浮。混凝土充满模板,密实度和均一性都增高。干稠混凝土在高频率振捣作用下可获得良好流动性,与塑性混凝土比较,在水灰比不变条件下可节约水泥,或在水泥用量不变条件下可提高混凝土强度。

振捣是保证混凝土密实的关键。由于振捣器产生的高频低振幅的振动,使塑性混凝土液化,骨料相互滑移,砂浆充满空隙,空气被排出,使仓内全部充满密实的混凝土。

振捣的方法有:人工捣实、机械振捣两种。

1) 人工捣实混凝土,费力、费时、费工,混凝土质量不易保证,一般只用于不便使用机械化施工的零星工程中,并要求铺层要薄(小于20cm),要密捣,混凝土坍落度要大。

2) 机械振捣应用广泛。振动机械按其工作方式一般可分为:内部振动器(插入式振动器)、表面振动器(平板式振动器)、外部振动器(附着式振动器)、振动台等,如图3-17所示。

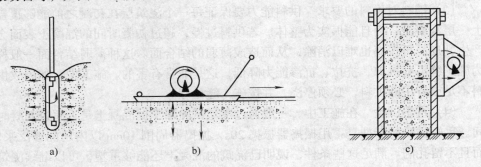

a)   b)   c)

图 3-17 振动器的工作原理

a) 内部振动器 b) 表面振动器 c) 外部振动器

内部振动器和表面振动器主要用于各类现浇混凝土工程,外部振动器和振动台主要用于混凝土构件预制。其中内部振动器又叫插入式振动器,应用最为广泛。其工作部分是一个棒状的空心圆柱体,也称为振捣棒,振捣棒的内部装有偏心的振动系统,在电动机或者压缩空气的驱动下高速旋转,产生不平衡离心力,带动棒头作高频微幅圆周振动。

4. 混凝土的养护

混凝土拌合物经浇筑密实成型后,其凝结和硬化是通过其中水泥的水化作用实现的。而水化作用要在适当的温度与湿度的条件下才能完成。新浇筑的混凝土若不加强保护,水分蒸发过快,表层混凝土会因缺水而停止水化硬结,出现片状、粉状而剥落，并产生干缩裂缝，影响结构的整体性、耐久性和表面强度。因此，为保证混凝土在规定龄期内达到设计要求的强度，并防止产生收缩裂缝，必须认真做好养护工作。

通常养护的方法有：洒水养护和喷塑养护。

（1）洒水养护　洒水养护是最通常的养护方法，一般在混凝土表面上用草帘、锯末、沙等进行覆盖，再经常向覆盖物上喷洒清水，使混凝土在一定时间内保持足够的湿润状态。也有的在混凝土表面上筑小埂，进行灌水养护。对于垂直面一般采用喷头喷水养护。

养护初期，水泥的水化反应较快，需水也较多，应注意头几天的养护工作，在气温高湿度低时，应增加洒水次数。一般当气温在15℃以上时，在开始三昼夜中，白天至少每3h洒水一次，夜间洒水两次。在以后的养护期中，每昼夜应洒水三次左右，保持覆盖物湿润。在夏日因充水不足或混凝土受阳光直射，水分蒸发过多，水化作用不足，混凝土发干呈白色，发生假凝或出现干缩细小裂缝时，应仔细加以遮盖，充分浇水，加强养护工作，并延长浇水时间进行补救。

（2）喷塑养护　喷塑养护是将塑料溶液喷洒在混凝土表面上，溶液经挥发，塑料在混凝土表面形成一层薄膜与空气隔绝，封闭混凝土中的水分不被蒸发。这种方法一般适用于表面积大的混凝土施工和缺水地区。喷塑养护比常规的草帘洒水养护的费用还低，因此，可能是今后混凝土养护发展的方向。

开始养护时间，一般在混凝土浇筑后12～18h；持续养护时间，环境气温不同，所用水泥品种不同，建筑物的结构部位不同，养护持续时间的要求不同，一般控制7～28d。混凝土浇水养护时间应符合表3-35的规定。

表 3-35　混凝土养护时间表

分　类		浇水养护时间/d
拌制混凝土的水泥品种	硅酸盐水泥、普通硅酸盐水泥、矿渣硅酸盐水泥	≥7
抗渗混凝土 混凝土中掺用缓凝型外加剂		≥14

注：采用其他品种水泥时，混凝土的养护应根据水泥技术性能确定；如平均气温低于5℃时，不得浇水。

3.5　混凝土的季节性施工

3.5.1　混凝土的冬季施工

1. 冬季施工的不利影响

冬季施工是指低温季节施工。混凝土在低温下，水化凝结作用大为减缓，强度增长受到阻碍。当气温降到0℃以下时，水泥的水化作用基本停止；气温降到−2℃时，混凝土内部的水分开始结冰，其体积大约膨胀8%～9%，从而产生冰晶应力。此时的混凝土疏松，强度、抗裂、抗渗、抗冻能力都会大大降低，甚至丧失承载能力。故DL/T 5144—2001《水工混凝土施工规范》规定：寒冷地区三天平均气温稳定在5℃以下，或者最低气温在−3℃以下时，温和地区的日平均气温稳定在3℃以下时，即属于低温季节，混凝土和钢筋混凝土施工应采取相应的冬季施工措施。

塑性混凝土如在凝结之前遭受冻结，恢复正温养护后的抗压强度约损失50%；如在硬化初期遭受冻结，恢复正温养护后的抗压强度仍会损失15%～20%；而干硬性混凝土在相同条件下的强度损失却很小。因此，在冬季施工中，为保证混凝土的质量，必须使其在受冻结前能获得足够抵抗冰胀应力的强度，这一强度称为抗冻临界强度。

根据DL/T 5144—2001的规定，采用硅酸盐水泥或普通硅酸盐水泥配制的混凝土，抗冻临界强度为标准强度（指在标准条件下养护28d的混凝土抗压强度）的30%；采用矿渣硅酸盐水泥配制的混凝土，抗冻临界强度为标准强度的40%，但C10及C10以下的混凝土，不得低于$5.0N/mm^2$；掺防冻剂的混凝土，当室外最低温度不低于−15℃时，抗冻临界强度不得小于$4.0N/mm^2$，当室外最低温度不低于−30℃时，抗冻临界强度不得小于$5.0N/mm^2$。

2. 混凝土受冻时强度的变化规律

受冻后的混凝土，如果在正温中融解，并重新结硬时，混凝土的强度可继续增长；新浇筑混凝土受冻越早，对强度增长越不利；在常温情况下浇筑7～10d后再受冻，混凝土解冻后，对强度增长的最终值影响极小，甚至不受影响；此外，混凝土的坍落度越大，水灰比越大，受冻影响也越大。

3. 混凝土冬季施工常用措施

混凝土冬季施工的技术措施，可按不同施工阶段分为：在浇筑前使混凝土或其组成材料升高温度，使混凝土尽早获得强度；在浇筑后对混凝土进行保温或加热，造成一定的温湿条件，并继续进行养护。

浇筑时间一般安排在温度和湿度有利的条件下浇筑混凝土，争取在寒潮到达之前使混凝土的强度达到设计强度的50%，并且强度值不低于$5～10N/mm^2$。

在冬季采用高热或者快凝水泥，减小水灰比，掺加速凝剂和塑化剂，加速混凝土的凝固，增加发热量，提高早期强度。一般当气温在−5～5℃之间时，可掺一定的氯化钙、硫酸钠、氯化钠等，创造强度快速增长条件。但由于氯化钠等氯盐对钢筋有腐蚀作用，掺入量应受限，一般不超过2%～3%。

冬季混凝土拌和时间通常为常温拌和时间的1.5倍，并且对拌和机进行预热。要求拌和温度：大体积混凝土一般不大于12℃，薄壁结构不大于17～25℃。

同时控制在各种情况下拌和温度应保证使入仓浇筑温度不低于5℃。

在混凝土拌和、运输、浇筑中，应采取措施减少热量损失。例如，尽量缩短运输时间，减少转运次数，装料设备口部加盖，侧壁保温；在配料、卸运、转运站和皮带机廊道等处，增加保温设施；将老混凝土面和模板在混凝土浇筑前加温到 5~10℃，一般混凝土加热深度要大于 10cm。

对混凝土的组成材料进行加热也是常用措施，当气温在 3~5℃ 以下时，可以加热水，但是水温不宜高于 60~80℃，否则会使混凝土产生假凝。如果水按以上要求加热后，所需热量仍然不够，可再加热干砂和石子。加热后的温度：砂不能超过 60℃，石子不能超过 40℃。水泥应在使用前 1~2d 置于暖房内预热，升温不宜过高。骨料一般采用蒸汽加热，有的用蒸汽管预热，也有的直接将蒸汽喷入料仓中。这时，蒸汽所含的水量应从拌和加水量中扣除。热工计算方法如下：

(1) 混凝土拌合物的温度计算公式

$$T_0 = [0.9(m_{ce}T_{ce} + m_{sa}T_{sa} + m_g T_g) + 4.2T_w(m_w - \omega_{sa}m_{sa} - \omega_g m_g) +$$
$$C_1(\omega_{sa}m_{sa}T_{sa} + \omega_g m_g T_g) - C_2(\omega_{sa}m_{sa} + \omega_g m_g)] \div$$
$$[4.2m_w + 0.9(m_{ce} + m_{sa} + m_g)] \tag{3-12}$$

式中　　　T_0——混凝土拌合物的温度（℃）；

m_w、m_{ce}、m_{sa}、m_g——水、水泥、砂、石的用量（kg）；

T_w、T_{ce}、T_{sa}、T_g——水、水泥、砂、石的温度（℃）；

ω_{sa}、ω_g——砂、石的含水率（%）；

C_1、C_2——水的比热容［kJ/（kg·K）］及水的溶解热（kJ/kg），当骨料温度 >0℃时，$C_1 = 5.2$kJ/（kg·K），$C_2 = 0$，当骨料温度 ≤0℃时，$C_1 = 2.1$kJ/（kg·K），$C_2 = 335$kJ/kg。

(2) 混凝土拌合物的出机温度计算公式

$$T_1 = T_0 - 0.16(T_0 - T_i) \tag{3-13}$$

式中　T_1——混凝土拌合物的出机温度（℃）；

T_i——搅拌机棚内的温度（℃）。

(3) 混凝土拌合物经运输至成型完成时的温度计算公式

$$T_2 = T_1 - (\alpha t_t + 0.032n)(T_1 - T_a) \tag{3-14}$$

式中　T_1——混凝土拌合物经运输至成型完成时的温度（℃）；

t_t——混凝土自运输至浇筑成型完成的时间（h）；

n——混凝土转运次数；

T_a——运输时的环境温度（℃）；

α——温度损失系数（h⁻¹），当采用混凝土搅拌运输车时，$\alpha = 0.25$h⁻¹，当采用开敞式大型自卸汽车时，$\alpha = 0.205h^{-1}$，当采用开敞式小型自卸汽车时，$\alpha = 0.303h^{-1}$，当采用封闭式自卸汽车时，$\alpha = 0.10h^{-1}$，当采用手推车时，$\alpha = 0.50h^{-1}$。

经过上述热工计算，可求出混凝土拌合物从搅拌、运输到浇筑成型的温度降低值，并作为施工设计的依据。但实际上，由于影响因素很多，不易掌握，所以应加强现场实测温度，并依此进行温度调整，使混凝土开始养护前的温度不低于5℃。

4. 冬季混凝土的养护

冬季作业混凝土的养护通常采用的方法有蓄热法、外部加热法、掺外加剂法等。

（1）蓄热法　蓄热法是指经材料预热浇筑后混凝土仍具有一定温度的条件下，采用保温措施以防止热量外泄的方法。该法不采取额外的加热措施，只是将混凝土内原有的温度和水化热温度设法保存起来，使混凝土在硬化过程中不致冻结。该法是利用锯末、稻草、芦席和保温模板严密覆盖。保温模板一般是两层木板，中间填塞锯末隔热。蓄热法具有节能、简便、经济等优点，是一种简单经济的养护方法，可考虑优先采用。但是对于极度严寒地区的薄壁结构，当一种保温材料不能满足要求时，常采用几种材料或用石灰锯末保温。在锯末石灰上洒水，石灰就能逐渐发热，减缓构件热量散失。图3-18为锯末草袋保温法，图3-19为石灰锯末加热保温法。采用蓄热法养护时，室外温度不得低于 -15℃，结构表面系数不应大于 $15m^{-1}$。

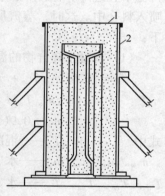

图 3-18　锯末草袋保温
1—草席两层　2—草袋装锯末

（2）外部加热法　外部加热法是当外界气温过低或混凝土散热过快时，须补充加热混凝土的养护方法。该法包括暖棚法、电热法、蒸汽法。除此以外，还可以用远红外加热器、蒸汽加热混凝土表面，向保温板内或者混凝土内导入蒸汽加热，如图3-20所示。也可以插入电极直接对混凝土实行电热法进行防冻，如图3-21所示。电热

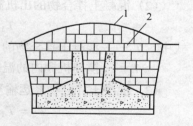

图 3-19　石灰锯末加热保温
1—草袋　2—石灰锯末

时，混凝土中的水分蒸发，对最终强度影响较大，混凝土的密实性越低，这种影响越显著。水分过分蒸发，导致混凝土脱水。故养护过程中，应注意其表面情况，当开始干燥时，应先停电，随之浇洒温水，使混凝土表面湿润。为了防止水分蒸发，应对外露表面进行覆盖。这类方法能够使混

凝土在高温下硬化，强度增长较快，但是所需设备复杂，耗能也多，热效率低，费用较高，一般仅适用于小范围的或者要求高的特殊结构混凝土的养护。电热装置的电压一般为 50 ~ 100V，在无筋结构或含筋量不大于 50kg 的结构中，可采用 120 ~ 220V。随着混凝土的硬化，游离水的减少，混凝土电阻增加，电压亦逐渐增加。

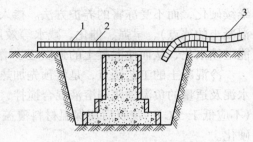

图 3-20　利用地槽作蒸汽室
1—脚手杆　2—篷布、油毡或草袋　3—进汽管

电热养护混凝土的温度应控制在表 3-36 中的数值内。加热过程中，混凝土体内应有测温孔，随时测量混凝土温度，以便控制电压。

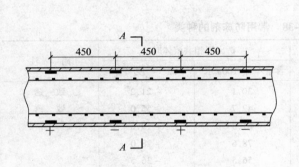

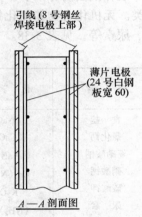

图 3-21　薄钢片电极

表 3-36　电热法养护混凝土最高温度 （单位：℃）

水泥强度等级	结构表面系数/m⁻¹		
	< 10	10 ~ 15	> 15
42.5	40		35

采用蒸汽养护法或电热法养护时，混凝土的升、降温速度不得超过表 3-37 的规定。

表 3-37　加热养护混凝土的升、降温速度

表面系数/m⁻¹	升温速度/（℃/h）	降温速度/（℃/h）
≥16	15	10
< 6	10	5

（3）掺外加剂法　这是在混凝土中掺入外加剂，使混凝土在负温条件下能够

继续硬化，而不受冻害的养护方法。掺入的外加剂可以使混凝土产生抗冻（降低混凝土的冰点）、早强、催化、减水等效用，使水泥能够在一定的负温范围内还能继续水化，从而使混凝土的强度逐步增长。

冷混凝土的工艺特点，是将预先加热的拌合用水、砂（必要时也加热）、石、水泥及适量的负温硬化剂溶液混合搅拌，经浇筑成型的混凝土具有一定的正温度（不应低于 5℃）。浇筑后用保温材料覆盖，不需加热养护，混凝土在负温条件下硬化。

负温硬化剂的作用是能有效地降低混凝土拌合物中水的冰点，在一定的负温条件下，可以使含水率低于 10%，而液态水可以与水泥起水化反应，使混凝土的强度逐渐增长。同时，由于含水率得到控制，防止了冰冻的破坏作用。

硬化剂由防冻剂、早强剂和减水剂组成。常用的防冻剂有无机和有机化合物两类。无机化合物如氯化钙、亚硝酸钠、硝酸钙、碳酸钾等，有机化合物如氨水、尿素等，见表 3-38。

表 3-38　常用防冻剂的种类

名　称	化　学　式	析出固相共溶体时		附　注
		含量/（g/100g 水）	温　度 /℃	
食　盐	NaCl	30.1	−21.2	致　锈
氯化钙	$CaCl_2$	42.7	−55.0	致　锈
亚硝酸钠	$NaNO_2$	61.3	−19.6	
硝酸钙	$Ca(NO_3)_2$	78.6	−28.0	
碳酸钾	K_2CO_3	56.5	−36.5	
尿　素	$(NH_2)_2CO$	78.0	−17.6	
氨　水	NH_4OH	161.0	−84.0	

负温硬化剂的组成中，抗冻剂起主要作用，由它来保证混凝土中的液态水存在。掺加负温硬化剂的参考配方见表 3-39。

表 3-39　掺加负温硬化剂的参考配方

混凝土硬化温度/℃	参考配方（示例）（占水泥质量的百分数）
0	食盐 2 + 硫酸钠 2 + 木钙 0.25
	亚硝酸钠 2 + 硫酸钠 2 + 木钙 0.25
−5	食盐 2 + 硫酸钠 2 + 木钙 0.25
	亚硝酸钠 4 + 硫酸钠 2 + 木钙 0.25
	尿素 2 + 硝酸钠 4 + 硫酸钠 2 + 木钙 0.25
−10	亚硝酸钠 7 + 硫酸钠 2 + 木钙 0.25
	乙酸钠 2 + 硝酸钠 6 + 硫酸钠 2 + 木钙 0.25
	尿素 2 + 硝酸钠 5 + 硫酸钠 2 + 木钙 0.25

冷混凝土的配制应优先选用强度等级 42.5 级或 42.5 级以上的普通硅酸盐水泥，以利强度增长。砂石骨料不得含有冰雪和冻块及能冻裂的矿物质。应尽量配制成低流动性混凝土，坍落度控制在 1～3cm 之间，施工配制强度一般要比设计强度提高 15%或提高一级。为了保证外掺硬化剂掺合均匀，必须采用机械搅拌。加料顺序应先投入砂石骨料、水及硬化剂溶液，搅拌 1.5～2min 再加入水泥，搅拌时间应比普通混凝土延长 50%。硬化剂中掺入食盐仅用于素混凝土。混凝土浇筑后的温度应不低于 5℃（应尽量提高），并及时覆盖保温，以延长正温养护时间和使混凝土温度在昼夜间波动较小。

在冷混凝土施工过程中，应按施工及验收规范的规定数量制作试块。试块在现场取样，并与结构物在同等条件下养护 28d，然后转为标准养护 28d，测得的抗压强度应不低于规范规定的验收标准。

　5．冬季混凝土的拆模与应力核算

模板和保温层的拆除应在混凝土温度冷却到 5℃后，混凝土与外界温差小于20℃时进行。拆模后应采取临时覆盖措施。

整体结构如为加热养护时，浇筑程序和施工缝位置的设置应采取能防止发生较大温度应力的措施。当加热温度超过 45℃时，应进行温度应力核算。

3.5.2　混凝土的夏季施工

（1）夏季施工的不良影响　夏季气温高，一般当气温超过 30℃以后，对混凝土的施工和质量都会产生不良影响，主要表现是：水泥水化快，和易性降低，初凝时间短，运输中容易早凝，有效浇筑时间短，容易产生冷缝，大体积结构内部温升高，内外温差与基础的稳定温差大，容易因表面拉应力和基础约束拉应力而导致混凝土出现表面裂缝、深层裂缝，甚至贯穿裂缝，从而使结构的整体性受到破坏，严重影响到结构的强度、稳定、抗渗、抗冻、耐久等性能。

（2）夏季施工的措施　夏季施工的措施一般从材料和施工方法两方面着手：

1）材料措施。一般采用低热水泥；掺加塑化剂、减水剂，以减少水泥用量；采用水化速度慢的水泥，掺加缓凝剂，以延缓水化热的产生；预冷骨料，用井水、冰屑拌和混凝土，以降低入仓混凝土的温度。

2）施工措施。高堆骨料，廊道取料（减少日晒数量）；缩短运输时间，运输中加盖防晒；雨后或者夜间浇筑；仓面喷雾降温；浇筑后覆盖防晒保温材料；加强水养护，或者埋设通水管道，进行通水冷却。

3.6　水下混凝土灌注施工

在进行基础施工，如灌注连续墙、桩，沉井封底等时，经常会遇到地下水大量涌入，如大量抽水，强制降低地下水位，又易影响地基质量；或在江河水位较深，流速较快情况下修建取水构筑物时，常会采用直接在水下灌注混凝土的方法。水下灌注混凝土适用于水工建筑物的现浇混凝土桩基、挡水建筑物的混凝土防渗墙、水下建筑物的混凝土修补工程及其他临时性的水下混凝土建筑物等。

在水下灌注混凝土，当混凝土拌合物直接向水中灌注，在穿过水层达到基底过程中，由于混凝土的各种材料所受浮力不同，将使水泥浆和骨料分解，骨料先沉入水底，而水泥浆则会流失在水中，以致无法形成混凝土。故须防止未凝结的混凝土中水泥的流失。

水下混凝土灌注很难振捣，它主要靠混凝土自重和下落时的冲击作用挤密。因此，要求混凝土应具有良好的流动性、抗泌水性、抗分离性。为此混凝土的坍落度应控制在 16～22cm；混凝土中水泥用量一般在 350kg/m³ 以上，水灰比控制在 0.55～0.66 之间，含砂率控制 40%～50%，粗骨料最好用卵石，骨料最大粒径不宜大于导管内径的 1/5，或者不宜超过 40mm。混凝土拌和时，掺加适量的外加剂（如木钙、糖蜜、加气剂等），以改善混凝土的和易性和延长混凝土的初凝时间。

水下混凝土灌注，必须注意防止水掺混到混凝土中，造成混凝土的水灰比加大，或者冲失水泥浆，降低混凝土强度。为此，浇筑区域内的水流速应小于 3m/min，最好是静止的。

混凝土施工方法一般分为：水下灌注法和水下压浆法两种。

3.6.1 水下灌注法

水下灌注法有直接灌注法、导管法、泵压法、柔性管法和开底容器法等。其中，导管法是施工中使用较多的方法。

1. 导管法

该方法是将混凝土拌合物通过金属管筒在已灌筑的混凝土表面之下灌入基础，这样，就避免了新灌筑的混凝土与水直接接触，如图 3-22 所示。

其施工设备组成主要包括：混凝土运输车、混凝土料斗、存料漏斗、导管、护筒等。

施工时，按设计位置钻造桩孔；然后将导管下沉到离基面 50～100mm 处，在存料漏斗的下口安放一个用布包裹的木球塞（或者预制混凝土半球塞），并用钢丝吊住；向存料斗内倒满混凝土，剪断吊球塞的钢丝，此时混凝土会挤压球塞沿着导管迅速下落；最后将导管向上稍微提升，此时球塞会从导管底口逸出，混凝土也随之涌出，并挤升一定高度，将导管底口埋没。连续灌注混凝土，随桩孔中的混凝土面的上升，逐步提升导管，并顶部卸去导管的各个管节。浇筑后的混凝土顶面高程应高出设计标高 200～500mm，待其硬结之后再将超出的部分清除

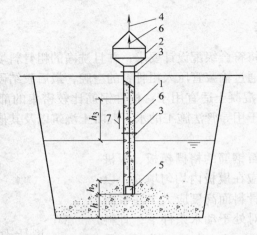

图 3-22　水下灌注混凝土

1—导管　2—漏斗　3—密封接头　4—起重设备吊索

5—混凝土塞子　6—钢丝　7—导管缓慢上升

（超出部分往往与水和泥浆一直接触，强度较低）。

导管为普通钢管，直径一般 200 ~ 300mm，壁厚 2.5 ~ 3.5mm，每节长 1 ~ 2m，套管的选用可参见表 3-40。要用橡胶衬垫的法兰连接，不能漏水，导管的上口必须高出桩柱孔内的水面或者泥浆面 2 ~ 3m。导管的下口要始终埋入混凝土内 8 ~ 15mm 左右，并保持导管内的混凝土压力始终大于导管外部混凝土和水柱或者泥浆柱的压力，以防止水或者泥浆挤入导管中，影响混凝土的浇筑质量。

表 3-40　导管管径与灌注能力表

导管直径/mm	100	150	200		250	300
通过能力/（m³/h）	3.0	6.5	12.5		18.0	26.0
允许粗骨料最大粒径/mm	20	20	碎石20	卵石40	40	60

如果混凝土供应中断，要设法防止导管内空腔。因为中断时间若较长，或者出现导管拔空，或者出现泥浆挤进导管，都容易形成断柱。遇到这些情况时，要等已经浇筑过的混凝土的强度达到一定强度（一般要求 2.5N/mm² ）后，并将混凝土表面软弱部分清理后，才能继续浇筑。

2. 泵压法

当在水下需灌注的混凝土体积较大时，可以采用混凝土泵将拌合物通过导管灌注，加大混凝土拌合物在水下的扩散范围，并可减少导管的提升次数及适当降低坍落度（10 ~ 12cm）。泵压法一根导管的灌注面积可达 40 ~ 50m²，当水深在 15m 以内时，可以筑成质量良好的构筑物。

3.6.2 水下压浆法

水下压浆法先将符合级配设计要求，并且洗净的粗骨料填放在待浇筑处，然后用配置好的砂浆通过输浆管压入粗骨料的空腔，最后胶结硬化形成混凝土，如图 3-23 所示。这种混凝土适宜用于：构件钢筋比较密集的部位；埋设部件比较复杂的部位；不便于用导管法施工的水下混凝土浇筑以及其他不容易浇筑和捣实部位的混凝土施工。

骨料用带有拦石钢筋的格栅模板、板桩或砂袋定形。骨料应在模板内均匀填充，以使模板受力均匀，骨料面高度应大于注浆面高度 0.5～1.0m，对处于动水条件下，骨料面高度应高出注浆面 1.5～2.0m。此时，骨料填充和注浆可同时配合进行作业。填充骨料，应保持骨料粒径具有良好级配。

注浆管可采用钢管，内径根据骨料最小粒径和灌注速度而定，通常为 25mm、38mm、50mm、65mm、75mm 等规格。管壁开设注浆孔，管下端呈平口或 45° 斜口，注浆管一般垂直埋设，管底距离基底约 10～20cm。为了保证灌浆处于有压状态，砂浆一

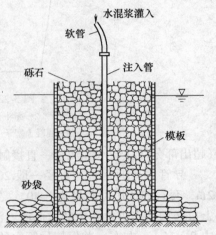

图 3-23　水下压浆法

般用砂浆泵压送，压力一般控制在 0.2～0.5N/mm² 之间；压浆时，要自下而上，不能间断，砂浆的提升速度一般控制在 50～100cm/h 范围内。为了及时检查、观察压浆效果，一般都在压浆部位埋设观测管和排气管。

注浆管作用半径可由下式求得

$$R = \frac{(H_t \gamma_{CB} - H_w \gamma_w) D_h}{28 K_h \gamma_{CB}} \tag{3-15}$$

式中　R——注浆管作用半径（m）；

　　　H_t——注浆管长度（m）；

　　　γ_{CB}——浆液重度（kN/m³）；

　　　H_w——灌浆处水深（m）；

　　　γ_w——水重度，$\gamma_w = 10kN/m^3$；

　　　D_h——预填骨料平均粒径（mm）；

　　　K_h——预填骨料抵抗浆液运动附加阻力系数，卵石为 4.2，碎石为 4.5。

加压灌注时，注浆管的作用半径为

$$R = \frac{(1000 p_0 + H_t \gamma_{CB} - H_w \gamma_w) D_h}{28 K_h \tau_{cs}} \tag{3-16}$$

式中　　p_0——注浆管进浆压力（MPa）；

　　　　τ_{cs}——浆液极限切应力（MPa）。

注浆管的平面布置可呈矩形、正方形或三角形。采用矩形布置时注浆管作用半径与管距、排距的关系为

$$(0.85 R)^2 = \left(\frac{B}{4}\right)^2 + \left(\frac{L_t}{2}\right)^2 \tag{3-17}$$

则

$$L_t \leqslant \sqrt{2.89 R^2 - \frac{B^2}{4}} \tag{3-18}$$

当宽度方向有几排注浆管时

$$L_t \leqslant \sqrt{2.89 R^2 - \frac{B^2}{n^2}} \tag{3-19}$$

式中　　L_t—— 注浆管间距（m）；

　　　　R—— 注浆管作用半径（m）；

　　　　B—— 浇筑构筑物宽度（m）；

　　　　n—— 沿宽度方向布置注浆管排数。

通常情况下，当预填骨料厚度超过 4m 时，为了克服提升注浆管的阻力，防止水下抛石时碰撞注浆管，可在管外套以护罩。护罩一般由钢筋笼架组成，笼架的钢筋间距不应大于最小骨料粒径的 2/3。

水下注浆分自动灌注和加压注入。加压注入由砂浆泵加压。为了提高注浆管壁滑润性，在注浆开始前先用水灰比大于 0.6 的纯水泥浆润滑管壁。开始注浆时，为了使浆液流入骨料中，将注浆管上提 5~10cm，随压、随注，并逐步提升注浆管，使其埋入已注砂浆中深度保持 0.6m 以上。注浆管入砂浆深度过浅，虽可提高灌注效率，但可能会破坏水下预埋骨料中砂浆表面平整度；如插入过深，会降低灌注效率或已灌浆液的凝固，通常插入深度度最小为 0.6m，一般为 0.8~1.0m。当注浆接近设计高程时，注浆管仍应保持原设定的埋入深度，注浆达到设计高程，将注浆管缓慢拔出，使注浆管内砂浆慢慢卸出。

注浆管出浆压力，应考虑预埋骨料的种类（卵石、砾石、碎石）、粒级和平均粒径、水泥砂浆在预填骨料和空隙间流动产生的极限切应力值以及注浆管埋设间距（要求水泥砂浆的扩散半径）等因素而定，一般在 0.1~0.4N/mm² 范围内。

水泥砂浆需用量，可用下式估计

$$V_{CB} = K_n l V_c \tag{3-20}$$

式中　　V_{CB}——水泥砂浆需用量（m³）；

K_n——填充系数，一般取值 $1.03 \sim 1.10$；

l——预填骨料的孔隙比；

V_c——水下压浆混凝土方量（m^3）。

复习思考题

1. 工程中常用钢筋有哪些？合格钢筋应具备哪些条件？
2. 钢筋加工内容一般有哪些？
3. 冷拉钢筋一般如何使用？
4. 简述钢筋冷拉开展的方法。
5. 冷拔钢筋一般如何使用？
6. 钢筋配料的原则是什么？
7. 钢筋代换原则有哪些？
8. 什么叫钢筋的弯曲调整值？
9. 模板有什么作用？
10. 对模板一般有哪些要求？
11. 模板有哪些类型？各有什么优缺点？
12. 混凝土施工主要包括哪些内容？
13. 骨料破碎、筛洗机械各常用哪些类型？试总结它们各自的特点。
14. 混凝土拌和机械常用哪些类型？试总结它们各自的特点。
15. 混凝土拌和楼一般由哪几部分组成？
16. 混凝土在运输过程中一般有哪些要求？
17. 混凝土浇筑流程有哪几个环节？
18. 为什么要对施工缝进行处理？
19. 施工缝处理常用哪些方法？
20. 混凝土振捣有哪些要求？
21. 混凝土浇筑后为什么要进行养护？
22. 混凝土受冻时，其强度变化有什么规律？
23. 夏季施工对混凝土的浇筑和质量会产生不良影响，主要表现是什么？

第 4 章

给水排水工程构筑物施工

由于圆形筒体构筑物的水力条件最优，大多数取水泵房、水处理构筑物均采用圆形筒体形状。但由于各类构筑物本身的多样性、地质特性的特殊性等影响，故在施工组织、施工工艺等诸多方面均存在着差异。

本章将介绍现浇钢筋混凝土水池，装配式预应力钢筋混凝土水池，沉井、管井及江河取水构筑物等给水排水工程构筑物的施工方法及其要点。

4.1 现浇钢筋混凝土水池施工

现浇钢筋混凝土水池的主要特点为：施工比较方便，不需要特殊的施工设置，整体性好，抗渗性强；但是需要耗用大量模板材料，且施工周期较长。现浇钢筋混凝土水池主要适用于大、中型给水排水工程中的永久性水池，如蓄水池、调节池、滤池、沉淀池、反应池、曝气池、气浮池、消化池、溶液池等水处理构筑物。

4.1.1 模板

大、中型给水排水工程中的水池一般均具有薄壁、占地面积大、布筋密集、施工工艺要求精度高等特点。但通常要求在施工现场拼制木质或钢制模板，以确保水池结构和构件各部分尺寸、形状及相互位置保证正确无误。同时，模板的支设还应便于钢筋的绑扎、混凝土的浇筑和养护，以确保池体达到设计要求的强度、刚度和稳定性。

1. 圆形水池的支模

圆形水池的无支撑支模主要有以下两种形式

（1）螺栓拉结形式　先支内模，钢筋绑扎完毕后再支外模。为保证模板有足够的强度、刚度和稳定性，内外模用拉结止水螺栓紧固，内模里圈用花篮螺钉及锚具拉紧。浇筑混凝土时应保证沿池壁四周均匀对称浇筑，每层高度约为 20 ~

25cm，并设专人检查花篮螺钉、拉条的松紧，防止模板松动。混凝土逐层浇捣到临时撑木的部位，以便随时将撑木取出。

（2）拼置拉结形式　先支外模，钢筋绑扎完毕后再支内模，在内模内采用木条沿上层、中层、下层每隔几个立柱相固定，如图 4-1、图 4-2 所示，从而增加内模板的刚度和稳定性。

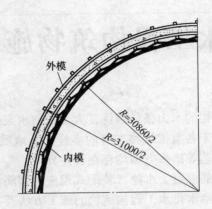

图 4-1　水池无支撑支模施工

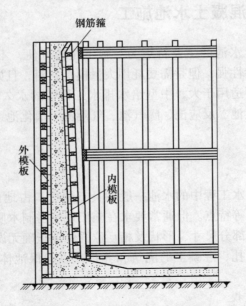

图 4-2　水池模板的拼置式拉结

圆形水池也采用有支撑支模，属立柱斜撑支模方式。

2. 矩形水池的支模

矩形水池支设模板主要有支撑支模和无支撑支模两种方式。不同的水池其支撑方式也有所不同，沉淀池池壁分层支模如图 4-3 所示，辐流沉淀池池壁模板支设如图 4-4 所示。

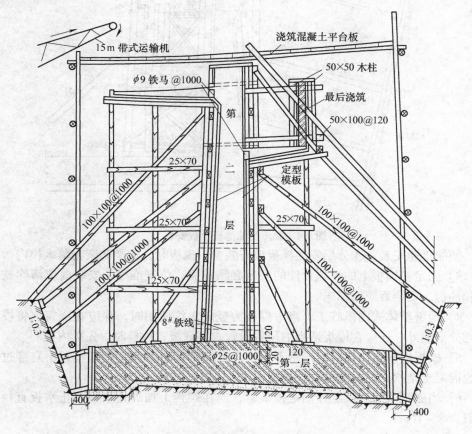

图 4-3　沉淀池池壁分层支模

3. 支模板施工要点

1）池壁与顶板连续施工时，池壁内模立柱不得同时作为顶板模板立柱。顶板支架的斜杆或横向连杆不得与池壁模板的杆件相连接。

2）池壁模板可先安装一侧，钢筋绑完后，分层安装另一侧模板；或采用一次安装到顶，但分层预留操作窗口的施工方法。采用这种方法时，应遵循以下规定：①分层安装模板，其每层层高不宜超过 1.5m，分层留置窗口时，窗口的层高及水平净距不宜超过 1.5m，斜壁的模板及窗口的分层高度应适当减小；②当有预留孔洞或预埋管件时，宜在孔口或管口外径 1/4～1/3 高度处分层，孔径或管外径小于 200mm 时，可不受此限；③分层模板及窗口模板应事先做好连接装

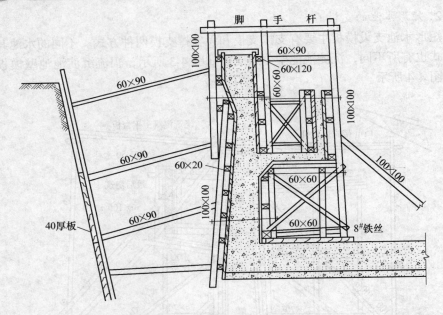

脚 手 杆

100×100
60×90
60×60
60×120
100×100
60×90
100×100
60×90
60×20
60×60
$40厚板$
100×100
60×90
60×60
$8^{\#}铁丝$

图 4-4 辐流沉淀池壁模板安装

置，使能迅速安装；④分层安装模板或安装窗口模板时，应严防杂物落入模内。

3）固定在模板上的预埋管件的安装必须牢固，位置准确。安装前应清除铁锈和油污，安装后应做标志。

4）池壁整体式内模施工，当木模板为竖向木纹使用时，除应在浇筑前将模板充分湿润外，还应在模板适当的位置设置八字缝板，拆模时，先拆内模。

5）模板应平整，且拼缝严密不漏浆，固定模板的螺栓（或铁丝）不宜穿过水池混凝土结构，以避免沿穿孔缝隙渗水。

6）当必须采用对拉螺栓固定模板时，应在螺栓上加焊止水板，止水板直径一般为 8~10cm。

4.1.2 钢筋

1. 钢筋绑扎要点

1）在绑扎钢筋时，应详细检查钢筋的直径、间距、位置、搭接长度、上下层钢筋的间距、保护层及预埋件的位置和数量，均应符合设计要求。上下层钢筋均用铁撑（铁马凳）加以固定，使之在浇捣过程中不发生变位。

2）若采用铁马凳架设钢筋时，在不能取掉的情况下，应在铁马凳上加焊止水板，防止水沿铁马凳渗入混凝土结构。

3）当钢筋排列稠密，以致影响混凝土正常浇捣时，应与设计人员商量采用适当措施保证浇筑质量。

2. 池壁开洞的钢筋布置

1) 当水池池壁预埋管件及预留孔洞的尺寸小于 300mm 时，可将受力钢筋绕过预埋管件或孔洞，不必加固。

2) 当水池池壁预埋管件及预留孔洞的尺寸在 300～1000mm 时，应沿预埋管件或孔洞每边配置加强钢筋，其钢筋截面积不小于在洞口宽度内被切断的受力钢筋面积的 1/2，且不小于 $2\phi10mm$。

3) 当水池池壁预埋管件及预留孔洞的尺寸大于 1000mm 时，宜在预留孔或预埋管件四周加设小梁。

4.1.3　混凝土

1. 混凝土在浇筑时应注意以下事项：

(1) 选择合适的配合比　应合理选择、调整混凝土配合比的各项技术参数，并需通过试配求得符合设计要求的防水混凝土最佳配合比。

(2) 改善施工条件，精心组织施工　普通防水混凝土水池结构的优劣与施工质量密切相关。因此，对施工中的各主要工序，如混凝土搅拌、运输、浇筑、振捣、养护等，都应严格遵守施工及验收规范和操作规程的规定。

(3) 做好施工排水工作　在有地下水地区修建水池结构工程时，必须做好排水工作，以保证地基土壤不被扰动，使水池不因地基沉陷而发生裂缝。施工排水须在整个施工期间不间断进行，防止因地下水上升而导致水池底板产生裂缝。

2. 水处理构筑物功能性试验

对于给水排水构筑物而言，要满足构筑物的使用功能，除了检查外观和强度外，还应通过满水试验、闭气试验等对其严密性进行验收。

(1) 水池满水试验　满水试验是按水处理构筑物的工作状态进行的针对构筑物抗压强度、抗渗强度的检验工作。满水试验不宜在雨天进行。

1) 水池满水试验的前提条件：①池体结构混凝土的抗压强度、抗渗强度等级或砖砌水池的砌体水泥砂浆强度已达到设计要求；②在现浇钢筋混凝土水池的防水层、水池外部防腐层施工以及池外回填土之前；③在装配式预应力钢筋混凝土水池施加预应力以后，水泥砂浆防护层喷涂之前；④在砖砌水池的内外防水水泥砂浆完成之后；⑤进水、出水、放空、溢流、连通管道的安装及其穿墙管口的填塞已经完成；⑥水池抗浮稳定性满足设计要求；⑦满足设计图样中的其他特殊要求。

2) 水池满水试验前的准备工作：①修补池体内外混凝土的缺陷，结构检查达到设计要求；②检查阀门，不得渗漏；③临时封堵管口；④清扫池内杂物；⑤准备清水作为注水水源，并安装好注水、排空管路系统；⑥设置水位观测标尺，标定水位测计；⑦准备现场测定蒸发量的设备等。

3）满水试验步骤及测定方法。

a. 注水。向水池注水分三次进行，每次注入设计水深的 1/3，且注水水位上升速度不宜超过 2m/24h，相邻两次注水的时间间隔不少于 24h。每次注水后测读 24h 的水位下降值，并计算渗水量。如池体外壁混凝土表面和管道填塞有渗漏的情况，同时水位降的测读渗水量较大时，应停止注水，待检查、处理完毕后再继续注水。即使水位降（渗水量）符合标准要求，只要池壁外表面出现渗漏现象，也视为结构混凝土不符合规范要求。

b. 水位观测。注水时用水位标尺测定水位。注水至设计水深时，用水位测针测定水位降。水位测针的读数精度应达到 1/10mm。测读水位的末读数与初读数的时间间隔应不小于 24h。水池水位降的测读时间可依实际情况而定，如第一天测定的渗水量符合标准，应再测定一天；如第一天测定的渗水量超过允许标准，而以后的渗水量逐渐减少，可继续延长时间观察。

c. 蒸发量的测定（无盖水池必做）。现场测定蒸发量的设备，可采用直径约为 50cm，高约 30cm 的敞口钢板水箱，并设有水位测针。水箱应经过检验，不得漏水。水箱应固定在水池中，水箱中的充水深度可在 20cm 左右。测定水池中水位的同时，测定水箱中的水位。

水池渗水量按下式计算

$$q = \frac{A_1}{A_2}[(E_1 - E_2) - (e_1 - e_2)] \qquad (4\text{-}1)$$

式中　　q——渗水量（$L/m^2 \cdot d$）；

A_1——水池的水面面积（m^2）；

A_2——水池的浸湿总面积（m^2）；

E_1——水池中水位测针的初读数，即初读数（mm）；

E_2——测读 E_1 后 24h 水池中水位测针的末读数，即末读数（mm）；

e_1——测读 E_1 时水箱中水位测针的读数（mm）；

e_2——测读 E_2 时水箱中水位测针的读数（mm）。

水池渗水量按池壁（不包括内隔墙）和池底的浸湿面积计算，钢筋混凝土水池不得超过 $2L/m^2 \cdot d$；砖石砌体水池不得超过 $3L/m^2 \cdot d$。

(2) 闭气试验　污水处理厂的消化池在满水试验合格后，还应进行闭气试验。闭气试验是观测 24h 前后池内压力降。规范要求，消化池 24h 压力降不得大于 0.2 倍试验压力，一般试验压力是工作压力的 1.5 倍。

1）准备工作：完成工艺测温孔的封堵、池顶盖板的封闭；安装温度计、测压仪及充气截门；使用的温度计刻度精确至 1℃，使用的大气压力计刻度精确至 10Pa；采用空气压缩机往池内充气。

2）测读气压：池内充气至气压稳定后，测读池内气压值，即为初读数；间隔 24h，测读末读数；在测读池内气压的同时，测读池内的气温和池外大气压力，并将大气压力换算成等同于池内气压的单位。

池内气压降按下式计算

$$\Delta p = (p_{d_1} + p_{a_1}) - (p_{d_2} + p_{a_2}) \frac{273 + t_1}{273 + t_2} \tag{4-2}$$

式中　Δp——池内气压降（10Pa）；

p_{d_1}——池内气压初读数（10Pa）；

p_{d_2}——池内气压末读数（10Pa）；

p_{a_1}——测定 p_{d_1} 时的相对大气压力（10Pa）；

p_{a_2}——测定 p_{d_2} 时的相对大气压力（10Pa）；

t_1——测定 p_{d_1} 时的相应池内气温（℃）；

t_2——测定 p_{d_2} 时的相应池内气温（℃）。

闭气试验的压力降须满足在设计试验压力降的允许范围之内。

4.2　装配式预应力钢筋混凝土水池施工

预应力钢筋混凝土水池具有较强的抗裂性及不透水性。与普通钢筋混凝土水池相比，还具有节省水泥、钢材、木材用量的特点。

预应力钢筋混凝土水池的预应力钢筋主要沿池壁环向布置，预应力钢筋混凝土水池在水力荷载作用之前，先对混凝土预制件预加压力，使钢筋混凝土预制件产生人为的应力状态，所产生的预压应力将抵消由荷载所引起的大部分或全部的拉应力，从而使预制件装配完毕使用时拉应力明显减小或消失。由此可防止或减少池体裂缝的产生，同时也将降低构件的刚度和挠度。但对于高度较高且容积较大的地上式水池而言，为防止池壁垂直方向上产生弯矩而形成水平裂缝，在垂直方向上增设预应力钢筋。

预应力钢筋混凝土水池一般情况下多做成装配式，常用于构筑物的壁板、柱、梁、顶盖以及管道工程的基础、管座、沟盖板、检查井等工程施工中。装配式结构具有加快施工进度，减小施工强度，保证工程质量，延长构筑物的使用寿命等优点。

4.2.1　装配式水池施工流程

装配式水池施工流程如图 4-5 所示。

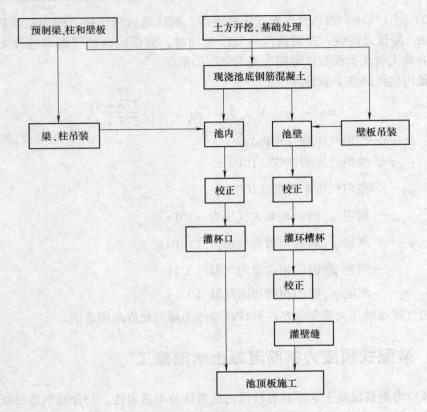

图 4-5　装配式水池施工流程

4.2.2　预应力钢筋混凝土构件的制作

预应力钢筋混凝土的特点是：在混凝土结构中对高强度钢筋进行张拉，使混凝土预先获得压应力；当构件在荷载作用下产生拉应力时，首先抵消预压应力，随着荷载的不断增加，受拉区混凝土受拉，以此提高构件的抗裂度和刚度。

1．水池壁板的结构形式

水池壁板的结构形式一般有两种。一种是两壁板之间有搭接钢筋（图4-6a）；另一种是两壁板之间无搭接钢筋（图 4-6b）。前一种壁板的横向非预应力钢筋可承受部分拉应力，但壁板的构造

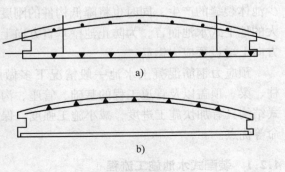

图 4-6　预制壁板
a) 有搭接钢筋的壁板　b) 无搭接钢筋的壁板

与运输不便，外露钢筋易锈蚀，而且接缝混凝土捣固不易密实。因此，大多采用后一种形式的壁板。池壁板安插在底板外周槽口内，如图 4-7 所示。

缠绕预应力钢丝时，需在池壁外侧留设锚固柱（图 4-8）、锚固肋（图 4-9）或锚固槽（图 4-10），安装锚固夹具，以固定预应力钢丝。壁板接缝应牢固和严密。图 4-11a 中的接缝用于有搭接钢筋的壁板，在接缝处焊接或绑扎直立钢筋，支设模板，浇筑细石混凝土；图 4-11b 中的接缝用于无搭接钢筋壁板接缝内浇筑膨胀水泥混凝土或 C30 细石混凝土。

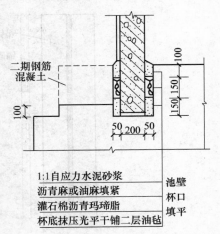

图 4-7 壁板与底板的杯槽连接

在壁板顶浇筑圈梁，将顶板搁置在圈梁上，以提高水池结构的抗震能力。

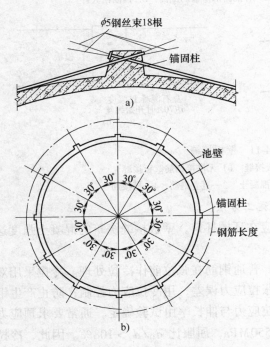

图 4-8 锚固柱
a）锚固柱 b）有锚固柱的池体

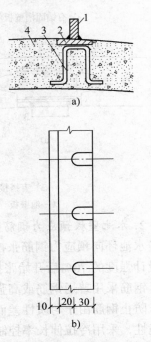

图 4-9 锚固肋
a）锚固肋 b）锚固肋开口大样
1—锚固肋 2—钢板 3—固定钢筋 4—池壁

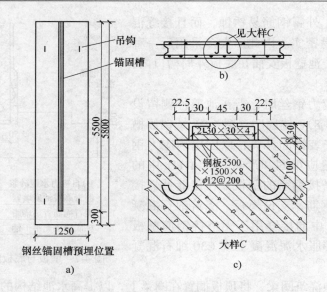

图 4-10 锚固槽

a) 有锚固槽壁板的正面 b) 有锚固槽壁板的剖面 c) 锚固槽大样

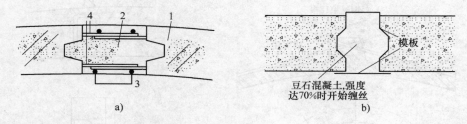

图 4-11 壁板接缝

a) 有搭接钢筋壁板接缝 b) 无搭接钢筋壁板接缝

1—池壁板 2—膨胀混凝土 3—直立钢筋 4—搭接筋

2. 水池壁板预应力钢筋张拉的施工方法

水池环向预应力钢筋张拉工作应在环槽杯口，壁板接缝浇筑的混凝土强度达到设计强度的 70% 后开始张拉施工。

钢筋采用普通钢筋或高强钢丝。普通钢筋在张拉前作冷拉处理。冷拉采用双控：防止钢筋由于匀质性差而产生张拉应力误差，用冷拉应力控制；防止产生钢筋脆性，采用冷拉伸长率控制。冷拉应力与伸长率由试验确定，通常要求预应力张拉后的钢筋屈服点提高到不小于 550MPa，屈服比 $d_0/d_s > 108\%$。因此，冷拉控制应力为 520～530MPa，伸长率为 3.2%～3.6%，不超过 5%，不小于 2%。

预应力钢筋有三种张拉方法，即绕丝法、电热张拉法和径向张拉法。三种施工方法的特点详见表 4-1。

表 4-1 预应力钢筋张拉方法

施工方法	优缺点
绕丝法	施工速度快、质量好，但需专用设备
电热张拉法	设备简单，操作方便，施工速度快，质量较好
径向张拉法	工具设备简单，操作方便，施工费低，比绕丝法、电热张拉法低12%~23%

绕丝法是利用绕丝机围绕池壁转动，将高强度钢丝从钢丝盘中拉出，进入绕丝盘中。绕丝盘与大链轮由同一轴转动，但绕丝盘的周长略小于大链轮的节圆长度。绕丝机沿池壁转动时，当大链轮自转了一周，绕丝机还没有自转一周，亦即大链轮所放出的链条长度略大于绕丝盘放出的钢丝长度，钢丝就此被拉长，从而使钢丝产生预应力。

（1）预应力绕丝的准备工作

1）从上到下检查池体半径、壁板垂直度，允许误差在±10mm以内，将外壁清理干净，壁缝填灌混凝土，将毛刺铲平，高低不平的凸缝应凿成弧形。

2）检查钢丝的质量和卡具的质量。

3）绕丝机在地面组装后，安装大链条。大链条在距离池底500mm高处沿水平线绕池一周，穿过绕丝机，调整后，空车试运行并将绕丝机提到池顶。

（2）预应力绕丝方法

1）绕丝方向由上向下进行，第一圈距池顶的距离应按设计规定或依绕丝机设备能力确定，且不宜大于500mm。

2）每根钢丝开始绕的正卡具是越拉越紧的，末端为同一种卡具，但方向相反，绕丝机前进时，末端卡具松开，钢丝绕过池一周后，开始张拉抽紧。

3）一般张拉应力为高强钢丝抗拉强度的65%，控制在±1kN误差范围内，要始终保持绕丝机拉力不小于20kN，当超张拉在23~24kN之内时，就要不断地调整大弹簧。

4）应力测定点从上到下宜在一条竖直线上，便于进行应力分析。在一根槽钢旁选好位置，打卡具与测应力可同时进行。

5）钢丝接头应采用前接头法。当一根钢丝在牵制器前剩下3m左右时停止，卸去空盘换上重盘，将接头在牵制器前接好，然后钢丝盘反向转动，使钢丝仍然绷紧。接好后，使接头缓缓通过牵制器，在应力盘上绕好。同时，调整应力盘上钢丝接头，以防压叠或挤出，直到钢丝接头走出应力盘，再继续开车。钢丝接头应采用18~20号钢丝密排绑扎牢固，其搭接长度不应小于250mm。

6）施加应力时，每绕一圈钢丝应测定一次钢丝应力并记录。

7）池壁两端不能用绕丝机缠绕的部位，应在顶端和底端附近部位加密或改用电热法张拉。

电热张拉法是将钢筋通电，使其温度升高，延伸长度到一定程度后固定两端；断开电源后，钢筋随即冷却，便产生了温度应力。电热张拉可采用一次张拉，也可以采用多次张拉，一般以 2～4 次为佳。

（1）张拉前的水池安装　水池的壁板、柱、梁、板一般采用综合吊装法进行安装。安装时必须分出锚固肋板的位置，如图 4-12 所示，并使有锚固肋的预制壁板按设计要求严格、准确就位。当环槽杯口、壁板接缝处

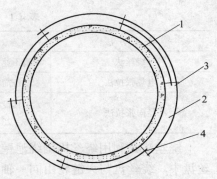

图 4-12　锚固肋板位置
1—池壁　2—预应力粗钢筋　3—锚固肋板
4—端头短杆

浇筑的混凝土强度达到设计强度的 70% 时，方可进行电热张拉。

电热张拉前，应根据电工、热工等参数计算伸长值，并应取一环试张拉进行验证。采用电热张拉法时，预应力钢筋的弹性模量由试验确定。

（2）电热张拉前的准备工作

1）钢筋下料。

a. 冷拉。预应力钢筋一般采用钢筋冷拉，控制应力不超过 530MPa。将伸长率相近的钢筋对焊成整根，并对全部接头进行应力检验。

b. 下料。每根钢筋长度为

$$L = \frac{\pi(D - \phi) + h}{n} \tag{4-3}$$

式中　L——每根钢筋长度；

D——水池外径；

ϕ——钢筋直径；

h——锚固肋高度；

n——每池周钢筋根数，一般采用 2～8 根。

2）预应力伸长值（见表 4-2）。

表 4-2　预应力伸长值

伸 长 值	计 算 公 式	备　　注
基本伸长值	$\Delta L_1 = (\sigma_{con} + 30) \times L$	σ_{con}——预应力张拉控制应力，Φ^1 钢筋一般不超过 450MPa
附加伸长值	$\Delta L_2 = \sum \lambda_1 - \sum \lambda_2$	$\sum \lambda_1$——锚具变形（cm） $\sum \lambda_2$——垫板缝隙（cm）
总伸长值	$\Delta L = \Delta L_1 + \Delta L_2$	L——电热前钢筋总长（cm）

3）施工一般要求电热参数（见表 4-3）。

表 4-3　电热参数表

项　目	参　数	项　目	参　数
升温/℃	200～300	电流/A	400～700
升温时间/min	5～7	Ⅲ级钢电流密度/（A/cm²）	>150
电压/V	35～65		

4）电热张拉施工方法。张拉顺序，宜先下后上再中间，即先张拉池体下部 1～2 环，再张拉池顶一环，然后从两端向中间对称进行张拉，把最大环张力的预应力钢筋安排在最后张拉，以尽量减少预应力损失。对与锚固肋相交处的钢筋应进行良好的绝缘处理（一般采用酚醛纸板），端杆螺栓接电源处应除锈并保持接触紧密。通电前，钢筋应测定初应力，张拉端应刻划伸长标记。在张拉过程中及断电后 5min 内，应采用木锤连续敲打各段钢筋，使钢筋产生弹跳以助钢筋伸长，调整应力。

径向张拉法的准备及施工方法如下：

（1）预应力钢筋的准备　首先应校验钢筋成分和力学性能是否合格。对焊接头应在冷拉前进行，接头强度不低于钢材本身，冷弯 90°合格。螺纹端杆可用同级冷拉钢筋制作，如果用 45 号钢，热处理后强度不低于 700MPa，伸长率大于 14%。套筒用不低于 3 号钢材质的热轧无缝管制作，螺纹端杆与预应力钢筋对焊接长，用带丝扣的套筒连接。螺杆与套筒精度应符合标准，分层配合良好，配套供应。施工过程中应采取措施保护丝扣免遭损坏。环筋分段长度，应视冷拉设备和运输条件而定，一般每环分为 2～4 段，每段长约 20～40m。

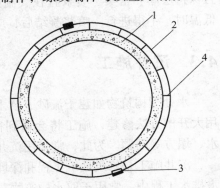

图 4-13　径向张拉示意图
1—池壁　2—预应力环筋
3—连接套筒　4—可调撑垫

（2）径向张拉施工方法　径向张拉示意图如图 4-13 所示。预应力筋在指定位置安装，尽力拉紧套筒，再沿圆周每隔一定距离用简单张拉法将钢筋拉离池壁约计算值的一半，填上垫块，然后用测力张拉器逐点调整张力以达到设计要求，最后再用可调撑垫顶住。为了使各点离池壁的间隙基本一致，张拉时宜同时用多个张拉器均匀地同时张拉。每环张拉点数视水池直径大小、张拉器能力和池壁局部应力等因素而定。点与点的距离一般不大于 1.5m，预制板以一板一点为宜。张拉时，张拉系数一般取控制应力的 10%，即粗钢筋≤120MPa，高强钢丝束≤150MPa，以提高预应力效果。张拉点应避开对焊接头处，距离不少于 10 倍钢筋直径。不得进行超张拉。

3. 枪喷水泥砂浆保护层施工

喷浆施工应在水池满水试验合格后进行。试水结束后，应尽快进行钢丝保护层的喷浆施工，以免钢丝暴露在大气中发生锈蚀。喷浆前，必须对受喷面进行除污、去油、清洗处理。枪喷水泥砂浆材料及配比要求见表 4-4。

表 4-4 枪喷水泥砂浆材料及配比要求

砂			配 合 比	
粒径/mm	刚度模数	含水率（%）	灰砂比	水灰比
≤5	2.3～3.7	1.5～0.33	0.3～0.5	0.25～0.35

喷浆应拌合均匀，随拌随喷，存放时间不得超过 2h。喷浆罐内压力宜为 0.5MPa，供水压力也应相适应。输料管长度不宜小于 10m，管径不宜小于 25mm。应沿池壁的圆周方向自池身上端开始喷浆，喷口至受喷池面的距离应以回弹物较少、喷层密实的原则确定。每次喷浆厚度为 15～20mm，共喷三遍，总的保护层厚度不小于 40mm。喷枪应与喷射面保持垂直，当遇到障碍物时，其入射角不宜大于 15°。喷浆应连续喷射，出浆量应稳定且连续，不可滞射或扫射，且保持层厚和密实。喷浆宜在气温高于 15℃时进行，当遇大风、冰冻、降雨或低温时，不得进行。喷浆凝结后，应加遮盖，湿润养护 14d 以上为宜。

4.3 沉井施工

水处理构筑物如建于流砂、软土、高地下水位等地段或施工场地窄小时，采用大开槽方法修建，施工将会遇到很多困难，如基坑护壁的支设、地下水的降水、塌方等问题。为此，常采用沉井法施工。

沉井施工是修筑地下工程和深埋基础工程所采用的重要施工方法之一。在给水排水工程中，常用于取水构筑物、排水泵站、大型集水井、盾构和顶管工作井等工程。

沉井的井筒一般在地面上制作，或在水中围堰筑岛，在岛上制作。再将井筒浮运至沉放地点就位，在井筒内挖土，使井筒靠其自重来克服其外壁与土层间的摩擦阻力，从而逐渐下沉至设计标高。最后，平整井筒内土面，浇筑混凝土垫层及混凝土底板，完成沉井的封底工作。沉井下沉的深度一般为 7～20m。

4.3.1　沉井的构造

沉井的组成部分包括井筒、刃脚、隔墙、梁和底板等，如图 4-14 所示。

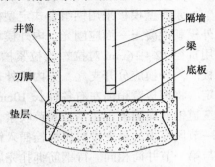

井筒即为沉井的井壁，是地下构筑物的维护结构和基础，要求具有足够的强度和内部空间。井筒一般用钢筋混凝土、砌砖或钢材等材料制成。井筒一般不高于 5m，若井筒过高或通过土质密实的地层时，可做成台阶面，但台阶要设在分节处。矩形沉井的井壁四周应做成圆角或钝角以免受损。井壁应严密不漏水，混凝土强度等级不应低于 C15。

图 4-14　沉井构造示意图

刃脚设于沉井井筒的底部，形状为内刃环刀。刃脚可以使井筒下沉时减少井壁下端切土的阻力，并便于操作人员挖掘靠近沉井刃脚外壁的土体。刃脚下端有一个水平的支撑面，通称刃脚踏面。其底宽一般为 150~300mm。刃脚踏面以上为刃脚斜面，在井筒壁的内侧，它与水平面的夹角应大于 45°，一般取 50°~60°。当沉井在坚硬土层中下沉时，刃脚踏面的底宽宜取 150mm；为防止刃脚踏面受到损坏，可用角钢加固；当采用爆破法清除刃脚下的障碍物时，应在刃脚的外缘用钢板包住，以达到加固的目的，如图 4-15 所示。刃脚高由壁厚决定，一般不低于 1m。刃脚混凝土强度等级不能低于 C20。

隔墙、柱和横梁用以增加井筒的刚度，防止井筒在施工中发生突然下沉。

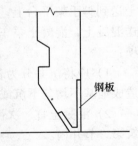

底板设于井筒的底部，是沉井的井底。不排水下沉时，当井沉至设计标高后，要将井底部封闭，切断井外水源，抽干井内积水，并填充混凝土或抛填片石。排水下沉时，为了减轻井重，在井内仅抛填砂砾。因井底要承受土和水的压力，故要求底板有一定厚度，并应高出刃脚顶面至少 0.5m。不填充的空心沉井需设钢筋混凝土顶盖，其厚度为 1.0~2.0m，钢筋按计算及构造需要配

图 4-15　刃脚加固构造图

置。实心沉井可用素混凝土盖板，但强度等级不得低于 C20。为增强井壁与底板的连接，在刃脚上部井壁上应留有连接底板的企口凹槽，深度为 10~20cm。

4.3.2　沉井施工

1. 井筒的制作

(1) 支模　在基坑中施工时，基坑应比沉井宽 2~3m，四周设排水沟、集水

井，使地下水位降至基坑底面 0.5m 以下，同时防止地表水向基坑流入，以免土体塌方。当泵房井壁高度超过 12m 时，宜分段制作，在底段井筒下沉后再继续加高井壁，一般底段井筒高度控制在 8~12m 之间为宜。

泵房壁模板采用钢组合式定型模板或木质定型模板组装而成。采用木模时，外模朝混凝土一面应刨光，内外模均应采用竖向分节支设，每节高 1.5~2.0m。用直径 12~16mm 对拉螺栓拉紧槽钢固定。有抗渗要求的，在螺栓中间设止水板。内外模应分开支立，先内后外，内外模之间用对拉螺栓紧固或用连接螺栓固定。将模板背稍向左右各伸长 10cm，使之相互交错连接。外模支完后均匀布置三道钢丝绳围绕，用手拉葫芦收紧，并将卡扣卡住，固定。井筒接高时，利用第一节段模板的最上排对拉螺栓插入钢筋作接高节段模支承。其余工序与灌筑方法与第一节井筒相同。待钢筋绑扎完后，即安装骨架，组织井壁灌筑。

沉井钢筋可用起重机垂直安装就位，用人工绑扎或焊接连接，各接头应错开。对高度大的泵房壁也可采用滑模施工。第二段及其以上的各段模板不应支撑于地面上，以免因自重增加产生新的沉降，使新浇筑的混凝土造成裂缝。当分段井筒沉至一定深度（井筒顶距地面上 0.5~1.0m）时，应停止下沉并开始做另一节井筒灌注工作。

井筒应保持竖直并防止偏斜，灌注要对称，接头沉井节段间竖向中轴线应相互重合，被接长的井筒应有足够的稳定性和重量使井继续下沉，节段间的接缝要仔细处理。钢筋混凝土井筒常使用预埋件连接，接高的井筒一般不宜少于 3m。

（2）混凝土浇筑　沿沉井周围搭设脚手架平台，用 15m 带式运输机将混凝土送到脚手架平台上，用手推车沿沉井通过导管均匀地浇筑。用混凝土搅拌车运送混凝土，混凝土泵车沿沉井壁周围进行均匀浇筑。浇筑混凝土时应注意以下事项：

1）应将沉井分为若干段，同时对称、均匀、分层浇筑，每层厚 30cm，以免造成地基不均匀下沉或产生倾斜。

2）混凝土宜一次性连续浇筑完成。井筒第一节混凝土强度达到 70% 方可浇筑第二节井筒。

3）井壁有抗渗要求时，上下两节井壁的接缝应设置水平凸缝，接缝处凿毛并冲洗处理后，再继续浇筑下一节井筒。

4）前一节井筒下沉应为后一节混凝土浇筑工作预留 0.5~1.0m 高度，以便操作。

5）混凝土可采用自然养护。为加快拆模下沉，冬季可将防雨帆布或塑料薄膜等设置于模板外侧，使之成密闭气罩，通入蒸汽加热养护或采用抗冻早强混凝土浇筑。

2. 沉井的下沉方法及有关计算公式

(1) 沉井下沉的方法　主要有：排水下沉法和不排水下沉法两种，其适用范围见表 4-5。

表 4-5　沉井下沉方法的选择

沉井方法	适 用 范 围	优 缺 点
排水下沉	1) 适用于渗水量不大（≤1m³/min）的地层 2) 稳定粘性土（粘土、亚粘土及各种岩质土）或砂砾层中渗水量虽较大，但排水并不困难 3) 沉井工程规模较大时	优点：施工方便、易纠偏和清除障碍物；可直接检验地基保证施工质量；设施简单（仅用离心泵、抓泥斗等工具） 缺点：需设安全措施（以防涌水翻砂、坠物伤人）
不排水下沉	1) 适用于严重的流砂地层和渗水量大的砂砾层中，地下水无法排除或大量排水会影响附近建筑物安全 2) 泵房与大口井合建，以保证井的涌水量	优点：该方法对地下水位及地层要求不高 缺点：下沉时防流砂措施要求较高（应保证井内水位比井外地下水位高 1~2m）

(2) 沉井施工的配重计算公式

1) 土体作用在沉井上的总摩擦阻力计算公式：

圆筒形沉井

$$T_f = \pi D f\left[(H-5) + \left(\frac{1}{2}\right) \times 5\right] = \pi D f(H-2.5) \tag{4-4}$$

外壁为阶梯形的沉井

$$T'_f = \pi D f h + 0.6\pi D' f'(H-5-h) + 0.6\pi D' f'\left(\frac{1}{2} \times 5\right)$$
$$= \pi D f h + 0.6\pi D' f'(H-h-2.5) \tag{4-5}$$

式中　H——井筒下沉高度（m）；

h——井筒外壁呈阶梯形部分（刃脚）的高度；

T_f——筒柱形沉井外壁所受的总摩擦阻力（kN）；

T'_f——阶梯形沉井外壁所受的总摩擦阻力（kN）；

D——沉井刃脚外壁直径（m）；

D'——阶梯形沉井上部外壁直径（m）；

f——刃脚壁单位面积摩阻力（kN/m²）（见表 4-6）；

f'——阶梯形沉井上部外壁所受的单位面积摩阻力（kN/m²）（见表 4-6）。

表 4-6 土与沉井外壁间的单位面积摩擦阻力

土 的 种 类	土与沉井外壁间的单位面积摩擦阻力/（kN/m²）
粘性土	24.5 ~ 49.0
软土	9.8 ~ 11.8
砂土	11.8 ~ 24.5
砂卵石	17.7 ~ 29.4
砂砾石	14.7 ~ 19.6
泥浆润滑套	2.9 ~ 4.9

注：当沉井下沉深度范围内由不同土层组成时，平均摩擦系数 f_0 由下式决定

$$f_0 = \frac{f_1 n_1 + f_2 n_2 + \cdots + f_n n_n}{n_1 + n_2 + \cdots + n_n}$$

式中 f_1、$f_2 \cdots$、f_n——各层土的摩擦系数；

n_1、$n_2 \cdots$、n_n——各土层厚度。

对于其他形状的沉井，可以将外壁分成若干块，以各块的面积乘相应单位面积摩擦阻力，而后算得其总和而求得其总摩擦阻力。

2）配重的计算公式如下

$$G \geqslant 1.15[\pi d(h - 2.5)f + R] + B \tag{4-6}$$

式中 G——沉井自重及附加荷重（kN）；

h——井筒外壁呈阶梯形部分（刃脚）的高度；

f——刃脚壁单位面积摩擦阻力（kN/m²）（见表 4-6）；

d——井筒外径（m）；

B——被井壁排出水重（kN）；

R——刃脚反力（kN），将刃脚底面及斜面的土方挖空，则 $R = 0$。

3）不计活荷载。抗浮稳定的验算公式如下

$$K_w = \frac{G + 0.5 T_f}{P_{fw}} \geqslant 1.1 \tag{4-7}$$

式中 G——沉井自重（kN）；

T_f——沉井外壁的总摩擦阻力（kN），如沉井下沉封底时，沉井外壁土体尚未稳定，可取 $T_f = 0$；

P_{fw}——沉井承受的浮力（kN），它等于沉井的井壁浸入泥水中的体积乘以泥水的单位重力；

K_w——沉井抗浮安全系数，一般取 $K_w \geqslant 1.1$。

4）抗倾覆验算公式如下

$$K_q = \frac{\sum M_k}{\sum M_a} \geqslant 1.5 \tag{4-8}$$

式中 K_q——抗倾覆稳定系数（一般为 1.5）；

$\sum M_k$——沉井抗倾覆弯矩之和（kN·m）；

$\sum M_a$——沉井倾覆弯矩之和（kN·m）。

3．沉井下沉施工

（1）排水下沉　排水下沉是在井筒下沉和封底过程中，采用井内开设排水明沟，用水泵将地下水排除或采用人工降低地下水位方法排出地下水。它适用于穿过透水性较差的土层，涌水量不大，排水不致产生流砂现象，而且施工现场有排水出路的地方。

井筒内挖土根据井筒直径大小及沉井埋设深度来确定施工方法，一般分为机械挖土和人工挖土两类。机械挖土一般仅开挖井中部的土，四周的土由人工开挖。常用的开挖机械有合瓣式挖掘机、履带式全液压挖掘机等。垂直运土工具有少先式起重机、卷扬机、桅杆起重杆等。卸土地点距井壁一般不应小于 20m，以免因堆土过近使井壁土方坍塌，导致下沉摩擦阻力增大。当土质为砂土或砂性粘土时，可用高压水枪先将井内泥土冲松，稀释成泥浆，然后用水力吸泥机将泥浆吸出排到井外。人工挖土应沿刃脚四周均匀而对称进行，以保持井筒均匀下沉。它适用于小型沉井，下沉深度较小、机械设备不足的地方。人工开挖应防止流砂现象发生。

下沉要及时掌握土层情况，做好下沉测量记录，随时分析和检验土的阻力与井筒重力的关系。特别是初沉和终沉阶段更应增加观测次数，必要时要连续观测。挖土要均匀，不要使内隔墙底部顶托，底节支承处土的深度和隔墙两边土面的高差视土质、井筒大小和入土深度而定，一般不大于 50cm。在沉入基底以上 2m 时，要控制井内出土量和位置，并注意正位和调平井筒，对无筋和少筋井筒更应严格采用均衡下沉措施，防止井壁裂缝。沉井若遇到倾斜岩层时，应将刃脚大部分嵌入岩层，其余不到岩层部分应作处理。

（2）不排水下沉　若基础处于大量涌水或流砂的土层，土质结构不稳定，排水开挖无法实施，可采用不排水开挖沉井。水下开挖法主要用抓土斗和吸泥机作业。土方由合瓣式抓铲挖出，当铲斗将井的中央部分挖成锅底形状时，井壁四周的土涌向中心，井筒就会下沉。如井壁四周的土不易下滑时，先用高压水枪进行冲射，然后用水泥吸泥机将泥浆吸出排到井外。吸泥机适用于砂、粘土和砂夹卵石等地层。在粘性土或较紧密土层中使用时常配合高压水枪射水，把土冲碎后再吸泥。为了使井筒下沉均匀，最好同时设置几支水枪。每支水枪前均设置阀门，以便沉井下沉不均匀时进行调整。

开挖时应配备水泵，不断向井内注水，使井内水位高出井外水位 1～2m，以防流砂涌入。吸泥应均匀，并要防止局部吸泥过深而坍塌，或造成井筒偏斜。沉井下沉过程中，每班至少观测两次，如有倾斜，应及时纠正。

（3）封底　采用沉井方法施工的构筑物，必须做好封底，保证不渗漏。封底的方法及技术要求见表 4-7。

表 4-7　封底的方法及技术要求

施工方法	技 术 要 求
排水封底 （干封底）	1）沉井下沉至设计标高，不再继续下沉 2）排干沉井内存水并除净浮泥 3）应待底板混凝土强度达到设计规定，且沉井满足抗浮要求时，方可停止排水，将其排水井封闭
不排水封底 （湿封底）	1）井内水位不低于井外水位 2）整理沉井基底，清理浮泥，超挖部分应先用粒径为 30cm 左右的石块压平井底再铺砂，然后按设计铺设垫层。混凝土凿毛处应清洗干净 3）水下混凝土的浇筑一般采用导管法 4）当水下封底混凝土达到设计规定，且沉井满足抗浮要求时，方可从沉井内抽水

井沉至基底后应检查，弄清基底土质再进行处理和封底工作。处理基底土层应平整底面，同时预留井孔内刃脚、隔墙的高差以灌注混凝土；尽量消除基底面的陡坎、浮泥、松土；应全部清除基底内对灌注混凝土有害的物质及夹层和风化岩层，使井底嵌入岩层；必要时可在砂层或粘性土层的基底上铺设一层碎石后再封底；岩面不平时，可将其凿成凹凸形或台阶形，使封底混凝土挤入刃下；当风化层较厚或岩面高差较大，全面清基凿岩有困难时，可采用钻孔桩将沉井刃脚沉到新鲜岩层一定深度后再灌注混凝土。

1）排水封底。将混凝土接触面冲刷干净或打毛，修整井底使之成锅底形，由刃脚向中心挖排水沟，填以卵石做成滤水暗沟，在中部设 2~3 个深 1~2m 的集水井，井间用盲沟相通，插入 $\phi600 \sim \phi800$ 穿孔钢管或混凝土管，四周填以卵石，使井底水流汇集在集水井中用泵排出，保持地下水位低于基底面 0.3m 以上。

封底一般先浇一层厚 0.5~1.5m 的混凝土垫层。达到 50% 设计强度后绑扎钢筋，钢筋两端伸入刃脚或凹槽内，再浇筑上层底板混凝土。混凝土浇筑应连续进行，由四周向中央推进。可分层浇筑混凝土，每层厚 30~50cm，并用振捣器捣实，当井内有隔墙时，应前后左右对称地逐格浇筑。混凝土采用自然养护，养护期应继续抽水。待混凝土强度达到 70% 后，集水井逐个停止抽水，逐个封堵。封堵的方法是将集水井中水抽干，在套管内迅速使用干硬性高强度混凝土进行堵塞并捣实；然后上法兰，用螺栓拧紧或焊固；上部用混凝土垫实捣平。封底后应进行抗浮稳定验算，荷载组合应包括结构自重和地下水的浮力。沉井下沉后先封底再浇筑钢筋混凝土底板时，封底混凝土的强度计算荷载可按施工期间的最高地下水位计算。

2）不排水封底（水下混凝土封底导管法）。在地下水位高、水量不足、易产生塌方和管涌的砂土、淤泥质土等地质条件下进行沉井施工时，可用水下封底。当井筒下沉至设计标高后，观测 8h，下沉量总计不超过 10mm 即可进行封底施工。水下封底混凝土应一次浇筑完。当井内有隔墙、底梁时应预先隔断，分格浇筑。水下封底的技术要点见表 4-8。

表 4-8　水下封底的技术要点

序号	项目	技　术　要　点
1	准备工作	1）清理基底浮泥及其他杂物，超挖及软土基础应铺以碎石垫层 2）混凝土凿毛处理应洗刷干净
2	导管要求	1）采用 DN200～300mm 的钢管制作，内壁应光滑，管段接头应密封良好并便于拆装 2）每根导管上端装有数节 1.0m 长的短管；导管中设球塞及隔板等隔水。采用球塞时导管下端距井底的距离应比球塞直径大 5～10cm；采用隔板或扇形活门时，其距离不宜大于 10cm
3	导管数量	导管浇筑半径可取 3～4m。其布置应使各导管的浇筑面积互相交叉
4	浇筑	1）每根导管浇筑前，应备有足够的混凝土量，使开始浇筑时，能一次将导管底埋住 2）浇筑顺序应从低处开始，向周围扩大 3）当井内有隔墙时应分格浇筑 4）每根导管的混凝土应连续浇筑，且导管埋入混凝土的深度不宜小于 1.0m 5）各导管间混凝土浇筑面的平均上升速度不应小于 0.25m/h，坡度不应大于 1:5；相邻导管间混凝土上升速度宜相近，终浇时混凝土面应略高于设计高程 6）水下封底混凝土强度达到设计规定，且沉井能满足抗浮要求时，方可将井内水抽除

4.3.3　测量控制

在沉井过程中应设几个下沉观测点，发现沉井偏斜时，或井中心位移时，立即予以纠正。沉井过程中监测的方法见表 4-9。

表 4-9　沉井过程的监测方法

监测方法	监测项目	方　法　说　明
垂球法	井筒倾斜	在井筒内壁四个对称点悬挂垂球，当井筒发生倾斜时，垂球线偏离井壁上的垂直标志线
标尺测定法	水平位移、井筒倾斜	在井筒外壁四条直线上绘出高程标记，并对准高程标记设置水平标尺，观测时移动水平标尺使其一端与井壁接触，读出水平移动数与下沉高程数，由相应两次读数之差可求水平位移与井筒倾斜值
水准仪测量法	井筒倾斜	在井筒四周设置高程标志，通过水准仪观测各点的下沉高度

沉井下沉允许偏差值见表 4-10。

表 4-10　沉井下沉允许偏差值

项　　目		允许偏差/mm
沉井刃脚平均标高与设计标高差		≤100
沉井水平偏移	下沉总深度 $H > 10m$	≤$H/100$
	下沉总深度 $H < 10m$	≤100
沉井四周任何两对称点处的刃脚踏面标高	两对称点间水平距离为 $L > 10m$	≤$L/100$ 且≤300
	两对称点间水平距离为 $L < 10m$	≤100
底面中心与顶面中心在纵横方向偏差	下沉总深度为 H	2%H
沉井倾斜度		1/50

4.4　管井施工

管井是集取深层地下水的地下取水构筑物。主要由井壁管、过滤管、沉淀管、填砾层和井口封闭层等组成。管井的一般结构如图 4-16 所示。

管井的结构取决于取水地区的地质结构、水文条件及供水设计要求等。管井的井孔深度、井径，井壁管种类、规格，过滤管的类型及安装位置，沉淀管的长度，填砾层厚度、粒径、填入量，抽水机械设备的型号等均需进行结构设计。

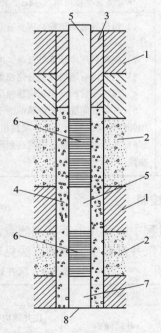

图 4-16　管井结构图
1—隔水层　2—含水层　3—人工封闭物　4—人工填料
5—井壁管　6—滤水管　7—沉淀管　8—井底

4.4.1　管井材料

管井材料包括井壁管、过滤管、沉淀管及填入的滤料等。管井材料应在开工前准备齐全，以便井孔成形后立即安装。

1. 井壁管、沉淀管

管井井壁管、沉淀管多采用钢管和铸铁管，也可采用其他非金属管材，如钢筋混凝土管、塑料管、陶土管、混凝土管等。

（1）无缝钢管 弯曲度偏差不得超过 1.0mm，内外径偏差不得超过 ±1.5mm，壁厚公差为 ±1.0mm。钢管两端应切成直角，并清除毛刺、内外表面不得有裂缝、折叠、轧折、离层、发纹和结疤等缺陷存在。

（2）焊接钢管 弯曲度偏差不得超过 1.0mm，内外径偏差不得超过 2%，壁厚公差为 +12.5% ~ 15%，管壁厚度不得小于 8mm。外观无裂纹、气孔、咬肉和焊瘤等缺陷。

（3）铸铁管 弯曲度偏差不得超过 1.5mm，内外径偏差不得超过 ±3.0mm，壁厚公差为 ±1.0mm。管内外表面不允许有冷隔、裂缝、错位等妨碍使用的明显缺陷。内壁应光滑，不得有沟槽，铸瘤高度不得超过 2.0mm。

（4）非金属管 弯曲度偏差不得超过 3.0mm，内外径偏差不得超过 ±5.0mm，壁厚公差为 -1.0 ~ +2.0mm。表面应平整，无碰伤和裂纹，壁厚均匀。

2. 过滤管

过滤管按结构形式分有圆孔过滤管、条孔过滤管、包网过滤管、缠丝过滤管、填砾过滤管、砾石水泥过滤管、无缠丝过滤管、贴砾过滤管等，一般常用的有缠丝过滤管、填砾过滤管和砾石水泥（无砂混凝土）过滤管。

管井过滤管一般选用钢管、铸铁管或其他非金属管材。其管材的质量要求与井壁管、沉淀管相同。要正确处理滤水管的透水性和过滤性的矛盾，就要正确选择滤水管的孔隙率。钢管孔隙率要求为 30% ~ 35%，铸铁管孔隙率要求为 23% ~ 25%，钢筋骨架孔隙率为 50%，石棉管、混凝土管等考虑到管壁强度，孔隙率要求为 15% ~ 20%。

3. 过滤管填砾滤料

对于砾石、粗砂、中砂、细砂等松散含水层，为防止细砂涌入井内，提高滤水管的有效孔隙率，增大管井出水量，延长管井的使用年限，在缠丝滤水管周围应再填充一层粗砂和砾石。这种滤水结构也称为填砾过滤管，是松散含水层中运用最广泛的一种形式。

1）管井填砾滤料的规格、形状、化学成分及质量与管井的产水量和出水水质密切相关。滤料粒径过大，容易产生涌砂现象；粒径过小，将减少管井的出水量。因此，应按含水层的颗粒级配正确选择缠丝间距和填砾粒径，并严格控制。

2）砾石滤料形状以近似圆形为宜。填砾规格一般为含水层颗粒中 d_{50} ~ d_{70}（指筛分时留在筛上质量分别为总质量 50% ~ 70% 时的筛孔直径）的 8 ~ 10 倍，施工时可根据含水层的种类和筛分结果按表 4-11 选用。

表 4-11 填砾规格和缠丝间距

序号	含水层种类	筛 分 结 果		填入砾石粒径 /mm	缠丝间距 /mm
		颗粒粒径/mm	(%)		
1	卵石	> 3	90 ~ 100	24 ~ 30	5
2	砾石	> 2.25	85 ~ 90	18 ~ 22	5
3	砾砂	> 1	80 ~ 85	7.5 ~ 10	5
4	粗砂	> 0.75	70 ~ 80	6 ~ 7.5	5
5		> 0.5	70 ~ 80	5 ~ 6	4
6	中砂	> 0.5	60 ~ 70	3 ~ 4	2.5
7		> 0.3	60 ~ 70	2.5 ~ 3	2
8		> 0.25	60 ~ 70	2 ~ 205	1.5
9	细砂	> 0.20	50 ~ 60	1.5 ~ 2	1
10		> 0.15	50 ~ 60	1 ~ 1.5	0.75
11	细砂含泥	> 0.15	40 ~ 50 含泥≤50	1 ~ 1.5	0.75
12	粉砂	> 0.10	50 ~ 60	0.75 ~ 1	0.5 ~ 0.75
13	粉砂含泥	> 0.10	40 ~ 50 含泥≤50	0.75 ~ 1	0.5 ~ 0.75

3）填砾的厚度一般为 75 ~ 150mm，在细粉砂地层为 100 ~ 150mm，填砾高度应高出滤水管顶 5 ~ 10m，以防填砾塌陷使砾层降至滤水管顶以下，导致井内涌砂。

4）砾石滤料形状以近似圆形石英质颗粒为宜。

5）石质应坚硬、无风化、磨圆度好，并经严格筛分清洗，不含杂物，不合格的砾石不得超过 15%，严禁使用碎石。

4.4.2 管井施工

管井施工是用专用钻凿工具在地层中钻孔，然后安装滤水器和井管。管井一般设在松散岩层，深度在 30m 以内。管井施工的程序包括施工准备、钻孔、安装井管、填砾、洗井与抽水试验等。

管井施工前，应查清钻井场地及附近地下与地上障碍物的确切位置，以选择井位。做好临时水、电、路、通信等准备工作，并按设备要求范围平整场地。场地地基应平整坚实、软硬均匀。对软土地基应加固处理。当井位为充水的淤泥、细砂、流沙或地层软硬不均，容易下沉时，应于安装钻机基础方木前横铺方木、长衫杆或铁轨，以防钻进时不均匀下沉。在地势低洼，易受河水、雨水冲灌地区施工时，还应修筑特殊凿井基台。

　　安装钻塔时，应将塔腿固定于基台上或用垫块垫牢，以保持稳定。绷绳安设应位置合理，地锚牢固，并用紧绳器绷紧。施工方法和机具确定后，还应根据设计文件准备粘土、砾石和管材等，并在使用前运至现场。

　　1.管井钻进方法

　　对于规模较小的浅井工程，可以采用人力钻孔。深井通常采用机械钻孔。根据破碎岩石的方式不同，机械钻孔方法可分为冲击钻进、回转钻进、锅锥钻进等；根据护壁或冲洗的介质与方法不同，机械钻孔方法可分为泥浆钻进、套管钻进、清水钻进等。近年来，随着科学技术的发展和建设的需要，涌现出许多新的钻进方法和钻进设备，如反循环钻进、空气钻进、潜孔锤钻进等，已逐步推广应用在管井施工中，并取得了较好的效果。在不同地层中施工应选用适合的钻进方法和钻具。

　　井孔常用的钻进方法及适用条件见表 4-12。

表 4-12　管井钻进方法及适用条件

钻进方法	主要工艺特点	适用条件
回转钻进	钻头回转切割、研磨破碎岩石，清水或泥浆正向循环。有取芯钻进及全面钻进之分	砂土类及粘性土类松散层；软或硬的基岩
冲击钻进	钻具冲击破碎岩石，抽筒捞取岩屑。有钻头钻进及抽筒钻进之分	碎石土类松散层，井深在 200m 以内
潜孔锤钻进	冲击、回转破碎岩石，冲洗介质正向循环。潜孔锤有风动及液动之分	坚硬基岩，且岩层不含水或含水性差
反循环钻进	回转钻进中，冲洗介质反向循环。有泵吸、气举、射流反循环三种方式	除漂石、卵石（碎石）外的松散层基岩
空气钻进	回转钻进中，用空气或雾化清水、雾化泥浆、泡沫、充气泥浆作冲洗介质	岩层漏水严重或干旱缺水地区施工
半机械化钻进	采用锅锥人力回转施工，或采用抽砂筒半机械抽砂挖土钻进	粘土、亚砂土、砂土直径及 100mm 卵石 ≤30%

　　（1）冲击钻进　在以土、砂、砾石、卵石为主的松散层中凿井，一般采用冲击钻进作业，钻进操作分为拧绳法和不拧绳法两种。拧绳法采用实芯钢丝接头。其特点是：便于掌握井孔圆度，井孔内的故障易于处理，但劳动强度大，须有较高的施工技术。不拧绳法采用活环钢丝绳接头、活芯钢丝绳接头或开口式活芯钢丝绳接头。其特点是：劳动强度小，只需注意钢丝绳的扭动，就可判断钻具在井底的转动情况，且更换钻具方便。

下钻前，应对钻头的外径和出刃，抽筒肋骨片的磨损情况以及钻具连接丝扣和法兰连接螺钉松紧度进行检查，如磨损过多，应及时修补，丝扣松动应及时上紧。

下钻时，先将钻头垂吊稳定后，再导正下入井孔。钻具下入井孔后，应盖好井盖板，使钢丝绳置于井盖板中间的绳孔中，并在地面设置标志，以便用交线法测定钢丝绳位移。下钻速度要平稳，不可高速下放。钻进中，发现塌孔、扁孔、斜孔时，应及时处理。发现缩孔时，应经常提动钻具，修整孔壁，每回冲击时间不宜过长，以防卡钻。

钻进过程中或钻进结束提钻时，应注意观察与测量钻井钢丝绳的位移。开始提钻时应缓慢，提高距孔底数米未遇到阻力后再正常提升。若遇阻，应将钻具放下，使钻头方向改变后再提，不得强行提拉。

(2) 回转钻进 回转钻进是依靠钻机旋转，钻具在地层上具有相当大的压力，从而使钻具慢慢切碎地层，形成井孔。其特点是：钻进速度快、机械化程度高，并适用于坚硬的岩层钻进，但是设备比较复杂。

开钻前，先对钻具进行检查，如发现脱焊、裂口、严重磨损时，应及时焊补或更换。水龙头与高压胶管连接应严密，不漏水。

每次开钻前，应先将钻具提离井底，开动泥浆泵，待冲洗液流畅后，再慢速回转至孔底，然后开始正常钻进。钻进深度小于 15m 时，不得加压，转速要慢，以免出现孔斜。用钻机拧卸杆扣时，离合器要慢慢结合，转速不宜太快，用手拧卸时，应注意扳手回冲打人。

钻进过程中，提升、下降钻具时，不得用脚踏在转盘上，工具及附件不得放在转盘上。变径时，钻杆上须加导向装置，钻到一定深度后去掉。如发现钻具回转阻力增大，泥浆泵压力不足等反常现象，应立即停车检查。发生卡钻时，应马上退开总离合器，停止转盘转动，进行检查处理。

回转钻进对于不同的地层须采取不同的方法钻进：

1) 松散地层钻进。钻进粘土层时，如发现缩径、糊钻、憋泵等现象时，可适当加大钻压和泵量，并经常提升钻头，防止钻头产生包泥。在卵石、砾石层中钻进时，应轻压、慢转及辅助使用提取卵石、砾石的沉淀管或其他装置。钻进砂层时，宜于较小钻压、较大泵量、中等转速，并经常清除泥浆中的砂。为防止因超径造成孔斜，开钻前宜用小泵量冲孔，待钻具转动开始进尺时，再开大泵量冲孔。还应经常注意钻进状况、返出泥浆颜色及带出泥砂的特性，检验井孔圆直度等，并据此随时调整泥浆指标，并采取其他相应措施。

2) 基岩钻进。在泥、页岩或破碎岩层钻进时，宜用轻压、快速、小泵量钻进，且常提钻修孔。在较深井孔、较硬岩层中钻进时，宜用大钻压、高转速、大泵量钻进，并且应据地层及进尺情况，随时调整钻进参数及泥浆指标。

3）硬质合金钻进。井孔内留岩芯过多时，不得下入新钻头。应采取轻钻压、慢转速、小泵量等措施，待岩芯套入岩芯管正常钻进后，再调整到正常钻压、转速和泵量。井孔内岩粉高度超过 0.5m 时，应先捞取岩粉清孔。硬质合金片或钻粒脱落时，应冲捞或磨灭。加减压时应连续缓慢进行，不得间断性加减压或无故提动钻具。在钻压不足的情况下钻进硬岩层时，不宜采用单纯加快转速的方法钻进。

（3）反循环钻进　反循环钻进适于松散地层，地下水水位深度小于 3m，且施工供水充足的岩层凿岩钻进。

2. 护壁或冲洗

护壁方法有：泥浆护壁、水压护壁和套管护壁三种。

（1）泥浆护壁　泥浆是粘土和水组成的胶体混合物，在凿井施工中起着固壁、携砂、冷却和润滑的作用。泥浆护壁适用于基岩破碎层及水敏性地层的施工，既为护壁材料，又为冲洗介质。

凿井施工中使用的泥浆，一般需要控制比重、粘度、含砂量、失水量、胶体率等几项指标。泥浆的比重越大、粘度越高，固壁效果越好，但对将来的洗井会带来一定的困难。在冲击钻进中，含砂量大，会严重影响泥浆泵的寿命。泥浆的失水量越大，形成泥皮越厚，使钻孔直径变小。在膨胀的地层中如果失水量大，就会使地层吸水膨胀造成钻孔掉块、坍塌。胶体率表示泥浆悬浮性程度。胶体率越大，可以减少泥浆在孔内的沉淀，而且可以减少井孔坍塌及井孔缩径现象。钻进不同岩层适用的泥浆性能指标见表 4-13。

表 4-13　钻井不同岩层适用的泥浆性能指标

岩层性质	粘度 /(10^{-4}m²/s)	密度 /（g/cm³）	含砂量 （%）	失水量 /cm	胶体率
非含水层（粘性土类）	15～16	1.05～1.08	< 4	< 8	冲击钻进大于等于 70%～80%
粉、细、中砂层	16～17	1.08～1.1	4～8	< 20	
粗砂、砾石层	17～18	1.1～1.2	4～8	< 15	
卵石、漂石层	18～20	1.15～1.2	< 4	< 15	
承压自流水含水层	> 25	1.3～1.7	< 4	< 15	回转钻进大于等于 80%
遇水膨胀岩层	20～22	1.1～1.15	< 4	< 10	
坍塌、掉块岩层	23～28	1.15～1.3	< 4	< 15	
一般基岩层	18～20	1.1～1.15	< 4	< 23	
裂隙、溶洞基岩层	22～28	1.15～1.2	< 4	< 15	

对制备泥浆用粘土的一般要求是：在较低的密度下，能有较大的粘度、较低的含砂量和较高的胶体率。当粘土试验配制泥浆密度为 1.1g/cm³ 时，含砂量不

超过 6%，粘度为 $16 \times 10^{-4} \sim 18 \times 10^{-4} m^2/s$，胶体率在 80% 以上的粘土即可用于凿井工程制浆。

在正式大量配制泥浆之前，应先根据井孔岩层情况，配制几种不同密度的泥浆，进行粘度、含砂量、胶体率试验。根据试验结果和钻进岩层的泥浆指标要求，确定泥浆配方。配制泥浆用的粘土应预先捣碎，用水浸泡 1h 后，再用泥浆搅拌机加水搅拌，也可用泥粉配制，但不得向井孔内直接投加粘土块。

当粘土配制的泥浆如达不到试验要求，或遇高压含水层、特殊岩层需要变换泥浆指标时，应在储浆池内加入新泥浆进行调节，不能在储浆池内直接加水或粘土来调节指标。但由于调节相当费事，故在泥浆指标相差不大时，可不予调节，泥浆指标解决方案可据表 4-14 进行。

表 4-14　泥浆性能调节方法

钻进中所遇情况	起作用的因素	对泥浆性能的影响	解决方法
砂层钻进	砂侵	泥浆含砂量、比重、静切力、粘度均升高	1）完善除砂系统 2）降低泥浆静切力 3）涌砂层必须提高泥浆密度
泥岩、粘土层钻进	各类易水化粘土	泥浆变稠，粘度、静切力升高，失水量降低，孔壁由于粘土水化膨胀，可能缩径或坍落	1）加水稀释 2）采用含钙泥浆（如石灰泥浆、石膏）抑制
钻遇高压含水层	高层水侵入	泥浆密度降低，甚至造成井坍	1）石膏层较薄时，可用纯碱沉除钙离子，或以单宁酸碱液处理 2）石膏层较厚时，上述方法无效，可以转化为石膏泥浆，以铁、铬盐减稠，必要时辅加失水剂
钻遇石膏层	硫酸钙，主要是 Ca^{2+}	粘度、静切力急剧升高，失水量增大	含盐量在 7% ~ 9% 以下时，以减稠为主，辅加失水剂
岩盐、钾盐、盐水层中钻进	氯化钠或氯化钾，主要是 Cl^-	含盐量在 7% ~ 9% 以下时，随含盐量升高，泥浆急剧变稠，粘度、静切力、失水量均上升	含盐量超过 7% ~ 9% 时，应以失水剂为主，当层位较厚时，为防止岩盐溶解造成事故，可转为饱和盐水泥浆
地热井钻进	高温破坏处理剂及泥浆的胶体状态	粘度、静切力上升，失水量升高	以铁铬盐、铬腐殖酸作减稠剂，以水解聚丙烯腈作失水剂

钻进中，井孔泥浆必须经常注满，泥浆面不能低于地面 0.5m。一般地区，每停工 4 ~ 8h，必须将井孔内上下部的泥浆充分搅匀，并补充新泥浆。

（2）套管护壁　套管护壁适用于泥浆、水压护壁无效的松散地层，特别适用于深度较小井的半机械化以及缺水地区施工时采用。套管护壁是用无缝钢管作套管，下入凿成的井孔内，形成稳固的护壁。套管护壁作业具有无需水源、护壁效果好、保证含水层透水性、可以分层抽水等优点，但在施工过程中将耗用大量钢管作为套管，技术要求高，下降起拔困难，造价较高。井孔应垂直并呈圆形，否则套管不能顺利下降，也难以保证凿井的质量。

套管在钻进的井孔中下沉有以下三种方法：

1）靠自重下沉。此法较简便，仅在钻进浅井或较松散岩层时才适用。

2）采用人力、机械旋转或吊锤冲打等外力，迫使套管下沉。

3）在靠自重和外力都不能下沉时，可用千斤顶将套管顶起 1.0m 左右，然后再松开下沉（有时配合旋转法同时进行）。

同一直径的套管，在松散和软质岩层中的长度，视地层情况决定，通常为 30~70m，太长会导致拔除困难。除流砂层外，一般套管直径较钻头尺寸大 50mm 左右。变换套管直径时，第一组套管的管靴，应下至稳定岩层，才不致发生危险；如下降至砂层就变换另一组套管，砂子容易漏至第一、二组套管间的环状间隙内，以致卡住套管，使之起拔和下降困难。

（3）水压护壁　水压护壁是在总结套管护壁和泥浆护壁的基础上发展起来的一种方法，适用于结构稳定的粘性土及不大量露水的松散地层，且具有充足的施工水源的凿井施工工程。此法施工简单，钻井和洗井效率高，成本高，但护壁效果不长久。

水在井孔中相当于一种液体支撑，其静压力除平衡土压力及地下水压力外，还给井壁一种向外的作用力，此力有助于孔壁稳定。同时，由于井孔的自然造浆，加大了水柱的静压力，在此压力作用下，部分泥浆渗入孔壁，失去结合水，形成一层很薄的泥皮，它密实柔韧，具有较高的粘聚力，对保护井壁可起很大的作用。

3. 井管安装

（1）井管安装前的准备工作

1）井孔质量检验。安装井管前，必须按照设计图样和检验标准对井孔进行检查和验收，检查井孔的深度、直径、圆度和垂直度是否满足设计要求。

2）排管。根据设计图样和实际地质柱状图排列井管、过滤管的安装顺序，并进行统一编号，核对无误后方可进行安装。

3）物资准备。将井管管材、滤料、封闭材料等进行全面检查，不合格的材料不允许下入井内。

4）清孔。泥浆护壁的井身，除自流井外，应先清理井底沉淀物，并将井孔中的泥浆适当稀释，但不可向井孔内加入清水。泥浆密度可根据井孔的稳定情况和计划填入砾石的粒径而定，一般为 $1.05 \sim 1.1 \mathrm{g/cm^3}$。

5）井管安装专用工具准备。井管安装前，除准备常用设备安装的小型工具外，还应准备好井管安装的专用工具。一般常用的工具有井管铁卡子、钢丝绳套、滑车等。

（2）下管 下管的方法，应根据下管深度、管材强度和钻探设备等因素进行选择。下管的方法有：井管自重下管法、浮板下管法、托盘下管法及多级下管法四种。

1）井管自重下管法。井管自重（浮重）不超过井管允许抗拉力和钻探设备安全负荷时，宜用井管自重下管法。用铁夹板将第一根井管（或滤管）在管箍处卡紧，将钢丝绳套套在铁夹板两侧，吊起慢慢放入井孔内，并将管铁夹板放在方垫木上。用同样方法吊起第二根井管，对正第一根井管，拧紧丝扣后，继续下管。全部井管下至井底后，调整井管口水平度，且居井孔正中，用方垫木固定井管，放入填料后再拆除井管上的铁夹板。井管自重（浮重）超过井管允许抗拉力或钻机安全负荷时，宜采用浮板下管法或托盘下管法。

2）浮板下管法。浮板下管法常在钢管、铸铁井管下管时使用，如图 4-17 所示。浮板一般为木制圆板，直径略小于井管外径，安装在两根井管接头处，用于封闭井壁管，利用泥浆浮力，减轻井管重量。泥浆淹没井管的长度（L）可以有三种情况：①自滤水管最上层密闭，如图 4-17a 所示；②在滤水管中间密闭，如图 4-17b 所示；③上述两种情况联合使用，如图 4-17c 所示。

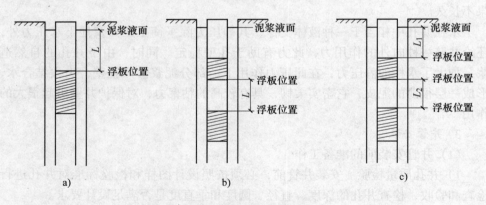

图 4-17 浮板下管法

采用浮板下管时，密闭井管体积内排开的泥浆将由井孔溢出，下管前应准备一个浅而大的临时储存泥浆的坑，并挖沟使其与井孔连通。井管下降时，由于部分井管密闭，泥浆即从井孔排至储泥坑。安装浮板后，井管应慢慢下降，避免因猛烈冲撞而破坏浮板，导致泥浆上喷。若浮板破裂，井内须及时补充泥浆，避免产生井壁坍塌事故。

井管下好后，即用钻杆捣破浮板。注意在捣破浮板之前，尚需向井管内注满泥浆，否则，一旦浮板捣破后，泥浆易上喷伤人，还可能由于泥浆补充不足产生井壁坍塌事故。

3）托盘下管法。托盘下管法常在混凝土井管、矿渣水泥管、砾石水泥管等允许抗拉应力较小的井管下管时采用，如图 4-18 所示。

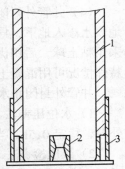

图 4-18　钻杆托盘下
管法示意图
1—井管
2—反扣钻杆接箍
3—托盘

托盘的底为厚钢板，直径略大于井管外径，小于井孔直径 4～6cm，托盘底部中心焊一个反扣钻杆接箍，并于托盘上焊以双层铁板，外层铁板内径稍大于井管外径，内层铁板内径与井管内径相同。

下管时，首先将托盘上涂上灰砂沥青，然后将第一根混凝土井管垂直插入托盘的插口，并采取适当的加固措施。将钻杆下端特制反扣接箍相连，慢慢降下钻杆，井管随之降入井孔，当井管的上口下至井口处时，停止下降钻杆，吊上第二节井管，用灰砂沥青连接。井管的接口处必须以竹、木板条用铅丝捆牢，每隔 20m 安装一个扶正器，直至将全部井管下入井孔。最后将钻杆正转拧出，盖好井，下管工作结束。

4）多级下管法。井身结构复杂或下管深度过大时，宜采用多级下管法。将全部井管分多次下入井内。前一次下入的最后一根井管上口和后一次下入的第一根井管下口安装一对接头，下入后使其对口。

（3）填砾　为扩大滤水能力，防止隔水层或含水层塌陷而阻塞滤水管的滤网，在井壁管（滤水管）周围应回填砾石滤层。砾石的粒径通常为含水砂层颗粒有效直径的 8～10 倍，可根据表 4-15 选用。滤层通常做成单层，滤层厚度一般为 50～75mm。

表 4-15　回填砾石粒径及其特性

含水层名称	特　　性		回填砾石粒径 /mm
	粒径/mm	有效粒径所占百分比（%）	
粗砂	2～1	80	10～8
中砂	1～0.5	60	5～4
细砂	0.5～0.25	50	2.5～2.0
粉砂及粉砂土	0.25～0.05	30～40	1.0～0.5

填砾前，应使井孔中泥浆密度达到 $1.05～1.10kg/cm^3$。

对于较浅井，填砾时，应从孔口直接填入，填砾宜连续、均匀。对于较深井，应从井管外返水填砾或抽水填砾，填砾宜连续、均匀，且不宜中途停泵，同时还应随时向井管与井壁间补充清水或稀泥浆。

回填砾石滤层的高度，要使含水层通连以增加出水量，并且要超过含水层几米。

(4) 井管外封闭　井管外封闭的目的是使取水层与有害取水层隔离，并防止地表水渗入地下，导致井水受到污染。井管外封闭从砾石滤层最上部开始，宜先采用粘土球，后用优质粘土捣成碎块填上 5～10m，以上部分采用一般泥土填实。特殊情况可用混凝土封闭。

井管外封闭止水效果检查方法有：

1) 水位压差法，即观测止水管内外水位，然后用注水、抽水造成止水管内外差，稳定 0.5h，当水位波动幅度 ≤0.1m 时，视为合格。

2) 泵压检查法，即密闭止水管上口，接水泵送入，使水泵压力增至比此水段可能造成比最大水压差大的泵压，稳定 0.5h，当耗水量 ≤1.5L 时，视为合格。

3) 食盐扩散检验法，即测地下水的电阻率。将 5% 的食盐水倒入止水套管与井壁间空隙内，2h 后再测地下水电阻率，两者相差不大时，视为合格。

4) 水质对比法，即分析封闭前后的地下水水质，如能保持原水水质则视为合格。

(5) 洗井　洗井是为了避免在钻进过程中井孔内岩屑和泥浆对含水层造成堵塞。在洗井时可以排出滤水管周围含水层中的细小颗粒，以疏通含水层，使滤水管周围的渗透性能得以提高，减小进水阻力，延长管井的使用寿命。洗井必须在下管、填砾、封井后立即进行，否则将会导致井孔壁泥皮固结，造成洗井困难。

洗井方法应根据含水层特性、井深、管井结构和钻探工艺等因素确定。常用的洗井方法有活塞洗井、压缩空气洗井、水泵洗井、高速水喷射洗井等。

1) 活塞洗井。活塞洗井适用于松散井孔，井管强度允许，管井深度不太大的情况。其特点是设备简单，不用增添其他设备。活塞洗井是靠活塞在孔内上下往复运动，产生抽压作用，有效地破坏泥皮，清除渗入含水层的泥浆，从而疏通含水层，达到洗井的目的。活塞使用前应先放入水中浸泡 24h，掏清井内泥浆后，再放入活塞。清洗时，先从第一含水层开始清洗，清洗后再转洗第二含水层。活塞提升速度宜控制在 0.6～1.2m/s，操作时要防止活塞与井管相撞。

2) 压缩空气洗井。压缩空气洗井适用于粗砂、卵石层中管井的冲洗，不适用于粉、细砂层中的管井以及管井深过大的情况。其特点是洗井效果好，操作简单，但需要空压机及其冲洗设备，是最常用的洗井方法之一。压缩空气洗井采用空压机作动力，接入风管，在井管中吹洗。由于动力费用较大，通常与活塞洗井结合使用。

3) 水泵洗井。在不适宜于采用空压机洗井的情况下，多采用水泵洗井。水泵洗井是采用泥浆泵向井内注水与拉动活塞相结合的洗井方法，该方法洗井效率高，可省去空压机，适用于各种含水层和不同规格的管井。这种方法洗井时间较长。

4）高速水喷射洗井。高速水喷射洗井特别适合于泥浆层较厚的砂、砾石层中的管井的冲洗，是一种简单易行、有效的洗井方法。

4. 抽水试验

抽水试验的目的在于正确评定单井或井群的出水量和出水水质，为设计施工及运行提供依据。

抽水试验前应完成如下准备工作：选用适宜的抽水设备并安装；检查固定点的标高，以便准确测定井的动水位和静水位；校正水位测定仪器及温度计的误差；开挖排水设施等。

试验中水位下降次数不得少于两次，一般为三次。要求绘出出水量与水位下降值（$Q—s$）关系曲线和单位出水量与水位下降值（$q—s$）关系曲线，借以检查抽水试验是否正确。

抽水试验的最大出水量，最好能大于该井将来生产中的出水量，如限于设备条件不能足此要求时，亦应不小于生产出水量的75%。三次抽降中的水位下降值分别为$\frac{1}{3}s$、$\frac{2}{3}s$、s（s为最终水位下降值），且各次水位抽降差与最小一次抽降值以大于1m为宜。

抽水试验的延续时间与土壤的透水性有关，见表4-16。

表4-16 抽水试验延续时间

含水层岩性成分	稳定水位延续时间/h		
	第一次抽降	第二次抽降	第三次抽降
裂隙岩层	72	48	24
中、细、粉砂层	24	48	64
粗砂、砾石层	24	36	48
卵石层	36	24	12

5. 管井的交验

管井交验时应提交的资料包括：管井柱状图、颗粒分析资料、抽水试验资料、水质分析资料及施工说明等。

管井竣工后应在现场按下列质量标准验收：

1）管井的单位出水量应与设计值基本相符。管井揭露的含水层与设计依据不符时，可按实际抽水量验收。

2）管井抽水稳定后，水中含砂量（体积比）：粗砂地层应 < 1/50000；中、细砂地层应 < 1/20000。

3）井管直径、井深及井管的垂直度。井管直径、井深应与设计相符，其垂直度≤0.27%。

4）井内沉淀物的高度不得大于井深的5‰。

5）井身直径不得小于设计直径20mm，井深偏差不得超过设计井深的±2‰。

6）井管应安装在井的中心，上口保持水平。井管与井深的尺寸偏差，不得超过全长的±2‰，过滤器安装位置偏差，上下不超过300mm。

井管及过滤器安装允许偏差见表4-17。

表 4-17　井管及过滤器安装允许偏差表

井管资料	井管允许偏差			过滤器允许偏差			
	垂直度 /（mm/m）	内外长 （%）	厚度 /mm	孔隙率 （%）	缠丝间距 （%）	上下位置 /mm	缠丝或网与管间隙/mm
无缝钢管	≤1	≤1~1.5	—	≤10	≤20	≤30	>3
焊接钢管	≤1	≤2	—		≤20	≤30	>3
铸铁井管	≤1.5	≤3	≤1		≤10	≤30	>3
钢筋混凝土管	≤3	≤5	≤2		≤20	≤30	>3

4.5　江河水取水构筑物施工

地表水水源多数是江河水。江河固定式取水构筑物主要分为岸边式、河床式和斗槽式等形式。在江河中修建取水构筑物的施工方法有：水下法、吊装法、栈台法、围堰法、浮沉法和筑岛法等六种。具体的施工方法应根据江河的河床形式、地质、水深、河床冲淤、水位变化幅度、泥沙及漂浮物、冰情和航运、技术经济分析等因素综合分析确定。

取水头部的施工方法及其作业条件见表4-18。

表 4-18　取水头部的施工方法及其作业条件

施工方法		水下法	吊装法	栈台法	浮沉法	筑岛法	围堰法
作业条件	允许流速/（m/s）	0.8~1.0	1.2~1.5	1.5	1.5	1.5~3.0	1.5~3.0
	允许水深/m	不限	不限	脚手架≤3.0	≥2.0	≤3~5	≤3~5
	岸线远近	不限	视设备而定	较近	较远	较近	较近
	其他	底沙流 不严重	风力不超过五级 波高不超过0.5m			河床为非岩 质、非淤泥	河床不透水 或弱透水

以下主要介绍围堰法与浮运沉箱法的施工技术。

4.5.1 围堰法施工

围堰法施工是在拟建取水头部的临河一面修筑一段月牙堤,包围取水头部基坑,使其与河心隔离开来,并在抽干堰内水的情况下进行施工的方法。围堰是为创造施工条件而修建的临时性工程,待取水构筑物施工完成后,随即将围堰拆除。

围堰法施工技术比较简单,不需要复杂的机具设备,质量容易保证。但由于土方量大,需要大量的劳动力,且受江河水文因素影响较大,加上施工完毕后拆除围堰工作困难,该法一般只适用于围隔范围不大的岸边式取水构筑物施工,以及建筑围堰不影响航运的河段。

围堰的结构形式有多种,如土围堰、堆石围堰、板桩围堰等。采用何种围堰要根据施工所在地区的江河水文、地质条件以及河流性质而定。

1. 围堰的类型

围堰的形式很多,在取水构筑物施工中常用的类型及其适用条件见表 4-19。

表 4-19 围堰的类型及其适用条件

围堰类型	适用条件		
	河床	最大水深/m	最大流速/(m/s)
土围堰 草土围堰		2 3	0.5 1.5
草捆土围堰 草(麻)袋围堰 堆石土围堰 石笼土围堰	不透水	5 3.5 4 5	3 2 3 4
木板桩围堰 钢板桩围堰	可透水	5 —	3 3

2. 围堰施工的基本要求

围堰的结构和施工,应保证其可靠的稳定性、紧固性和不透水性,防止在河水压力的作用下,围堰的基础与围堰体在渗水的过程中发生管涌现象。施工的围堰和基槽边界之间间距不小于 1.0m,以满足施工排水与运输的需要。决定堰顶高程时,应考虑波浪、壅高和围堰的沉陷,围堰的超高一般在 0.5 ~ 1.0m 以上。围堰的构造应当简单,能迅速进行施工、修理和拆除,并符合就地取材的原则。围堰布置时,应采取防止水流冲刷的措施。在通航河道上的围堰布置要满足航行的条件,特别是航行对河道水流流速的要求。

3. 围堰施工

（1）土围堰和草（麻）袋围堰　土围堰是直接将土抛入水中填筑，一般土壤均可建造，最好是沙壤土。堰顶宽度不小于2m。为了避免背水面滑坡，常用堆石或草袋填筑排水棱体。其结构形式如图4-19所示。采用草（麻）袋围堰，边坡可以较陡，一般为1:0.5～1:1.5。装土草（麻）袋围堰的草袋装土仅装满2/3，以便叠筑稳固。草袋搭接长度约50cm，草包上、下层用黄土找平，交叉堆放。土围堰的缺点是围堰底部较宽，断面大，河水流速过大时易被冲刷，故适于枯水期施工。

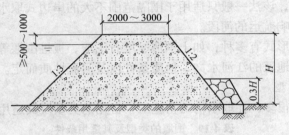

图4-19　土围堰结构图

（2）堆石土围堰　堆石土围堰是在堰的背水面堆石，迎水面用土堆筑。一般先抛石，后筑反滤层，最后筑土料斜墙。堆石土围堰在江河流速大的情况下采用，但它的拆除较困难。堆石土围堰的结构形式如图4-20所示。

（3）草土围堰　草土围堰是草与土组合的混合结构，如图4-21所示。具有一定的柔性和弹性，适于一般的地质条件，并有较大的抗冲击能力，渗透量小，有足够的不透水性。为了防止滑坡和渗漏，堰顶宽度一般为水深（最深处）的3～5倍。堰顶应高出施工期最高水位1.5～2.0m。草和土的体积比为1:1～1:2，每立方米坝体用草55～65kg，用土0.5～0.7m³。堰底与堰顶可以一样宽，也可以采用1:0.2～1:0.25的边坡。

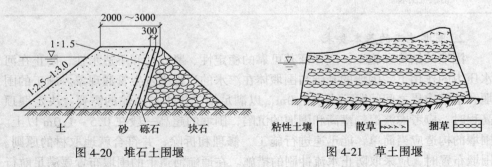

图4-20　堆石土围堰　　　　　　图4-21　草土围堰

（4）板桩围堰　板桩围堰适于基础土壤允许打桩，且江河水深较大，流速较急时采用。板桩围堰的材料经常采用的有木材和钢材两种。吊装钢板桩，吊点位置不得低于桩顶以下 1/3 桩长。钢板桩可采用锤击、振动和射水等方法下沉，但在粘土中不宜用射水。锤击时应设桩帽。应设导向设备保证插打质量、最初插打的钢板桩，应详细检查其平面位置和垂直度。接长的钢板桩，其相邻两钢板桩的接头位置，应上下错开。拔出钢板桩前，应向堰内灌水至与堰外水位相同，拔桩应由下游开始。

4.5.2　浮运法施工

浮运法是将岸上制作的取水头部（如沉箱类），通过设置的滑道下水，或靠涨水时头部（沉箱）自行浮起的方法移运下水。头部（沉箱）也可借助于设在上游的专用趸船进行浮运。当头部运至距设计位置的上游约 2m 处，暂停浮运，必要时停靠岸边，待基槽验证无误即（转向）平移到位、下沉、调整、收缆。最后经过水下浇筑混凝土固定头部及基础四周抛石卡固、纠偏、收缆、锚固，即完成取水头部的浮运法施工。

1. 浮运法施工组织设计内容及其施工流程

浮运法施工组织设计主要包括以下内容：

1）取水头部施工平面位置及纵、横断面图。

2）取水头部制作。

3）取水头部的基坑开挖。

4）水上打桩。

5）取水头部的下水措施。

6）取水头部的浮运措施。

7）取水头部的下沉、定位及固定措施。

8）混凝土预制构件水下组装。

浮运法施工流程如图 4-22 所示。

2. 取水头部的浮运

当确定浮运、沉放的构件尺寸和总重量后，选配合适的工装驳船，在工装驳船上制作取水构筑物，然后浮运到规定地点下水。浮运过程如图 4-23 所示。

浮运前应设置测量标志：取水头部中心线及其进水管口中心的测量标志。取水头部下沉后，测量标志仍应露出水面。将取水头部移至与基础中线同一直线上，距设计位置的上游约 2m 处停止浮运，以便在下沉定位时能进行距离调整。岸边的测量标志，应设在水位上涨时不被淹没的稳固地段。取水头部各角均需设吃水深度标尺（下沉后仍应露出水面）。设专人观测，达到设计值后，立即停止压水。取水头部基坑也应设定位的水上标志。

取水头部浮运前，应保证取水头部的混凝土强度已达到设计要求。然后将取

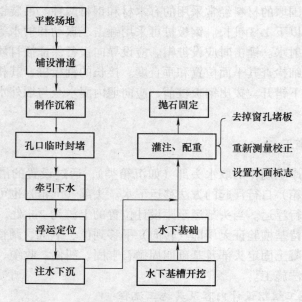

图 4-22　浮运法施工流程

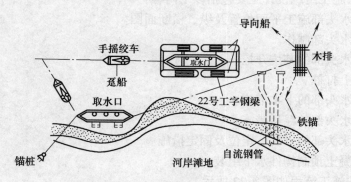

图 4-23　取水头部浮运过程

水头部清扫干净，并将其水下孔洞全部封闭，严防漏水。采取配重或浮托措施，调整取水头部下水后的吃水平衡。浮运拖轮，导向船及测量定位人员均做好准备工作。浇筑取水口结构的混凝土须符合水工构筑物的质量标准，特别是水密性，否则将影响施工拖运下水和下沉。

取水头部下滑入水的方法有滑下水道法、利用河流天然水位使取水头部下水、浮船浮运下水等。其中滑道下水法是最常用的一种。

滑道下水法是在预制场地修筑纵向或纵横双向滑道。滑道常可用石料铺砌，上置枕木轨道，坡度采用 1:3～1:6。沉箱预制在滑道的水上部分进行。滑道长度应使沉箱在滑道末端有足够的吃水深度，即应保证在施工水位最低时头部能从滑道上浮起。

拖拉沉箱沿滑道下水，所需要的拉力 T 可近似按下式计算

$$T = Q(u - i) \tag{4-9}$$

式中　Q——构筑物（沉箱）的重力；

　　　u——构筑物与滑道的摩擦系数；

　　　i——滑道的坡度。

最后，将取水头部浮运至设计沉放地点，准备下沉。

3. 取水头部的下沉

取水头部下沉由以下各工序完成：

（1）转向　将取水头部浮运到基坑上游约 2m 处，如果构件中心线与基坑中心线不在同一方向直线上，则需转向。拉环缆转动铰，部分缆松，部分缆紧，可分三次转到同基坑中心呈同一方向上。

（2）平移　如果构件中心线与基坑中心线在一个方向，而不在一条直线上时的平移，可变换平移钢缆，拆除转动铰，构件则向下游方向平移若干距离即可。

（3）就位　将取水头部平移到坑位水面，同时安装下游限位墩、卡箍、拉杆等设施。

（4）沉放　斜拉钢缆，为克服干舷高度，沉箱灌水若干吨，满足下沉力要求，将构件下沉到设计标高，中途随时调整构件，保证平稳的下沉到位。

（5）调整　水下拆除限位墩、拉杆、卡箍、松提垂直控制绳（也可用顶升装置，如气袋起重器充气）等将沉箱提起。水平锚拉调整位置，下落至准确位置，一般由潜水员水下作业完成。

（6）收缆固定　水下拆、收垂直控制缆绳和水平锚拉缆绳，就位固定，灌注水下混凝土，基坑四周抛石以固定头部。

取水头部的沉放时间，从系缆准备、转向、注水沉放至收缆结束，作为时间的总体控制。对受潮位影响的河流，应避开半日潮中最大落潮流量和最大涨潮流量。其注水沉放时间应放在落潮憩流点前后，此时航道流速、流量最小，为最佳时间选择。相应的转向、平移、就位、调整、收缆工作在涨潮、落潮憩流中完成。

取水头部被浮运到预定位置后，采用经纬仪三点交叉定位法将取水头部定位，如图 4-24 所示。抛锚方式应视河流变化情况而定，并与当地航务部门协商确定。

下沉时应缓缓向沉箱内注水，同时均匀放松导向船上两个绞车，使取水头部均匀沉降，并由潜水员检查就位情况，及时调整。取水头部下沉定位的允许偏差应符合表 4-20 的规定。

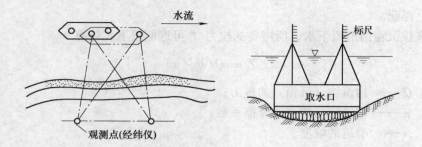

图 4-24　沉降就位的观测方法

表 4-20　取水头部下沉定位的允许偏差

项　目	允许偏差/mm
轴线位置	150
顶面高程	±100
扭转	1°

取水头部定位后，由潜水员拆除孔窗上的封板，同时应检查下沉位置是否正确，合格后应及时用锚头固定灌筑水下混凝土及在基坑四周抛石固定，且在水面上应设安全标志。

复习思考题

1. 现浇钢筋混凝土水池的主要特点有哪些？
2. 试列举出常用模板的种类。
3. 支设模板施工中应注意哪些施工技术要点？
4. 钢筋绑扎中应注意哪些施工技术要点？
5. 混凝土在浇筑时应注意哪些事项？
6. 混凝土浇筑和振捣时应采取哪些措施，以利于提高混凝土的强度？
7. 混凝土的养护时应采取哪些措施，以利于提高混凝土的强度？
8. 试述水池满水试验的前提条件及其试验步骤。
9. 试述闭气试验的方法。
10. 预应力钢筋混凝土水池中预应力钢筋的作用是什么？
11. 试述水池壁板预应力钢筋张拉的施工方法。
12. 沉井主要由哪些部分组成？
13. 试述沉井井筒的制作方法。
14. 沉井下沉施工的主要方法有哪些？各有哪些利弊？
15. 沉井封底施工的主要方法有哪些？各有哪些利弊？
16. 管井主要由哪些部分组成？

17. 管井对填砾滤料有哪些要求?

18. 试述井孔常用的钻进方法及适用条件。

19. 试述管井的护壁方法及其适用条件。

20. 试述井管安装的步骤。

21. 试述管井抽水试验的目的及其方法。

22. 管井交验时应提交哪些资料?

23. 江河固定式取水构筑物主要分为哪几种形式?

24. 在江河中修建取水构筑物的施工方法有哪些?

25. 试述在取水构筑物施工中常用的围堰的形式及其适用条件。

26. 围堰施工的基本要求有哪些?

27. 试述取水头部的浮运法施工步骤。

28. 取水头部下沉包括哪些工序?

第 5 章
砌 体 工 程

5

给水排水工程中常需要使用砌体工程施工。砌体工程是指以烧结普通砖、多孔砖、硅酸盐类砖、石材和各种砌块用砂浆砌筑的工程。砌体也就是由块体和砂浆砌筑而成的整体材料。根据砌体中是否配置钢筋，砌体分为无筋砌体和配筋砌体。对于无筋砌体，按照所采用的块体材料又分为砖砌体、石砌体和砌块砌体等。其中砖砌体应用较为广泛。

砖石砌体工程的特点是：取材方便、施工简单、造价较低。在给水排水工程中，砌体工程较多用于部分主体工程和附属工程。但是其施工仍以手工操作为主，劳动强度大，生产效率低，而且烧制粘土砖占用大量农田，能源消耗高，难以适应建筑工业化的需要。

各类硅酸盐砖、中小型硅酸盐砌块和混凝土空心砌块是当前推广使用的砌体材料，要注意研究砖石砌体工程的施工工艺，同时还必须认真研究中小型砌块施工中有关施工工艺问题。

本章主要阐述砌体工程脚手架、砖砌体工程、毛石砌体工程、中小型砌块墙施工等内容。

5.1 脚手架的搭设

5.1.1 概述

在给水排水工程中常需要使用砌体工程进行取水构筑物、泵站、水处理构筑物、清水池、检查井、办公楼、化验楼等施工，在砌筑这些工程时，常需要搭设脚手架。

1. 脚手架的作用与分类

砌体工程中采用脚手架是在砌筑施工中工人进行安全操作及堆放材料的一种临时性设施，属操作用脚手架，也称结构脚手架，它直接影响到工程质量、施工安全和劳动生产率。砌体施工时，工人的劳动生产率受砌体的砌筑高度影响，在距地面0.6m左右时生产率最高，砌筑高度低于或高于0.6m时，生产率相对降低，且工人劳动强度增加。砌筑到一定高度，则必须搭设脚手架，为砌筑操作提供高处作业条件。考虑到砌墙工作效率及施工组织等因素，每次搭设脚手架的高度确定为1.2m左右，称为"一步架高度"，也称墙体的可砌高度。砌筑时，当砌到1.2m左右即应停止砌筑，搭设脚手架后再继续砌筑。

砌体用脚手架按其搭设位置分为外脚手架和里脚手架两大类；按其所用材料分为木脚手架、竹脚手架与金属脚手架；按其构造形式分为多立杆式、框式、桥式、吊式、挂式、升降式以及工具式脚手架等。

2. 脚手架的基本要求

为满足施工需要和确保使用安全，对脚手架的材料、构造、搭设、使用和拆除等方面的问题要引起重视，脚手架的使用应符合规定，要有可靠的安全防护措施，使用中应经常检查。对脚手架的基本要求如下：

1）脚手架宽度应满足工人操作、材料堆放及运输要求，一般1.5~2m。

2）脚手架应保证有足够的强度、刚度及稳定性，能保证施工期间在可能出现的使用荷载下不变形、不倾斜、不摇晃。

3）搭拆简单，搬运方便，能多次周转使用。

4）因地制宜，就地取材，尽量节省用料。

5.1.2 外脚手架

外脚手架是沿构筑物外围从地面搭设的一种脚手架，既可用于外墙砌筑，又可用于外墙装饰施工。外脚手架结构形式主要有多立杆式、框式、桥式等，其中多立杆式应用最广，框式次之。

1. 多立杆式脚手架

常见多立杆式脚手架有扣件式钢管脚手架、碗扣式钢管脚手架、木脚手架、竹脚手架等四种。脚手架主要由立杆、大横杆（纵向水平杆）、小横杆（横向水平杆）、脚手板、固定件、斜撑、剪力撑与抛撑等组成。其特点是每步架高可根据施工需要灵活布置，取材方便，可用钢或竹木搭设，能适应建筑物平立面的各种变化。

竹、木脚手架用铅丝或竹篾绑扎，操作技术要求高，耗材多，周转次数少。扣件式钢管脚手架虽然一次性投资较大，但其周转次数多，摊销费用低，工作可靠，装拆方便，搭设高度大，适应性强，所以被广泛采用。扣件式钢管脚手架由钢管、扣件、脚手板和底座组成。如图5-1所示。钢管一般用外径ϕ4.8cm、壁厚3.5mm（DN40mm）的焊接钢管，用于杆件。扣件有三种基本形式，如图5-2所示，用于钢管的连接。立杆底端立于底座上，以传递荷载于地面，如图5-3所示。脚手板可采用冲压钢脚手板、木脚手板、竹脚手板等。碗扣式钢管脚手架，钢管之间用碗扣接头连接。除此之外，铝合金脚手架比钢管脚手架轻，现已大量使用。

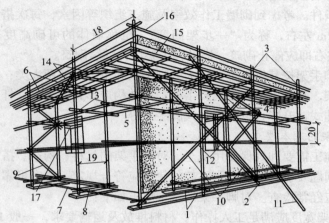

图 5-1　扣件式钢管脚手架构造
1—垫板　2—底座　3—外立柱　4—内立柱　5—纵向水平杆　6—横向水平杆　7—纵向扫地杆
8—横向扫地杆　9—横向斜撑　10—剪刀撑　11—抛撑　12—旋转扣件　13—直角扣
14—水平斜　15—挡脚板　16—防护栏杆　17—连墙固定件
18—柱距　19—排距　20—步距

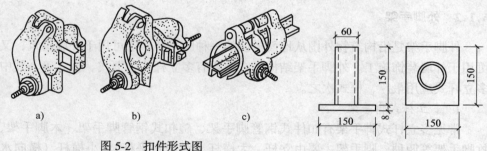

图 5-2　扣件形式图
a）直角扣件　b）旋转扣件　c）对接扣件

图 5-3　底座

常用的扣件式钢管脚手架按立杆的布置方式分为单排、双排两种。单排脚手架仅在外墙外侧设一排立杆，其小横杆一端与大横杆连接，另一端搁在墙上。单排脚手架节约材料，但稳定性较差，且需在墙上留脚手眼。下列情况不适于用单排脚手架：

1）墙体厚度小于或等于 180mm。

2）建筑物高度超过 24m。

3）空斗砖墙、加气块墙等轻质墙体。

4）砌筑砂浆小于或等于 M1.0 的墙体。

经补砌的脚手眼，对砌体的整体性或多或少会带来不利影响。所以不得在下列墙体或部位留设脚手眼：

1）120mm 厚墙、料石清水墙和砖、石独立柱。

2）过梁上与过梁成 60°角的三角形范围及梁净跨度 1/2 的高度范围内。

3）宽度小于 1m 的窗间墙。

4）梁或梁垫下及其左右各 500mm 的范围内。

5）砌体的门窗洞口两侧 200mm 和转角处 450mm 的范围内；石砌体的门窗洞口两侧 300mm 和转角处 600mm 范围内。

6）设计不允许设置脚手眼的部位。

双排脚手架是指脚手架里外侧均设置立杆，稳定性较好，但其工料消耗要比单排脚手架多。

扣件式钢管脚手架的搭设应注意以下几点：

1）在搭设之前，必须对进场的脚手架杆配件进行严格的检查，禁止使用规格和质量不合格的杆配件。

2）搭设场地应平整、夯实并设置排水设施；立于土地面上的立杆底部（每根立杆均应设置标准底座）应加设宽度≥200mm、厚度≥50mm 的垫木、垫板或其他刚性垫块，面积且应符合标准；底座上 200mm 必须设置纵横向扫地杆。

3）立杆、大横杆（纵向水平杆）、小横杆（横向水平杆）、脚手板、固定件、支撑系统等的搭设、固定必须符合构造要求。

4）扣件连接杆件时，选择扣件形式要正确，扣件螺栓的松紧程度必须适度。扭矩以 40～50N·m 为宜，最大不得超过 60N·m。

5）必须有安全防护措施。

6）在搭设中不得随意改变构架设计、减少杆配件设置和对立杆纵距作大于等于 100mm 的构架尺寸放大。确有实际情况，应提交技术主管人员解决。

7）脚手架搭设完毕后，要对脚手架的搭设质量按规定进行检查验收，检查合格后，方可投入使用。

2．框式脚手架

框式脚手架也称为门式脚手架，特点是装拆方便、构件规格统一，是当今国际上应用最普遍的脚手架之一，已形成系列产品，它不仅可作为外脚手架，且可作为内脚手架等。框式脚手架由门式框架、剪刀撑、水平梁架、螺旋基脚组成基本单元，将基本单元相互连结并增加梯子、栏杆及脚手板等即形成脚手架，如图 5-4 所示。

框式脚手架是一种工厂生产、现场搭设的脚手架，一般只要根据产品目录所列的使用荷载和搭设规定进行施工，不必再进行验算。如果实际使用情况与规定有出入时，应采取相应的加固措施或进行验算。通常框式脚手架搭设高度限制在

45m 以内，采取一定措施后可达到 80m 左右。其宽度有 1.2m、1.5m、1.6m，高度有 1.3m、1.7m、1.8m、2.0m 等规格，可根据不同要求进行组合。安装时，对地基及底座的要求与钢管扣件脚手架相同。另外应注意纵横支撑，剪刀撑的布置及其与墙的拉结，以确保脚手架整体稳定性。

使用脚手架应注意安全。脚手板应铺满、铺稳，不得有空头板。多层及高层建筑用的外脚手架应沿外侧拉设安全网，以免工人跌下或材料、工具落下伤人。支好的安全网应能承受 1.6kN 的冲击力，安全网应随楼层施工进度逐渐上移。

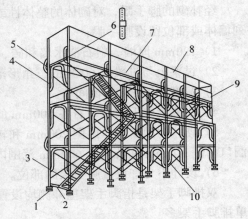

图 5-4　框式脚手架构造示意图

1—底座　2—梯子托梁　3—梯子　4—门式框架
5—扣件　6—插销　7—走道板　8—栏杆扶手
9—栏杆立柱　10—剪刀撑

5.1.3　里脚手架

里脚手架搭设于构筑物内部，每砌完一层墙体后，即将脚手架转移到上一层面，以便上一层施工，可用于内墙的砌筑施工。里脚手架用料省，但装拆频繁，故要求轻便灵活、装拆方便。一般多采用工具式里脚手架，其结构形式有折叠式、支柱式、门式等多种。

1. 折叠式里脚手架

折叠式里脚手架的支架常用角钢制成，在其上铺脚手板即可操作，如图 5-5 所示。砌墙时架设间距不超过 2m，可搭设两步：第一步为 1m，第二步为 1.65m。此外，也有用钢管或钢筋制成的折叠式里脚手架。

2. 支柱式里脚手架

支柱式里脚手架由若干支柱及横杆组成，上铺脚手板，砌墙时搭设间距不超过 2m。图 5-6 所示为套管式支柱，搭设时插管插入立管中，以销孔

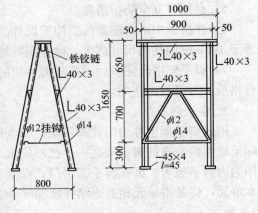

图 5-5　角钢折叠式里脚手架

间距调节高度，插管顶端的凹形支柱内搁置方木横杆以铺设脚手板。架设高度为 1.57~2.17m。图 5-7 所示为承插式钢管支柱，架设高度为 1.2m、1.6m、

1.9m，当架设第三步时要加销钉以确保安全。另外，也可用角钢或钢筋做成类似的承插式支柱。

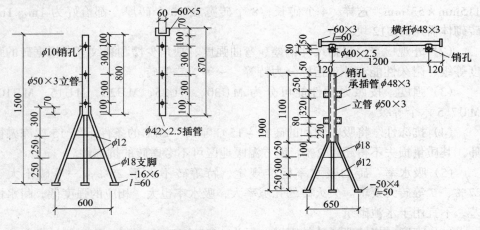

图 5-6　套管式支柱里脚手架　　　　图 5-7　承插式钢管支柱里脚手架

此外，还有门架式里脚手架等类型，工程中还常用木、竹、钢筋等制成马凳式里脚手架，如图 5-8 所示。

竹马凳　　　　　木马凳　　　　　钢马凳

图 5-8　马凳式里脚手架

5.2　砌体材料

砌体工程所用砌体材料主要是砖、石以及各种砌块。

5.2.1　砖

我国采用的砖按所用的制砖材料可分为粘土砖、页岩砖、煤矸石砖、粉煤灰砖、硅酸盐砖等；按烧结与否可分为烧结砖与非烧结砖等；按砖的密实度可分为实心砖、空心砖、多孔砖及微孔砖等。给水排水工程中砌体材料常采用烧结普通砖和烧结多孔砖。

1. 烧结普通砖

烧结普通砖是使用最广的一种建筑材料，其技术要求包括砖的形状、尺寸、外观、强度及耐久性等。

(1) 形状尺寸　普通粘土砖的外形为直角六面体，其尺寸为 240mm × 115mm × 53 mm。这样，4 个砖长，8 个砖宽或 16 个砖厚，都恰好为 1m。1m³ 砖砌体需用砖 512 块。

(2) 外观检查　包括尺寸偏差、弯曲强度、缺角少愣和裂纹等。根据砖的强度等级、耐久性能和外观指标分为特等、一等、二等砖。

(3) 强度　按照力学性能可分为 MU30、MU25、MU20、MU15、MU10、MU7.5 六个等级。

(4) 抗冻性　将吸收饱和的砖在 −15℃ 与 10 ~ 20℃ 的条件下经 15 次冻融循环，其质量损失不得超过 2%。南方温暖地区可不考虑砖的抗冻性。

(5) 吸水率　砖的吸水率标准规定，特等砖不大于 25%，一等砖不大于 27%、二等砖无要求。欠火砖的孔隙率大，吸水率也大，相应的强度低，耐水性差，不宜用于水池砌筑。

(6) 密度　烧结普通砖的密度一般为 1600 ~ 1800kg/m³。

2. 烧结多孔砖

烧结多孔砖的尺寸规格有 190mm × 190mm × 90mm 和 240mm × 115mm × 90mm 两种。其密度一般为 1400kg/m³，按力学性能分为 MU10 ~ MU30 五个强度等级。

5.2.2　石材

石材主要来源于重质岩石和轻质岩石。重质岩石密度大于 1800kg/m³，其抗压强度高，耐久性好，但热导率（导热系数）大；轻质岩石密度不大于 1800kg/m³，其热导率小，容易加工，但抗压强度低，耐久性较差。石材较易就地取材，在产石地区利用这一天然资源比较经济。

我国石材按其加工后的外形规则程度可分为料石和毛石两类。

根据石料的抗压强度等级划分为：MU100、、MU80、MU60、MU50、MU40、MU30、MU20、MU15 和 MU10 十级。

5.2.3　砌块

用粘土砖需耗大量粘土，对于发展生产和保护生态平衡都是不利的。因此，现在鼓励使用非粘土材料制成的砌块。砌块主要有混凝土、轻骨料混凝土和加气混凝土砌块，以及利用各种工业废渣、粉煤灰等制成的无熟料水泥煤渣混凝土砌块和蒸汽养护粉煤灰硅酸盐砌块。

5.3 粘接材料

砌体的粘接材料主要为砂浆，下面主要介绍砌筑砂浆的材料、性质、种类、制备及使用。

5.3.1 砂浆材料组成

砂浆材料是由无机胶凝材料、细骨料及水所组成。

（1）石灰 石灰属气硬性胶凝材料，即能在空气中硬化并增长强度。它是由石灰石经900℃的高温焙烧而成。石灰有生石灰、生石灰粉、熟石灰粉。在施工中，为了使用简便，有磨细生石灰及消石灰粉以袋装形式供应。

（2）石膏 石膏亦属气硬性胶凝材料，由于孔隙大、强度低，故不在耐水的砌体中使用。

（3）水泥 应根据砌体部位和所处环境来选择水泥的品种及强度等级。砌筑砂浆所用水泥应保持干燥，分品种、标号、出厂日期堆放。不同品种的水泥，不得混合使用。水泥砂浆采用的水泥，其强度等级不宜小于32.5级；水泥混合砂浆采用的水泥，其强度等级不宜小于42.5级。

（4）砂 拌制砂浆所用的砂，一般采用质地坚硬、清洁、级配良好的中砂，其中毛石砌体宜采用粗砂。不得含有草根等杂质，含泥量应控制在5%以内。砌石用砂的最大粒径应不大于灰缝厚度的1/4～1/5。对于抹面及勾缝的砂浆，应选用细砂。人工砂、山砂及特细砂作砌筑砂浆，应经试配、满足技术条件要求。

（5）水 拌制砂浆所用的水应该满足《混凝土拌合用水标准》（JGJ 63—1989）的要求。

5.3.2 砂浆的技术性质

新拌制的砂浆应具有良好的和易性，以便于铺砌，砂浆的和易性包括流动性和保水性两方面。

（1）流动性 砂浆的流动性也称稠度，是指在自重或外力作用下流动的性能。砂浆的流动性与胶结材料的用量、用水量、砂的规格等有关。砂浆流动性用砂浆稠度仪测定。砂浆稠度的选择主要根据墙体材料、砌筑部位及气候条件而定。

（2）保水性 砂浆混合物能保持水分的能力，称保水性，指新拌砂浆在存放、运输和使用过程中，各项材料不易分离的性质。保水性好的砂浆，不仅能获得砌体的良好质量，同时可以提高工作效率。在砂浆配合比中，由于胶凝材料不足则保水性差，为此，在砂浆中常掺用可塑性混合材料，即能改善其保水性能。

(3) 砂浆的强度 砂浆强度是以边长为 7.07cm × 7.07cm × 7.07cm 的 6 块立方体试块，按标准养护 28d 的平均抗压强度值确定的。砂浆强度等级分为 M20、M15、M10、M7.5、M5、M2.5 六个等级。

影响砂浆抗压强度的因素较多。在实际工程中，要根据材料组成及其数量，经过试验而确定抗压强度的值。

砂浆试块应在搅拌机出料口随机取样、制作。一组试样应在同一盘砂浆中取样，同盘砂浆只能制作一组试样，一组试样为 6 块。

砂浆的抽样频率应按：250m³ 砌体中的各种类型及强度等级的砌筑砂浆，每台搅拌机至少抽检一次。

标准养护，28d 龄期，同品种、同强度砂浆各组试块的强度平均值应大于或等于设计强度，任意一组试块的强度应大于或等于设计强度的 75%。

5.3.3 砂浆的种类

建筑砂浆按用途不同可分为砌筑砂浆、抹面砂浆、防水砂浆和装饰砂浆四种。建筑砂浆也可按使用地点或所用材料不同分为石灰砂浆、混合砂浆、水泥砂浆和微沫砂浆等。砂浆种类选择及其等级的确定，应根据设计要求。

(1) 砌筑砂浆 砌筑砂浆要根据工程类别及砌体部位选择砂浆的强度等级，有承重要求时，砂浆强度等级 ≥ M5，无承重要求时，砂浆强度等级 ≥ M2.5；检查井、阀门井、跌水井、雨水口、化粪池等采用砂浆的强度等级 ≥ M5；隔油池、挡墙等采用砂浆的强度等级 ≥ M10；砖砌筒拱砂浆的强度等级 ≥ M5，石砌平拱砂浆的强度等级 ≥ M10。

(2) 抹面砂浆 抹面砂浆应分为两层或三层完成，第一层称底层，最后一层为面层，中间层为结构层。在土建工程中，用于地上或干燥部位的抹面砂浆，常采用石灰砂浆或混合砂浆，在易碰撞或潮湿的地方，应用水泥砂浆。

(3) 防水砂浆 制作防水层的砂浆叫做防水砂浆。这种砂浆用于砖、石结构的储水或水处理构筑物的抹面工程中。对变形较大或可能发生不均匀沉陷的建筑物，不宜采用此类刚性防水层。

在水泥砂浆中加入质量分数为 3% ~ 5% 的防水剂制成防水砂浆。常用的防水剂有氯化物金属盐类防水剂、水玻璃防水剂及金属皂类防水剂等。这些防水剂在水泥砂浆硬化过程中，生成不透水的复盐或凝胶体，以加强结构的密实度。

水泥砂浆防水层所用的材料应符合下列要求：

1) 应采用强度等级不低于 32.5MPa 的硅酸盐水泥、碳酸盐水泥、特种水泥。严禁使用受潮、结块的水泥。

2) 砂宜采用中砂，泥含量不大于 1%（质量分数）。

3) 外加剂的技术性能符合国家该行业产品一等品以上的质量要求。

5.3.4 砂浆制备与使用

砂浆的配料应准确。水泥、微沫剂的配料精确度应控制在±2%以内。其他材料的配料的精确度应控制在±5%以内。

1. 砂浆搅拌

砂浆应采用机械拌合，自投料完算起，搅拌时间应符合下列规定：水泥砂浆和水泥混合砂浆不得少于2min；水泥粉煤灰砂浆和掺用外加剂的砂浆不得少于3min；掺有机塑化剂的砂浆，应为3～5min。无砂浆搅拌机时，可采用人工拌和，应先将水泥与砂干拌均匀，再加入其他材料拌和，要求拌和均匀，拌成后的砂浆应符合下列要求：

1）设计要求的种类和强度等级。
2）规定的砂浆稠度。
3）保水性能良好（分层度不应大于30mm）。

为了改善砂浆的保水性，可掺入粘土、电石膏、粉煤灰等塑化剂。

2. 砂浆使用

砂浆拌成后和使用时，均匀盛入储灰斗内。如砂浆出现泌水现象，应在砌筑前再次拌合。砂浆应随拌随用，常温下，水泥砂浆和水泥混合砂浆必须分别在拌合后3h和4h内使用完毕；如施工期间最高气温超过30℃，则必须分别在拌合后2h和3h内使用完毕。

5.4 砖砌体施工

5.4.1 施工准备工作

1. 砖的准备

砖的品种、强度等级必须符合设计要求，并应规格一致，且有出厂合格证明和进场复验报告。用于清水墙、柱表面的砖，应边角整齐、色泽均匀。在砌砖前1～2d（视天气情况而定）应将砖堆浇水湿润；以免在砌筑时因干砖吸收砂浆中大量的水分，使砂浆流动性降低，造成砌筑困难，并影响砂浆的粘结力和强度。但也要注意不能将砖浇得过湿而使砖不能吸收砂浆中的多余水分，影响砂浆的密实性、强度和粘结力，而且还会产生堕灰和砖块滑动现象，使墙面不洁净，灰缝不平整，墙面不平直。要求普通粘土砖、空心砖含水率为10%～15%。施工中可将砖砍断，看其断面四周的吸水深度达10～20mm即认为合格。灰砂砖、粉煤灰砖含水率宜为5%～8%。

2．砂浆的准备

主要是做好配制砂浆的材料准备和砂浆的拌制。砂浆应拌合均匀、具有良好的保水性及和易性。砂浆的和易性好有利于施工操作、易于保证灰缝饱满、厚薄一致，提高砌体强度及劳动生产率。为了改善砂浆在砌筑时的和易性，常掺入适量的塑化剂，如微沫剂（亦称松香皂）。

3．施工机具的准备

砌筑前，必须按施工组织设计要求组织垂直和水平运输机械、砂浆搅拌机械进场，完成安装、调试等工作。同时，还要准备脚手架、砌筑工具（如皮数杆、托线板）等。

5.4.2 砖砌体的组砌形式

普通砖墙的厚度有半砖（115mm）、3/4 砖（178mm）、一砖（240mm）、一砖半（365mm）、两砖（490mm）等。

砖砌体的组砌要上下错缝，内外搭接，以保证砌体的整体性；同时组砌要有规律，少砍砖，以提高砌筑效率，节约材料。

1．砖墙的组砌形式

（1）一顺一丁 一顺一丁砌法是一皮中全部顺砖与一皮中全部丁砖相互间隔砌筑，上下皮间的竖缝相互错开 1/4 砖长，如图 5-9a 所示。这种砌法效率较高，但当砖的规格不一致时，竖缝就难以整齐。

（2）三顺一丁 三顺一丁砌法是三皮中全部顺砖与一皮中全部丁砖间隔砌筑，上下皮顺砖间竖缝错开 1/2 砖长；上下皮顺砖与丁砖间竖缝错开 1/4 砖长，如图 5-9b 所示。这种砌筑方法，由于顺砖较多，砌筑效率较高，适用于砌一砖和一砖以上的墙厚。

（3）梅花丁 梅花丁又称沙包式、十字式。梅花丁砌法是每皮中丁砖与顺砖相隔，上皮丁砖坐中于下皮顺砖，上下皮间竖缝相互错开 1/4 砖长，如图 5-9c 所示。这种砌法内外竖缝每皮都能错开，故整体性较好，灰缝整齐，比较美观，但砌筑效率较低。砌筑清水墙或当砖规格不一致时，采用这种砌法较好。

为了使砖墙的转角处各皮间竖缝相互错开，必须在外角处砌七分头砖（即 3/4 砖长）。当采用一顺一丁组砌时，七分头的顺面方向依次砌顺砖，丁面方向依次砌丁砖，如图 5-10a 所示。

砖墙的丁字接头处，应分皮相互砌通，内角相交处竖缝应错开 1/4 砖长，并在横墙端头处加砌七分头砖，如图 5-10b 所示。

砖墙的十字接头处，应分皮相互砌通，交角处的竖缝相互错开 1/4 砖长，如图 5-10c 所示。

（4）其他砌法 砖墙的砌筑还有全顺式、全丁式、两平一侧式等砌法。排水工程中检查井施工常采用全丁式砌法。

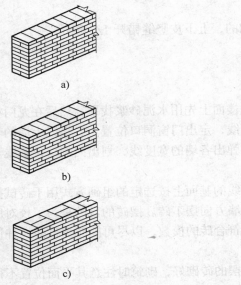

图 5-9 砖墙组砌形式
a) 一顺一丁 b) 三顺一丁 c) 梅花丁

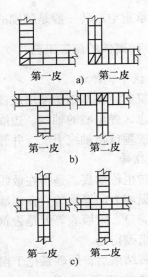

图 5-10 一砖墙交接处组砌
a) 转角 b) 丁字交接处 c) 十字交接处

2. 砖柱组砌

砖柱组砌，应使柱面上下皮的竖缝相互错开 1/2 砖长或 1/4 砖长，在柱心无通天缝，少砍砖，并尽量利用二分头砖（即 1/4 砖）。严禁用包心组砌法。

3. 空心砖墙组砌

规格为 190mm×190mm×90mm 的承重空心砖一般是整砖顺砌，上下皮竖缝相互错开 1/2（100mm）。如有半砖规格的，也可采用每皮中整砖与半砖相隔的梅花丁砌筑形式，如图 5-11 所示。

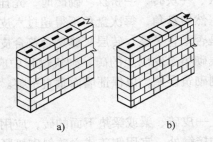

图 5-11 空心砖组砌形式
a) 整砖顺砌 b) 梅花丁砌筑

规格为 240mm×115mm×90mm 的承重空心砖一般采用一顺一丁或梅花丁

砌筑形式。规格为 240mm×180mm×115mm 的承重空心砖一般采用全顺或全丁砌筑形式。

非承重空心砖一般是侧砌的，上下皮竖缝错开 1/2 砖长。

5.4.3 砖砌体的施工工艺

1．找平、弹线

砌筑前，在基础防潮层或楼面上先用水泥砂浆找平，然后在龙门板上以定位钉为标志，弹出墙的轴线、边线，定出门窗洞口位置。二楼以上墙的轴线可以用经纬仪或垂球将轴线引上，并弹出各墙的宽度线，划出门洞口位置线。

2．摆砖

摆砖也称撂底，是指在放线的基面上按选定的组砌方式用干砖试摆。一般在房屋外纵墙方向摆顺砖，在山墙方向摆丁砖。摆砖的目的是为了校对所放出的墨线在门洞口、附墙垛等处是否符合砖的模数，以尽可能减少砍砖，并使砌体灰缝均匀，组砌得当。

摆砖结束后，用砂浆把干摆的砖砌好，砌筑时注意其平面位置不得移动。

3．立皮数杆、砌筑

皮数杆是指在其上划有每皮砖和砖缝厚度，以及门窗洞口、过梁、楼板、梁底、预埋件等标高位置的一种木制标志杆，它是砌筑时控制砌体竖向尺寸的标志，同时还可以保证砌体的垂直度。

皮数杆一般立于房屋的四大角、内外墙交接处、楼梯间以及洞口多的地方，大约每隔 10～15m 立一根。皮数杆的设立，应由两个方向斜撑或锚钉加以固定，以保证其牢固和垂直。一般每次开始砌砖前应检查一遍皮数杆的垂直度和牢固程度。

砌砖的操作方法很多，各地的习惯、使用工具也不尽相同。一般宜用"三·一"砌砖法，即一铲灰、一块砖、一挤揉。砌砖时，先挂上通线，按所排的干砖位置把第一皮砖砌好；然后盘角，每次盘角不得超过六皮砖，在盘角过程中应随时用托线板检查墙角是否垂直平整，砖层灰缝是否符合皮数杆标志；最后在墙角安装皮数杆，即可挂线砌第二皮以上的砖。砌筑过程中应三皮一吊，五皮一靠，在操作过程中严格控制砌筑误差，以保证墙面垂直平整。砌一砖半厚以上的砖墙必须双面挂线。

每层承重墙的最上一皮砖、梁或梁垫下面的砖，应用丁砖砌筑；隔墙与填充墙的顶面与上层结构的接触处，宜用侧砖或立砖斜砌挤紧。

4．勾缝、清理

勾缝是清水砖墙的最后一道工序，具有保护墙面和增加墙面美观的作用。内墙面可采用砌筑砂浆随砌随勾缝，称为原浆勾缝；外墙面应采用加浆勾缝，即在砌筑几皮砖以后，先在灰缝处划出 10mm 深的灰槽。待砌完整个墙体以后，再用细砂拌制 1:1.5 水泥砂浆勾缝。

当一层砖砌体砌筑完毕后，应进行墙面、柱面和落地灰的清理。

5.各层标高的控制

各层标高除立皮数杆控制外，还可弹出室内水平线进行控制。底层砌到一定高度后，在各层的里墙角，用水准仪根据龙门板上的 ±0.000m 标高，引出统一标高的测量点（一般比室内地坪高出 200 ~ 500mm），然后在墙角两点弹出水平线，依次控制底层过梁、圈梁和楼板板底标高。当第二层墙身砌到一定高度后，先从底层水平线用钢尺往上量第二层水平线的第一个标志，然后以此标志为准，用水准仪定出各墙面的水平线，以此控制第二层标高。

6.临时洞口及构造柱

施工时需在砖墙中留置的临时洞口，其侧边离交接处的墙面不应小于500mm；洞口顶部宜设置过梁。

设有钢筋混凝土构造柱的抗震多层砖混房屋，应先绑扎钢筋，而后砌砖墙，最后浇构造柱混凝土。墙与柱应沿高度方向每 500mm 设 2Φ6 钢筋，每边伸入墙内不应少于 1m；构造柱应与圈梁连接；砖墙应砌成马牙槎，每一马牙槎沿高度方向的尺寸不超过 300mm，马牙槎从每层柱脚开始，应先退后进，如图 5-12 所示；该层构造柱混凝土浇完之后，才能进行上一层施工。

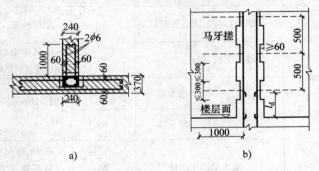

图 5-12 马牙槎及拉结钢筋布置示意图
a) 平面图 b) 立面图

7.空心砖墙

承重空心砖的空洞应呈垂直方向砌筑，非承重空心砖的空洞应呈水平方向砌筑。非承重空心砖墙，其底部应至少砌三皮实心砖，在门洞两侧一砖长范围内，也应用实心砖砌筑。

5.4.4 砌筑的质量要求

砌体质量的好坏取决于组成砌体的原材料质量和砌筑方法，故砌筑应掌握正确操作方法，应做到横平竖直、灰浆饱满、错缝搭砌、接槎可靠，以保证墙体有足够的强度与稳定性。砖砌体的位置及垂直度允许偏差、一般尺寸允许偏差也必须符合要求。允许偏差见表 5-1、表 5-2。

表 5-1 砖砌体的位置及垂直度允许偏差

项次	项　目			允许偏差/mm	检验方法
1	轴线位置偏移			10	用经纬仪和尺检查或用其他测量仪器检查
2	垂直度	每层		5	用2m托线板检查
		全高	≤10m	10	用经纬仪、吊线和尺检查，或用其他测量仪器检查
			>10m	20	

表 5-2 砖砌体一般尺寸允许偏差

项次	项　目		允许偏差/mm	检验方法	抽检数量
1	基础顶面和楼面标高		±15	用水平仪和尺检查	不应少于5处
2	表面平整度	清水墙、柱	5	用2m靠尺和楔形塞尺检查	有代表性自然间10%，但不应少于3间，每间不应少于2处
		混水墙、柱	8		
3	门窗洞口高、宽（后塞口）		±5	用尺检查	检验批洞口的10%，且不应少于5处
4	外墙上下窗口偏移		20	以底层窗口为准，用经纬仪或吊线检查	检验批的10%，且不应少于5处
5	水平灰缝平直度	清水墙	7	拉10m线和尺检查	有代表性自然间10%，但不应少于3间，每间不应少于2处
		混水墙	10		
6	清水墙游丁走缝		20	吊线和尺检查，以每层第一皮砖为准	有代表性自然间10%，但不应少于3间，每间不应少于2处

1. 横平竖直

砖砌体抗压性能好，而抗剪抗拉性能差。为使砌体均匀受压，不产生剪切水平推力，砌体灰缝应保证横平竖直，否则，在竖向荷载作用下，沿砂浆与砖块结合面会产生剪应力。当剪应力超过抗剪强度时，灰缝受剪破坏，随之对相邻砖块形成推力或挤压作用，致使砌体结构受力情况恶化。

2. 砂浆饱满

为保证砖块均匀受力和使块体紧密结合，要求水平灰缝砂浆饱满，厚薄均匀。否则砖块受力不均，从而产生弯曲、剪切破坏作用。砂浆饱满程度以砂浆饱满度表示，用百格网检查，要求饱满度达到80%以上。灰缝厚度应控制在10mm左右，不宜小于8mm，也不宜大于12mm。由于砌体受压时，砖与砂浆产生横向变形，而两者变形能力不同（砖变形能力小于砂浆），因而砖块受到拉力作用，而过厚灰缝使此拉力加大，故不应随意加厚砂浆灰缝厚度。竖向灰缝砂浆应饱满，可避免透风漏水，改善保温性能。

3. 错缝搭砌

为了提高砌体的整体性、稳定性和承载能力，砖块排列应遵守上下错缝、内外搭砌的原则，避免出现连续的垂直通缝。错缝或搭砌长度一般不小于 60mm，同时还应照顾砌筑方便、少砍砖的要求。

4. 接槎可靠

砖墙转角处和交接处应同时砌筑。对不能同时砌筑而又必须留置的临时间断处，应砌成斜槎（图 5-13）。斜槎长度不应小于高度的 2/3。斜槎操作简便，接槎砂浆饱满度易于保证。对于留斜槎确有困难时，除转角外，也可留直槎，但必须做成阳槎，并设拉结筋。拉结筋的数量为每 120mm 墙厚放置 1 根直径 6mm 的钢筋；间距沿墙高不得超过 500mm；埋入长度从墙的留槎处算起，每边均不应小于 500mm；对抗震设防烈度 6 度、7 度的地区，不应小于 1000mm；末端应有 90°弯钩，如图 5-14 所示。

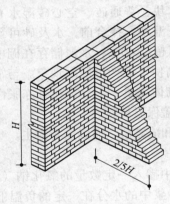

图 5-13　斜槎

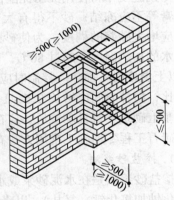

图 5-14　直槎

5. 减少不均匀沉降

沉降不均匀将导致墙体开裂，对结构危害很大，砌体施工中要严加注意。为减少灰缝变形而导致砌体沉降，一般每日砌筑高度不宜超过 1.8m，雨天施工，不宜超过 1.2m。

6. 砌体的稳定性保证

为保证施工阶段砌体的稳定性，对尚未安装楼板或屋面板的墙和柱，当可能遇到大风时，其允许自由高度不得超过 GB 50203—2002《砌体工程施工质量验收规范》的规定。如 240 厚实心砖墙，当风荷载为 0.3kN/m² （约 7 级风）、0.4kN/m² （约 8 级风） 0.5kN/m² （约 9 级风）时，允许自由高度分别为 2.8m、2.1m、1.4m。当墙高超过 10m 或有可靠连接时，允许自由高度需作折减或不受限制。

5.4.5 砖砌体冬期施工

GB 50203—2002《砌体工程施工质量验收规范》规范规定：室外日平均气温连续 5d 稳定低于 5℃时，砖石工程应按冬期施工技术规定进行施工。冬期施工时，砌体砂浆在负温下冻结，砌体冻结强度随温度的降低而增高，但砂浆中的水泥由于水分冻结而停止水化，且砂浆体积膨胀，产生冻胀应力，使水泥石结构遭受破坏。随着气温的回升，砌体冻结强度逐渐降低，当温度回升至 0℃时，砌体回复至开始冻结时的强度。解冻后，砂浆的强度虽仍可继续增长，但其最终强度将显著降低，而且由于砂浆的压缩变形大，砌体沉降量大，稳定性也随之降低。实践证明，砂浆的用水量越多，遭受冻结越早，气温越低，冻结时间越长，灰缝越厚，则冻结的危害程度也越大，反之，越小。当砂浆具有 20% 以上的设计强度后，再遭冻结，则冻结对砂浆的最终强度影响不大。

冬期施工不得使用无水泥配制的砂浆，水泥宜用普通硅酸盐水泥；石灰膏、粘土膏等不应冻结；砂不得有大于 10mm 的冰块；普通砖、空心砖湿水有困难时，应增大砂浆的稠度。为使砂浆有一定的正温度，拌合前，水及砂可预先加热。水的加热温度不超过 80℃，砂加热温度不超过 40℃，水泥储存在棚中保持 5℃以上温度时不加热。拌制时应防止水温过高使水泥产生假凝现象。与常温情况相比，搅拌时间应增长 0.5 ~ 1 倍。为保证砌体质量，不允许在有冻胀性的冻土地基上砌筑。每日砌筑后，应在砌体表面覆盖保温材料。

砖石工程冬期施工常用方法有掺盐砂浆法和冻结法，而以前者为主。

1. 掺盐砂浆法

掺盐砂浆法是在水泥砂浆或水泥混合砂浆中掺入一定数量的氯化钠（单盐）或氯化钠加氯化钙（复盐），以降低冰点，使砂浆中的水分在一定的负温下不冻结，水泥继续水化，增长强度。这种方法施工简便、经济、可靠，是砖石工程冬期施工广泛采用的方法。但氯盐会使砌体产生盐析、吸湿现象，对保温、绝缘、装饰有特殊要求的结构，如发变电站、湿度大的工程、高温工程及艺术装饰要求高的工程，不允许采用氯盐砂浆。

单盐氯化钠的掺量，视气温而定，在 -10℃ 以内时，为用水量的 3%；-11 ~ -15℃时为用水量的 5%；-16 ~ -20℃时，为用水量的 7%。气温过低时，可掺用复盐，如 -16 ~ -20℃时，可掺氯化钠 5% 和氯化钙 2%，气温低于 -20℃时，可掺氯化钠 7% 和氯化钙 3%。对配筋砌体或有预埋铁件的砌体，为防止铁件腐蚀，可用掺有 2% ~ 5% 氯化钠和 3% ~ 5% 亚硝酸钠的拌制砂浆。

为了弥补冻结对砂浆后期强度所造成的损失，当日最低气温低于 -15℃时，承重砌体的砂浆强度等级应比常温施工时提高一级。

为便于操作，并有利于砂浆的硬化，砌筑时，砂浆的温度不应低于5℃。

2.冻结法

冻结法是采用不掺外加剂的水泥砂浆或水泥混合砂浆砌筑砌体，允许砂浆遭受冻结。解冻时砂浆的强度为零或接近于零。气温回升至0℃以上后，砂浆继续硬化。由于砂浆经过冻结、融化、硬化三个阶段，其强度及与砖石的粘结力都有不同程度的降低，且砌体在解冻时变形大、稳定性差，故使用范围受到限制。空斗墙、毛石墙、承受侧压力的砌体、解冻期间可能受振动或动力荷载的砌体、不允许产生沉降的砌体等均不得采用冻结法施工。

冻结法施工中，当平均气温高于－25℃时，承重砌体的砂浆强度等级，应比常温施工时提高一个级别；当气温低于－25℃时，则应提高两个级别。冻结法施工时，砂浆砌筑温度不低于10℃。为保证砌体在解冻时的正常沉降，还应注意：每日砌筑高度及临时间断处的高差均不得大于1.2m，门窗框上部应留缝隙，其厚度不少于5mm，砌体水平灰缝厚度不宜大于10mm留在砌体中的洞口，沟槽宜在解冻前填砌完毕；解冻前应移走结构上的临时荷载。

解冻期间应经常对砌体进行观测和检查，如发现裂缝、不均匀沉降或倾斜等，应分析原因立即采取加固措施。

5.5 毛石砌体工程

5.5.1 材料要求

毛石砌体所用的石材应质地坚实，无风化剥落和裂纹。用于清水墙、柱表面的石材，应色泽均匀。石材表面的泥垢、水锈等杂质，砌筑前应清除干净。

毛石应呈块状，其中部厚不宜小于150mm。

砌筑砂浆的品种和强度等级必须符合设计要求。砂浆稠度宜为30～50mm，雨期或冬期稠度应小一些，在暑期或干燥气候情况下，稠度可大些。

5.5.2 毛石砌体施工

毛石砌体是用毛石和砂浆砌筑而成。毛石用乱毛石和平毛石（形状不规则，但有两个平面大致平行），砂浆用水泥砂浆或水泥混合砂浆，一般用铺浆法砌筑。灰缝厚度不宜大于20mm，砂浆饱满度不应小于80%。毛石砌体宜分皮卧砌，并应上下错缝，内外搭接。不得采用外面侧立石块，中间填心的砌筑方法。每日砌筑高度不宜超过1.2m。在转角处及交接处应同时砌筑，如不能同时砌筑时，应留斜槎。

毛石墙一般采用交错组砌，灰缝不规则。外观要求整齐的墙面，其外皮石材可适当加工。毛石墙的转角应用料石或修整的平毛石砌筑。墙角部分纵横宽度至少为0.8m。毛石墙在转角处，应采用有直角边的石料砌在墙角一面，据长短形状纵横搭接砌入墙内，如图5-15a所示；在丁字接头处，要选取较为平整的长方形石块，长短纵横砌入墙内，使其在纵横墙中上下皮能相互搭砌，如图5-15b所示。毛石墙的第一皮石块及最上一皮石块应选用较大平毛石砌筑，第一皮大面向下，以后各皮上下错缝，内外搭接，墙中不应放铲口石和全部对合石，如图5-16所示。毛石墙必须设置拉结石，拉结石均匀分布，相互错开，一般每0.7m^{2}墙面至少设置一块，且同皮内的中距不大于2m。拉结石长度，如墙厚等于或小于400mm，应等于墙厚；墙厚大于400mm，可用两块拉结石内外搭接，搭接长度不小于150mm，且其中一块长度不小于墙厚的2/3。

a) b)

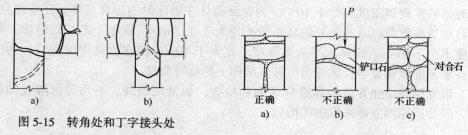

图5-15 转角处和丁字接头处

a）转角处 b）丁字接头处

a) b) c)

图5-16 毛石墙砌筑

石墙的勾缝形式一般多采用平缝或凸缝（见5-17)。勾缝前应先剔缝，将灰

a) b) c)

d) e) f)

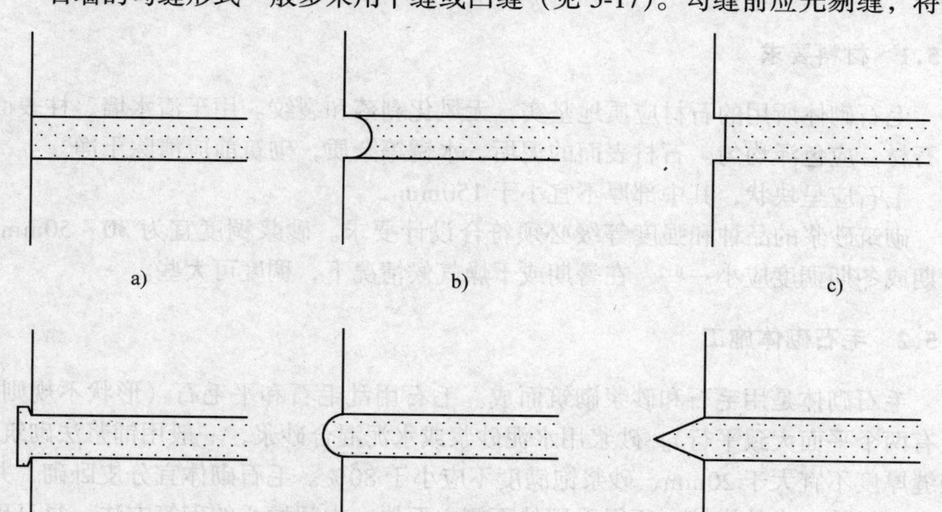

图5-17 石墙的勾缝形式

缝刮深 20～30mm，墙面用水湿润，不整齐的要加以修整。勾缝用 1:1 的水泥砂浆，有时还掺入麻刀，勾缝线条必须均匀一致，深浅相同。

5.6 中小型砌块墙施工

长期以来，我国建筑工程的墙体材料仍以小块粘土砖为主，其用量约占墙体材料消耗总量的 98%。粘土砖墙体的缺点是：操作劳动强度大、生产效率低、施工进度慢、墙体自重大；能耗高、占用耕地。因此，要大力发展轻质、高强、空心、大块、多功能的新型墙体材料。

近年来，我国在不同地区利用本地区资源及工业废渣，因地制宜，就地取材，制成了不同特点的砌块。如粉煤灰硅酸盐砌块、混凝土空心砌块等。高度为380～940mm 的称中型砌块，砌块高度小于 380mm 的称小型砌块。这些砌块用于建筑物墙体能保证建筑物具有足够的强度和刚度；能满足建筑物的隔声、隔热、保温要求；建筑物的耐久性和经济效果也较好。

中型砌块施工，是采用各种吊装机械及夹具将砌块安装在设计位置，一般要按建筑物的平面尺寸及预先设计的砌块排列图逐块按次序吊装、就位、固定。小型砌块施工，与传统的砖砌体的施工工艺相似，也是手工砌筑，只是在形状、构造上有一定的差异。

5.6.1 砌块排列图

砌块建筑中，砌体部位不同，砌块规格各异。为便于施工，砌筑砌块前，应绘制砌块排列图。

砌块排列应按下列原则：

1）尽量使用主规格砌块，以减少砌块规格。

2）砌块应错缝搭砌，搭砌长度不小于砌块高度的 1/3，也不应小于 150mm。外墙转角及纵横墙交接处应交错搭砌，如不能交错搭砌时，则应每两皮砌块设一道钢筋网片。

3）对于空心砌块，上下皮砌块的壁、肋、孔应垂直对齐，以提高砌体承载能力。在外墙转角处及纵横墙交接处，上下空心砌块的孔洞需对准贯通，要插入 $\phi 8 \sim \phi 12mm$ 的钢筋并与基础筋连接，然后灌注混凝土形成构造柱，以增强砌体的整体性。

4）局部必须镶砖时，应尽量使所镶砖数量最少，且将镶砖分散开布置。

5.6.2 砌块安装工艺

砌块砌筑前可根据气温条件适当浇水润湿，对其表面污物及粘土应清理。并做好施工准备工作。

由于砌块重量不大而块数较多，为充分发挥起重机的效能，一般将简易起重机台令架置于地面或楼面上吊装该层砌块。砌筑砌块应从转角处或定位处开始，按砌块排列图依次吊装。为了减少台令架的移动，常根据台令架的起重半径及建筑物开间的大小，按 1~2 开间划分施工段，流水作业，逐段吊装。相邻施工段间断处留作斜槎，斜槎长度不小于高度的 2/3，如留斜槎确有困难，除转角处外，也可砌成直槎，但必须采用拉结网片或采取其他措施，以保证连接牢靠。

砌筑的主要工序为：铺灰、砌块安装就位、校正、灌竖缝、镶砖等。

1）铺灰。水平缝采用稠度良好的水泥砂浆，稠度 50~70mm，铺灰应平整饱满，长度 3~5m，炎热天气或寒冷季节应适当缩短。

2）砌块安装就位。中型砌块宜采用小型起重机械（台令架）吊装就位，小型砌块直接由人工安装就位。

3）校正。用托线板检查砌块垂直度，拉准线检查水平度。用撬杠、或在水平灰缝塞楔块进行校正。

4）灌竖缝。小型砌块水平缝与竖缝的厚度宜控制在 8~12mm，中型砌块，当竖缝宽超过 30mm 时，应采用不低于 C20 细石混凝土灌实。

5）镶砖。出现较大的竖缝或过梁找平时，应用镶砖。镶砖用的红砖一般不低于 MU10，在任何情况下都不得竖砌或斜砌。镶砖砌体的竖直缝和水平缝应控制在 15~30mm 内。镶砖的最后一皮砖和安放有檩条、梁、楼板等构件下的砖层，均需用丁砖镶砌。丁砖必须用无裂缝的砖。在两砌块之间凡是不足 145mm 的竖直缝不得镶砖，而需用与砌块强度等级相同的细石混凝土灌注。

5.7 抹灰工程

抹灰是对砌体表面进行美化装饰，并使构筑物达到一定的防水防腐蚀等特殊要求的工程。在整个工程施工中，它有工程量大、工期时间长、劳动强度大、技术要求高的特点。

抹灰工程分为一般抹灰工程、饰面板工程和清水砌体嵌缝工程。在给水排水工程中一般均采用防水砂浆对砌体、钢筋混凝土的水池或水处理构筑物等进行抹灰。抹灰前应对表面的松动物、油脂、涂料、封闭膜及其他污染物必须清除干净，光滑表面应凿毛，用水充分润湿新旧界面，并在抹灰前不得有明水。抹灰厚度较大时可分层施工，分层施工时底层砂浆必须搓毛以利面层粘结。砂浆施工后必须进行养护，可用淋水的方式，不得使砂浆脱水过快，养护时间宜为 7d。

复习思考题

1. 砖石砌体工程的特点是什么?

2. 砌筑用脚手架有何作用? 对它有哪些基本要求?

3. 什么叫一步架高度?

4. 外脚手架有哪些类型? 如何构造? 有何特点? 各适用于什么范围?

5. 外脚手架的搭设、使用应注意哪些问题?

6. 常用里脚手架有哪些? 其构造特点如何?

7. 常用砌体材料有哪些?

8. 砂浆材料由哪些成分组成?

9. 砂浆的和易性包括哪两方面?

10. 砌筑用砂浆分哪些种类?

11. 对砖砌体的砌筑质量有哪些要求? 如何保证?

12. 什么叫"接槎"? 它有哪些方式? 如何保证质量?

13. 砖墙有哪几种组砌方式? 各有何优缺点?

14. 如何减少砌体的沉降及不均匀沉降?

15. 简述"三·一"砌砖法。

16. 试述砖墙砌筑施工工艺过程。

17. 什么是"皮数杆"? 如何设置皮数杆?

18. 砖砌体砌筑时主要检查哪几方面的问题? 如何检查?

19. 目前在工程中使用的砌块主要有哪几种? 砌块排列时应注意哪些事项?

20. 简述砌块施工工艺。

第 2 篇

给水排水管道施工

第 6 章

管材、附件及常用材料

6.1　管子及其附件的通用标准

水是靠管道输送的。因此，管道工程是建筑、市政、环境工程不可缺少的组成部分。各种用途的管道都是由管子和管道附件组成的。所谓管道附件，是指连接在管道上的阀门、接头配件等部件的总称。为便于生产厂家制造，设计、施工单位选用，国家对管子和管道附件制定了统一的规定标准。管子和管道附件的通用标准主要是下列所指的公称通径、公称压力、试验压力和工作压力等。

6.1.1　公称通径

公称通径（或称公称直径）是管子和管道附件的标准直径。它是就内径而言的标准，只近似于内径而不是实际内径。因为同一号规格的管外径都相等，但对各种不同工作压力要选用不同壁厚的管子，压力大则选用管壁较厚的，内径因壁厚增大而减小。公称通径用字母 DN 作为标志符号，符号后面注明单位为毫米的尺寸。例如 $DN50$，即公称通径为 50mm 的管，公称通径是有缝钢管、铸铁管、混凝土管等管子的标称，但无缝钢管不用此表示法。

公称通径的标准见表 6-1，表中既列出了公称通径，也给出了管子和管道附

表 6-1　管子及管子附件的公称通径

公称通径 DN/mm	相当的管螺纹/in	公称通径 DN/mm	相当的管螺纹/in	公称通径 DN/mm	相当的管螺纹/in
8	1/4	50	2	175	7
10	3/8	70	$2\frac{1}{2}$	200	8
15	1/2				
20	3/4	80	3	225	9
25	1	100	4		
32	$1\frac{1}{4}$	125	5	250	10
40	$1\frac{1}{2}$	150	6	300	12

注：在实际应用中，$DN100mm$ 以上管子采用焊接，很少采用螺纹连接。

件应加工相当的管螺纹。

管子和管道附件以及各种设备上的管子接口，都要符合公称通径标准。生产企业根据公称通径生产制造或加工，不得随意选定尺寸。

6.1.2 公称压力、试验压力和工作压力

公称压力是生产管子和管道附件的强度方面的标准，不同的材料承受压力的性能不同。因此不同材质的管子和管道附件的公称压力、试验压力和工作压力也有所区别，见表 6-2 ～ 表 6-5。

表 6-2 碳素钢管道附件公称压力、试验压力与工作压力

公称压力 PN/MPa	试验压力 （用低于 100℃的水） p_s/MPa	介质工作温度/℃						
		≤200	250	300	350	400	425	450
		最大工作压力 p_t/MPa						
		p_{20}	p_{25}	p_{30}	p_{35}	p_{40}	p_{42}	p_{45}
0.1	0.2	0.1	0.1	0.1	0.07	0.06	0.06	0.05
0.25	0.4	0.25	0.23	0.2	0.18	0.16	0.14	0.11
0.4	0.6	0.4	0.37	0.33	0.29	0.26	0.23	0.18
0.6	0.9	0.6	0.55	0.5	0.44	0.38	0.35	0.27
1.0	1.5	1.0	0.92	0.82	0.73	0.64	0.58	0.45
1.6	2.4	1.6	1.5	1.3	1.2	1.0	0.9	0.7
2.5	3.8	2.5	2.3	2.0	1.8	1.6	1.4	1.1
4.0	6.0	4.0	3.7	3.3	3.0	2.8	2.3	1.8
6.4	9.6	6.4	5.9	5.2	4.3	4.1	3.7	2.9
10.0	15.0	10.0	9.2	8.2	7.3	6.4	5.8	4.5

注：1. 表中略去了公称压力为 16MPa、20MPa、32MPa、40MPa、50MPa 等六级。

2. 本书压力单位采用 MPa（原习惯单位为 kg/cm²），为工程应用方便，在单位换算时按 1kg/cm² ≈0.1MPa 计算。

表 6-3 含钼不少于 0.4% 的钼钢及铬钢制品公称压力、试验压力与工作压力

公称压力 PN/MPa	试验压力 （用低于 100℃的水） p_s/MPa	介质工作温度/℃						
		≤350	400	425	450	475	500	510	520	530
		最大工作压力 p_t/MPa						
		p_{35}	p_{40}	p_{42}	p_{45}	p_{47}	p_{50}	p_{51}	p_{52}	p_{53}
0.1	0.2	0.1	0.09	0.09	0.08	0.07	0.06	0.05	0.04	0.04
0.25	0.4	0.25	0.23	0.21	0.20	0.18	0.14	0.12	0.11	0.09
0.4	0.6	0.4	0.36	0.34	0.32	0.28	0.22	0.20	0.17	0.14
0.6	0.9	0.6	0.55	0.51	0.48	0.43	0.33	0.30	0.26	0.22
1.0	1.5	1.0	0.91	0.86	0.81	0.71	0.55	0.50	0.43	0.36
1.6	2.4	1.6	1.5	1.4	1.3	1.1	0.9	0.8	0.7	0.6
2.5	3.8	2.5	2.3	2.1	2.0	1.8	1.4	1.2	1.1	0.9
4.0	6	4	3.6	3.4	3.2	2.8	2.2	2.0	1.7	1.4
6.4	9.6	6.4	5.8	5.5	5.2	4.5	3.5	3.2	2.8	2.3
10	15	10	9.1	8.6	8.1	7.1	5.5	5	4.3	3.6

注：本表略去了公称压力 16 ～ 100MPa 共 9 级的参数。

表 6-4　灰铸铁及可锻铸铁制品公称压力、试验压力与工作压力

公称压力 PN/MPa	试验压力 (用低于 100℃的水) p_s/MPa	介质工作温度/℃			
		≤120	200	250	300
		最大工作压力 p_t/MPa			
		p_{12}	p_{20}	p_{25}	p_{30}
0.1	0.2	0.1	0.1	0.1	0.1
0.25	0.4	0.25	0.25	0.2	0.2
0.4	0.6	0.4	0.38	0.36	0.32
0.6	0.9	0.6	0.55	0.5	0.5
1.0	1.5	1.0	0.9	0.8	0.8
1.6	2.4	1.6	1.5	1.4	1.3
2.5	3.8	2.5	2.3	2.1	2.0
4.0	6.0	4.0	3.6	3.4	3.2

表 6-5　青铜、黄铜及紫铜制品公称压力、试验压力与工作压力

公称压力 PN/MPa	试验压力 (用低于 100℃的水) p_s/MPa	介质工作温度/℃		
		≤120	200	250
		最大工作压力 p_t/MPa		
		p_{12}	p_{20}	p_{25}
0.1	0.2	0.1	0.1	0.07
0.25	0.4	0.25	0.2	0.17
0.4	0.6	0.4	0.32	0.27
0.6	0.9	0.6	0.5	0.4
1.0	1.5	1.0	0.8	0.7
1.6	2.4	1.6	1.3	1.1
2.5	3.8	2.5	2.0	1.7
4.0	6.0	4.0	3.2	2.7
6.4	9.6	6.4		
10	15	10		
16	24	16		
20	30	20		
25	33	25		

　　注：1. 表中所用压力均为表压力。

　　　　2. 当工作温度为表中温度级之中间值时，可用插入法决定工作压力。

　　在管道内流动的介质，都具有一定的压力和温度。用不同材料制成的管子与管道附件所能承受的压力受介质工作温度的影响，随着温度的升高，材料强度降低，所以，必须以某一温度下制品所允许承受的压力作为耐压强度标准，这个温度称为基准温度。制品的基准温度下的耐压强度称为公称压力，用 PN 表示。如

公称压力 2.5MPa，可记为 $PN2.5$。试验压力是在常温下检验管子及管道附件机械强度及严密性能的压力标准，即通常水压试验的压力标准，试验压力以 p_s 表示。水压试验采用常温下的自来水，试验压力为公称压力的 1.5 ~ 2 倍，即 $p_s = (1.5 \sim 2)PN$，当公称压力较大时，倍数值选小的；当公称压力较小时，倍数值取大的。

工作压力是指管道内流动介质的工作压力，用字母 p_t 表示，"t"为介质最高温度 1/10 的整数值，如 $p_t = p_{20}$ 时，"20"表示介质最高温度为 200℃。输送热水和蒸气的热力管道和附件，由于温度升高而产生热应力，使金属材料机械强度降低，因而承压能力随着温度升高而降低，所以热力管道的工作压力随着工作温度提高而应减小其最大允许值。p_t 随温度变化的数值，见表 6-2 ~ 表 6-5 中。

为保证管道系统安全可靠地运行，用各种材料制造的管道附件，均应按表 6-2 中试验压力标准试压。对于机械强度的检查，待配件组装后，用等于公称压力的水压作密封性试验和强度试验，以检验密封面、填料和垫片等密封性能。压力试验必须遵守该项产品的技术标准。如青铜制造的阀门，按产品技术标准应符合公称压力 $PN \leqslant 1.6MPa$，则对阀门本体应做 2.4MPa 的水压试验，装配后再进行 1.6MPa 的水压试验，检验其密封性。根据表 6-5 可知，这个阀门用在介质温度 $t \leqslant 120℃$ 时，$PN = 1.6MPa$；$t = 200℃$ 时，$PN = 1.3MPa$；$t = 250℃$，$PN = 1.1MPa$。

综上所述，公称压力既表示管子又表示管道附件的一般强度标准，因此可根据输送介质的参数选择管子及管道附件，不必再进行强度计算，这样既便于设计，又便于安装。公称压力、试验压力和工作压力的关系见表 6-2 ~ 表 6-5。如果温度和压力与表中数据不符，可用插入法计算。

6.2 管材

给水排水工程所选用的管材，分为金属、非金属及复合管材三大类。给水排水工程用材的基本要求是：①有一定的机械强度和刚度；②管材内外表面光滑，水力条件较好；③易加工，且有一定的耐腐蚀能力。在保证质量的前提下，应选择价格低廉，货源充足、供货近便的管材。

金属管材有无缝钢管、有缝钢管（焊接钢管）、铸铁管、铜管、不锈钢管等；非金属管分为塑料管、玻璃钢管、混凝土管、钢筋混凝土管、陶土管等；复合管材有预应力钢筒混凝土管、钢塑管、铝塑管等。

6.2.1 钢管

钢管由于具有较高的机械强度和刚度、管内外表面光滑、水力条件好的特点而广泛地用于给水排水工程中。

用于给水排水工程的钢管主要有有缝钢管（焊接钢管）、无缝钢管、不锈钢管。管道的连接方式视钢管材质与管径的不同，分为焊接、法兰连接及螺纹连接。

1. 有缝钢管

有缝钢管又称为焊接钢管，由易焊接的碳素钢制造。按制造工艺不同，分为对焊、叠边焊和螺旋焊接管三种。

焊接钢管常用于冷水和煤气的输送，因此又称为水、煤气管。为了防止焊接钢管腐蚀，将焊接钢管内外表面加以镀锌，这种镀锌焊接钢管在施工现场习惯蒂称为白铁管，而未镀锌焊接钢管称为黑铁管。镀锌管分为热浸镀锌管和冷镀锌管。因焊接钢管易腐蚀，生活饮用水管不得采用镀锌钢管。

有缝钢管的最大公称通径为150mm。常用的公称通径为 $DN15 \sim 100$mm。

有缝钢管按壁厚可分为一般管和加厚管，管口端形式分为带螺纹管和不带螺纹管。管材长度为 $4 \sim 10$m。焊接钢管规格见表6-6。

表6-6　低压流体输送用焊接、镀锌焊接钢管规格（摘自 GB/T 3091—2001）

公称直径 /mm	管　子					螺　纹				每6m加一个接头计算之钢管质量 / (kg/m)
	外径 /mm	一　般　管		加　厚　管		基面外径 /mm	每英寸丝扣数	空刀以外的长席		
		壁厚 /mm	理论质量 / (kg/m)	壁厚 /mm	理论质量 / (kg/m)			锥形螺纹 /mm	圆柱形螺纹 /mm	
8	13.5	2.50	0.68	2.80	0.47	—				—
10	17.2	2.50	0.91	2.80	0.99	—				—
15	21.3	2.80	1.28	3.50	1.54	20.956	14	12	14	0.01
20	26.9	2.80	1.66	3.50	2.02	26.442	14	14	16	0.02
25	33.7	3.20	2.41	4.00	2.93	33.250	11	15	18	0.03
32	42.4	3.50	3.36	4.00	3.79	41.912	11	17	20	0.04
40	48.3	3.50	3.87	4.5	4.86	47.805	11	19	22	0.06
50	60.3	3.80	5.29	4.50	6.19	59.616	11	22	24	0.09
65	76.1	4.00	7.71	4.50	7.95	75.187	11	23	27	0.13
80	88.9	4.00	8.38	5.00	10.35	87.887	11	32	30	0.2
100	114.3	4.00	10.88	5.00	13.48	113.034	11	38	36	0.4
125	139.7	4.00	13.39	5.50	18.20	138.435	11	41	38	0.6
150	168.3	4.50	18.18	6.00	24.02	163.836	11	45	42	0.8

注：1. 轻型管壁厚比表中一般的壁厚小0.75mm，不带螺纹，宜于焊接。

　　2. 镀锌管（白铁管）比不镀锌钢管质量大3%～6%。

一般给水工程上，管径超过100mm的给水管及煤气管常采用的钢管为卷焊钢管。卷焊钢管按生产工艺不同及焊缝的形式分为直缝卷制焊接钢管和螺旋缝焊接钢管。

2. 直缝卷制焊接钢管

直缝卷制焊接钢管由钢板分块经卷板机卷制成形，再经焊接而成，属低压流体输送用管。直缝卷制焊接钢管主要用于水、煤气、低压蒸汽及其他流体，常用规格见表 6-7。

表 6-7　直缝卷焊接钢管规格

DN /mm	外径 /mm	壁厚/mm							
		4.5	6	7	8	9	10	12	14
		单位质量/（kg/m）							
150	159	17.15	22.64						
200	219		31.51		41.63				
225	245			41.09					
250	273		39.51		52.28				
300	325		47.20		62.54				
350	377		54.89		72.80	81.6			
400	426		62.14		82.46	92.6			
450	478		69.84		92.72				
500	530		77.53			115.6			
600	630		92.33			137.8	152.9		
700	720		105.6		140.5	157.8	175.8		
800	820		120.4		160.2	180.0	199.8	239.1	
900	920		135.2		179.9	202.0	224.4	268.7	
1000	1020		150.0			224.4	249.1	298.3	
1100	1120				219.4		273.7		
1200	1220				239.1		298.4	357.5	
1300	1320				258.8			387.1	
1400	1420				278.6			416.7	
1500	1520				298.3			446.3	
1600							397.1		554.5
1800							446.4		632.5

3. 螺旋缝焊接钢管

螺旋缝焊接钢管与直缝卷制焊接钢管一样，也是一种大口径钢管，用于水、煤气、空气和蒸汽等一般低压流体的输送。螺旋缝焊接钢管以热轧钢带卷坯，在常温下卷曲成形，采用双面埋弧焊或单面焊法制成，也可采用高频搭接焊。低压流体输送用螺旋缝卷焊钢管规格见表 6-8、表 6-9。

表 6-8 螺旋缝卷焊钢管规格

外径 /mm	公称壁厚/mm				
	6	7	8	9	10
	理论质量/（kg/m）				
219	32.02	37.10	42.13	47.11	—
245	35.86	41.59	47.26	52.88	—
273	40.01	46.42	52.78	59.10	—
325	47.70	55.40	63.04	70.64	—
337	55.40	64.37	73.30	82.18	91.01

注：管长通常 8～12.5m。

表 6-9 一般低压流体输送用螺旋缝埋弧焊接钢管

外径 D_w /mm	公称壁厚 t/mm											
	5	6	7	8	9	10	11	12	13	14	15	16
	理论质量/（kg/m）											
219.1	26.90	32.03	37.11	42.15	47.13							
244.5	30.03	35.79	41.50	47.16	52.77							
273.0	33.55	40.01	46.42	52.78	59.10							
323.9		47.54	55.21	62.82	70.39							
355.6		52.23	60.68	69.08	77.43							
(377)		55.40	64.37	73.30	82.18							
406.4		59.75	69.45	79.10	88.70	98.26						
(426)		62.65	72.83	82.97	93.05	103.09						
457		67.23	78.18	89.08	99.94	110.74	121.49	132.19	142.85			
508		74.78	86.99	99.15	111.25	123.31	135.52	147.29	159.20			
(529)		77.89	90.61	103.29	115.92	128.49	141.02	153.50	165.93			
559		82.33	95.79	109.21	122.57	135.89	149.16	162.38	175.55			
610		89.87	104.60	119.27	133.89	148.47	162.99	177.47	191.90			
(630)		92.83	108.05	123.22	138.33	153.40	168.42	183.39	198.31			
660		97.27	113.23	129.13	144.99	160.80	176.56	192.27	207.93			
711		104.82	122.03	139.20	156.31	173.38	190.39	207.36	224.28			
(720)		106.15	123.59	140.97	158.31	175.60	192.84	210.02	227.16			

（续）

外径 D_w /mm	公称壁厚 t/mm										
	5	6	7	8	9	10	11	12	13	14	15	16
	理论质量/（kg/m）											
762			130.84	149.26	167.63	185.95	204.23	222.45	240.63	258.76		
813			139.64	159.32	178.95	198.53	218.06	237.55	256.98	276.36		
(820)			140.85	160.70	180.50	200.26	219.96	239.62	259.22	278.78	298.29	317.75
914				179.25	201.37	223.44	245.46	267.44	289.36	311.23	333.06	354.84
920				180.43	202.70	224.92	247.09	269.21	291.28	313.31	335.28	357.20
1016				199.37	224.01	248.59	273.13	297.62	322.06	346.45	370.79	395.08
(1020)				200.16	224.89	249.58	274.22	298.81	323.34	347.83	372.27	396.66
1220						298.90	328.47	357.99	387.46	416.88	446.26	475.58
1420						348.23	382.73	417.18	451.58	485.94	520.24	554.50
1620						397.55	436.98	476.37	515.70	544.99	594.23	633.41
1820						446.87	491.24	535.56	579.82	624.04	668.21	712.33
2020						496.20	545.49	594.74	643.94	693.09	742.19	791.25
2220						545.52	599.75	653.93	708.06	762.15	816.18	870.16

注：表内数字有（　）者为标准规格；管长通常 8～18m。

尽管普通焊接钢管的工作压力可达 1.0MPa。实际工程中，其工作压力一般不超过 0.6MPa；加厚焊接钢管、直缝、螺旋缝卷焊钢管虽然工作压力可达 1.6MPa，但实际工程中，其工作压力一般不超过 1.0MPa。

4. 无缝钢管

无缝钢管是用普通碳素钢、优质碳素钢、普通低合金钢和合金结构钢制造的，按制造方法分为热轧管和冷拔（轧）管。无缝钢管规格表示为外径乘壁厚。如外径为 159mm、壁厚为 6mm 的无缝钢管表示为 $\phi 159 \times 6$。在同一外径下的无缝钢管有多种壁厚，管壁越厚，管道所承受的压力越高。冷拔（轧）管外径 6～200mm，壁厚 0.25～14mm；热轧管外径 32～630mm，壁厚 2.5～75mm。热轧无缝钢管的长度为 3～12.5m；冷拔（轧）管的长度 1.5～9m。在管道工程中，管径在 57mm 以内时常用冷拔（轧）管，管径超过 57mm 时，常选用热轧管。热轧无缝钢管的常用规格见表 6-10。

表 6-10　热轧无缝钢管常用规格（摘自 GB/T 8163—1999）

外径 φ /mm	壁厚/mm										
	3.5	4	4.5	5	5.5	6	7	8	9	10	11
	理论质量/（kg/m）（设钢的比重为7.85）										
57	4.62	5.23	5.83	6.41	6.99	7.55	8.63	9.67	10.65	11.59	12.48
60	4.83	5.52	6.16	6.78	7.39	7.99	9.15	10.26	11.32	12.33	13.29
63.5	5.18	5.87	6.55	7.21	7.87	8.51	9.75	10.95	12.10	13.19	14.24
68	5.57	6.31	7.05	7.77	8.48	9.17	10.53	11.84	13.10	14.30	15.46
70	5.74	6.51	7.27	8.01	8.75	9.47	10.88	12.23	13.54	14.80	16.01
73	6.00	6.81	7.60	8.38	9.16	9.91	11.39	12.82	14.21	15.54	16.82
76	6.26	7.10	7.93	8.75	9.56	10.36	11.91	13.42	14.87	16.28	17.63
83	6.86	7.79	8.71	9.62	10.51	11.39	13.21	14.80	16.42	18.00	19.53
89	7.38	8.38	9.38	10.36	11.33	12.28	14.16	15.98	17.76	19.48	21.16
95	7.90	8.98	10.04	11.10	12.14	13.17	15.19	17.16	19.09	20.96	22.79
102	8.50	9.67	10.82	11.96	13.09	14.21	16.40	18.55	20.64	22.69	24.69
108	—	10.26	11.49	12.70	13.90	15.09	17.44	19.73	21.97	24.17	26.31
114	—	10.85	12.15	13.44	14.72	15.98	18.47	20.91	23.31	25.65	27.94
121	—	11.54	12.93	14.30	15.67	17.02	19.68	22.29	24.86	27.37	29.84
127	—	12.13	13.59	15.04	16.48	17.90	10.72	23.48	26.19	28.85	31.47
133	—	12.73	14.26	15.78	17.29	18.79	21.75	24.66	27.52	30.33	33.10
140	—	—	15.04	16.65	18.24	19.83	22.96	26.04	29.08	32.06	34.99
146	—	—	15.70	17.39	19.06	20.72	24.00	27.23	30.41	33.54	26.62
152	—	—	16.37	18.13	19.87	21.66	25.03	28.41	31.75	35.02	38.25
159	—	—	17.15	18.99	20.82	22.64	26.24	29.79	33.29	36.75	40.15
168	—	—	—	20.10	22.04	23.97	27.79	31.57	35.29	38.99	42.59
180	—	—	—	—	—	25.75	29.87	33.93	37.95	41.92	45.85
194	—	—	—	(23.31)	—	27.82	32.28	36.70	41.06	45.38	49.64
219	—	—	—	—	—	31.52	36.60	41.93	46.61	51.54	56.43
245	—	—	—	—	—	—	41.09	46.76	52.38	57.95	63.48
273	—	—	—	—	—	—	45.92	52.28	58.60	64.86	71.07
299	—	—	—	—	—	—	—	57.41	64.37	71.27	78.13
325	—	—	—	—	—	—	—	62.54	70.14	77.86	85.18
351	—	—	—	—	—	—	—	67.67	75.91	84.10	92.23
377	—	—	—	—	—	—	—	—	—	90.51	99.29
426	—	—	—	—	—	6	—	—	(92.55)	—	112.58

　　无缝钢管适用于工业管道工程和高层建筑循环冷却水及消防管道。通常压力在 1.6MPa 以上的管道应选用无缝钢管，用于室内外的无缝钢管安装完毕后，应采取腐措施，防止锈蚀。

5. 不锈钢无缝钢管

不锈钢无缝钢管简称不锈钢管。它采用 19 个品种的不锈、耐酸钢制造。按制造工艺的不同，不锈钢管分为热轧、热挤压不锈钢管和冷拔（轧）不锈钢管。不锈钢管的连接有螺纹连接等多种连接方式。不锈钢管因造价较高，仅适用于高档宾馆、酒店和高级公寓中的饮用水、热水、生饮水系统用管。不锈钢管常用规格见表 6-11。

表 6-11　流体输送用不锈钢管常用规格表（摘自 GB 14976—2002）

外径/mm	壁厚/mm	理论质量/（kg/m）	外径/mm	壁厚/mm	理论质量/（kg/m）
14	3	0.82	89	4	8.45
18	3	1.12	108	4	10.03
25	3	1.64	133	4	12.81
32	3.5	2.74	159	4.5	17.30
38	3.5	3.00	194	6	27.99
45	3.5	3.60	219	6	31.99
57	3.5	4.65	245	7	41.35
76	4	7.15			

6.2.2　铸铁管与球墨铸铁管

铸铁管按管径、壁厚及用途，分为给水铸铁管和排水铸铁管。给水铸铁管耐腐蚀性优于碳素钢管，但性脆且重，以前多用于埋地给水及煤气等压力流体的输送。给水铸铁管按制造工艺不同，可分为砂型离心铸铁管、连续铸铁管和球墨铸铁管。砂型离心铸铁管和连续铸铁管材质为灰口铸铁，性脆且重，目前在给水排水工程中已极少采用。管道连接分为刚性接口与柔性接口。刚性接口有油麻-石棉水泥接口、油麻-膨胀水泥接口；柔性接口有青铅接口、胶圈接口。

排水铸铁管用于建筑排水，连接方式一般采用油麻-水泥接口。

排水铸铁管 A、B 型排水直管承、插口尺寸见表 6-12、表 6-13 所示。表6-14为排水铸铁直管的壁厚及质量。

表 6-12　A 型排水直管承、插口尺寸　　　（单位：mm）

公称通径 DN	管厚 T	内径 D₁	外径 D₂	承口尺寸											插口尺寸			
				D_2	D_4	D_3	A	B	C	P	R	R_1	R_2	a	b	D_6	X	R_4	R_5
50	4.5	50	59	73	84	98	10	48	10	65	6	15	8	4	10	66	10	15	5
75	5	75	85	100	111	126	10	53	10	70	6	15	8	4	10	92	10	15	5
100	5	100	110	127	139	154	11	57	11	75	7	16	8.5	4	12	117	15	15	5
125	5.5	125	136	154	166	182	11	62	11	80	7	16	9	4	12	143	15	15	5
150	5.5	150	161	181	193	210	12	66	12	85	7	18	9.5	4	12	168	15	15	5
200	6	200	212	232	246	264	12	76	13	95	7	18	10	4	12	219	15	15	5

表 6-13　B 型排水直管承、插口尺寸　　　　　　（单位：mm）

公称通径 DN	管厚 T	内径 D_1	外径 D_2	承口尺寸												插口尺寸		
				D_3	D_5	E	P	R	R_1	R_2	R_3	A	a	b	D_6	X	R_4	R_3
50	4.5	50	59	73	93	18	65	6	15	12.5	25	10	4	10	66	10	15	5
75	5	75	85	100	126	18	70	6	15	12.5	25	10	4	10	92	10	15	5
100	5	100	110	127	154	20	75	7	16	14	25	11	4	12	117	15	15	5
125	5.5	125	136	154	182	20	80	7	16	14	25	11	4	12	143	15	15	5
150	5.5	150	161	181	210	20	85	7	18	14.5	25	12	4	12	168	15	15	5
200	6	200	212	232	264	25	95	7	18	15	25	12	4	12	219	15	15	5

表 6-14　排水铸铁直管的壁厚及质量

公称通径 DN /mm	外径 D_2 /mm	壁厚 T /mm	承口凸部质量 /kg		插口凸部质量 /kg	直部质量 /(kg /m)	有效长度 L/mm									总长度 L_1/mm	
							500		1000		1500		2000		1830	
							总质量/kg									
			A 型	B 型			A 型	B 型	A 型	B 型	A 型	B 型	A 型	B 型	A 型	B 型
50	59	4.5	1.13	1.18	0.05	5.55	3.96	4.01	6.73	6.78	9.51	9.56	12.28	12.33	10.98	11.03
75	85	5	1.62	1.70	0.07	9.05	6.22	6.30	10.74	10.82	15.27	15.35	19.79	19.87	17.62	17.70
100	110	5	2.33	2.45	0.14	11.88	8.41	8.53	14.35	14.47	20.29	20.41	26.23	26.35	23.32	23.44
125	136	5.5	3.02	3.16	0.17	16.24	11.31	11.45	19.43	19.57	27.55	27.69	35.67	35.81	31.61	31.75
150	161	5.5	3.99	4.19	0.20	19.35	13.87	14.07	23.54	23.74	33.22	33.42	42.89	43.09	37.96	38.16
200	212	6	6.10	6.40	0.26	27.96	20.34	20.64	34.32	34.62	48.30	48.60	62.28	62.58	54.87	55.17

　　球墨铸铁管采取退火离心铸造，不仅具有较高的抗拉强度和伸长率，而且具有较好的韧性、耐腐蚀、抗氧化、耐高压等优良性能。球墨铸铁管材质为球墨铸铁，具有强度高、耐腐蚀、抗震等优良性能，是一种十分理想的给水管材，故广泛应用于地下给水、燃气及其他液体的有压输送。它是替代灰口铸铁管的一种优良管材。

　　球墨铸铁管采取柔性接口。按接口形式分为机械式、滑入式胶圈接口两类。机械接口形式又分为 N_1 型、X 型和 S 型三种，滑入式接口形式为 T 型。

　　N_1 型、X 型机械接口球墨铸铁管尺寸和质量见表 6-15；S 型机械接口球墨铸铁管尺寸和质量见表 6-16；T 型滑入式接口球墨铸铁管尺寸和质量见表 6-17。

表 6-15　N₁ 型、X 型机械接口球墨铸铁管尺寸和质量

公称通径 DN/mm	外径 D₄/mm	壁厚 T/mm				承口凸部近似质量/kg	直部质量/(kg/m)				总质量/kg（标准工作长度 L/mm）															
											4000				5000				5500				6000			
		K₈	K₉	K₁₀	K₁₂		K₈	K₉	K₁₀	K₁₂	K₈	K₉	K₁₀	K₁₂	K₈	K₉	K₁₀	K₁₂	K₈	K₉	K₁₀	K₁₂	K₈	K₉	K₁₀	K₁₂
100	118	6.0		6.1		10.1	14.9		15.1		69.7		71		84.6		86		92		95		100		101	
150	169	6.0		6.3		14.4	21.7		22.7		101		105		123		128		134		139		145		151	
200	220	6.0		6.4		17.6	28		30.6		130		140		158		171		172		186		186		201	
250	271.6	6.0	6.8	7.5	9	26.9	35.3	40.2	43.9	52.3	168	188	203	236	203	228	246	288	221	248	269	315	239	268	290	341
300	322.8	6.4	7.2	8	9.6	33	44.8	50.8	55.74	66.6	212	236	256	300	257	287	312	366	279	312	340	399	302	358	368	433
350	374	6.8	7.7	8.5	10.2	38.7	55.3	63.2	68.8	82.2	260	292	314	368	315	355	383	450	343	386	417	491	371	418	452	532
400	425.6	7.2	8.1	9	10.8	46.8	66.7	75.5	83	99.2	314	349	379	444	380	424	462	543	414	462	503	592	447	500	545	642
500	528	8.0	9	10	12	64	92	104.6	114.7	137.1	432	431	523	612	524	586	638	750	570	638	695	818	616	690	752	887
600	630.8	8.8	9.9	11	13.2	88	121	137.1	151	180.6	572	636	692	810	693	774	843	991	754	842	919	1081	814	911	994	1172
700	733	9.6	10.8	12	14.4	96	153.8	173.9	191.6	229.2	713	794	862	1015	867	968	1054	1244	944	1054	1150	1359	1021	1141	1246	1473

表 6-16　S 型机械接口球墨铸铁管尺寸和质量

公称通径 DN/mm	外径 D4/mm	壁厚 T/mm				承口凸部近似质量/kg	直部质量/(kg/m)				总质量/kg（标准工作长度 L/mm） L=4000				L=5000				L=5500				L=6000			
		K_8	K_9	K_{10}	K_{12}		K_8	K_9	K_{10}	K_{12}	K_8	K_9	K_{10}	K_{12}	K_8	K_9	K_{10}	K_{12}	K_8	K_9	K_{10}	K_{12}	K_8	K_9	K_{10}	K_{12}
100	118		6.1			8.96	14.9	15.1			68.6	69.4			83.5	84.5			90.9	92.1			98.4	99.7		
150	169		6.3			11.7	21.7	22.7			98.5	102.4			119	126.4			131.4	137.4			142.4	149.4		
200	220	6.0	6.4			17.8	28.0	30.6			129.7	141			158	166			172	186			186	201		
250	271.6	6.0	6.8	7.5	9.0	21.8	35.3	40.2	43.9	52.3	163	183	198	231	199	223	241	284	216	243	263	310	234	263	285	336
300	322.8	6.4	7.2	8.0	9.6	27.5	44.8	50.8	55.74	66.6	207	231	251	294	252	276	307	361	274	307	334	394	296	332	362	427
350	374	6.8	7.7	8.5	10.2	33.48	55.3	63.2	68.8	82.2	255	287	309	363	310	378	378	445	338	381	412	486	366	413	447	527
400	425.6	7.2	8.1	9.0	10.8	40.39	66.7	75.5	83	99.2	307	343	373	437	374	418	456	536	407	455	497	586	440	493	539	636
500	528	8.0	9.0	10.0	12	50.4	92	104.3	114.7	137.1	419	468	509	599	511	572	624	736	557	624	681	805	603	676	739	873
600	638.8	8.8	9.9	11.0	13.2	65.18	121	137.1	151	180.6	549	614	669	788	670	751	820	968	731	819	896	1059	791	888	971	1149
700	733	9.6	10.8	12.0	14.4	85.41	153.8	173.9	191.6	229.2	701	781	852	1008	854	955	1043	1231	931	1042	1139	1346	1008	1129	1235	1461

表6-17　T型滑入式接口球墨铸铁管尺寸和质量

公称通径 DN/mm	外径 D4/mm	壁厚 T/mm				承口凸部近似质量/kg	直部质量/(kg/m)				标准工作长度 L/mm　总质量/kg																
		K8	K9	K10	K12		K8	K9	K10	K12	4000				5000				5500				6000			
											K8	K9	K10	K12	K8	K9	K10	K12	K8	K9	K10	K12	K8	K9	K10	K12
100	118	6.0		6.1		4.3	14.9		15.1		63.9		64.7		78.8		79.8		86.3		87.4		93.7		94.9	
150	170	6.0		6.3		7.1	21.8		22.8		94.3		98.8		116		121		127		133		138		144	
200	222	6.0		6.4		10.3	28.7		30.6		125		133		154		163		168		179		183		194	
250	274	6.0	6.8	7.5	9.0	14.2	35.6	40.2	44.3	53	157	175	191.4	226	192	215	236	279	210	235	258	306	228	255	280	332
300	326	6.4	7.2	8.0	9.6	18.9	45.3	50.8	56.3	67.3	200	222	244	288	245	273	300	355	268	298	329	389	290	323	357	422
350	378	6.8	7.7	8.5	10.2	23.7	55.9	63.2	69.6	83.1	247	277	302	356	303	340	372	439	331	371	407	481	359	403	441	522
400	429	7.2	8.1	9.0	10.8	29.5	67.3	75.5	83.7	100	299	332	364	430	366	409	448	530	400	445	490	580	433	483	532	630
500	532	8.0	9.0	10.0	12.0	42.8	92.8	104.3	115.6	138	414	460	505	595	507	564	671	733	553	616	679	802	600	669	730	871
600	635	8.8	9.9	11.0	13.2	59.3	122	137.3	152	182	547	609	667	787	669	746	819	969	730	814	895	1060	791	883	971	1151
700	738	9.6	10.8	12.0	14.4	79.1	155	173.9	193	231	699	775	851	1003	854	949	1044	1234	912	1030	1141	1350	1009	1128	1237	1465
800	842	10.4	11.7	13.0	15.6	102.6	192	215.2	239	286	871	963	1059	1247	1063	1179	1298	1535	1159	1286	1417	1676	1255	1304	1537	1819
900	945	11.2	12.6	14.0	16.8	129.0	232	260.2	289	345	1057	1170	1285	1509	1289	1430	1574	1854	1405	1560	1719	2027	1521	1690	1863	2199
1000	1048	12.0	13.5	15.0	18.0	161.3	275	309.3	343.2	411	1261	1399	1533	1805	1536	1708	1876	2216	1674	1862	2048	2422	1811	2017	2221	2627
1200	1255	13.6	15.3	17.0	20.4	237.7	374	420.1	466.1	558	1734	1918	2102	2470	2108	2338	2568	3028	2295	2548	2801	3307	2482	2758	3034	3586

6.2.3 铜管

铜管按制造材料分为紫铜管和黄铜管。按制造工艺，钢管分为拉制与挤制两种。室内冷、热水及制冷用铜管采用紫铜管经拉制而成。铜管的连接方式有钎焊连接与螺纹连接。其规格见表6-18。

表 6-18 冷、热水铜管规格（摘自 GB/T 1527—2006）

公称通径 /mm	外径 /mm	壁厚 /mm	理论质量 /（kg/m）	公差/mm 外径 壁厚	工作压力 /MPa
10	12	1	0.307 + 0.029	0.2 ± 0.10	7.4
15	16	1	0.420 + 0.039	0.24 ± 0.10	5.6
	19	1.5	0.735 + 0.067	0.24 ± 0.15	7.0
20	22	1.5	0.861 + 0.067	0.30 ± 0.15	6.0
25	28	1.5	1.113 + 0.104	0.30 ± 0.15	4.8
132	35	1.5	1.407 + 0.134	0.35 ± 0.15	4.0
40	44	2	2.352 + 0.223	0.40 ± 0.20	4.2
50	55	2	2.968 + 0.285	0.50 ± 0.20	3.4
65	70	2.5	4.725 + 0.454	0.60 ± 0.25	3.4
80	85	2.5	5.775 + 0.559	0.80 ± 0.25	2.8
100	105	2.5	7.175 + 0.699	± 0.50 ± 0.25	2.3
125	133	2.5	9.140 + 0.890	± 0.50 ± 0.25	1.8
150	159	3	13.120 + 1.054	± 0.60 ± 0.25	1.8
200	219	4	24.080 + 1.770	± 0.70 ± 0.30	1.8

与 GB 1527—2006 铜管配套的为浙江省乐清市铜管配件厂按 GB/T 11618—1999 生产的"LT"铜管接头。"LT"铜管接头按其外形分为：三通接头、三能异径接头、45°弯头、90°弯头、套管接头、螺纹接头、螺纹活接头、法兰等。铜管接头的承口与插口如图6-1所示。

铜管接头承口与插口的基本尺寸见表 6-19。铜管接头种类、规格可查建筑

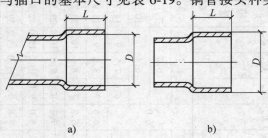

a)   b)

图 6-1　铜管接头

a）承口　b）插口

给水排水设计手册。

表 6-19　铜管接头承口与插口的基本尺寸

公称通径 DN/mm	承口直径 D/mm		插口直径 D/mm		L/mm
	最大	最小	最大	最小	
10	12.08	12.03	12.00		8
	16.10	16.05	16.00	15.95	10
15	19.15	19.05	19.00	18.93	12
20	22.18	22.05	22.00	21.90	13
25	28.20	28.05	28.00	27.90	16
32	35.20	35.08	35.00	34.90	20
40	55.30	55.15	55.00	54.90	25
65	70.30	70.15	70.00	69.90	28
80	85.40	85.20	85.00	84.90	28
100	105.45	105.25	105.00	104.90	30
125	133.50	133.30	133.00	132.90	35
150	159.80	159.50	159.00	158.90	40
200	219.90	219.80	219.00	218.90	50

注：浙江乐清铜管件厂还生产与英国 BS 标准及美国 ASTM 标准相配套的铜管接头。

冷热水使用铜管和铜管件与镀锌焊接钢管比较，具有下述优点：

（1）耐腐蚀　使用寿命是钢管的 15～20 倍。

（2）水质卫生　采用铜管不会像钢管那样使水质变黄色而污损卫生器具。另外，铜管对饮用水来说是安全的，溶出的铜离子，除有一定的杀菌作用外，对人体而言是一种不可缺少的微量元素。

（3）减轻重量　铜管壁薄，相同规格的铜管重量只有铁管的 1/3，可以使用外径比铁管小的铜管，因而管道的系统重量可减轻 60% 左右。

（4）铜管流阻小　由于铜管内壁十分光滑，水头损失小，经长时间使用的铜管不会像铁管因生锈、结垢而减少流量。

（5）安装方便　铜管安装时，只需将铜管插入相应铜管件，配上铜管接头专用焊料，采用氧乙炔火焰钎焊连接，安全可靠，节工省时。铜管除焊接外，还可以采取螺纹或铜法兰连接。

虽然，使用铜管初次成本比使用铁管高 3 倍左右，但它的使用寿命比铁管高 15～20 倍。因此，国内的高级公共建筑（如宾馆、饭店、写字楼等）、高层住宅的冷热水、空调系统越来越多地选用铜管与铜管件。

6.2.4　塑料管

塑料管按制造原料的不同，分为硬聚氯乙烯管（UPVC 管）、聚乙烯管（PE

管）、聚丙烯管（PP-R管）和工程塑料管（ABS管）等。塑料管的共同特点是质轻、耐腐蚀、管内壁光滑，流体摩擦阻力小、使用寿命长。塑料管可替代金属管用于建筑给排水、城市给排水、工业给排水和环保工程。

1. 硬聚氯乙烯管

硬聚氯乙烯管又称UPVC管。按采用的生产设备及其配方工艺，UPVC管分为给水用UPVC管和排水用UPVC管。

（1）给水用UPVC管及其管件　给水用UPVC管的质量要求是：用于制造UPVC管的树脂中，含有已被国际医学界普遍公认的人体致癌物质——氯乙烯单体不得超过5mg/kg；对生产工艺上所要求添加的重金属稳定剂等一些助剂，应符合GB/T 10002—2006《给水用UPVC管材》的要求。给水用UPVC管材分三种形式：①平头管材；②粘接承口端管材；③弹性密封圈承口端管材。管材的额定工作压力分两个等级0.63MPa和1.0MPa。给水用硬聚氯乙烯管规格见表6-20。

表 6-20　给水用硬聚乙烯管规格

外径/mm	壁厚/mm					
	公 称 压 力					
	0.63MPa			1.0MPa		
基本尺寸	基本尺寸	允许误差	基本尺寸	允许误差	基本尺寸	允许误差
20		0.3	1.6	0.4	1.9	0.4
25		0.3	1.6	0.4	1.9	0.4
32		0.3	1.6	0.4	1.9	0.4
40		0.3	1.6	0.4	1.9	0.4
50		0.3	1.6	0.4	2.4	0.5
65		0.3	2.0	0.4	3.0	0.5
75		0.3	2.3	0.4	3.6	0.6
90		0.3	2.8	0.5	4.3	0.7
110		0.4	3.4	0.5	5.3	0.8
125		0.4	3.9	0.6	6.0	0.8
140		0.5	4.3	0.7	6.7	0.9
160		0.5	4.9	0.7	7.7	1.0
180		0.6	5.5	0.8	8.6	1.1
200		0.6	6.2	0.9	9.6	1.2
225		0.7	6.9	0.9	10.8	1.3
250		0.8	7.7	1.0	11.9	1.4
280		0.9	8.6	1.1	13.4	1.6
315		1.0	9.7	1.2	15.0	1.7

给水用UPVC管件按不同用途和制作工艺分为6类：①注塑成型的UPVC粘接管件；②注塑成型的UPVC粘接变径接头管件；③转换接头；④注塑成型

的 UPVC 弹性密封圈承口连接件；⑤注塑成型 UPVC 弹性密封圈与法兰连接转换接头；⑥用 UPVC 管材二次加工成型的管件。

管件种类见表 6-21。它们的规格可查有关手册。

表 6-21　管件种类一览表

管 件 名 称	管径/mm																	
	20	25	32	40	50	63	75	90	110	125	140	160	180	200	225	250	280	315
90°弯头（粘接）	+	+	+	+	+	+	+	+	+	+	+	+						
45°弯头（粘接）	+	+	+	+	+	+	+	+	+	+	+	+						
90°三通（粘接）	+	+	+	+	+	+	+	+	+	+	+	+						
45°三通（粘接）	+	+	+	+	+	+	+	+	+	+	+	+						
套管（粘接）	+	+	+	+	+	+	+	+	+	+	+	+						
管堵（粘接）	+	+	+	+	+	+	+	+	+	+	+	+						
活接头（粘接）	+	+	+	+	+	+												
异径管 I、II（粘接）	+	+	+	+	+	+	+	+	+	+	+	+						
90°变径弯头（粘接）	+	+	+	+	+	+												
90°变径三通（粘接）	+	+	+	+	+	+												
粘接承口与外螺纹转换接头（全塑）	+	+	+	+	+	+												
粘接插口与内螺纹转换接头（全塑）	+	+	+	+	+	+												
粘接承口与外螺纹转换接头 I、II（全塑）	+	+	+	+	+	+												
粘接插口与外螺纹转换接头（带金属件）	+	+	+	+	+	+												
粘接承口与外螺纹转换接头（带金属件）	+	+	+	+	+	+												
双用承插口与活动金属帽转换接头 I、II（全塑）	+	+	+	+	+	+												
PVC 套管与活动金属帽转换接头 I、II（全塑）	+	+	+	+	+	+												
双承口套管（胶圈接口）						+	+	+	+	+	+	+	+	+	+			
90°三通（胶圈接口）						+	+	+	+	+	+	+	+	+	+			
双承口变径管（胶圈接口）						+	+	+	+	+	+	+	+	+	+			
单承口变径管 I、II（胶圈接口）							+	+	+	+	+	+	+	+	+	+		

（续）

管件名称	管径/mm													
法兰支管双承口三通接头（全塑）				+	+	+	+	+	+	+		+	+	
法兰与胶圈承口转换接头Ⅰ、Ⅱ（全塑）				+	+	+	+	+	+	+		+	+	
法兰与胶圈插口转换接头（全塑）				+	+	+	+	+	+	+		+		
活套法兰变接头（全塑）				+	+	+	+	+	+			+		
粘接双承口弯头（111/4°、221/2°、30°、45°、90°）	+	+	+	+	+		+	+	+	+		+		
粘接单承口弯头（111/4°、221/2°、30°、45°、90°）	+	+	+	+	+		+	+	+	+		+		
胶圈双承口弯头（111/4°、221/2°、30°、45°、90°）						+	+	+	+	+	+	+	+	+
胶圈单承口弯头（111/4°、221/2°、30°、45°、90°）						+	+	+	+	+	+	+	+	+

　　近年来，给水用 UPVC 管发展很快。主要表现在下面几个方面：

　　1）UPVC 管材的压力等级由两种扩展到 4 种，即Ⅰ型（0～0.5MPa）；Ⅱ型（0.4～0.63MPa）；Ⅲ型（0.63～1.0MPa）；Ⅳ型（1.0～1.6MPa）。

　　2）管径。管径已由 $DN20～315mm$ 扩展到 $DN16～710mm$，国内已能生产 $DN710mm$ 的给水用 UPVC 管。

　　3）管件。随着管径的扩展，与大口径管配套的玻璃钢增强 UPVC 管件及由工程塑料（ABS）为材质的管件已开始应用于长距离输水工程。

　　4）连接方法。采用粘接和弹性密封胶圈连接两种。

　　（2）排水用硬聚氯乙烯管　排水用硬聚氯乙烯（UPVC）管是一种新型的化学管材，排水用硬聚氯乙烯管与传统管材相比，具有重量轻、强度高、耐腐蚀、水流阻力小、密封性能好、使用寿命长、运输安装方便迅速、对地基的不均匀沉降有较好的适应性等优点。因此在排水工程中 UPVC 管替代小口径混凝土管材、在建筑排水工程中替代排水铸铁管是一种发展趋势。

　　排水硬聚氯乙烯直管及粘接承口规格见表 6-22。

　　排水硬聚氯乙烯管件，主要有带承插口的 T 形三通和 90°肘形弯头；带承插口的三通、四通和弯头。除此之外，还有 45°弯头、异径管和管接头（管箍）等。它们的规格可查有关手册。

　　目前国内生产的可用于室外埋地排水管道的 UPVC 管材形式、规格品种较多。主要有 UPVC 双壁波纹管、加筋管、直壁管、肋式卷绕管等。

表 6-22 排水硬聚氯乙烯直管公称外径与壁厚及粘接承口（单位：mm）

公称外径 DN	平均外径极限偏差	直 管				粘 接 承 口		
		壁厚 δ		长度 L		承口中部内径 d_s		承口深度
		基本尺寸	极限偏差	基本尺寸	极限偏差	最小尺寸 d_2	最大尺寸 d_1	L 最小
40	+0.30	20	+0.40	4000 或 6000	±10	40.1	40.4	25
50	+0.30	20	+0.40			50.1	50.4	25
75	+0.30	23	+0.40			75.1	75.5	40
90	+0.30	32	+0.60			90.1	90.5	46
110	+0.40	32	+0.60			110.2	110.6	48
125	+0.40	32	+0.60			125.2	125.6	51
160	+0.50	40	+0.60			160.2	160.7	58

1）双壁波纹管（图 6-2）管壁截面为双层结构，内壁的表面光滑、外壁为等距排列的空芯封闭环肋结构。由于管壁截面中间是空芯的，在相同的承载能力下可以比普通的直壁管节省 50% 以上的材料，因此价格较低。管材的公称直径以管材外径表示，国内产品最大直径 DN500mm，环刚度多为 $8kN/m^2$，管长 6m。UPVC 双壁波纹管多为橡胶圈柔性接口，密封性能好。

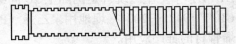

图 6-2 双壁波纹管

2）加筋管（图 6-3） 加筋管管壁光滑、外壁带有等距排列环肋的管材。这种管材既减薄了管壁厚度又增大了管材的刚度，提高了管材承受外荷载的能力，可比普通直壁管节约 30% 以上的材料。管材的公称直径以管内径表示，产品最大直径 DN400mm，环刚度 $8kN/m^2$，管材长度 6m，承插式橡胶圈接口。

3）肋式卷绕管（螺旋管）（图 6-4） 肋式卷绕管是新一代塑料管材。制管

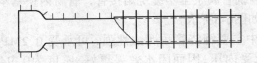

图 6-3 加筋管

分两阶段进行：第一阶段先将原材料制成带有等距排列的 T 形肋的带材，第二阶段再将带材通过螺旋卷管机卷成不同直径的管材。管材的公称直径以管内径表示。这种管材的特点是可以把带材运到管道施工现场，就地卷成所需直径的管材，大大简化了管材的运输；管材长度可以任意调整。带材的规格有四种，适用于不同直径不同要求的管材。管材重量仅为直壁管重量的 35% ~ 50%，管材接口用特制的管接头粘接。

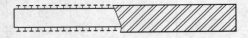

图 6-4　肋式卷绕管（螺旋管）

2. 聚乙烯管

（1）高密度聚乙烯管　高密度聚乙烯（HDPE）管以高密度聚乙烯（HDPE）材料，采用特殊挤出工艺在热熔融状态下缠绕成管。产品包括双壁波纹管和大口径缠绕增强管，管道工作内压 0.2MPa，管道环刚度大于 8 kN/m²，粗糙系数 $n = 0.009 \sim 0.010$。高密度聚乙烯双壁波纹管管径一般在 800mm 以下，高密度聚乙烯缠绕结构壁缠绕管管径为 200 ~ 3000mm。高密度聚乙烯管的优点是耐磨损、耐腐蚀、阻力小、过流能力强，使用寿命可达 50 年以上。管道为橡胶圈柔性接口，连接方便，密封性能好。管道的柔韧性及其柔性接口，使得抗地基不均匀沉降性能强，因重量轻，施工简单，节约工期而广泛用于市政排水、远距离低压输水，农业用灌溉水管道，工厂及养畜场等的污水管道，广场、运动场、高尔夫球场、道路的排水管道，通风管道及化工容器制作。目前，在城市排水工程中，高密度聚乙烯管已逐步替代传统钢筋混凝土管。

高密度聚乙烯（HDPE）中空壁缠绕管是国际上 20 世纪 90 年代发展起来的新型塑料排水管材，GB/T 19472—2004《埋地用聚乙烯（PE）结构壁管道系统》的颁布，有利于聚乙烯管材的推广应用。

韩国在 HDPE 中空壁排水管的应用方面走在世界的前列。据有关资料报道，截止 1999 年底，韩国的城市排水管已有 60% 完成了 HDPE 缠绕管替代钢筋混凝土管的工作。韩国目前有 HDPE 中空壁缠绕管生产线 300 多条，生产规格从管径 250 ~ 3000mm；日本采用 HDPE 中空壁缠绕管替代钢筋混凝土管的进程也在加快，尤其在经历了神户大地震以后，埋地钢筋混凝土管道几乎完全破坏，而埋地塑料管道几乎完整无损，证明了柔性塑料管道抗震性能的优越性。

HDPE 中空壁缠绕管属于全塑缠绕熔接管，管材内壁基本光滑，管材壁的截面几何形状和尺寸如图6-5所示。

高密度聚乙烯中空壁缠绕管耐腐蚀性强，可承受 0.2MPa 的内部工作压力，而波纹管则无法承受内压，因而闭水效果更好；密度为 $0.94 \sim 0.965 \mathrm{g/cm^3}$，约

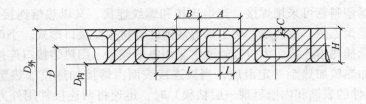

图 6-5　HDPE 中空壁缠绕管结构图

$D_外$—缠绕管外径　$D_内$—缠绕管内径（公称直径）　D—缠绕管中径　H—壁管高度

A—壁管宽度　B—熔接厚度　C—壁管壁厚

注：$L = A + B$；$I = 2（A - 2C）$。

为钢筋混凝土排水管的 1/10 ~ 1/15；管长可任意定制，接口数量较少；地基不均匀沉降适应能力强，对基础要求较低；比钢管、混凝土管耐磨，使用寿命可达 50 年。

（2）聚乙烯塑料管　聚乙烯塑料（PE）管多用于压力在 0.6MPa 以下的给水管道，以替代金属管。聚乙烯塑料管主要用于建筑内部给水，多采用热熔连接和螺纹连接。其管件也为聚乙烯制品。聚乙烯管规格见表6-23。

表 6-23　聚乙烯管规格

外径	壁厚	长度	近 似 质 量		外径	壁厚	长度	近 似 质 量	
mm		m	kg/m	kg/根	mm		m	kg/m	kg/根
5	0.5		0.007	0.028	40	3.0		0.321	1.28
6	0.5		0.008	0.032	50	4.0		0.532	2.13
8	1.0		0.020	0.080	63	5.0		0.838	3.35
10	1.0		0.026	0.104	75	6.0		1.20	4.80
12	1.5	≥4	0.046	0.184	90	7.0	≥4	1.68	6.72
16	2.0		0.081	0.324	110	8.5		2.49	9.96
20	2.0		0.104	0.416	125	10.0		3.32	13.3
25	2.0		0.133	0.532	140	11.0		4.10	16.4
32	2.5		0.213	0.852	160	12.0		5.12	20.5

3. 聚丙烯塑料管

聚丙烯塑料（PP-R）管是以石油炼制的丙烯气体为原料聚合而成的聚烃族热塑料管材。由于原料来源丰富，因此价格便宜。聚丙烯塑料管是热塑性管材中材质最轻的一种管材，密度为 0.91 ~ 0.921g/cm^3，呈白色蜡状，比聚乙烯透明度高。其强度、刚度和热稳定性也高于聚乙烯塑料管。

我国生产的聚丙烯塑料管根据 GB/T 18742.2—2002 的规定：管材工作压力分Ⅰ、Ⅱ、Ⅲ三个等级。常温下工作压力为：Ⅰ型，0.4MPa；Ⅱ型，0.6MPa；Ⅲ型 1.0MPa。

聚丙烯塑料管可采用焊接、热熔连接和螺纹连接，又以热熔连接最为可靠。热熔接口是聚乙烯、聚丙烯、聚丁烯等热塑性管材主要接口形式。小口径的上述管材常用承插热熔连接，大口径管通常采用电熔连接。用热熔接口连接时应将特制的熔接加热模加热至一定温度，当被连接表面由熔接加热模加热至熔融状态（管材及管件的表面和内壁呈现一层粘膜）时，迅速将两连接件用外力紧压在一起，冷却后即连接牢固。

聚丙烯塑料管多用作化学废料排放管、化验室排水管、盐水处理管及盐水管道。由于材质轻、吸水性差及耐腐蚀，聚丙烯塑料管常用于建筑给水、水处理及农村给水系统，聚丙烯塑料管还广泛用于建筑物的室内地面加热供暖管道。

4. 网状螺纹聚丙烯塑料排水管

武汉生宝实业有限公司生产以聚丙烯原料为主，加入具有改性功能、色母等添加剂辅助原料，进行混炼、注塑、模压成型而制成的网状螺纹聚丙烯塑料排水管（FRPP），如图6-6所示 。网状螺纹聚丙烯塑料排水管（FRPP）的规格与尺寸见表6-24。网状螺纹聚丙烯塑料排水管常用于工业企业、居民小区排水以及城市排水。其接口方式多采取胶圈接口。

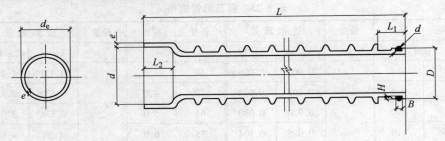

图 6-6　网状螺纹聚丙烯塑料排水管

表 6-24　网状螺纹聚丙烯塑料排水管尺寸

公称直径	内　径		肋　高	壁　厚		近似净质量	长度
DN/mm	基本尺寸/mm	极限偏差/mm	基本尺寸/mm	基本尺寸/mm	极限偏差/mm	/（kg/m）	/mm
200	200	±4	10	4	±1.0	4	
300	300	±4	12	4	±1.0	9	
400	400	±5	16	4	±1.0	14	
500	500	±5	18	5	±1.5	20	
600	600	±6	25	5	±1.5	26	2000±20
700	700	±6	28	6	±1.5	40	
800	800	±7	30	6	±1.5	48	
900	900	±7	34	6	±1.5	62	

（续）

公称直径	内 径		肋 高	壁 厚		近似净质量	长度
DN/mm	基本尺寸/mm	极限偏差/mm	基本尺寸/mm	基本尺寸/mm	极限偏差/mm	/（kg/m）	/mm
1000	1000	±8	34	7	±2.0	75	
1200	1200	±10	38	8	±2.0	110	1000±10
1350	1350	±12	42	10	±2.5	125	
1500	1500	±15	45	12	±2.5	148	

5．聚丁烯管

聚丁烯管（PB）重量很轻（相对密度为0.925）。该管具有独特的抗蠕变（冷变形）性能，故机械密封接头能保持紧密，抗拉强度在屈服极限以上时，能阻止变形，使之能反复绞缠而不折断。其工作压力为1.0~1.6MPa

聚丁烯管在温度低于80℃时，对皂类、洗涤剂及很多酸类、碱类有良好的稳定性；室温时，聚丁烯管对醇类、醛类、酮类、醚类和脂类有良好的稳定性，但易受某些芳香烃类和氯化溶剂侵蚀，温度越高越显著。

在化学性质上，聚丁烯管抗细菌，藻类和霉菌，因此可用作地下管道，其正常使用寿命一般为50年。

聚丁烯管可采用热熔连接，其连接方法及要求与聚丙烯管相同。小口径聚丁烯管也可以采取螺纹连接。

聚丁烯管主要用于给水管、热水管及燃气管道。在化工厂、造纸厂、发电厂、食品加工厂、矿区等也广泛采用聚丁烯管作为工艺管道。聚丁烯管规格可参见材料手册及给水排水设计手册。

6．工程塑料管

工程塑料（ABS）管是丙烯腈-丁二烯-苯乙烯的共混物（三元共聚），属热固性管材。

ABS管质轻，具有较高的耐冲击强度，表面硬度在-40~100℃范围内仍能保持韧性、坚固性和刚度，并不受电腐蚀和土壤腐蚀，因此宜作地埋管线。ABS管表面光滑，具有优良的抗沉积性，能保持热量，不使油污固化、结渣、堵塞管道，因此被认为是在高层建筑内用于给水的理想管材。

ABS管常采用承插粘接接口。在与其他管道连接时，可采取螺纹、法兰等过渡接口。国产ABS管按工作压力，分为三个等级：B级为0.6MPa；C级为0.9MPa；D级为1.6MPa。ABS管的使用温度为-20~70℃，常用规格为DN15~200mm。

ABS管适用于室内外给水、排水、纯水、高纯水、水处理用管，尤其适合输送腐蚀性强的工业废水、污水等，是一种能取代不锈钢管、铜管的理想管材。

6.2.5 玻璃钢管

玻璃钢（GRP）管分为纯玻璃钢结构和玻璃钢夹砂结构。两者的主要区别是：纯玻璃钢管为纤维缠绕实体结构；玻璃钢夹砂管则以玻璃纤维及其制品、不饱和聚酯树脂、石英砂为主要原料，采用纤维缠绕和夹砂等工艺而生产的一种新型复合管材，如图6-7所示。

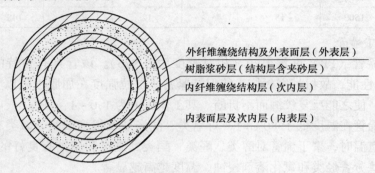

外纤维缠绕结构及外表面层（外表层）

树脂浆砂层（结构层含夹砂层）

内纤维缠绕结构层（次内层）

内表面层及次内层（内表层）

图 6-7 玻璃钢夹砂管基本结构

表 6-25 为玻璃钢管各层结构的材料与作用。

表 6-25 各层结构材料与作用

名 称	材 料	作 用
外保护层	树脂	耐腐、耐候、防老化
增强层	玻纤、树脂	使管壁具有轴、环向的内外压强度
结构层	玻纤、树脂、石英砂	使管壁具有承受变形强度
内衬层	树脂、涤纶表面毡	耐腐、防渗、水力特性好

玻璃钢管道产品规格，见表6-26。

表 6-26 玻璃钢管道产品规格

直径 /mm	压力等级 0.6MPa			压力等级 1.0MPa			压力等级 1.6MPa		
	壁厚 /mm	最大支距 /mm	管长 /mm	壁厚 /mm	最大支距 /mm	管长 /mm	壁厚 /mm	最大支距 /mm	管长 /mm
50	5.6	3000	6000	5.6	3000	6000	5.6	3000	6000
65	5.6	3000	6000	5.6	3000	6000	5.6	3000	6000
80	5.6	3000	6000	5.6	3000	6000	5.6	3000	6000
100	5.6	3000	6000	5.6	3000	6000	5.6	3000	6000
125	5.6	3000	6000	5.6	3000	6000	5.6	3000	6000
150	5.6	3000	6000	5.6	3000	6000	6.0	3000	6000

（续）

直径 /mm	压力等级 0.6MPa			压力等级 1.0MPa			压力等级 1.6MPa		
	壁厚 /mm	最大支距 /mm	管长 /mm	壁厚 /mm	最大支距 /mm	管长 /mm	壁厚 /mm	最大支距 /mm	管长 /mm
200	5.6	4000	6000	5.6	4000	6000	7.5	4000	6000
250	5.6	4000	12000	6.3	4000	12000	8.7	4000	12000
300	5.6	4000	12000	7.1	4000	12000	10.1	4000	12000
350	5.6	4000	12000	8.0	4000	12000	11.3	4000	12000
400	6.2	4000	12000	8.8	4000	12000	12.7	4000	12000
450	6.6	4000	12000	9.5	4000	12000	15	4000	12000
500	7.1	4000	12000	10.4	4000	12000	15.4	4000	12000
600	8.4	6000	12000	12.1	6000	12000	18.2	6000	12000
700	9.1	6000	12000	13.7	6000	12000	20.6	6000	12000
800	10.1	6000	12000	15.3	6000	12000	23.2	6000	12000
900	11.1	6000	12000	16.9	6000	12000	25.9	6000	12000
1000	12	6000	12000	18.6	6000	12000	28.6	6000	12000
1200	13.5	6000	12000	21.5	6000	12000			
1400	15.5	6000	12000	24.8	6000	12000			
1600	17.5	6000	12000	28.4	6000	12000			
1800	19.5	6000	12000	31.5	6000	12000			
2000	21.5	6000	12000	34.3	6000	12000			

玻璃钢夹砂管道产品规格，见表 6-27。

表 6-27 玻璃钢夹砂管道产品规格

刚度等级	2500N/m²		5000N/m²		10000N/m²	
直径/mm	壁厚/mm	质量/（kg/m）	壁厚/mm	质量/（kg/m）	壁厚/mm	质量/（kg/m）
300	5.6	10.3	5.6	10.3	6.7	12.4
400	5.6	13.7	7.0	17.2	8.5	20.9
500	7.5	22.9	8.4	25.7	10.6	32.6
600	8.3	30.4	10.5	38.6	13.3	49.2
700	9.7	41.5	12.2	52.4	15.5	66.9
800	11.0	53.8	14.0	68.7	17.8	87.8
900	11.8	64.9	14.8	81.6	19.0	105.3
1000	12.6	76.9	16.5	101.1	21.2	130.5
1200	15.1	110.6	19.4	142.6	25.0	184.6

（续）

刚 度 等 级	2500N/m²		5000N/m²		10000N/m²	
直径/mm	壁厚/mm	质量/（kg/m）	壁厚/mm	质量/（kg/m）	壁厚/mm	质量/（kg/m）
1400	17.9	153.0	23.0	197.3	29.6	255.1
1600	20.6	201.3	26.6	260.9	34.2	336.9
1800	22.3	245.0	28.8	317.5	37.2	412.0
2000	25.1	306.4	32.3	395.8	41.8	514.5
2250	28.0	387.5	36.3	500.3	46.6	645.2
2600	33.5	531.9	43.2	688.4	55.8	893.4
2800	35.6	624.8	45.6	802.7	57.8	1021.8
3000	38.9	731.3	48.6	916.5	60.7	1149.3
3200	41.5	832.1	51.7	1039.9	64.6	1304.5
4000	51.3	1240	64.1	1554.2	80.2	1952.3

玻璃钢管道的连接方式有多种。常见的有如下几种：

1）承插（单环）连接，可以进行快速的安装，适合于地下中等压力的低腐蚀性排水管道，如图 6-8 所示。

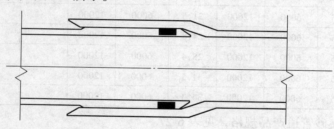

图6-8　承插（单环）联接

2）承插粘接，用胶粘剂连结，适用于高压及复杂荷载的大口径管道，安装简便，速度快，如图 6-9 所示。

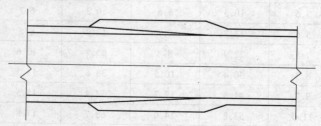

图6-9　承插粘接

3）对接，用于小直径管以及直线形的管道和配件的连接，如图 6-10 所示。

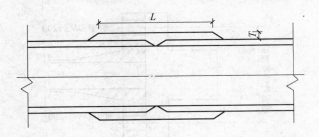

图 6-10　对接

注：*L* 和 *T* 的大小取决于外界条件。

4) 承接（双环），采用双 "O" 形橡胶密封圈的接口形式，适用于高压和高、中腐蚀场合，如图 6-11 所示。

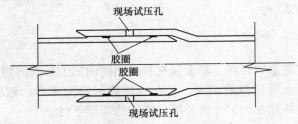

图 6-11　承接（双环胶圈接口）

5) 承插粘接加外补强，除了适用于高压情况外，还适用于重负载的情况，并能保持管道畅通，避免障碍物堆积，如图 6-12 所示。

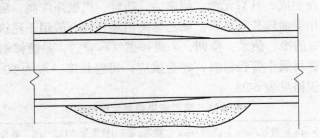

图 6-12　承插粘接加外补强

6) 法兰联接，适用于中低压管件及设备、工艺管道的连接，与 GB、ASTM、JB 等标准适应，如图 6-13 所示。

玻璃钢管具有耐腐蚀、重量轻（水泥管重的 1/10，球墨铸铁管重的 1/4）、水力条件好、不结垢等特点，适用于输送饮用水、市政排水、污水、发电厂的循环水等，是一种很有发展前途的大口径给排水管道。

四川中嘉玻璃钢有限公司生产的玻璃钢管有 5 种不同的压力等级，即 0.1MPa、0.6MPa、1.0MPa、1.6MPa、2.5MPa；3 种不同的刚度等级，即

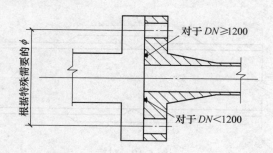

图 6-13　法兰联接

$2500\mathrm{N/m^2}$、$5000\mathrm{N/m^2}$、$10000\mathrm{N/m^2}$；直径为 $DN100\sim3700\mathrm{mm}$；多采取承插双环胶圈接口，在特殊的场合，也可以用玻璃钢做的法兰盘或特制金属接头连接，以及其他接口方式。

6.2.6　复合管

复合管通常是金属材料与非金属材料经不同的加工形式而制成的一种新型管材。复合管既有金属材料的刚度，又有非金属材料的无毒、耐腐蚀、质轻的特性，是目前国内外都在大力发展和推广应用的新型管材。

1. 聚乙烯夹铝复合管

聚乙烯夹铝复合管是目前国内外都在大力发展和推广应用的新型塑料金属复合管。该管由中间层纵焊铝管、内外层为聚乙烯以及铝管与内外层聚乙烯之间的热熔胶共挤复合而成，具有无毒、耐腐蚀、质轻、机械强度高、耐热性能好、脆化温度低、使用寿命较长等特点。聚乙烯夹铝复合管一般用于建筑内部工作压力不大于 $1.0\mathrm{MPa}$ 的冷、热水、空调、采暖和燃气等管道，是镀锌钢管和铜管的替代产品。这种管材属小管径材料，卷盘供应，每卷长度一般为 $50\sim200\mathrm{m}$。聚乙烯夹铝复合管规格见表 6-28。

表 6-28　聚乙烯夹铝复合管规格

外径×壁厚/（mm×mm）	外径/mm	内径/mm	壁厚/mm	管质量/（kg/m）	卷长/m	卷质量/kg
14×2	14	10	2	0.098	200	19.6
16×2	16	12	2	0.102	200	20.4
18×2	18	14	2	0.156	200	31.2
25×2.5	25	20	2.5	0.202	100	20.2
32×3	32	26	3	0.312	50	15.7

注：本规格选自广东佛山日丰塑铝复合管材有限公司产品。

聚乙烯夹铝复合管的连接采取卡套式或扣压式接口。卡套式适合于规格等于或小于 $25\mathrm{mm}\times2.5\mathrm{mm}$ 的管子；扣压式适合于规格等于或大于 $32\mathrm{mm}\times3\mathrm{mm}$ 的管子。

1）卡套式接口方式如下：①将螺母和卡套先套在管子端头；②将管件本体（即内芯）管嘴插入管子内腔，应用力将管嘴全长压入为止；③拉回卡套和螺母，用扳手将螺母拧固在管件本体的外螺纹上。

2）扣压式接口方式如下：①将扣压式接头的管嘴插入管子内腔，应用力将管嘴全长插入为止；②用专用的扣压管钳将接头外皮挤压定型，管子即被牢固箍紧。

2. 钢塑复合压力管

钢塑复合压力管（PSP）具有优异的材料性能、广泛的环境适应性及良好的连接、施工性能。因此，钢塑复合压力管是替代大、中口径镀锌钢管的理想管材，可广泛应用于建筑、石油、化工、制药、食品、矿山、燃气等领域，在中低压管道方面具有较大的应用空间和竞争优势，是目前国内外都在大力发展和推广应用的新型塑料金属复合管。

钢塑复合压力管采用钢带辊压成形为钢管并进行氩弧对接焊，采用内外均有塑层、中间为增强焊接钢管的复合结构。PSP 管既克服了钢管存在的易锈蚀、使用寿命短和塑料管强度低、易变形的缺陷，又具有钢管和塑料管的共同优点，如隔氧性好、有较高的刚性和较高的强度、埋地管容易探测等。

钢塑复合压力管主承压层完全由复合其中的焊接钢管承担，其塑料层仅单纯发挥防腐保护作用，因此该管的承压能力基本不受温度变化和塑料层老化的影响，并采用专利技术成功解决了钢塑复合界面的脱层问题。具有如下特点：

1）具有较高强度、刚性、抗冲击性以及低膨胀系数和抗蠕变性能，埋地管可以承受大大超过全塑管的外部压力。

2）具有自示踪性，可以用磁性金属探测器进行寻踪，不必另外埋设跟踪或保护标记，可避免挖掘性破坏，为抢修和维护提供极大的便利。

3）无需做任何防腐处理即可安装，节约费用。

4）完整的钢管层为管体的主承压层，因此管材的承压能力不受塑料层性能变化的影响。

5）管件具有优异的密封性能，抗拔脱，易安装，同时还具备各种变形的自适应能力。

6）具有一定的柔性，可以弯曲，从而使装卸、运输、安装的适应性及运行的可靠性较高。地下安装可有效承受由于沉降、滑移、车辆等造成的突发性冲击荷载。定尺（12m）单支钢塑复合压力管可以单向弯曲 25°，节省了小角度转向弯头的用量。

7）管壁光滑，流体阻力小，不结垢，在同等管径和压力下比金属管材水头损失低 30%，可获得更大的传输流量。

压接内密封管件连接有以下几种方式：

1）压兰式连接。压兰式由一个内衬钢管注塑衬套和球墨铸铁喷塑压兰盖以及连接压兰的螺栓组成，与非钢塑管连接侧为金属内（外）螺纹或法兰件。安装时，将压兰套在连接管材的两端，然后管材连接管件端用专用扩管器扩口，将球墨铸铁衬套插入扩好口的管材端头，管材连接两侧用压兰连接好即可。

2）螺母式连接。螺母式管件由内衬管件体和螺母组成。

管件采用在管材内表面侧密封的方法，使密封更可靠。管件的抗拔脱由压兰或螺母来实现。当旋紧压兰上的螺栓或螺母时，压兰或螺母迫使衬套带密封圈部位向管体扩口斜面滑动，使管材内表面与衬套斜面上的密封圈紧密接触起到密封的作用。当管体受到轴向拉应力时，管材扩口部位的钢管骨架承担了大部分的拉应力，因此这种连接方式具有很高的抗拔脱性能。

3）滑入式柔性管件连接。滑入式柔性管件由一个内衬钢管注塑衬套和球墨铸铁喷塑安全抱箍以及专用配套异型密封胶圈组成，与非钢塑管连接侧为金属内（外）螺纹或法兰件。该种管件的密封圈位于管件衬套部分的侧面，与管材扩口段的内侧表面形成侧密封。为防止管子轴线拉力造成的滑脱，使用安全抱箍达到防滑脱的目的。在安装时，由于内部衬套的直线段长度大于安全抱箍的直线段长度，因此在轴线方向虽然衬套两端管体有一定的轴向移动量，但由于安全抱箍的作用，可有效地防止滑脱。这样接头可以吸收由于冷热变化而引起的管材膨胀变形及收缩，从而在长距离管线安装时，省去了使用膨胀节来消除由于输送流体和环境温度的冷热变化而引起的管线变形。

安装时先将管材扩口，然后在衬套上正确放入专用胶圈，采用专用工具将衬套压入需连接的两管子的扩口端，将安全抱箍抱紧连接管材扩口末端，拧紧安全抱箍上的连接螺栓即可。该种柔性管件主要用于长距离管线直通部分。

由于采用此种机械压紧连接方式要对管材端部进行扩口，对管材的粘接质量和焊接强度及韧性有了一个更高的要求，从而保证了管材的性能符合使用要求，也使用户可以对管材的粘接和焊接质量有一个直观的了解和判断。

钢塑复合压力管连接方式为以机械方式压紧连接为主，具有以下连接优势：

1）连接方式方便快捷、易操作，连接处可以重复拆装，中途也很方便插入施工，且连接完毕即可输送介质，无需等待连接处固化或冷却，对于需装修、改装、更新管道极为方便。

2）在管道维护时无需将管道内的余水排尽，可及时抢修破损处，使管道的维护修理更为快捷。

3）这种连接方式对安装工作环境无特殊要求，可以在 − 30℃的环境中正常连接、安装使用，使管材的应用场合更为广阔。

4）管材连好后内部无缩颈，输送流体优势更为明显。

6.2.7　给水钢丝网骨架塑料（聚乙烯）复合管

给水钢丝网骨架塑料（聚乙烯）复合管是以高强度钢丝和聚乙烯塑料为原材料，以缠绕成型的高强度钢丝为芯层，以高密度聚乙烯塑料为内、外层，而形成整体管壁的一种新型复合结构壁压力管材。给水钢丝网骨架塑料（聚乙烯）复合管是以薄钢板均匀冲孔后焊接成形的钢筒为增强骨架，用符合输送介质要求的聚乙烯专用料均匀注塑而形成整体管壁的复合结构壁套筒、弯头、三通、异径管等的统称。

给水钢丝网骨架塑料（聚乙烯）复合管强度较高，抗冲击性能好，耐腐蚀性，价格高于塑料管，低于钢管。因此，这种管材广泛用于室外给水与建筑给水的输送。

给水钢丝网骨架塑料（聚乙烯）复合管有普通管和加强管两种管壁结构系列，其规格、尺寸和公称压力可按表 6-29 采用。

表 6-29　给水钢丝网骨架塑料（聚乙烯）复合管管径、壁厚和公称压力

公称外径 d_n/mm	普通管系列		加强管系列	
	最下壁厚 e_n/mm	公称压力 PN/MPa	最下壁厚 e_n/mm	公称压力 PN/MPa
110	8.5	1.6	10.0	3.5
140	9.0	1.6	10.0	3.5
160	9.5	1.6	11.0	3.5
200	10.5	1.6	13.0	3.5
250	12.5	1.0	14.0	2.5
315	13.5	1.0	17.0	2.0
400	15.5	1.0	19.0	1.6
500	22.0	1.0	24.0	1.6

注：1. 公称外径 d_n 为管的标定外径。本表中所列公称外径为管的最小外径，也是管的设计外径。

2. 最小壁厚 e_n 为管壁任意一点规定的最小壁厚，可用作管材的设计壁厚。

直管的最小允许弯曲半径不得小于表 6-30 的规定。

表 6-30　直管的最小允许弯曲半径

公称外径 d_n/mm	110	140	160	200	250	315	400	500
最小允许弯曲半径	$80d_n$				$100\ d_n$		$110d_n$	

注：管段上有接头时，允许弯曲半径不宜小于 $200d_n$。

承插口管件的承口尺寸应符合表 6-31 的规定。

表 6-31　管件承口尺寸

插入管管端外径 d_n/mm	承口内径 d_i/mm	承口内壁长度/mm	承口壁厚
110	110 + （0.7 ~ 1.5）	≥75	
140	140 + （0.8 ~ 1.6）	≥85	
160	160 + （0.8 ~ 1.8）	≥96	
200	200 + （0.8 ~ 1.9）	≥108	
250	250 + （1.0 ~ 2.2）	≥115	不得小于插入管的壁厚
315	315 + （1.4 ~ 2.4）	≥135	
400	400 + （1.9 ~ 2.7）	≥155	
500	500 + （2.2 ~ 3.0）	≥160	

注：表内"承口内径"栏中，括号内数值表示承口内径必须大于插入管管端外径，即公称外径加最大允许正偏差后的实际外径。

给水钢丝网骨架塑料（聚乙烯）复合管连接形式：

（1）法兰连接　采用的钢制活套管法兰和螺栓紧固件必须符合 GB/T 9124—2000《钢制管法兰　技术条件》的规定。钢法兰、螺栓和密封件等专用件，必须与管端有加强箍结构的钢丝网骨架塑料复合管材或电熔结构的法兰管件等配套供应。

（2）电熔连接　电熔连接是利用镶嵌在连接处接触面内壁或外壁的电热元件通电后产生的高温，将接触面熔接成整体的连接方法。电熔连接有承插式和套筒式等连接形式。

（3）电熔承插式连接　电熔承插式连接是利用镶嵌在承口内壁的电热元件通电后产生的高温，将插入承口的管与承口的接触面熔接成整体的连接方法。这种连接属刚性接头，适用于采用钢丝网骨架塑料复合管承插口管和管件的管道接头。

（4）电熔套筒连接　电熔套筒连接是利用镶嵌在套筒内壁的电热元件通电后产生的高温，将插入套筒的对接管材与套筒的接触面熔接成整体的连接方法。这种连接属刚性接头，适用于采用钢丝网骨架塑料复合平口和锥形口结构壁管和管件的管道接头。

（5）法兰连接　法兰连接是用螺栓紧固套装在相邻管端上的活套法兰的连接方法。这种连接属刚性接头，适用于采用管端有加强箍结构的钢丝网骨架塑料复合管或电熔结构的法兰管件的管道接头。

6.2.8　预应力钢筒混凝土管

1. 管道结构

预应力钢筒混凝土管（PCCP）（图 6-14）采用薄钢板与钢质承插口环卷制拼

焊成筒体，然后用立式振动成型法在筒体内外浇灌（或采用离心法在筒体内浇灌）混凝土构成管芯，再在管芯外圆上缠绕高强度预应力钢丝，最后喷涂水泥砂浆保护层而制成的一种复合管。预应力钢筒混凝土管采用橡胶圈柔性接口。

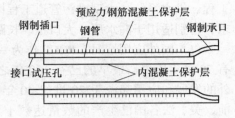

图 6-14　预应力钢筒混凝土管
（PCCP）结构示意

2. 预应力钢筒混凝土管的特性

（1）抗腐蚀、寿命长　由于制作 PCCP 的所有钢材均被良好密实的混凝土所包裹，经防腐处理的承口安装后，其外露部位又用砂浆灌注封口，混凝土或砂浆提供的高碱性环境使 PCCP 内部的钢材钝化，从而防止其腐蚀，避免水质二次污染。设计使用寿命为 75～100 年。

（2）耐内、外压　内衬钢筒使管子更加坚固，外缠预应力钢丝更增加了管的强度，内压可达 3MPa 以上，外压能承受 10m 以上覆土。在使用过程中不会产生像铸铁管和预应力钢筋混凝土管那样的管与接口爆裂等现象。

（3）水力条件相对好，过流能力强，节省能耗　相对于普通混凝土管道而言，内壁光滑，不结锈瘤，不结垢，保证了较小的粗糙系数（$n = 0.012$），管线能保持很高的通水能力。

（4）安装简易、可靠　因 PCCP 为刚性结构，回填容易。钢质承插口为半刚性接口，允许有一定的转角，施工迅速简捷。

（5）对地基适应性好，有良好的耐震性　由于 PCCP 的半刚性接头使管道既有一定的刚性，又有一定的柔性，使其能转一定的角度，所以不均匀沉降适应能力高，有良好耐震性。

（6）维护费用低　$DN3000$mm 的球墨铸铁管的年平均运行费用约为 1670 元/km，同规格的钢管年平均运行费用约为 3120 元/km，而 PCCP 基本上无需维护保养。

（7）抗渗、防漏　内衬钢筒都经水压试验查漏，确保了管身无渗漏。焊接在钢筒两端的承插口钢环，具有机械加工的精度，插口钢环上设有胶圈限位凹槽，故安装后管道接头有很好的防漏性。

3. 预应力钢筒混凝土管的应用

PCCP（GB/T 19685—2005）具有很高的强度，可承受较高的工作压力，有良好的水密性、抗渗性、耐磨性和耐腐蚀性，特别是采用钢质承插口环，强度和刚度好。管道连接处采用橡胶圈密封，抗渗、防漏性能都比较好。在铺设管道时允许有一定的转角，而不影响管道使用。在管道基础出现问题时，管道能承受自身重量和外压，而仍能正常使用。

PCCP 最适合于制作大口径压力管（$DN400～4000$mm），能够满足城市引水工程、供水系统、大型排污管道工程以及大型火电厂和核电厂的循环水管道的要求，特别适用于高水压、大口径、长距离输水管道的工程应用。

（1）国外应用情况　PCCP作为一种优质新型的输水管材，它的开发应用已有70多年历史，最早的已有100年之多，起始于法国Bonna公司，PCCP在国外的发展和应用起源于20世纪40年代，欧美竞相开发，得到了广泛应用。目前，美、法各国已生产的数量达数十万千米。世界上规模最大的利比亚"人工河"工程，全长3600km，就是使用DN4000mm、工作压力2.8MPa的PCCP，工程运行情况良好。

（2）国内应用情况　PCCP制管技术，自1986年引进国内，经历20余年的缓慢发展，现在已基本得到国内市政工程专业人士的肯定，先后在若干重大给水排水工程中得到应用。虽然我国起步比较晚，但我们的起点是在引进和消化吸收国外最新技术的基础上迅速建立起来的，因而起点比较高，应用该技术的先进程度与国外比较接近。

6.2.9　衬里管道

金属管道强度较高，冲击性能好，但耐腐蚀性差。非金属管耐腐蚀性虽好，但强度低，质脆，容易因冲击而损坏。为了获得高强和耐腐的管材，可采用各种衬里的金属管道。目前，除大量采用水泥砂浆衬里外，还有衬胶、衬塑、衬玻璃、衬石墨等。各种衬里管道可参见材料手册和给水排水设计手册。

6.2.10　其他管道

其他给水排水管道，如预应力钢筋混凝土管、混凝土管等可见第8章有关内容。

6.3　管道附件

在给水排水管道工程施工过程中，除了需要各种管材、管件外，还需要各种管道附件。这些管道附件主要有阀门、测量仪表等。

6.3.1　阀门

阀门由阀体、阀瓣、阀盖、阀杆及手轮等中件组成。在各种管道系统中，起开启、关闭以及调节流量、压力等作用。

阀门的种类很多，按其动作特点分为驱动阀门和自动阀门两大类。驱动阀门是用手操纵或其他动力操纵的阀门，如闸阀、截止阀等。自动阀门是依靠介质本身的流量、压力或温度参数发生的变化而自行动作的阀门。属于这类阀门的有单

向阀、溢流阀、浮球阀、液位控制阀、减压阀等。按工作压力，阀门可分为：低
压阀门（工作压力≤1.6MPa）、中压阀门（工作压力＝2.5～6.4MPa）、高压阀
门（工作压力＝10～100MPa）、超高压阀门（工作压力＞100MPa）。

　　按制造材料，阀门分为金属阀门和非金属阀门两大类。金属阀门主要由铸
铁、钢、铜制造；非金属阀门主要由塑料制造。

　　在给排水管道工程中，常用的阀门多为低压金属阀门。常用阀门分为：

　　1. 闸阀

　　闸阀又称闸门或闸板阀，因输水管道上大量使用闸阀，故又有"水门"之
称。闸阀属全开全闭型阀门，不宜作频繁开闭或调节流量用。闸阀的优点是：流
体阻力小，安装无方向性要求；闸阀的缺点是：闸板易被流动介质擦伤而影响密
封性能，还易被杂质卡住而造成开闭困难。

　　闸阀按阀杆结构形式分为明杆和暗杆两类。明杆闸阀可根据阀杆伸出的长度
（有的明杆闸阀装有标高尺）判断出其开闭状态，但阀杆易生锈，故一般用于干
燥的室内管道上；暗杆闸门不需要像明杆闸阀那样高的空间，阀杆在阀体内不易
生锈，因此，常用于室外管道上。另外，室外安装的闸阀通常应设阀门井。

　　闸阀按阀心的结构形式分为楔式、平行式、弹性闸板。楔式闸板一般都制成
单闸板；平行式闸板两密封面是平行的，一般制成双闸板。从结构上看，平行式
比楔式闸板易制造、易修理、不易变形，但不适宜输送含有杂质的介质，一般用
于给水工程。弹性闸板，其闸板是一整块，由于其密封面制造要求高，适宜在较
高温度下输送粘性较大的介质，多用于石油及化工管道上。图 6-15 为暗杆楔形

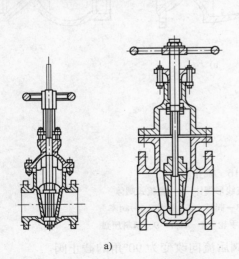
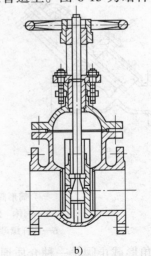

a)　　　　　　　　　　　　　　　　b)

图 6-15　闸阀

a) 楔形闸板　b) 平行闸板

闸板闸阀和明杆平等闸板闸阀。

2. 截止阀

截止阀是利用装在阀杆下面的阀盘与阀体的突缘部分相配合以控制阀开启、关闭的阀门。截止阀结构简单、密封性能好、检修方便。其缺点是流体阻力比闸阀大。截止阀是最常用的阀门之一,可用于蒸汽、水、空气、氨、油及腐蚀性介质的管道上。安装时应使介质的流动方向与阀体上所指示(箭头)一致,即"低进高出",方向不能装反。

图 6-16a 为筒形阀体的截止阀,其水流阻力较大,为了减小阻力,另有图 1-16b 所示的流线形阀体的截止阀和图 6-16c 所示的直流式截止阀。

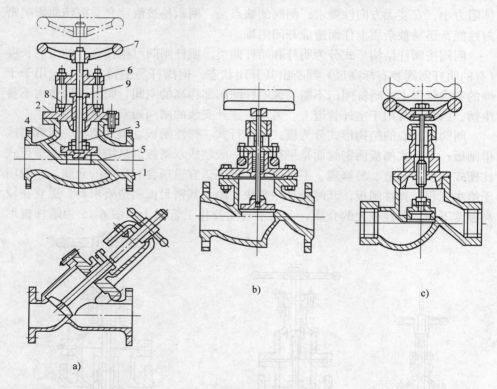

图 6-16 截止阀

a) 筒形阀体 b) 流线形阀体 c) 直流式阀体

1—阀体 2—阀盖 3—阀杆 4—阀瓣 5—阀座

6—阀杆螺母 7—操作手轮 8—填料 9—填料压盖

角形截止阀是一种介质通过角形阀后流向改变为 90°角的截止阀。

3. 单向阀

在管路上安装单向阀,介质便只能沿一个方向流动,反方向流动则自动关闭。因此，单向阀是防止管路中介质倒流的一种阀门，如用于水泵出口的管路上作为水泵停泵时的保护装置。

单向阀按照结构分为升降式和旋启式（图 6-17），升降式的阀体与截止阀的阀体相同，为使阀瓣 1 准确座落的阀座上，阀盖 2 上设有导向槽，阀瓣上有导杆，并可在导向槽内自由升降。当介质自左向右流动时，在压力作用下顶起阀瓣即成通路，反之阀瓣由于自重下落关闭，介质不能逆流。

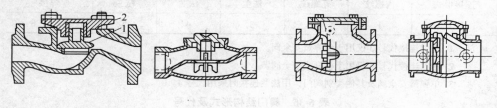

a)   b)

图 6-17　单向阀
a) 升降式　b) 旋启式
1—阀瓣　2—阀盖

旋启式单向阀的阀瓣是围绕销轴旋转来开闭的。阀瓣有单瓣和多瓣之分。升降式单向阀只能安装在水平管道上；旋启式单向阀既可安装在水平管道又可安装在垂直管道上。由于单向阀有严格的方向性，因此安装时，应十分注意介质的流向与阀体上箭头方向一致。

阀门的型号根据阀门的种类、驱动方式、阀体结构、密封或衬里材料、公称压力、阀体材料等，分另以汉语拼音字母和数字共 6～7 位横式书写表示，其后注明公称通径。JB/T 308—2004 中规定各类阀门型号如下：

1）第一单元"阀门类型"用汉语拼音字母作为代号，见表 6-32。

表 6-32　类别及代号

阀门类别	闸阀	截止阀	节流阀	隔膜阀	球阀	旋塞阀	单向阀	蝶阀	疏水阀	安全阀	减压阀	调节阀
代号	Z	J	L	G	Q	X	H	D	S	A	Y	T

2）第二单元"驱动方式"用一位数字作为代号，见表 6-33。

3）第三单元"连接形式"用一位数字作为代号，见表 6-34。

4）第四单元"结构形式"也用一位数字作为代号，见表 6-35。

表 6-33　阀门驱动方式及代号

驱动方式	蜗轮传动驱动	正齿轮传动驱动	伞形齿轮传动驱动	气动驱动	液压驱动	电磁驱动	电动机驱动
代号	3	4	5	6	7	8	9

注：用手轮或扳手等手工驱动的阀门和自动阀门则省略本单元代号。

表 6-34　阀门连接形式及代号

连接形式	内螺纹	外螺纹	法兰	法兰	法兰	焊接
代号	1	2	3	4	5	6，7，8

注：1. 法兰连接代号 3 仅用于双弹簧安全阀。

2. 法兰连接代号 5 仅用于杠杆式安全阀。

3. 单弹簧安全阀及其他类别阀门，用法兰连接时采用代号 4。

表 6-35　阀门结构形式及代号

结构形式＼代号＼阀门类别	1	2	3	4	5	6	7	8	9	0
闸阀	明杆楔式单闸板	明杆楔式双闸板	明杆平行式单闸板	明杆平行式双闸板	暗杆楔式双闸板	暗杆楔式单闸板	—	暗杆平行式双闸板	—	—
截止阀节流阀	直通式（铸造）	角式（铸造）	直通式（锻造）	角式（锻造）	直流式	—	—	无填料直通式	压力计用	
隔膜阀	直通式	角式	—	直流式						
球阀	直通式（铸造）	—	直通式（锻造）							
旋塞	直通式	调节式	直通填料式	三通填料式	四通填料式	—	油封式	三通油封式	液面指示器用	
单向阀	直通升降式（铸造）	立式升降式	直通升降式（锻造）	单瓣旋启式	多瓣旋启式					
蝶阀	旋转偏心轴式	—	—	—	—	—	—	—	—	杠杆式
疏水器	—	—	—	—	钟形浮子式	—	—	脉冲式	热动力式	—
减压阀	外弹簧薄膜式	内弹簧薄膜式	膜片活塞式	波级管式	杠杆弹簧式	气垫薄膜式	—	—	—	—

（续）

结构形式 代号 阀门类别	1	2	3	4	5	6	7	8	9	0
弹簧式安全阀	封闭						不封闭			带散热器全启式
	微启式	全启式	带扳手微启式	带扳手全启式	—	—	带扳手微启式	带扳手全启式	—	
杠杆式安全阀	单杠杆式		双杠杆式							
	微启式	全启式	微启式	全启式						
调节阀	薄膜弹簧式				活塞弹簧式					
	带散热片气开式	带散热片气关式	不带散热片气开式	不带散热片气关式	阀前	阀后	阀前	阀后		

5）第五单元"密封圈或衬里材料"用汉语拼音字母作为代表，见表 6-36。

6）第六单元"公称压力"直接用公称压力（PN）数值表示，并用短线与前 4 个单元隔开。

7）第七单元"阀体材料"用汉语拼音字母作为代号，见表 6-37。

表 6-36　阀门密封圈或衬里材料及代号

密封圈或衬里材料	黄铜青铜	耐酸钢或不锈钢	渗氮钢	巴氏合金	硬质合金	铝合金	橡胶	硬橡胶	皮革	聚四氟乙烯	酚醛塑料	尼龙	塑料	衬胶	衬铅	搪瓷	衬塑料
代号	T	H	D	B	Y	L	X	J	P	SA	SD	NS	S	CJ	CQ	TC	CS

注：密封圈如由阀体上直接加要的代号为"W"。

表 6-37　阀体材料及代号

阀体材料	灰铸铁	可锻铁	球黑铸铁	硅铁	铜合金	铝合金	碳钢	铬钼合金钢	铬镍钛钢	铬镍钼钛钢	铬钼钒合金钢	铝合金
代号	Z	K	Q	G	T	B	C	I	P	R	V	L

注：对于 $PN \leqslant 1.6\text{MPa}$ 的灰铸铁阀门或 $PN \geqslant 2.5\text{MPa}$ 的碳钢阀门，则省略本单元。

以上为阀门七个单元代号的含义，现对其规格型号表示方法示例：

1）公称直径 50mm，公称压力 1.6MPa，手轮直接驱动，内螺纹连接并带有铜密封圈，用于水和蒸汽的直通式截止阀，写为：J11T—1.6，公称直径 50mm，其名称统一写为：内螺纹截止阀 DN50mm。

2）上述截止阀如果是法兰连接的直通截止阀，则应写为 J41T—1.6，公称直径 50mm，其名称：法兰截止阀 *DN*50mm。

3）公称直径 200mm，公称压力 1.0MPa，手轮直接驱动，法兰连接并带有铜密封圈，用于水和蒸气的暗杆楔式单闸板闸阀，应写为 Z45T—1.0，其名称为：法兰暗杆楔式单闸板闸阀 *DN*200mm。

4）上述闸阀如果是明杆平等式双闸板的闸阀，则应写为 Z44T—1.0，其名称为法兰明杆平行式双闸板闸阀 *DN*200；若为公称直径 600mm，电动机驱动，应写为 Z944T—1.0，公称直径 600mm，其名称为电动明杆平行式双闸板闸阀。

5）H44T—1.0 型，即表示为法兰连接的单瓣旋启式用铜密封圈，公称压力 1.0MPa 的单向阀，产品名称统一写为：旋启式单向阀。

6）D71J—1.0 型，即表示为对夹连接的旋转偏心轴式用硬橡胶密封圈，公称压力 1.0MPa 的蝶阀，产品名称统一写为：旋转偏心轴式蝶阀。

6.3.2 阀门的标志与识别

阀门的类别、驱动方式和连接形式，可以从阀门的外形加以识别。阀门的公称通径、公称压力和介质流向，已由制造厂家标示在阀门的正面，可以直接识出。对于阀体材料、密封圈材料及带有衬里的材料，必须根据阀门各部位所涂油漆的颜色来识别。

表示阀体材料的涂漆颜色，见表 6-38，涂在不加工的表面上。

表 6-38　阀体材料识别颜色面

阀 体 材 料	识别涂漆颜色	阀 体 材 料	识别涂漆颜色
灰铸铁、可锻铸铁	黑色	耐酸钢	浅蓝色
球墨铸铁	银色	不锈钢	
碳素钢	灰色	合金钢	蓝色

注：1. 可根据用户的特殊需要，改变涂漆的颜色。

2. 耐酸钢或不锈钢制造的阀门，允许不涂漆出厂。

表示密封圈材料的涂漆颜色，见表 6-39，涂在手轮、手柄或自动阀门的阀盖上。

表 6-39　密封面材料识别颜色

密封面材料	识别涂色	密封面材料	识别涂色
青铜或黄铜	红色	硬质合金	灰色周边带红色条
巴氏合金	黄色	塑料	灰色周边带蓝色条
铝	铝白色	皮革或橡胶	棕色
耐酸钢或不锈钢	浅蓝色	硬橡胶	绿色
渗氮钢	淡紫色	直接在阀体上做密封面	同阀体的颜色

注：关闭件的密封面材料与阀体上密封面材料不同时，应按关闭件密封面材料涂漆。

表示衬里材料（当阀门有衬里时）的涂漆颜色，见表6-40，涂在阀门连接法兰的外圆表面上。

表6-40　衬里材料识别涂颜色

衬里材料	识别涂色	衬里材料	识别涂色
搪瓷	红色	铝锑合金	黄色
橡胶及硬橡胶	绿色	铝	铝白色
塑料	蓝色		

6.3.3　阀门的选用

在给排水管道工程中，应用最多的是闸阀、截止阀、蝶阀。阀门的选用应根据产品的类型、性能、规格，按照管路输送介质和参数以及使用条件和安装条件正确选用。选用阀门的步骤如下：

1）根据管路介质特性、工作压力和温度，选择阀体材料。给水排水管道工程多采用灰铸铁阀门。

2）根据公称压力、介质特性和温度，选择密封面材料。给水排水管道工程所用阀门密封面材料常为橡胶、铜合金、衬胶或直接在本体上加工的密封圈。

3）根据管路的介质工作压力和温度，确定阀门的公称压力。给水排水管道工程所用阀门公称压力有 $PN \leqslant 1.0\text{MPa}$ 和 $PN \leqslant 1.6\text{MPa}$ 两类。

4）由管路的管径计算值确定阀门的公称通径。一般情况下，阀门的公称通径等于管路的公称通径。

5）根据阀门的用途和生产工艺条件要求，选择阀门的驱动方式。

6）根据管道的连接方法和阀门公称通径，选择阀门的连接形式。

7）根据阀门的公称压力、介质特性和工作温度以及公称通径等，确定阀门类型、结构形式及型号。表6-41为常用的阀门型号与基本参数。

表6-41　常用阀门型号与基本参数

阀门名称	型号	公称压力 /MPa	使用温度 /℃	适用介质	公称通径范围 DN/mm
内螺纹暗杆楔式闸阀	Z15T—1.0 Z15T—1.0K	1.0	≤120	水、蒸汽	15~100
明杆楔式单闸板闸阀	Z41T—1.0	1.0	≤200	水、蒸汽	100~400
明杆平行式双闸板闸阀	Z44T—1.0	1.0	≤200	水、蒸汽	50~400
暗杆楔式单闸板闸阀	Z45T—1.0	1.0	≤100	水	75~400

（续）

阀门名称	型号	公称压力 /MPa	使用温度 /℃	适用介质	公称通径范围 DN/mm
电动楔式闸阀	Z941T—1.0	1.0	≤200	水、蒸汽	100~450
液动楔式闸阀	Z741T—1.0	1.0	≤100	水	100~600
伞齿轮传动楔式双闸板闸阀	Z542H—2.5	2.5	≤300	水、蒸汽	300~500
内螺纹截止阀	J11X—1.0	1.0	≤50	水	15~65
	J11T—1.6	1.6	≤200	水、蒸汽	15~65
内螺铜截止阀	J11W—1.0T	1.0	≤225	水、蒸汽	6~65
法兰截止阀	J41W—1.0T	1.0	≤225	水、蒸汽	6~80
	J41T—1.6	1.6	≤220	水、蒸汽	15~200
	J41H—2.5	2.5	≤425	水、蒸汽、油类	32~200
蝶阀	D71J—1.0	1.0	≤100	水	32~300
升降式单向阀	H11T—1.6	1.6	≤200	水、蒸汽	15~60
	H41T—1.6	1.6	≤210	水、蒸汽	20~150
旋启式单向阀	H44T—1.0	1.0	≤200	水、蒸汽	50~400
	H44H—2.5	2.5	≤350	水蒸汽、油类	50~300

6.3.4 阀门的安装

对长时间存放和多次搬运的阀门，安装前应进行检查、清洗、试压和更换密封填料，当阀门不严密时，还必须对阀心及阀孔进行研磨。

1. 阀门检查和水压试验

通常先将阀盖拆下，对阀门进行清洗后检查：看内外表面有无砂眼、毛刺、裂纹等缺陷；阀座与阀体接合是否牢固；阀心与阀座（孔）的密封面是否吻合和有无缺陷；阀杆与阀心连接是否灵活牢固，阀杆有无弯曲；阀杆与填料压盖是否配合适当；阀门开闭是否灵活；螺纹有无缺扣断丝；法兰是否符合标准等。

经检查合格的阀门，按规定标准进行强度及严密性试验，在试验压力下检查阀体、阀盖、垫片和填料等有无渗漏。

2. 阀门研磨

当阀门的密封面因摩擦、挤压而造成划痕和不平等损伤，损伤深度小于0.05mm时，可用研磨法处理。若深度大于0.05mm时可先用车床车削后再研磨。

截止阀、升降式单向阀，可直接将阀心的密封面和阀座密封圈上涂一层研磨剂，将阀心来回旋转互相研磨；对闸阀则要将闸板与阀座分开研磨。

研磨少量阀门时，可采用手工研磨，当研磨的阀门较多时，可采取研磨机研磨。

研磨剂用人造刚玉粉、人造金刚砂和碳化硼粉和煤油、机油和酒精等配制而成，前者为磨料，后者为磨液。研磨铸铁、钢和铜制的密封圈，应采用人造刚玉粉；人造金刚砂和碳化硼粉用于研磨硬质合金密封圈。

研磨的工具硬度应比工件软一些，以便嵌于磨料，同时它本身又具有一定的耐磨性。最好的研具材料是生铁，其次为软钢、铜、铅和硬木等。

磨液按不同的研具进行选用。对生铁研具，用煤油；对铁钢研具，用机油；对铜研具，用机油或酒精。将选定的磨液与磨料混合，则可用以研磨。

阀门经研磨、清洗、装配后，经试压合格后可安装。

3．阀门的安装

阀门安装时，应仔细核对阀门的型号、规格是否符合设计要求。安装的阀门，其阀体上标示的箭头，应与介质流向一致。

水平管道上的阀门，其阀杆一般应安装在上半周范围内，不允许阀杆朝下安装。

安装法兰阀门，应保证两法兰端两相互平行和同心。

安装法兰或螺纹连接的阀门应在关闭状态下进行。

安装单向阀时，应特别注意介质的正确流向，以保证阀盘自动开启。对升降式单向阀，应保证阀盘中心线与水平平面互相垂直；对旋启式单向阀，应保证其摇板的旋转枢轴成水平状。

安装铸铁、硅铁阀门时，应避免因强力连接或受力不均引起的破坏。

阀门的操作机构和传动装置应进行必要的调整，使之动作灵活，指示正确。

较大型阀门安装应用起重工具吊装，绳索应绑扎在阀体上，不允许将绳索拴在手轮、阀杆或阀孔处，以防造成损伤和变形。

为便于检修和启闭操作，室外地下阀门应设阀门井。地下阀门安装和阀门井的砌筑见《全国通用给水排水标准图集》S143、S144。

6.3.5　常用测量仪表安装

测量仪表在管道系统中，起监视、控制及调节的作用。常用测量仪表有：温度、压力、流量和液位的测量仪表。

（1）温度测量仪表　温度测量仪表又称温度计，种类繁多，按其测量方式可分为接触式和非接触式两类，按测量原理可分为膨胀式、压力式、电阻式、热电式和辐射式五类。管道工程常用玻璃水银温度计，其结构形式有直形、90°形及135°形三种，测温范围为 $-30 \sim 500℃$。这种温度计一般带有金属保护套管，以免受机械损坏，其尾部接头配有 $M27 \times 2$、3/4″或1/2″管螺纹，可与管道或设备连接。

选用玻璃水银温度计时，要注意其型号、测量范围、尾部长度及配合螺纹规格。表6-42为常用玻璃水银温度计的规格。

表 6-42　水银温度计规格

型　号	尾部形式	测量范围/℃	常用尾部长度/mm	金属保护套管接头螺纹
WNG—11	直形	－30～50，0～50，0～100 0～150，0～200，0～250 0～300，0～400，0～500	60，80，100 120，160 200	一般为 M27×2 螺纹，也可采用 3/4″或 1/2″管螺纹
WNG—12 WNG—13	90°角形 135°角形	－30～50，0～50，0～100 0～150，0～200，0～250 0～300，0～400，0～500	110，130 150，170 210	

温度计的安装，应在整个工程将结束时进行，其安装位置要便于观察和检修，且不易被机械损坏。安装前，应检查型号规格是否符合设计图样要求，测温上、下限范围是否符合被测介质的温度要求，有无损坏。安装时，应将感温包端部尽可能伸到被测介质管道中心线位置，且受热端应与介质流向逆向。

温度计与管道或设备连接时，必须在安装部位焊接螺纹与金属保护套管接头相同的钢制管接头，然后把温度计套管接头拧入管接头内，并用扳手拧紧。

玻璃水银温度计的安装方式如图6-18所示。

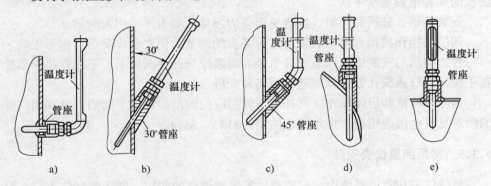

图 6-18　玻璃水银温度计安装图

a）90°角形工业用玻璃水银温度计在容器壁或立管（$DN \geqslant 50\text{mm}$）上安装
b）直形工业用水银温度计在容器壁或立管（$DN \geqslant 50\text{mm}$）上安装
c）135°角形工业用水银温度计在容器壁或立管（$DN \geqslant 50\text{mm}$）上安装
d）直形工业用玻璃水银温度计在容器球形顶壁上安装
e）直形工业用玻璃水银温度计在容器平顶壁上安装

（2）压力测量仪表　按被测压力状态，压力测量仪表分为压力表和真空表，用于测量管道内输送介质的压力。

给水排水管道工程中常采用弹簧管式压力表，主要由表盘、弹簧管、拉杆、扁形齿轮、轴心架和指针等部件组成，如图6-19所示。表内弹簧金属管断面呈扁圆形，一端被封闭。当被测介质进入弹簧管时，由于介质的压力作用，使弹簧产生变形延伸，经齿轮传动，使指针动作，从表盘上指针的偏转可读出被测介质的压力变化。

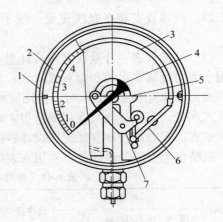

图 6-19　弹簧管压力表
1—表壳　2—表盘　3—弹簧管
4—指针　5—扇形齿轮　6—连杆
7—轴心架

弹簧式压力表可测量 0 ~ 58.8MPa 的压力，精度等级有 0.5、1.0、1.5、2.5 级。Y 型压力表是弹簧式压力表的一种，它在给水排水管道系统中应用最为普遍，其主要技术参数见表6-43，适用于测量液体、气（汽）体的压力。

表 6-43　Y 型弹簧管压力表主要技术参数

型　号	表面直径 /mm	测量范围/MPa		接头螺纹	精度等级
		下　限	上　限		
Y—60	60	0	0.156, 0.245, 0.588, 0.98, 1.568, 2.45, 3.92, 5.88, 9.8, 15.68, 24.5	M14×1.5	1.5 2.5 4
Y—100	100	0	0.098, 0.157, 0.245, 0.392, 0.588, 0.98, 1.568, 2.45, 3.92 5.88, 9.8, 15.68, 24.5	M20×1.5	1.5 2.5
Y—150	150	0	0.098, 0.157, 0.245, 0.392, 0.588, 0.98, 1.568, 2.45, 3.92, 5.88, 9.8, 15.68, 24.5, 39.2, 58.8	M20×1.5	1.5 2.5
Y—250	250	0	0.098, 0.157, 0.245, 0.392, 0.588, 0.98, 1.568, 2.45, 3.92, 5.88	M20×1.5	1 1.5 2.5

选用弹簧管压力表时，精度等级一般可选 1.5 或 2.5 级，表盘大小根据观察距离的远近来选择。在选用压力表的测量范围时，其正常指示值不应接近最大测量值。当被测量介质压力比较稳定时，表的正常指示值为最大测量值的 2/3 或 3/4；当测量被动压力时，表的正常指示值为最大测量值的 1/2。在上述两种情况下，测量值最低不应低于最大测量值的 1/3。压力表通常在管道与设备试运行

前安装，应垂直安装在光线充足、便于观察和方便检修的直线立管或水平管道上。

（3）计量仪表　计量仪是用来计量介质流量的，它分为水表和流量计两类。常用水表为旋翼式水表和螺翼式水表；常用流量计有转子流量计和电磁流量计。一般地，公称直径≤50mm时，选用旋翼式水表；公称直径＞50mm时，应采用螺翼式水表，当通过流量变化幅度很大时，应采用由旋翼式和螺翼式组合而成的复式水表。水表的公称直径应按设计秒流量不超过水表的额定流量来决定，一般等于或略小于管道公称通径。常用水表的技术特性见表6-44所示。

表6-44　常用水表的技术特性

类型	介质条件			公称直径/mm	主要技术特性	适用范围
	水温/℃	压力/MPa	性质			
旋翼式水表	0～40	1.0	清洁的水	15～150	最小起步流量及计量范围较小，水流阻力较大，湿式构造简单，精度较高	适用于用水量及其逐时变化幅度小的用户，只限于计量单位向水流
螺翼式水表	0～40	1.0	清洁的水	80～400	最小起步流量及计量范围较大，水流阻力小	适用于用水量大的用户，只限于计量单向水流
复式水表	0～40	1.0	清洁的水	主表：50～400 副表：15～40	由主、副表组成，用水量小时仅由副表计量，用水量大时，则主、副表同时计量	适用于用水量变化幅度大的用户，仅限于计量单向水流

水表安装要求如下：

1）水表应安装在便于检修和读数，不受曝晒、冰冻、污染和机械损伤的水平管道上。

2）螺翼式水表在上游侧，应保证长度为8～10倍水表公称直径的直管段；其他类型的水表前后应有不小于300mm的直线管段。

3）水表前后和旁通管上应设检修阀门。若水表可能产生倒转而损坏水表时，则应在水表前设单向阀。室外水表安装见给水排水标准图集S145。

4）住宅分户水表仅在表后设检修阀门。

5）安装水表时应注意水表外壳上箭头所示方向应与水流方向一致。

6.4　常用辅材

给水排水管道工程中所需的材料分为主材和辅（副）材，主材为管材以及各种阀件、法兰等，其余的材料都称为辅助材料。常用的辅材有型钢、钢板、填料等。

6.4.1　型钢

一般的型钢是用 Q235 钢经热轧工艺制造成不同几何断面形状的钢材，主要有圆钢、角钢、扁钢、槽钢、工字钢。

1．圆钢

圆钢常用于受力构件，如管道吊架拉杆、管道支架 U 形螺栓卡环等。为了便于运输和堆放，直径 6～12mm 的圆钢通常卷成圆盘出厂，称盘条或盘圆；直径 12mm 以上的圆钢通常轧成每根 6～12m 长，称直条。圆钢表示符号为 ϕ，如直径为 12mm 的圆钢表示为 $\phi12$。圆钢的规格为 6～40mm，常用圆钢规格见表 6-45。

表 6-45　常用圆钢规格

规格 ϕ/mm	6	8	10	12	14	16	18	20	22
理论质量/（kg/m）	0.222	0.395	0.617	0.888	1.21	1.58	2.0	2.47	2.98

2．角钢

角钢的两直角边宽度相等者称为等边角钢，规格表示为边宽×边厚，如边宽为 30mm，边厚为 4mm 的等边角钢表示为∟30×4；两直角边宽不相等者称为不等边角钢，规格表示为长边宽×短边宽×边厚，如长边宽为 32mm，短边宽 20mm，边厚为 3mm 的不等边角钢表示为∟32×20×3。常用等边角钢规格见表 6-46。角钢常用于管道支架。

表 6-46　常用等边角钢规格表

规格/mm 边宽×边厚	质量/（kg/m）	规格/mm 边宽×边厚	质量/（kg/m）	规格/mm 边宽×边厚	质量/（kg/m）	规格/mm 边宽×边厚	质量/（kg/m）	规格/mm 边宽×边厚	质量/（kg/m）
25×3	1.124	40×4	2.422	50×5	3.770	56×6	6.568	70×6	6.406
30×4	1.786	45×4	2.736	50×6	4.465	63×5	4.822	70×7	7.398
36×4	2.163	45×5	3.369	56×4	3.446	63×6	5.721	75×6	6.905
40×3	1.852	50×4	3.059	56×5	4.251	70×5	5.397	80×8	9.658

注：通常长度：边宽 20～40mm，长 3～9m；边宽 45～80mm，长 4～12m。

3．扁钢

扁钢是宽度相等的长条形钢材，主要用于制作管道吊架的吊环、管卡、活动支架等。其规格以宽度×厚度表示，如 –20×5 的扁钢。扁钢规格见表 6-47。

表 6-47 扁钢规格和质量表 (摘自 GB/T 704—1988)

宽度/mm	理论质量/（kg/m）															
厚度/mm	10	12	14	16	18	20	22	25	28	30	32	36	40	45	50	56	60
3	0.24	0.28	0.33	0.38	0.42	0.47	0.52	0.59	0.66	0.71	0.75	0.85	0.94	1.06	1.18	1.32	1.41
4	0.31	0.38	0.44	0.50	0.57	0.63	0.69	0.79	0.88	0.94	1.01	1.13	1.26	1.41	1.57	1.76	1.88
5	0.39	0.47	0.55	0.63	0.71	0.79	0.86	0.98	1.10	1.18	1.25	1.41	1.57	1.73	1.96	2.20	2.36
6	0.47	0.57	0.66	0.75	0.85	0.94	1.04	1.18	1.32	1.41	1.50	1.69	1.88	2.12	2.36	2.64	2.83
7	0.55	0.66	0.77	0.88	0.99	1.10	1.21	1.37	1.54	1.65	1.76	1.97	2.20	2.47	2.95	3.08	3.30
8	0.63	0.75	0.88	1.00	1.13	1.26	1.38	1.57	1.76	1.88	2.01	2.26	2.51	2.83	3.14	3.52	3.77
9	—	—	—	1.15	1.27	1.41	1.55	1.77	1.98	2.12	2.26	2.51	2.83	3.18	3.53	3.95	4.24
10	—	—	—	1.26	1.41	1.57	1.73	1.96	2.20	2.36	2.54	2.82	3.14	3.53	3.93	4.39	4.71

注：通常长度为 3~9m。

4．槽钢

槽钢常用于给排水管道工程中的管道及设备的支架、托架、支座等。槽钢规格以高度的厘米数值表示，称为号，如高度为 100mm 的槽钢表示为 10 号槽钢，也可以记为 10# 槽钢。槽钢规格见表6-48。

表 6-48 槽钢规格表 (摘自 GB/T 707—1988)

型　　号	尺寸/mm			理论质量/（kg/m）	备　　注
	h	b	d		
5	50	37	4.5	5.44	
6.3	63	40	4.8	6.63	
8	80	43	5	8.04	
10	100	48	5.3	10	
12.6	126	53	5.5	12.37	
14a	140	58	6	14.53	
14b	140	60	8	16.73	
16a	160	63	6.5	17.23	
16b	160	65	8.5	19.74	
18a	180	68	7	20.17	
18b	180	70	9	22.99	
20a	200	73	7	22.63	
20b	200	75	9	25.77	

5．工字钢

工字钢的断面为工字形，用途与槽钢相类似，规格的表示也相同，长度一般为 5~19m。常用规格见有关材料手册。

6. 钢板

钢板按厚度分为薄板（板厚≤4 mm）和厚板（4.5～60mm），厚板又可分为中板（4.5～26mm 厚）和厚板（28～60mm 厚）。钢板在给排水管道工程中主要用于制作容器、焊接钢管、法兰、盲板、管托架、预埋构件等，常用的厚度为0.5～26mm。钢板的规格表示以板的厚度表示。表6-49为钢板规格。

表 6-49 常用钢板规格

薄 板				厚 板			
厚度/mm	质量/（kg/m²）	厚度/mm	质量/（kg/m²）	厚度/mm	质量/（kg/m²）	厚度/mm	质量/（kg/m²）
0.5	3.925	1.4	10.99	4.5	35.325	12.0	94.2
0.7	5.495	1.5	11.775	5.5	43.18	14.0	100.9
0.9	7.065	2.0	15.7	6.0	47.10	16.0	125.6
1.0	7.85	2.5	19.625	7.0	54.95	18.0	141.3
1.1	8.635	3.0	23.55	8.0	62.80	20.0	157.0
1.2	9.42	3.5	27.476	9.0	70.65	22.0	172.7
1.3	10.205	4.0	31.4	10.0	78.5	24.0	188.4

6.4.2 管道支架

所有的管道都应以合理的构件承托，设备也不例外。这些构件材料分为钢结构、钢筋混凝土结构、混凝土结构、砖木结构等；按管道能否在构件上滑动，分为滑动式和固定式两种；按构件的结构形式可分为支架、吊架、托架与管卡。

管道支架是管道安装中使用最广泛的构件之一。管道支架的形式及其间距选择，主要取决于管道的材料、输送介质的工作压力和工作温度、管道保温材料与厚度，还需考虑便于制作和安装，在确保管道安全运行的前提下，降低安装费用。支架选择的一般规定如下：

1）沿建筑物墙、柱敷设的管道一般采用支架。

2）不允许有任何水平或垂直方向位移的管道采取固定支架。在固定支架之间，管道的热膨胀靠管道的自然补偿或专设的补偿器解决。

3）允许有水平位移的管道（如热力管道），应采取滑动支架。若管道输送温度较高，管径较大，为了减小轴向摩擦力，可采用滚动支架。

4）需要有垂直位移的管道可采取弹簧支架。

5）有水平位移或垂直位移的管道（如热水管）穿过建筑物墙或楼板时，必须加套管，套管的作用相当于一种特殊的滑动支架。

常用管道固定支架的间距见表6-50。

表 6-50   常用管道固定支架的间距

管子直径 DN（D）/mm	水平敷设/m					垂直敷设/m		
	钢管		塑料管 t = 20℃			钢管	聚氯乙烯高压聚乙烯	低压聚乙烯
	不保温	保温	聚氯乙烯	低压聚乙烯	高压聚乙烯			
15（20）	2.5	1.5	0.55	0.4	0.40		—	0.5
20（25）	3.0	2.0	0.65	0.45	0.45		—	0.7
25（32）	3.5	2.0	0.85	0.50	0.55		1.21	0.9
32（40）	4.0	2.5	1.10	0.60	0.65		1.51	1.10
40（50）	4.5	3.0	1.15	0.70	0.8		1.80	1.40
50（63）	5.0	3.0	1.35	0.80	0.90	3.0	2.40	1.70
70（75）	6.0	4.0	1.60	0.90	1.00		2.50	2.00
80（90）	6.0	4.0	1.80	1.00	1.10		3.20	2.60
100（110）	6.0	4.5	2.0	1.15	1.25		3.90	2.90
125（140）	7.0	5.0	2.25	—	—		—	—

注：DN 指公称通径，D 为塑料管外径。

管道支架安装的一般要求如下：

1）支架横梁应牢固地固定在墙、柱子或其他构件上，横梁长度方向应水平，顶面应与管子中心线平行。

2）管道的支架间距施工时一般按设计规定采用。

6.4.3   常用紧固件

常用紧固件主要是用于各种管路、支架及设备固定与收紧所用的器件，如膨胀螺栓、射钉、螺栓（母）。

1．膨胀螺栓

膨胀螺栓是用于固定管道支、吊、托架、管卡及作为设备地脚的专用紧固件。采用膨胀螺栓能省去预埋件及预留孔洞，提高施工质量，加快安装速度，降低成本。膨胀螺栓种类很多，按结构形式分为锥塞型和胀管型两类；按制造材料分，可分为金属材料和非多属材料两大类。属金属材料的膨胀螺栓主要是钢制膨胀螺栓，其次为铜合金及不锈钢制造的膨胀螺栓；属非金属材料制造的主要是塑料膨胀螺栓，其次为尼龙膨胀螺栓。膨胀螺栓的种类见有关五金材料手册。

锥塞型膨胀螺栓适用于钢筋混凝土建筑结构。胀管型膨胀螺栓用于砖、木及钢筋混凝土建筑结构。对于受拉或受动荷载作用的支、吊、托架、管卡及设备宜采用胀管型膨胀螺栓。膨胀螺栓的安装要求（见表 6-51）为：①选择不小于允许拉力和允许剪力的膨胀螺栓；②在安装部位采用冲击电钻（电锤）钻孔，所选钻头直径等于膨胀螺栓直径；③将胀管放入孔洞内，锥塞型膨胀螺栓打入锥塞；

胀管型膨胀螺栓则拧紧螺母即可。

表 6-51　钢制膨胀螺栓在 C15 及其以上等级混凝土中的允许承载力

型　号		螺栓直径/mm	允许拉力/MPa	允许剪力/MPa	钻　孔	
					直径/mm	深度/mm
YG1	M10	$\phi10$	57	47	10.5	60
	M12	$\phi12$	87	69	12.5	70
	M16	$\phi16$	165	130	16.5	90
	M20	$\phi20$	270	200	20.5	110
YG2	M16	$\phi16$	194	180	22.5～23	120
	M20	$\phi20$	304	280	28.5～30	140

2. 射钉

射钉的作用与膨胀螺栓一样。不同于膨胀螺栓需要钻孔，射钉靠射钉枪中弹药爆炸的冲击力将钢钉直接射入建筑结构中。射钉是一种专用特制钢钉，它可作用在砖墙、钢筋混凝土结构、钢质或木质构件上。射钉是靠对基体材料的挤压产生的摩擦力而紧固的。因此，射钉只能用于承受一般的静荷载，不宜承受动荷载。采用射钉安装支架与设备，不但位置准确，速度快，且可节省能源和材料。

选用射钉要考虑荷载量、构件的材质和射钉的埋入深度，见表6-52，并根据射钉的大小选择射钉弹。

表 6-52　射钉和射钉弹选用表

基体材料类别	基体材料抗拉（压）强度/MPa	射钉埋置深度 L/mm	被紧固件材质和厚度 S/mm	射钉类型	射钉弹类型
混凝土	10～60	22～32	木质 25～55	YD DD	S_1 红、黄 S_3 黄、红、绿
混凝土	10～60	22～32	松软木质 25～55	YD + D36 DD + D36	S_1 红、黄 S_3 红、黄、绿
混凝土	10～60	22～32	钢和铝板 4～8	YD DD	S_1 红、黄 S_3 红、黄
混凝土	10～60	22～32	—	M6	S_3 红、黄
混凝土	10～60	22～32	—	M8、M10	S_3 红、黄
金属体	1～7.5	8～12	木质 25～55	HYD HDD	S_1 红 S_3 红、黄
金属体	1～7.5	8～12	—	HM6 HM8 HM10	S_3 黑、红、黄

射钉分为圆头射钉和螺纹射钉两类。

射钉枪的使用：将装好射钉和弹药的射钉枪，对着所要固定的基体材料用30～50N的压力使枪管向后压缩到规定位置，扣动扳机击发，将钢钉射入指定的位置。

3. 螺栓（母）

螺栓与螺母的螺距分为粗牙和细牙两种。粗牙普通螺距用字母"M"和公称直径表示，如 M12 表示公称直径为 12mm 的粗牙螺纹。细牙普通螺纹用字母"M"和公称直径×螺距表示，如 M14×1.5 表示螺距为 1.5mm、公称直径为14mm 的细牙螺纹。给水排水管道工程中，粗牙的螺栓（母）应用较普遍。公制普通螺纹规定见表6-53。

表 6-53　公制普通螺纹规格　　　　　　　　（单位：mm）

公称直径 螺　距	4	5	6	8	10	12	14	16	18	20	22	24	27	30	33	36	39	42	45	48
粗牙	0.7	0.8	1	1.25	1.5	1.75	2	2	2.5	2.5	2.5	3	3	3.5	3.5	4	4	4.5	4.5	5
细牙	0.5	0.5	0.75	1.0 0.75	1.0 1.25	1.25 1.5	1.5	1.5	2 2.15	2 2.15	2.5	2	2	3.2	3.2	3.2	3.2	4.3	4.3	4.3

（1）螺栓　螺栓按外形分为六角、方头和双头螺栓三种；按制造工艺分为粗制、半精制、精制三种。给水排水管道工程中常采用粗制、半精制粗牙普通螺距六角头螺栓（母）。螺栓的表示：粗牙普通螺距的螺栓为公称直径×长度，如M8×10 表示公称直径 8mm，螺栓长为 10mm；细牙普通螺纹螺纹螺栓用公称直径×长度×螺纹长度。常用螺栓规格见表6-54。

表 6-54　公制六角螺栓规格　　　　　　（单位：mm）

公称直径	3	4	5	6	8	10	12	16	20	24
螺栓长度	4～35	5～40	6～50	8～75	10～85	10～85	10～150	14～220	18～220	32～260

（2）螺母　螺母是与螺栓配套的紧固件，它分六角和方螺母两种。常用螺母规格见表6-55。

表 6-55　公制六角螺母规格　　　　　　（单位：mm）

公称直径	2	2.5	3	4	5	6	8	10	12	14	16	18	20	22	24	30
螺母厚度	1.6	2	2.4	3.2	4	5	6	8	10	11	13	14	16	18	19	24

（3）垫圈　垫圈分平垫圈和弹簧垫圈两种。垫圈置于被紧固件（如法兰）与螺母之间，能增大螺母与被紧固件间的接触面积，降低螺母作用在单位面积上的压力，并起保护被紧固件表面不受摩擦损伤的作用。给水排水管道工程中常采用平垫圈。平垫圈规格见表6-56。弹簧垫圈富有弹性，能防止螺母松动，适宜于常

受振动处（如水泵的地脚螺栓）。它分为普通与轻型两种，规格与所配合使用的螺栓一致，以公称直称表示。

表 6-56　平垫圈规格（公称直径指配合螺栓规格）

公称直径/mm	3	4	5	6	8	10	12	14	16	18	20	22	24	30	36	40
垫圈直径/mm	3.2	4.2	5.5	6.5	8.5	10.5	12.5	14.4	16.5	19	21	23	25	31	33	44
垫圈质量/(kg/千个)	0.331	0.508	1.051	1.421	2.327	3.981	5.76	10.61	13.90	15.90	24.71	30.44	34.51	63.59	117.6	165.1

螺栓、垫圈、螺母的安装要求：①螺栓的公称直径应小于被紧固件螺栓孔直径 2 ~ 3mm；②螺栓的长度应保持垫上垫圈拧紧螺母后外露长度不超过 5mm（2 ~ 3 扣丝）；③一个螺母下只允许垫一个垫圈；④拧紧螺母的扳手不允许附加管子套管进行加力，以免损坏被紧固件或拧断螺栓。

6.4.4　管道支架的安装

管道支架的安装分下面两个步骤进行：

·（1）管道支架的定线　按照设计要求定出支架的位置，再按管道的标高，将同一水平直管段两端的支架位置画在墙或柱子上。要求有坡度的管道，应根据两点间的距离和坡度的大小，算出两点间的高差，然后在两点间拉一根直线，按照支架的间距在墙或柱子上画出每个支架的位置。

如土建施工时已在墙上预留了埋设支架的孔洞，或在钢筋混凝土构件上预埋了焊接支架的钢板，则应检查预留孔洞或预埋钢板的标高和位置是否符合设计要求。预埋钢板上的砂浆或油漆应清除干净。

混凝土、钢筋混凝土、砖砌等制成的支柱、支墩等，在安装支架前应测量顶面标高、坡度和垂直度是否符合设计要求。

（2）支架的安装　支架的安装应按设计或有关要求执行。其安装方法分为两种：预留孔洞或预埋钢板式。前者由土建施工时预留孔洞，埋入支架横梁时，应清除洞内碎石和灰尘，并用水将孔洞浇湿，埋入深度应符合设计要求或有关标准图的规定（图 6-20）。孔洞采用 C20 的细石混凝土填塞，要填得密实饱满；后者在浇灌混凝土前，将钢板焊接在钢筋骨架上，以免振捣混凝土时，预埋件脱落或偏离设计标高和位置（图 6-21）。上述两种方法适合于较大直径且有较大推力的管道支架的安装。

在没有预留孔洞和预埋钢板的砖或混凝土构件上，可以用射钉或膨胀螺栓安装支架，如图 6-22、图 6-23 所示。这种施工方法具有施工进度快、工程质量好、安装成本低的优点。但是，这种方法安装的管道支架一般仅用于管径不大的管道或推力较小管道的安装。

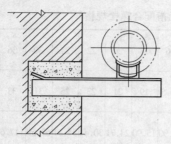 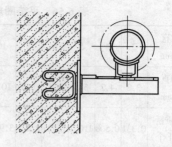

图 6-20 埋入墙内的支架（预留孔洞）　　　图 6-21 焊接到预埋钢板上的支架

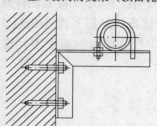 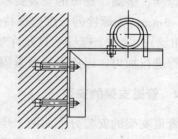

图 6-22 用射钉安装的支架　　　图 6-23 用膨胀螺栓安装的支架

6.4.5 管道吊架安装

管道吊架用于架空敷设管道的安装。如建筑物楼板下架空安装的排水管等均采用吊架。管道吊架可分为刚性吊架和弹簧吊架两种。刚性吊架由管卡和吊杆组成，用于无垂直位移管道的安装；弹簧吊架由管卡、弹簧、吊杆组成，用于有垂直位移管道的安装。吊架的安装要求为：吊架的吊杆应垂直于管子，吊杆的长度要能调节。

管道吊架的安装有下列几种方法：

1）土建施工预留孔洞或预埋钢板或直接预埋吊杆。这种方法要求安装施工要密切配合土建施工进行预留预埋，否则会造成少埋、漏埋或位置不符合设计要求的问题。

2）现场打洞法。这种方法仅适合较薄现浇板或预制空心板的打洞。打洞宜采用冲击电钻（电锤）施工，应最大限度地保证建筑物结构不受损坏、孔洞大小适中、位置正确。

3）膨胀螺栓安装吊架法。这种方法具有施工简单快捷，质量容易保证的特点。但应注意管道的荷载不应大于膨胀螺栓的允许拉力，以免膨胀螺栓拔出而损坏管道。

托架类似于支架，不但用于管道的支承，也用于设备的架空承托，实质上也是一种支架，其安装要求和施工方法与支架的安装方法相同。

6.4.6　管卡固定

管卡是用来固定管道，防止管道滑动的专用构件。按制作材料，管卡可分为钢制管卡、铸铁管卡（用于排水铸铁管的铸铁管卡又称卡玛）、塑料管卡等；按用途，管卡可分为支、托架用 U 形管卡，吊架用吊环式管卡。除在给水钢管上使用的钩钉（已很少采用，基本为管卡所代替）外，管卡一般与管道的支、托、吊架配合使用。

给排水管道安装用支、吊、托架、管卡的制作与安装可参见全国通用给水排水标准图集 S119。其他管道支架等的制作、安装可参照《采暖系统及散热器安装》、《室外热力管道支座》等国家标准图集，根据管道安装的实际位置选择。

6.4.7　填料

填料也是一种管道工程中广泛使用的辅材。填料的种类较多，其中包括麻、白铅油、聚四氟乙烯生料带、黑铅油、石棉绳等。

1. 麻

麻是麻类植物的纤维。常见的麻有亚麻、大麻、白麻，总称为原麻。原麻中数亚麻的纤维长而细，强度大，大麻次之。原麻经 5% 石油沥青与 95% 汽油混合溶液浸泡处理，干燥后即为油。油麻最适宜用作管螺纹的接口填料；油麻也是铸铁管承插口的嵌缝填料。

2. 白铅油（白厚漆）

白铅油是铅丹粉拌干性油（鱼油）的产物。在管螺纹接口中，麻主要起填充止水作用，白铅油初期将麻粘接在管螺纹上，后期干燥后，也起填充作用。使用时，先将白铅油用废锯条或排笔涂于外管螺纹上（白铅油过稠可用机油调合），然后用油麻丝（将油麻用手抖松成薄而均匀的片状）顺螺纹方向缠绕 2～3 圈，拧入阀门或管件，用管钳上紧即可。

3. 聚四氟乙烯生料带

麻的缺点是使用一段时间后会腐烂，影响水质，而且施工不便，施工完毕后，还需剔去管接头处多余的油麻以保证管道的良好外观。

聚四氟乙烯生料带是以聚四氟乙烯树脂与一定量的助剂相混合，并制成厚度为 0.1mm、宽度 30mm 左右、长度 1～5m（缠绕在塑料盘上）的薄膜带。它具有优良的耐化学腐蚀性能，对于强酸、强碱、强氧化剂，即使在高温条件也不会产生作用；它的热稳定性好，能在 250℃高温下长期工作；它的耐低温性能也很好。其工作温度为 −180～+250℃。聚四氟乙烯生料带使用方便，使用时，将生料带顺外管螺纹方向贴紧缠绕 1.5～2 圈，拧入后上紧即可。经生料带接口的管道不但美观，而且还有保护管道（因套丝而受损）接头处免受腐蚀的作用。因此，除了价格因素外，聚四氟乙烯生料带最有希望取代油麻作管道螺纹接口的填料。

4．黄丹粉与铅粉

氧气管道螺纹接口采用黄丹粉拌甘油（甘油有防火性能）。黄丹粉还可用于煤气、压缩空气、氨等管道的螺纹接口。黄丹粉与甘油调合后，宜在 10min 左右的时间内用完，否则会硬化。

铅粉也叫石墨粉，呈碎片状，性滑。对于介质温度超过 115℃ 的管道螺纹接口可采用铅粉拌干性油（鱼油）与石棉绳作密封材料。铅粉拌干性油的产物又称黑铅油。

铅粉用机油搅拌成糊状后，涂在橡胶石棉板法兰垫片上，不仅增加了接触面的严密性，而且又可防止垫片粘附在法兰上，方便更换。

5．石棉

石棉是一种非金属矿物纤维，具有耐腐蚀，隔热好、不燃烧的特性，常用作保温材料。石棉绳是石棉制品中的一种，它广泛用于管道的接口。石墨石棉绳则属成型材料，其截面呈方形或圆形（又称为石棉盘棉），规格较多，是各种阀门和水泵水封轴处的填料。石棉与橡胶混合，压制成石棉橡胶板，石棉橡胶板是法兰接口良好的密封材料。

复习思考题

1．简述管道与管道附件的通用标准。

2．简述管材的分类以及选择原则。

3．试述钢管的性质、用途。

4．试述铜管的性质、用途。

5．试述塑料管的主要种类、性质、用途。

6．试述阀门型号表示方法以及各单元的含义。

7．试述常用阀门的种类及其型号。

8．试述闸阀、截止阀的性能、用途，这两种阀从外表、结构上如何区分？

9．单向阀在管道工程中有何作用？如何安装？

10．简述常用紧固件的种类以及使用要求。

11．管道工程中常用哪些辅材？如何表示其规格？

12．试述常用辅材的用途。

13．试述管道支、吊、托架与管材采用的材料、施工机具以及安装方法。

14．试述管道螺纹连接用填料的种类、性能及其应用。

第 7 章

管道的加工与连接

管道的加工与连接是管道安装工程的中心环节，是将施工设计转化为工程实体的重要过程。管道的加工工艺主要有下料、切断、弯管等。管道的连接主要有螺纹连接、焊接、承插连接、粘接、法兰连接等。加工和连接的每道工序均应符合设计要求和质量标准，这就需要在管道的加工和连接的过程中，应严格遵守施工操作规程，杜绝质量事故。工程技术人员及工人应根据施工现场条件，合理地进行施工组织，尽可能采用先进机具、先进技术，以降低工程成本，提高劳动生产率，高速度高效益地完成每项建设工程。

7.1 施工准备

给水排水管道加工的施工准备，一般可分为熟悉图样和资料、管道的检查与清理、施工测量等。

1. 熟悉图样和资料

在给水排水管道加工前，应认真做好各项准备工作，以便及早发现问题，消灭差错，这对加工的顺利进行和保证工程质量都具有重要的意义。

在熟悉图样阶段，必须具有施工时要用的全部图样和说明。识图时，应注意管道的位置和标高有无差错，管道的交叉处、连接点、变径处是否清楚，管道工程与土建工程及电气、仪表、设备安装有无矛盾等。同时，还应弄清楚管道、管件的材质与规格、所用阀门等附件的型号、管道的连接方式及管道基础、管座、支架等结构形式。

通过熟悉图样，应能了解工程的生产工艺和使用要求，理解设计意图，从而明确对加工的要求。若发现有问题，可以在图样会审时或施工过程中提出修改意见，以求得及时解决。同时，还应当充分熟悉有关的规程、规范、质量标准等资料。然后根据设计要求和现场实际情况，编制施工预算与施工组织设计，提出相应的施工方法、技术措施、材料使用计划、机具使用计划、加工件（如法兰、支架、弯管等）计划和必要的加工图。此外，还应根据工程的特点，提出保证施工安全的具体措施。

2. 管道的检查与清理

给排水管道加工前，应进行管道的检查与清理。管道的检查与清理应按管道材质的不同，分类进行。管材一般应有合格证书，外观质量及尺寸公差应符合国家标准。

（1）钢管　钢管必须具有制造厂的合格证明书，否则应补作所缺项目的检验，其指标应符合现行国家和部颁技术标准。钢管表面应无显著锈蚀，不得有裂纹、凹坑、鼓包、重皮等不良现象，其材质、规格应符合设计要求。有缝钢管内外表面的焊缝应平直光滑，不得有扭曲、焊缝开裂、焊缝根部未焊透的缺陷。镀锌钢管的内外镀锌层应完整和均匀。

（2）铸铁管　铸铁管必须有合格证书。不同铸铁管的外形尺寸、允许偏差应符合现行国家标准。管表面不得有裂纹。检查铸铁管有无裂纹，可用小铁锤轻轻敲击管口、管身，有裂纹处发出嘶哑混浊的声音，有破裂的管材不能使用。对承、插口部位的沥青防腐层可用喷灯或气焊烤掉。若有毛刺和铸砂可用砂轮磨掉或用錾子剔除。承插口配合的环向间隙，应满足接口的需要。对采用胶圈接口的铸铁管，承插口的内外工作面应光滑、轮廓清晰、不得有影响接口密封面的缺陷。有内衬水泥砂浆防腐层的铸铁管，应进行检查，如有缺陷或损坏，应按产品说明修补、养护。

（3）塑料管　管材必须有合格证书，且批量、批号相符。管的外形及尺寸偏差应符合现行国家标准。给水用塑料管除具有产品合格证外，还应有产品说明，标明用途、国家标准，并附卫生性能、物理力学性能检测报告等技术文件。塑料管表面应光滑，不得有擦伤、断裂和变形现象；不允许有裂纹、气泡、脱皮和严重的冷斑、明显的杂质以及色泽不匀、分解变质的缺陷。管材的承、插口的工作面必须表面平整、尺寸准确。

（4）预应力钢筋混凝土管　管道必须有合格证书，质量应满足现行国家标准。管承口外表应有标记，管道应附有出厂证明书，证明管道型号及出厂水压试验结果，制造及出厂日期，并须有质量检查部门签章。管体内外表面应无露筋、空鼓、裂纹、脱皮、碰伤等缺陷。承插口工作面应光滑平整，局部凹凸度用尺量不超过 2mm。

用尺量并记录每根管的承口内径、插口外径及其椭圆度，承插口配合的环形间隙，应能满足选配胶圈的要求。

对出厂时间过长（跨季），质量有所下降的管道应经水压试验合格，方可使用。

（5）混凝土管、钢筋混凝土管、陶管　外观质量及尺寸公差应符合国家现行标准。外观检查：混凝土和钢筋混凝土管如发现有裂缝、保护层脱落、空鼓、接口掉角等缺陷，使用前应坚定，经过修补认可后，方可使用；陶管应表面无裂纹、无缺损，敲击声响清脆。

(6) 管道缺陷的修补

1) 预应力钢筋混凝土管的修补。用环氧腻子修补预应力钢筋混凝土管，适用于局部有蜂窝、保护层脱皮、小面积空鼓和碰撞造成的缺角、掉边。其操作步骤为：使待修部位向上→修补部位凿毛→洗净晾干→刷环氧树脂底胶→初步固化→抹环氧腻子→用铁抹子压实压光。

环氧腻子配方见表 7-1。

表 7-1　环氧腻子配方

材 料 名 称	配方（质量比）	
	环氧树脂底胶	环氧腻子
6101 号环氧树脂	100	100
磷苯二甲酸二丁脂	10	8
乙二胺	6 ~ 10	6 ~ 10
425 号水泥	—	350 ~ 450
滑石粉		350 ~ 450

2) 混凝土和钢筋混凝土管的修补。管口有蜂窝、缺角、掉边及合缝漏浆、小面积空鼓、脱皮露筋等现象的混凝土和钢筋混凝土管的修补可采用环氧树脂砂浆。环氧树脂砂浆配方见表 7-2。

表 7-2　环氧树脂砂浆配方

材 料 名 称	配方（质量比）	
	环氧树脂底胶	环氧树脂砂浆
6101 号环氧树脂	100	100
乙二胺	6 ~ 10	6 ~ 10
磷苯二甲酸二丁脂	10	8
425 号水泥	—	150 ~ 200
细砂（微径 0.3 ~ 1.2mm）	—	400 ~ 600

修补顺序：使待修部位朝上→凿毛（使钢筋局部外露）→清洗晾干→毛刷刷环氧树脂底胶→填补环氧树脂砂浆→铁抹子反复压实压光、达到要求厚度。

3. 施工测量

(1) 施工测量的目的　通过施工测量，可以检查预埋件及预留孔洞的位置是否正确，管道的基础及管座的标高和尺寸是否符合管道的设计标高和尺寸，管道与管道平行、交叉以及管道与设备、仪表安装是否有矛盾等。对于在图上无法确定的标高、尺寸和角度，也需要在实地测量确定。

（2）测量的方法　测量的基本方法是利用空间三维坐标原理，测出管道在 X、Y、Z 轴三个方向所需的尺寸和角度。测量时要首先选择基准，主要包括水平线、水平面、垂直线和垂直面。选择基准应以施工现场的具体条件而定。建筑外墙、道路边石、中心线，建筑物的地坪、梁、柱、墙或已安装完毕的设备和管道都可作为基准。

测量长度用钢卷尺或皮尺。管道转弯处应测量到转角的中心点，测量时，可在管道转角处两边的中心线上各拉一条线，两条线的交叉点就是管道转角的中心点。

测量角度可以用经纬仪或全站仪。一般用的简便测量方法，是在管道转角处两边的中心线上各拉一条细线，用量角器或活动角尺测量两条线的夹角，就是管道弯头的角度。

在测量过程中，首先根据图样的要求在现场定出主干管或干管各转角点的位置。水平管段先测出一端的标高，并根据管段的长度和坡度，定出另一端的标高。两点的标高确定后，就可以定出管道中心线的位置。再在主干管或干管中心线上定出各分支处的位置，标出分支管的中心线。然后把各个管路附件的位置定出，测量各管段的长度和弯头的角度。

连接设备的管道，一般应在设备就位以后测量。如在设备就位前测量，则应在设备连接处预留一闭合管段，在设备落位后再次测量，才能作为下料的依据。

（3）管道安装图的绘制　通过施工测量，并对照设计图样，可以绘制出详细的管道安装图，作为管道、管件预制和安装的依据。

管道安装图一般按系统绘成单线图，较复杂的节点应绘制大样图。在管道安装图中，应标出各个转角点之间的管段中心线长度，弯头的弯曲角度和弯曲半径，各管件、阀件、压力表、温度计等连接点的位置。同时还应标注管道的规格与材质、管路附件的型号及规格等。

如管道的预制集中在预制厂进行，应分别按组合件绘制预制加工图。

对于某些数量多、安装形式又相同的管道工程（如建筑给排水工程），可以只测量一个单元，绘出安装图，安装出一个单元的标准管路系统，其余各单元可按此安装图预制和安装。

7.2　管道切断

切断是管道加工的一道工序，切断过程常称为下料。对管道切口的质量要求为：管道切口要平齐，即断面与管道轴心线要垂直，切口不正会影响套螺纹、焊接、粘接等接口质量；管口内外无毛刺和铁渣，以免影响介质流动；切口不应产生断面收缩，以免减小管道的有限断面积从而减小流量。

管道的切断方法可分为手工切断和机械切断两类。手工切断主要有钢锯切断、錾断、管道割刀切断、气割；机械切断主要有砂轮切割机切断、套丝机切断、专用管道切割机切断等。

1. 人工切断

（1）钢锯切断　钢锯切断是一种常用方法，钢管、铜管、塑料管都可采用，尤其适合于 $DN50$mm 以下钢管、铜管的切断。钢锯最常用的锯条规格是 12″（300mm）×24 牙及 18 牙两种（其牙数为 1in 长度内有 24 个牙或 18 个牙）。薄壁管道（如铜管）锯切时采用牙数多的锯条。因此，壁厚不同的管道锯切时应选用不同规格的锯条。

手工钢锯切断的优点是设备简单，灵活方便，节省电能，切口不收缩和不氧化。其缺点是速度慢，劳动强度大，切口平正较难达到。

（2）管道割刀切断　管道割刀是用带有刃口的圆盘形刀片，在压力作用下边进刀边沿管壁旋转，将管道切断。采用管道割刀管时，必须使滚刀垂直于管道，否则易损坏刀刃。管道割刀适用于管径 15～100mm 的焊接钢管。此方法具有切管速度快，切口平正的优点，但产生缩口，必须用纹刀刮平缩口部分。管道割刀如图 7-1 所示。

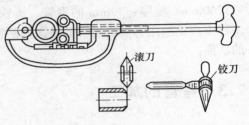

滚刀

铰刀

图 7-1　管道割刀

（3）錾断　錾断主要用于铸铁管、混凝土管、钢筋混凝土、陶管、所用工具为手锤和扁錾。为了防止将管口錾偏，可在管道上预先划出垂直于轴线的錾断线，方法是用整齐的厚纸或油毡纸圈在管道上，用磨薄的石笔在管道上沿样板边划一圈即可。操作时，在管道的切断线处垫上厚木板，用扁錾沿切断线錾 1～3 遍至有明显凿痕，然后用手锤沿凿痕连续敲打，并不断转动管道，直至管道折断。錾切效率较低，切口不够整齐，管壁厚薄不匀时，极易损坏管道（錾破或管身出现裂纹），通常用于缺乏机具条件下或管径较大情况下使用。

（4）气割　气割是利用氧气和乙炔气的混合气体燃烧时所产生的高温（约1100～1150℃），使被切割的金属熔化而生成四氧化三铁熔渣，熔渣松脆易被高压氧气吹开，使管道或型材切断。手工气割采用射吸式割炬。气割的速度较快，但切口不整齐，有铁渣，需要用钢锉或砂轮打磨和除去铁渣。

气割常用于 $DN100$mm 以上的焊接钢管、无缝钢管的切断。不适合铜管、不锈钢管、镀锌钢管的切断。此外，各种型钢、钢板也常用气割切断。

2．机械切断

（1）砂轮切割机　砂轮切割机的原理是高速旋转的砂轮片与管壁接触磨削，将管壁磨透切断。砂轮切割机适合于切割 $DN150mm$ 以下的金属管材，它既可切直口也可切斜口。砂轮机也可用于切割塑料管和各种型钢。是目前施工现场使用最广泛的小型切割机具。

（2）套丝机切管　适合施工现场的套丝机均配有切管器，因此它同时具有切管、坡口（倒角）、套螺纹的功能。套丝机用于 $DN \leqslant 100mm$ 焊接钢管的切断和套螺纹，是施工现场常用的机具。

（3）专用管材切割机　国内外用于不同管材、不同口径和壁厚的切割机很多。国内已开发生产了一些产品，如用于大直径钢管切断机，可以切断 $DN75 \sim 600mm$、壁厚 $12 \sim 20mm$ 的钢管，这种切断机较为轻便，对埋于地下的管道或其他管网的长管中间切断尤为方便。还有一种电动自爬割管机，可以切割 $\phi 133 \sim 1200mm$、壁厚 $\leqslant 39mm$ 的钢管、铸铁管，在自来水、煤气、供热及其他管道工程中广泛应用。需要说明的是这些割管机均具有在完成切管以后进行坡口加工的功能。

7.3　弯管的加工

在给排水管道安装中，需要用各种角度的弯管，如 90° 和 45°弯、乙字弯（来回弯）、抱弯（弧形弯）等。这些弯管以前均在现场制作，费工费时，质量难以保证。现在弯管的加工日益工厂化，尤其是各种模压弯管（压制弯）广泛地用于管道安装，使得管道安装进度加快，安装质量提高。但是，由于管道安装的特殊性，因此，在管道安装现场仍然有少量的弯管需要加工。

1．弯管质量要求与计算

（1）弯管断面质量要求与受力分析　钢管弯曲后其弯曲段的强度及圆形断面不应受到明显影响，因此就必须对圆断面的变形、焊缝处、弯曲长度以及弯管工艺等方面进行分析、计算和制定质量标准。

弯管受力与变形如图 7-2 所示。管道在弯曲过程中，其内侧管壁各点均受压力，由于挤压作用，管壁增厚，直线 CD 成为圆弧 $C'D'$，且由于压缩变短；外侧管壁受拉力，在拉力作用下，管壁厚度减薄，直线 AB 变为圆弧线 $A'B'$ 且伸长，管壁减薄会使强度降低。为保证一定的强度，要求管壁有一定的厚度，在弯曲段管壁减薄应均匀，减薄量不应超过壁厚的 15%。

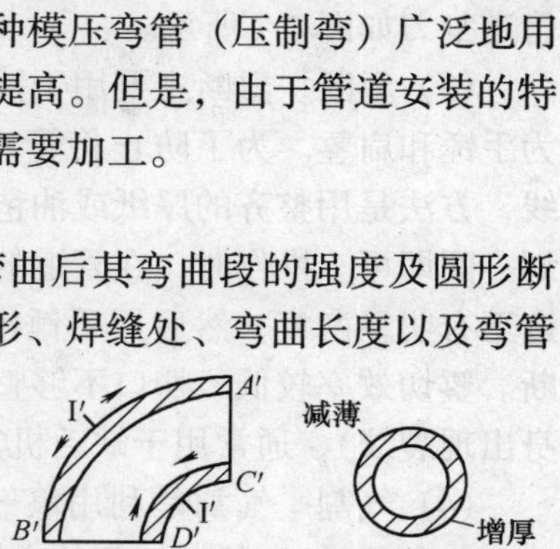

图 7-2　弯管受力与变形

断面的椭圆率（长短直径之差与长直径之比）：当管径 $D \leqslant 50mm$ 时不大于 10%；管径 $50mm < D < 150mm$ 时不大于 8%；管径 $150mm < D \leqslant 200mm$ 时不大于 6%。此外，管壁上不得产生裂纹、鼓包，且弯度要均匀。

弯曲半径 R 是影响弯管壁厚的主要因素。同一管径的管道弯曲时，R 大，弯曲断面的减薄（外侧）量小；R 小，弯曲断面外侧减薄量大。如果从强度方面和减小管道阻力考虑，R 值越大越好。但在工程上 R 大的弯头所占空间且不美观，因此弯曲半径 R 应有一个选用范围，根据管径及使用场所不同采用不同的 R 值，一般 $R = 1.5 \sim 4DN$（DN 为管子的公称直径）。采用机械弯管时 R 为：冷弯 $R = 4DN$；热弯 $R = 3.5DN$；压制弯、焊接弯头 $R = 1.5DN$。

（2）管道弯曲长度确定　管道弯曲长度即指弯头展开长度。其计算公式为

$$L = \frac{\alpha}{360} 2\pi R = \frac{\alpha}{180} \pi R \tag{7-1}$$

式中　α——弯管角度；

　　　R——弯曲半径。

在给排水管道施工中如设计无特殊要求，采用手工冷弯时，90°弯管（图7-3）的弯曲半径取 $4DN$，则弯曲长度可近似取 $6.5DN$，45°弯管的弯曲长度取 $2.5 \sim 3DN$。乙字弯（来回弯）一般可近似按两个45°弯管计算。

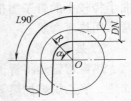

图 7-3　90°弯管

2. 冷弯弯管

制作冷弯弯管，通常用手动弯管器或电动弯管机等机具进行，可以弯制 $DN \leqslant 150mm$ 的弯管。由于弯管时不用加热，常用于钢管、不锈钢管、铜管、铝管的弯管。

冷弯弯管的弯曲半径 R 不应小于管子公称通径的4倍。

由于管子具有一定的弹性，当弯曲时施加的外力撤除后，因管子弹性变性的结果，弯管会弹回一个角度。弹回角度的大小与管材、壁厚以及弯管的弯曲半径有关。一般钢管弯曲半径为4倍管子公称通径的弯管，弹回的角度约为 $3° \sim 5°$。因此，在弯管时，应增加这一回弹角度。

手动弯管器的种类较多。图7-4所示的弯管板是一种最简单的手动弯管器，它由长 $1.2 \sim 1.6m$、宽 $250 \sim 300mm$、厚 $30 \sim 40mm$ 硬质土板制成。板中按需弯管的管子外径开若干圆孔，弯管时将管子插入孔中，管端加上套管作为杠杆，以人工加力压弯。这种弯管器适合于 $DN15 \sim 20mm$、弯曲角度不大的弯管，如

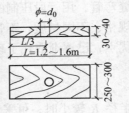
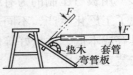

图 7-4　弯管板

连接冲洗水箱乙字弯（来回弯）。

图 7-5 所示弯管器是施工现场常用的一种弯管器。这种弯管器需要用螺栓固定在工作台上使用，可以弯曲公称通径不超过 25mm 的管。施工现场弯管时，将要弯曲的管放在与管外径相符的定胎轮和动胎轮之间，一端固定在夹持器内，然后推动手柄（可接加套管），绕定胎轮旋转，直到弯成所需弯管。这种弯管器弯管质量要优于弯管板，但它的每一对胎轮只能加工一种外径的管，管外径改变，胎轮也必须更换，因此，弯管器常备有几套与常用规格管的外径相符的胎轮。

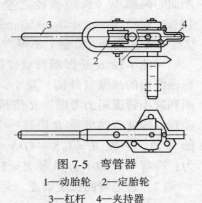

图 7-5　弯管器
1—动胎轮　2—定胎轮
3—杠杆　4—夹持器

采用机械进行冷弯弯管具有工效高、质量好的优点。一般公称直径 25mm 以上的管都可以采用电动弯管机靳行弯管。

冷弯适宜于中小管径和较大弯曲半径（$R \geq 2DN$）的管子，对于大直径及弯曲半径较小的管子需很大的动力，这会使冷弯机机身复杂庞大，使用不便，因此常采用热弯弯管。

3．热弯弯管

热弯弯管是将管子加热后进行弯曲的方法。加热的方式有焦炭燃烧加热、电加热、氧乙炔焰加热等。焦炭燃烧加热弯管由于劳动强度大、弯管质量不易保证，目前施工现场已极少采用。

中频弯管机采用中频电有感应对管子进行局部环状加热，同时用机械拖动管子旋转，喷水冷却，使弯管工作连续进行。可弯制 $\phi 325 \times 10$mm 的弯管，弯曲半径为管外径的 1.5 倍。

火焰弯管机能弯制钢管范围：$\phi 76 \sim 426$mm，壁厚 $4.5 \sim 20$mm、弯曲半径 R 为（$2.5 \sim 5$）DN 的钢管。

4．模压弯管

模压弯管又称为压制弯。它是根据一定的弯曲半径制成模具，然后将下好料的钢板或管段加入加热炉中加热到 900℃左右，取出放在模具中用锻压机压制成形。用板材压制的为有缝弯管，用管段压制的为无缝弯管。目前，模压弯管已实现了工厂化生产，不同规格、不同材质、不管弯曲半径的模压弯管都有产品，它具有成本低、质量好等优点，已逐渐取代了现场各种弯管方法，广泛地用于管道安装工程之中。

5．焊接弯管

当管径较大、弯曲半径 R 较小时，可采用焊接弯管（俗称虾米弯）。大直径的卷焊管道，一般都采用焊接弯管。

（1）焊接弯管的节数及尺寸计算　焊接弯管是由若干节带有斜截面的直管段焊接而成的，每个弯管有两个端节和若干个中间节（图7-6）。中间节两端带斜截面；端节一端带斜截面，长度为中间节的一半。每个弯管的节数不应少于表7-3所列的节数。

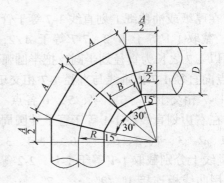

图 7-6　焊接弯管

表 7-3　焊接弯管的最少节数

弯曲角度	节　数	其　中	
		中间节	端节
90°	4	2	2
60°	3	1	2
45°	3	1	2
30°	2	0	2

根据上表所列节数 90°、60° 及 30° 焊接弯管端节最大有效长度 $A/2$ 和最小有效长度 $B/2$ 可分别按下列公式计算

$$\frac{A}{2} = \tan 15° \left(R + \frac{D}{2} \right) \approx 0.26 \left(R + \frac{D}{2} \right) \tag{7-2}$$

$$\frac{B}{2} = \tan 15° \left(R - \frac{D}{2} \right) \approx 0.26 \left(R - \frac{D}{2} \right) \tag{7-3}$$

式中　R——弯曲半径（mm）；

　　　D——弯管外径（mm）。

45°焊接弯管及采用 3 个中间节的 90°焊接弯管，端节的最大有效长度 $A/2$ 和最小有效长度 $B/2$ 则按下式计算

$$\frac{A}{2} = \tan 11°15' \left(R + \frac{D}{2} \right) \approx 0.2 \left(R + \frac{D}{2} \right) \tag{7-4}$$

$$\frac{B}{2} = \tan 11°15' \left(R - \frac{D}{2} \right) \approx 0.2 \left(R - \frac{D}{2} \right) \tag{7-5}$$

（2）下料样板的制作　焊接弯管的下料，须先用展开图法制作下料样板。下料样板的制作方法如图7-7所示，步骤如下：

1）在厚纸或油毡纸上划直线 1-7 等于管直径，分别从 1 和 7 两点作直线 1-7 的垂线，截取 1-1′等于 $B/2$、7-7′等于 $A/2$，连接 1′和 7′两点得斜线 1′-7′。

2）以 1-7 之长为直径划半圆，把半圆弧分为六等分（等分越多越精确），从各等分点向直径 1-7 作垂线与直径 1-7 相交于 2、3、4、5、6 各点，并延长使其与斜线 1′-7′相交于 2′、3′、4′、5′、6′各点。

3）在右边划直线段 1-1 等于管子外圆周长，把 1-1 分成 12 等分，各等分点依次为 1、2、3、4、5、6、7、6、5、4、3、2、1，由各等分点作 1-1 的垂线，在这些垂线上分别截取 1-1″等于 1-1′、2-2″等于 2-2′、…、7-7″等于 7-7′。

4）用曲线板连接 1″、2″、…、7″、…、1″，得曲线 1″-1″，图中带斜线部分即为端节的展开图。

5）在 1-1 直线段下面划出上半部的对称图，就是中间节的展开图。

用剪刀将此展开图剪下，即成下料样板。

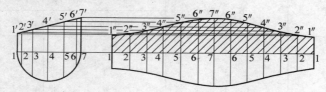

图 7-7　焊接弯管下料样板

（3）下料及其焊接　公称通径小于 400mm 的焊接弯管，可根据设计要求用焊接钢管或无缝钢管制作。在制作下料样板时所用的管直径应是管的外径加上油毡纸或厚纸的厚度。下料时，先在管上用削薄石笔沿管轴线划两条对称的直线，这两条直线间的距离等于管外圆周长的一半。然后将下料样板在管上划出切割线。再将下料样板旋转 180°，划出另一段的切割线；如用钢锯或砂轮机切割，割口宽度则等于锯条或砂轮片的厚度，如图 7-8 所示。两边端节不割下来，应和一段直管连在一起。

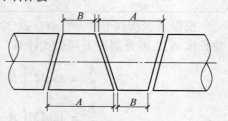

图 7-8　用管子制作焊接弯管的下料

公称通径大于 400mm 的焊接弯管，一般用钢板卷制。但制作下料样板时所用的管直径应是管的内径加钢板厚度。

焊接弯管的各段在打坡口时，弯管外侧的坡口角度应开小一些，而弯管内侧的坡口角度应开大一些，否则弯管焊好以后会出现外侧焊缝宽、内侧焊缝窄的现象。

焊接弯管在组对焊接时，应将各段的中心线对准，否则弯头焊好后会出现扭曲现象。

7.4　三通管及变径管的加工

在管道安装工程中，管径 100mm 以下的焊接钢管采用螺纹连接时，可选用带有螺纹的各种管配件。管径 100mm 以上的钢管均采用焊接，而相应需用的管配件如弯头、三通管和变径管等现在实现了工厂化生产、商品化供应，使得施工简单、成本降低。但在这些场合，这些配件还需现场焊制。

1．焊接三通管

常用的焊接三通管有三种：弯管型、直角型、平焊口。

(1) 同径弯管焊三通　同径弯管焊三通俗称裤衩管。它是用两个 90°弯管切掉外臂处半个圆周管壁，然后将剩下的两个弯管对焊起来，成为同径三通，如图 7-9 所示。

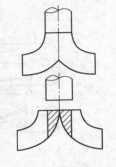

图 7-9　同径弯管焊三通

(2) 直角三通制作　这种三通有同径和异径两种 (图 7-10a、b)，制作时按两个相贯的圆柱面画展开图，此图可画在厚纸或油毡纸上，用剪刀剪下作样板，然后用样板圈在管上用石笔画线，一般采用氧-乙炔焰割刀 (割炬) 进行切割，最后用电焊焊接而成。

(3) 平焊口三通 (图 7-10c)　这种三通焊接短，变形较小，节省管材，加工简便。制作方法是在直管上切割一个椭圆孔，椭圆的短轴等于支管外径的 2/3，长轴等于支管外径，再将椭圆孔的两侧管壁加热至 900℃左右 (加热呈黄红色)，向外扳边做成圆口。

2．变径管制作

变径管又称为异径管 (俗称大小头)。常见的变径管有正心和偏心两种，可用钢板卷制，也可以用钢管摔制。一般管径较大的多采用钢板卷制；管径较小的多采用摔制。

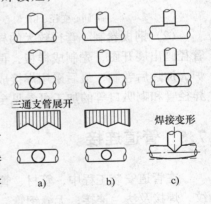

三通支管展开　焊接变形

a)　b)　c)

图 7-10　焊接三通

a) 同径三通　b) 异径三通
c) 平焊口三通

(1) 钢管摔制　对于管径较小的大小头，常采取钢管摔制。一般采用氧乙烯加热管端至 900℃左右进行锤钉。摔正心异径管时，应在加热后边转动管边锤打，由大到小向圆弧均匀过渡。操作时，注意落锤要平，防止管壁产生麻面，一次摔不成，可分多次进行。摔制偏心异径管与正心异径管不同的是，管下壁不加热。摔制时应左右转动，快打快成，尽可能减少加热时间和锤击次数。

如果异径管管径相差较大，就要采用抽条焊接的方法，如图 7-11 所示。

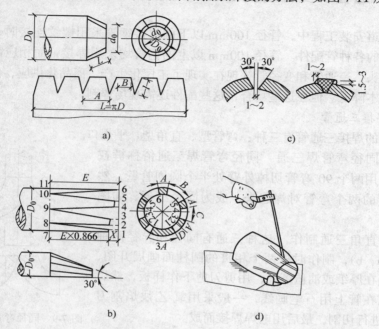

图 7-11　焊接变径管
a) 同心变径　b) 偏心变径　c) 焊接坡口　d) 焊接坡口示意图

（2）钢板卷制　管径较大的异径管可用钢板卷制。根据异径管的高度及两端管径画出展开图，先制成样板，再在钢板上下料，然后将扇形板料用氧乙炔焰或炉火加热后卷制，最后采用焊接成形。钢制弯头、异径弯头、三通、四通、偏心异径管和喇叭口等的加工可参见全国给水排水标准图集 S311（钢制管道零件）。

7.5　管道连接

在管道安装工程中，管材、管径不同，连接方式也不同。焊接钢管常采用螺纹、焊接及法兰连接；无缝钢管、不锈钢管常采用焊接和法兰连接。采用何种连接方法，在施工中，应按照设计不同的工艺要求，选用合适的连接方式。

7.5.1　钢管螺纹连接与加工

螺纹连接常用于 $DN \leqslant 100 \text{mm}$，$PN \leqslant 1.0 \text{MPa}$ 的冷、热水管道，即镀锌焊管（白铁管）的连接；也可用于 $DN \leqslant 50 \text{mm}$，$PN \leqslant 0.2 \text{MPa}$ 的饱和蒸汽管道，即焊接钢管（黑铁管）的连接。此外，对于带有螺纹的阀件和设备，也采用螺纹连接。螺纹连接的优点是拆卸安装方便。

（1）管螺纹连接 管道螺纹连接采用管螺纹，其齿形如图 7-12 所示，齿形尺寸见表 7-4。

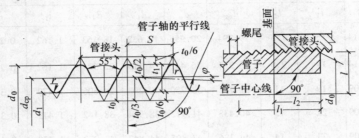

图 7-12 管螺纹齿形

表 7-4 管螺纹齿形尺寸

螺纹理论高度	t_0	0.96049S
螺纹工作高度	t_1	0.64033S
圆弧半径	r	0.13733S
倾斜角	φ	1°47'24"
斜 度	$2\tan\varphi$	1:16

注：S 为螺距。

管螺纹有圆柱形和圆锥形两种。圆柱形管螺纹其螺纹深度及每圈螺纹的直径都相等，只是螺尾部分较粗一些。管子配件（三通、弯头等）及螺纹阀门的内螺纹均采用圆柱形螺纹。

圆锥形管螺纹其各圈螺纹的直径皆不相等，从螺纹的端头到根部成锥台形。钢管采用圆锥形螺纹。管螺纹尺寸见表 7-5。

管螺纹的连接有圆柱形管螺纹与圆柱形管螺纹连接（柱接柱）、圆锥形外螺纹与圆柱形内螺纹连接（锥接柱）、圆锥形外螺纹与圆锥形内螺纹连接（锥接锥）。螺栓与螺母的螺纹连接是柱接柱，它们的连接在于压紧而不要求严密。钢管的螺纹连接一般采用锥接柱，这种连接方法接口较严密。连接最严密的是锥接锥，一般用于严密性要求很高的管螺纹连接，如制冷管道与设备的螺纹连接。但这种圆锥形内螺纹加工需要专门的设备（如车床），加工较困难，锥接锥的方式应用不多。

管与螺纹阀门连接时，管上加工的外螺纹长度应比阀门上内螺纹长度短 1～2 个螺纹，以防止管拧过头顶坏阀心或胀破阀体。同理，管的外螺纹长度也应比所连接的配件的内螺纹略短些，以避免管拧到头接口不严密的问题。

表 7-5　管螺纹尺寸　　　　　　　　（单位：mm）

螺纹标称	螺距	最小工作长度	由管端到基面	基面直径			管端螺纹内径	螺纹工作高度	圆弧半径	每英寸螺纹数
				平均直径	外径	内径				
DN	S	l_1	l_2	d_{cp}	d_o	d_1	d_T	t_1	r	n
$\frac{1}{2}''$	1.814	15	7.5	19.794	20.956	18.632	18.163	1.162	0.249	14
$\frac{3}{4}''$	1.814	17	9.5	25.281	26.442	24.119	23.524	1.162	0.249	14
$1''$	2.309	19	11	31.771	33.250	30.293	29.606	1.479	0.317	11
$1\frac{1}{4}''$	2.309	22	13	40.433	41.912	38.954	38.142	1.479	0.317	11
$1\frac{1}{2}''$	2.309	23	14	46.326	47.805	44.847	43.972	1.479	0.317	11
$2''$	2.309	26	16	58.137	59.616	56.659	55.659	1.479	0.317	11
$2\frac{1}{2}''$	2.309	30	18.5	73.708	75.187	72.230	71.074	1.479	0.317	11
$3''$	2.309	32	20.5	86.409	87.887	84.930	83.649	1.479	0.317	11
$4''$	2.309	38	25.5	111.556	113.034	110.077	108.483	1.479	0.317	11
$5''$	2.309	41	28.5	136.957	138.445	135.478	133.697	1.479	0.317	11
$6''$	2.309	45	31.5	162.357	160.836	160.879	158.910	1.479	0.317	11

注：1. 基面为指定之剖面，在此剖面中圆锥形螺纹直径（外径、中径、内径）尺寸与同一柱状管螺纹直径完全相等。

2. 表中所列之 d_T 尺寸系供参考用。

（2）管螺纹配件　建筑给水系统中，常采用焊接钢管。公称通径 $DN \leq$ 100mm 的管常采用螺纹连接，因此带有螺纹的管配件是必不可少的。

管螺纹配件主要用可锻铸铁或软钢（碳的质量分数为 0.2%～0.3%）制造。管件按镀锌分为镀锌管件（白铁管件）和不镀件管件（黑铁管件）两种。

管件按其用途，可分为以下六种（图 7-13）：

1）管路延长连接用配件：管箍、六角内接头（对丝、内接头）等。

2）管路分支连接用配件：三通、四通等。

3）管路转弯用配件：90°弯头、45°弯头等。

4）节点碰头连接用配件：根母、活接头、带螺纹法兰盘等。

5）管道变径用配件：内外螺母（补心）、异径管箍（大小头）等。

6）管道堵口用配件：丝堵、管帽等。

在管路连接中，一种管件不只一个用途。

如异径三通，既是分件，又是变径件，还是转弯件。因此在管路连接中，应以最少的管件，达到多重目的，以保证管路简捷、降低安装费用。

管道配件的规格与管道是相同的，是以公称通径 DN 标称的。同一种配件一般有同径和异径之分，如四通管件分为同径和异径两种。同径管件用同一个数

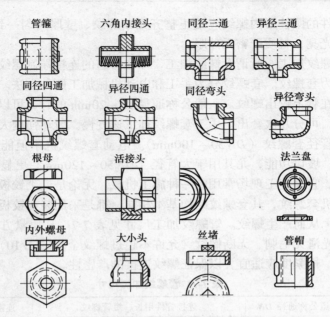

图 7-13　管螺纹配件

值表示，如规格为 20mm 的三通可写作：三通 $DN20$。异径管径的规格通常用两个管径数值表示，前一个数表示大管径，后一个数表示小管径，如异径四通 $DN25 \times 20mm$；大小头 $DN32 \times 20mm$。公称通径 $15 \sim 100mm$ 的管件中，同径管件共 9 种，异径管件组合规格共 36 种，见表 10-6。

表 7-6　管道配件的规格排列表　　　　　　　　（单位：mm）

同径管件	异 径 管 件							
15 × 15								
20 × 20	20 × 15							
25 × 25	25 × 25	25 × 20						
32 × 32	32 × 32	32 × 20	32 × 25					
40 × 40	40 × 40	40 × 20	40 × 25	40 × 32				
50 × 50	50 × 50	50 × 20	50 × 25	50 × 32	50 × 40			
65 × 65	65 × 65	65 × 20	65 × 25	65 × 32	65 × 40	65 × 50		
80 × 80	80 × 15	80 × 20	80 × 25	80 × 32	80 × 40	80 × 50	80 × 65	
100 × 100	100 × 15	100 × 20	100 × 25	100 × 32	100 × 40	100 × 50	100 × 65	100 × 80

管道配件的试压标准：可锻铸铁配件应承受的公称压力不小于 0.8MPa；软钢配件承压不小于 1.6 MPa。

管道配件的圆柱形内螺纹应端正整齐无断螺纹、壁厚均匀一致，外形规整，镀锌应均匀光亮，材质严密无砂眼。

（3）管螺纹加工　所谓管螺纹加工，即在管道的连接端制螺纹，该种螺纹加工习惯上称为套螺纹。套螺纹分为手工和电动机械加工两种方法。手工套螺纹就是用管铰板在管上铰出螺纹。一般公称通径 15～20mm 的管，可以 1～2 次套成，稍大的管子，可分几次套出。手工套螺纹加工速度慢、劳动强度大，一般用于缺乏电源或小管径套螺纹（DN50～100mm）。电动套螺纹机不但能套螺纹，还有切断、扩口、坡口功能，尤其用于大管径（DN50～120mm）更显示出套螺纹速度快的优点，它是施工现场常用的一种施工机械。无论是人工铰板套螺纹，还是电动套螺纹机套螺纹，其套螺纹结构基本相同，都是采用装在铰板上的四块板牙切削管外壁，从而产生螺纹。管螺纹加工尺寸见表 7-7。从质量方面要求：管螺纹必须完整光滑无毛刺、无断螺纹（允许不超过螺纹全长的 1/10），试用手拧上相应管件后，松紧度应适宜，以保证螺纹连接的严密性。

表 7-7　管螺纹加工尺寸

序号	管道公称通径 DN		连接管件用长、短管螺纹				连接阀门的短螺纹	
			长螺纹		短螺纹			
	mm	in	长度/mm	螺纹数	长度/mm	螺纹数	长度/mm	螺纹数
1	15	$\frac{1}{2}$	50	28	16	9	13	6
2	20	$\frac{3}{4}$	55	30	18	9	14	7
3	25	1	60	26	20	9	16	8
4	32	$1\frac{1}{4}$	65	28	22	10	18	8
5	40	$1\frac{1}{2}$	70	30	24	11	20	10
6	50	2	75	33	26	12	22	11
7	65	$2\frac{1}{2}$	85	37	30	13	24	12
8	80	3	100	44	32	14	27	14
9	100	4	115	47	34	15	30	16

图 7-14a 是手工套螺纹用管铰板的构造，在铰板的板牙架上有 4 个板牙孔，用于安装板牙，板牙的伸、缩调节靠转动带有滑轨的活动标盘进行。铰板的后部设有 4 个可调节松紧的卡爪，用于在管上固定铰板。

图 7-14b 是板牙的构造，套螺纹时板牙必须依 1、2、3、4 的顺序装入板牙孔，切不可将顺序装乱，配乱了板牙就套不出合格的螺纹。一般在板牙尾部和铰板板牙孔处均印有 1、2、3、4 序号字码，以便对应装入板牙。铰板的规格及套

螺纹范围见表 7-8，板牙每组四块能套两种管径的螺纹。使用时应按管子规格选用对应的板牙，不可乱用。

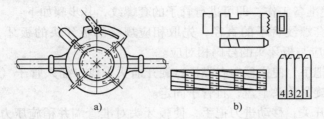

a)　　　　　　　　　　b)

图 7-14　铰板及板牙

a）铰板　b）板牙

表 7-8　铰板规格及套螺纹范围

规　　　格		能用板牙套数	套螺纹范围	板 牙 规 格
大铰板	$1\frac{1}{2}'' \sim 4''$	3	$1\frac{1}{2}'' \sim 4''$	
	$1'' \sim 3''$	3	$1'' \sim 3''$	
小铰板	$\frac{1}{2}'' \sim 2''$	3	$\frac{1}{2}'' \sim 2''$	
	$\frac{1}{4}'' \sim 1\frac{1}{4}''$	3	$\frac{1}{4}'' \sim 1\frac{1}{4}''$	

手工套螺纹步骤如下：

1）把要加工的管固定在管子台钳上，加工的一端伸出 150mm 左右。

2）将管子铰板套在管口上，拨动铰板后部卡爪滑盘把管子固定，注意不宜太紧，再根据管径的大小调整进刀的深浅。

3）人先站在管端方向，一手用掌部扶住铰板机身向前推进，一手以顺时针转动手把，使铰板入扣。

4）铰板入扣后，人可站在面对铰板的左、右侧，继续用力旋转板把徐徐而进，在切削过程中，要不断在切削部位加注润滑油以润滑管螺纹及冷却板牙。

5）当螺纹加工达到深度及规定长度时，应边旋转边逐渐松开标盘上的固定把，这样既能满足螺纹的锥度要求，又能保证螺纹的光滑。

电动套螺纹使用时应尽可能安放在平坦的、坚硬的地面上（如水泥地面），如地面为松软的泥土，可在套丝机下垫上木板，以免振动而陷入泥土中。另外，后卡盘的一端应适当垫高一些，以防止冷却液流失及污染管道。

安放好套螺纹机后，应做好如下准备工作：

1）取下底盘上的铁屑筛盖子。

2）清洁油箱，然后灌入足量的乳化液（也可用低粘度润滑油）。

3）将电源插头插进电源插座。

4）按下开关，稍后应有油液流出（否则应检查油路是否堵塞）。

做好上述准备工作，即可进行管子的套螺纹，其步骤如下：

1）根据套螺纹管子的直径，先取相应规格的板牙头的板牙，板牙上的1、2、3、4号码应与板牙头的号码相对应。

2）拨动把手，使拖板向右靠拢；旋开前头卡盘，插入管子（插入的管长应合适），然后旋紧前头卡盘，将管子固定。

3）按下开关，移动进刀把手，使板牙头对准管端并稍施压力，入扣后因螺纹的作用板牙头会自动进刀。

4）将达到套螺纹所需长度时，应逐渐松开板牙头上的松紧手把至最大，板牙便沿径向退离螺纹面。

5）切断电源，移开拖板，松开前头卡盘，整个套螺纹完成。

如需切断管子，必须掀开板牙头的扩孔锥刀，放下切管器，使切割刀对准管子的切断线，按下开关，即可切割。切割时，进刀量不宜太小，以减小内口的挤压收缩。

（4）管螺纹连接工具　管钳是螺纹接口拧紧常用的工具，有张开式和链条式两种（图7-15），张开式管钳应用较广泛，其规格及使用范围见表7-9。管钳的规格以全长尺寸划分，每种规格能在一定范围内调节钳口的宽度，以适应不同直径的管子。安装不同管径的管子应选用对应号数的管钳，这是因为小管径若用大号管钳，易因用力过大而胀破管件或阀门；大直径的管子用小号管钳，费力且不容易拧紧，还易损坏管钳。使用管钳时，不得用管子套在手柄上加力，以免损坏管钳或出安全事故。

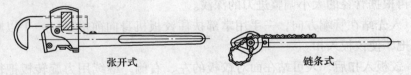

张开式　　　　　　　　　链条式

图 7-15　管钳

表 7-9　张开式管钳的规格及使用范围

规格		150	200	250	300	350	450	600	900	1200
	mm	150	200	250	300	350	450	600	900	1200
	in	6″	8″	10″	12″	14″	18″	24″	36″	48″
工作范围/（管径mm）		4~8	8~10	8~15	10~20	15~25	32~50	50~80	65~100	80~125

链条式管钳简称链条钳，它是借助链条把管子箍紧而回转管子，主要用于大管径或因场地狭窄，张开式管钳不便使用的地方。链条式管钳规格及其使用范围见表7-10。

表 7-10　链条钳的规格及其适用范围

规格		链长	适用于规格
mm	in	/mm	/mm
900	36	700	40～100
1000	42	870	50～150
1200	50	1070	50～250

7.5.2　钢管焊接

　　焊接是钢管连接的主要形式。焊接的方法有焊条电弧焊、气焊、手工氩弧焊、埋弧焊、电阻焊和气压焊等。在施工现场焊接碳素钢管，常用的是焊条电弧焊和气焊。手工氩弧焊由于成本较高，一般用于不锈钢管的焊接。埋弧焊、电阻焊和气压焊等方法由于设备较复杂，施工现场采用较少，一般在管道预制加工厂采用。

　　电弧焊接缝的强度比气焊强度高，并且比气焊经济，因此应优先采用。只有公称通径小于 50mm、壁厚小于 4mm 的管子才用气焊焊接。但有时受条件限制，不能采用电弧焊施焊的地方，也可以用气焊焊接公称通径大于 50mm 的管子。

　　(1) 管子开坡口　管子开坡口的目的是保证焊接的质量，因为焊缝必须达到一定熔深，才能保证焊缝的抗拉强度。管子需不需要坡口，与管子的壁厚有关。管壁厚度在 6mm 以内，采用 I 形坡口；管壁厚度 6～12mm，采用 V 形坡口；管壁厚大于 12mm，而且管径尺寸允许工人进入管内焊接时，应采用 X 形坡口，如图 7-16 所示。

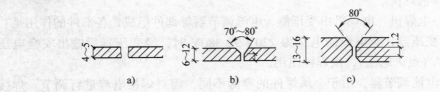

图 7-16　管子坡口与焊缝

a) I 形坡口　b) V 形坡口　c) X 形坡口

　　管子对口前，应将焊接端的坡口面及内外壁 10～15mm 范围内的铁锈、泥土、油脂等脏物清除干净。不圆的管口应进行修整。

　　管子坡口加工可分为手工及电动机械加工两种方法。手工加工坡口方法：大平钢锉锉坡口、风铲（压缩空气）打坡口以及用氧割割坡口等几种方法。其中以氧割割坡口用得较广泛，但氧割的坡口必须将氧化铁铁渣清除干净，并将凸凹不平处打磨（手提磨口机或钢锉）平整。电动机械有手提砂轮磨口机和管子切坡口机。前者体积小，重量轻，使用方便，适合现场使用；后者开坡口速度快、质量好，适宜于大直径管道开坡口，一般在预制管加工厂使用。

（2）钢管焊接　钢管焊接时，应进行管子对口。对口应使两管中心线在一条直线上，也就是被施焊的两个管口必须对准，允许的错口量（图7-17）不得超过表7-11的规定。对口时，两管端的间隙（图7-18）应在允许范围内（表7-17）。

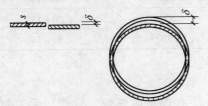

图 7-17　管端对口的错口量

s—管壁厚　δ—错口量

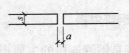

图 7-18　两管口的间隙

s—管壁厚　a—间隙值

表 7-11　管子焊接允许错口量、间隙值

管壁厚 s/mm	$4 \sim 6$	$7 \sim 9$	$\geqslant 10$
允许错口量 δ/mm	$0.4 \sim 0.6$	$0.7 \sim 0.8$	0.9
间隙值 a/mm	1.5	2	2.5

1. 电弧焊

电弧焊分为自动和手工电弧焊两种方式。大直径管道及钢制给排水容器采用自动焊既节省劳动力又可提高焊接质量和速度。手工电弧焊常用于施工现场钢管的焊接。手工电弧焊可采用直流电焊机或交流电焊机。用直流电源焊接时电流稳定，焊接质量好。但施工现场往往只有交流电源，为使用方便，施工现场一般采用交流焊机焊接。

（1）电焊机　电焊机由变压器、电流调节器等部件组成，各部件的作用是：

1）变压器，当电源的电压为 220V 或 380V 时，经变压器后输出安全电压 $55 \sim 65V$（点火电压），供焊接使用。

2）电流调节器，由于金属焊件的厚薄不同，需对焊接电流进行调节。焊接时电流强度计算公式为

$$I = (20 + 6d)d \qquad (7-6)$$

式中　I——电流（A）；

$\quad\quad d$——焊条直径（mm）。

一般焊条的直径不应大于焊件厚度，通常钢管焊接采用直径 $3 \sim 4$mm 的焊条。

3）振荡器，用以提高电流的频率，将电源 50Hz 的频率提高到 250000Hz，使交流电的交变间隙趋于无限小，增加电弧的稳定性，以利提高焊接质量。

（2）焊条　焊条由金属焊条芯和焊药两部分组成。焊药层易受潮，受潮的焊

条在使用时不易点火起弧，且电弧不稳定易断弧，因此焊条一般用塑料袋密封存放在干燥通风处，受潮的焊条不能直接使用，应经干燥后使用。

结构钢焊条型号表示如下（GB/T 5117—1995）：

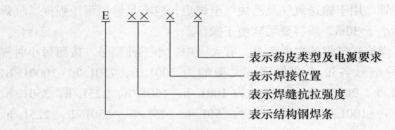

常用焊条的牌号、型号及适用范围见表 7-12。

表 7-12　常用焊条的牌号、型号及适用范围

焊条牌号 GB/T 5117—1995	焊条型号 GB/T 5117—1995	焊缝抗拉 强度/MPa	药皮类型	焊接电源	主 要 用 途
J422-1	E4313	420	钛型	直流或交流	焊接低碳管道、支架等
J422-2	E4303	420	钛钙型	直流或交流	焊接受压容器、高压管道等
J422-3	E4301	420	钛铁矿型	直流或交流	与 E4303 同
J422-4	E4320	420	氧化铁型	直流或交流	焊钢管、支架、受压容器等
J507	E5015	500	低氢型	直流	焊锅炉、压力容器等

（3）焊接时的注意事项

1）电焊机应放在干燥的地方，且有接地线。

2）禁止在易燃材料附近施焊。必须施焊时，应采取安全措施及 5m 以上的安全距离。

3）管道内有水或有压力气体或管道和设备上的油漆未干均不得施焊。

4）在潮湿的地方施焊时，焊工须处在干燥的木板或橡胶垫上。

5）电焊操作时必须带防护面罩和手套。

关于焊接方法及其质量要求见第 3 章和第 5 章有关内容。

2. 气焊

气焊是用氧乙炔进行焊接。由于氧和乙炔的混合气体燃烧温度达 3100 ~ 3300℃，工程上借助此高温熔化金属进行焊接。气焊材料与设备及注意事项分述如下：

（1）氧气　焊接用氧气要求纯度达 98% 以上。氧气厂生产的氧气以 15MPa 的压力注入专用钢瓶（氧气瓶）内，送至施工现场或用户使用。

（2）乙炔气　以前施工现场常用乙炔发生器生产乙炔气，既不安全，电石渣还会污染环境。现在，乙炔气生产厂将乙炔气装入钢瓶，运送至施工现场或用户，既安全又经济，还不会产生环境污染。

（3）高压胶管　用于输送氧气及乙炔气至焊炬，应有足够的耐压强度。气焊胶管长度一般不小于 30m，质料要柔软便于操作。

（4）焊炬（焊枪）气焊的主要工具，有大、中、小三种型号。按照每小时气体消耗量，每种型号各带 7 个焊嘴，大型的为 500L/h、750L/h、1000L/h、1250L/h、1750L/h、2000L/h，中型的为 100L/h、150L/h、225L/h、350L/h、500L/h、750L/h、100L/h，小型的为 50L/h、75L/h、150L/h、225L/h、350L/h、500L/h。

在施焊时，一般根据管道厚度来选择适当的焊嘴和焊条，见表 7-13。

表 7-13　焊接时焊条直径的选择

管壁厚度/mm	1~2	3~4	5~8	9~12
焊嘴/（L/h）	75~100	150~225	350~500	750~1250
焊条直径/mm	1.5~2	2.5~3	3.5~4	4~5

（5）焊条　气焊条又称焊丝。焊接普通碳素钢管道可用 H08 气焊条；焊接 10 号和 20 号优质碳素结构管道（$PN \leqslant 6MPa$）可用 H08A 或 H15 气焊条。

（6）气焊操作要求　为了保证焊接质量，对要焊接的管口应开坡口和钝边，同电弧焊一样，施焊时两管口间要留一定的间距（见表 7-14）。气焊的焊接方法及质量要求基本上与电弧焊相同。

表 7-14　气焊对口形式及要求

接头名称	对口形式	接头尺寸/mm			
		厚度 δ	间隙 c	钝边 p	坡口角度 α（°）
对接不开坡口（I 形坡口）		<3	1~2	—	—
对接 V 形坡口		3~6	2~3	0.5~1.5	70~90

施焊时，可按管壁厚选择适宜的焊嘴和焊条，见表 7-15。

表 7-15　管道焊接时焊嘴与焊条的选择

管壁厚/mm	1 ~ 2	3 ~ 4	5 ~ 8	9 ~ 12
焊嘴/（L/h）	75 ~ 100	150 ~ 225	350 ~ 500	750 ~ 1250
焊条直径/mm	1.5 ~ 2.0	2.5 ~ 3.0	3.5 ~ 4.0	4.0 ~ 5.0

（7）气焊操作注意事项

1）氧气瓶及压力调节器严禁沾油污，不可在烈日下暴晒。

2）乙炔气为易燃易爆气体，无论采用乙炔发生器产生乙炔气还是钢瓶装乙炔气，周围严禁烟火，特别要防止焊炬回火造成事故。

3）在焊接过程中，若乙炔胶管脱胶、破裂或着火，应首先熄灭焊枪火焰，然后停止供气。若氧气管着火，应迅速关闭氧气瓶上阀门。

4）施焊过程中，操作人员应戴口罩，防护眼镜和手套。

5）焊枪点火时，应先开氧气阀，再开乙炔阀。灭火、回火或发生多次鸣爆时，应先关乙炔阀再关氧气阀。

6）对水管进行气割前，应先放掉管内水，禁止对承压管道进行切割。

7.6　钢管的法兰连接

法兰是固定在管口上的带螺栓孔的圆盘。法兰连接严密性好，拆卸安装方便，故用于需要检修或定期清理的阀门、管路附属设备与管子的连接，如泵房管道的连接常采取法兰连接。

（1）法兰的种类　根据法兰与管子的连接方式，钢制法兰分为以下几种：

1）平焊法兰（图 7-20a、b）。给排水的管道工程中常用平焊法兰。这种法兰制造简单、成本低，施工现场既可采用成品，又可按国家标准在现场用钢板加工。平焊法兰的密封面根据耐压等级可制成光滑面、凸凹面和榫槽面三种，以光滑面平焊法兰应用最为普遍。平焊法兰可用于公称压力不超过 2.5MPa、工作温度不超过 300℃的管道上。光滑面平焊钢法兰的尺寸如图7-19所示，通用制造标准见表7-16和表7-17。

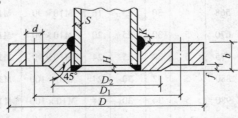

图 7-19　法兰盘尺寸标注

表 7-16 *PN*0.6MPa 光滑面平焊钢法兰（一） （单位：mm）

公称直径 *DN*	管外径 d_o	法兰外径 D	螺栓孔中心圆直径 D_1	连接凸出部分直径 D_2	连接凸出部分高度 f	法兰厚度 b	螺栓孔直径 d	数量	单头 直径×长度	双头 直径×长度	法兰理论质量 （相对密度 7.85） / （kg/m）
10	14	75	50	32	2	12	12	4	M10×40	M10×50	0.313
15	18	80	65	40	2	12	12	4	M10×40	M10×50	0.335
20	25	90	65	50	2	14	12	4	M10×50	M10×60	0.536
25	32	100	75	60	2	14	12	4	M10×50	M10×60	0.641
32	38	120	90	70	2	16	14	4	M10×50	M10×70	1.097
40	45	130	100	80	3	16	14	4	M10×50	M10×70	1.219
50	57	140	110	90	3	16	14	4	M10×50	M10×70	1.348
65	73	160	130	110	3	16	14	4	M10×50	M10×70	1.67
80	89	185	150	125	3	18	18	4	M10×60	M10×80	2.48
100	108	205	170	145	3	18	18	4	M10×60	M10×80	2.89
125	133	235	200	175	3	20	18	8	M10×60	M10×80	3.94
150	159	260	225	200	3	20	18	8	M10×60	M10×80	4.47
175	194	290	255	230	3	22	18	8	M10×70	M10×80	5.54
200	219	315	280	255	3	22	18	8	M10×70	M10×80	6.06
225	245	340	305	280	3	22	18	8	M10×70	M10×80	6.6
250	273	370	335	310	3	24	18	12	M10×70	M10×90	8.03
300	325	435	395	362	4	24	23	12	M10×80	M10×100	10.3
350	377	485	445	412	4	26	23	12	M10×80	M10×100	12.59
400	426	535	495	462	4	28	23	16	M10×80	M10×100	15.2
450	478	590	550	518	4	28	23	16	M10×80	M10×100	17.59
500	529	640	600	568	4	30	23	16	M10×90	M10×110	20.67
600	630	755	705	670	5	30	25	20	M10×90	M10×110	26.57
700	720	860	810	775	5	32	25	24	M10×90	M10×120	37.1
800	820	975	920	880	5	32	30	24	M10×100	M10×120	46.2
900	920	1075	1020	980	5	34	30	24	M10×100	M10×130	55.1
1000	1020	1175	1120	1080	5	36	30	28	M10×100	M10×130	57.3

表 7-17　*PN*0.6MPa 光滑面平焊钢法兰（二）　　　（单位：mm）

公称直径 DN	管外径 d_o	法兰外径 D	螺栓孔中心圆直径 D_1	连接凸出部分直径 D_2	连接凸出部分高度 f	法兰厚度 b	螺栓孔直径 d	数量	单头 直径×长度	双头 直径×长度	法兰理论质量（相对密度7.85）/（kg/m）
10	14	90	60	40	2	12	14	4	M20×40	M12×60	0.458
15	18	95	65	45	2	12	14	4	M20×40	M12×60	0.511
20	25	105	75	55	2	14	14	4	M20×50	M12×60	0.748
25	32	115	85	65	2	14	14	4	M20×50	M12×60	0.89
32	38	135	100	78	2	16	18	4	M20×60	M16×70	1.40
40	45	145	110	85	3	18	18	4	M20×60	M16×80	1.71
50	57	160	125	100	3	18	18	4	M20×60	M16×80	2.09
65	73	180	145	120	3	20	18	4	M20×60	M16×80	2.84
80	89	195	160	135	3	20	18	4	M20×60	M16×80	3.24
100	108	215	180	155	3	22	18	8	M20×70	M16×90	4.01
125	133	245	210	185	3	24	18	8	M20×70	M16×90	5.40
150	159	280	240	210	3	23	23	8	M20×80	M20×100	6.12
175	194	310	270	240	3	24	23	8	M20×80	M20×100	7.44
200	219	335	295	265	3	24	23	8	M20×80	M20×100	8.24
225	245	365	325	295	3	24	23	8	M20×80	M20×100	9.30
250	273	390	350	320	3	26	23	12	M20×80	M20×100	10.7
300	325	440	400	368	4	28	23	12	M20×80	M20×100	12.9
350	377	500	460	428	4	28	23	16	M20×80	M20×100	15.9
400	426	565	515	482	4	30	23	16	M20×90	M22×110	21.8
450	478	615	565	532	4	30	25	20	M10×90	M22×110	24.4
500	529	670	620	585	4	32	25	20	M20×90	M22×120	27.7
600	630	780	725	685	5	36	30	20	M27×110	M22×130	30.4

2）对焊法兰。如图 7-20c 所示，这种法兰本体带一段短管，法兰与管子的连接实质上是短管与管子的对口焊接，故称对焊法兰。对焊法兰一般用于公称压力大于 4MPa 或温度大于 300℃的管道上。对焊法兰多采用锻造法制作，成本较高，施工现场大多采用成品。对焊法兰可制成光滑面、凸凹面、榫槽面、梯形槽等几种密封面，其中以前两种形式应用最为普遍。

3）铸钢法兰与铸铁螺纹法兰。铸钢法兰与铸铁螺纹法兰（图 7-20d、e）适用于水煤气输送钢管上，其密封面为光滑面。它们的特点是一面为螺纹连接，另一面为法兰连接，属低压螺纹法兰。

4）翻边松套法兰　翻边松套法兰属活动法兰，分为平焊钢环松套、翻边套和对焊松套三种。翻边松套法兰（图7-19f）由于不与介质接触，常用于有色金属管（铜管、铝管）、不锈钢管及塑料管的法兰连接。

5）法兰盖　法兰盖是中间不带管孔的法兰，供管道封口用，俗称盲板。法兰盖的密封面应与其相配的另一个法兰对应，压力等级与法兰相等。

（2）法兰管子的连接方法　平焊法兰、对焊法兰与管子的连接，均采用焊接。焊接时要保持管子和法兰垂直，其允许偏差见表7-18。管口不得与法兰连接面平齐，应凹进1.3～1.5倍管壁厚度或加工成管台，如图7-20a、b所示。

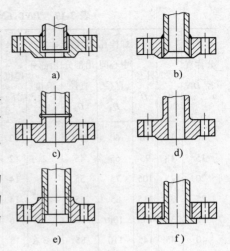

a)　　　　　　b)

c)　　　　　　d)

e)　　　　　　f)

图 7-20　法兰的几种形式
a)、b) 平焊法兰　c) 对焊法兰
d) 铸钢法兰　e) 铸铁螺纹法兰
f) 翻边松套法兰

表 7-18　法兰焊接允许偏差值

	公称直径 /mm	≤80	100～250	300～350	400～500
	法兰盘允许偏斜值 a/mm	±1.5	±2	±2.5	±3

法兰的螺纹连接，适用于镀锌钢管与铸铁法兰的连接，或镀锌钢管与铸钢法兰的连接。在加工螺纹时，管子的螺纹长度应略短于法兰的内螺纹长度，螺纹拧紧时应注意两块法兰的螺栓孔对正。若孔未对正，只能拆卸后重装，不能将法兰回松对孔，以保证接口严密不漏。

翻边松套法兰安装时，先将法兰套在管子上，再将管子端头翻边，翻边要平正成直角无裂口损伤，不挡螺栓孔。

（3）接口质量检查　法兰的密封面（即法兰台）无论是成品还是自动加工，应符合标准无损伤。垫圈厚薄要适中。所用垫圈、螺栓规格要合适，上螺栓时必须对称分2～3次拧紧，使接口压合严密。两个法兰的连接面应平正互相平等，其允许偏差见表7-19，测量 a 和 b 的数值，应在法兰连接螺栓全部拧紧后。

表 7-19　法兰密封面平行度允许偏差值

公称直径/mm	允许偏差（a − b）/mm	
	$PN < 1.6\mathrm{MPa}$	$PN = 1.6 \sim 4.0\ \mathrm{MPa}$
≤100	0.20	0.1
>100	0.30	0.15

（4）法兰垫圈　法兰连接必须加垫圈，其作用是保证接口严密，不渗不漏。法兰垫圈厚度选择一般为 3~5mm，垫圈材质根据管内流体介质的性质或同一介质在不同温度和压力的条件下选用，给排水管道工程采用以下几种垫圈：

1）橡胶板。橡胶板具有较高的弹性，所以密封性能良好。橡胶板按其性能可分为普通橡胶板、耐热橡胶板、夹布橡胶板、耐酸碱橡胶板等。在给排水管道工程中，常用含胶量为 30% 左右的普通橡胶板、耐酸橡胶板作垫圈。这类橡胶板，属中等硬度，既具有一定的弹性、又具有一定的硬度，适用于温度不超过 60℃、公称压力小于或等于 1MPa 的水、酸、碱及真空管路的法兰上。

2）石棉像胶板。石棉像胶板是用橡胶、石棉及其他填料经过压缩制成的管道密封衬垫材料，广泛地用于热水、蒸汽、煤气、液化气以及酸、碱等介质的管路上。石棉像胶板分为低、中和高压三种。低压石棉橡胶板适用于温度不超过 200℃、公称压力小于或等于 1.6MPa 的一般水暖设备、低压给水管路上。中、高压石棉橡胶板一般用于温度 200~450℃，压力 1.6~6 MPa 的工业管道上。

3）聚四氟乙烯垫片。因其具有优良的化学稳定性，耐高温、且采用模压成形安装方便等特点，适用于 −240~260℃温度范围的法兰接头，阀门密封等。

法兰垫圈的使用要求：

1）法兰垫圈的内径略大于法兰的孔径，外径应小于相对应的两个螺栓孔内边边缘的距离，使垫圈不妨碍上螺栓。

2）为便于安装，用橡胶板垫圈时，在制作垫圈时，应留一呈尖三角形伸出法兰外的手把。

3）一个接口只能设置一个垫圈，严禁用双层或多层垫层圈来解决垫圈厚度不够或法兰连接面不平正的问题。

4）法兰连接用的螺栓拧紧后露出的螺纹长度不应大于螺栓直径的一半（约露出 2~3 扣螺纹），安装时，螺栓、螺母的朝向一致。

7.7　铜管连接

当建筑冷、热水供应系统采用铜管时，就必须采用经挤压成形的铜管件。常用的铜管件有：

1）承插口连接形式的铜管件。

2）螺纹连接形式的铜管件。

3）卡套连接形式的铜管件。

4）法兰连接形式的铜管件。

通常，承插口的连接强度很高，是我国目前常用的一种连接形式。而其他三种连接形式应用较少。

7.7.1 铜管的下料与切断

铜管的下料定长十分重要，这可以有效保证承插口长度。铜管的切断最好采用铜管切断器，也可以用钢锯切断。要求铜管的切割面必须与铜管中心线垂直，铜管端部外表面与铜管管件重叠的一段应光亮、清洁、无油污，否则应对表面清理。一般可用钢锉修平、砂布或不锈钢丝绒打光，油污去除用汽油或其他有机溶剂擦洗。

7.7.2 铜管钎焊

建筑冷热水用铜管的连接一般采用钎焊。钎焊连接强度高、严密性好，属不可拆卸连接。

钎焊根据熔化温度不同，分为软钎焊和硬钎焊两种。通常软钎焊的材料为锡基材料与铝基材料。用于饮用水输送铜管工程中，不得使用铝基材料作钎焊用料。软钎焊的熔化温度为 250~350℃。软纤焊一般用于小管径或临时用管的连接上。

硬钎焊的材料为铜基材料，分含银与不含银两种，熔化温度通常在 650~750℃。硬钎焊是铜管钎焊的主要钎焊材料。

铜管与铜管件装配间隙的大小直接影响钎焊质量和钎料的用量，为了保证通过毛细管作为钎料得以散布，在套接时应调整铜管自由端和管件承口或插口处，使其装配间隙控制在 0.03~0.2mm。

钎焊的火焰常用氧乙炔气焊炬产生，可以说，铜管的钎焊也是一种气焊。与气焊焊接钢管的不同之处是铜管钎焊一般需用钎焊熔剂（简称钎剂）。用氧乙炔焊炬进行铜管钎焊时，应用外焰进行加热，火焰应呈中性或略带还原性。加热时，焊炬沿铜管作环向摆动，使加热均匀，而不能停在一处，以免烧穿铜管。

开始加热时，加热范围可大些，待加热到适当温度时，用钎焊条沾取适量钎剂，均匀地涂抹于焊件缝隙处，当焊件加热到使钎料熔化的温度时，送入钎料，通过毛细管作用产生的吸引力使熔化后的钎料向缝隙里渗透，直到钎料填满缝隙，渗出焊缝时，应立即提高焊炬，稍加保温，以保持饱满的焊角。若管子直径较大，可同时用 2~3 个焊炬同时加热。

为便于铜管连接，有的生产厂家将焊料均匀地预置在铜管承口内壁。安装时，将铜管插口插入承口，直接用氧乙炔焰加热承口外壁，熔化焊料。

焊接完成后，去掉焊缝部位的残渣。残渣的去除可用蒸汽吹扫、热水冲洗、湿软布试揩。对于铸件接头，应自然冷却一段时间，再用湿软布擦净。

其他给水排水管材的连接，如塑料管、铸铁管、水泥制品管等的连接，可见后续有关章节内容。

复习思考题

1. 管道工程施工前需作哪些准备工作？
2. 试述钢管切断的方法及其机具的选择。
3. 试述弯管种类及其加工方法。
4. 试述三通管、变径管的种类、加工方法。
5. 试述钢管管螺纹连接适用的管材、规格。
6. 试述管螺纹加工机具以及管螺纹加工质量要求。
7. 试述管螺纹连接的管件名称、作用。
8. 钢管焊接为什么需要坡口？坡口加工的方法有哪些？
9. 试述钢管焊接的种类及其选择。
10. 试述法兰的类型及其与管子的连接方法。
11. 常用法兰垫圈的材料有哪些？如何选择？
12. 试述铜管常用的连接方法及其操作步骤。

第8章
地下给水排水管道开槽施工

开槽施工是常用的一种室外给水排水管道施工方法，包括测量与放线、沟槽断面开挖、沟槽地基处理、下管、稳管、接口、管道工程质量检查与验收、土方回填等工序。

8.1 下管与稳管

给排水管道铺设前，首先应检查管道沟槽开挖深度、沟槽断面、沟槽边坡、堆土位置是否符合规定，检查管道地基处理情况等；同时还必须对管材、管件进行检验，质量要符合设计要求，确保不合格或已经损坏的管材及管件不下入沟槽。

8.1.1 下管

管子经过检查、验收后，将合格的管材及管件运至沟槽边。按设计进行排管，经核对管节、管件位置无误方可下管。

下管应以施工安全、操作方便、经济合理为原则，可根据管材种类、单节管重及管径、管长、机械设备、施工环境等因素来选择下管方法。下管方法分人工下管和机械下管两类。无论采取哪一种下管法，一般采用沿沟槽分散下管，以减少在沟槽内的运输。当不便于沿沟槽下管而允许在沟槽内运管时，可以采用集中下管法。

1. 人工下管

人工下管多用于施工现场狭窄，重量不大的中小型管子，以施工方便、操作安全、经济合理为原则。

（1）贯绳法 贯绳法适用于管径小于 300mm 以下混凝土管、缸瓦管。用一端带有铁钩的绳子钩住管子一端，绳子另一端由人工徐徐放松直至将管子放入槽底。

（2）压绳下管法　压绳下管法是人工下管法中最常用的一种方法，适用于中、小型管子，方法灵活，可作为分散下管法。压绳下管法包括人工撬棍压绳下管法和立管压绳下管法等。人工撬棍压绳下管法的具体操作是：在沟槽上边土层打入两根撬棍，分别套住一根下管大绳，绳子一端用脚踩牢，用手拉住绳子的另一端，听从一人号令，徐徐放松绳子，直至将管子放至沟槽底部。立管压绳下管法的具体操作是：在距离沟边一定距离处，直立埋设一节或两节管子，管子埋入一半立管长度，内填土方，将下管用两根大绳缠绕在立管上（一般绕一圈），绳子一端固定，另一端由人工操作，利用绳子与立管管壁之间的摩擦力控制下管速度，操作时注意两边放绳要均匀，防止管子倾斜。如图 8-1 所示。

（3）集中压绳下管法　此种方法适用于较大管径。集中压绳下管法是从固定位置往沟槽内下管，然后在沟槽内将管子运至稳管位置。下管用的大绳应质地坚固、不断股、不糟朽、无夹心。

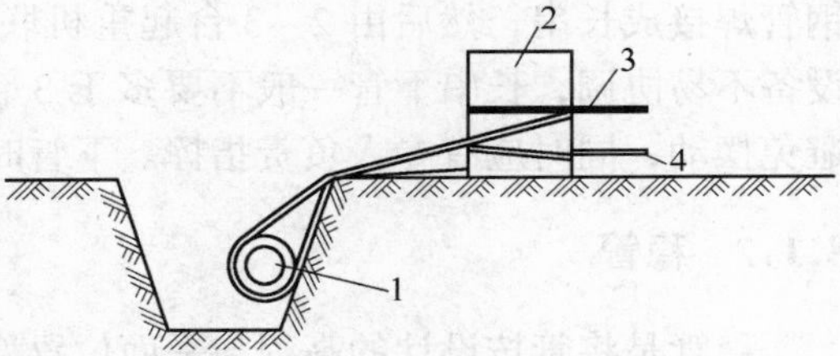

图 8-1　立管压绳下管
1—管子　2—立管　3—放松绳　4—固定绳

（4）搭架下管法　常用搭架下管法有三角架或四角架法。其操作过程如下：首先在沟槽上搭设三角架或四角架等塔架，在塔架上安设吊链；然后在沟槽上铺上方木或细钢管，将管子运至方木或细钢管上；用吊链将管子吊起，撤出原铺方木或细钢管，操作吊链使管子徐徐放入槽底。

（5）溜管法　溜管法是将由两块木板组成的三角木槽斜放在沟槽内，管子一端用带有铁钩的绳子钩住管子，绳子另一端由人工控制，将管子沿三角木槽缓慢溜入沟槽内。此法适用于管径小于 300mm 以下混凝土管、缸瓦管等。

2．机械下管

因为机械下管速度快、安全，并且可以减轻工人的劳动强度，劳动效率高，所以有条件时应尽可能采用机械下管法。

机械下管视管的重量选择起重机械，常用汽车式或履带式起重机下管。下管时，起重机沿沟槽开行。起重机的行走道路应平坦、畅通。当沟槽两侧堆土时，其一侧堆土与槽边应有足够的距离，以便起重机开行。起重机距沟边至少 1m，以免槽壁坍塌。起重机与架空输电线路的距离应符合电力管理部门的有关规定，并由专人看管。禁止起重机在斜坡地方吊着管回转，轮胎式起重机作业前应将支腿撑好，轮胎不应承担起吊重量。支腿距沟边要有 2m 以上距离，必要时应垫木板。在起吊作业区内，任何人不得在吊钩或被吊起的重物下面通过或站立。

机械下管一般为单机单管节下管。下管时，起重吊钩与铸铁管或混凝土及钢筋混凝土管端相接触处，应垫上麻袋，以保护管口不被破坏。起吊或搬运管材、配件时，对于法兰盘面、非金属管材承插口工作面、金属管防腐层等，均应采取保护措施，以防损坏，吊装闸阀等配件时不得将钢丝绳捆绑在操作轮及螺栓孔上。管节下入沟槽时，不得与槽壁支撑及槽下的管道相互碰撞，沟内运管不得扰动天然地基。塑料管道铺设应在沟底标高和管道基础质量检查合格后进行，在铺设管道前要对管材、管件、橡胶圈等重新进行一次外观检查，发现有损坏、变形、变质迹象等问题的管材、管件均不得采用。塑料管材在吊运及放入沟内时，应采用可靠的软带吊具，平稳下沟。

机械下管不应一点起吊，采用两点起吊时吊绳应找好重心，平吊轻放。

为了减少沟内接口工作量，同时由于钢管有足够的强度，所以通常在地面将钢管焊接成长串，然后由 2~3 台起重机联合下管，称之为长串下管。由于多台设备不易协调，长串下管一般不要多于 3 台起重机。起吊管时，管应缓慢移动，避免摆动，同时应有专人负责指挥。下管时应按有关机械安全操作规程执行。

8.1.2 稳管

稳管是将管按设计的高程与平面位置稳定在地基或基础上的施工过程。稳管包括管对中和对高程两个环节，两者同时进行。压力流管道铺设的高程和平面位置的精度都可低些。通常情况下，铺设承插式管节时，承口朝向介质流来的方向。在坡度较大的斜坡区域，承口应朝上，应由低处向高处铺设。重力流管道的铺设高程和平面位置应严格符合设计要求，一般以逆流方向进行铺设，使已铺的下游管道先期投入使用，同时供施工排水。

稳管工序是决定管道施工质量的重要环节，必须保证管道的中心线与高程的准确性。允许偏差值应按《给水排水管道工程施工及验收规范》（GB 50268—1997）的规定执行，一般均为 ±10mm。

稳管时，相邻两管节底部应齐平。为避免因紧密相接而使管口破损，便于接口，柔性接口允许有少量弯曲，一般大口径管子两管端面之间应预留约 10mm 间隙。

承插式给水铸铁管稳管是将插口装在承口中，称为撞口。撞口前可在承口处做出记号，以保证一定的缝隙宽度。

胶圈接口的承插式给水铸铁管或预应力钢筋混凝土管及给水用 UPVC 管的稳管与接口同时进行，即稳管和接口为一个工序。撞口的中线和高程误差，一般控制在 20mm 以内。撞口完毕找正后，一般用铁牙背匀间隙，然后在管身两侧同时还土夯实或架设支撑，以防管道错位。

8.2 给水管道施工

室外给水工程管材有普通铸铁管、球墨铸铁管、钢管、预应力钢筋混凝土

管、给水用硬聚氯乙烯（UPVC）管等，接口方式及接口材料受管道种类、工作
压力、经济因素等影响而不同。

8.2.1　给水铸铁管

给水铸铁管按材质分为普通铸铁管和球墨铸铁管。普通铸铁管质脆，球墨铸
铁管有强度高、韧性大、抗腐蚀能力强的性能，又称为可延性铸铁管。球墨铸铁
管本身有较大的伸长率，同时管口之间采用柔性接头，在埋地管道中能与管周围
的土体共同工作，改善了管道的受力状态，提高了管网的工作可靠性，故得到了
越来越广泛的应用。

8.2.1.1　普通铸铁管

普通铸铁管又称为灰铸铁管，是给水管道中常用的一种管材。与钢管相比
较，其价格较低，制造方便，耐腐蚀性较好，但质脆、自重大。

普通铸铁管管径以公称直径表示，其规格为 $DN75 \sim 1500\text{mm}$，有效长度
（单节）为 4m、5m、6m。分砂型离心铸铁管与连续铸铁管两种。砂型离心铸铁
管的插口端设有小台，用于挤密油麻、胶圈等柔性接口填料（图 8-2a）。连续铸
铁管的插口端没有小台，但在承口内壁有突缘，仍可挤密填料（图 8-2b）。

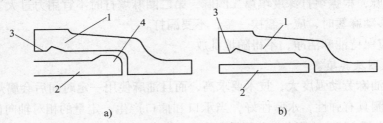

a)　　　　　　　　　　　　　　　b)

图 8-2　铸铁管
a）砂型离心铸铁管　b）连续铸铁管
1—承口　2—插口　3—水线　4—小台

为了防止管内结垢，普通铸铁管内壁涂敷水泥砂浆衬里层，外壁喷涂沥青
防腐层。铸铁管的接口基本上可分为承插式接口和法兰接口两种。

普通铸铁管承插式刚性接口填料常用：麻-石棉水泥、麻-膨胀水泥、麻-铅、
胶圈-石棉水泥、胶圈-膨胀水泥等。

1. 麻及其填塞

麻是麻类植物的纤维。麻经 5% 石油沥青与 95% 汽油混合溶液浸泡处理，干
燥后即为油麻，油麻最适合作管螺纹的接口填料，也常作为铸铁管承插口接口的
嵌缝填料。麻的作用主要是防止外层散状接口填料漏入管内。麻以麻辫形状塞进
普通铸铁管承口与插口间的缝隙内。麻辫的直径约为缝隙宽的 1.5 倍。麻辫长度
较管口周长稍长，塞入后用麻錾锤击紧密。麻辫填打 2～3 圈，填打深度约占承

口总深度的 1/3，但不得超过承口水线里缘。当采用铅接口时，应距承口水线里缘 5mm，最里一圈应填打到插口小台上。

油麻的填打程序是三填八打，即填打三圈油麻击打八遍。油麻打法包括挑（悬）打、平（推）打、贴里口（压）打、贴外口（抬）打。油麻的填打程序和打法见表 8-1。

表 8-1 油麻的填打程序和打法

圈 次	第 一 圈		第 二 圈			第 三 圈		
遍次	第一遍	第二遍	第一遍	第二遍	第三遍	第一遍	第二遍	第三遍
击数	2	1	2	2	1	2	2	1
打法	挑打	挑打	挑打	平打	平打	贴外口打	贴里口打	平打

填打油麻应注意以下几点：

1）填麻前应将承口、插口刷洗干净。

2）填麻时应先用铁牙将环形间隙背匀。

3）倒换铁牙，用麻錾将油麻塞入接口内。打第一圈麻辫时，应保留 1~2 个铁牙不动，以保证接口环形间隙均匀。待第一圈麻辫打实后，再卸下铁牙。用尺量第一圈麻，根据填打深度填第二圈麻，第二圈麻填打时不宜用力过大。

4）移动麻錾时，应一錾挨一錾，不要漏打。

5）应保持油麻洁净，不得随地乱放。

2. 胶圈及其填塞

填打油麻劳动强度大，技术要求高，而且油麻使用一定时间后会腐烂，影响水质。胶圈具有弹性，水密性好，当承口和插口产生一定量的相对轴向位移或角位移时，也不会渗水。因此，胶圈是取代油麻作为承插式刚性接口理想的内层填料。

普通铸铁管承插接口用圆形胶圈，外观不应有气孔、裂缝、重皮、老化等缺陷。胶圈的物理性能应符合现行国家标准或行业标准的要求。

胶圈的内环径一般应为插口外径的 0.85~0.87 倍。

胶圈应有足够的压缩量。胶圈直径应为承插口间隙的 1.4~1.6 倍，或其厚度为承插口间隙的 1.35~1.45 倍，或胶圈截面直径的选择按胶圈填入接口后截面压缩率等于 34%~40% 为宜。

胶圈接口应尽量采用胶圈推入器，使胶圈在装口时滚入接口内。采用填打方法时，应按以下操作程序进行：

胶圈填入接口→第一遍打入承口水线→再分 2~3 遍打至插口小台或距插口端 10mm。

填胶圈的基本要求为：胶圈压缩率符合要求；胶圈填至小台，距承口外缘距离均匀；无扭曲（"麻花"）及翻转等现象。

3.石棉水泥及其填打

石棉水泥接口作为普通铸铁管的填料，具有抗压强度较高、材料来源广、成本低的优点。但石棉水泥接口抗弯曲应力或冲击应力能力很差，接口需经较长时间养护才能通水，且打口劳动强度大，操作水平要求高。

石棉应选用机选 4F 级温石棉。水泥采用 425 号普通硅酸盐水泥，不允许使用过期或结块的水泥。石棉水泥填料的质量配合比为，石棉:水泥:水 = 3:7:1 ~ 2。石棉水泥填料配制时，石棉绒在拌合前应晒干，并用细竹棍轻轻敲打，使之松散。先将称重后的石棉绒和水泥干拌均匀，然后加水拌合。加水多少，现场常凭手感，潮而不湿、攥而成团、松手颤散即可。拌好的石棉水泥色泽藏灰（打实后成灰黑而光亮），宜用潮布覆盖。加水拌合后的石棉水泥填料应在 1.5h 内用完，避免水泥初凝后再填打。

填石棉水泥前，应对前一道工序填麻深度用探尺检查其是否符合要求，并用麻錾将麻口重打一遍，以麻不动为合格，并将麻屑刷净。若内层填料是胶圈，应用检尺检查胶圈位置是否正确，胶圈距承口外缘的距离应一致。检查完后，接口缝隙宜用清水湿润。

填打水泥的方法按管径大小决定，当管径为 75 ~ 400mm 时，采用"四填八打"，当管径为 500 ~ 700mm 时，采用"四填十打"；当管径为 800 ~ 1200mm 时，采用"五填十六打"。

填打石棉水泥应注意以下几点：

1）油麻填打与石棉水泥填打至少相隔两个口分开填打，以避免打麻时因振动而影响接口质量。

2）填打石棉水泥应用探尺检查填料深度，保持环形间隙在允许误差的范围之内。

3）石棉水泥接口不宜在气温低于 – 5℃ 的冬季施工。

石棉水泥接口填打合格后，应及时采取湿养护。一般用湿泥将接口糊严，厚约 10cm，上用草袋覆盖，定时洒水养护；或用潮湿土虚埋，洒水养护。养护时间不得少于 24h。在养护期内，管道不允许受振动，管内不允许有承压水。

石棉水泥接口的质量标准是配合比应准确，打口后的接口外表面灰黑而光亮，凹进承口 1 ~ 2mm，深浅一致，并用麻錾用力连打数下表面不再凹入为合格。

4.膨胀水泥及其填塞

膨胀水泥接口与石棉水泥接口比较，虽然同是刚性接口，但膨胀水泥接口不需要填打，只需将膨胀水泥填塞密实在承插口间隙内即可，而且接口抗压强度远高于石棉水泥接口，因此是取代石棉水泥接口的理想填料。

膨胀水泥应采用硫铝酸盐或铝酸盐自应力水泥，严禁与其他水泥、石灰等碱性材料混用。

膨胀水泥应选用粒径 0.5 ~ 1.5mm 的中砂拌和。

膨胀水泥填料的质量配合比为，膨胀水泥:砂:水 = 1:1:0.28 ~ 0.32。加水量的多少，现场常凭手感，潮而不湿、攥而成团、脱手抛散即可。

膨胀水泥填料拌和必须十分均匀。可先将称重后的膨胀水泥和中砂干拌，再用筛子筛过数道，使之完全混合，外观颜色一致。膨胀水泥应在使用地点随用随拌。加水拌和时，一次拌和量不宜过多，应在 0.5h 内用完，或按原产品说明书操作。

填塞膨胀水泥前，应先检查内层填料油麻或胶圈位置是否正确，深度是否合适，接口缝隙宜用清水湿润。同时应将管道和管件进行固定。

膨胀水泥填料应分层填入，分层捣实，捣实时应一錾压一錾，通常以三填三捣为宜，最外一层找平，凹进承口 1 ~ 2mm。冬季气温低于 - 5℃时，不宜进行膨胀水泥接口。

膨胀水泥接口的湿养护比石棉水泥接口要高。一般地，膨胀水泥接口完成后，应立即用浇湿草袋（或草帘）覆盖，1 ~ 2h 后定时浇水，使接口保持湿润状态；也可用湿泥养护。接口填料终凝后，管内可充水养护，但水压不得超过 0.1 ~ 0.2MPa。

膨胀水泥填料接口刚度大，在地震烈度 6 度以上、土质松软、管道穿越重载车辆行驶的公路时不宜采用。

5. 铅接口及其操作

普通铸铁管采用铅接口应用很早。由于铅的来源少、成本高，现在基本上已被石棉水泥或膨胀水泥所代替，但铅接口具有较好的抗振、抗弯性能，接口的地震破坏率远较石棉水泥接口低。铅接口通水性好，接口操作完毕即可通水；损坏时容易修理。由于铅具有柔性，当铅接口的管道渗漏时，不必剔口，只需将沿用麻錾锤击即可堵漏。因此，设在桥下、穿越铁路、过河、地基不均匀沉陷等特殊地段，和直径在 600mm 以上的新旧普通铸铁管碰头连接需立即通水时，仍采取铅接口。

铅的纯度不小于 99%（质量分数）。铅接口施工必须由经验丰富的工人指导，施工程序为：安设灌铅卡箍→熔铅→运送铅溶液→灌铅→拆除卡箍→打紧、修平。

灌铅的管口必须干燥，否则会发生爆炸。卡箍要贴紧管壁和管承口，接缝处用粘泥抹严，以免漏铅。灌铅时，灌口距管顶约 20mm，使铅徐徐流入接口内，以便排出蒸汽。每个铅接口的铅熔液应不间断地一次灌满为止。

一般采用麻-铅接口。如果用胶圈作填料，应在胶圈填塞后，再加一圈油麻辫，以免灌铅时烧损胶圈。

当管接口缝隙较小或管接口渗漏时，也可以用冷铅条填打；但承受管内水压的强度较低。

铅接口施工一定要严格执行有关操作规程，防止火灾，注意安全。

8.2.1.2 球墨铸铁管

球墨铸铁管是 20 世纪 50 年代发展起来的新型金属管材，当前我国正处于一个逐渐取代普通铸铁管的更新换代时期，而发达国家已广为使用。球墨铸铁管具有较高的强度和伸长率。与普通铸铁管比较，球铁管抗拉强度是普通铸铁管的三倍；水压试验为普通铸铁管的两倍；球铁管具有较高的伸长率，而普通铸铁管则无。

球铁管采用离心浇筑，其规格 $DN80 \sim 2600mm$，长为 $4 \sim 9m$。球墨铸铁管均采用柔性接口，按接口形式分为推入式（简称 T 型）和机械式（简称 K 型）两类。

1. 推入式球墨铸铁管接口

球墨铸铁管采取承插式柔性接口，其工具配套，操作简便、快速，适用于 $DN80 \sim 2600mm$ 的输水管道，在国内外输水工程上广泛采用。

（1）施工工具 推入式球墨铸铁管的安装应选用叉子、手动葫芦、连杆千斤顶等配套工具。

（2）施工操作程序 推入式球墨铸铁管施工程序为：下管→清理承口和胶圈→上胶圈→清理插口外表面及刷润滑剂→接口→检查。

将管子完整地下到沟槽后，应清刷承口，铲去所有的粘结物，如砂、泥土和松散涂层及可能污染水质、划破胶圈的附着物等。随后将胶圈清理洁净，将弯成心形或花形（大口径管）的胶圈放入承口槽内就位。把胶圈都装入承口槽，确保各个部位不翘不扭，仔细检查胶圈的固定是否正确。清理插口外表面，插口端应是圆角并有一定锥度，以便容易插入承口。在承口内胶圈的内表面刷润滑剂（肥皂水、洗衣粉）。插口外表面刷润滑剂。插口对承口找正后，上安装工具，扳动手扳葫芦（或叉子），使插口慢慢装入承口。最后用探尺插入承插口间隙中，以确定胶圈位置。插口推入位置应符合标准。

（3）推入式球墨铸铁管的施工应注意事项

1）正常的接口方式是将插口端推入承口，但特殊情况下，承口装入插口亦可。

2）胶圈存放应注意避光，不要叠合挤压，长期储存应放入盒子里，或用其他材料覆盖。

3）上胶圈时，不得将润滑剂刷在承口内表面，以免接口失败。

4）安装前应准备好配套工具。为防止接口脱开，可用手扳葫芦锁管。

2．机械式（压兰式）球墨铸铁管接口

（1）接口形式及特点

球墨铸铁管机械式（压兰式）接口属柔性接口，是将铸铁管的承插口加以改造，使其适应特殊形状的橡胶圈作为挡水材料，外部不需要其他填料，不需要复杂的安装设备。其主要优点是抗振性能较好，并且安装与拆修方便；缺点是配件多，造价高。它主要由球墨铸铁直管、管件、压兰、螺栓及橡胶圈组成。按填入的橡胶圈种类不同，分为 N1 型接口（图 8-3）、X 型接口（图 8-4）和 S 型接口。

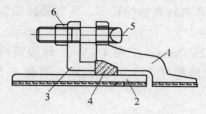

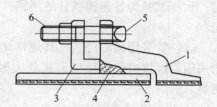

图 8-3　N1 型接口

1—承口　2—插口　3—压兰　4—胶圈
5—螺栓　6—螺母

图 8-4　X 型接口

1—承口　2—插口　3—压兰　4—胶圈
5—螺栓　6—螺母

其中 N1 型及 X 型接口使用较为普遍。当管径为 100～350mm 时，选用 N1 型接口；管径为 100～700mm，选用 X 型接口。S 型接口可参看有关施工手册。

（2）机械式接口施工工艺及要求

1）施工工序为：下管→清理插口、压兰和胶圈→压兰与胶圈定位→清理承口→刷润滑剂→对口→临时紧固→螺栓全方位紧固→检查螺栓转矩。

2）工艺要求：

a. 下管。按下管要求将管材、管件下入沟槽，不得抛掷管材、管件及其他设备。机械下管应采用两点吊装，应使用尼龙吊带、橡胶套包钢丝绳或其他适用的吊具，防止管材、管件的防腐层损坏，宜在管与吊具间垫以缓冲垫，如橡胶板等制品。

b. 清理连接部位。用棉纱和毛刷将插口端外端表面、压兰内外面、胶圈表面、承口内表面彻底清洁干净。

c. 压兰与胶圈定位。插口及压兰、胶圈清洁后，吊装压兰并将其推送插口端部定位，然后用人工把胶圈套在插口上（注意胶圈不要装反）。

d. 涂刷润滑剂。在插口及密封胶圈的外表面和承口内表面涂刷润滑剂，要求涂刷均匀，不能太多。

e. 对口。将管子吊起，使插口对正承口，对口间隙应符合设计规定。在插口进入承口并调整好管中心和接口间隙后，在管两侧填砂固定管身，然后卸去吊具，将密封胶圈推入承口与插口的间隙。

f. 临时紧固。将橡胶圈推入承口后，调整压兰，使其螺栓孔和承口螺栓孔对正、压兰与插口外壁间的缝隙均匀。用螺栓在垂直四个方位临时紧固。

g. 螺栓紧固。将接口所用的螺栓穿入螺孔，安上螺母，按上下左右交替紧固程序，均匀地将每个螺栓分数次上紧，穿入螺栓的方向应一致。

h. 检查螺栓转矩。螺栓上紧后，应用力矩扳手检验每个螺栓转矩。

（3）机械式接口施工注意事项

1）接口前应彻底清除管内杂物。

2）管道砂垫层的标高必须准确，以控制高程，并以水准仪校核。

3）管接口后不得移动，可用在管底两侧回填砂土并夯实，或用垫块等将管临时固定等方法。

4）三通、变径管和弯头等处，应按设计要求设置支墩。浇筑混凝土支墩时，管外表面应洗净。

5）橡胶圈应随用随从包装中取出，暂时不用的橡胶圈一定用原包装封存，放在阴凉、干燥处保存。

8.2.2　给水硬聚氯乙烯管（UPVC）

硬聚氯乙烯管（UPVC）是目前国内推广应用塑料管中的一种管材。它与金属管道相比，具有重量轻、耐压强度好、阻力小、耐腐蚀、安装方便、投资省、使用寿命长等特点。

硬聚氯乙烯管（UPVC）不同于金属管材，为保证施工质量，UPVC 管材及配件在运输、装卸及堆放过程中严禁抛扔或激烈碰撞。应避阳光曝晒，若存放期较长，则应放置于棚库内，以防变形和老化。UPVC 管材、配件堆放时，应放平垫实，堆放高度不宜超过 1.5m；对于承插式管材、配件堆放时，相邻两层管材的承口应相互倒置并让出承口部位，以免承口承受集中荷载。

给水硬聚氯乙烯管道可以采用胶圈接口、粘接接口、法兰连接等形式。最常用的是胶圈和粘接连接，橡胶圈接口适用于管外径为 63～710mm 的管道连接；粘接接口只适用管外径小于 160mm 管道的连接；法兰连接一般用于硬聚氯乙烯管与铸铁管等其他管材、阀件等的连接。

当管道采用胶圈接口（R-R 接口）时，所用的橡胶圈不应有气孔、裂缝、重皮和接缝。

若使用圆形胶圈作接口密封材料时，胶圈内径与管材插口外径之比宜为 0.85～0.90，胶圈断面直径压缩率一般采用 40%。

当管道采用粘接连接（T-S 接口）时，所选用的粘接剂的性能应符合下列基本要求：

1）粘附力和内聚力强，易于涂在接合面上。

2）固化时间短。

3）硬化的粘接层对水不产生任何污染。

4）粘接的强度应满足管道的使用要求。

5）当发现粘接剂沉淀、结块时不得使用

给水硬聚氯乙烯管经挤出成型，管外径 $\phi 12 \sim \phi 160$mm 的管件（如三通、四通、弯头等）为硬聚氯乙烯注塑管件（粘接）；管外径 $\phi 200 \sim \phi 710$mm 的管件选用给水用玻璃钢增强 UPVC 复合管件。

给水硬聚氯乙烯管的施工程序为：

沟槽、管材、管件检验→下管→对口连接→部分回填→水压试验合格→全部回填。

下面重点介绍给水硬聚氯乙烯管对口连接：

（1）胶圈连接　首先，应将管道承口内胶圈沟槽，管端工作面及胶圈清理干净，不得有土或其他杂物；将胶圈正确安装在承口的胶圈区中，不得装反或扭曲。为了安装方便，可先用水浸湿胶圈，但不得在胶圈上涂润滑剂安装；橡胶圈连接的管材在施工中被切断时（断口平整且垂直管轴线），应在插口端倒角（坡口），并划出插入长度标线，再进行连接。管子接头最小插入长度见表 8-2。

表 8-2　管子接头最小插入长度

公称外径/mm	63	75	90	110	125	140	160	180	200	225	280	315
插入长度/mm	64	67	71	75	78	81	86	90	94	100	112	113

然后，用毛刷将润滑剂均匀地涂在装嵌在承口处的胶圈和管插口端外表面上，但不得将润滑剂涂到承口的胶圈沟槽内；润滑剂可采用 V 型脂肪酸盐，禁止用黄油或其他油类作润滑剂。

最后，将连接管道的插口对准承口，保持插入管段的平直，用手动葫芦或其他拉力机械将管一次插入至标线。若插入阻力过大，切勿强行插入，以防胶圈扭曲。胶圈插入后，用探尺顺承插口间隙插入，沿管圆周检查胶圈的安装是否正常。

（2）粘接连接　粘接连接的管道在施工中被切断时，须将插口处倒角，锉成坡口后再进行连接。切断管材时，应保证断口平整且垂直管轴线。加工成的坡口应符合下列要求：坡口长度一般不小于 3mm；坡口厚度为管壁厚度的 1/3 ~ 1/2。坡口完后，应将残屑清除干净。管材或管件在粘接前，应用于棉纱或干布将承口内侧和插口外侧擦拭干净，使被粘结面保持清洁干燥，当表面有油污时，可用棉纱蘸丙酮等清洁剂擦净。

粘接前应将两管试插一次，两管的配合要紧密，若两管试插不合适，应另换一根再试，直至合适为止。使插入深度及配合情况符合要求，并在插入端表面划出插入承口深度的标线。粘接时，先用毛刷将粘接剂迅速涂刷在插口外侧及承口内侧结合面上时，宜先涂承口，后涂插口，宜轴向涂刷，涂刷均匀适量；承插口涂刷粘接剂后，应立即找正方向将管端插入承口，用力挤压，使管端插入的深度至所划标线，并保证承插接口的直度和接口位置正确，同时必须保持如下规定的时间：当管外径为 63mm 以下时，保持时间为不少于 30s；当管外径为 63～160mm 时，保持时间应大于 60s。

粘接完毕后，应及时将挤出的粘接剂擦拭干净。粘接后，不得立即对接合部位强行加载，其静止固化时间不应低于表 8-3 规定。

表 8-3　静止固化时间　　　　　　　　　（单位：min）

公称外径/mm	45～70℃	18～40℃	5～18℃
63 以内	12	20	30
63～110	30	45	60
110～160	45	60	90

（3）其他连接　当给水硬聚氯乙烯管与铸铁管、钢管连接时，应采用管件标准中的专用接头连接，也可采用双承橡胶圈接头、接头卡子等连接。当与阀门及消火栓等管件连接时，应先将硬聚氯乙烯管用专用接头接在铸铁管或钢管上后，再通过法兰与这些管件相连接。

8.2.3　钢管

钢管自重轻、强度高、抗应变性能优于铸铁管、硬聚氯乙烯管及预应力钢筋混凝土管、接口方便、耐压程度高、水力条件好，但钢管的耐腐蚀能力差，必须进行防腐处理。

钢管主要采用焊接和法兰连接。其工艺可参见第 6 章有关内容。钢管的防腐可参见第 13 章有关内容。

现在用于给水管道的钢管由于耐腐性差而越来越多地被衬里（衬塑料、衬橡胶、衬玻璃钢、衬玄武岩）钢管所代替。

8.2.4　预应力混凝土管

预应力混凝土管作压力给水管，可代替钢管和铸铁管，降低工程造价，它是目前我国常用的给水管材。预应力混凝土管除成本低外，而且耐腐蚀性远优于金属管材。

国内圆形预应力混凝土管采用纵向与环向都有预应力钢筋的双向预应力混凝土管，具有良好的抗裂性能。接口形式一般为承插式胶圈接口。

承插式预应力混凝土管的缺点是自重大、运输及安装不便；而且采用振动挤压工艺生产的预应力混凝土管，由于内模经长期使用，承口误差（椭圆度）会随之增大，插口误差小，严重影响接口质量。因此施工时对承口要详细检查与量测，为选配胶圈提供依据。

预应力混凝土管规格：公称直径 $DN400 \sim 2000\text{mm}$，有效长度 5m，静水压力为 $0.4 \sim 1.2\text{MPa}$。我国目前在预应力混凝土管道施工中，在管网分枝、变径、转向时必须采取铸铁或钢制管件。

我国目前生产的预应力混凝土管胶圈接口一般为圆形胶圈（O 形胶圈），能承受 1.2MPa 的内压力和一定量的沉陷、错口和弯折；抗震性能良好，在地震烈度为 $10 \sim 11$ 度区内，接口无破坏现象；胶圈埋入地下耐老化性能好，使用期可长达数十年。圆形胶圈应符合《预应力与自应力钢筋混凝土管用橡胶密封圈》（JCT 749—1996）的要求。

选配胶圈应考虑的因素为：

1）管道安装水压试验压力。

2）管节出厂前的抗渗检验压力。

3）管节承口与插口的实际尺寸和环向间隙。

4）胶圈硬度和性能。

5）胶圈使用的条件（包括水质）。

预应力混凝土管施工程序为：

排管→下管→清理管腔、管口→清理胶圈→初步对口找正→顶管接口→检查中线、高程→用探尺检查胶圈位置→锁管→部分回填→水压试验合格→全部回填

预应力混凝土管施工工艺如下：

1）排管。将管节和管件按顺序置于沟槽一侧或两侧。

2）下管。下管时，吊装管子的钢丝绳与管节接触处，必须用木板、橡胶板、麻袋等垫好，以免将管节勒坏。

3）清理管腔、管口。在铺管前，应对每根管进行检查，察看有无露筋、裂纹、脱皮等缺陷，尤其注意承插口工作面部分。如有上述缺陷，应用环氧树脂水泥修补好。

4）清理胶圈。橡胶圈必须逐个检查，不得有割裂、破损、气泡、大飞边等缺陷，粘接要牢固，不得有凸凹不平的现象。

5）将胶圈上到管节的插口端。

6）初步对口找正。一般采取起重机吊起管节对口。

7）顶管接口。一般采用顶推与拉入两种方法，可根据施工条件、顶推力大小、机具配备情况和操作熟练程度确定。

顶管接口常用以下几种安装方法：

（1）千斤顶小车拉杆法（图 8-5）　由后背工字钢、螺旋千斤顶（一或两台）、顶铁（纵、横铁）、垫木等组成的一套顶推设备安装在一辆平板小车上，特

制的弧形卡具固定在已经安装好的管上，用符合管节模数的钢拉杆把卡具和后背顶铁拉起来，使小车与卡具、拉杆形成一个自索推拉系统。自索完成后找好顶铁的位置及垫木、垫铁、千斤顶的位置，摇动螺旋千斤顶，将套有胶圈的插口徐徐顶入已安好的管的承口中，随顶随调整胶圈使之就位准确（终点在距小台 5mm处）。每顶进一根管，加一根钢拉杆，一般安装 10 根管移动一次位置。

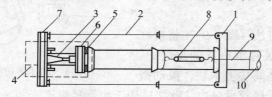

图 8-5　千斤顶小车拉杆安装预应力混凝土管示意图

1—卡具　2—钢拉杆（活接头组合）　3—螺旋千斤顶　4—双轮平板小车　5—垫木（一组）

6—顶铁（一组）　7—后背工字钢（焊有拉杆接点）　8—吊链（卧放手拉葫芦）

9—钢丝绳套　10—已安装好的管

（2）吊链（手拉葫芦）拉入法（图 8-6）　在已安装稳固的管节上拴住钢丝绳，在待拉入管承口处架上后背横梁，用钢丝绳和吊链连好绷紧对正，两侧同步拉吊链，将已套好胶圈的插口经撞口后拉入承口中，注意随时校正胶圈位置。

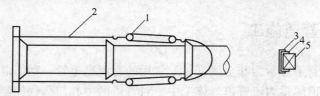

图 8-6　吊链拉入法安管示意图

1—吊链（手拉葫芦）　2—钢丝绳　3—槽钢（横梁）　4—缓冲橡胶带（或汽车外带）　5—方木

（3）牵引机拉入法（图 8-7）　安好后背方木、滑轮（或滑轮组）和钢丝绳，起动牵引机械或卷扬机将对好胶圈的插口拉入承口中，随拉随调整胶圈，使之就位准确。

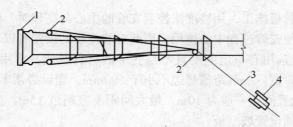

图 8-7　牵引机安管示意图

1—后背方木　2—滑轮　3—钢丝绳　4—牵引机

（4）DKJ 多功能快速接管机安管（图 8-8） 北京市政设计研究院研制的 DKJ 多功能快速接管机，可快速地进行管道接口作业，并具有自动对口、纠偏功能，人只需站在接口处手点按钮即可操作，操作简便。

（5）撬杠顶进法（图 8-9） 将撬杠插入已对口待连接管承口端的土层中，在撬杠与承口端之间垫上木块，扳动撬

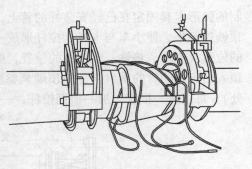

图 8-8　DKJ 多功能快速接管机

杠使插口进入已连接管承口内。此法适用于小管径管道安装。

采用上述方法铺管后，为防止前几节管的管口移动，可用钢丝绳和吊链锁在后面的管上，即进行锁管。

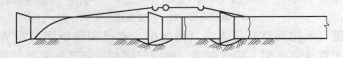

图 8-9　锁管示意图

8.3　排水管道施工

室外排水管道通常为非金属管材。常用的有混凝土管、钢筋混凝土管及陶土管等。排水管道属重力流管道。施工中，对管道的中心与高程控制要求较高。

8.3.1　安管（稳管）

排水管道安装（稳管）常用坡度板法和边线法控制管道中心与高程。边线法控制管道中心和高程比坡度板法速度快，但准确度不如坡度板法。

1. 坡度板法

重力流排水管道施工，用坡度法控制安管的中心与高程时，坡度板埋设必须牢固，而且要方便安管过程中的使用，因此对坡度板的设置有以下要求：

1）坡度板应选用有一定刚度且不易变形的材料制成，常用 50mm 厚木板，长度根据沟槽上口宽，一般跨槽每边不小于 500mm，埋设必须牢固。

2）坡度板设置间距一般为 10m，最大间距不宜超过 15m，变坡点、管道转向及检查井处必须设置坡度板。

3）单层槽坡度板设置在槽上口跨地面，坡度板距槽底不超过 3m 为宜，多层槽坡度板设在下层槽上口跨槽台，距槽底也不宜大于 3m。

4）在坡度板上施测中心与高程时，中心钉应钉在坡度板顶面，高程板一侧紧贴中心钉（不能遮挡挂中线）钉在坡度板侧面，高程钉钉在靠中心钉一侧的高程板上（图 8-10）。

5）坡度板上应标井室号、明桩号及高程钉至各有关部位的下反常数。变换常数处，应在坡度板两面分别书写清楚，并分别标明其所用高程钉。

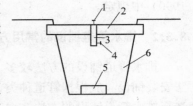

图 8-10　坡度板
1—中心钉　2—坡度板　3—立板
4—高程钉　5—管道基础　6—沟槽

安管前，准备好必要的工具（垂球、水平尺、钢尺等），按坡度板上的中心钉、高程板上的高程钉挂中心线和高程线（至少是三块坡度板），用一只眼看一下，看有无折线，是否正常；根据给定的高程下反数，在高程尺上量好尺寸，刻上标记，经核对无误后，再进行安管。

安管时，在管端吊中心垂球，当管径中心与垂线对正不超过允许偏差时，安管的中心位置即正确。

控制安管的管内底高程：将高程线绷紧，把高程尺杆下端放至管内底上，当尺杆上的标记与高程线距离不超过允许偏差时，安管的高程为正确。

2．边线法（图 8-11）

对边线的设置有如下要求：

1）在槽底给定的中线桩一侧钉边线铁钎，上挂边线，边线高度应与管中心高度一致，边线距管中的距离等于管外径的 1/2 加上一常数（常数以小于 50mm 为宜）。

2）在槽帮两侧适当的位置打入高程桩，其间距 10m 左右（不宜大于 15m），并实测上高程钉。连接槽两帮高程桩上的高程钉，在连线上挂纵向高程线，用眼"串"线看有无折点，是否正常（线必须拉紧查看）。

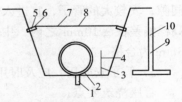

图 8-11　边线法安管示意图
1—给定中线桩　2—中线钉
3—边线铁钎　4—边线　5—高程桩
6—高程钉　7—高程辅助线
8—高程线　9—高程尺杆　10—标记

3）根据给定的高程下反数，在高程尺杆上量好尺寸，刻写上标记，经核对无误再进行安管。

安管时，如管外径相同，则用尺量取管外皮距边线的距离，与自己选定的常数相比，不超过允许偏差时为正确；如安外径不同的管，则用水平尺找中，量取至边线的距离，与给定管外径的 1/2 加上常数相比，不超过允许偏差为正确。

安管中线位置控制的同时，应控制管内底高程。方法为：将高程线绷紧，把高程尺杆下端放至管内底上，并立直，当尺杆上标记与高程线距离不超过允许偏差时为正确。安管允许偏差见《市政排水管渠工程质量检验评定标准》（CJJ 3—

1990）中规定。

8.3.2 排水管道铺设的常用方法

排水管道铺设的方法较多，常用的方法有平基法、垫块法、"四合一"施工法安装铺设。应根据管道种类、管径大小、管座形式、管道基础、接口方式等来选择排水管道铺设的方法。

1. 平基法

排水管道平基法施工，首先浇筑平基（通基）混凝土，待平基达到一定强度再下管、安管（稳管）、浇筑管座及抹带接口的施工方法。这种方法常用于雨水管道，尤其适合于地基不良或雨季施工的场合。

平基法施工程序为：支平基模板→浇筑平基混凝土→下管→安管（稳管）→支管座模板→浇筑管座混凝土→抹带接口→养护。

平基法施工操作要点：

1）浇筑混凝土平基顶面高程，不能高于设计高程，低于设计高程不超过10mm。

2）平基混凝土强度达到5MPa以上时，方可直接下管。

3）下管前可直接在平基面上弹线，以控制安管中心线。

4）安管的对口间隙，管径≥700mm，按10mm控制，管径<700mm可不留间隙，安较大的管子，宜进入管内检查对口，减少错口现象，稳管以达到管内底高程偏差在±10mm之内，中心线偏差不超过10mm，相邻管内底错口不大于3mm为合格。

5）管子安好后，应及时用于净石子或碎石卡牢，并立即浇筑混凝土管座。

管座浇筑要点：

1）浇筑管座前，平基应凿毛或刷毛，并冲洗干净。

2）对平基与管接触的三角部分，要选用同强度等级混凝土中的软灰，先行捣密实。

3）浇筑混凝土时，应两侧同时进行，防止挤偏管。

4）较大管子，浇筑时宜同时进入管内配合勾捻内缝；直径小于700mm的管，可用麻袋球或其他工具在管内来回拖动，将流入管内的灰浆拉平。

2. 垫块法

排水管道施工，把在预制混凝土垫块上安管（稳管），然后再浇筑混凝土基础和接口的施工方法，称为垫块法。采用这种方法可避免平基、管座分开浇筑，是污水管道常用的施工方法。垫块法施工程序为：预制垫块→安垫块→下管→在垫块上安管→支模→浇筑混凝土基础→接口→养护。

预制混凝土垫块强度等级同混凝土基础；垫块的几何尺寸：长为管径的0.7

倍，高等于平基厚度，允许偏差 ±10mm，宽大于或等于高；每节管垫块一般为两个，一般放在管两端。

垫块法施工操作要点：

1）垫块应放置平稳，高程符合设计要求。

2）安管时，管两侧应立保险杠，防止管从垫块上滚下伤人。

3）安管的对口间隙：管径 700mm 以上者按 10mm 左右控制；安较大的管时，宜进入管内检查对口，减少错口现象。

4）管安装好后一定要用干净石子或碎石将管卡牢，并及时灌注混凝土管座。

"四合一"施工作法（图 8-12）：

1）平基。灌筑平基混凝土时，一般应使平基面高出设计平基面 20 ~ 40mm（视管径大小而定），并进行捣固，管径 400mm 以下者，可将管座混凝土与平基一次灌齐，并将平基面作成弧形以利稳管。

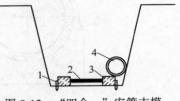

图 8-12 "四合一"安管支模排管示意图

2）稳管。将管从模板上滚至平基弧形内，前后揉动，将管揉至设计高程（一般高于设计高程 1 ~ 2mm，以备下一节时又稍有下沉），同时控制管中心线位置的准确。

3）管座。完成稳管后，立即支设管座模板，浇筑两侧管座混凝土，捣固管座两侧三角区，补填对口砂浆，抹平管座两肩。如管道接口采用钢丝网水泥砂浆抹带接口时，混凝土的捣固应注意钢丝网位置的正确。为了配合管内缝勾捻，管径在 600mm 以下时，可用麻袋球或其他工具在管内来回拖动，将管口内溢出的砂浆抹平。

4）抹带。管座混凝土灌筑后，马上进行抹带，随后勾捻内缝，抹带与稳管至少相隔 2 ~ 3 节管，以免稳管时不小心碰撞管，影响接口质量。

8.3.3 混凝土管和钢筋混凝土管接口施工

混凝土管的规格为 $DN100 ~ 600$mm，长为 1m；钢筋混凝土管的规格为 $DN300 ~ 2400$mm，长为 2m。管口形式有承插口、平口、圆弧口、企口几种（图 8-13）。

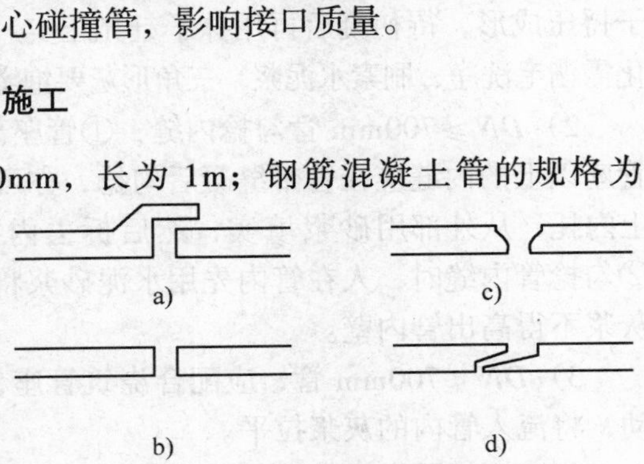

混凝土管和钢筋混凝土管的接口形式有刚性和柔性两种。

1. 抹带接口

（1）水泥砂浆抹带接口（图 8-14）

a)

c)

b)

d)

图 8-13 管口形式

a）承插口 b）平口 c）圆弧口 d）企口

水泥砂浆抹带接口是一种常用刚性接口，一般在地基较好、管径较小时采用。水泥砂浆抹带接口施工程序为：浇管座混凝土→勾捻管座部分管内缝→管带与管外皮及基础结合处凿毛清洗→管座上部内缝支垫托→抹带→勾捻管座以上内缝→接口养护。

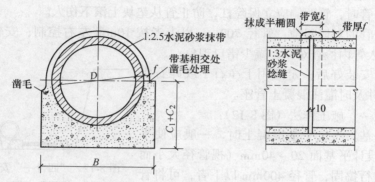

图 8-14　水泥砂浆抹带接口

水泥砂浆抹带材料及质量配合比：水泥采用 425 号水泥（普通硅酸盐水泥），砂子应过 2mm 孔径筛子，泥含量不得大于 2%（质量分数）；质量配合比为，水泥:砂 = 1:2.5，水一般不大于 0.5。勾捻内缝水泥砂浆的质量配合比为，水泥:砂 = 1:3，水一般不大于 0.5。

水泥砂浆抹带接口工具有浆桶、刷子、铁抹子、弧形抹子等。

抹带接口操作：

1）抹带：①抹带前将管口及管带覆盖到的管外皮刷干净，并刷水泥浆一遍。②抹第一层砂浆（卧底砂浆）时，应注意找正使管缝居中，厚度约为带厚 1/3，并压实使之与管壁粘结牢固，在表面划成线槽，以利于与第二层结合（管径400mm 以内者，抹带可一次完成）。③待第一层砂浆初凝后抹第二层，用弧形抹子将压成形，待初凝后再用抹子赶光压实。④带、基相接处（如基础混凝土已硬化需凿毛洗净、刷素水泥浆）三角形灰要饱实，大管径可用砖模，防止砂浆变形。

2）$DN \geqslant 700$mm 管勾捻内缝：①管座部分的内缝应配合浇筑混凝土时勾捻，管座以上的内缝应在管带缝凝后勾捻，亦可在抹带之前勾捻，即抹带前将管缝支上内托，从外部用砂浆填实，然后拆去内托，将内缝勾捻子整，再进行抹带；②勾捻管内缝时，人在管内先用水泥砂浆将内缝填实抹平，然后反复捻压密实，灰浆不得高出管内壁。

3）$DN < 700$mm 管，应配合浇筑管座，用麻袋球或其他工具在管内来回拖动，将流入管内的灰浆拉平。

（2）钢丝网水泥砂浆抹带接口（图 8-15）　钢丝网水泥砂浆抹带接口由于在抹带层内埋置 20 号 10mm × 10mm 方格的钢丝网，因此接口强度高于水泥砂浆抹带接口。施工程序：管口凿毛清洗（管径≤500mm 者刷去浆皮）→浇筑管座混凝土→将钢丝网片插入管座的对口砂浆中并以抹带砂浆补充肩角→勾捻管内下部管缝→为勾上部内缝支托架→抹带（素灰、打底、安钢丝网片、抹上层、赶压、拆模等）→勾捻管内上部管缝→内外管口养护。

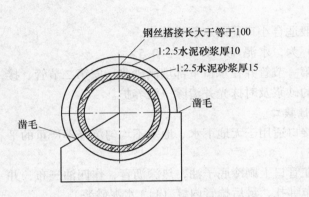

钢丝搭接长大于等于100
1:2.5水泥砂浆厚10
1:2.5水泥砂浆厚15
凿毛
凿毛

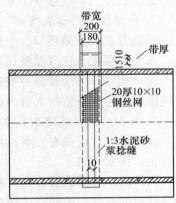

带宽
200
180
带厚
510
20厚10×10钢丝网
1:3水泥砂浆捻缝
10

图 8-15 钢丝网水泥砂浆抹带接口

抹带接口操作：

1）抹带：①抹带前将已凿毛的管口洗刷干净并刷水泥浆一道；在抹带的两侧安装好弧形边模；②抹第一层砂浆应压实，与管壁粘牢，厚 15mm 左右，待底层砂浆稍晾有浆皮儿后将两片钢丝网包拢使其挤入砂浆浆皮中，用 20 号或 22 号细铁丝（镀锌）扎牢，同时要把所有的钢丝网头塞入网内，使网面平整，以免产生小孔漏水；③第一层水泥砂浆初凝后，再抹第二层水泥砂浆使之与模板平齐，砂浆初凝后赶光压实；④抹带完成后立即养护，一般 4～6h 可以拆模，应轻敲轻卸，避免碰坏抹带的边角，然后继续养护。

2）勾捻内缝及接口养护方法与水泥砂浆抹带接口相同。

钢丝网水泥砂浆接口的闭水性较好，常用于污水管道接口，管座采用 135°或 180°V 形座。

2．套环接口

套环接口的刚度好，常用于污水管道的接口，分为现浇套环接口和预制套环接口两种。

（1）现浇套环接口 采用的混凝土的强度等级一般为 C18；捻缝用 1:3 水泥砂浆；配合比（质量比）为，水泥:砂:水 = 1:3:0.5；钢筋为 HPB235 级。

施工程序：浇筑管基→凿毛与管相接处的管基并清刷干净→支设马鞍形接口模板→浇筑混凝土→养护后拆模→养护。

捻缝与混凝土浇筑相配合进行。

（2）预制套环接口　套环采用预制套环可加快施工进度。套环内可填塞油麻石棉水泥或胶圈石棉水泥。石棉水泥配合比（质量比）为，水:石棉:水泥 = 1:3:7；捻缝用砂浆配合比（质量比）为，水泥:砂:水 = 1:3:0.5。

施工程序为：在垫块上安管→安套环→填油麻→填打石棉水泥→养护。

3. 承插管水泥砂浆接口

承插管水泥砂浆接口，一般适合小口径雨水管道施工。

水泥砂浆配合比（质量比）为，水泥:砂:水 = 1:2:0.5。

施工程序：清洗管口→安第一节管并在承口下部填满砂浆→安第二节管、接口缝隙填满砂浆→将挤入管内的砂浆及时抹光并清除→湿养护。

4. 沥青麻布（玻璃布）柔性接口

沥青麻布（玻璃布）柔性接口适用于无地下水、地基不均匀沉降不严重的平口或企口排水管道。

接口时，先清刷管口，并在管口上刷冷底子油，热涂沥青，作四油三布，并用铁丝将沥青麻布或沥青玻璃布绑扎，最后捻管内缝（1:3 水泥砂浆）。

5. 沥青砂浆柔性接口

沥青砂浆柔性接口的使用条件与沥青麻布（玻璃布）柔性接口相同，但不用麻布（玻璃布），成本降低。沥青砂浆质量配合比为，石油沥青:石棉粉:砂 = 1:0.67:0.69。制备时，待锅中沥青（10 号建筑沥青）完全熔化到超过 220°C 时，加入石棉（纤维占 1/3 左右）、细砂，不断搅拌使之混合均匀。浇灌时，沥青砂浆温度控制在 200°C 左右，具有良好的流动性。

施工程序：管口凿毛及清理→管缝填塞油麻、刷冷底子油→支设灌口模具→灌注沥青砂浆→拆模→捻内缝。

6. 承插管沥青油膏柔性接口

这是利用一种粘结力强、高温不流淌、低温不脆裂的防水油膏，进行承插管接口，施工较为方便。沥青油膏有成品，也可自配。这种接口适用于小口径承插口污水管道。沥青油膏质量配合比，石油沥青:松节油:废机油:石棉灰:滑石粉 = 100:11.1:44.5:77.5:119。

施工程序为：清刷管口保持干燥→刷冷底子油→油膏捏成圆条备用→安第一节管→将粗油膏条垫在第一节管承口下部→插入第二节管→用麻錾填塞上部及侧面沥青膏条。

7. 塑料止水带接口

塑料止水带接口是一种质量较高的柔性接口，常用于现浇混凝土管道上。它具有一定的强度，又具有柔性，抗地基不均匀沉陷性能较好，但成本较高。这种接口适用于敷设在沉降量较大的地基上，需修建基础，并在接口处用木丝板设置基础沉降缝。

8.3.4 PVC-U 双壁波纹管的施工

PVC-U 双壁波纹管于 20 世纪 90 年代初在西方发达国家被开发成功并得到大量应用。随着我国城市化的迅速发展及国家对环境保护工作的进一步重视，PVC-U 双壁波纹管将有很大的应用空间。其合理的中空环形结构设计，具有质地轻、强度高、韧性好的特点，同时，还具有易敷设、阻力小、成本低、耐腐蚀性强等优点，其使用性能和经济效益远远超过传统的铁管和水泥管，是工程管材的更新换代产品，被广泛地应用在地下埋设的各种管道。

PVC-U 双壁波纹管特性：

1）内壁光滑，流体的阻力明显小于混凝土管。实践证明，在同样的坡度下，采用直径较小的双壁波纹管就可以达到要求的流量；在同样的直径下，采用双壁波纹管可以减小坡度，有效地减少铺设的工程量。

2）采用弹性密封圈承插连接，双壁波纹管的密封性更为可靠。

3）耐腐蚀性强。双壁波纹管耐腐蚀性远胜于金属管，也明显优于混凝土管。

4）抗磨损性能良好，使用周期更长。

5）铺设安装方便。PVC—U 双壁波纹管重量轻，长度大，接头少，对于管沟和基础的要求低、连接方便、施工快捷。

6）综合造价低。双壁波纹管的工程造价比承插口混凝土管的造价低 30% ~ 40%，施工周期短，经济效益明显。

PVC—U 双壁波纹管基础采用垫层基础，其厚度应按设计要求。一般土质较好地段，槽底只需铺一层砂垫层，其厚为 100mm；对软土地基或槽底位于地下水位以下时，可采用 150mm 厚、颗粒尺寸为 5 ~ 40mm 的碎石或砾石砂铺筑，其上用 50mm 厚砂垫层整平，基础宽度与槽底同宽。基础应夯实紧密，表面平整。管道基础的接口部位应预留凹槽以便接口操作。接口完成后，随即用相同材料填筑密实。

PVC—U 双壁波纹管采用弹性密封圈承插连接，将密封圈浸湿、安装在管道插口第二或第三个螺口内，将管道承口处清理干净、抹上洗洁剂，然后将插口对准承口缓慢旋转、缓慢安装，在管道尾端可借助于外力轻轻撞击，将两节管道安装在一起。

8.3.5 沟槽回填

1）管道隐蔽工程验收合格后应立即回填至管顶以上一倍管径高度。

2）沟槽回填从管底基础部位开始到管顶以上 700mm 范围内，必须用人工回填，严禁用机械推土机回填。为了防止今后有人开挖，可在塑料管上方 100mm

处铺上警示带，起到告警作用。

3）管顶 700mm 以上部位的回填，可用机械从管道轴线两侧同时回填，夯实或碾压。

4）回填前应排出沟槽积水，不得回填淤泥、有机质土及冻土。回填土中不应含有石块、砖、其他杂物及带有棱角的大块物体。

5）回填时应分层对称进行，每层回填高度不大于 200mm，以确保管道及检查井不产生位移。

8.4 管道工程质量检查与验收

验收压力管道时必须对管道、接口、阀门、配件、伸缩器及其他附属构筑物仔细进行外观检查，复测管道的纵断面，并按设计要求检查管道的放气和排水条件。管道验收还应对管道的强度和严密性进行试验。

8.4.1 管道压力试验的一般规定

1）应符合 GB 50268—1997《给排水管道工程施工及验收规范》规定。

2）压力管道应用水进行压力试验。地下钢管或铸铁管，在冬季或缺水情况下，可用空气进行压力试验，但均须有防护措施。

3）压力管道的试验，应按下列规定进行：架空管道、明装管道及非掩蔽的管道应在外观检查合格后进行压力试验；地下管道必须在管基检查合格，管身两侧及其上部回填不小于 0.5m，接口部分尚敞露时，进行初次试压，全部回填土在完成该管段各项工作后进行末次试压。此外，铺设后必须立即全部回填土的管道，在回填前应认真对接口做外观检查，仔细回填后进行一次试验；对于组装的有焊接接口的钢管，必要时可在沟边预先试验，在下沟连接以后仍需进行压力试验。

4）试压管段的长度不宜大于 1km，非金属管段不宜超过 500m。

5）管端敞口，应事先用管堵或管帽堵严，并加临时支撑，不得用闸阀代替；管道中的固定支墩，试验时应达到设计强度；试验前应将该管段内的闸阀打开。

6）当管道内有压力时，严禁修整管道缺陷和紧动螺栓，检查管道时不得用手锤敲打管壁和接口。

7）给水管道在试验合格验收交接前，应进行一次通水冲洗和消毒，冲洗流量不应小于设计流量或流速不小于 1.5m/s。冲洗应连续进行，当排水的色、透明度与入口处目测一致时，即为合格。生活饮用水管冲洗后用含 20～30mg/L 游离氯的水，灌洗消毒，含氯水留置 24h 以上。消毒后再用饮用水冲洗。冲洗时应注意保护管道系统内仪表，防止堵塞或损坏。

8.4.2　管道水压试验

1）管道试压前管段两端要封以试压堵板，堵板应有足够的强度，试压过程中与管身接头处不能漏水。

2）管道试压时应设试压后背，可用天然土壁作试压后背，也可用已安装好的管道作试压后背，试验压力较大时，会使土后背墙发生弹性压缩变形，从而破坏接口。为了解决这个问题，常用螺旋千斤顶，即对后背施加预压力，使后背产生一定的压缩变形。管道水压试验后背装置如图8-16所示。

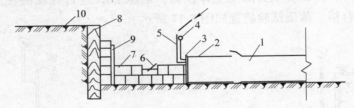

图 8-16　给水管道水压试验后背

1—试验管段　2—短管乙　3—法兰盖堵　4—压力表　5—进水管　6—千斤顶
7—顶铁　8—方木　9—铁板　10—后座墙

3）管道试压前应排除管内空气，灌水进行浸润，试验管段灌满水后，应在不大于工作压力条件下充分浸泡后进行试压。浸泡时间应符合以下规定。铸铁管、球墨铸铁管、钢管无水泥砂浆衬里不小于24h；有水泥砂浆衬里，不小于48h。预应力、自应力混凝土管及现浇钢筋混凝土管渠，管径<1000mm，不小于48h。管径>1000mm，不小于72h。硬PVC管在无压情况下至少保持12h，进行严密性试验时，将管内水加压到0.35MPa，并保持2h。

4）硬聚氯乙烯管道灌水应缓慢，流速<1.5m/s。

5）冬季进行水压试验时，应采取有效的防冻措施，试验完毕后应立即排出管内和沟槽内的积水。

6）水压试验压力，按表8-4确定。

表 8-4　承压水管道水压试验压力值

管材种类	工作压力 p/MPa	试验压力 p_t/MPa
钢管	p	$p_t + 0.5$ 且不小于 0.9
普通铸铁管及球墨铸铁管	$p \leqslant 0.5$	$2p_t$
	$p > 0.5$	$p_t + 0.5$
预应力钢筋混凝土管与自应力筋混凝土管	$p \leqslant 0.6$	$1.5p_t$
	$p > 0.6$	$p_t + 0.3$
给水硬聚氯乙烯管	p	强度试验 $1.5p_t$；严密试验 0.5

（续）

管 材 种 类	工作压力 p/MPa	试验压力 p_t/MPa
现浇或预制钢筋混凝土管渠	$p \geqslant 0.1$	$1.5 p_t$
水下管道	p	$2 p_t$

7）水压试验验收及标准。

a. 落压试验法。在已充水的管道上用手摇泵向管内充水，待升至试验压力后，停止加压，观察表压下降情况。如 10min 压力降不大于 0.05MPa，且管道及附件无损坏，将试验压力降至工作压力，恒压 2h，进行外观检查，无漏水现象表明试验合格。落压试验装置如图 8-17 所示。

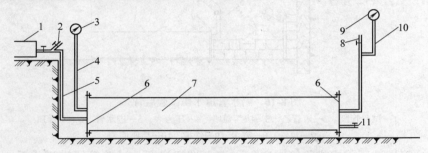

图 8-17　落压试验设备布置示意图

1—手摇泵　2—进水总管　3—压力表　4—压力表连接管　5—进水管　6—盖板　7—试验管段
8—放水管兼排气管　9—压力表　10—连接管　11—泄水管

b. 漏水率试验法。将管段压力升至试验压力后，记录表压降低 0.1MPa 所需的时间 T_1，然后在管内重新加压至试验压力，从放水阀放水，并记录表压下降 0.1MPa 所需的时间 T_2 和此间放出的水量 W。按式 $q = W/(T_1 - T_2)$ 计算漏水率。漏水率试验示意图如图 8-18 所示。若 q 值小于表 8-5 或表 8-6 的规定，即认为合格。

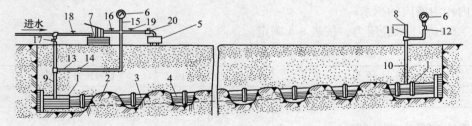

图 8-18　漏水率试验示意图

1—封闭端　2—回填土　3—试验管段　4—工作坑　5—水筒　6—压力表　7—手摇泵　8—放水阀
9—进水管　10、13—压力表连接管　11、12、14～19—闸门　20—龙头

钢管、铸铁管、钢筋混凝土管等管道水压试验允许漏水率见表 8-5。聚氯乙

烯管强度试验的漏水率不应超过表 8-6 的规定。

表 8-5 管道水压试验允许漏水率 （单位：L／（min·km））

管径/mm	钢　　管	铸 铁 管	预应力、自应力钢筋混凝土管
100	0.28	0.70	1.40
125	0.35	0.90	1.56
150	0.42	1.05	1.72
200	0.56	1.40	1.98
250	0.70	1.55	2.22
300	0.85	1.70	2.42
350	0.90	1.80	2.62
400	1.00	1.95	2.80
450	1.05	2.10	2.96
500	1.10	2.20	3.14
600	1.20	2.40	3.44
700	1.30	2.55	3.70
800	1.35	2.70	3.96
900	1.45	2.90	4.20
1000	1.50	3.00	4.42
1100	1.55	3.10	4.60
1200	1.65	3.30	4.70
1300	1.70		4.90
1400	1.75		5.00

表 8-6 硬聚氯乙烯管强度试验的允许漏水率

管外径/mm	允许漏水率/（L／（min·km））	
	粘 接 连 接	胶 圈 连 接
63～75	0.2～0.24	0.3～0.5
90～110	0.26～0.28	0.6～0.7
125～140	0.35～0.38	0.9～0.95
160～180	0.42～0.5	1.05～1.2
200	0.56	1.4
225～250	0.7	1.55
280	0.8	1.6
315	0.85	1.7

8.4.3　无压管道严密性试验

1）污水管道、雨污合流管道、倒虹吸管及设计要求闭水的其他排水管道，回填前应采用闭水法进行严密性试验。

试验管段应按井距分隔，长度不大于 1km，带井试验。雨水和与其性质相似的管道，除大孔性土壤及水源地区外，可不做渗水量试验。污水管道不允许渗漏。

2）做闭水试验管段应符合下列规定：管道及检查井外观质量已验收合格；管道未回填，且沟槽内无积水；全部预留孔（除预留进出水管外）应封堵坚固，不得渗水；管道两端堵板承载力经核算应大于水压力的合力。

3）闭水试验应符合下列规定：试验段上游设计水头不超过管顶内壁时，试验水头应以试验段上游管顶内壁加 2m 计；当上游设计水头超过管顶内壁时，试验水头应以上游设计水头加 2m 计；当计算出的试验水头小于 10m，但已超过上游检查井井口时，试验水头应以上游检查井井口高度为准。无压管道闭水试验装置图如图 8-19 所示。

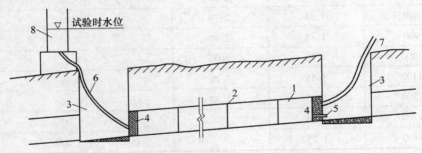

图 8-19　闭水试验示意

1—试验管段　2—接口　3—检查井　4—堵头　5—闸门　6、7—胶管　8—水筒

4）试验管段灌满水后浸泡时间不小于 24h。当试验水头达到规定水头时，开始计时，观测管道的渗水量，观测时间不少于 30min，期间应不断向试验管段补水，以保持试验水头恒定。实测渗水量应符合表 8-7 规定。

表 8-7　无压管道严密性试验允许渗水量

管道内径 /mm	允许渗水量 /cm³/(24h·km)	管道内径 /mm	允许渗水量 /cm³/(24h·km)	管道内径 /mm	允许渗水量 /cm³/(24h·km)
200	17.60	500	27.95	800	35.35
300	21.62	600	30.60	900	37.50
400	25.00	700	33.00	1000	39.52

（续）

管道内径 /mm	允许渗水量 /cm³/（24h·km）	管道内径 /mm	允许渗水量 /cm³/（24h·km）	管道内径 /mm	允许渗水量 /cm³/（24h·km）
1100	41.45	1500	48.40	1900	54.48
1200	43.30	1600	50.00	2000	55.90
1300	45.00	1700	51.50		
1400	46.70	1800	53.00		

8.4.4　地下给水排水管道冲洗与消毒

给水管道试验合格后，竣工验收前应冲洗、消毒，使管道出水符合《生活饮用水的水质标准》，经验收才能交付使用。

1. 管道冲洗

（1）放水口　管道冲洗主要使管内杂物全部冲洗干净，使排出水的水质与自来水状态一致。在没有达到上述水质要求时，这部分冲洗水要有放水口。冲洗水可排至附近河道、排水管道。排水时应取得有关单位协助，确保安全排放、畅通。

安装放水口时，其冲洗管接口应严密，并设有闸阀、排气管和放水龙头，弯头处应进行临时加固，如图 8-20 所示。

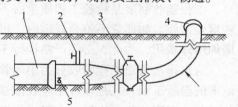

图 8-20　冲洗管放水口
1—管道　2—排气管　3—闸阀
4—放水龙头　5—插盘短管

冲洗水管可比被冲洗的水管管径小，但断面不应小于被冲洗管断面的 1/2。冲洗水的流速宜大于 0.7m/s。管径较大时，所需用的冲洗水量较大，可在夜间进行冲洗，以不影响周围的正常用水。

（2）冲洗步骤及注意事项

1）准备工作。会同自来水管理部门，商定冲洗方案，如冲洗水量、冲洗时间、排水路线和安全措施等。

2）冲洗时应避开用水高峰，以流速不小于 1.0m/s 的冲洗水连续冲洗。

3）冲洗时应保证排水管路畅通安全。

4）开闸冲洗。放水时，先开出水闸阀再开来水闸阀；注意排气，并派专人监护放水路线；发现情况及时处理。

5）检查放水口水质。观察放水口水的外观，直至水质外观澄清、化验合格为止。

6）关闭闸阀。放水后尽量使来水闸阀、出水闸阀同时关闭。如做不到，可先关闭出水闸阀，但留几扣暂不关死，等来水阀关闭后，再将出水阀关闭。

7）放水完毕，管内存水 24h 以后再化验为宜，合格后即可交付使用。

2．管道消毒

管道消毒的目的是消灭新安装管道内的细菌，使水质不致污染。

消毒液通常采用漂白粉溶液，注入被消毒的管段内。灌注时可少许开启来水闸阀和出水闸阀，使清水带着漂白液流经全部管段，从放水口检验出高含量氯水为止，然后关闭所有闸阀，使含氯水浸泡 24h 为宜。氯含量为 26～30mg/L。

其漂白粉耗用量可参照表 8-8 选用。

表 8-8　每 100mm 管道消毒所需漂白粉用量

管径/mm	100	150	200	250	300	400	500	600	800	1000
漂白粉/kg	0.13	0.28	0.5	0.79	1.13	2.01	3.14	4.53	8.05	12.57

注：1．漂白粉含氯量以 25%（质量分数）计。

2．漂白粉溶解率以 75%计。

3．水中氯含量为 30mg/L。

8.4.5　地下给水排水管道工程施工质量检验与验收

工程验收制度是检验工程质量必不可少的一道程序，也是保证工程质量的一项重要措施。如质量不符合规定时，可在验收中发现和处理，并避免影响使用和增加维修费用，为此，必须严格执行工程验收制度。

给水排水管道工程验收分为中间验收和竣工验收。中间验收主要是验收埋在地下的隐蔽工程，凡是在竣工验收前被隐蔽的工程项目，都必须进行中间验收，并对前一工序验收合格后，方可进行下一工序，当隐蔽工程全部验收合格后，方可回填沟槽。竣工验收是全面检验给水排水管道工程是否符合工程质量标准，它不仅要查出工程的质量结果怎样，更重要的还应该找出产生质量问题的原因，对不符合质量标准的工程项目必须经过整修，甚至返工，经验收达到质量标准后，方可投入使用。

地下给水排水管道工程属隐蔽工程。给水管道的施工与验收应严格按 GB 50268—1997《给水排水管道工程施工及验收现范》、GB 50235—1997《工业管道工程施工及验收规范》、《室外硬聚氯乙烯给水管道工程施工及验收规程》进行施工及验收；排水管道按 CJJ 3—1990《市政排水管渠工程质量检验评定标准》、GB 50268—1997《给水排水管道施工及验收规范》进行施工与验收。

给排水管道工程竣工后，应分段进行工程质量检查。质量检查的内容包括：

1）外观检查。对管道基础、管座、管接口、节点、检查井、支墩及其他附属构筑物进行检查。

2）断面检查。断面检查是对管的高程、中线和坡度进行复测检查。

3）接口严密性检查。对给水管道一般进行水压试验，排水管道一般作闭水试验。

生活饮用水管道，还必须进行水质检查。

给水排水管道工程竣工后，施工单位应提交下列文件：

1）施工设计图并附设计变更图和施工洽商记录。

2）管道及构筑物的地基及基础工程记录。

3）材料、制品和设备的出厂合格证或试验记录。

4）管道支墩、支架、防腐等工程记录。

5）管道系统的标高和坡度测量的记录。

6）隐蔽工程验收记录及有关资料。

7）管道系统的试压记录、闭水试验记录。

8）给水管道通水冲洗记录。

9）生活饮用水管道的消毒通水后的水质化验记录。

10）竣工后管道平面图、纵断面图及管件结合图等。

11）有关施工情况的说明。

复习思考题

1．给水排水管道工程开槽施工包括哪些工序？

2．试述施工测量的目的及步骤。

3．给水排水管道放线时有哪些要求？

4．试述地下给水排水管道施工顺序。

5．地下给水排水管道施工前，应检查的内容有哪些？

6．人工下管时可采取哪些方法？

7．机械下管时应注意哪些问题？

8．稳管工作包括哪些环节？

9．室外给水管道常用的管材有哪几种？各用在什么场合？

10．试述地下给排水管道施工中对稳管的要求。

11．简述管道中心和高程控制的方法及其操作要点。

12．试述普通铸铁管承插式刚性接口的应用场合及其施工方法。

13．简述球墨铸铁管的性能、使用场合及其施工方法。

14．给水 UPVC 管的运输、保管、下管有何要求？

15．试述 UPVC 管接口方式及其施工要点。

16．试述 UPVC 管的施工程序及注意事项。

17．试述预应力钢筋混凝土管的性能、适合的场合以及接口方式。

18．试述预应力钢筋混凝土管的施工顺序。

19．室外排水管道常用的管材有哪几种？各用在什么场合？

20．什么叫平基法施工？施工程序是什么？平基法施工操作要求是什么？

21．什么叫垫块法施工？施工程序是什么？垫块法施工操作要求是什么？

22. 试述"四合一"施工法的定义以及施工顺序。

23. 排水管道常采用的刚性接口和柔性接口有哪些？各用在什么场合？

24. 水压试验设备由哪几部分组成？

25. 试述室外给水管道水压试验的方法及其适用条件。

26. 室外给水管道水压试验压力有何规定？

27. 室外排水管道严密性试验的方法有哪些？各用在哪些场合？

28. 室外排水管道闭水试验的步骤是什么？

29. 室外给水管道试验合格后如何进行冲洗消毒工作？

30. 室外给排水管道质量检查的内容是什么？

第9章
地下给水排水管道不开槽施工

9.1 概述

敷设地下给水排水管道，一般采用开槽方法。开槽施工时要开挖大量土方，并要有临时存放场地，以便安好管道后进行回填。这种施工方法污染环境，占地面积大、阻碍交通，给工农业生产和人们日常生活带来极大不便。而不开槽施工可避免以上问题。

不开槽施工的适用范围很广，一般遇到下列情况时就可采用：

1）管道穿越铁路、公路、河流或建筑物时。

2）街道狭窄，两侧建筑物多时。

3）在交通量大的市区街道施工，管道既不能改线又不能断绝交通时。

4）现场条件复杂，与地面工程交叉作业，相互干扰，易发生危险时。

5）管道覆土较深，开槽土方量大，并需要支撑时。

影响不开槽施工的因素包括：地质、管道埋深、管道种类、管材及接口、管径大小、管节长度、施工环境、工期等，其中主要因素是地质和管节长度。

与开槽施工比较，不开槽施工具有如下特征：

1）施工面由线缩成点，占地面积少；施工面移入地下，不影响交通，不污染环境。

2）穿越铁路、公路、河流、建筑物等障碍物时可减少沿线的拆迁，节省资金与时间，降低工程造价。

3）施工中不破坏现有的管线及构筑物，不影响其正常使用。

4）大量减少土方的挖填量。一般开槽施工要浇筑混凝土基础，而不开槽施工是利用管底下边的天然土作地基，可节省管道的全部混凝土基础。

5）降低工程造价。不开槽施工较开槽施工可降低40%左右的费用。

但是，这项技术也存在以下一些问题：

1）土质不良或管顶超挖过多时，竣工后地面下沉，路表裂缝，需要采用灌浆处理。

2）必须要有详细的工程地质和水文地质勘探资料，否则，将出现不易克服的困难。

3）遇到复杂的地质情况时（如松散的砂砾层、地下水位以下的粉土），则施工困难、工程造价提高。

因此，不开槽施工前，应详细勘察施工场地的工程地质、水文地质和地下障碍物等情况。

不开槽施工一般适用于非岩性土层。在岩石层、含水层施工或遇坚硬地下障碍物，都需有相应的附加措施。

地下给水排水管道不开槽施工方法有很多种，主要分为掘进顶管、挤压土顶管、盾构掘进衬砌成型管道或管廊。采用哪种方法，取决于管道用途、管径、土质条件、管长等因素。

用不开槽施工方法敷设的给水排水管道种类有钢管、钢筋混凝土管及预制或现浇的钢筋混凝土管沟（渠、廊）等。采用较多的管材种类还是各种圆形钢管、钢筋混凝土管、玻璃钢管。

9.2 掘进顶管

掘进顶管施工操作程序如图 9-1 所示。先在管道一端挖工作坑，再按照设计管线的位置和坡度，在工作坑底修筑基础、设置导轨，将管安放在导轨上。顶进前，在管前端挖土，后面用千斤顶将管逐节顶入，反复操作，直至顶至设计长度为止。千斤顶支承于后背，后背支承于后座墙上。

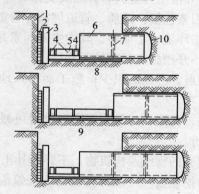

图 9-1　掘进顶管过程示意

1—后座墙　2—后背　3—立铁　4—横铁　5—千斤顶　6—管节　7—内涨圈
8—基础　9—导轨　10—掘进工作面

为便于管内操作和安装施工机械，采用人工挖土时，管径一般不应小于900mm；采取螺旋掘进机，管径一般为200～800mm。

9.2.1　人工掘进顶管

人工掘进顶管又称普通顶管，是目前较普遍的顶管方法。管前用人工挖土，设备简单，能适应不同的土质，但工效低。

1.工作坑及其选择

（1）工作坑位置选择　顶管工作坑是顶管施工时在现场设置的临时性设施，工作坑内包括后背、导轨和基础等。工作坑是人、机械、材料较集中的活动场所，因此，工作坑的选择应考虑以下原则：①尽量选择在管线上的附属构筑物位置上，如闸门井、检查井处；②有可利用的坑壁原状土作后背；③单向顶进时工作坑宜设置在管线下游。

（2）工作坑种类和尺寸计算　按工作坑的使用功能，有单向坑、双向坑、多向坑、转向坑、交汇坑，如图 9-2 所示。

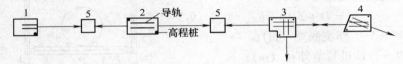

图 9-2　工作坑种类

1—单向坑　2—双向坑　3—多向坑　4—转向坑　5—交汇坑

单向坑的特点是管道只朝一个方向顶进，工作坑利用率低，只适用于穿越障碍物。双向坑的特点是在工作坑内顶完一个方向管道后，调过头来利用顶入管道作后背，再顶进相对方向的管道，工作坑利用率高，适用于直线式长距离顶进。多向坑，一般用于管道拐弯处，或支管接入干管处，在一个工作坑内，向两至三个方向顶进，工作坑利用率较高。转向坑类似于多向坑。交汇坑是在其他两个工作坑内，从两个相对方向向交汇坑顶进，在交汇坑内对口相接。交汇坑适用于顶进距离长，或一端顶进出现过大误差时使用，但工作坑利用率最低，一般情况下不用。

工作坑尺寸是指工作坑底的平面尺寸，它与管径大小、管节长度、覆土深度、顶进形式、施工方法有关，并受土的性质、地下水等条件影响，还要考虑各种设备布置位置、操作空间、工期长短、垂直运输条件等多种因素。

工作坑底的长度如图 9-3 所示。其计算公式为

$$L = a + b + c + d + e + 2f + g \tag{9-1}$$

式中　L——工作坑底的长度（m）；

其余参数如图 9-3 所示。

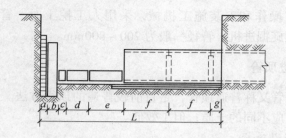

图 9-3 工作坑底的长度
a—后背宽度 b—立铁宽度 c—横铁宽度 d—千斤顶长度
e—顺铁长度 f—单节管长 g—已顶入管节的余长

工作坑底长度也可以用下式估算

$$L \approx d + 2.5\text{m} \tag{9-2}$$

工作坑的底宽 W 和高度 H 如图 9-4 所示。

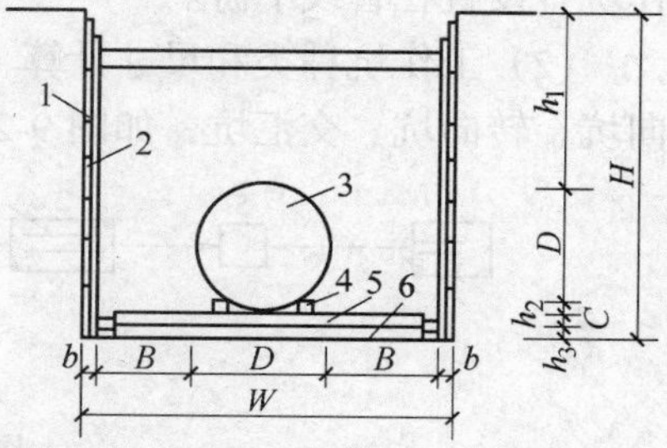

工作坑的底宽按下式计算

$$W = D + 2B + 2b \tag{9-3}$$

式中　W——工作坑底宽（m）；
　　　D——顶进管节外径（m）；
　　　B——工作坑内稳好管节后两侧的工作
　　　　　空间（m）；
　　　b——支撑材料的厚度，木撑板时，$b = 0.05\text{m}$；木板桩时，$b = 0.07\text{m}$。

工作坑底宽也可以用下式估算

$$W = D + (2.5 \sim 3.0)\text{m} \tag{9-4}$$

图 9-4 工作坑的底宽和高度
1—撑板　2—支撑立木
3—管节　4—导轨
5—基础　6—垫层

工作坑的施工方法有开槽式、沉井式及连续墙式等。

1）开槽式工作坑应用比较普遍的是一种称为支撑式的工作坑。这种工作坑的纵断面形状有直槽式、梯形槽式。工作坑支撑宜采用板桩撑。图 9-5 所示的支撑就是一种常用的支撑方法。工作坑支撑时首先应考虑撑木以下到工作坑底的空间，此段最小高度应为 3.0m，以利操作。撑木要尽量选用松杉木，支撑节点的地方应加固以防错动发生危险。支撑式工作坑适用于任何土质，与地下水位无关，且不受施工环境限制，但覆土太深操作不便，一般挖掘深度以不大于 7m 为宜。

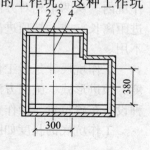

图 9-5 工作坑壁支撑
1—坑壁　2—撑板
3—横木　4—撑杠

2）沉井式工作坑在地下水位以下修建工作坑，可采用沉井法施工。沉井法即在钢筋混凝土井筒内挖土，井筒靠自重或加重使其下沉，直至沉至要求的深度，最后用钢筋混凝土封底。沉井式工作坑平面形状有单孔圆形沉井和单孔矩形沉井。

3）连续墙式工作坑采取先钻深孔成槽，用泥浆护壁，然后放入钢筋网，浇筑混凝土时将泥浆挤出形成连续墙段，再在井内挖土封底而形成工作坑。与同样条件下施工的沉井式工作坑相比，可节约一半的造价及全部的支模材料，工期还可提前。

（3）工作坑基础　工作坑基础形式取决于地基土的种类、管节的轻重以及地下水位的高低。一般的顶管工作坑，常用的基础形式有三种：

1）土槽木枕基础，适用于地基土承载力大，又无地下水的情况。将工作坑底平整后，在坑底挖槽并埋枕木，枕木上安放导轨并用道钉将导轨固定在枕木上。这种基础施工操作简单，用料不多且可重复使用，因此，造价较低。

2）卵石木枕基础，适用于虽有地下水但渗透量不大，而地基土为细粒的粉砂土，为了防止安装导轨时扰动地基土，可铺一层10cm厚的卵石或级配砂石，以增加其承载能力，并能保持排水通畅。在枕木间填粗砂找平。这种基础形式简单实用，较混凝土基础造价低，一般情况下可代替混凝土基础。

3）混凝土木枕基础，适用于地下水位高，地基承载力又差的地方。在工作坑浇筑20cm厚的C10混凝土，同时预埋方木作轨枕。这种基础能承受较大荷载，工作面干燥无泥泞，但造价较高。

此外，在坑底无地下水，但地基土质很差，可在坑底通铺方木形成木筏式基础。方木重复利用，造价较低。

（4）导轨　导轨的作用是引导管按设计的要求顶入土中，保证管在将要顶入土中前的位置正确。

导轨按使用材料不同分为钢导轨和木导轨两种。钢导轨是利用轻轨、重轨和槽钢作导轨（图9-6），具有耐磨和承载力大的特点；木导轨是将方木抹去一角来支承管体，起导向作用。

导轨安装前应算好轨距。导轨轨距取决于管径及导轨高度。

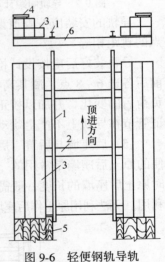

图9-6　轻便钢轨导轨

1—钢轨导轨　2—方木轨枕
3—护木　4—铺板　5—平板
6—混凝土基础

两导轨间净距（图9-7）A 可由下式求得

$$A = 2BK = 2\sqrt{OB^2 - OK^2} = 2\sqrt{(D+2t)(h-c) - (h-c)^2} \quad (9-5)$$

导轨中距 AO（图9-7）的计算式如下

$$AO = a + A = a + 2\sqrt{(D+2t)(h-c) - (h-c)^2} \ (\text{m}) \quad (9-6)$$

式中　D——管子内直径（m）；

　　　t——管壁厚（m）；

　　　h——钢导轨高度（m）；

　　　c——管外壁与基础面的间隙，约为 $0.01 \sim 0.03$ m。

　　一般的导轨都采取固定安装，但有一种滚轮式安装的导轨（图 9-8），具有两导轨间距可调，以减少导轨对管节摩擦。这种滚轮式导轨用于钢筋混凝土管顶管和外设防腐层的钢管顶管。

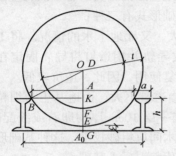

图 9-7　导轨间距计算图　　　　　　　图 9-8　滚轮式导轨

　　导轨的安装应按管道设计高程、方向及坡度铺设导轨，要求两轨道平行，各点的轨距相等。

　　导轨装好后应按设计检查轨面高程、坡度及方向。检查高程时在每条轨道的前后各选 $6 \sim 8$ 点，测其高程，允许误差不大于 3mm。稳定首节管后，应测量其负荷后的变化，并加以校正；还应检查轨距。在顶进过程中，应检查校正，以保证管节在导轨上不产生跳动和侧向位移。

　　（5）后座墙与后背　后座墙与后背是千斤顶的支承结构，造价低廉、修建简便的原土后座墙是常用的一种后座墙。施工经验表明：管道埋深 $2 \sim 4$ m 浅覆土时原土后座墙的长度一般需 $4 \sim 7$ m。选择工作坑时，应考虑有无原土后座墙可以利用。无法利用原土作后座墙时，可修建人工后座墙，图 9-9 是人工后座墙的一种。

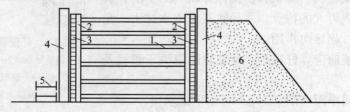

图 9-9　人工后座墙

1—撑杠　2—立柱　3—后背方木　4—立铁　5—横铁　6—填土

后背的功能主要是在顶管过程中承担千斤顶顶管前进的后座力，后背的构造应有利于减少对后座墙单位面积的压力。后背的构造有很多种，图 9-10 是其中的两种。方木后背的承载力可达 $3 \times 10^3 kN$，具有装拆容易、成本低、工期短的优点；钢板桩后背承载能力可达 $5 \times 100 kN$，采取与工作坑同时施工方法，适用于弱土层。

在双向坑内双向顶进时，利用已顶进的管段作千斤顶的后背，因此，不必设后座墙与后背。

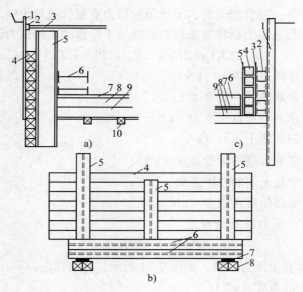

图 9-10　后背
a）方木后背侧视图　b）方木后背正视图
1—撑板　2—方木　3—撑杠　4—后背方木　5—立铁　6—横铁　7—木板
8—护木　9—导轨　10—轨枕
c）钢板桩后背
1—钢板桩　2—工字钢　3—钢板　4—方木　5—钢板　6—千斤顶
7—木板　8—导轨　9—混凝土基础

（6）工作坑的附属设施　工作坑的附属设施主要有工作台、工作棚、顶进口装置等。

1）工作台。工作台位于工作坑顶部地面上，由型钢支架而成，上面铺设方木和木板。在承重平台的中部设有下管孔道，盖有活动盖板。下管后，盖好盖板。管节堆放在平台上，卷扬机将管提起，然后推开盖板再向下吊放。

2）工作棚。工作棚位于工作坑上面，目的是防风防雨、防雪，以利于操作。工作棚的覆盖面积要大于工作坑平面尺寸。工作棚多采用支拆方便、重复使用的装配式工作棚。

　　3）顶进口装置。管节入土处不应支设支撑。土质较差时，在坑壁的顶入口处局部浇筑素混凝土壁，混凝土壁当中预埋钢环及螺栓，安装处留有混凝土台，台厚最少为橡胶垫厚度与外部安装环厚度之和。在安装环上将螺栓紧固，压紧橡胶垫止水，以防止采用触变泥浆顶管时泥浆从管外壁外溢。

　　工作坑布置时，还要解决坑内排水、照明、工作坑人员上下扶梯等问题。

　　2. 顶力计算及顶进设备

　　（1）顶力计算　顶管施工时，千斤顶的顶力克服管壁与土壁之间的摩擦阻力和首节管端面的贯入阻力而将管节顶向前进。千斤顶的工作顶力计算式如下

$$R = K[f(2P_v + 2P_H + P_B) + P_A]$$　　　　　　(9-7)

式中　　R——千斤顶工作顶力（kN）；

　　　　K——安全系数，一般取 1.2；

　　　　P_v——管顶上的垂直土压力（kN）；

　　　　P_H——管侧的侧土压力（kN）；

　　　　P_B——全部欲顶进的管段重量（kN）；

　　　　f——管壁与土间的摩擦系数；

　　　　P_A——管端部的贯入阻力（kN）。

管顶覆土的垂直土压力计算式为

$$P_v = K_p \gamma H D_1 L$$　　　　　　(9-8)

式中　　K_p——垂直土压力系数，如图 9-11 所示，查表得出；

　　　　γ——土的重度（kN）；

　　　　H——管顶覆土厚度（m）；

　　　　D_1——顶入管节外径（m）；

　　　　L——顶进管段长度（m）。

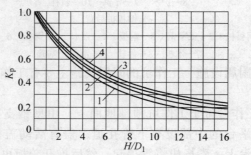

图 9-11　$H/D_1 - K_p$ 关系

1—砂土及耕植土（干燥）　2—砂土、硬粘土、耕植土（湿的或饱和的）
3—塑性粘土　4—流塑性粘土

管侧土压力用下式计算

$$P = \gamma \left(H + \frac{D_1}{2} \right) D_1 L \tan \left(45° - \frac{\varphi}{2} \right) \qquad (9-9)$$

式中　φ——土的内摩擦角（°）。

管段重量 P_B 计算式为

$$P = GL$$

式中　G——管节单位长度重量（kN/m）；

　　　L——顶进总长度（m）。

管端部的贯入阻力 P_A 与土的种类及其物理性质指标有关，也受工作面上操作方法的影响，故一般多采用经验值。

（2）顶进设备　顶进设备种类很多，一般采用液压千斤顶。液压千斤顶的构造形式分活塞式和柱塞式两种。其作用方式有单作用液压千斤顶及双作用液压千斤顶，顶管施工常用双作用液压千斤顶。为了减少缸体长度而又要增加行程长度，宜采用多行程或长行程千斤顶，以减少搬放顶铁时间，提高顶管速度。

按千斤顶在顶管中的作用一般可分为：用于顶进管节的顶进千斤顶；用于校正管节位置的校正千斤顶；用于中继间顶管的中继千斤顶。顶进千斤顶一般采用的顶力为 $(2 \sim 4) \times 10^3 \mathrm{kN}$。顶程 $0.5 \sim 4 \mathrm{m}$。

千斤顶在工作坑内的布置方式分单列、并列和环周列，如图 9-12 所示。当要求的顶力较大时，可采用数个千斤顶并列顶进。

顶铁（图 9-13）是顶进过程中的传力工具，其作用是延长短行程千斤顶的行程，传递顶力并扩大管节端面的承压面积。顶铁一般由型钢焊接而成。根据安放位置和传力作用不同，顶铁可分顺铁、横铁、立铁、弧铁和圆铁。顺铁是当千斤顶的顶程小于单节管长度时，在顶进过程中陆续安放在千斤顶与管之间传递顶力的。当千斤顶的行程等于或大于一节管长时，就不需用顺铁。弧铁和圆铁是宽度为管壁厚的全圆形顶铁，包括半圆形的各种弧度的弧形顶铁以及全圆形顶铁。此外，还可做成各种结构形式的传力顶铁。顶铁的强度和刚度应当经过核算。

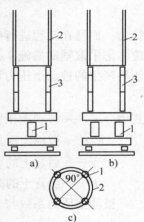

图 9-12　千斤顶布置方式

a）单列式

b）双列式　c）环周列式

1—千斤顶　2—管子

3—顺铁

3. 后背的设计计算

最大顶力确定后，就可进行后背的结构设计。后背结构及其尺寸主要取决于管径大小和后背土体的被动土压力——土抗力。计算土抗力的目的是考虑在最大顶力条件下保证后背土体不被破坏，以期在顶进过程中充分利用天然后背土体。

由于最大顶力一般在顶进段接近完成时出现，所以后背计算时应充分利用土

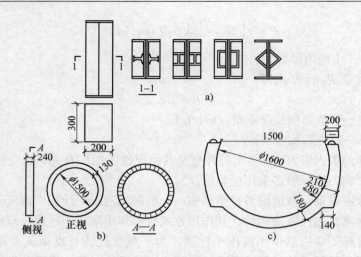

图 9-13 顶铁

a) 矩形顶铁 b) 圆形顶铁 c) U 形顶铁

抗力，而且在工程进行中应严密注意后背土的压缩变形值。当发现变形过大时，应考虑采取辅助措施，必要时可对后背土进行加固，以提高土抗力。后背土体受压后产生的被动土压力计算

$$\sigma_p = K_p \gamma h \qquad (9\text{-}10)$$

式中 σ_p——被动土压力（kPa）；

K_p——被动土压力系数；

γ——后背土的重度（kN/m³）；

h——后背土的高度（m）。

被动土压力系数与土的内摩擦角有关，其计算式如下

$$K_p = \tan^2\left(45° + \frac{\varphi}{2}\right) \qquad (9\text{-}11)$$

不同土壤的 K_p 值见表 9-1。

表 9-1 土的主动和被动土压力系数值

土 名 称	φ (°)	被动土压力系数 K_p	主动土压力系数 K_a	$\dfrac{K_p}{K_a}$
软土	10	1.42	0.70	2.03
粘土	20	2.04	0.49	4.16
砂粘土	25	2.46	0.41	6.00
粉土	27	2.66	0.38	7.00
砂土	30	3.00	0.33	9.09
砂砾土	35	3.69	0.27	13.69

在考虑后背土的土抗力时，按下式计算土的承载能力

$$R_c = K_r BH \left(h + \frac{H}{2} \right) \gamma K_p \qquad (9\text{-}12)$$

式中　R_c——后背土的承载能力（kN）；

　　　　B——后背墙的宽度（m）；

　　　　H——后背墙的高度（m）；

　　　　h——后背墙顶至地面的高度（m）；

　　　　γ——土的重度（kN/m³）；

　　　　K_p——被动土压力系数；

　　　　K_r——后背的土抗力系数，查图 9-14 可得。

后背结构形式不同，使土受力状况也不一样，为了保证后背的安全，根据不同的后背形式，采用不同的土抗力系数值。

1）管顶覆土浅。后背不需要打板桩，而背身直接接触土面，如图 9-15 所示。

2）管顶覆土深。后背打入钢板桩，顶力通过钢板桩传递，如图 9-16 所示。覆土高度值越小。土抗力系数 K_r 值也越小。有板桩支撑时，应考虑在板桩的联合作用

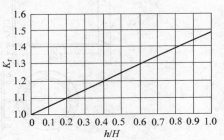

图 9-14　土抗力系数曲线

下，土体上顶力分布范围扩大导致集中应力减少，因而土抗力系数 K_r 值增加。图 9-16 是土抗力系数曲线图，它是在不同后背的板桩支承高度值 h 与后背高度 H 的比值下，相应的土抗力系数 K_r 值。

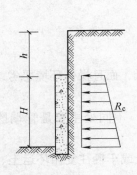

图 9-15　无板桩支承的后背

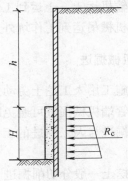

图 9-16　板桩后背

4．管前人工挖土与运土

（1）挖土　顶进管节的方向和高程的控制，主要取决于挖土操作。工作面上挖土不单影响顶进效率，更重要的是影响质量控制。对工作面挖土操作的要求：

根据工作面土质及地下水位高低来决定挖土的方法；必须在操作规程规定的范围内超挖；不得扰动管底地基土；及时顶进，及时测量，并将管前挖出的土及时运出管外。人工每次掘进深度，一般等于千斤顶的行程。土质松散或有流砂时，为了保证安全和便于施工，可设管檐或工具管（图 9-17）。施工时，先将管檐或工具管顶入土中，工人在管檐或工具管内挖土。

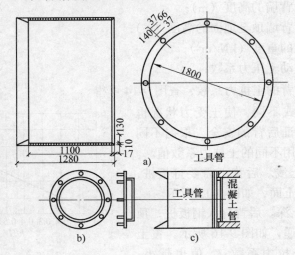

图 9-17　工具管

（2）运土　从工作面挖下来的土，通过管内水平运输和工作坑的垂直提升送至地面。除保留一部分土方用作工作坑的回填外，其余都要运走弃掉。管内水平运输可用卷扬机牵引或电动、内燃的运土小车在管内进行有轨或无轨运土，也可用带式运输机运土。土运到工作坑后，由地面装置的卷扬机、门式起重机或其他垂直运输机械吊运到工作坑外运走。

9.2.2　机械掘进

顶管施工用人工挖土劳动强度大、工作效率低，而且操作环境恶劣，影响工人健康，管端机械掘进可避免以上缺点。

机械掘进与人工掘进的工作坑布置基本相同，不同处主要是管端挖土与运土。

机械挖土一般分切削掘进－输送带连续输运土或车辆往复循环运土、切削掘进－螺旋输送机运土、水力掘进－泥浆输送等。

1. 挖掘机械

（1）伞式挖掘机（图 9-18）　伞式挖掘机主要用于 800mm 以上大管内，是顶进机械中最常见的形式。挖掘机由电动机通过减速机构直接带动主轴，主轴上

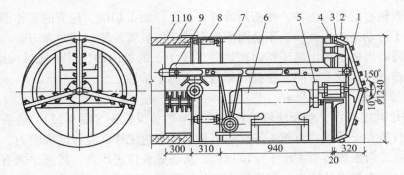

图 9-18　上海 $\phi1050mm$ 掘进机

1—刀齿　2—刀架　3—刮泥板　4—超挖齿　5—齿轮变速器　6—电动机

7—工具管　8—千斤顶　9—带运输机　10—支撑环　11—顶进管

装有切削盘或切削臂，根据不同土质安装不同形式的刀齿于盘面或臂杆上，由主轴带动刀盘或刀臂旋转切土，再由提升环的铲斗将土铲起、提升、倾卸于带运输机上运走。典型的伞式掘进机的结构一般由工具管、切削机构、驱动机构、动力设施、装载机构及校正机构组成。伞式挖掘机适合于粘土、亚粘土、亚砂土和砂土中钻进，不适合于弱土层或含水土层内钻进。

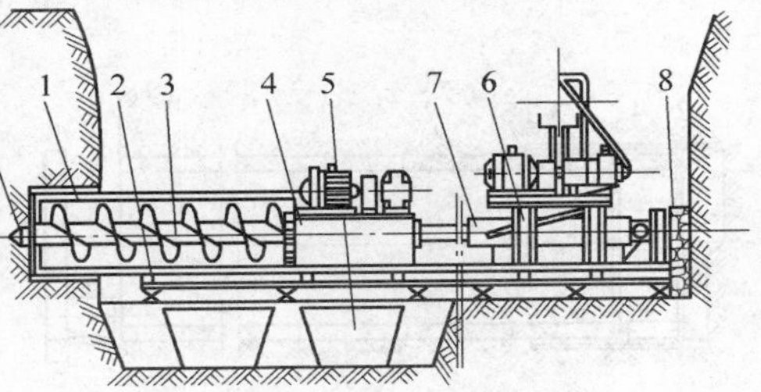

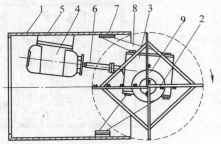

图 9-19　螺旋掘进机

1—管节　2—导轨机架　3—螺旋输送器

4—传动机构　5—土斗　6—液压机构

7—千斤顶　8—后背　9—钻头

（2）螺旋掘进机（图 9-19）　螺旋掘进机主要用于管径小于 800mm 的顶管。管按设计方向和坡度放在导向架上，管前由旋转切削式钻头切土，并由螺旋输送机运土。螺旋式水平钻机安装方便，但是顶进过程中易产生较大的下沉误差。而且，误差产生后不易纠正，故适用于短距离顶进；一般最大顶进长度为 70 ~ 80m。

800mm 以下的小口径钢管顶进方法有很多种，如真空法顶进。这种方法适用于直径为 200 ~ 300mm 管在松散土层内的顶进，如松散砂土、砂粘土、淤泥土、软粘土等，顶距一般为 20 ~ 30m。

（3）"机械手"挖掘机　如图 9-20 所示。"机械手"挖掘机的特点是弧形刀臂以

图 9-20　"机械手"挖掘机

1—工具管　2—刀臂　3—减速器　4—电动机

5—机座　6—传动轴　7—底架

8—支承翼板　9—锥形筒架

垂直于管轴心的横轴为轴，作前后旋转，在工作面上切削。挖成的工作面为半球形，由于运动是前后旋转，不会因挖掘而造成工具管旋转，同时靠刀架高速旋转切削的离心力将土抛出离工作面较远处，便于土的管内输出。该机械构造简单、安装维修方便，便于转向，挖掘效率高，适用于粘性土。

2．盾顶法

如图9-21所示，盾顶法就是在首节管前端装设盾头（图9-22），盾头内部安装许多台盾头千斤顶，由盾头千斤顶负担盾头顶进工作，克服迎面阻力，并承担校正功能。后面管节靠主压千斤顶顶进，从而延长顶进距离。盾顶法兼有盾构和顶管两种施工技术的特点。与盾构施工的区别是，盾顶法采用管节以代替现场拼装衬砌块的工作，使施工程序简化。

盾顶法适合于密实土层或大直径管道的顶进。

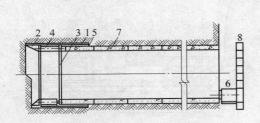

图9-21 盾顶法

1—盾壳 2—刃脚 3—环梁 4—千斤顶
5—密封 6—主压千斤顶 7—管节 8—后背

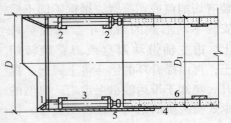

图9-22 盾头

1—刃脚 2—支撑环 3—千斤顶
4—盾尾密封 5—盾尾 6—顶入管

3．水力掘进（图9-23）

水力掘进是利用高压水枪射流将切入工作管管口的土冲碎，水和土混合成泥浆状态输送出工作坑。

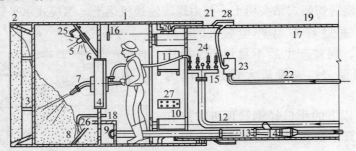

图9-23 水下顶进机头结构

1—工具管 2—刃脚 3—隔板 4—密封门 5—灯 6—观察窗 7—水枪 8—粗栅 9—细栅
10—校正千斤顶 11—液压泵 12—供水管 13—输浆管 14—水力吸泥机 15—分配阀
16—激光接收靶 17—激光束 18—清理箱 19—工作管 20—止水胶带 21—止水胶圈 22—泥浆管
23—分浆罐 24—压力表 25—冲洗喷头 26—冲刷喷头 27—信号台 28—泥浆孔

水力掘进的特点是机械化水平较高、施工进度快、工程造价低，适合于在高地下水位的弱土层、流砂层或穿越水下（河底、海底）饱和土层。

水力掘进法仅限于钢管，因钢管焊接口密封性好。另外，水力破土和水力运土时的泥浆排放有污染河道、造成淤泥沉积的问题，因而限制了其使用范围。

9.2.3　管节顶进时的连接

顶进时的管节连接，分永久性连接和临时性连接，钢管采取永久性的焊接。永久性连接顶进过程中，导致管子的整体顶进长度越长，管道位置偏移越小；但一旦产生顶进位置误差积累，校正较困难。所以，整体焊接钢管的开始顶进阶段，应随时进行测量，避免积累误差。

钢筋混凝土管通常采用钢板卷制的整体式内套环临时连接，在水平直径以上的套环与管壁间楔入木楔，如图 9-24 所示。两管间设置柔性材料，如油麻、油毡，以防止管端顶裂。

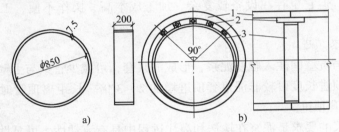

图 9-24　钢内套环临时连接

a) 内涨圈　b) 内涨圈支设

1—管子　2—木楔　3—内涨圈

由于临时接口的非密封性，故不能用于未降水的高地下水位的含水层内顶进，顶进工作完毕后，拆除内套环，再进行永久性接口连接。

9.2.4　延长顶进技术

在最佳施工条件下，普通顶管法的一次顶进长度为百米左右。当铺设长距离管线时，为了减少工作坑，提高施工进度，可采取延长顶进技术。

延长顶进技术可分为中继间顶进、泥浆套顶进和蜡覆顶进。

1. 中继间顶进

中继间是在顶进管段中间设置的接力顶进工作间，此工作间内安装中继千斤顶，担负中继间之前的管段顶进。中继间千斤顶推进前面管段后，主压千斤顶再推进中继间后面的管段。此种分段接力顶进方法，称为中继间顶进。

图 9-25 所示为一类中继间，施工结束后，拆除中继千斤顶，而中继间钢外

套环留在坑道内。在含水土层内，中继间与管前后之间的连接应有良好的密封。另一类中继间如图9-26所示，施工完毕时，拆除中继间千斤顶和中继间接力环，然后中继间将前段管顶进，弥补前中继间千斤顶拆除后所留下的空隙。

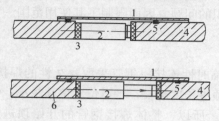

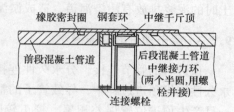

图 9-25　顶进中继间之一

1—中继间外套　2—中继千斤顶

3—垫料　4—前管　5—密封环　6—后管

图 9-26　顶进中继间之二

中继间的特点是：顶力大为减少，操作更机动；可按顶力大小自由选择，分段接力顶进。但它也存在设备较复杂、加工成本高、操作不便、工效降低等不足。

2. 泥浆套顶进

在管壁与坑壁间注入触变泥浆，形成泥浆套，可减少管壁与土壁之间的摩擦阻力，一次顶进长度可较非泥浆套顶进增加 2～3 倍。长距离顶管时，经常采用中继间-泥浆套顶进。

触变泥浆的要求是泥浆在输送和灌注过程中具有流动性、可泵性和一定的承载力，经过一定的固结时间，产生强度。

触变泥浆主要组成是膨润土和水。膨润土是粒径小于 $2\mu m$，主要矿物成分是 Si—Al—Si（硅—铝—硅）的微晶高岭土。膨润土的密度为 $0.83～1.13 \times 100kg/m^3$。

对膨润土的要求为：①膨润倍数一般要大于 6，膨润倍数越大，造浆率越大，制浆成本越低；②要有稳定的胶质价，保证泥浆有一定的稠度，不致因重力作用而使颗粒沉淀。

造浆用水除对硬度有要求外，并无其他特殊要求，用自来水即可。

为提高泥浆的某些性能而需掺入各种泥浆处理剂。常用的处理剂有：

1）碳酸钠。碳酸钠可提高泥浆的稠度，但泥浆对碱的敏感性很强，加入量的多少，应事先做模拟试验确定，一般为膨润土质量的 2%～4%。

2）羟甲基纤维素。羟甲基纤维素能提高泥浆的稳定性，防止细土粒相互吸附而凝聚。掺入量为膨润土质量的 2%～3%。

3）腐殖酸盐。腐殖酸盐是一种降低泥浆粘度和静切力的外掺剂。掺入量占膨润土质量的 1%～2%。

4）铁铬木质素磺酸盐的作用与腐殖酸盐相同。

在铁路或重要建筑物下顶进时，地面不允许产生沉降，需要采取自凝泥浆。自凝泥浆除具有良好的润滑性和造壁性外，还应具有后期固化后有一定强度并达到加大承载效果的性能。

自凝泥浆的外掺剂主要有：

1）氢氧化钙与膨润土中的二氧化硅起化学作用生成组成水泥主要成分的硅酸三钙，经过水化作用而固结，固结强度可达 0.5～0.6MPa。氢氧化钙用量为膨润土质量的 20%。

2）工业六糖是一种缓凝剂，掺入量为膨润土质量的 1%。在 20℃ 时，可使泥浆在 1～1.5 个月内不致凝固。

3）松香酸钠。泥浆内掺入 1%膨润土质量的松香酸钠可提高泥浆的流动性。

目前自凝泥浆发展多种多样，应根据施工情况、材料来源拌制相应的自凝泥浆。

在不同的土质和施工条件下，泥浆的配合比是不同的。在不同土层条件下采用的触变泥浆配合比见表 9-2。

表 9-2　触变泥浆配合比

土 层 条 件	膨润土/kg	水/kg	碱/kg	备　　注
砂粘土，有地下水	23	77	0.69	水下顶进，泥浆拌制后，立即泵送灌浆
砂粘土	20	80	0.8	泥浆拌制后，静止 24h 才使用
砂粘土	25	75	1.0	泥浆拌制后，静止 24h 才使用
砂粘土	18	82	0.86	泥浆拌制后，静止 24h 才使用

触变泥浆在泥浆拌制机内采取机械或压缩空气拌制；拌制均匀后的泥浆储于泥浆池；经泵加压，通过输浆管输送到前工具管的泥浆封闭环，经由封闭环上开设的注浆孔注入到坑壁与管壁间孔隙，形成泥浆套，如图 9-27 所示。

泥浆注入压力根据输送距离而定，一般采用 0.1～0.15MPa 泵压。输浆管路采用 DN50～70 的钢管，每节长度与顶进管节长度相等或为顶进管长的两倍。管路采取法兰连接。

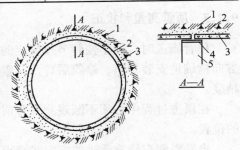

图 9-27　顶管的泥浆套
1—土壁　2—泥浆套　3—混凝土管
4—内涨圈　5—填料

输浆管前的工具管应有良好的密封，防止泥浆从管前端漏出（图 9-28）。

泥浆通过管前端和沿程的灌浆孔灌注。灌注泥浆分为灌浆和补浆两种，如图 9-29 所示。

为防止灌浆后泥浆自刃脚处溢入管内，一般离刃脚 4 ~ 5m 处设灌浆罐，由罐向管外壁间隙处灌注泥浆，要保证整个管线周壁均为泥浆层所包围。为了弥补第一个灌浆罐灌浆的不足并补充流失的泥浆量，还要在距离灌浆罐 15 ~ 20m 处设置第一个补浆罐，此后每隔 30 ~ 40m 设置补浆罐，以保证泥浆充满管外壁。

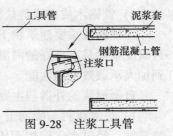

图 9-28　注浆工具管

为了在管外壁形成泥浆层，管前挖土直径要大于顶节管节的外径，以便灌注泥浆。泥浆套的厚度由工具管的尺寸而定，一般厚度为 15 ~ 20mm。

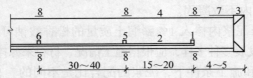

图 9-29　分浆罐布置（单位：m）

1—灌浆罐　2—输浆管　3—刃　4—管体　5、6—补浆罐　7—工具管　8—泥浆套

3．蜡覆顶进

蜡覆顶进也是延长顶距技术之一。蜡覆是用喷灯在管外壁熔蜡覆盖。蜡覆既减少了管顶进中的摩擦力，又提高了管表面的平整度。该方法一般可减少 20% 的摩擦阻力，且设备简单，操作方便。但熔蜡散布不均匀时，会导致新的"粗糙"，减阻效果降低。

9.2.5　顶管测量和校正

顶管施工时，为了使管节按规定的方向前进，在顶进前要求按设计的高程和方向精确地安装导轨、修筑后背及布置顶铁。这些工作要通过测量来保证规定的精度。

在顶进过程中必须不断观测管节前进的轨迹，检查首节管是否符合设计规定的位置。

当发现前端管节前进的方向或高程偏离原设计位置后，就要及时采取措施迫使管节恢复原位再继续顶进。这种操作过程，称为管道校正。

1．顶管测量

（1）普通测量　普通测量分为中心水平测量和高程测量。中心水平测量是用经纬仪测量或垂线检查。高程测量是用水准仪在工作坑内测量。上述方法测量并不准确。由于观察所需时间长，影响施工进度，测量是定时间隔进行，易造成误差累积，目前已很少使用。

（2）激光测量　激光测量是采用激光经纬仪和激光水准仪进行顶管中心和高

程测量的先进测量方法，属于目前顶管施工中广泛应用的测量方法。

2. 顶管校正

对于顶管敷设的重力流管道，中心水平允许误差在 ±30mm，高程误差 +10mm 和 −20mm，超过允许误差值，就必须校正管道位置。

产生顶管误差的原因很多，分主观原因和客观原因两种。主观原因是由于施工准备工作中设备加工、安装、操作不当产生的误差。其中由于管前端坑道开挖形状不正确是管道误差产生的重要原因。客观原因是土层内土质的不同所造成的。如在坚实土内顶进时，管节容易产生向上误差，反之在松散土层顶进时，又易出现向下误差。一般地，主观原因在事先加以重视，并采取严格的检查措施，是完全可以防止的。事先无法预知的客观原因，应在顶进前作好地质分析，多估计一些可能出现的土层变化，并准备好相应采取的措施。

（1）普通校正法　分为挖土校正和强制校正。

1）挖土校正。采用在不同部位增减挖土量的方法，以达到校正的目的，即管偏向一侧，则该侧少挖些土，另一侧多挖些土，顶进时管就偏向空隙大的一侧而使误差校正。这种方法消除误差的效果比较缓慢，适用于误差值不大于 10mm 的范围。挖土校正多用于土质较好的粘性土，或用于地下水位以上的砂土中。

2）强制校正。为了强制管向正确方向偏移，可支设斜撑校正，如图 9-30 所示。下陷的管段可用图 9-31 所示方法校正。错口的管端可用图 9-32 所示方法校正。

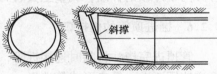

图 9-30　斜撑校正

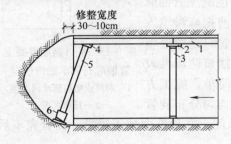

图 9-31　下陷校正
1—管子　2—木楔　3—内涨圈　4—楔子
5—支柱　6—校正千斤顶　7—垫板

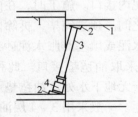

图 9-32　错口纠正
1—管子　2—楔子
3—立柱　4—校正千斤顶

如果需要消除永久性高程误差，可采取图 9-33 所示方法。先在管道的弯折段和正常段之间用千斤顶顶离 20~30cm 距离，并用硬木撑住。前段用普通校正法将首节管校正到正确位置，后段管经过前段弯折处时，采用多挖土或卵石填高的方法把管节调整至正确位置后再顶进。

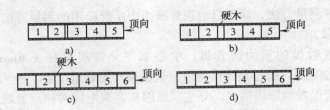

图 9-33 永久性高程误差消除方法

(2) 工具管校正 校正工具管是顶管施工的一项专用设备。根据不同管径采用不同直径的校正工具管。校正工具管主要由工具管、刃脚、校正千斤顶、后管等部分组成，如图 9-34 所示。

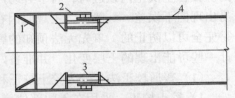

图 9-34 校正工具管设备组成

校正千斤顶按管内周向均匀布设，一端与工具管连接，另一端与后管连接。工具管与后管之间留有 10 ~ 15mm 的间隙。

1—刃脚 2—工具管 3—校正千斤顶 4—后管

当发现首节工具管位置误差时，起动各方向千斤顶的伸缩，调整工具管刃脚的走向，从而达到校正的目的。

9.2.6 掘进顶管的内接口

管顶进完毕，将临时连接拆除，进行内接口。接口方法根据现场施工条件、管道使用要求、管口形式等选择。

平接口是钢筋混凝土管最常用的接口形式。平接口的连接方法较多。图 9-35 所示为平口钢筋混凝土管油麻石棉水泥内接口。施工时，在内涨圈连接前把麻辫填入两管口之间。顶进完毕，拆除内涨圈，在管口缝隙处填打石棉水泥或填塞膨胀水泥砂浆。这种内接口防渗性较好。还可采取油毡垫接口。此种接口方法简单，施工方便，用于无地下水处。油毡垫可以使顶力均匀分布到管

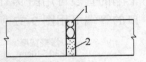

图 9-35 平口钢筋混凝土管油麻石棉水泥内接口

1—麻辫或塑料圈或绑扎绳
2—石棉水泥

节端面上。一般采用 3 ~ 4 层油毡垫于管节间，在顶进中越压越紧。顶管完毕后在两管间用水泥砂浆钩内缝。

企口钢筋混凝土管的接口有油麻石棉水泥或膨胀水泥内接口，如图 9-36a 所示，管壁外侧油毡为缓压层。还有一种聚氯乙烯胶泥膨胀水泥砂浆内接口。这种接口的抗渗性优于油麻石棉水泥或膨胀水泥接口，如图 9-36b 所示。此

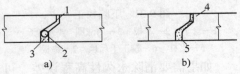

图 9-36 企口钢筋混凝土管内接口

1—油毡 2—油麻 3—石棉水泥或膨胀水泥砂浆
4—聚氯乙烯胶泥 5—膨胀水泥砂浆

外，还可采取麻辫沥青冷油膏接口。该接口施工方便，管接口具有一定的柔性，利于顶进中校正方向和高程，密封效果较好。

9.3　挤压土顶管

挤压土顶管一般分为两种：出土挤压顶管和不出土挤压顶管。

9.3.1　挤压土顶管的优点及适用条件

1. 挤压土顶管的优点

不同于普通顶管，挤压土顶管由于不用人工挖土装土，甚至顶管中不出土，使顶进、挖土、装土三道工序连成一个整体，劳动生产率显著提高。

因为土是被挤到工具管内的，因此管壁四周无超挖现象，只要工具管开始入土时将高程和方向控制好，则管节前进的方向稳定，不易左右摆动，所以施工质量比较稳定。

采用挤压土顶管还有设备简单、操作简易的优点，故易于推广。

2. 挤压土顶管的适用条件

挤压土顶管技术的应用，主要取决于土质，其次为覆土深度、顶进距离、施工环境等。

(1) 土质条件　含水量较大的粘性土、各种软土、淤泥，由于孔隙较大又具有可塑性，故适于挤压土顶管。

(2) 覆土深度　覆土深度最少应保证为顶入管道直径的 2.5 倍。覆土过浅可能造成地面变形隆起。

(3) 顶进距离　挤压土时在同样条件下比掘进顶管方法顶力要大些。因此，顶进距离不宜过长。

(4) 施工环境　挤压土顶管技术的应用受地面建筑物及地下埋设物的影响。一般距地下构筑物或埋设物的最小间距不小于 1.5m，且不能用于穿越重要的地面建筑物。

9.3.2　出土挤压顶管

出土挤压顶管适用于大口径管的顶进。

1. 挤压土顶管设备

主要设备为带有挤压口的工具管，此外是割土和运土工具。

(1) 工具管　挤压工具管与机械掘进所使用的工具管外形结构大致相同，不同者为挤压工具管内部设有挤压口，如图 9-37 所示。工具管切口直径大于挤压口直径，两者呈偏心布置。工具管切口中心与挤压口中心的间距 δ 如图 9-38 所示。偏心距增大，使被挤压土柱与管底的间距增大，便于土柱装载。所以，合理而正确地确定挤压口的尺寸是采用出土挤压顶管的关键。

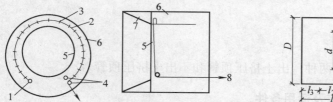

图 9-37　挤压具管

1—钢丝绳固定点　2—钢丝绳　3—R 形卡子
4—定滑轮　5—挤压口　6—工具管　7—刃角
8—钢丝绳与卷扬机连接

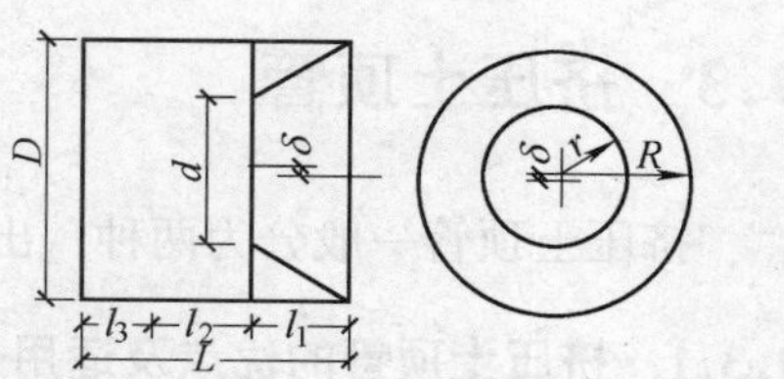

图 9-38　挤压切土工具管尺寸

挤压口的尺寸与土的物理力学性质，工具管管径以及顶进速度有关。挤压口的开口用开口率表示，其值等于挤压口断面积与工具管切口断面积的比值。挤压口的开口率 η 计算如下

$$\eta = \frac{r^2}{R^2} \tag{9-13}$$

式中　r——挤压口的半径（mm）；

　　　R——工具管的切口半径（mm）。

挤压口的开口率一般取 50%，当管径较大（$DN > 2000\,\text{mm}$）时，开口率可在 50% 以下。

为了校正顶进位置，可在工具管内设置千斤顶。因此，工具管由三部分组成：切土渐缩部分 l_1、卸土部分 l_2、校正千斤顶部分 l_3。

工具管的机动系数 R 为

$$R = \frac{l_1 + l_2 + l_3}{D} = \frac{L}{D} \tag{9-14}$$

为了保证校正的灵活性，应正确确定机动系数 R 值。l_1 取决于土的压缩性和切口渐缩段斜板的机械强度；l_2 取决于挤压口直径、土密度和运土斗车荷重；l_3 取决于校正千斤顶的长度。综合考虑这些因素，就可确定工具管的尺寸。

工具管一般采用 10～20mm 厚的钢板卷焊而成。要求工具管的椭圆度不大于 3mm，挤压口的椭圆度不大于 1mm，挤压口中心位置的公差不大于 3mm。其圆心必须落于工具管断面的纵轴线上。刃脚必须保持一定的刚度。焊接刃脚时坡口一定要用砂轮打光。

（2）割土工具　切割的方法较为简单。如图 9-37 所示，先用 R 形的卡子将钢丝绳固定在挤压口的里面，沿着挤压口围成将近一圈。挤压口下端将钢丝头固定，并在刃角后面 50mm 的地方沿着挤压口将钢丝绳固定，每隔 200mm 左右夹

上一个卡子。钢丝绳另一端靠两个直径 80mm 的定滑轮，将钢丝绳拉到卷扬机上缠好。当卷扬机卷紧钢丝绳时，钢丝绳的固定端不动，绳由上端向下将挤压在工具管内的土柱割断。

（3）运土工具　挤压成型的土柱经割断后，落于特制的弧形运土斗车输送至工作坑，然后用地面起重设备将斗车吊出工作坑运走。

2. 挤压工艺

施工顺序：安管→顶进→输土→测量。

1）安管与普通顶管法施工相同。

2）顶进。顶进前的准备工作与普通顶管法施工基本相同，只是增加了一项斗车的固定工作。应事先将割土的钢丝绳用卡子夹好，固定在挤压口周围，将斗车推送到挤压口的前面对好挤压口，再将斗车两侧的螺杆与工具管上的螺杆连结，插上销钉，紧固螺栓，将车身固定。将槽钢式钢轨铺至管外即可顶进。顶进时应连续顶进，直到土柱装满斗车为止。顶力中心布置在 $2/5D$ 处，较一般顶管法（$1/4 \sim 1/5D$）稍高，以防止工具管抬头。顶进完毕，即可开动工作坑内的卷扬机，牵引钢丝绳将土柱割断装于斗车。

3）输土斗车装满土后，松开紧固螺栓，拔出插销使斗车与工具管分离，再将钢丝绳挂在斗车的牵引环上，即可开动卷扬机将斗车拉到工作坑，再由地面起重设备将斗车吊至地面。

4）测量采用激光测量导向，能保证上下左右的误差在 $10 \sim 20mm$ 以内，方向控制稳定。

9.3.3　不出土挤压顶管

不出土挤压顶管，大多在小口径管顶进时采用。顶管时，利用千斤顶将管子直接顶入土内，管周围的土被挤密。采用不出土挤压顶管的条件，主要取决于土质，最好是天然含水量的粘性土，其次是粉土；砂砾土则不能顶进。管材以钢管为主，也可用于铸铁管。管径一般要小于 300mm，管径越小效果越好。

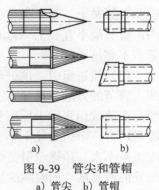

图 9-39　管尖和管帽
a）管尖　b）管帽

不出土挤压顶管的主要设备是挤密土层的管尖和挤压切土的管帽，如图 9-39 所示。

在管节最前端装上管尖后如图 9-39a 所示，顶进时，土不能挤入管内。在管节最前端装上管帽，如图 9-39b 所示，顶进时，管前端土被挤入管帽内，当挤进长度到 $4 \sim 6$ 倍管径时，由于土与管壁间的摩阻力超过了挤压力，土就不再挤入管帽内，而在管前形成一个坚硬的土塞。继续顶进时以坚硬的土塞为顶尖，管前进时土顶尖挤压前面的土，土沿管壁挤入邻近土的空隙内，使管壁周围形成密实挤压层、挤压层和原状土层三种密实度不同的土层。

9.4 管道牵引施工简介

一般顶管施工时，管节前进是靠后背主压千斤顶的顶推；而管道牵引则是依靠前面工作坑的千斤顶。通过两个工作坑的钢索，将管节逐节拉入土内，这种不开槽的施工方法称为管道牵引。牵引设备有水平钻孔机、张拉千斤顶、钢索、锚具等。

牵引管道施工时，先在埋管段前方修建两座工作坑，在工作坑间用水平钻机钻成略大于穿过钢丝绳直径的通孔。在后方工作坑内安管、挖土、出土等操作与普通顶管法相同，但不需要后背设施。在前方工作坑内安装张拉千斤顶，通过张拉千斤顶牵引钢丝绳拉着管节前进，直到将全部管节牵引入土达到设计要求为止。

管道牵引可分为：普通牵引、贯入牵引、顶进牵引、挤压牵引。

（1）普通牵引 此种方法与普通顶管法相似，只是将普通顶管法的后方顶进改为在前方用钢丝绳牵引。普通牵引适用直径大于 800mm 的钢筋混凝土管、短距离穿越障碍物的钢管管道敷设。在地下水位以上的粘性土、粉细砂土内均能采用。

（2）贯入牵引 在土内牵引盾头式工具管前进，并在工具管后面不断焊接薄壁钢管随同前进，待钢管全部牵引完毕再挖去管内土。贯入牵引只能用于淤泥、饱和轻亚粘土、粉土类软土，并且只适用于钢管。钢管壁薄体轻有利于贯入土内。管节最小直径为 800mm，以便进入管内挖土。牵引距离一般为 40～50m，最多不超过 60m。

（3）顶进牵引 顶进牵引是在前方工作坑牵引导向的盾头，而在后方工作坑顶入管节的方法。这种方法与盾顶法相似，不同者只是盾头不是用千斤顶顶进，而是在前坑用张拉千斤顶牵引。顶进牵引适用于粘土、砂土，尤其是较坚硬的土质最适合。牵引管径不小于 800mm。主要用于钢筋混凝土管的敷设，与覆土深度关系不大。顶进牵引是牵引和顶进技术的综合，它利用牵引技术保证管道敷设位置的精确度。同时减少主压千斤顶的负担，从而延长了顶进距离。

（4）挤压牵引 在前面工作坑内牵引锥式刃脚，在刃脚后面不断焊接加长钢管，靠刃脚将管子周围土层挤压而不需出土。挤压牵引适用于天然含水量粘性土、粉土和砂土。管径最大不超过 400mm，管顶覆土厚度一般不小于 5 倍牵引管子外径，以免地面隆起。牵引距离不大于 40m，否则牵引力过大不安全。常用管材为钢管，接口为焊接。

9.5　盾构施工简介

盾构法广泛应用于水下隧道、水工隧洞、城市地下综合管廊、地下给水排水管沟以及铁路隧道、地下隧道和地下铁道的修建工程。

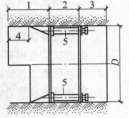

盾构是地下掘进和衬砌的大型施工专用设备（图9-40）。它是一钢制壳体，主要由三部分组成：前部为切削环，中部为支承环，尾部为衬砌环。切削环作为保护罩，其作用类似于普通顶管法中的工具管，挖土机械设备安装其中。若采用人工挖土，则工人在此环内完成挖土和运土工作。

图 9-40　盾构构造示意
1—切削环　2—支承环
3—衬砌环　4—盾檐
5—千斤顶
D—盾构直径

在支撑环内安装液压千斤顶等顶进设施。衬砌环内设有衬砌机构以便于衬砌砌块（图9-41）。当砌完一环砌块后，以已砌好的砌块作后背，由支承环内的千斤顶顶进盾构本身，开始下一循环的挖土和衬砌。

盾构施工时需要推进的是盾构本身。在同一土层内所需顶力为一常值。向一个方向掘进长度不受顶力大小的限制。铺设单位长度管沟所需顶力较普通顶管要少。盾构施工不需要坚实的后背，长距离掘进也不需要泥浆套、中继间等附加设施。

盾构适合于任何土层施工，只要安装不同的掘进机械，就可以在岩层、砂卵石层、密实砂层、粘土层、流砂层和淤泥层中掘进。

盾构的断面根据需要，可以做成任何形状，如圆形、矩形、马蹄形、椭圆形等，采用最多的是圆形断面。

由于盾构良好的机动性，可开挖曲线走向的隧道。

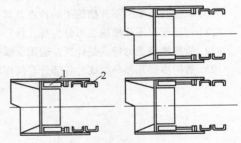

图 9-41　盾构施工过程
1—盾构千斤顶　2—砌块

盾构内挖土一般采用机械挖土，只有在地层条件较好的断面掘进时，才采用人工挖土。

盾构内运土由斗车或矿车完成，在隧道内铺设供斗车或矿车行走的轨道。

盾构内衬砌块采用钢筋混凝土或预应力钢筋混凝土砌块。砌块形状有矩形、梯形和圆形等。衬砌方法有一次衬砌和二次衬砌。砌块砌筑和缝隙填灌合称为盾构的一次衬砌。二次衬砌按隧道使用要求而定，在一次衬砌质量完全合格的情况下进行。二次衬砌采用细石混凝土浇灌或直接喷射混凝土，但必须支模。

复习思考题

1. 试述地下给排水管道不开槽施工的特点及其适用范围。
2. 地下给水排水管道不开槽施工的方法有哪几种？各有何特点？
3. 人工掘进顶管的工作坑如何选择？
4. 人工掘进顶管工作坑分为几种？各适合什么条件？
5. 试述掘进顶管工作坑的施工方法。
6. 掘进顶管常用哪些工作坑基础？各适合哪些场合？
7. 掘进顶管工作坑内导轨的作用是什么？如何选择？
8. 简述掘进顶管后背墙的要求和形式。
9. 人工掘进顶管时，对管前挖土有何要求？
10. 掘进顶管时，有哪些挖土与运土方式？各自特点如何？
11. 试述延长顶管方法与特点。
12. 掘进顶管中，管道测量的目的是什么？有哪些测量方法？其特点如何？
13. 掘进顶管的质量要求有哪些？
14. 掘进顶管施工中，出现管道误差的原因是什么？如何防止？
15. 掘进顶管中，若出现管道误差，可采取哪些方法进行校正？
16. 掘进顶管常采取哪些内接口？各适合什么条件？
17. 试述挤密土顶管的特点及其适用条件。
18. 出土挤压顶管施工的特点及其适用条件是什么？
19. 简述不出土挤压施工的特点及其适用条件。
20. 试述管道牵引不开槽施工的特点及其适用条件。
21. 管道牵引不开槽施工可分为哪几种？各适合什么条件？
22. 盾构法施工的特点是什么？适用于哪些场合？
23. 盾构由哪几部分组成？各部分有何作用？

第 10 章

建筑给水排水管道及卫生设备施工

建筑给水排水管道及卫生设备的施工主要是在土建主体工程完成，内外装饰工程施工前进行。为了保证施工质量，加快施工进度，施工前应熟悉和会审施工图及制定各种施工计划。同时，在土建施工过程中应积极配合土建工程进行各种孔洞、金属结构的预留、预埋的施工准备工作，为后期的管道及卫生设备的安装做好施工准备。

10.1 施工准备及配合土建施工

10.1.1 施工准备

室内给水排水工程施工的主要依据是：

1）施工图。

2）《国家建筑标准设计给水排水标准图集》99S304。

3）《建筑给水排水设计规范》GB 50015—2003。

4）《建筑设计防火规范》GBJ 16—1987（2001 版）。

5）《高层民用建筑设计防火规范》GB 50045—1995（2001 版）。

6）《自动喷水灭火系统设计规范》GB 50084—2001。

7）《给水排水管道工程施工及验收规范》GB 50268—1997。

8）《建筑给水排水及采暖工程施工质量验收规范》GB 50242—2002。

9）《建筑给水硬聚氯乙稀管道设计与施工验收规程》CECS 41：92。

10）《建筑排水硬聚氯乙稀管道工程技术规程》CJJ/T 29—1998。

11）《自动喷水灭火系统施工及验收规范》GB 50261—1996（2003 版）。

熟悉图样的过程中，必须了解室内给水排水管道连接情况，包括室外给水排水管道走向，给水引入管和排水出户管的具体位置、相互关系，管道连接标高，水表井、阀门井和检查井等的具体位置以及管道穿越建筑物基础的具体做法；弄清室内给水排水管道的布置，包括管道的走向、管径、标高、坡度、位置及管道与卫生器具或生产设备的连接方式；了解室内给水排水管道所用管材、配件、支架的材质和型号、规格、数量和施工要求；并了解建筑的结构、楼层标高、管井、门窗、洞、槽的具体位置等。

在熟悉施工图后，应进行施工图会审。施工方应根据施工图提出施工中会出现的技术问题，由设计人员向施工技术人员进行技术交底，说明设计意图、设计思想和施工质量要求等，并及时解决施工方提出的技术问题。通过施工图会审，施工人员应了解建筑结构及其特点、生产工艺流程、生产工艺对给水排水工程的要求；管道及设备布置要求；相关加工件及特殊材料要求等。

施工前应根据施工需要，进行调查研究，充分掌握以下情况和资料：

1）现场地形及现有建筑物和构筑物的情况。

2）工程地质与水文地质资料。

3）气象资料。

4）工程用地、交通运输及排水条件。

5）施工供水、供电条件。

6）工程材料和施工机械供应条件。

7）结合工程特点和现场条件的其他情况和资料等。

施工班组应根据施工组织设计的要求，做好材料、机具、现场临时设施及技术上的准备，必要时应到现场根据施工图进行实地测绘，画出管道预制加工草图。管道加工草图一般采用轴测图形式，在图样上要详细标注管道中心线间距、各管配件间的距离、管径、标高、阀门位置、设备接口位置、连接方法，同时画出墙、梁、柱等的位置。根据管道加工草图可以在管道预制场或施工现场进行预制加工。

10.1.2 配合土建施工

室内给水排水管道施工与土建施工关系密切，尤其是高层建筑给水排水管道的施工，配合土建施工的工作尤为重要。对于一般的多层建筑的砖墙可以采用冲击电钻、开孔器等机具进行现场打孔、穿墙的施工。但钢筋混凝土结构的墙、梁、柱、楼板是不允许手工穿墙打洞的，而是根据设计要求位置在土建钢筋混凝土施工阶段就进行孔洞的预留或预埋件的预埋等配合施工工作。

1．现场预留孔洞法

这种施工方法的优点是可避免土建与安装施工的交叉作业或由于安装工程面窄等因素造成窝工的现象，是建筑给水排水管道工程施工常用的一种方法。

为了保证预留孔洞的正确，在土建施工开始时，安装单位应派专人按照设计图样将管道及设备的位置、标高尺寸的要求，配合土建预留孔洞。土建在砌筑、浇注基础时，可以按表 10-1 中给出的尺寸预留孔洞。土建浇筑剪力墙程、现浇楼板之前，对于较大孔洞的预留应采用预制好的钢制模盒固定在钢筋网上；对于较小的孔洞一般可用短圆木或竹筒牢牢固定在楼板上。预埋的铁件应采用电焊点焊在钢筋网上的方式固定在图样所规定的位置上。无论采用何种方式预留预埋，均须固定牢靠，以防浇捣混凝土时移动错位，保证孔洞大小、平面位置及设置标高的正确。立管穿楼板预留孔洞尺寸可按表 10-1 进行预留。

表 10-1　预留孔洞尺寸

管道规格		明　管	暗　管
		留孔尺寸/mm 长×宽	堵槽尺寸/mm 宽×深
给水立管 （一根）	$DN \leqslant 25$ $DN = 32 \sim 50$ $DN = 65 \sim 100$	100×100 150×150 200×200	130×130 150×130 200×200
排水立管 （两根）	$DN \leqslant 50$ $DN = 75 \sim 100$	150×150 200×200	200×130 250×200
一根给水立管与一根 排水立管在一起	$DN \leqslant 50$ $DN = 65 \sim 100$	200×200 250×200	200×130 250×200
两根给水立管与一根 排水立管在一起	$DN \leqslant 50$ $DN = 65 \sim 100$	200×150 350×200	250×130 380×200
排水支管	$DN \leqslant 75$ $DN = 100$	250×200 300×250	—
排水干管	$DN \leqslant 75$ $DN = 100 \sim 125$	300×250 350×300	—
给水引入管	$DN \leqslant 100$	300×200	—
排水排出管穿基础	$DN \leqslant 75$ $DN = 100 \sim 125$	300×300 （管径 + 300）×（管径 + 200）	—

注：1. 如留圆形洞，则圆洞内切于方洞尺寸。

　　2. 给水引入管，管顶上部净空一般不小于 100mm。

　　3. 排水排出管，管顶上部净空不小于 150mm。

2．现场打洞法

这种施工方法的优点是便于管道工程的全面施工，在避免了与土建施工交叉作业的同时，运用优良的打洞机具，如冲击电钻、电锤、钻孔器、錾子等工具，使打洞既快又准，是一般建筑给水排水管道施工的常用方法。须注意的是，在现场打洞时，应控制力度，严禁使用大锤击打，防止破坏建筑结构。

施工现场是采取管道预埋、孔洞预留或现场打洞，一般受建筑结构要求、土建施工进度、工期、安装机具配置、施工技术水平等影响。施工时，可视具体情况，决定以哪种方式为主。实际上，建筑给水排水管道施工常常是三种方法兼而有之。

3. 预埋管件法

(1) 预埋穿墙防水套管　管道在穿越剪力墙时，为保证墙面不漏水，应预埋防水套管。套管的管径较穿越的管道大 1～2 号。刚性防水套管在浇注混凝土之前就点焊在钢筋网上，两端应与墙面平齐，套管内塞入纸团或碎布等物，在浇注混凝土时应有专人配合监督，看套管是否移位。刚性防水套管的形式如图 10-1 所示。

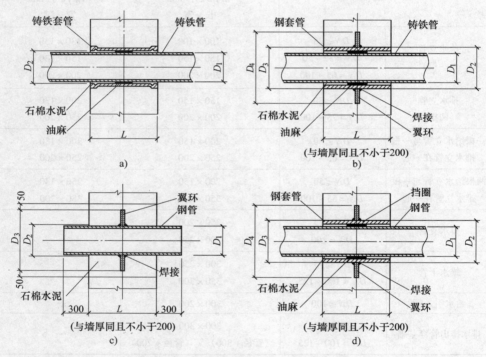

图 10-1　刚性防水套管安装图

a) Ⅰ型刚性防水套管　b) Ⅱ型刚性防水套管　c) Ⅲ型刚性防水翼环　d) Ⅳ型刚性防水套管

Ⅰ型及Ⅱ型防水套管适用于铸铁管，也适用于非金属管，但应根据采用管材的管壁厚度修正有关尺寸。Ⅰ型及Ⅱ型防水套管穿墙处的墙壁，如遇非混凝土墙壁时，应改用混凝土墙壁，其浇注混凝土范围：Ⅰ型套管应比铸铁套管管外径大 300mm，Ⅱ型套管应比翼环直径（D_4）大 200mm，而且必须将套管一次性浇固于墙内。套管内的填料应紧密捣实。

Ⅰ型和Ⅱ型防水套管处的混凝土墙厚，应不小于 200mm，否则应在墙壁一边或两边加厚，加厚部分的直径，Ⅰ型应比铸铁套管外径大 300mm，Ⅱ型应比翼环直径（D_4）大 200mm。

Ⅲ型及Ⅳ型翼环防水套管适用于钢管。Ⅲ型及Ⅳ型防水套管穿墙处的墙壁，如遇非混凝土墙壁时，应改用混凝土墙壁，其浇注混凝土范围应比翼环直径（D_4）大 200mm，而且必须将套管一次性浇固于墙内。套管内的填料应紧密捣实。

Ⅲ型及Ⅳ型翼环防水套管处的混凝土墙厚，应不小于 200mm，否则应在墙壁一边或两边加厚，加厚部分的直径，应比翼环直径（D_4）大 200mm。

Ⅰ、Ⅱ、Ⅲ、Ⅳ型防水套管的尺寸参数详见表 10-2。

表 10-2　防水套管的尺寸参数表

DN	25	32	40	50	70	80	100	125	150	200	250	300	350	400	450	500	600
Ⅰ型套管尺寸																	
D_1						93	118	143	169	220	2716	3228	374	4256	4768	528	6308
D_2						113	138	163	189	240	294	345	396	448	499	552	655
L/mm						300	300	300	300	300	300	350	350	350	350	350	400
Ⅱ型套管尺寸																	
D_1				60		93	118	143	169	220	271.6	322.8	374	425.6	476.8	528	630.8
D_2				114		140	168	194	219	273	325	377	426	480	530	579	681
D_3				115		141	169	195	220	274	326	378	427	481	531	580	682
D_4				225		251	289	315	340	394	446	498	567	621	671	720	822
Ⅲ型套管尺寸																	
D_1	33.5	38	50	60	73	89	108	133	159	219	273	325	377	426	480	530	630
D_2	35	39	51	61	74	90	109	134	160	220	274	326	378	427	481	531	631
D_3	95	99	111	121	134	150	209	234	260	320	374	476	528	577	631	681	831
Ⅳ型套管尺寸																	
D_1				60		89	108	133	159	219	273	325	377	426	480	530	630
D_2				114		140	159	203	273	273	325	377	426	480	530	579	681
D_3				115		141	160	181	204	274	326	378	427	481	531	580	682
D_4				225		251	280	301	324	394	446	498	567	621	671	720	822

（2）预埋穿楼板套管　管道穿越普通砖墙及无防水要求的楼板时，可采用普通钢制套管。套管的管径较穿越的管道大 1~2 号，穿墙套管与墙面平齐，穿楼板套管上端应高出地面 20mm，下端与顶棚平齐，以防地面积水顺套管流入下层。套管与管道间的缝隙均应按设计要求做填料严密处理。

（3）预埋铁件　施工中应根据施工图确定设备的准确位置，并在设备固定的基础、梁或柱子内预埋钢板或螺帽，将预埋的钢板或螺帽在浇注混凝土之前就点焊在钢筋网上，一次性浇固于混凝土结构内，以便后期设备安装时进行设备的固定。

10.2　给水系统施工

室内给水管道所用的管材、配件、阀门等应根据施工图的规定选用。建筑给水排水管道安装顺序为：引入管→干管→立管→支管→水压试验合格→卫生器具或用水设备或配水器具→竣工验收。

10.2.1　引入管的安装

引入管安装时，应尽量与建筑外墙轴线相垂直，这样穿过基础或外墙的管段最短。引入管的安装大多为埋地敷设，埋设深度应满足设计要求，如设计无要求，需根据当地土壤冰冻深度及地面载荷情况，参照室外排水接管点的埋深而定。

引入管穿过承重墙或基础时，必须注意对管道的保护，防止基础下沉而破坏管子。引入管的安装宜采取管道预埋或预留孔洞的方法。引入管敷设在预留孔洞内或直接进行引入管预埋，均要保证管顶距孔洞壁的距离不小于100mm。预留孔与管道间空隙用粘土填实，两端用 M5 水泥砂浆封口。图 10-2 为引入管穿墙基础；图 10-3 为引入管由基础下部进室内做法。当引入管穿越地下室外墙时，应采取防水措施，其做法如图 10-4 所示。

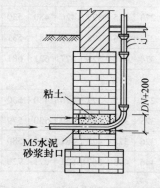
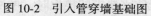

图 10-2　引入管穿墙基础图

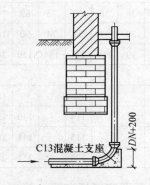

图 10-3　引入管由基础下部进入室内大样图

引入管上设有阀门或水表时，应与引入管同时安装，并做好防护设施，以防损坏。

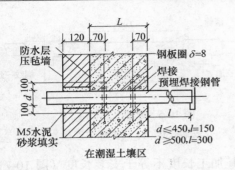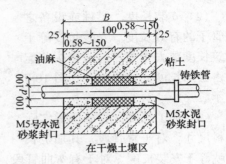

图 10-4　引入管穿地下室墙壁做法

引入管敷设时，为便于维修时将室内系统中的水放空，其坡度应不小于 0.003，坡向室外泄水装置。

当有两条引入管在同一处引入时，管道之间净距应不小于 0.1m，以便安装和维修。当引入管与排水管平行敷设时，两管的水平净距离不得小于 1.0m。当引入管与排水管交叉敷设时，引入管应敷设在排水管的上方，且垂直净距离不得小于 0.15m。

10.2.2　建筑内部给水管道的安装

建筑内部给水管道的安装方法有直接施工和预制化施工两种。直接施工是在已建建筑物中直接实测管道、设备安装尺寸，按部就班进行施工的方法。这种施工方法较落后，施工进度较慢。但由于土建结构尺寸要求不甚严格，安装时宜在现场根据不同部位实际尺寸测量下料，对建筑物主体工程用砌筑法施工时常采用这种方法。预制化施工是在现场安装之前，按建筑内部排水系统的施工安装图和土建有关尺寸预先下料、加工，部件组合的施工方法。这种方法要求土建结构施工尺寸准确，预留孔洞及预埋套管、铁件的尺寸、位置无误（为此现在采用机械钻孔而不必留孔）。这种方法还要求施工安装人员下料、加工技术水平高，准备工作充分。这种方法可提高施工的机械化程度和加快现场安装速度，保证施工质量，是一种比较先进的施工法。随着建筑物主体工程采用预制化、装配化施工及匣子式卫生间等的推广使用，给排水系统实行预制化施工会越来越普遍。

这两种施工方法都需进行测线，只不过前者是现场测线，后者是按图测线。给水设计图只给出了管道和卫生器具的大致平面位置，所以测线时必须有一定的施工经验，除了熟悉图样外，还必须了解给水工程的施工及验收规范、有关操作规程等，才能使下料尺寸准确，安装后符合质量标准的要求。

测量计量尺寸时经常要涉及下列几个尺寸概念：

（1）建筑长度　管道系统中两零件或设备中心之间（轴）的尺寸。如两立管之间的中心距离，管段零件与零件之间的距离等，如图 10-5 所示。

（2）安装长度　零件或设备之间管子的有效长度。安装长度等于建筑长度减去管子零件或接头装配后占去的长度，如图 10-6、图 10-7 所示。

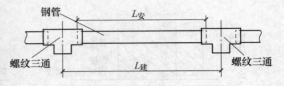

图 10-5　建筑长度 $L_建$ 与
安装长度 $L_安$（管螺纹连接）

（3）加工长度　管子所需实际下料尺寸。对于直管段，其加工长度就等于安装长度。对于有弯曲管段，其加工长度不等于安装长度（图 10-7），下料时要考虑煨弯的加工要求来确定其加工长度。法兰连接时确定加工长度应注意扣去垫片的厚度。

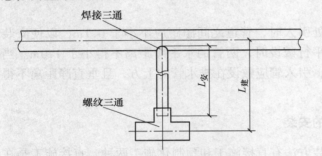

图 10-6　建筑长度 $L_建$ 与
安装长度 $L_安$（有焊接时）

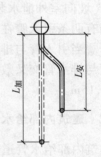

图 10-7　有弯管的安装长度 $L_安$
与加工长度 $L_加$

安装管子主要要解决切断与连接、调直与弯曲两对矛盾。将管子按加工长度下料，通过加工连接成符合建筑长度要求的管路系统。

测线计量尺寸首先要选择基准，基准选择正确，配管才能准确。建筑内部排水管道安装所用的基准为水平线、水平面和垂直线垂直面。水平面的高度除可借助土建结构，如地坪标高、窗台标高外，还须用钢卷尺和水平尺，要求高时用水准仪测定。角度测量可用直角尺，要求高时用经纬仪。决定垂直线一般用细线（绳）或尼龙丝及重锤吊线，放水平线时用细白线（绳）拉直即可。安装时用弄清管道、卫生器具或设备与建筑物的墙、地面的距离以及竣工后的地坪标高等，保证竣工时这些尺寸全面符合质量要求。如墙面未抹灰就安装管道时则应留出抹灰厚度。

通过实测确定了管道的建筑长度，可以用计算法和比量法确定安装长度。根据管配件、阀门的外形尺寸和装入管配件、阀门内螺纹长度，计算出管段的安装长度，此为计算法。比量下料法是在施工现场按长测得的管道建筑长度，用实物管配件或阀门比量的方法直接在管子上决定加工长度，做好记号后进行下料。

室内给水管道的安装，根据建筑物的机构形式、使用性质和管道工作情况，可分为明装和暗装两种形式。明装管道在安装形式上，又可分为给水干管、立管及支管均为明装以及给水干管、立管及支管部分明装两种。暗装管道就是给水管道在建筑物内部隐蔽敷设。在安装形式上，常将暗装管道分为全部管道暗装和供水干管、立管及支管部分暗装两种。

1. 给水干管安装

明装管道的给水干管安装位置，一般在建筑物的地下室顶板下或建筑物的顶层顶棚下。给水干管安装之前应将管道支架安装好。管道支架必须装设在规定的标高上，一排支架的高度、形式、离墙距离应一致。为减少高空作业，管径较大的架空敷设管道，应在地面上进行组装，将分支管上的三通、四通、弯头、阀门等装配好，经检查尺寸无误，即可进行吊装。吊装时，吊点分布要合理，尽量不使管子过分弯曲。在吊装中，要注意安全操作。各段管子起吊安装在支架上后，立即用螺栓固定好，以防坠落。

架空敷设的给水干管，应尽量沿墙、柱子敷设，大管径管子装在里面，小管径管子装在外面，同时管道应避开门窗的开闭。干管与墙、柱、梁、设备以及另一条干管之间应留有便于安装和维修的间距，通常管道外壁距墙面不小于100mm，管道与梁、柱及设备之间的距离可减少到50mm。

暗装管道的干管一般设在设备层、地沟或建筑物的顶棚里，或直接敷设与地面下。当敷设在顶棚里时，应考虑冬季的防冻措施；当敷设在地沟内，不允许直接敷设在沟底，应敷设在支架上。管道表面距沟壁和沟底的净距离：当管径 DN ≤32mm 时，一般不小于 100mm；当管径 DN > 32mm 时，一般不小于 150mm，以便于施工与维修；直接埋地的金属管道，应进行防腐处理。

2. 给水立管安装

给水立管安装之前，应根据设计图样弄清各分支管之间的距离、标高、管径和方向，应十分注意安装支管的预留口（甩口）的位置，确保支管的方向坡度的准确性。明装管道立管一般设在房间的墙角或沿墙、梁、柱敷设。立管外壁至墙面净距：当管径 DN ≤32mm 时，应为 25~35mm；当管径 DN > 32mm 时，应为 30~50mm。明装立管应垂直，其偏差每米不得超过 ±2mm；高度超过 5m 时，总偏差不得超过 ±8mm。

给水立管管卡安装，层高小于或等于 5m，每层须安装 1 个；层高大于 5m，每层不得少于 2 个。管卡安装高度，距地面为 1.5~1.8m，2 个以上管卡可匀称安装。

立管穿楼板应加钢制套管（也可用钢管制作），套管直径应大于立管 1~2号，如立管管径为 32mm，套管直径则为 40mm 或 50mm，套管可采取预留或现场打洞安装，安装时，套管底部与楼板底部齐平，顶部高出楼板地面 10~20mm，立管的接口，不允许设在套管内，以免维修困难。

如果给水立管出地坪设阀门时，阀门应设在距地坪 0.5m 以上，并应安装可拆卸的连接件（如活接头或法兰），以便于操作和维修。

暗装管道的立管，一般设在管道井内或管槽内，采用型钢支架或管卡固定，以防松动。设在管槽内的立管安装一定要在墙壁抹灰前完成，并应作水压试验，检查其严密性。各种阀门及管道连接件不得埋入墙内，设在管槽内的阀门，应设便于操作和维修的检查门。

3. 横支管的安装

横支管的管径较小，一般可集中预制、现场安装。明装横支管，一般沿墙敷设，并设有 0.002~0.005 的坡度坡向泄水装置。横支管安装时，要注意管子的平直度，明装横支管绕过梁、柱时，各平行管上的弧形弯曲部分应平行。水平横管不应有明显的弯曲现象，其弯曲的允许偏差为：管径 $DN \leqslant 100mm$，每 10m 为 ±10mm。

冷、热水管上下平行安装，热水管应在冷水管上面；垂直并行安装时，热水管应安装在冷水管左侧，其管中心距为 80mm，在卫生器具上，安装冷、热水龙头时，热水龙头应装在左侧。横支管一般采用管卡固定，固定点一般设在配水点附近及管道转弯附近。

暗装的横支管敷设在预留或现场剔凿的墙槽内，应按卫生器具接口的位置预留好管口，并应加临时管堵。

10.2.3　热水管道安装

热水供应管道的管材一般为镀锌钢管、螺纹连接。宾馆、饭店、高级住宅、别墅等建筑宜采用铜管承插口钎焊连接。

热水供应系统按照干管在建筑内布置位置有下行上给和上行下给两种方式。热水干管根据所选定的方式可以敷设在室内管沟、地下室顶部、建筑物天棚内或设备层内。一般建筑物的热水管道敷设在预留沟槽、管井内。

管道穿过墙壁和楼板，应设置铁皮或钢制套管。安装在楼板内的套管，其顶部应高出地面 20mm，底部应与楼板地面相平；安装在墙壁内的套管，其两端应与饰面相平。所有横支管应有与水流相反的坡度，便于泄水和排气，坡度一般为 0.003，但不得小于 0.002。

横干管直线段应设置足够的伸缩器。上行式配水横干管的最高点应设置排起装置、管网最低点设置泄水阀门或丝堵，以便泄空管网存水。对下行上给全循环管网，为了防止配水管网中分离出的气体被带回循环管，应将每根立管的循环管始端都接到其相应配水立管最高点以下 0.5m 处。

一般干管离墙远，立管离墙近，为了避免热伸长所产生的应力破坏管道，两者连接点常用图 10-8 的连接方法。当楼层较多时，这样的连接方法还可改善立管热胀冷缩的性能。

为了减少散热，热水系统的配水干管、水加热器、储水罐等，一般要进行保温。保温所使用绝热材料及施工方法见第 8 章有关内容。热水管道的安装顺序，明装、暗装敷设要求，质量标准等与给水管道安装类似，可参照之。

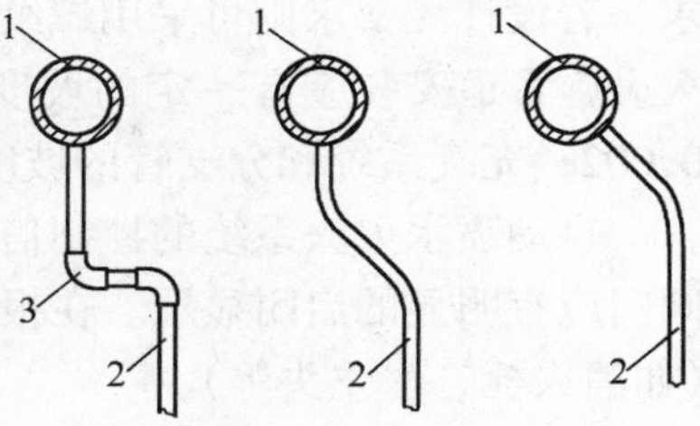

图 10-8　干管与立管离墙距离
不同的连接方法
1—干管　2—立管　3—螺纹弯管

10.2.4　消防管道安装

建筑消防给水系统按功能上的差异可分为消火栓消防系统、自动喷淋消防系统及水幕消防系统。

建筑消防给水管道的管材选用一般为：单独设置的消防管道系统，采用无缝钢管或焊接钢管，焊接和法兰连接；消防和生活共用的消防管道系统，采用镀锌钢管，管径≤100mm 时，为螺纹连接，管径 > 100mm 时，采用镀锌处理的无缝钢管和焊接钢管，焊接或法兰连接，焊接部分应作防腐处理。

1. 消火栓给水系统管道安装

消火栓消防系统由水枪、水带、消火栓、消防管道等组成。水枪、水带、消火栓一般设在便于取用的消火栓箱内。消防箱由铝合金、碳钢或木质材料制作，其尺寸应符合国家标准图要求。消火栓消防管道由消防立管及接消火栓的短支管组成。独立的消火栓消防给水系统，消防立管直接接在消防给水系统上；与生活引用水共用的消火栓消防系统，其立管从建筑给水管上接出。消防立管的安装应注意短支管的预留口位置，要保证短支管的方向准确。而短支管的位置和方向与消火栓有关，即安装室内消火栓，栓口应正面朝外，轴线与墙面呈 90°，栓口中心距地面为 1.1m，允许偏差为 ±20mm。阀门距消防箱侧面为 140mm，距箱后内表面为 100mm，允许偏差 ±5mm。安装应牢固、平正，箱体安装的垂直度允许偏差为 3mm。安装消火栓水龙带，水龙带与水枪和快速接头绑扎好后，应根据箱内构造将水龙带挂在箱内的挂钉或水龙带盘上，以便有火警时，能迅速启动。室内消火栓给水系统施工时，可按设计要求及《国家建筑标准设计图集》99S202 要求安装；室外消火栓给水系统施工时，可按设计要求及《国家建筑标准设计图集》01S201 要求安装。

2. 自动喷水和水幕消防管道的安装

自动喷水消防系统由闭式洒水喷头、管网、控制信号阀和水源（供水设备）等所组成，如图 10-9 所示。自动喷水装置是一种能自动喷水灭火，同时发出火警信号的消防设备。这种装置多设在火灾危险性较大，起火蔓延很快的场合。

自动喷水灭火设施配水管道应采用内外壁热镀锌钢管，其连接应符合设计要求，若设计无要求则可采用螺纹连接、沟槽式卡箍连接或法兰连接。自动喷水灭火设施管道安装应有一定的坡度坡向立管或泄水装置。充水系统坡度应不小于0.002；充气系统和分支管的坡度应不小于0.004。

自动喷水灭火系统的控制信号阀（如报警阀、水流指示器）前应安装阀门，阀门应有明显的启闭显示。在报警阀后的自动喷水管道上不应安装其他用水设备（如消火栓、水龙头等）。

水幕消防装置的是将水喷洒成帘幕状，用于隔离火源或冷却防火隔绝物，防止火势蔓延，以保护着火邻近地区的房屋建筑免受威胁。水幕消防系统如图10-10所示。一般由开式洒水喷头、管网、控制设备、水源四部分组成。

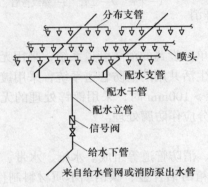

图10-9　自动喷洒灭火装置

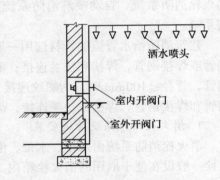

图10-10　水幕灭火装置

自动喷水和水幕消防管网所用管材，可选择镀锌焊接钢管、镀锌无缝钢管，采取焊接或螺纹连接。如设计无要求，充水系统可采取螺纹连接或焊接，充气或气水交替系统应采取焊接。横支管应有坡度，充水系统的坡度不小于0.002；充气系统和分支管的坡度；应不小于0.004，坡向配水立管，以便泄空检修。不同管径的连接，避免采用补心，而应采用异径管（大小头）；在弯头上不得采用补心；在三通上至多用一个补心，四通上至多用两个补心。

安装自动喷水消防装置，应不妨碍喷头喷水效果。如设计无要求时，应符合下列规定：吊架与喷头的距离，应不小于300mm；距末端喷头的距离不大于750mm；吊架应设在相邻喷头间的管段上，当相邻喷头间距不大于3.6m，可设一个，小于1.8m，允许隔段设置。在自动喷水消防系统的控制信号阀门前后，应设阀门。在其后面管网上不应安装其他用水设备。

10.3　排水系统施工

建筑内部排水系统一般可分为生活污水排水系统，工业废水排水系统，雨、雪水排水系统。生活污水排水系统，是指排除人们日常生活中的盥洗、洗涤污水和粪便污水的排水系统，是一种最广泛使用的建筑内部排水系统。

10.3.1　生活污水排水系统及其组成

　　生活污水排水管道系统，一般由卫生器具排水管、排水支管（横管）、立管、排出管、通气设备和清通设备等组成。按敷设方式，可将其分为明装和暗装两种。生活污水排水系统的组成如图 10-11 所示。

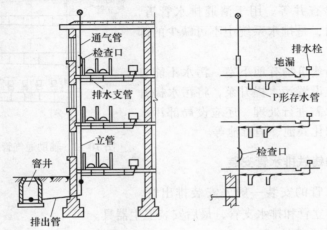

图 10-11　生活污水排水系统的组成

　　（1）卫生器具排水管　卫生器具排水管是指连接卫生器具和排水支管（横管）之间的短管，除坐式大便器外，通常都设了存水弯。卫生器具一般穿楼板安装。

　　（2）排水支管（横管）　排水支管（横管）是连接卫生器具排水管和排水立管的一段管道。在建筑物底层，它通常埋地敷设，也可以敷设在地沟、地下室地面上或顶板下；其他各层，明装悬吊在楼板下或沿墙敷设在地面上，暗装设在吊顶内或沿墙敷设在地面管槽内。

　　（3）排水立管　排水立管的作用是将各层排水支管的污水收集并排至排出管。排水管明装时沿墙、柱敷设，宜设在墙角；暗装可敷设在管井或管槽内。

　　（4）排出管（出户管）　排出管是排水立管与室外第一座检查井之间的连接管道。它的作用是接受一根或几根排水立管的污水并排至室外排水管网的检查井中去。它通常埋设在地下，也可以敷设在地下室天花板下或地面上，还可以敷设在地沟里。

　　（5）通气管和辅助通气管　通气管是指最高层卫生器具以上并延伸至屋顶以上的一段立管。例如，建筑物层数较多或者在同一排支管（横管）上的卫生器具较多时，应设置辅助通气管和辅助通气立管，如图 10-12 所示。通气管或辅助通气管的作用是使室内、外排水管道与大气相通，使排水管道中的臭气和有害气体排至大气中，而且还能防止存水弯中的水封被破坏，保证排水管道中的水流畅通。

(6) 清通设备 清通设备是指检查口(用于清通排水立管)、清扫口(用于清通排水支管)和检查井等。用于清通排水管道，保证水流畅通，是排水系统中不可缺少的部分。

另外，当建筑物有地下室，污水不能自流排除时，应设置污水提升泵，将污水提升排除；若污水需进行处理，还应设局部污水处理设施，如化粪池、消毒池等。

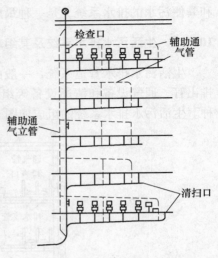

图 10-12 辅助通气管连接示意图

10.3.2 室内铸铁排水管安装

室内排水管的安装一般先安装排出管，然后安装排出立管和排水支管，最后安装卫生器具。

1.排出管安装

排出管的安装宜采取排出管预埋或预留孔洞方式。当土建砌筑基础时，将排出管按设计坡度，承口朝来水方向敷设，安装时一般按标准坡度，但不应小于最小坡度，坡向检查井。排水管道标准坡度和最小坡度见表 10-3。为了减少管道的局部阻力和防止污物堵塞管道，排出管与排水立管的连接应采用 45°弯头连接，如图 10-13 所示。排水管道的横管与横管、横管与立管的连接应采用 45°三通或 45°四通和 90°斜三通或 90°斜四通。预埋的管道接口处应进行临时封堵，防止堵塞。

排出管预留孔洞安装时，预留孔洞尺寸见表 10-1。

表 10-3 排水管道标准坡度和最小坡度表

管径 DN/mm	生活污水		工业污水		雨 水
	标准坡度	最小坡度	标准坡度	最小坡度	最小坡度
50	0.035	0.025	0.035	0.030	0.020
75	0.025	0.015	0.025	0.020	0.015
100	0.02	0.012	0.020	0.012	0.003
125	0.015	0.010	0.015	0.010	0.006
150	0.010	0.007	0.010	0.006	0.005
200	0.008	0.005	0.007	0.004	0.004

管道穿越房屋基础应该按图 10-13 所示作防水处理。排水管道穿过地下室外墙或地下构筑物的墙壁处，应设刚性或柔性防水套管。防水套管的制作与安装可参考图 10-1。

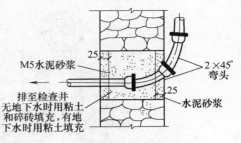

图 10-13　排出管穿墙基础图

排出管的埋深：在素土夯实等地面，应满足排水铸铁管管顶至地面的最小覆土厚度不小于 0.7m；在水泥等路面下，最小覆土厚度不小于 0.4m。

2. 排水立管安装

排水立管在施工前应检查楼板预留孔洞的位置和大小是否正确，如预留或留的位置不对，应重新打孔。孔洞尺寸见表 10-1。

立管通常沿墙角安装，立管中心距墙面的距离应以不影响美观，便于接口操作为原则。一般当立管管径为 50 ~ 75mm 时，距墙 110mm 左右；为 75 ~ 100mm 时，距墙 140mm；为 100 ~ 150mm 时，距墙 180mm 左右。

排水立管安装宜采取预制组装法，即先测量建筑物层高，以确定立管加工长度，然后进行立管上管件预制，最后分楼层由下而上组装。排水立管预制时，应注意下列管件所在的位置：

(1) 检查口设置及标高　排水立管每两层设置一个检查口，但最底层和有卫生器具的最高层必须设置。检查口中心距地面的距离为 1m，允许偏差 ±20mm，并且至少高出该层卫生器具上边缘 0.15m。

(2) 三通或四通设置及标高　排水立管上有排水支管（横管）接入时，须设置三通或四通管件。当支管沿楼层地面安装时，其三通或四通口中心至地面距离一般为 100mm 左右；当支管悬吊在楼板下时，三通或四通口中心至楼板地面距离为 350 ~ 400mm。此间距太小不利于接口操作；太大影响美观，且浪费管材。

立管在分层组装时，必须注意立管上检查口盖板向外，开口方向与墙面成 45°角；设在管槽内立管检查口处应设检修门，以便立管清通。还应注意三通口或四通口的方向要准确。

立管必须垂直安装，安装时可用线锤校验检查，当达到要求再进行接口。立管的底部弯管处应设砖支墩或混凝土支墩。

伸顶通气管应高出屋面 0.3m，并且应大于最大积雪厚度。经常有人活动的平屋顶，伸顶通气管应高出屋面 2m。通气口上应做网罩，以防落入杂物。伸顶通气管伸出屋面应进行防水处理，其做法如图 10-14 所示。

3. 排水支管（横管）安装

立管安装后，应按卫生器具的位置和管道规定的坡度敷设排水支管。排水支

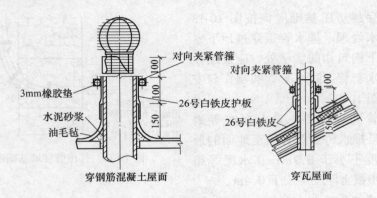

穿钢筋混凝土屋面　　　　穿瓦屋面

图 10-14　通气管出屋面

管通常采取加工场预制或现场地面组装预制，然后现场吊装连接的方法。排水支管预制过程主要有测线、下料切断、连接养护等工序。

测线主要依据卫生器具、地漏、清通设备和立管的平面位置，对照现场建筑物的尺寸，确定各卫生器具排水口、地漏接口和清通设备的确切位置，实测出排水支管的建筑长度，再根据立管预留的三通或四通高度与各卫生器具排水口的标准高度，并考虑坡度因素求得各卫生器具排水管的建筑高度。

在实测和计算卫生器具排水管的建筑高度时，必须准确地掌握土建实际施工的各楼层地坪线和楼板实际厚度，根据卫生器具的实际构造尺寸和大样图准确地确定其建筑尺寸。

测线工作完成后，即可进行下料。下料的关键在于计算是否正确。计算下料先要弄清楚管材、管件的构造尺寸，再按测线所得的建筑尺寸进行计算。

排水支管连接时要算好坡度，接口要直。排水支管组装完毕后，应小心靠墙或贴地坪放置，不得绊动。接口湿养时间不少于 48h。

排水支管吊装前，应先设置支管吊架。吊装时应不少于两个吊点，以便吊装时使管段保持水平状态。然后将卫生器具排水管穿过楼板调整好，待整体到位后将支管末端插入立管三通或四通内，用吊架吊好，采取水平尺测量并调整吊杆顶端螺母以满足支管所需坡度。最后进行立管与支管接口，并进行养护。在养护期，吊装的绳索若要拆除，则应用不小于两处吊点的粗铁丝固定支管。

伸出楼板的卫生器具排水管，应进行有效的临时封堵，以防施工中杂物落入堵塞管道。

10.3.3　室内硬聚氯乙烯（UPVC）排水管安装

硬聚氯乙烯（UPVC）排水管具有重量轻、价格低、阻力小、排水量大、表面光滑美观、耐腐蚀、不易堵塞、安装维修方便等优点，世界发达国家在建筑排水系统中大量使用。我国在建筑排水系统中应用硬聚氯乙烯管开始于 20 世纪 80

年代初，经过近 30 年的推广使用，已逐渐取代了传统的铸铁排水管。

硬聚氯乙烯排水管的安装顺序与排水铸铁管相同，先装排出管，后装立管、支管，然后安装卫生器具。管道接口一般为承插式粘接。

硬聚氯乙烯排水管的承插粘接，应用粘接剂粘牢。其操作按下列要求进行：

（1）下料及坡口　下料长度应根据实测并结合各连接件的尺寸确定。切管工具宜选用细锯齿、割刀和割管机等机具。断口应平整并垂直于轴线，断面处不得有任何变形。插口处坡口可用中号板锉锉成 15°～30°。坡口厚度宜为管壁厚度的 1/3～1/2，长度一般不小于 3mm。坡后应将残屑清理干净。

（2）清理粘接面　管材或管件在粘接前应用棉丝或软干布将承口内侧和插口外侧擦拭干净，使被粘接面保持清洁，无尘砂与水迹。当表面沾有油污时，可用棉纱蘸丙酮等清洁剂清除。

（3）管端插入承口深度　配管时应该将管材与管件承口试插一次，在其表面划出标记，管端插入承口的深度不得小于表 10-4 的规定。

表 10-4　管件插入管件承口深度表

序号	外径/mm	管端插入承口深度/mm	序号	外径/mm	管端插入承口深度/mm
1	40	25	4	110	50
2	50	25	5	160	60
3	75	40			

（4）粘接剂涂刷　用毛刷蘸取粘接剂并涂刷于管道承口内侧及管道插口外侧，先涂承口，后涂插口。应轴向涂刷，动作要快，涂抹均匀且涂刷的粘接剂应适量，不得漏涂或涂抹过厚。

（5）承插接口的连接　承插口涂刷粘接剂后，应立即找正方向将管子插入承口，使其准直，再加挤压。应使管端插入深度符合所划标记，并保证承插接口的直度和接口位置正确，还应保持静待 2～3min，防止接口滑脱。

（6）承插接口的养护　承插接口连接完毕后，应将挤出的粘接剂用棉纱或干布蘸清洁剂擦拭干净。根据粘接剂的性能和气候条件静止至接口固化为止。冬季施工时固化时间应适当延长。

1. 排出管安装

由于硬聚氯乙烯管抗冲击能力低，埋地铺设的排出管道宜分成两段施工。第一段先做 ±0.000m 以下的室内部分，至伸出墙体为止。待土建施工结束后，再铺设第二段，从外墙接入检查井。排出管穿墙、基础预留孔洞尺寸见表 10-1。穿地下室墙或地下构筑物的墙壁处，应作防水处理。埋地铺设的管材为硬聚氯乙烯排水管时，应作 100～150mm 厚的砂垫层基础。回填时，应先填 100mm 左右的中、细砂层，然后再回填挖填土。排出管如采用排水铸铁管，底层硬聚氯乙烯排水立管插入排水铸铁管件（45°弯头）承口前，应先用砂纸打毛，插入后用麻丝填嵌均匀，以石棉水泥捻口，不得采用水泥砂浆，操作时应注意防止塑料管变形。

2. 立管的安装

立管安装前，应按设计要求设置固定支架或支承件，再进行立管的吊装。立管安装时，一般先将管段吊正，应注意三通口或四通口的朝向应正确。硬聚氯乙烯排水管的线膨胀系数为 $6 \times 10^{-5} \sim 8 \times 10^{-5}$ m/（m·℃），约为排水铸铁管的 6 ~ 8 倍，应按设计要求设置伸缩节。伸缩节安装时，应注意将管端插口要平直插入伸缩节承口橡胶圈中，用力应均衡，不可摇挤，避免顶歪橡胶圈而造成漏水。安装完毕后，即可将立管固定。

立管穿楼板预留孔洞或打洞尺寸见表 10-1。立管穿越楼板比较容易漏水。若立管穿越楼板是非固定的，应要楼板中埋设钢制防水套管（套管管径比立管管径大 1 ~ 2 号）。套管高于地坪面 10 ~ 15mm，套管与立管之间的缝隙用油麻或沥青玛蹄脂填实。当立管穿越楼板或屋面处固定时，应用不低于楼板标号的细石混凝土填实，立管周围应做出高于原地坪 10 ~ 20mm 的阻水圈，防止接合部位发生渗漏现象。也可采用橡胶圈止水，圈壁厚4mm、高 10mm，套在立管上，设于楼层内，再浇捣细石混凝土，立管周围抹成高出楼面 10 ~ 15mm 的防水坡。还可采用硬聚氯乙烯环，环与立管粘接，安装方法同橡胶圈，但价格比橡胶圈便宜。

立管上的伸缩节应设置在靠近支管处，使支管在立管连接处位移几乎等于零。管端插入伸缩节处预留的间隙应为：夏季5 ~ 10mm；冬季 15 ~ 20mm。通气管穿出屋面时，应与屋面工程配合好，特别应处理好屋面和管道接触处的防水。通气管的支架安装间距同排水管。

伸顶通气管应高出屋面 0.30m 以上，并且必须大于积雪厚度。管口应加风帽或铅丝球。在经常有人停留的屋面上，伸顶通气管应高出屋面 2m，并根据防雷要求设防雷装置。通气管可采用塑料管、铸铁管、钢管及石棉水泥管。伸顶通气管穿屋面应作防水处理。通气管也可以采用排水铸铁管，接口采取麻-石棉水泥捻口。

辅助通气管和污水管的连接，应符合设计或有关规范的规定。

1）器具通气管应设在存水弯出口端。环形通气管应在排水横支管上最始端的两个卫生器具之间接出，并应在排水支管中心线以上与排水支管呈垂直或 45°连接。

2）器具通气管及环形通气管的横通气管，应在卫生器具的上边缘以上不少于 0.15m 处，按不小于 0.01 的上升坡度与通气立管相连。

3）专用通气立管和主通气立管的上端可在最高层卫生器具上边缘或检查口

以上与伸顶通气立管以斜三通连接。下端应在最低污水横支管以下与污水立管以斜三通连接。

4）结合通气管下端宜在污水横支管以下与污水立管以斜三通连接；上端可在卫生器具上边缘以上不小于 0.15m 处与通气立管以斜三通连接。

3．支管的安装

支管安装前，应预埋吊架。支管安装时，应按设计要求设置伸缩节，伸缩节的承口应朝向来水方向，安装时应根据季节情况，预埋膨胀间隙。支管的安装坡度应符合设计要求。

硬聚氯乙烯排水管安装必须保证立管垂直度，排出管、支管弯曲度要求。立管垂直度允许偏差每米为 ±3mm；排出管、支管弯曲度允许偏差每米为 ±2mm；三通或四通口标高允许偏差为 ±10mm。

（1）硬聚氯乙烯排水管螺纹连接　硬聚氯乙烯排水管螺纹连接常用于需经常拆卸的地方。与粘接相比，成本较高，施工要求较高。在建筑排水工程中的应用不及粘接普遍。

螺纹连接硬聚氯乙烯排水管是指管件的管端带用牙螺纹，并采用带内螺纹与塑料垫圈和橡胶密封的螺帽相连接的管道。

1）螺纹连接材料。管件必须使用注塑管件。塑料垫圈应采用与管材不同性质的塑料如聚乙烯等制成。橡胶密封圈必须采用耐油、耐酸和耐碱的橡胶制成。

2）螺纹连接施工。首先应清除材料上的油污与杂物，使接口处保持洁净。然后将管材与管件的接口试插一次，使插入处留有 5~7mm 的膨胀间隙，插入深度确定后，应在管材表面划出标记。安装时，先在管端依次套上螺母、垫圈和胶圈，然后插入管件。用手拧紧螺母，并用链条扳手或专用扳手加以拧紧。用力应适量，以防止胀裂螺母。拧紧螺母时应使螺纹外露 2~3 扣。橡胶密封圈的位置应平整妥贴，使塑料垫圈四周均能压实。

（2）塑料管道的施工安全　塑料管道粘接所使用的清洁剂和粘接剂等属易燃物品，其存放、使用过程中，必须远离火源、热源和电源，室内严禁明火。管道粘接场所，禁止明火和吸烟，通风必须良好。集中操作预制场所，还应设置排风设施。管道粘接时，操作人员宜站在上风处并应配带防护手套、防护眼镜和口罩等，避免皮肤与眼睛同粘接剂接触。冬季施工，应采取防寒防冻措施。操作场所应保持空气流通，不得密闭。粘接剂和清洁剂易挥发，装粘接剂和清洁剂的瓶盖应随用随开，不用时应立即盖紧，严禁非操作人员使用。

4．检查清堵装置安装

建筑物内排水管道的检查清堵装置主要有检查口和清扫口。检查口和清扫口的安装位置应符合设计要求，并应满足使用需要。

（1）检查口 立管检查口安装高度由地面至检查口中心一般为 1m，允许偏差 ±20mm，并应高于该层卫生器具上边缘 0.15m。安装检查口时其朝向应便于检修。暗装立管的检查口处，应设检修门。污水横管上安装检查口时应使盲板在排水管中心线以上部位。

（2）清扫口 清扫口是连接在污水横管上作清堵或检查用的装置。一般将清扫口安装在地面上，并使清扫口与地面相平，这种清扫口叫地面清扫口。地面清扫口距与管道相垂直的墙面不得小于 200mm；当污水管在楼板下悬吊敷设时，也可在污水管起点的管端设置堵头代替清扫口，堵头距与管道相垂直的墙面距离不得小于 400mm，如图 10-15 所示。

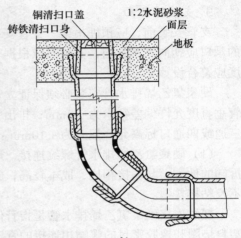

图 10-15 地面清扫口

5. 雨水管道安装

（1）雨水斗安装 雨水斗规格、型号及位置应符合设计要求，雨水斗与屋面连接处必须做好防水，如图 10-16 所示。

（2）悬吊管安装 悬吊管应沿墙、梁或柱悬吊安装，并应用管架固定牢，管架间距同排水管道。悬吊管敷设坡度应符合设计要求且不得小于 0.005。悬吊管长度超过 15m 应安装检查口，检查口间距不得大于 15～20m，位置宜靠近墙或柱。悬吊管与立管连接宜用两个 45°弯头或 90°斜三通。悬吊管

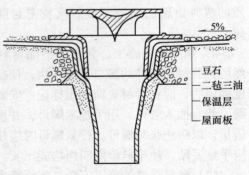

图 10-16 雨水斗安装

一般为明装，若暗装在吊顶、阁楼内时应有防结露措施。

（3）立管安装 立管常沿墙、柱明装或暗装于墙槽、管井中。立管上应安装检查口，检查口距地面高度应为 1.0m。立管下端宜用两个 45°弯头或大曲率半径的 90°弯头接入排出管。管架间距同排水立管。

（4）排出管安装 雨水排出管上不能有其他任何排水管接入，排出管穿越基础、地下室外墙应预留孔洞或防水套管，安装要求同生活排出管。埋地管的覆土厚度同生活排水管，敷设坡度应符合设计要求或有关规范的要求。

10.4　卫生设备施工

10.4.1　卫生器具的安装

　　卫生器具一般在土建内粉刷工作基本完工，建筑内部给水排水管道敷设完毕后进行安装，安装前应熟悉施工图和《国家建筑标准设计图集》（99S304）。做到所有卫生器具的安装尺寸符合国家标准及施工图的要求。

　　卫生器具的安装顺序为：首先是卫生器具排水管的安装，然后是卫生器具落位安装，最后是进水管和排水管与卫生器具的连接。

　　卫生器具的排水管管径选择和安装最小坡度，如设计无要求，应符合表10-5的规定。

表 10-5　连接卫生器具的排水管管径和最小坡度表

项　次	卫生器具名称	排水管管径/mm	管道的最小坡度
1	污水盆（池）	50	0.025
2	单双格洗涤盆（池）	50	0.025
3	洗脸盆、洗手盆	32 ~ 50	0.020
4	浴盆	50	0.020
5	淋浴器	50	0.020
6	大便器		
	高、低水箱	100	0.012
	自闭式冲洗阀	100	0.012
	拉管式冲洗阀	100	0.012
7	小便器		
	手动冲洗阀	40 ~ 50	0.020
	自动冲洗水箱	40 ~ 50	0.020
8	妇女卫生盆	40 ~ 50	0.020
9	饮水器	23 ~ 50	0.01 ~ 0.02

　　注：成组洗脸盆接至共用水封的排水管的坡度为 0.01。

　　卫生器具落位安装前，应根据卫生器具的位置，进行支、托架的安装。支、托架的安装宜采用膨胀螺栓或预埋螺栓固定。如用木螺钉固定，预埋的木砖采购作防腐处理（煤焦油浸泡）。支、托架的安装须平整、牢固，与卫生器具接触应紧密。

　　卫生器具的安装高度，如设计无要求，应符合表 10-6 规定。

表 10-6 卫生器具的安装高度表

序号	卫生器具名称		卫生器具安装高度/mm		备 注
			居住和公共建筑	幼儿园	
1	污水盆（池）	架空式	800	800	
		落地式	500	500	
2	洗涤盆（池）		800	800	
3	洗脸盆和洗手盆（有塞、无塞）		800	500	自地面至器具上边缘
4	盥洗槽		800	500	
5	浴盆		520	—	
6	蹲式大便器	高水箱	1800	1800	自台阶面至高水箱底
		低水箱	900	900	自台阶面至高水箱底
7	坐式大便器	高水箱			
		低水箱 外露排出管式	510	—	自地面至低水箱底
		虹吸喷射式	470	370	
8	小便器	立式	1000	—	自地面至上边缘
		挂式	600	450	自地面至下边缘
9	小便槽		200	150	自台阶至台阶面
10	大便槽冲洗水箱		≤2000	—	自台阶至水箱底
11	妇女卫生盆		360		自地面至器具上边缘
12	化验盆		800	—	自地面至器具下边缘

卫生器具安装位置应正确。允许偏差：单独器具 10mm；成排器具 5mm。卫生器具安装应平直，垂直度的允许偏差不得超过 3mm，水平度的偏差不得超过 2mm。

卫生器具的给水配件（龙头、阀门等）安装，如设计无高度要求时，应符合表 10-7 的规定。装配镀铬配件时，不得使用管钳，不得已时应在管钳上衬垫软布，方口配件应使用活扳手，以免镀铬层破坏，影响美观及使用寿命。

表 10-7 一般卫生器具给水配件的安装高度表

项次	卫生器具给水配件名称	给水配件中心距地面高度	冷热头龙头距离
1	架空式污水盆（池）水龙头	1000	—
2	落地式污水盆（池）水龙头	800	—
3	洗涤盆（池）水龙头	1000	150
4	住宅集中给水龙头	1000	
5	洗手盆水龙头	1000	

（续）

项次	卫生器具给水配件名称	给水配件中心距地面高度	冷热头龙头距离
	洗脸盆		
	水龙头（上配水）	1000	150
6	冷热水管上下并行其中热水龙头	1100	—
	水龙头（下配水）	800	150
	角阀（下配水）	450	—
7	盥洗槽水龙头	1000	150
	冷热水管上下并行其中热水龙头	1100	150
8	浴盆水龙头（上配水）	670	—
	冷热水管上下并行其中热水龙头	770	—
	淋浴器		
9	截止阀	1150	95（成品）
	莲蓬头下沿	2100	—
	蹲式大便器（从台阶面算起）		
	高水箱角阀及截止阀	2040	
	低水箱角阀	250	
10	手动式自闭冲洗阀	600	
	脚踏式自闭冲洗阀	150	
	拉管式冲洗阀（从地面算起）	1600	
	带防污助冲器阀门（从地面算起）	900	
	坐式大便器		
11	高水箱角阀及截止阀	2040	
	低水箱角阀	250	
12	大便槽冲洗水箱截止阀		
	从台阶面算起	≥2400	—
13	立式小便器角阀	1130	
14	挂式小便器角阀及截止阀	1050	
15	小便槽多孔冲洗管	1100	
16	化验室化验龙头	1000	
17	妇女卫生盆混合阀	360	
18	饮水器喷嘴嘴口	1000	—

注：装设在幼儿园内的洗手盆、洗脸盆和盥洗槽水龙头中心离地面安装高度，应减少为 700mm；其他卫生器具给水配件的安装高度，应按卫生器具的实际尺寸相应减少。

1．大便器的安装

大便器分为蹲式大便器和坐式大便器两种。

（1）蹲式大便器安装　蹲式大便器本身不带存水弯，安装时需另加存水弯。存水弯有 P 形和 S 形两种，P 形比 S 形的高度要低一些。所以，S 形仅用于底层，P 形既可用于底层又可用于楼层，这样可使支管（横管）的悬吊高度低一些。

蹲式大便器一般安装在地坪的台阶上，一个台阶高度为 200mm；最多为两个台阶，高度 400mm。住宅蹲式大便器一般安装在卫生间现浇楼板凹坑低于层高不少于 240m 内。这样，就省去了台阶，便于居民使用。

图 10-17 是高水箱蹲式大便器的安装图。蹲式大便器（高水箱）的安装顺序如下：

1）高水箱安装。先将水箱内的附件装配好，保证使用灵活。按水箱的位置，在墙上划出钻孔中心线，然后用膨胀螺栓加垫圈将水箱固定。

2）水箱浮球阀和冲洗管安装。将浮球阀加橡胶垫从水箱中穿出来，再加橡皮垫，用螺母紧固；然后将冲洗管加橡胶垫从水箱中穿出，再套上橡胶垫和铁制垫圈后用螺母紧固。注意用力适当，以免损坏水箱。

3）安装大便器。大便器出水口套进存水弯之前，必须先将麻丝白灰（或油灰）涂在大便器出水口外面及存水弯承口内，然后用水平尺找平摆正，待大便器稳装定位后，将手伸入大便区出水口内，把挤出的白灰（或油灰）抹光。

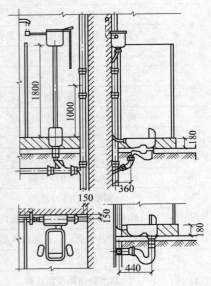

图 10-17　高水箱蹲式大便器安装

4）冲洗管安装。冲洗水管（一般为 $DN32mm$ 塑料管）与大便器进水口连接时，应涂上少许食用油，把胶皮碗套上，要套正套实，然后用 14 号铜丝分别绑扎两道，不许压结在一条线上，两道铜丝拧扣要错位 60°左右。

5）水箱进水管安装。将预制好的塑料管（或铜管）一端用锁母固定在角阀上，另一端套上锁母，管端缠聚四氟乙烯生料带或铅油麻丝后，用锁母锁在浮球阀上。

6）大便器的最后稳装。大便器稳装后，立即用砖垫牢固，再以 1:8 水泥焦渣或混凝土做底座。但胶皮碗周围应用干燥细砂填充，便于日后维修。最后配合土建单位在上面抹 10mm 厚的水泥粉面。

（2）坐式大便器安装．坐式大便器按冲洗方式，分为低水箱冲洗和延时自闭式冲洗阀冲洗；按低水箱所处的位置，坐便器又分为分体式和连体式两种。下面简述分体式低水箱坐便器的安装顺序。

1）低水箱安装。先在地面将水箱内的附件组装好；然后根据水箱的安装高度和水箱背部孔眼的实际尺寸，在墙上标出螺栓孔的位置，采用膨胀螺栓或预埋螺栓等方法将水箱固定在墙上。就位固定后的低水箱应横平竖直，稳固贴墙。

2）大便器稳定。大便器安装前，应先将大便器的排出口插入预先安装的 $DN100mm$ 污水管口内，再将大便器底座孔眼的位置用笔（石笔）在光地坪上标记，移开大便器用冲击电钻打孔（不打穿地坪），然后将大便器用膨胀螺栓固定。固定时，用力要均匀，防止瓷质便器底部破碎。

3）水箱与大便器连接管安装。水箱和大便器安装时，应保证水箱出水口和大便器进水口中心对正。连接管一般为 90°铜管或 90°塑料冲水管。安装时，先将水箱出水口与大便器进水口上的锁母卸下，然后在弯头两端缠生塑料带或铅油麻丝，一端插入低水箱出水口，另一端插入大便器进水口，将卸下的锁母分别锁紧两端，注意松紧要适度。

4）水箱进水管上角阀与水箱进水口处的连接常采用外包金属软管，能有效的满足角阀与低水箱管口不在同一垂直线上的安装。该软管两端为活接，安装十分方便。

5）大便器排出口安装。大便器排出口应与大便器稳装同步进行。其做法与蹲便器排出口安装相同，只是坐便器不须存水弯。

连体式大便器由于水箱与大便器连为一体，造型美观，整体性好，已成为当今高档坐便器主流。其安装比分体式大便器简单得多，仅需连接水箱进水管和大便器及稳装大便器即可。

此外，采用延时自闭式冲洗阀冲洗的坐便器及蹲便器具有所占空间小、美观、安装方便的特点，因而得到广泛的应用，其安装可参照设计施工图及产品使用说明进行。

2．洗脸盆安装

洗脸盆有三种形式：墙架式；立式（柱脚式）；台板式。墙架式洗脸盆（图10-18）是一种低档洗脸盆，其安装顺序如下：

1）托架安装。根据洗脸盆的位置和安装高度，划出托架在墙上固定的位置。冲击电钻打孔，采用膨胀螺栓或预埋螺栓将托架平直的固定在墙上。

2）进水管及水嘴安装。将脸盆稳装在托架上，脸盆上水嘴垫胶皮垫后穿入脸盆的进水孔，然后加垫并用根母紧固。水嘴安装时应注意热水嘴装在脸盆左边，冷水嘴装在右边，并保证水嘴位置端正、稳固。水嘴装好后，接着将角阀的入口端与预留的给水口相连接，另一端配短管（宜采用金属软管）与脸盆水嘴连

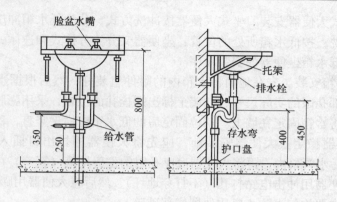

图 10-18　洗脸盆安装

接，并用锁母紧固。

3）出水口安装。将存水弯锁母卸开，上端套在缠铅油麻丝或生塑料带的排水栓上，下端套上护口盘插入预留的排水管管口内，然后把存水弯锁母加胶皮垫找正紧固，最后把存水弯下端与预留的排水管口间的缝隙用铅油麻丝或防水油膏塞紧，盖好护口盘。

立式及台式洗脸盆属中高档洗脸盆，其附件通常是镀铬件，安装时应注意不要损伤镀铬层。安装立式及台式洗脸盆可参见国标图及产品安装要求。也可参照墙架式洗脸盆安装顺序进行。

3. 浴盆安装

浴盆一般为长方形，也有方形的。长方形浴盆有带腿和不带腿之分。按配水附件的不同，浴盆可分为冷热水龙头、固定式淋浴器、混合龙头软管淋浴器、移动式软管淋浴器浴盆安装。

冷热水龙头浴盆是一种普通浴盆，如图 10-19 所示。其安装顺序如下：

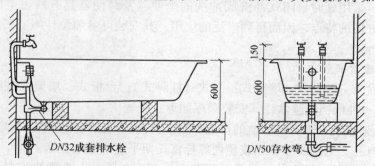

图 10-19　浴盆安装

1）浴盆稳装。浴盆安装应在土建粉刷完毕后才能进行。如浴盆带腿，应将腿上的螺钉卸下，将拨销母插入浴盆底槽内，把腿扣在浴盆上，带好螺母，拧紧找平，不得有松动现象。不带腿的浴盆底部平稳地搁在用水泥砖块砌成的两个墩上，从光地坪至浴盆上口边缘为 520mm，浴盆稍倾斜于排水口一侧，以利排水。浴盆四周用水平尺找正，不得歪斜。

2）配水龙头安装。配水龙头高于浴盆面 150mm 左右，两龙头中心距 15mm。

3）排水管路安装。排水管安装时先将溢水弯头、三通等组装好，准确地量好各段长度，再下料。排水管横管坡度为 0.02。先把浴盆排水栓涂上白灰或油灰，垫上胶皮垫圈，由盆底穿出，用根母锁紧，多余油灰抹平，再连上弯头、三通。溢水管的弯头也垫上胶皮圈，将花盖串在堵链的螺栓上，入弯头内，"一"字螺纹上面无松动即可。然后将溢水管插入三通内，用根母锁住。三通与存水弯连接处应配上一段短管，插入存水弯的承口内，缝隙用铅油麻丝或防水油膏填实抹平。

4）浴盆装饰。浴盆安装妥当后，用砖块沿盆边砌平并贴瓷砖，在安装浴盆溢排水的一端，池壁墙应开一个 300mm × 300mm 供维修使用的检查门。在最后铺瓷砖时，应注意浴盆边缘必须嵌进瓷砖 10 ~ 15mm，以免使用时渗水。

除以上介绍的几种卫生器具的安装外，还有大便槽、小便槽、小便器、洗涤盆、污水盆、化验盆、盥洗槽、淋浴器、妇女卫生盆及地漏等，施工时，可按设计要求及《国家建筑标准设计图集》（99S304）要求安装。

10.4.2　给水设备安装

室内给水常用设备有：水箱、气压罐、热交换器、水表等。

1. 水箱、水池的安装

高层建筑给水系统中，水箱是主要的给水设备。水箱按制作材料分有钢制水箱、钢筋混凝土水箱、塑料水箱、玻璃钢水箱等；按形状又可分为矩形、圆形和球形水箱。

钢制水箱制作方便，但不耐腐蚀，内外表面均应作防腐处理，其制作可参见《国家建筑标准设计图集》（02S101）进行。钢筋混凝土水箱经久耐用，维护方便，但自重大，属土建结构。塑料水箱和玻璃钢水箱重量轻、耐腐蚀，美观耐用，是水箱发展方向，一般为工厂化生产现场安装。

钢板水箱的安装通常采用工字钢或钢筋混凝土支墩支撑。为防止水箱底与支撑接触面的腐蚀，中间要垫石棉橡胶板等绝缘材料。水箱底应有不小于 400mm 的净空，以便管道安装和检修。钢筋混凝土水箱常为现浇结构，可直接设置在楼板或屋面上。塑料水箱和玻璃钢水箱可根据产品安装要求，设置在型钢或混凝土支墩上。

水箱的配管包括进水管、出水管、溢流管、泄水（排污）管及自动控制装置等。进水管上宜采用液压控制阀或自动控制阀。水箱上配管可按标准图集及产品安装要求安装。

钢筋混凝土水箱配管宜采取预埋防水套管或直接预埋管道的方法施工，应十分注意作好水箱的防水处理，渗漏将影响正常使用。

2. 气压给水装置的安装

气压给水装置的作用相当于高位水箱或水塔。具有一次性投资省、施工安装期短、机动性、管理方便及供水安全可靠的优点，但也存在水泵、空压机起动频繁，机械磨损快、运行费用高的缺点。气压给水装置适用于不宜设置水塔、水箱（如隐蔽的国防工程、地震区的建筑及艺术性要求较高的建筑）以及需要局部进行加压的给水系统，如高层建筑消防等。

气压给水装置主要包括气压罐和水泵。气压罐一般为钢板制作，工厂化生产，其安装类似于水泵安装。气压罐安装基础为现浇混凝土，常采取二次灌浆法施工。

气压给水装置的安装顺序是：先安装气压罐、水泵，然后安装管路系统，最后进行试运行。

10.5 高层建筑给水排水系统施工

我国将 10 层及 10 层以上的居住建筑或建筑高度超过 24m 的其他民用建筑称为高层建筑。高层建筑给水排水管道工程与一般多层和低层建筑给水排水管道工程相比，虽然施工方法等某些方面是相同的，但由于高层建筑层数多，建筑高度大，建筑功能广，建筑结构复杂，以及所受外界条件影响，高层建筑给水排水管道工程安装具有独特性，概括如下：

1）高层建筑层数多，高度大，给水排水管路系统中静水压力很大，必须进行合理的竖向分区。要求管材及配件强度高，而且需增设加压设备（如水泵等）。

2）高层建筑给水排水设备使用人数多，瞬时给水流量和排水量大，如发生停水、漏水和排水管道堵塞，影响范围大，因此，对高层建筑管道安装提出了更高要求。

3）高层建筑的功能复杂，失火可能性大；火灾蔓延迅速，疏散扑救困难，失火后后果严重，故对消防给水有很严格要求，除一般的消火栓系统外，普遍设置自动喷水灭火系统、水幕系统以及气体消防系统，如二氧化碳灭火系统等。

4）高层建筑对防噪声、防震等要求高，因此对设备的安装、管道支架、管材、管道接口等要求十分严格。

10.5.1 管道的暗装及预制

高层建筑给水排水设备标准高，卫生器具及管道材料品种规格多，施工工作量大，施工难度大，因此要求管道施工有别于一般多层建筑，简述如下。

1. 管井内管道安装

高层建筑中，给水排水管道数量多，而且较长。管道中有生活水管、消防给水管、废水排水管、污水排水管、通气管、雨水管、热水管、回水管和中水道管等，再加上供热制冷管道等，总计有十多种。这些管道的立管，普遍采用管井内敷设，各种立管依靠托架、支架、管卡被竖向固定在管井内，并且每层与支管（横管）相接。由于高层建筑的管道种类较多，各种立管分出的支管数量多，管井的断面必须保证管道的安装和维修工作方便。断面尺寸不小于 800mm × 1000mm。管井内应待管道安装完毕后，用楼板封闭作为检修平台，并在走廊上设检修门，供维修人员进出管井维修之用。

管井内管道安装施工，各种管道系统自下而上按顺序安装，必须注意立管上分支管（甩口）的高度、方向应准确，以利于支管的连接。各种管道的安装顺序为先大后小如果发生安装矛盾，通常小管让大管、压力管让重力流管，即先装污水（废）水及雨水管，后安装给水、热水等管道。

由于管井内空间有限，且为高空作业，施工时必须在管井内搭设临时安装平台，以利于安装。并且应解决好立管安装管道的垂直吊装问题。

管道井内管道安装光线较暗，应配置安全照明灯具，还应设置必要的安全网、护栏、告示牌等安全装置，杜绝人员伤亡事故。

2. 设备层、吊顶内管道安装

高层建筑内设备数量较多，支管种类不少，为了集中装置水泵、水箱、给水排水等设备及管道，在高层建筑内每隔数十层（分区）设置设备层。其层高一般比标准层低，但要保证安装和维修便利的必要高度。除设备层布置各种横、支管外，连接在立管上的支管通常设置在吊顶、墙槽内、以求美观。

3. 管道预制、现场装配

高层建筑层数多，管道安装工程工作量大，而各房间卫生器具的布置和管道的管材、管径、接口方式、走向等基本一致，为加快施工进度，确保工程质量，高层建筑的管道一般都是在预制场加工，在现场装配的。预制场地可选择施工现场的临时设施（工棚），也可选择建筑物底层或地下室。在预制加工场内通常应配备切管机、弯管机、套丝机、翻边机、各类焊接设备、除锈喷漆机、试压泵等。预制场地也是各种管材及配件的临时堆放场地。预制场地要有临时照明、通风设施，应统一规划，便于材料进出及管道预制加工。

管道预制加工的范围包括：管井内各种立管，吊顶、墙槽内各类干管及支管，标准层卫生间、厨房的配管，设备层泵、水箱等设备的配管等。

管道预制加工前，必须深入现场实测以取得实际安装尺寸，然后绘制管道加工图，据此进行管道预制加工。预制立管和干管的长度应考虑到安装方便。卫生间、厨房内卫生设备及其配管的安装尺寸一定要准确。通常可在标准层先安装一个样板间，并以次作为配管预制、安装施工的标准，以加快工程进度和确保工程质量。

近年来，我国的高层建筑发展很快，设计趋向定型化、标准化，大型砌块、大型板壁、预制空心楼板等不断出现，使得建筑给水排水管道工程向装配式方向发展，突出表现在下面几个方面：

1）盒子（匣子）卫生间，即整个卫生间的卫生器具、管道及其附属设施安装于布置合理的卫生间内。卫生间的壁板采用塑料板、石膏板、石棉板等轻质材质制成，以减轻吊装重量。盒子卫生间在构件厂中预制，用车辆运抵现场吊装。

2）管道砌块，即将管道设置于混凝土砌块中，供工地装配之用。

3）管道壁板，即将管道装设于混凝土壁板中，供在现场连接支（横）管用。管道砌块和管道壁板均在构件厂中预制。

4）装配式管道安装。将楼层、管井内给水排水立管、支管在管道制造厂预制装配好，用车辆运到施工现场进行装配。

建筑给水排水管道工程的装配式施工，在发达国家应用较广，我国正处于试验、推广之中。

10.5.2 给水系统安装

高层建筑给水采取分区供水方式。竖向分区应根据使用要求、材料设备性能、维修管理等条件，合理确定分区水压。住宅、旅馆、医院一般为 0.3 ~ 0.35MPa；办公楼一般为 0.35 ~ 0.45MPa。高层建筑给水排水在竖向分区时，为了节约能源和投资，首先要考虑充分利用室外给水管网的压力，尽可能多的向下面几层供水。竖向分区给水方式主要有减压给水方式、并联给水方式及串联给水方式三种。不管采取哪一种给水方式，都需要设置水泵、水箱等设备。

高层建筑由于用水量大，通常需要设置水池。水池为钢筋混凝土结构。水池的进水管即高层建筑的进户管通常选择给水铸铁管，油麻-石棉水泥接口或油麻-膨胀水泥接口。高层建筑底下几层为市政管网直接给水方式，其安装与低层或多层建筑给水系统相同。

高层建筑给水系统安装，一般可先预埋水池进水管及进户管，然后安装水泵、气压罐等设备，再安装立管、支管，最后安装卫生器具。

高层建筑给水用管材一般立管、干管管径 $DN \leqslant 100mm$ 时采取镀锌钢管，螺纹连接；当管径 $DN > 100mm$ 时，可采取无缝钢管经镀锌后法兰连接。支管（横管）可采用给水塑料管，其连接方式采用卡套式或扣压式接口以及粘接；铜管钎焊连接；镀锌钢管螺纹连接。

立管安装在管道井里，安装一般采用预制方法。安装立管时，每层都应设管道支架。管道支架用各种型钢（槽钢、角钢等）制作，应牢固可靠，以防止管道下沉和脱位。高层建筑的给水水平干管均敷设在设备层（技术层）或吊顶内。吊顶的高度一般为 $0.6 \sim 0.8m$。安装时，应采取支架、吊架或托架固定牢靠，应注意技术层及吊顶内各种管线的综合，宜共用托架、支架。吊顶内的管道经试压后，吊顶方能进行装饰。

支管（横管）的安装与低层和多层建筑安装方法类似，但安装方式为暗装于吊顶内或墙槽内。

10.5.3　热水系统安装

高层建筑热水系统的分区，应与给水系统分区一致。各分压的水加热器、储水器的进水，均应由同区的给水系统供应。

热水系统主要由加热器与储存设备、管路系统等组成。加热及储水设备有锅炉、水加热器、膨胀水箱等。安装时，可根据设计要求及有关施工验收规范进行。热水管系统所用管材有镀锌钢管、铜管和不锈钢管等，镀锌钢管用于热水系统中，易腐蚀，产生"锈水"，污染卫生器具。因此，建筑标准要求高的宾馆楼宇热水供给管网中，通常采用 PPR 管、热镀锌钢管、铜管等耐热、耐腐蚀的管材。

在管道及管件的安装过程中，许多安装工艺和要求与镀锌钢管的安装相类似，如管道的预制、管道检查、管道埋地要求等。

1. 热膨胀及伸缩节设置

热水管管网的膨胀量大，因管道本身抵抗热膨胀力不足时，管道会产生相应的膨胀破坏，因此，应根据计算，每隔一定的距离设置管道伸缩节，保证管道在热状态下的稳定和安全工作。在管道安装时，应根据设计要求，尽可能利用管道弯曲的自然补偿作用，当管内热水温度不超过 $80℃$ 时，如管线不长且支吊架点配置合理时，管道长度的热膨胀量可由自身的弹性给予补偿而不必设伸缩节。

管网的热膨胀量计算公式为

$$\Delta l = \xi \Delta t L \tag{10-1}$$

式中　Δl ——热膨胀量（mm）；

ξ ——管线的膨胀系数（mm/（m·℃））；

Δt ——铜管的增温值（℃）；

L ——管段长度（m）。

2．管道支架、吊架

铜管的安装仍然需要采用支架、吊架固定。铜管的支架、吊架的最大允许间距主要考虑铜管在受垂直荷载下，仍应满足其强度和刚度计算要求。在强度方面，要求铜管管道在自重、热水负荷等荷载下，产生的弯曲应力和轴向拉力不得超过管材拉伸时的允许应力。显然，间距越大，应力也越大，当超过一定数值时，管材会被拉坏。在刚度方面，要求在自重、热水负荷下载荷下，产生的应力变形不得超过允许的数值。过大的变形会造成管道"塌腰"现象，从而影响管道的坡度和坡向。铜管采取承插口焊接连接时，支架、吊架最大允许间距见表10-8。较小管径铜管的安装，宜采用导向槽，采用支架、吊架是不经济的。

表 10-8 支架、吊架的最大允许间距

公称通径 /mm	外径×壁厚 /mm	铜管质量 /kg	充满水时单位长度质量/（kg/m）	最大允许间距/m		
				按强度条件	按刚度条件	推荐值
15	19×1.5	0.73	0.936	2.70	2.26	2.3
20	22×1.5	0.861	0.144	2.90	2.48	2.5
25	28×1.5	1.113	1.604	3.18	2.87	2.9
32	35×1.5	1.4	2.204	3.50	3.29	3.3
40	44×2	2.350	3.600	4.00	3.9	3.9
50	55×2	2.960	5.00	4.10	4.24	4.1
65	70×2.5	4.720	8.037	4.65	5	4.7
80	85×2.5	5.770	10.790	5.03	5.65	5
100	105×2.5	7.170	12.199	5.87	6.69	5.7
125	133×2.5	9.140	22.000	5.67	7.08	5.9
150	159×3	13.12	31.500	6.22	7.97	6.3
200	219×4	24.08	59.000	7.30	9.92	7.3

当有波纹管伸缩节时，导向支架的间距计算与一般的支架、吊架间距设置有所不同，这时管网固定支架承受较大的载荷，容易引起管道失稳，因此必须减小导向支架之间的间距，防止管道变形损坏。

3．管道安装

管道安装顺序为：干管→立管→支管（横管）。不同管材的管道连接方法不尽相同，分别为：铜管采取承插焊接；PPR 管采取承插热熔连接；热镀锌钢管采取螺纹连接。

（1）干管安装 高层建筑铜管安装一般为暗装。干管一般设在设备层（技术层）、地沟或吊顶内。安装在设备层或吊顶内的干管应先确定干管的标高、位置、坡度等，按照固定支架、吊架的最大允许间距安装支架或吊架。管道的下料长度及连接前的准备工作一般在加工现场完成。管与管件的组装尽可能在加工现场或施工现场地面先连接好，组装长度以吊架及连接方便为宜。管道起吊时，应轻轻落在支架上，用支吊架上的管卡固定牢靠防止滚落。用法兰连接的管，起吊后，应用螺栓固定。干管安装后，还要校直，并保证不小于 0.003 的坡度坡向泄水装置。

（2）立管安装　高层建筑立管通常敷设在管道井内。承插口连接的管道占用空间较小，可先安装直径较大的管道，如排水管，后安装热水管。每一段管道与管件的安装长度要与楼层标高相适应，一般采取现场测长，管道预制编号，一定长度现场连接组装的方法。预制连接时，应注意三通、四通口的标高、方向正确。热水供应立管必须设波纹膨胀节，以补偿管道的热伸长量。波纹管膨胀节应设置在楼板附近，如图 10-20 所示。

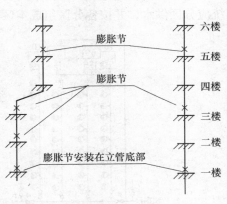

图 10-20　膨胀节的固定示意图

（3）支管（横管）安装　高层建筑横管通常敷设在吊顶或墙槽内。一般采取预制组装好，然后现场连接并固定。支管的安装必须在卫生器具安装定位后才能进行。安装方法与干管相同。

热水供应管道穿过墙、穿过楼板时，应设钢套管，并在管道与套管之间设置柔性材料（如毛毡），柔性材料应填实。

设于室外、管井、吊顶、管沟、管廊等处的热水供应管道必须保温，保温材料及施工方法见第 13 章有关内容。进户埋墙或埋地的热水供应管道无须保温。

10.5.4　消防给水系统安装

高层建筑面积较大，房间多，内部功能复杂，来往人员频繁，这给控制火灾造成一定困难。建筑物内有楼梯井、电梯井、管道井、电缆井、垃圾井及通风空调管道等，一旦发生火灾，这些竖井和管道成为火势迅速蔓延的途径。由于高层建筑高度远远超过消防车直接扑灭火灾的最大建筑高度（垂直高度 24m），这就只能立足于室内自救，因此，高层建筑消防给水施工应保证质量，以满足室内自救这一要求。

高层建筑常用的消防系统有：消火栓给水系统、自动喷水灭火系统、水幕消防系统及气体灭火系统。

1. 消火栓给水系统

建筑高度不超过 50m 或消防水压头不超过 80m 的高层建筑，消防给水管网不进行分区，整个建筑物组成一个消防给水系统，发生火灾时，通过高压消防泵或消防车水泵向系统供水灭火，如图 10-21a 所示。为便于灭火时进行水枪操作，在消防立管下部动水压头超过 50m 的消火栓处，需增设减压设施，如设减压孔板。

当建筑高度超过 50m 或消防水压头超过 80m 的高层建筑，室内消防给水系统应分区供水，并按各分区组成本区独立的消防给水系统，如图 10-21b 所示。

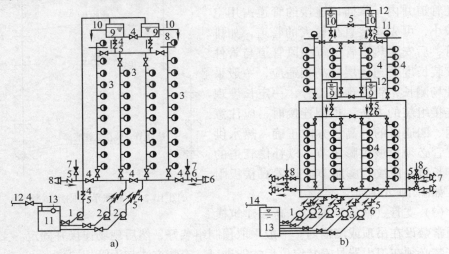

图 10-21　消防给水系统

a) 一次给水消防系统

1—生活、生产水泵　2—消防水泵　3—消火栓和水泵远距离起动按钮　4—阀门

5—止回阀　6—水泵接合器　7—安全阀　8—屋顶消火栓　9—高位水箱

10—至生活、生产管网　11—储水池

12—来自城市管网　13—浮球阀

b) 分区给水消防系统

1—生活、生产水泵　2—二区消防泵　3——区消防泵　4—消火栓及远距离启动水泵按钮

5—阀门　6—止回阀　7—水泵接合器　8—安全阀　9——区水箱　10—二区水箱

11—屋顶消火栓　12—至生活、生产管网　13—水池　14—来自城市管网

室内消防给水系统必须与生活、生产给水体统分开设置，自成一个独立系统。消防给水管道在平面和立面上布置成环状，环状管网的进水管不应少于两条，并宜从建筑物的不同方向接入。消防立管直径应按其设计计算确定，但不得小于 DN100mm。消防立管安装间距最大不宜大于 30m。为了保证灭火时供水安全，在消防给水管网上设置一定数量的阀门，阀门布置原则应保证管道检修时关闭的立管不超过一条，一般在分水点处以管道数 $n-1$ 的原则设置。消火栓布置原则与多层建筑相同。消火栓口径应为 65mm，配备的水带长度不超过 25m，水

枪喷嘴口径不小于 19mm。

为保证及时起动消防水泵，每个消火栓处均应设置消防水泵按钮。在屋顶应设检查用消火栓及压力表，供平时检查系统供水能力之用。

目前在高级宾馆、一类建筑商业楼、展览馆、综合楼等防火等级为中等危险级 I 及以上的高层建筑中，应设置消防卷盘，与消火栓配合使用，如图 10-22 所示。消防卷盘的栓口直径宜为 25mm，配备的胶带内径不小于 19mm，水枪喷嘴口径不小于 6mm，消防卷盘的间距应保证有一股水流能达到室内地面任何部位。消防卷盘卷在金属圆盘上，圆盘固定在箱内的轴上，可以旋转从箱中拉出，使用比较灵活方便。

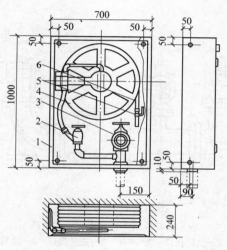

图 10-22　自救式小口径消火栓

1—消火栓箱　2—SNA25 消火栓　3—SN65 消火栓

4—卷盘　5—小口径水枪　6—输水软管

高层建筑消防给水系统均应设置水泵接合器，以便消防车水泵向系统供水。水泵接合器应设置在消防车使用方便的地点，其周围 15～40m 内应设有室外消火栓或消防水池，以供消防车抽水之用。水泵接合器有墙壁式、地上式和地下式三种，如图 10-23 所示。水泵接合器与室内管网连接管上应设阀门、止回阀和安全阀。

高层建筑消防给水必须设消防水泵或者气压罐。泵站内设有两台或两台以上消防泵时，每台泵应单独与管网连接，不允许将消防泵共用一条总出水管，然后再与室内管网连接。

2. 气体灭火系统

在计算机房、配电间等不能采取以水为介质灭火的系统时，可选择 CO_2，卤代烷 1211、1301 等气体灭火系统。

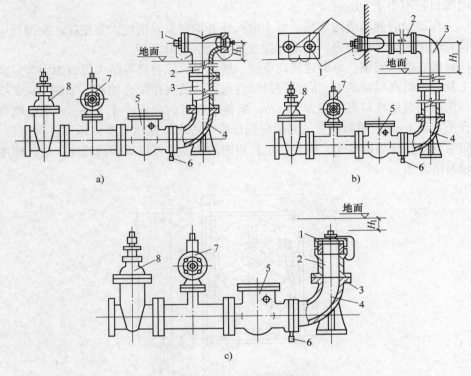

图 10-23 水泵接合器
a) 地上式 b) 墙壁式 c) 地下式
1—消防接口 2—本体 3—法兰接口 4—弯管
5—止回阀 6—泄水阀 7—安全阀 8—闸阀

10.5.5 排水系统安装

1. 排水系统的形式

高层建筑排水，按其性质可分为生活污水和室内雨水两大类。生活污水一般又分为粪便污水和洗涤废水两种。高层建筑生活污水和室内雨水应分别设置排水系统。生活污水排水系统按排水方式分为分流制和合流制两类系统。分流制就是粪便污水与洗涤废水分别设置管道排出；合流制是使粪便污水与洗涤废水合流通过同一根立管排出。为节约用水，我国不少城市对高层建筑要求设置中水道，而洗涤废水是中水处理的主要水源。因此，高层建筑通常采取分流制。只有在层数少、立管负荷不大的高层建筑，如住宅、办公楼才考虑采用合流制排水系统。

按系统组成特点，生活污水排水系统分为普通排水系统和新型排水系统（特殊单立管排水系统）两类。普通排水系统由管道组成排水和通气系统，它又包括二管制和三管制两种。二管制是由一根污（废）水管与一根专用通气管组成的排水系统；三管制是由一根粪便污水立管、一根洗涤废水立管与一根专用通气管组成的排水系统。当前国内外高级旅馆、饭店大多采用三管制排水系统。新型排水系统是取消专门通气管系的单立管系统，即由一根污（废）水立管与节点组合配件组成的单立管排水系统。

2. 新型排水系统（特殊单立管排水系统）

各种类型特制配件的单立管系统统称为新型排水系统。它在欧美、日本已应用近四十年，国内在 20 世纪 70 年代引进后，相继在北京、长沙、天津等城市的部分高层建筑中采用。我国于 1992 年开始编制《特殊单立管排水系统设计规程》以指导工程设计，1996 年 5 月经中国工程建设标准化协会批准正式出版发行，为新型排水系统的推广使用奠定了基础。新型排水系统主要有三种形式：

1）苏维脱排水系统。它采用一种叫做混合器的配件代替排水三通，在立管底部设置气体分离接头配件代替排水弯头，从而可取消通气立管。苏维脱排水系统的优点是能减小立管内部气压波动，降低管内正负压绝对值，保证排水系统工况良好。

2）空气芯水膜旋流立管系统。这种系统也有两个特殊配件，一是旋流接头配件，二是旋流式 45°弯头。

3）高奇马排水系统，即在各楼层横支管与立管连接处设高奇马接头配件，在排水立管底部设高奇马角笛形弯头。

新型排水系统由于采用了特殊配件，取消了通气立管，因此能在保证排水系统中良好的水力工况的前提下，简化排水管道系统，节省造价，因此，很值得在多层或高层建筑排水系统中推广应用。

3. 排水系统的安装特点及其要求

高层建筑排水立管长，流量大，流速高，因此要求管道安装要牢固，防止管道漏水、位移和下沉。高层建筑排水管道的布置与安装与多层建筑基本相同，通常不分区设置，立管自底层至最高层贯穿敷设。管道材料强度要求高，一般采用排水铸铁管或硬聚氯乙烯排水管。

（1）排水铸铁管安装　排水铸铁防火性能好、承压高、水流噪声低、接口不易渗漏、耐温、对管道敷设的环境条件要求宽松、使用寿命长。在对高层建筑排水管道要求有曲挠、抗震、快速施工等方面，排水铸铁管有一定的优势。

排水铸铁管采用石棉水泥接口，但在最下面几层的转弯处和受压处应采用青铅接口。排水立管设在管道井内，由于立管长、重量大，应设置牢固的支架、托架，使上部管道的重量通过支架、托架由墙体或楼板承受。立管与出户管的连接底部若埋地敷设，应设混凝土支墩，防止立管下沉。排水横支管一般安装在吊顶或管槽内。

高层建筑一般都建有地下室，有的深入地面下 2~3 层或更深，地下室的污水常不能以重力流排除。因此，污水集中于污水池，然后用污水泵将污水抽升至室外排水管道中。污水泵应采取自动控制，保证排水安全。

排水铸铁管在下列情况下不能采取石棉水泥接口，而应采取柔性接口：①高耸构筑物（如电视塔）和建筑高度超过100m的超高层建筑物；②在地震设防在8度地区，排水立管高度在50m以上时，则应在立管上每隔两层设置柔性接口；在地震设防9度的地区，立管和横管均应设置柔性接口。

高层建筑通常选用柔性抗震排水铸铁管，而较少采用普通排水铸铁管。我国柔性抗震排水铸铁管柔性接口方法主要有以下几种：RK、RP、ZPR型柔性接口。

1）RK型柔性接口安装。RK型柔性接口的构造如图10-24所示。图中1为承插式排水铸铁管的承口；5为插口；采用了橡胶圈3密封；2为法兰压盖，既有防止橡胶圈脱落的功能，又有加强密封的作用。压盖和承口的法兰用螺栓4紧固。RK型柔性抗震接头排水铸铁管及管件能适应较大的轴向位移和横向曲挠，密封抗震性能优良，施工简便。该管道及管件适用于高层建筑及超高层建筑的室内和直埋式排水管道，对地震区尤为合适。

2）RP型柔性接口安装。RP型柔性接口用于平口接平口排水铸铁管及管件。其构造如图10-25所示。图中1和2为平口排水铸铁管；3为橡胶圈包在直管外；4为抱箍或半法兰，兼有保护橡胶圈和箍紧橡胶圈保证密封性能的双重功能。平口柔性接口的可曲挠性能和抗震性能与承插口柔性接口相同，其主要优点为可快速施工，提高管材利用率，拆卸方便。

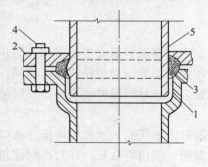

图 10-24　RK 型柔性接口
1—承口　2—法兰压盖
3—橡胶圈　4—螺栓　5—插口

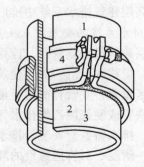

图 10-25　RP 型柔性接口
1、2—平口排水铸铁管
3—橡胶圈　4—抱箍

3）ZPR型柔性接口安装。一般承插口柔性接口，管道在垂直安装时，上部管道的重量通过支架由墙体承受，但当支架设置不当时，其重量仍有可能由下部管道承受，这在一定程度上影响可曲挠性能的发挥。ZPR型承插式柔性接头，正是按这种构思生产的一种产品，分A、B、C三种形式。A型无支架，按工程需要加包箍支架固定墙体安装；B 型在承口端带有支架，可根据螺栓孔位置安装；C 型用于墙角管道安装。ZPR 排水铸铁管承插式柔性接头的构造由专用承插管和伸缩管两个部分组成。接口安装方法为：每 2～5 根管子，装 1 个专用柔性接头，是管道具有可曲挠和伸缩功能，曲挠度为 ±5°，伸缩距离 ±20mm，动态耐水压 0.1MPa；静态耐水压 1.47MPa，专用承插管和伸缩器配套使用，其与普通排水铸铁管的连接仍采取石棉水泥接口。

（2）硬聚氯乙烯（UPVC）排水管安装　硬聚氯乙烯排水管由于耐腐蚀、重量轻、安装施工方便等优点，逐渐取代了传统的排水铸铁管。但它主要应用于 7～8 层以下的民用建筑，在高层建筑排水系统中使用还不多。

硬聚氯乙烯塑料管用于高层建筑排水系统，应解决好以下主要技术问题：

1）管道的支架。高层建筑立管通常敷设在管井内，由于立管高度大，每层都设一个牢固的固定支架和两个滑动支架（多层建筑只需一个滑动支架）。立管的底部弯头处受压力较大，应设牢固的混凝土支墩。立管在管井中的布置尽量靠近端部，以便于固定，如图 10-26 所示。悬吊管承接立管处也应做牢固的附加固定支架，如图 10-27 所示。

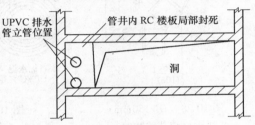

图 10-26　UPVC 排水立管在管井中的布置

2）立管消能。由于硬聚氯乙烯排水管内壁光滑，排水速度快，为减少立管内水流冲击力，保护卫生器具的水封，可采取图 10-28 所示消能装置。这种消能装置按通用管件组合，施工安装方便、价格低，每隔六层可设一组，支架固定消能效率可达 42%～53%。

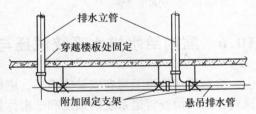

图 10-27　悬吊排水管承接立管处的附加固定架

3）管件的质量要求。由于硬聚氯乙烯排水管采用双螺杆挤压成型，管件采用注塑成型，因此这种管件的耐压能力低于管材。在高层建筑排水系统中，应采用玻璃钢增强复合管件或立管底部等关键管件处用环氧树脂玻璃钢五层作法进行处理。

4）提高管道的防火性能。因硬聚氯乙烯排水管的防火性能低于排水铸铁管，所以安装在高层建筑管井内的硬聚氯乙烯排水管具备阻燃防火性能，而且要求管井中每三层有一层楼板必须封死，避免火势沿管井向上蔓延。为提高硬聚氯乙烯排水管的防火性能，国外普遍采用图 10-29 所示的加强型二层硬聚氯乙烯排水管

（现国内已有生产），较好的解决了火灾时出现孔洞的隐患，还可降低管内的水流噪声。

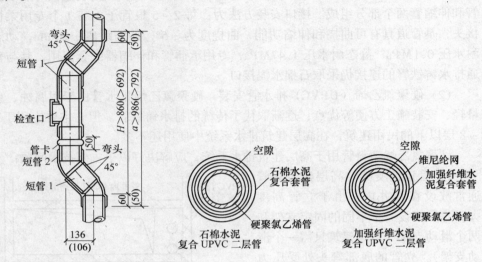

图 10-28　DN150mm
排水立管消能装置
注：括号内尺寸适用于
DN100mm 的排水支管

图 10-29　加强型硬质聚氯乙烯排水管

10.6　室内给水排水系统试压与验收

给水排水管道工程在安装完毕后，应根据设计要求和施工验收规范进行质量检查，以便检查管道系统的强度和严密性是否达到设计要求。给水管道一般进行水压试验、排水管道进行闭水（灌水）试验。

10.6.1　给水系统试压

建筑内部给水系统须通过水压试验对管道及其接口的强度和严密性进行检验。建筑内部暗装、埋地给水管道必须在工程隐蔽之前进行水压试验，试验合格监理方签字认证后方可将管道覆土或封闭。

给水试验前的准备工作如下：

（1）试压设备与装置　水压试验设备按所需动力装置分为手摇式试压泵与电动试压泵两种。给水系统较小或局部给水管道试压，通常选择手摇式试压泵；给水系统较大，通常选择电动试压泵。水压试验采用的压力表必须校验准确；阀门要起闭灵活，严密性好；保证有可靠的水源。

　　试验前，应将给水系统上各放水处（即连接水龙头、卫生器具上的配水点）采取临时封堵措施，系统上的进户管上的阀门应关闭，各立管、支管上阀门打开。在系统上的最高点装设排气阀（自动排气阀或手动排气阀），以便试压充水时排气。在系统的最低点设泄水阀，当试验结束后，便于泄空系统中水。

　　给水管道试压前，管道接口不得油漆和保温，以便进行外观检查。

　　给水管道试压装置如图 10-30 所示。

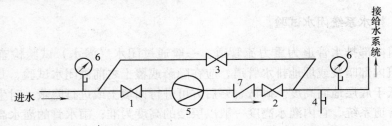

图 10-30　水压试验装置示意图
1—试压泵进水阀　2—试压泵出水阀　3—旁通阀
4—泄水阀　5—试压泵　6—压力表　7—单向阀

　　（2）水压试验压力　建筑内部给水管道系统水压试验压力如设计无规定，按以下规定执行。给水管道试验压力不应小于 0.6MPa。生活饮用水和生产、消防合用的管道，试验压力应为工作压力的 1.5 倍，但不得小于 0.6MPa。对使用消防水泵的给水系统，以消防泵的最大工作压力作为试验压力。

　　（3）水压试验的方法及步骤　对于多层建筑给水系统只进行一次试验；对于高层建筑给水系统，一般按分区、分系统进行水压试验。水压试验应有施工单位质量检查人员或技术人员、监理方、建设单位现场代表及有关人员到场，做好水压试验的详细记录，各方面负责人签章，并作为竣工验收技术资料存档。

　　水压试验的步骤如下：

　　1）将水压试验装置进水管接在自来水管（也可设置水箱或临时水池）上，出水管接入给水系统上（图 10-30）。试压泵、阀门等附件宜用活接头或法兰连接，便于拆卸。

　　2）将阀门 1、2、4 关闭，打开阀门 3 和室内给水系统最高点排气阀，试压泵前后的压力表阀也要打开。当排气阀身外冒水时，立即关闭。然后关闭旁通阀 3。

　　3）开启试压泵的进出水阀 1、2，起动试压泵向给水系统加压。加压泵加压应分阶段使压力升高，每达到一个分压阶段，应停止加压对管道进行检查，无问题时才能继续加压，一般应分 2～3 次使压力升至试验压力。

　　4）金属管道系统将压力升至试验压力后，停止加压，在试验压力下观测 10min，压力降不得大于 0.02MPa，然后降至工作压力进行检查，应不渗不漏。塑料管给水系统应在试验压力下稳压 1h，压力降不得超过 0.05MPa，然后在工

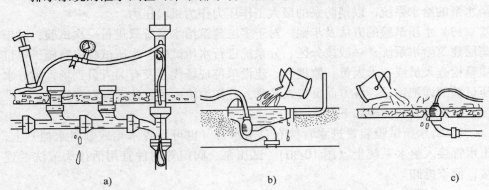

作压力的 1.15 倍状态下稳压 2h,压力降不得超过 0.03MPa,同时检查各连接处不得渗漏。通过以上检验视为合格。

5) 试压过程中,发现接口渗漏、管道砂眼、阀门等附件漏水等问题,应做好标记,将系统水泄空,进行维修后再次试压,直至合格。

6) 试压合格后,应将进水管与试压装置断开。开启放水阀 4,将系统中的水放空,并拆除试压装置。

10.6.2 排水系统闭水试验

建筑内部排水管道为重力流管道,一般通过闭水(灌水)试验检查其严密性。建筑内部暗装或埋地排水管道,应在隐蔽或覆土之前做闭水试验,其灌水高度应不低于底层地面高度。确认合格后方可进行回填土或进行隐蔽。对生活和生产排水管道系统,管内灌水高度一般以层楼的高度为准;雨水管的灌水高度必须到每根立管最上部的雨水斗。

灌水试验先将封闭管段灌满水 15min 后液面会有所下降,再灌满延续 5min,观察管道各接口处不得有渗漏现象,且液面不再下降视为合格。

灌水试验时,除检查管道及其接口有无渗漏现象外,还应检查是否有堵塞现象,即通水试验。

排水系统的灌水试验可采取排水管试漏胶囊,其试验方法如图 10-31 所示。

图 10-31 排水管灌水试验方法

a) 管道砂眼或接口漏水检查 b) 大便器胶皮碗试漏 c) 地漏与楼板封堵严密性试验

试验方法如下:

1) 立管和支管(横管)砂眼或接口试漏。先将试漏胶囊从立管检查口处放至立管适当部位,然后用打气筒充气,从支管口灌水,如管道有砂眼或接口不良渗漏即可暴露。

2) 大便器胶皮碗试验。胶囊在大便器下水口充气后,通过灌水试验如胶皮碗绑扎不严，水在接口处渗漏。

3）地漏、立管穿楼板试漏。打开地漏盖，胶囊在地漏内充气后可在地面做泼水试验，如地漏或立管封堵不好，即向下层渗漏。

整个闭水试验过程中，各有关方面负责人必须到现场，做好记录和签证，并作为工程竣工技术资料归档。

10.6.3　建筑给水排水工程竣工验收

1．给排水管道质量检查的主要内容

建筑给水排水系统除根据外观检查、水压试验及闭水（灌水）试验的结果进行验收外，还须对工程质量进行检查。

对给水管道工程质量检查的主要内容为：

1）管道的平面位置、标高和坡度是否符合设计要求。

2）管道、支架和卫生器具安装是否牢固。

3）管道、阀件、水泵、水表等安装是否正确及有无渗漏现象。

对排水管道工程质量检查的主要内容为

1）管道的平面位置、标高、坡度、管材、管径是否达到设计要求。

2）立管、干管、支管及卫生器具位置是否正确，安装是否牢固。各接口是否美观整洁。

3）排水系统按给水系统的 1/3 配水点同时开放，检查各排水点是否畅通，接口有无渗漏。

4）管道油漆和保温是否符合设计要求。

给排水管道工程质量一般先自查，不符合设计要求者，应及时返工，使之达到设计要求后再会同监理方、建设单位及有关人员进行给水排水工程验收。

给水排水工程，应按分部、分项或单位工程验收。分部、分项工程由施工单位会同建设单位共同验收，单位工程则应由主管单位组织施工、设计、建设及有关单位联合验收。验收期间应做好记录、签署文件，最后立卷归档。

2．分部、分项工程的验收

分部、分项工程的验收，就根据工程施工的特点，可分为隐蔽工程的验收，分项中间验收和竣工验收。

（1）隐蔽工程验收　隐蔽工程是指下道工序作完能将上道工序掩盖，并且是否符合质量要求无法再进行复查的工程部位，如暗装的或埋地的给水排水管道，均属隐蔽工程。在隐蔽前，应由施工单位组织建设单位及有关人员进行检查验收，并填写好隐蔽工程的检查记录，签署文件归档。

（2）分项工程的验收　在给水排水管道安装过程中，其分项工程完工、交付使用时，应办理中间验收手续，作好检查记录，以明确使用保管责任。

（3）竣工验收　建筑给水排水管道工程竣工后。须输验收证明书后，方可交付使用，对输过验收手续的部分不再重新验收。竣工验收应重点检查工程质量是否达到设计要求及施工验收规范。对不符合设计要求和施工验收规范要求的地方，不得交付使用。可列出未完成进行整改或保修项目一览表。整改、修好后达到设计要求和规范要求再交付使用。

3．分部、分项工程的验收资料

单位工程的竣工验收，应在分部、分项工程验收的基础上进行，各分部、分项工程的质量，均应符合设计要求和施工验收规范有关规定。验收时，施工单位应提供下列资料：

1）施工图、竣工图及设计变更文件。

2）设备、制品和主要材料的合格证或试验记录。

3）隐蔽工程验收记录和中间试验记录。

4）设备试运转记录。

5）水压试验记录。

6）管道消毒、冲洗记录。

7）闭水试验记录。

8）工程质量事故处理记录。

施工单位应如实反映情况，实事求是，不得伪造、修改及补办。资料必须经各级有关技术人员审定。上述资料由建设单位立卷归档，作为各项工程合理使用的凭证，工程维修、扩建时的依据。

工程竣工验收后，为了总结经验及积累工程施工资料，施工单位一般应保存下列技术资料：

1）施工组织设计和施工经验总结。

2）新技术、新工艺及新材料的施工方法及施工操作总结。

3）重大质量事故情况、发生原因及处理结果记录。

4）有关重要技术决定。

5）施工日记及施工管理的经验总结。

复习思考题

1．建筑给水排水管道及卫生器具施工准备工作有哪些？

2．建筑给水排水管道及卫生器具施工应如何配合土建留洞留槽？

3．建筑给水管道常用哪些管材？各使用在什么场合？各采取哪些接口方式？

4．试述建筑给水管道安装方法和安装顺序。

5．什么是测线工作？何谓建筑长度、安装长度、加工长度？

6．试述建筑给水管道引入管敷设方法和要求。

7. 建筑给水管道的敷设方式有哪几种？各适合于什么场合？

8. 试述给水干管、立管和支管的安装方法和要求。

9. 试述热水管道的安装方法和要求。

10. 建筑消防常用哪些管材？接口方式如何？

11. 简述建筑消火栓消防系统的安装方法与要求。

12. 试述建筑自动喷水和水幕消防系统的安装方法与安装要求。

13. 建筑排水系统常用哪些管材？接口方式如何？

14. 试述建筑排水管道的安装顺序。

15. 简述排出管的敷设方式和要求。

16. 试述排水立管和横支管的安装方法和要求。

17. 试述排水铸铁管接口操作要点。

18. 简述 UPVC 排水管粘接施工步骤与要求。

19. 试述卫生器具的安装顺序。

20. 卫生器具安装的质量要求是什么？

21. 试述高水箱蹲便器的安装顺序与要求。

22. 试述低水箱蹲便器的安装顺序与要求。

23. 洗脸盆有哪几种形式？如何安装？

24. 高层建筑给水排水管道安装有何特点？有哪些安装方法？

25. 高层建筑给水系统常用哪些管材？各自采取哪些接口方式？

26. 高层建筑给水立管安装特点是什么？有何要求？

27. 高层建筑排水系统常用哪些管材？其接口如何？

28. 钢管安装有何特点？安装时有何特殊要求？

29. 排水铸铁管用于超高层建筑排水有何特殊要求？

30. UPVC 排水管用于高层建筑应解决哪些技术问题？

31. 水泵的安装方法有哪些？如何安装？

32. 水泵的进、出水管有哪些安装要求？

33. 建筑给水管道进行水压试验的目的是什么？

34. 建筑给水管道水压试验前应做哪些准备工作？

35. 建筑给水管道水压试验压力有何规定？

36. 如何选择水压试验设备？

37. 试述建筑给水系统水压试验的方法和步骤。

38. 简述建筑排水系统闭水试验方法和要求。

39. 建筑给水排水管道工程质量检查的主要内容是什么？

40. 什么叫隐蔽工程？隐蔽工程如何进行验收？

41. 建筑给水排水管道工程竣工验收时，施工单位应向建设单位提供哪些资料？

42. 建筑给水排水管道竣工验收后，施工单位应保存哪些资料？

第 3 篇

给水排水设备的制作与安装

第 11 章
给水排水设备的制作

11.1　概述

为水工业服务的水工业制造业，世界年产值数千亿美元，并呈逐年增长趋势。环保贸易将进入世界十大贸易领域之列，而水工业制造业在环保制造业中所占份额高达 60%。

在水工业制造业中，属净水用设备有：压滤器，除铁、除锰、除氟设备，一体化净水设备等；属污水处理用设备有：小型电镀废水处理设备、整体式生活污水处理设备、海水淡化设备等。

在施工现场，常常根据需要加工管道及其零件，如大口径卷焊钢管，供水钢筋混凝土管连接用钢制三通、四通、异径管等，还有一些小型设备如钢板水箱等，也在现场制作。

各种管道、零件及设备的制作材料有金属和非金属两类。大多采用金属材料，最常用的为碳素钢。其他的金属材料有低合金钢、不锈钢等。常用的非金属材料有热塑性塑料。其他的非金属材料有热固性塑料、玻璃钢、耐蚀混凝土等。

金属管道及设备的成形一般采取焊接。非金属管道及容器一般采取模压成型、焊接、粘接。

随着水工业的发展，给水排水工程设备的种类越来越多，除通用设备（通用机械）外，还有很多属于给水排水工程专用设备。设备的安装，必须严格按该设备安装工艺要求进行，否则将影响整个水处理工艺，严重时可使整个水处理系统瘫痪。曝气设备安装时，如曝气头或穿孔管安装不水平，在同一水池中，会出现有的地方充氧过多而有的地方充氧不足，从而影响生化处理效果；又如水处理填料的安装，填料安装过疏或过密均不符合工艺要求。因此，应十分重视设备的安装。

11.2　碳素钢管道与设备制作

大直径低压输送钢管一般采用钢板卷制的卷焊钢管，现场制作的为直缝卷焊钢管，螺旋缝卷焊钢管一般在加工厂用带形钢板制造。卷焊钢管单节管长一般为 6~8m。管线中各种零件也用钢板卷制拼装焊接成形。

碳素钢容器按外型分为圆形、矩形、锥形等，以圆形和矩形最普遍；按密闭形式分为敞口和封闭两类；按容器内的压力分为有压和无压两类。有压容器按耐压高低，分为低压（0.5MPa 以下）、中压和高压（0.5MPa 以上）容器。

施工现场制作的碳素钢容器一般为无压或低压容器。中、高压碳素钢容器通常在容器制造厂生产。

矩形碳素钢容器一般由上底、下底和壁板 3 部分组成。其下料、焊接比较容易。

圆形碳素钢容器一般由罐身、封头和罐顶 3 部分组成。其制作方法为：先分别制作罐身、封头、罐底和接管法兰，然后将各部分焊接成形。

制作用钢材应满足设计及有关规范要求。

1．下料成形

（1）管子和罐身的下料与成形　管子和罐身下料前，必须要在钢板上划线。划线是确定管子、罐身和零件在钢板上被切割或被加工的外形，内部切口的位置，罐身上开孔的位置，卷边的尺寸，弯曲的部位，机械切削或其他加工的界限。划线时，要考虑切割与机械加工的余量。管节、罐身划线时还要留出焊接接头所需的焊接余量。

制作管子和罐身，有用一块钢板卷成整圆的管子和罐身；也有卷成弧片，再由若干弧片拼焊成圆。

卷成整圆的钢板宽度 B 的计算式为

$$B = \pi(D + d) \tag{11-1}$$

式中　D——管子或罐身的内径（mm）；

　　　d——钢板厚度（mm）。

由若干弧片成圆，并采用 X 形焊缝的钢板宽度 B' 为

$$B' = \frac{B}{n} \tag{11-2}$$

式中　B——卷成管子或罐身钢板宽度（mm）；

　　　n——卷成管子或罐身的弧片数。

划线可在工作平台或平坦地面上进行。根据需要，也可在罐身或其他表面进行。一般是在钢板边缘划出基准线，然后从此线开始按设计尺寸逐渐划线。零件

也应按平面展开图划线。为提高划线速度，对于小批量、同规格的管子或罐身可以采取在油毡或厚纸板上划线，剪成样板，再用此样板在钢板上划线。管子与罐身制作质量要求应符合设计或有关规范规定。

钢板毛料采用各种剪切机、切割机剪裁。但在施工现场，多采用氧乙炔气切割。氧乙炔气割面不平整，还需用砂轮机或风铲修整。毛料在卷圆前，应根据壁厚进行焊接坡口的加工。

毛料一般采用三辊对称式卷板机滚弯成圆（图 11-1）。滚弯后的曲度取决于滚轴的相对位置、毛料的厚度和机械的性能。滚弯前，应调整滚轴之间的相对距离 H 和 B（图 11-2），但 H 值比 B 值容易调整，因此都以调整 H 来满足毛料滚弯的要求。滚轴直径，毛料厚度和卷圆直径之间，可按图 11-2 所示，求出 H 值。但由于材料的回弹量难以精确确定，因此，在实际卷圆中，都采用经验方法，逐次试滚调整 H 值，以达到所要求的卷圆半径。毛料也可在四辊卷板机上卷圆。

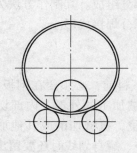

图 11-1　三辊卷板机示意

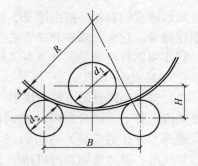

图 11-2　滚弯各项参数示意

在三辊卷板机上卷圆，首尾两处滚不到而产生直线段。因此可采取弧形垫板消除直线段（图 11-3）。四辊卷板机卷圆时，毛料首尾两段都能滚到，不存在直线段的问题。

毛料卷圆后，可用弧形样板检查椭圆度，如图 11-4 所示。

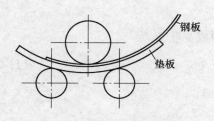

图 11-3　垫板消除直线段

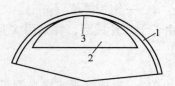

图 11-4　弧形样板检查椭圆度
1—拼件　2—样板　3—接触面

椭圆度校正方法是在卷板机上再滚弯若干次，也可在弧度误差处用氧乙炔气割枪加热校正。

三辊机上辊和四辊机侧倾斜安装后还可卷制大小头等锥形零件，但辊筒倾角要求均不大于 $10° \sim 12°$。

大直径管子或罐身卷圆后堆放及焊接时，为了防止变形，保证质量，可采取如图 11-5 所示的米字形活动支撑固定，还可用来校正弧度误差。

（2）封头制作　给水排水容器的封头，常见的有碟形和椭圆形，如图 11-6 所示，也有半圆形、锥形和平形。一般情况下，直径不大于 500mm 时采用平封头。

平封头可在现场采取氧乙炔气割得到；但非平封头则需委托容器制造厂加工。容器制造厂制造封头常采取热压成形，即采用胎具，平板毛料加热至 $700 \sim 1200℃$，在不小于 1000t 的油压或水压压力机下压制成形。

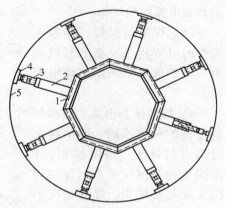

图 11-5　米字形支撑
1—箱形梁　2—管套　3—螺旋千斤顶
4—弧形衬板　5—钢管

现场进行封头和罐身拼接时，两者直径误差不应超过 $\pm 1.5mm$，如图 11-7 所示。

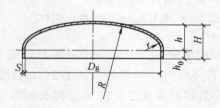

图 11-6　封头（碟形）

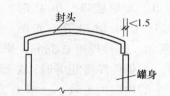

图 11-7　封头和罐身拼接允许误差

搭接接头的搭接长度，一般为 $3 \sim 5$ 倍的焊件厚度（图 11-8），用于焊接厚度 12mm 以下的焊件，采用双面焊缝。

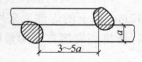

图 11-8　搭接接头焊缝

管零件的焊接常采用 T 形接头（图 11-9）。这种接头的焊缝强度高，装配和加工方法简单。

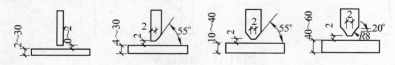

图 11-9　T 形接头

罐脚采用钢管，三只罐脚呈 120°焊于罐底。

容器的法兰接管口、窥视孔等，均可按有关规范制作。

2．碳钢管道与容器的焊接

焊接的方法有焊条电弧焊、手工氩弧焊、埋弧焊和电阻焊等。施工现场常采取焊条电弧焊和气焊。

（1）焊条电弧焊　焊条电弧焊的电焊机分交流和直流两种，施工现场多采用交流电焊机。

1）焊接接头形式。根据焊件连接的位置不同，焊接接头分为对接接头、搭接接头、T形接头和角接接头。钢管的焊接采取对接接头。焊缝强度不应低于母材的强度，需有足够的焊接面积，并在焊件的厚度方向上焊透。因此，应根据焊件的不同厚度，选用不同的坡口形式。对接接头有 I 形坡口、V 形坡口、X 形坡口、单 U 形坡口和双 U 形坡口等，如图

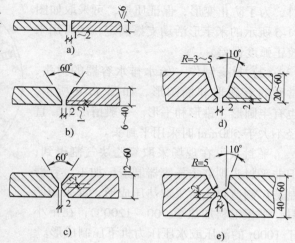

图 11-10　对接接头

a）I 形坡口　b）V 形坡口
c）X 形坡口　d）单 U 形坡口　e）双 U 形坡口

11-10 所示。焊接厚度≤6mm，采取不开坡口的平接。大于 6mm，采用 V 形或 X 形坡口。当焊件厚度相等时，X 形坡口的焊着金属约为 V 形坡口的 1/2，焊件变形及产生的内应力也较小。单 U 形和双 U 形坡口的焊着金属较 V 形和 X 形坡口都小，但坡口加工困难。

搭接接头的搭接长度，一般为 3～5 倍的焊件厚度（图 11-9），用于焊接厚度 12mm 以下的焊件，采用双面焊缝。管零件的焊接常采用 T 形接头（图 11-10）。容器拼装焊接常采用角接接头（图 11-11）。

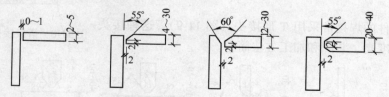

图 11-11　角接接头

开坡口方法有下列几种：①气割开坡口，在施工现场，对于较厚的焊件，采

用气割坡口，但须用砂轮机或风铲修整不平整处；②手提砂轮机开坡口；③风动或电动的扁铲开坡口；④成批定型坡口，在加工厂用专用机床加工。

2）焊缝形式和焊接方法。焊缝形式有平焊、横焊、立焊、仰焊，如图11-12所示。平焊操作方便，焊接质量易保证。横焊、立焊、仰焊操作困难，焊接质量较难保证。因此，凡是有条件采用平焊的，都应采用平焊接法。

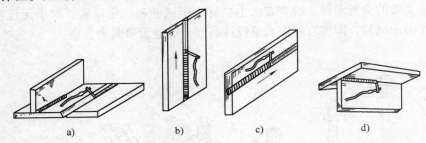

图 11-12　焊缝形式

a）平焊缝　b）立焊缝　c）横焊缝　d）仰焊缝

3）焊接应力与变形。管道或容器拼装焊接时，焊件上温度分布极不均匀，使金属的热胀冷缩表现为焊件扭曲、起翘，产生变形。焊接完毕，焊接金属在冷却时收缩，但附近的金属阻止其收缩，导致在焊缝处产生应力而变形。这种应力超过一定值时，焊缝金属会产生裂纹。焊接温度越高或者连续焊接长度越长，焊接应力就越大。防止焊接应力过大的方法，一是合理地设计焊缝的位置；二是从工艺上减少焊接应力。

分段焊接法可减少金属变形。这是因为焊接长度较短时，金属的升温和冷却都较快，产生的变形也较小。分段焊接法是一种常用的焊接法，如钢管焊接时，常将管口周长分成 3~4 段或更多段进行焊接，分段数随管径增大而增加。

大面积的容器底板的焊接顺序如图 11-13 所示。圆筒体或管接口采取同时对称焊接也可减少焊接应力，如图 11-14 所示。

反变形焊接法是减少焊接应力和变形的常用方法，即在焊接前，焊件按相反的变形进行拼装，焊后焊接应力互相抵消，从而达到减少变形的目的。

容器制造厂常采取焊件退火的应力消除法。退火温度为 500~600℃。退火时金属具有很大的塑性，焊接应力在塑性变形后完全消失。

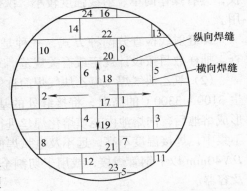

图 11-13　大面积容器底板焊接顺序

4）焊接缺陷及其检查方法。焊缝外观缺陷主要有：焊缝尺寸不符合设计要求、咬边、焊瘤、弧坑、焊疤、焊缝裂纹、焊穿等；内部缺陷有：未焊透、夹渣、气孔、裂纹等。焊接缺陷如图 11-15 所示。

焊接质量检查方法有：外观检查、严密性检查、X 或 γ 射线检查和超声波检查等。外观缺陷用肉眼或借助放大镜进行检查。在给水排水工程中，焊缝严密性检查是主要的检查项目。检查方法主要有水压试验和气压试验。对于无压容器，可只作满水试验，即将容器满水至设计高度，焊缝无渗漏为合格。

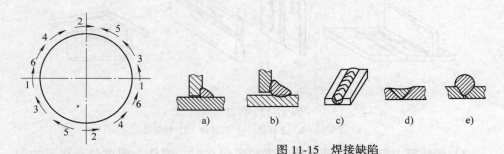

图 11-14　同时对称焊接

图 11-15　焊接缺陷
a）咬边　b）焊瘤　c）弧坑　d）焊缝下削　e）焊缝余高太大

水压试验是按容器工作状态检查，因此是基本的检查内容。水压试验压力：当工作压力小于 0.5MPa 时，为工作压力的 1.5 倍，但不得小于 0.2MPa；当工作压力大于 0.5MPa 时，为工作压力的 1.25 倍，但不得小于工作压力加 0.3MPa。容器在试验压力负荷下持续 5min，然后将压力降至工作压力，并在保持工作压力的情况下，对焊缝进行检查。若焊缝无破裂、不渗水、没有残余变形，则认为水压试验合格。

X 射线检查需用 X 射线探伤仪，常在室内使用。γ 射线检查需用 γ 射线探伤仪，具有操作简单、射线强度较小、携带方便和经济实用的优点，得到了广泛使用。

焊缝射线检查分两种方式，一种是所有焊缝都检查，另一种是焊缝抽样检查。抽样数目按设计规定或有关规范。

（2）氧乙炔气焊　氧乙炔气焊简称气焊，是利用乙炔气和氧气混合燃烧后产生 3100～3300℃ 的高温，将接缝处的基本金属熔化，形成熔池进行焊接，或在形成熔池后，向熔池内充填熔化焊丝进行焊接。由于这种焊接方法散热快、热量不集中，焊接温度不高，远不及电弧焊使用普遍，一般仅用于 6mm 以下薄钢板、$DN40mm$ 以下钢管焊接，或用于切割金属材料，也可以用于焊接有色金属管道及容器。

焊接火焰是一种热源，用于加热、熔化焊件和填充金属并实行焊接作业。火焰的调节十分重要，它直接影响到焊接质量和焊接效率。

火焰可分为中性（正常）焰、氧化焰和碳化焰三种，如图 11-16 所示。不同的火焰有不同的火焰外形、化学性能和温度分布。中性焰的氧与乙炔的比值为1∶1.2，它有三个不同的区域，即焰芯、内焰和外焰。焰芯呈尖锥形，色白而明亮，轮廓清楚；内焰呈蓝白色，杏核形；外焰就是最外层的火焰。它是一氧化碳和氢气与大气中的氧完全燃烧后生成的二氧化碳和水蒸气，具有氧化性。

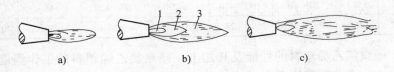

图 11-16　气焊的火焰
a）中性焰　b）氧化焰　c）碳化焰
1—焰芯　2—内焰　3—外焰

气焊火焰内，正常焰时温度相差很大，焰芯顶端高达 3500℃，外焰末端一般为 1000℃。在焊接中，依靠改变焊嘴与焊件的距离和夹角，以控制焊接的温度。正常焰焰芯末端离工件 2～4mm，并且焊嘴垂直于工件时所得温度最高，反之加大焰芯与工件的距离或减小焊嘴的夹角，所得温度则低。

中性焰适宜焊接黑色金属，也可焊接低合金钢和有色金属。

气焊操作可分为焊接方向从左向右的右焊法和焊接方向以右向左的左焊法。左焊法操作方便，易于掌握，是初焊者常用的方法。

起焊时，由于刚开始加热，工作温度一时上不去，焊枪倾角要大，并使焊枪在起焊点往复移动，使该处加热均匀；如两焊件厚度不同，则火焰可稍微偏向厚工件一侧，这样才能保证两侧温度平衡，熔化一致。当起焊点形成清晰的熔池时，即可添加表面无油污、除锈斑的焊丝，并保持速度均匀地向前移动。

在整个焊接过程中，需使熔池大小和形状保持一致，这样可得到整齐美观的细鱼鳞状焊缝。

11.3　塑料给水排水设备制作

碳素钢设备制作方便、强度高、造价低，但不耐腐蚀。采用耐蚀金属材料（如不锈钢、铜）制造设备又存在价格昂贵、加工困难的问题。采用非金属材料制作设备，具有易加工、造价低、耐腐蚀的优点，因而得到广泛应用。制作给水排水设备的非金属材料主要有热塑性塑料、玻璃钢、耐蚀混凝土。

在施工现场制作给排水设备的塑料有硬聚氯乙烯、聚氯乙烯、聚丙烯、聚乙烯、聚苯乙烯、聚甲醛、聚三氟氯乙烯、聚四氟乙烯等。这些塑料均属热塑性塑

料，其主要成分为聚合类树脂。几种主要热塑性塑料的物理、力学性能见表
11-1。

表 11-1　热塑性塑料物理、力学性能

性能	单位	指　　　　标					
		硬聚氯乙烯	聚氯乙烯	聚丙烯	聚乙烯	聚苯乙烯	聚甲醛
相对密度		1.35~1.45	1.1~1.35	0.9~0.91	0.9~0.96	1.05~1.07	1.42~1.43
伸长率	（%）	20~40	200~450	>200	60~150	48	15~25
抗拉强度	/MPa	35.0~50.0	10.0~24.0	30.0~39.0	>20.0	≥30.0	40.0~70.0

（1）硬聚氯乙烯塑料的性能及其加工　硬聚氯乙烯塑料的工作温度一般为
$-10~50℃$；无荷载使用温度可达 $80~90℃$，在 80℃以下，呈弹性变形，超过
80℃，呈高弹性状态；至 180℃，呈粘性流动状。热塑加压成型温度为 $80~$
165℃，板材的压制温度是 $165~175℃$。在 220℃塑料汽化，而在 $-30℃$呈脆性。
硬聚氯乙烯塑料线膨胀系数为 $(6~8)10^{-5}/℃$，是碳素钢的 $5~6$ 倍，因此热胀
冷缩现象非常显著。

硬聚氯乙烯塑料在日照、高温环境中极易老化。塑料的老化表现为变色、发
软、变粘、变脆、粉化、龟裂、长霉，以及物理、化学、力学和介电性能明显下
降。为防止塑料设备老化，在使用过程中应尽量避免能使其老化的条件存在，如
将塑料设备设置在室内，从露天移至地下。此外，根据塑料的使用条件，选择加
入适当的稳定剂和防老剂的塑料作为制造设备的材料，同样可延缓塑料设备的老
化。

硬聚氯乙烯在热塑范围内，温度越高，塑性越好。但加热到板材压制温度
时，塑料分层。因此，成型加热温度应控制在 $120~130℃$。

硬聚氯乙烯板、管的机械加工性能优良，可采用木工、钳工、机工工具和专
用塑料割刀进行锯、割、刨、削、凿、钻等加工。但是加工速度应控制，以防因
高速加工而急剧升温，使其软化、分解。机械加工应避免在板、管面产生刻痕。
刻痕会产生应力集中，使强度破坏频率增高。已产生的刻痕应打磨光洁。不宜在
低于 15℃环境中加工，避免因材料脆性提高而发生断裂。

（2）硬聚氯乙烯设备成型　硬聚氯乙烯塑料板下料划线与碳素钢设备相同，
但应根据塑料性能预留冷收缩量和成型后再加工的余量。硬聚氯乙烯设备成型加
热，应在电热烘箱或气热烘箱内进行。弯管、扩口等小件也可采用蒸汽、电热、
甘油浴和明火加热，加热温度和加热时间根据试验确定。

板材加热后需在胎模内成型。由于木材传热系数低。因此常采用木胎模。塑
料木胎模成型如图 11-17 所示。如果罐身是用弧形板拼装接成的，各种弧形板用
阴、阳模或阳、阴模成型，如图 11-18 所示。

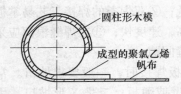

图 11-17　塑料木胎模成型

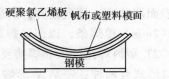

图 11-18　塑料弧形板成型

容器的封头，根据其尺寸和径深比，或用单板料成型，或分块组对拼接。单块板料成型模型如图 11-19 所示。板料划线下料所留加工余量不宜过大，以免产生压制叠皱。分块压制拼焊的大封头（图 11-20），拼制尺寸误差可用喷灯局部加热矫形修正。

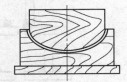

图 11-19　单块板料封头成型模型

图 11-20　拼接封头分块成型

（3）硬聚氯乙烯管、板焊接与坡口　塑料焊接是大多数热塑性塑料最常用的加工方法。当被焊物件受到焊枪喷出的热空气加热至一定温度时，焊条和焊件表面就表现为塑性流动状态。此时在焊条上施加一定的压力，就可将焊件焊接牢固。塑料管的连接，管件制作和塑料设备的制作等常采用焊接。

1）焊接设备和焊条。热风焊枪是塑料焊接的专用工具，由电热丝、风管（钢管）、焊嘴等组成，如图 11-21 所示。塑料焊接温度为 190～220℃。

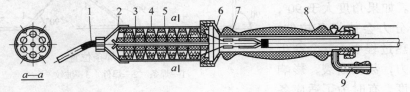

图 11-21　热风焊枪

1—焊嘴　2—连接罩　3—电热丝　4—绝缘体
5—枪体　6—连接口　7—钢管　8—把手　9—压缩空气管

塑料焊接时，空气由热风系统（图 11-22）送至焊枪内电阻丝，加热后由焊嘴喷射至焊件和焊条上。焊嘴的最佳热风温度为 210～240℃。焊接所用焊条由硬聚氯乙烯树脂制成。焊接用的焊条粗细应根据被焊材料来确定，但不宜使用直径大于 4mm 的单焊条进行焊接。焊条过粗，焊枪喷出的热空气流在短时间内不能使焊条内外均匀受热，所以焊接后焊条内部会产生应力，从而引起收缩和龟裂，采用双焊条则可避免上述情况。采用双焊条还具有下述优点：①可以减少加热次数，从而减少由于热应力引起的强度降低；②双焊条的焊接工艺易掌握，焊缝表面波动少，排列整齐，焊缝紧密、强度高，速度快；③在焊缝根部应采用细的（2mm）单焊条，以保证焊条熔化填满焊缝间隙。

2）塑料焊接坡口和焊接要求。塑料管、板焊接时，一般要求坡口。常用的坡口形式有两种：一是 V 形坡口，用于薄管壁或薄板；二是 X 形坡口，用于厚管壁或厚板。塑料焊接的搭接及焊缝形式如图 11-23 所示。

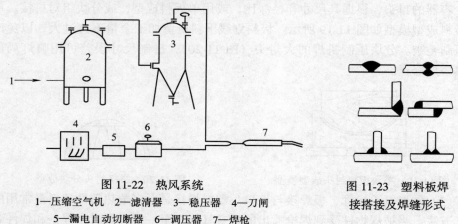

图 11-22　热风系统

1—压缩空气机　2—滤清器　3—稳压器　4—刀闸
5—漏电自动切断器　6—调压器　7—焊枪

图 11-23　塑料板焊
接搭接及焊缝形式

X 形坡口为两面焊接（双面焊），热应力分布比较均匀，强度较高；并且焊接同样厚度的材料，X 形坡口所需的焊条比 V 形坡口少。因此，在工艺允许的条件下，应尽可能采用 X 形坡口。

焊接时，焊条垂直于焊缝表面。如果角度大于 90°，则部分分力会使焊条拉伸，在再加热过程中，就会产生收缩应力，甚至断裂，影响焊接强度。有时为了适应各

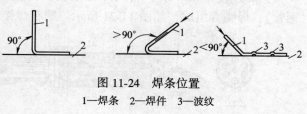

图 11-24　焊条位置
1—焊条　2—焊件　3—波纹

种施工条件，焊接时角度可适当改变，但不宜大于 100°。当角度小于 90°时，由于焊条过于靠近焊枪，焊条易被加热伸长，造成焊条分段同时软化，在所施压力的分力下易使焊条在焊缝中形成波纹，从而降低焊接强度，也容易造成渗漏。焊条位置如图 11-24 所示。焊接终了时，焊条应堆出坡口端面 10mm 左右，焊完全后再切去。焊接过程中须切断焊条时，应用刀将留在焊缝内的端头切成斜面。从切断处焊接的新焊条也必须切成斜口。焊缝局部或全部焊接完毕后，应让焊接件自然冷却，采用人工冷却（如用水）会造成焊条与母材不均匀收缩而裂开。

塑料焊接质量要求如下：①焊缝表面平整无凸瘤，切断面必须紧密均匀，无气孔与夹杂物；②焊接时，焊条与焊缝两侧应均匀受热，外观不得有弯曲、断

裂、烧焦和宽窄不一等缺陷；③焊条与焊件熔化要良好；④焊缝的强度一般不能低于母材强度的 60%；⑤焊缝接头处必须错开 50mm 以上，以免影响强度。

（4）塑料管、板的其他焊接方法　除热风加热焊外，塑料管还可采用摩擦焊和超声波焊；塑料板还可采用接触加热挤压焊接、高频电流加热焊接。

摩擦焊是两连接表面在一定压力下，作相对迅速旋转，产生摩擦热而使两接触面的塑料融熔，熔接后停止旋转，直至冷却固化。由于焊接速度快，塑料表面不易氧化，密封性可靠。摩擦焊主要应用于工程塑料（ABS）、聚丙烯醋酸酯类、聚苯乙烯等塑料管的连接。

超声波焊是通过换能器，将 $50 \sim 60Hz$ 的输入电源变成 $2 \times 10^4 Hz$ 左右的输出电源，并通过传振头将其转换为 2×10^4 次/s 左右的机械振动。由于直接接触表面的焊头摩擦生热，使连接表面熔化产生分子结合。超声波焊具有焊接速度快、效率高、强度好、质量稳定、能源消耗低等优点。但它要求有专门的接头设计（图 11-25），材料和尺寸也都有一定要求，还需专用超声焊接设备和专用焊头。超声波焊一般只能焊同一种塑料管或板，不同塑料之间，只有当熔融温度相近（不超过 20℃），化学成分相差不大时才能采取超声波焊。

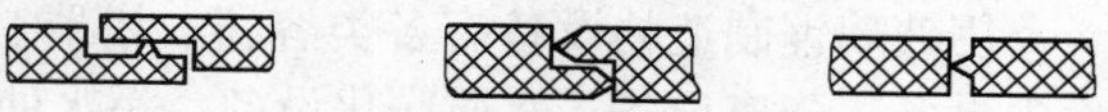

图 11-25　超声波焊焊件接头设计

（5）圆形塑料容器的拼装与焊接　圆形塑料容器系由封头、筒身、筒底等组成，由各自成型塑料板拼装，然后焊接。各塑料板件成型后需用标准弧尺检查，弧形正负误差不大于 $0.1\% D$。两块弧形拼装时，对口错边不应大于板厚的 10%，且不大于 2mm。简单拼接时，两筒体不应产生过大轴向与径向的间隙。筒体轴向和径向误差、板和筒体的尺寸误差，可用焊枪或喷灯加热后纠正。

（6）塑料容器的检查　塑料容器焊接成型后应检查质量，常用下列方法检查：

1）焊缝外观检查。焊缝表面应清洁、平整，焊纹排列整齐而紧密，挤浆均匀，无焦灼现象。

2）常压容器注水试验。对于常压容器，注满水，24h 内不渗漏为合格。

3）压力容器试压。对于压力容器，在 1.5 倍工作压力的试验压力（水压试验）下，保持 5min 不渗漏为合格。

4）电火花检查。在焊缝两侧同时移动电火花控制线和地线，根据漏电情况确定质量优劣。

5）气压试验。向容器内打入有压空气，在焊缝外侧涂满肥皂水，根据漏气与否确定施工质量。

一般焊缝外观检查是必须检查的内容。其他检查方法，可根据施工现场条件，任选一种进行。

11.4 玻璃钢设备制作

在热固性塑料内，掺入玻璃纤维等填料予以增强的复合材料，称为玻璃钢。玻璃钢内的玻璃纤维和热固性塑料都没有改变它们原有的材料特性。根据热固性塑料的不同，常用的玻璃钢有环氧玻璃钢、不饱合聚酯玻璃钢、酚醛玻璃钢等。

玻璃钢的抗拉强度很高、耐热性好、化学稳定性和电绝缘性好，而且重量轻。玻璃纤维的抗拉强度远远超过大块玻璃的抗拉强度，直径越小，强度越高。直径4mm的玻璃纤维抗拉强度为3000~3800MPa。固化环氧树脂抗拉强度为84~105MPa。固化聚酯抗拉强度为40~70MPa。环氧玻璃钢的抗拉强度为430~500MPa。聚酯玻璃钢的抗拉强度为210~355MPa。因此，玻璃钢抗拉强度接近或超过碳素钢抗拉强度。高强度组分主要是玻璃纤维，当然也受树脂种类影响。玻璃钢的相对密度为1.8~2.2，对酸、碱和各种无机物的耐腐蚀性能良好。

用玻璃钢制造的设备有各类容器、塔器、槽车、酸洗槽、反应罐、冷却塔、除尘设备、分离设备、水质净化设备、污水处理设备，以及管、阀、泵等。玻璃钢设备的制作和安装也较容易。

玻璃钢制造工艺很多，在玻璃钢设备制造厂，多采用机械成型工艺，常用制造方法有缠绕法、喷射法和换压法，对产品的固化处理常采用感应加热或红外加热。施工现场通常采取手糊成型工艺。玻璃钢手糊是在模具上一层树脂一层玻璃纤维顺次涂覆，排出空气，紧密粘结。手糊工艺不需要复杂的机械设备，不受容器的大小和形状限制，不需要很高的操作技术，可以任意局部加强涂覆，因而成本较低。但手糊质量随操作水平而定，而且劳动条件差。手糊成型后，经过加热固化，成为玻璃钢设备。

1. 玻璃钢的组分材料及施工方法

(1) 玻璃纤维 按制造工艺不同，玻璃纤维分定长纤维和连续纤维两类。玻璃钢设备多采用连续纤维。连续纤维按化学组成分为有碱和无碱两种，一般采用金属锂、钠的质量分数小于1%的无碱纤维。无碱纤维的耐水性、力学性能、耐老化性、电绝缘性都较好，但价格高。根据在纺纱过程中是否退绕、加捻，玻璃纤维纱分有捻和无捻两种。有捻纱强度高，但树脂不易浸透。为了保证玻璃纤维的拉丝质量，拉丝时要浸润。浸润剂有石蜡乳剂、聚醋酸乙烯和其他浸润剂。采用石蜡乳剂，纤维的蜡覆阻碍了与树脂的粘结，所以，使用前应进行加热脱蜡。无捻纱一般用聚醋酸乙烯浸润。无捻粗纱织成的玻璃布称为无捻粗纱方格布，其抗冲击性、耐变形性都较好；树脂易浸润，增厚效果好；价格便宜。有捻玻璃布分平纹布、斜纹布、缎纹布等，后两种的致密、强度（除抗冲击强度）和柔性都较好。缎纹布的强度较斜纹布高，而斜纹布的强度又较平纹布高。玻璃布越厚，耐压强度越低，但抗冲击强度提高。用于手糊玻璃钢的玻璃布有无碱无捻粗纱方格布，还可用无碱有捻斜纹布、缎纹布。无捻粗纱和短切纤维填充容器死角。

玻璃钢设备手糊前，应对玻璃布进行剪裁。剪裁尺寸，应考虑由于玻璃布经纬方向的强度不同，玻璃布应纵横交替铺设，而且应保证两块玻璃布有不小于 50mm 的搭接宽度。如要求壁厚均匀，可采用对接。玻璃布剪裁时应使两层玻璃布的搭接缝、对接缝或其他粘接缝错开，剪裁尺寸应以便于操作为宜。

（2）树脂　树脂是制作玻璃钢设备的粘结剂。因此，应能配制成粘度适宜的粘液，而且应符合设备所需的防腐要求，有一定强度、无毒或低毒，价格要便宜。常用的树脂有环氧、酚醛、聚酯、有机硅等。环氧树脂耐腐蚀性好，与玻璃纤维的粘结力强，力学性能好，但价格较高。环氧树脂的品种很多，常用的为双酚 A 型环氧树脂。不饱合聚酯树脂的价格低，但强度和耐热性差，毒性较大。酚醛树脂价格也低，但需高温高压成型，现场手糊玻璃钢中很少采用。

（3）掺合剂　为了改变树脂某种性能，或为了降低成本，可在树脂内根据需要，掺入固化剂、稀释剂、增韧剂、触变剂、填料等。固化剂能缩短玻璃钢设备的固化时间，常用固化剂为乙二胺。稀释剂用于降低树脂粘度，便于操作，如环氧丙烷、丁基醚、甲苯、酒精等。树脂里加入增韧剂能增强玻璃钢设备的抗冲击性，常用的有邻苯二甲酸、二丁酯。掺入触变剂可减少树脂在操作时沿垂直面下坠流挂，常用的触变剂有二氧化硅、膨润土、聚氯乙烯粉。树脂内加入填料石棉、铝粉可提高抗冲击性；石英粉、铁粉、三氧化二铝可提高压缩强度；滑石粉、石膏粉可减少树脂固化收缩。

树脂粘结剂配合比应根据玻璃布种类及质量、腐蚀介质性质、所需玻璃钢性能、施工条件等进行不同配比试验，采用最佳配比。

环氧树脂粘结剂配比为：

1）618 号环氧树脂:乙二胺:二丁酯 = 100:（6 ~ 8）:（10 ~ 15）。

2）618 号环氧树脂:乙二胺:二丁酯:环氧丙烷:丁基醚 = 100:（17 ~ 20）:10: 5。

为了使粘结剂便于涂刷和渗入玻璃布，同时又不流坠，粘结剂粘度应为 0.5 ~ 1Pa·s。为了保证粘结剂在涂刷过程中不胶凝，而在涂刷完毕后较快胶凝，应根据施工需要确定胶凝时间，一般为 3 ~ 6h，经过试验由不同配比而定。

2. 玻璃钢设备的层间结构

玻璃钢设备一般由多层组成层间结构，从内至外分为内层、中间层、强度层和外层。内层为表面耐腐蚀层，由于与腐蚀介质接触，因而要求有一定的抗蚀性和致密性。内层玻璃钢中树脂含量较高，其质量分数为 70% ~ 80%，厚度较薄，约 0.5 ~ 1mm。中间层又称中间防渗层，主要起防渗作用，玻璃钢中树脂的质量分数一般为 50% ~ 70%，厚度为 2 ~ 2.5mm。玻璃钢设备主要由强度层承受外力，强度层的承载能力与玻璃钢中玻璃纤维含量有关，玻璃纤维的质量分数一般为 50%～70%。外层由树脂胶液与填料组成，粘结玻璃纤维布。树脂的质量分数一般为 80%～90%，厚度一般为 1～2mm。

手糊玻璃钢设备层间结构见表 11-2。

表 11-2   手糊玻璃钢设备层间结构

玻璃钢名称	层 间 结 构			
	内层	中间层	强度层	外层
环氧玻璃钢	环氧	环氧	环氧	环氧
环氧/聚酯玻璃钢	双酚 A 聚酯	双酚 A 聚酯	环氧	环氧
聚酯玻璃钢	双酚 A 聚酯	双酚 A 聚酯	聚酯	聚酯
环氧酚醛玻璃钢	酚醛	环氧酚醛	环氧	环氧

3. 模具和脱模剂

手糊玻璃钢容器必须在模具上成型。模具的材料有木、混凝土、石膏、聚氯乙烯等。模具材料应有足够的刚度，以承受玻璃钢的重量而不变形；不为树脂粘结剂腐蚀；不因热固化而变形、收缩、产生裂纹等；不影响树脂热固化。根据容器形状复杂程度，要求模具重复使用次数等因素选择模具材料。模具制造的形状和尺寸应该正确，构造应便于装模和脱模。环氧玻璃钢槽的木模具如图 11-26 所示。在容器模具上应留设法兰接管模，如 11-27 所示。

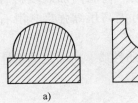

图 11-26   环氧玻璃钢槽的木模具
a) 阳模　b) 阴模

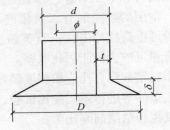

图 11-27   法兰接管模
D—接管底盘直径　ϕ—接管内径　t—接管管壁厚度
δ—接嘴根部底盘厚度　d—接嘴管外径

为了在玻璃钢固化后便于脱模，应在模具的工作面上涂刷脱模剂。脱模剂还可修正模具制作尺寸误差，并使玻璃钢表面平整光滑。

脱模剂有过氯乙烯溶液、聚乙烯醇溶液等溶液类，聚酯薄膜、聚氯乙烯薄膜等膜类和硅脂、变压器油等油脂类。其中以溶液类使用最广泛。聚乙烯醇溶液无毒且价廉，其配合比为，聚乙烯醇:乙醇:水 = (5～8) : (35～60) : (60～32)。

还可在脱模剂内掺入各种附加剂，以改善其使用性能。

4. 胶衣层和手糊操作

为了防止粘结剂固化收缩导致玻璃布纹凸出，应采用胶衣层改善玻璃钢设备内层表面平整度。胶衣层必须采用具有弹性的树脂，并与树脂粘结良好。

　　手糊玻璃钢操作时，先在模具表面用掺入填料的树脂涂刷一层类似于底漆的胶衣层，再在胶衣层上涂刷树脂，然后铺贴玻璃布，压平，防止产生皱褶，并排出气泡，使树脂渗入玻璃布。压平、驱赶气泡都应沿玻璃布的径向进行。

　　容器或设备的死角、凹陷处，采用图 11-28 所示方法填满，然后涂贴树脂和玻璃布。

　　手糊完毕后进行固化。一般在常温下固化。固化时间取决于树脂配方、固化温度和制品质量要求。固化后脱模，宜用木制或铜

图 11-28　玻璃钢容器凹角填覆

制工具起模，若需起重工具吊模，应垫设柔性材料，以防止损伤玻璃钢。

　　5．手糊玻璃钢设备操作环境及其卫生防护

　　手糊玻璃钢操作不宜露天进行，通常在固定的室内操作。由于玻璃钢所使用的材料有一定的低毒性，要求室内具有良好的采光通风设施，操作工人应配置必要的劳保用品。

　　玻璃钢成型过程中使用的材料，大多为易燃材料，燃烧后产生有毒有害烟尘，因此，施工现场必须杜绝烟火，并配置消防器材。废弃的玻璃钢应妥善处理，不得就地焚烧，以免污染环境。

复习思考题

　　1．试述管道与设备的制作材料及其制作方法。

　　2．某施工现场需制作两只 3 号圆形钢板水箱，其尺寸为 $\Phi \times H = 2000mm \times 1700mm$，水箱采用 Q235 碳素钢板，水箱壁厚 4mm，上顶（平封头）厚 3mm，下底厚 6mm。

　　1）试述水箱下料、加工方法、施工步骤。

　　2）求水箱板壁钢板的下料宽度以及上顶、下底下料的尺寸。

　　3．试述碳素钢焊接应力产生的原因及其危害。

　　4．减少碳素钢焊接应力的方法有哪些？

　　5．试述电弧焊接的缺陷及其检查方法。

　　6．碳素钢容器焊缝严密性检查有哪些方法？检查的要求是什么？

　　7．试述碳素钢气焊的适用范围和焊接要求。

　　8．试述硬聚氯乙烯成型的方法。

　　9．塑料焊接的质量有哪些要求？

　　10．试述塑料设备成型后的检查方法和要求。

　　11．试述玻璃钢的性能和用途。

　　12．试述构成玻璃钢的主要材料和性能。

　　13．试述玻璃钢粘结剂的材料组成及其施工要求。

　　14．试述手糊玻璃钢的层间结构及其施工方法。

　　15．制作玻璃钢设备有哪些环境和卫生防护要求？

第 12 章

设备的安装与运行管理

随着水工业的发展，给水排水工程设备的种类越来越多，除常用设备外，还有很多是属于给水排水工程专用设备。根据设备的功能、给水排水工程系统组成和专业方向的不同，给水排水工程设备有多种不同的分类方法，但目前应用较多的还是按照设备原理、构造、功能等进行分类。按照设备的主要功能可作如下分类：

给水排水工程设备

- 常用设备
  - 计量设备
  - 减速机械设备
  - 闸门与启闭机
  - 阀门与电动装置
  - 水锤消除设备
  - 起重设备
  - 空气压缩机
  - 水泵
- 专用设备
  - 加药设备
  - 搅拌设备
  - 排泥设备
  - 冲洗设备
  - 消毒设备
  - 拦污设备
  - 曝气设备
  - 污泥干化与焚烧设备
  - 污泥脱水机械
  - 小型给水设备
  - 软化除盐及冷却设备
  - 污水处理一体化设备
- 消防及水景喷泉设备
  - 消火栓系统的主要设备
  - 自动喷水灭火装置及设备
  - 其他消防设备
  - 水景喷泉设备

12.1　常用设备的安装

12.1.1　设备安装的一般要求

水处理设备的安装，必须严格按该设备安装工艺要求进行，否则将影响整个水处理工艺，严重时可使整个水处理系统瘫痪。设备安装时，如水泵安装不水平，会出现水泵运行噪声大的问题。严重时，水泵会脱离基础，造成设备事故；又如风机的安装，如果不符合安装工艺要求，则不仅设备噪声大，而且会降低风机的效率。

设备安装的一般注意事项如下：

(1) 开箱　开箱逐台检查设备的外观，按照装箱单清点零件、部件、工具、附件、合格证和其他技术文件，检查是否有因运输途中受到振动而损坏、脱落、受潮等情况，并作详细记录。

(2) 定位　设备在室内定位的基准线应以柱子的纵横中心线或墙的边缘为准，其允许偏差为 10mm。设备定位基准的面、线或点对定位基准线的平面位置和标高的允许偏差，一般应符合表 12-1 的规定。

表 12-1　设备基准面与定位基准线的允许偏差

项　　　目	允许偏差/mm	
	平面位置	标高
与其他设备无机械上的联系	± 10	+ 20 − 10
与其他设备有机械上的联系	± 2	± 1

设备找平时，必须符合设备技术文件的规定，一般横向水平偏差为 1mm/m，纵向水平偏差为 0.5mm/m。设备不应跨越地坪的伸缩缝或沉降缝。

(3) 地脚螺栓和灌浆　地脚螺栓上的油脂和污垢应清除干净。地脚螺栓离孔壁应大于 15mm。其底端不应碰孔底，螺纹部分应涂油脂。地脚螺栓拧紧螺母后，螺栓头部必须露出螺母 2~3 个螺距。灌浆处的基础或地坪表面应凿毛，被油沾污的混凝土应凿除，以保证灌浆质量。灌浆一般宜用细碎石混凝土（或水泥沙浆），其标号应比基础或地坪的混凝土标号至少高一个标号。灌浆时应捣固密实，并进行湿养护。

(4) 清洗　设备上需要装配的零、部件应根据装配顺序清洗洁净，并涂以适当的润滑脂。加工面上如有锈蚀或防锈漆，应进行除锈及清洗。各种管路也应清洗洁净并使之畅通。

(5) 装配

1）过盈配合零件装配。装配前应测量孔和轴配合部分两端和中间的直径，每处在同一径向平面上互成 90°位置上各测一次，得到平均实测过盈值。压装前，在配合面均需涂抹适宜的润滑油。压装时，必须与相关限位轴肩等靠紧，不准有串动的可能。实心轴与不同孔压装时，允许在配合轴颈表面上磨制深度不大于 0.5mm 的弧形排气槽。

2）螺纹与销连接装配。螺纹连接件装配时，螺栓头、螺母与连接件接触紧密后，螺栓应露出螺母 2～4 螺距。不锈钢螺纹连接的螺纹部分应加涂润滑剂。用双螺母且不使用粘接剂防松时，应将薄螺母装在厚螺母下。设备上装配的定位销，销与销孔间的接触面积不应小于 65%，销装入孔的深度应符合规定，并能顺利取出。销装入后，不应使销受剪力。

3）滑动轴承装配。同一传动中心上所有轴承中心应在一条直线上，即具有同轴性。轴承座必须紧密牢靠地固定在机体上，当机械运转时，轴承座不得与机体发生相对位移。轴瓦合缝处放置的垫片不应与轴接触，离轴瓦内径边缘一般不宜超过 1mm。

4）滚动轴承装配。滚动轴承安装在对开式轴承座内时，轴承盖和轴承座的接合面间应无间隙，但轴承外圈两侧的瓦口处应留出一定的间隙。凡稀油润滑的轴承，不准加润滑脂；采用润滑脂润滑的轴承，装配后的轴承空腔内应注入相当于 65%～80%空腔容积的清洁润滑脂。滚动轴承允许采用机油加热进行热装，油的温度不得超过 100℃。

5）联轴器装配。各类联轴器的装配要求应符合有关联轴器标准的规定。各类联轴器的轴向（Δx）、径向（Δy）、角向（$\Delta \alpha$）许用补偿量见表 12-2。

表 12-2 联轴器的许用补偿量

形　式	许用补偿量/mm		
	Δx	Δy	$\Delta \alpha$
推销套筒联轴器		≤0.05	
刚性联轴器		≤0.03	
齿轮联轴器		0.4～6.3	≤30′
弹性联轴器		≤0.2	≤40′
柱销联轴器	0.5～3	≤0.2	30
NZ 挠抓型联轴器		0.01（轴径＋0.25）	≤40′

6）传动带、链条和齿轮装配。每对带轮或链轮装配时两轴的平行度不应大于 0.5/1000；两轮的轮宽中央平面应在同一平面上（两轴平行），V 带轮或链轮其偏移值不应超过 1mm，平带不应超过 1.5mm。链轮必须牢固地装在轴上，并且轴肩与链轮端面的间隙不大于 0.10mm。链条与链轮啮合时，工作边必须拉紧。当链条与水平夹角不大于 45°时，从动边的弛垂度应为两链轮中心距离的 2%；大于 45°时，弛垂度为两轮中心距离的 1%～1.5%。主动链轮和被动链轮

中心线应重合，其偏移误差不得大于两链轮中心距的 2/1000。

安装好的齿轮和蜗杆传动的啮合间隙应符合相应的标准或设备技术文件规定。可逆传动的齿轮，两面均应检查。

7）密封件装配。各种密封毡圈、毡垫、石棉绳等密封件装配前必须浸透油。钢板纸用热水泡软。O 形橡胶密封圈，用于固定密封时，预压量为橡胶圆条直径的 25%；用于运动密封时，预压量为橡胶圆条直径的 15%。装配 V 形、Y 形、U 形密封圈，其唇边应对着被密封介质的压力方向。压装油浸石棉盘根，第一圈和最后一圈宜压装干石棉盘根，防止油渗出，盘根圈的切口宜切成小于 45°的剖口，相邻两圈的剖口应错开 90°以上。

8）润滑和液压管路装配。各种管路应清洗洁净并畅通。并列或交叉的压力管路，其管子之间应有适当的间距，防止振动干扰。弯管的弯曲半径应等于 3 倍管的外径。吸油管应尽量短，减少弯曲。吸油高度应根据泵的类型决定，一般不超过 500mm；回油管水平坡度为 0.003 ~ 0.005，管口宜为斜口伸到油面下，并朝箱壁，使回油平稳。液压系统管路装配后，应进行试压，试验压力应符合《管子和管路附件的公称压力和试验压力》（GB 1048—1990）的规定。

12.1.2　水泵安装

1．水泵的种类

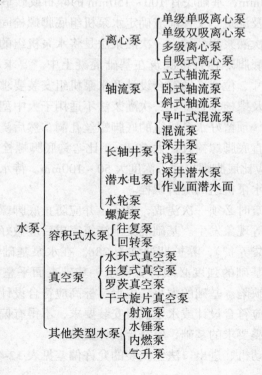

2．水泵安装

（1）水泵基础　水泵基础是作为固定水泵机组的位置，并承受水泵机组的重量以及运转时所引起的振动力，所以要求基础不仅要施工尺寸正确，还必须有足够的强度和刚度。水泵机组基础采用混凝土灌注。首先确定基础尺寸，然后进行基础放线开挖，最后进行基础灌注。

基础尺寸必须符合设计图的要求。若设计未注明时，基础平面尺寸的长和宽应比水泵底座相应尺寸加大 100～150mm。基础厚度通常为底脚螺栓在基础内的长度（见表 12-3）再增加 150～200mm，并且基础重量不小于水泵、电动机和底座重量之和的 3～4 倍，能承受机组荷载及振动荷载，防止基础位移。

表 12-3　水泵底脚螺栓选用表

底脚螺栓孔直径/mm	12～13	14～17	18～22	23～27	28～33	34～40	41～48	49～55
底脚螺栓直径/mm	10	12	16	20	24	30	36	42
底脚螺栓埋入基础内的长度/mm	200～400				500		600～700	

基础放线应根据设计图样，用经纬仪或拉线定出水泵进口和出口的中心线、水泵轴线位置及高程。然后按基础尺寸放好开挖线，开挖深度应保证基础面比泵房地面高 100～150mm，基础底有 100～150mm 的碎石或砂垫层。

（2）基础支模及浇筑　支模前应确定水泵机组底脚螺栓固定方法。固定方法有一次灌浆法和二次灌浆法两种。一次灌浆法是将水泵机组的底脚螺栓固定在基础模板上，然后将底脚螺栓直接浇筑在基础混凝土中。要求基础模板尺寸、位置，底脚螺栓的尺寸、位置必须符合设计及水泵机组安装要求，不能有偏差，并应调整好螺栓标高及螺栓垂直度。一次灌浆法不适用于大中型水泵安装。二次灌浆法是施工基础时，预留好水泵机组的底脚螺丝孔洞，然后浇灌基础混凝土。预留孔洞尺寸一般比直底脚螺栓直径大 50mm，比弯钩底脚螺栓的弯钩允许最大尺寸大 50mm，洞深应比底脚螺栓埋入深度大 50～100mm。待水泵机组安装时，第二次灌混凝土固定水泵机组的底脚螺栓。

基础混凝土浇筑时必须一次浇成，捣实，并应防止底脚螺栓或其预留孔模板歪斜、位移及上浮等现象发生。基础混凝土浇筑完成后应做好湿养护工作（通常在基础上覆盖湿草袋养护），养护期通常为 28d。在水泵基础安装前，应对基础进行复查。混凝土基础的强度必须符合要求，基础表面平整，不得有凹陷、蜂窝、麻面、空鼓等缺陷。基础的大小、位置、标高应符合设计要求。底脚螺栓的规格、位置、露头应符合设计或水泵机组安装要求，不得有偏差，否则应重新施工基础。对于有减震要求的基础，应符合设计要求。

水泵泵体与电动机、进出口法兰安装的允许偏差见表 12-4。

表 12-4　水泵泵体与电动机进出口法兰安装的允许偏差

项　　目	允　许　偏　差				
	水平度 /mm·m^{-1}	垂直度 /mm·m^{-1}	中心线偏差 /mm	径向间隙 /mm	同轴度 /mm·m^{-1}
水泵与电动机	<0.1	<0.1			
泵体出口法兰与出水管			<5		
泵体进口法兰与进水管			<5		
叶片外缘与壳体				半径方向小于规定的 40%，两侧间隙之和小于规定最大值	
泵轴与传动轴					<0.03

3．进、出口管道及附属设备安装

（1）进水（吸水）管道安装　离心水泵的安装位置高于吸入液面时，水平吸水管的安装，应保证在任何情况下不能产生气囊。因此吸水管路上必须采用偏心渐缩管；管路的水平方向的中心线必须向水泵方向上升，坡度应大于 5‰ ～ 20‰。

水泵吸水管路的接口必须严密，不能出现任何漏气现象。管路连接一般应采用法兰连接或焊接连接，管材可用钢管或铸铁管。水泵泵体进、出口法兰的安装，其中心线允许偏差为 5 mm。在靠近水泵进口处的吸水管路应避免直接装弯头，而应装一段约为 3 倍直径长的直管段，以保证水流在进口处的流速分布均匀，不影响水泵的效率。

为保证水泵正常运行，吸水管路一定要设置支承架，以避免将管路重量传到泵体上。吸水管在吸水井（槽）内的安装应满足图 12-1 所示的基本要求。

（2）出水（压水）管道安装　压水管路安装，应做到定线准确，

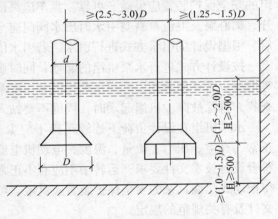

图 12-1　吸水管在吸水井（槽）内的安装

$D = (1.25 \sim 1.5)\ d$

管坡满足设计要求。管路连接一般采用法兰连接以便装拆、维修，管材可用钢管或铸铁管。铺设在地沟内的管道，法兰外缘距沟壁与顶盖不得小于 0.3m。

在压水管路的转弯与分支处应采用支墩或管架固定，以承受管路上的内压力

所造成的推力。

（3）水泵附属设备

1）引水系统安装。引水箱及连接管道应严密，保证在 0.1MPa 的负压时不漏气。水泵泵轴的填料函处应保证不产生较多的漏气。

真空系统的管道安装应平直、严密、不得漏气，不得出现上下方向的 S 形存水弯。真空系统的循环水箱出流管标高应与水环式真空泵中心标高一致。

2）其他设备安装。在水泵壳的顶部应安装放气阀，供水泵起动前充水时排气用。在水泵压水管上应安装止回阀、闸阀、压力表等。止回阀一般在水泵与闸阀之间安装，压力表安装在水泵压水管的连接短管上。在水泵吸水管上按设计要求可安装真空表、闸阀等。

（4）水泵的隔振、减振安装　当水泵机组安装采用减振措施时，在水泵的吸、压水管上应安装可曲挠橡胶接头等，以隔绝水泵组通过管道而传递振动，防止管路上的应力传至水泵。一般可曲挠橡胶接头等应分别安装在渐缩管与阀件之间，用法兰连接。

4．水泵运行调试

在水泵机组安装完毕后，在运行前应检查所有与水泵运行有关的仪表、开关，应完好、灵活；检查电动机的转向是否符合水泵的转向要求；各紧固连接部位不应松动，按照水泵机组的设备技术文件要求，对润滑部位进行润滑。水泵机组的安全保护装置应灵敏、可靠。盘车应灵活、正常。水泵起动前进水阀门应全开，离心泵及混流泵真空引水时出水阀门应全闭，其余水泵的出口阀门全开。然后，根据设计的引水方式进行引水。若引水困难，则应查明原因，排除故障。

按设计方式进行水泵机组的起动，同时观察机组的电流、真空、压力、噪声等情况。若不能起动，则应从电气设备、水泵、吸水管路、引水系统等方面逐个查找，排除故障。机组起动时，周围不要站人。

水泵机组在设计负荷下连续运转不应少于 2h，在此期间，附属系统运行应正常，真空、压力、流量、温度、电动机电流、功率消耗、电动机温度等要求应符合设备技术文件要求；运转中不应有不正常声音，无较大振动，各连接部分不得松动或泄漏；泵的安全保护装置应灵敏、可靠。除此之外，还应符合设备技术文件及有关规范的规定。

试运转结束后，关闭泵的进、出口阀门和附属系统的阀门。离心泵停泵前应先将压水管阀门关闭，然后停泵；按要求放净泵内积存的介质，防止泵锈蚀、冻裂、堵塞。若长时间停泵放置，应防止设备锈蚀和损坏。

表 12-5 为水泵调试、验收要求。

表 12-5　水泵调试、验收要求

项　目	检 查 结 果
各法兰连接处	无渗漏，螺栓无松动
填料函压盖处	松紧适当，应有少量水渗出，温度不应过高
电动机电流值	不超过额定值
运转状况	无异常声音，平稳，无较大振动
轴承温度	滚动轴承小于 70℃，滑动轴承小于 60℃，运转温升小于 35℃

12.1.3　风机安装

广义地讲，凡是用以获得压缩空气的机械，都称为压缩机。但习惯上根据机械所达到的压力高低分为鼓风机、通风机和压缩机。鼓风机、通风机主要用于输送气体，而压缩机主要用于提高气体的压力。在给水排水工程中，鼓风机和空气压缩机是常用的曝气设备。

1. 离心式鼓风机安装

以单级高速离心式鼓风机为例，介绍离心式鼓风机的结构。这种型式的鼓风机组使用比较普遍，主要由下列几部分组成：鼓风器、增速器、联轴器、机座、润滑系统、控制和仪表系统、驱动设备，如图 12-2 所示。

（1）鼓风器　鼓风器由转子、机壳、轴承、密封结构和流量调节装置组成。

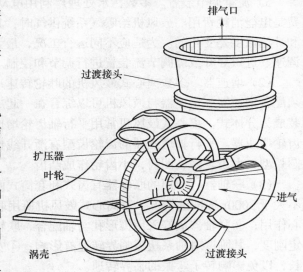

图 12-2　单级离心鼓风机

1）转子。叶轮和轴的装配体称为转子。叶轮是鼓风机中最关键的零件，常见的有开式径向叶片叶轮、开式后弯叶片叶轮和团式叶轮。叶轮叶片的形式影响鼓风机的压力流量曲线、效率和稳定运行的范围。叶轮可以用不同的材料铸造、焊接或机械加工。制造叶轮的常用材料为合金结构钢、不锈钢和铝合金等。叶轮与轴组装后必须作动平衡试验和超速试验。

2）机壳。鼓风机机壳由进气室、扩压器、涡壳和排气口组成。机壳要求具有足够的强度和刚度，一般机壳用灰铸铁或球墨铸铁铸造，高压鼓风机用铸钢机壳，大型鼓风机可以用焊接机壳。机壳半精加工后应进行水压试验。涡壳的作用是集气，并将扩压后的气体引向排气口。涡壳的截面有圆形、梯形和不对称等外径等形状。

3）轴承。转速低于 3000r/min、功率较小的鼓风机可以采用滚动轴承。一般有下列情况之一应采用强制供油的径向轴承和推力轴承：①轴传递功率大于 336kW 或转速高于 3600r/min；②DN 系数大于 300000，DN 系数为轴承内径尺寸（mm）与额定转速（r/min）的乘积；③标准型滚动轴承不能满足设计寿命，即在设计条件下连续运行 25000h 或在最大轴向和径向荷载下，以 1.5 倍额定转速运行 16000h。常用的滑动轴承有对开式径向轴承、自位式径向轴承和自位式推力轴承。

4）密封结构。常用的密封结构有迷宫式密封、浮环密封和机械密封三种。

5）流量调节装置。多数污水处理厂利用电动机驱动鼓风机，最主要的运行费用是电能消耗费用。鼓风机给曝气系统供气时，其排气压力相对稳定，但需气量和环境温度是变化的。为适应不同运行工况，最大限度地节约电能，可以用变频调速、进口导叶或蝶阀节流装置进行调节和控制。

（2）增速器 多数离心式鼓风机的叶轮转速远远超过原动机的转速，因此必须配备增速器。增速器与鼓风机可以综合在一起成为整体式，也可以分别独立安装成为分体式。离心式鼓风机常用平行轴齿轮增速器，增速比大于 5 时采用行星齿轮增速器。平行轴增速器的齿轮齿型有渐开线型和圆弧型，目前国内广泛采用圆弧型，大齿轮做成凹齿，小齿轮作成凸齿。

（3）联轴器 常用的联轴器有齿式和套筒式两种。刚性联轴器一般用于转速不大于 3000r/min 的情况。对离心式鼓风机所用联轴器的要求是：①有一定的调心作用；②联轴器最好采用锥形孔与轴配合，联轴器拆装方便；③联轴器要有一定刚度，其刚度对轴系扭振临界转速有影响；④安装联轴器的轴端、轴伸不宜过长，以免影响转子弯振的临界转速。

（4）机座 机座用型材和钢板焊接，兼做油箱。机座应该有足够的强度和刚度。

（5）润滑系统 润滑系统主要包括主液压泵、辅助液压泵、过滤器、油冷却器、油箱、管路、阀门和必要的仪器等。

（6）控制和仪器系统 离心式鼓风机的检测仪表、监控和安全装置，它必需包括下列功能：①起动/停车；②远方/就地停车；③防喘振和超负荷保护；④工作状态显示；⑤保护性停车和报警；⑥与全厂控制系统联网所必须的接点。

（7）驱动设备 离心式鼓风机通常用交流电动机驱动，使用维修较为方便。规模较大的污水处理厂若能产生足够的沼气，可以用燃气发动机或燃气轮机驱动鼓风机。

在工程设计时，应根据污水处理厂的能源供应特点，经济合理地选择鼓风机驱动设备。离心式风机安装允许偏差见表12-6。

表 12-6 离心式风机安装允许偏差

项 目	允 许 偏 差			
	接触间隙/mm	水平度/mm·m^{-1}	中心线重合度/mm	轴向间隙/mm
轴承座与底座	<0.1			
轴承座纵、横方向		<0.2		
机壳与转子			<2	
叶轮进风口与机壳进风口接管				<$D_{叶轮}$/100
主轴与轴瓦顶				$d_{轴}$×(1.5/1000~2.5/1000)

2. 罗茨鼓风机安装

罗茨鼓风机由美国人罗特（Root）兄弟于1854年发明，故用罗茨命名。这是目前我国空气压缩机中惟一保留以人名称呼的机器。罗茨鼓风机的典型结构如图12-3所示。

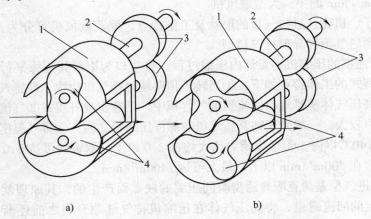

a)   b)

图 12-3 罗茨鼓风机结构原理图

a) 两叶罗茨鼓风机 b) 三叶罗茨鼓风机

1—机壳 2—主轴 3—同步齿轮 4—转子

罗茨鼓风机使用范围：容积流量0.25~80m³/min，功率0.75~100kW，压力20~50kPa，最高可达0.2MPa。

（1）性能特点 罗茨鼓风机结构简单，运行平稳、可靠，机械效率高，便于维护和保养；对被输送气体中所含的粉尘、液滴和纤维不敏感；转子工作表面不需润滑，气体不与油接触，所输送气体纯净。罗茨鼓风机是低压容积式鼓风机，排气压力是根据需要或系统阻力确定的。与离心式鼓风机相比较，进气温度的波动对罗茨鼓风机性能的影响可以忽略不计。

选用罗茨鼓风机还是离心式鼓风机，最终取决于使用要求。例如，罗茨鼓风机比较适合于好氧消化池曝气、滤池反冲洗以及渠道和均和池等处的搅拌，因为这些构筑物由于液位的变化，会使鼓风机排气压力不稳定。离心式鼓风机比较适合于大供气量和变流量的场合。

（2）结构形式　按转子轴线相对于机座的位置，罗茨鼓风机可分为竖直轴和水平轴两种。竖直轴的转子轴线垂直于底座平面，这种结构的装配间隙容易控制，各种鼓风机都有采用。水平轴的转子轴线平行于底座平面。按两转子轴线的相对位置，又可分为立式和卧式两种。立式的两转子轴线在同一竖直平面内，进、排气口位置对称，装配和联结都比较方便，但重心较高，高速运转时稳定性差，多用于流量小于 $40m^3/min$ 的小型鼓风机。卧式的两转子轴线在同一水平面内，进、排气口分别在机体上、下部，位置可互换，实际使用中多将出风口设在下部，这样可利用下部压力较高的气体，一定程度上抵消转子和轴的重量，减小轴承力以减轻磨损。排气口可从两个方向接出，根据需要可任选一端安装排气管道，另一端堵死或接旁通阀。这种结构重心低，高速运转时稳定性好，多用于流量大于 $40m^3/min$ 的中、大型鼓风机。

按转子、机壳、进排气口的形状及工作特点，罗茨鼓风机可分为三种型式：普通型、预进气型和异形排气口型。

1）普通型的压缩机不设计内压缩过程，排气口为矩形其边缘平行于主轴轴线，这种型式的工作特点如下：①当转子顶部越过排气口边缘，即排气缝隙开启的瞬间，高压气体从排气口回流到输气容积中，迅速实现升压；②气流脉动与气体动力噪声较大，一般介于往复压缩机与螺杆压缩机之间；③排气温度较高，通常控制在 140℃ 以内；④单级压力比大约在 2.0 以下，双级的可达 3.0 左右，容积流量通常在 $500m^3/min$ 以下，最大可达 $1400m^3/min$。

2）预进气型是为克服普通型瞬间压缩的缺点而产生的，其原理就是在气缸上开设一定的回流通道，将高压气体在压缩机排气缝隙开启之前逐渐导入压缩腔，使其内压力在排气缝隙开启时尽量接近排气压力。常用的回流通道形式的工作特点如下：①可实现气体的平缓压缩；②可消除排气缝隙开启后的回流冲击；③对于机壳开口的墙板开孔的回流形式，导入的气体温度较低（又称逆流冷却）时，能降低排气温度，可提高压力比（单级可达 2.6 左右）。

3）异形排气口型是将排气口设计成非矩形状，实现排气缝隙的逐渐开启。这种型式压缩机的工作特点如下：①可延缓排气腔内高压气体的回流过程；②可改善气流脉动与气体动力噪声特性；③流量通常在 $40m^3/min$ 以内，压力比在

1.6以下。

（3）传动方式　罗茨鼓风机的驱动可采用电动机直联、带传动、齿轮减速器传动三种方式。鼓风机驱动机构的布置有两种：①将电动机和同步齿轮放在转子的同侧；②将电动机和同步齿轮分别置于转子的两侧。同侧从动转子的转矩直接由电动机端的主动齿轮提供，因而主动转子轴的扭转变形小，两转子间的间隙均匀。但这种传动方式的主动轴上有三个轴承，加工和安装都有一定困难，且同步齿轮的装拆和检修不便，整个结构的重心移向电动机和齿轮箱一端，显得不匀称，所以很少采用。电动机和同步齿轮分置于转子两侧的，在结构上可克服前者的缺点，但主动轴扭转变形较大，可能导致两转子间间隙不均匀（可通过固定轴与转子，增大轴的刚度来尽量避免），这种方案装拆方便，应用广泛。对于大、中型鼓风机，也可用两台同步电动机直接驱动两转子的反向旋转，但要求在电力拖动的控制方面比较精确。

（4）密封结构、部位及形式　罗茨鼓风机转轴的外伸端与机体间存在径向间隙，为防止气体漏气，必须进行密封，不同的密封结构适用于输送不同介质的罗茨鼓风机。

（5）使用选型　罗茨鼓风机的选型应遵循如下原则：①根据生产工艺条件所需要的风压和风量，选择不同性能规格的鼓风机；②根据输送介质的腐蚀情况，选择不同材质的零件；③根据工作地点的具体情况决定冷却方式，有水的地方可选择水冷式鼓风机，无水的地方应选择风冷式鼓风机。

罗茨鼓风机安装允许偏差见表12-7。

表 12-7　罗茨鼓风机安装允许偏差

项　　目	允 许 偏 差	
	水平度/mm·m^{-1}	轴向间隙/mm
机身纵、横方向	<0.2	
转子与转子间、转子同机壳间		符合设备技术文件规定

3.通风机安装

通风机分为离心式鼓风机和轴流式风机。安装前应根据设备清单核对其规格、型号是否与设计相符，零配件是否齐全。再观察外表有无损坏、变形和锈蚀现象。对小型风机可用手拨动风机叶轮，检查是否灵活。旋转后每次都不应停留在同一位置上，并不能碰壳。对大型风机需现场组装，应检查各叶片尺寸、叶片角度、传动轴等使之符合设计要求。

（1）安装要点　由于风机叶片尺寸大，因此往往在现场组装。

1）组装时搬运和吊装的绳索捆缚不得损伤机械表面，转子齿轮轴两端中心孔、轴瓦的推力面和推力盘的端面、机壳水平中分面的连接螺栓孔、转子轴颈和轴封处均不得作为捆缚位置。不应将转子和齿轮轴直接放在地上滚动或移动。

2）组装时应保证叶片安装角度符合设计要求，固定应牢固，旋转方向正确；保证叶片传动轴与电机轴应同心连接，并且偏心不超过 0.01mm；保证减速器轴、传动轴中心和电动机轴在同一轴心上，其径向振幅不大于 0.05mm；叶片外缘与风筒内壁之间间隙误差不大于 ±5mm，用手推动叶片能灵活转动；组装时轮间间隙不超过 1mm；机械各部螺丝应牢固、齐全。

3）风机的润滑、油冷却和密封系统的管路的受压部分应做强度试验，水压试验压力应为最高工作压力的 1.25～1.5 倍。减速箱内应注入 50 号机油在规定红线以上；减速箱油温等自动控制设备准确好用。电源接线应正确牢固。

一般中、小型风机都是整机安装，电动机与风机之间有直接传动和间接传动。

风机一般安装要求如下：

1）整机风机安装时搬运和吊装的绳索不得捆缚在转子和机壳或承轴盖的吊环上。

2）风机一般安装在墙洞内、支架上或混凝土基础上，预留底脚螺栓孔尺寸应准确。安装时应使底座水平，风机和电动机应找平找正，轴心偏差应在规定范围内，叶轮与机壳不得相碰。

3）拧紧风机底脚螺栓，必要时可用橡胶减振垫或橡胶板来减小风机振动噪声。

4）风机安装允许偏差应符合设备技术文件及有关规定要求。

（2）试运转要点

1）风机试运转时间应不小于 2h，试运转应平稳，转子与定子、叶片与机壳无摩擦。

2）油路、水路应正常，不得漏油、漏水；滑动轴承、滚动轴承以及润滑油的温升、最高温度等指标应符合设备技术文件及有关规定要求。

3）风机运转时的径向振幅应符合设备技术文件及有关规定。

（3）轴流式风机的安装允许偏差　见表 12-8。

表 12-8　轴流式风机安装允许偏差

项　目	允许偏差		
	水平度/mm	轴向间隙/mm	接触间隙
机身纵、横方向	<0.2		
轴承与轴颈、叶轮与主体风筒口		符合设备技术文件规定	
主体上部，前后风筒与扩散筒的连接法兰			严密

（4）调试、运转及验收　离心式和轴流式通风机连续运转不得小于 2h，罗茨和叶氏鼓风机连续运转不得小于 4h。正常运转后调整至公称压力下，电动机的电流不得超过额定值。如无异常现象，将风机调整到最小负荷（罗茨和叶氏除外）连续运转到规定时间为止，试运转时必须达到下列要求：①运转平稳，转子与机壳无摩擦声音；②如技术文件无具体规定，径向振幅可按表 12-9 规定执行；③轴承温度、油路和水路的运转要求见表 12-10。

表 12-9　离心式和轴流式风机的径向振幅

	≤375	>375 ~500	>500 ~600	>600 ~750	>750 ~1000	>1000 ~1450	>1450 ~3000	≥3000
振幅/mm	0.20	0.18	0.16	0.13	0.10	0.08	0.05	0.03

表 12-10　离心式和轴流式风机的轴承温度及油、水路的运转要求

项　目	检 查 结 果
油路和水路	无漏油、漏水现象

4．空气压缩机安装

空气压缩机可作为小型地下水除铁除锰以及污水厂曝气沉砂池用曝气设备，也可作为城市自来水厂气水反冲洗、气动阀门、虹吸滤池的供气设备。

（1）安装要点

1）空气压缩机整机安装时，应按机组的大小选用成对斜垫铁。对超过 3000r/min 的机组，各块垫铁之间，垫铁与基础、底座之间的接触面积不应小于接合面的 70%，局部间隙不应大于 0.05mm。每组垫铁选配后应成组放好，防止错乱。机组的水平偏差≤0.10/1000。

2）底座上导向键（水平平键或垂直平键）与机体间的配合间隙应均匀，并应符合设备技术文件的规定。

3）安装允许偏差应符合表 12-11 规定。

表 12-11　安装允许偏差

项　目	允许偏差	检 验 方 法
设备中心的标高和位置	±2mm	水平仪、经纬仪检查
设备纵向安装水平	≤0.05/1000	在主轴上用水平仪检查
设备横向安装水平	≤0.10/1000	在机壳中分面上用水平仪检查
轴承座与底座或机壳锚爪与底座间的局部间隙	≤0.05mm	卡尺或塞尺检查
上下机壳结合面未拧紧螺栓前的局部间隙	≤0.10mm	塞尺和专用工具检查

（2）试运转要点

1）试运转前应将润滑系统、密封系统和液压控制系统清洗洁净并应进行循环清洗，保证完好。盘动主机转子应无卡阻和碰刮现象；机组各辅助设备、仪表

运转正常,各项安全措施符合要求。

2)小负荷试运转 4~8h。要求各运动部件声音正常,无较大的振动;各连接部件、紧固件不得松动;润滑油系统正常、无泄漏。

3)空气负荷试运转。开始时,排气压力每 5min 升压不得大于 0.1MPa,并逐步达到设计工况。连续负荷试运转的时间不应小于 24h。运转中,每隔一定时间应检查油温、油压等运行参数;应满足各油、气、水系统应无泄漏的要求;各级排气温度和压力必须符合设备技术文件的要求;安全阀灵敏可靠等要求。

12.2 专用设备的安装

12.2.1 概述

给水排水工程专用设备根据其使用功能,大致上可分为 14 大类,即药液制备与投加设备、搅拌设备、排泥设备、冲洗设备、消毒设备、拦污设备、曝气设备、污泥处理设备、小型给水设备、软化除盐及冷却设备、污水处理一体化设备、换热设备、塔设备及其他设备。

1. 药液制备与投加设备

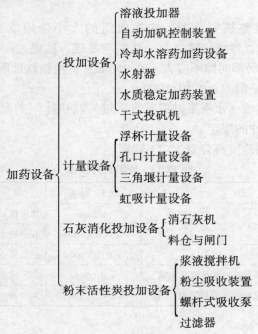

2．搅拌设备

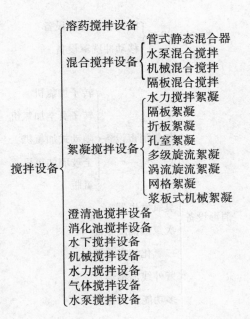

```
          ┌ 溶药搅拌设备
          │                  ┌ 管式静态混合器
          │ 混合搅拌设备      │ 水泵混合搅拌
          │                  │ 机械混合搅拌
          │                  └ 隔板混合搅拌
          │                  ┌ 水力搅拌絮凝
          │                  │ 隔板絮凝
          │                  │ 折板絮凝
搅拌设备  │ 絮凝搅拌设备      │ 孔室絮凝
          │                  │ 多级旋流絮凝
          │                  │ 涡流旋流絮凝
          │                  │ 网格絮凝
          │                  └ 浆板式机械絮凝
          │ 澄清池搅拌设备
          │ 消化池搅拌设备
          │ 水下搅拌设备
          │ 机械搅拌设备
          │ 水力搅拌设备
          │ 气体搅拌设备
          └ 水泵搅拌设备
```

3．排泥设备

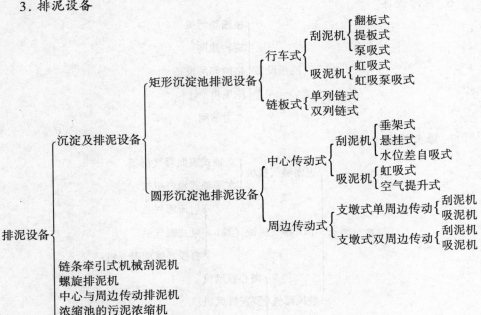

```
                    ┌ 矩形沉淀池排泥设备 ┌ 行车式 ┌ 刮泥机 ┌ 翻板式
                    │                    │        │        │ 提板式
                    │                    │        │        └ 泵吸式
                    │                    │        └ 吸泥机 ┌ 虹吸式
                    │                    │                 └ 虹吸泵吸式
          沉淀及     │                    └ 链板式 ┌ 单列链式
          排泥设备   │                             └ 双列链式
          │         │                             ┌ 刮泥机 ┌ 垂架式
          │         │                    ┌中心传动式│        │ 悬挂式
          │         │                    │         │        └ 水位差自吸式
          │         └ 圆形沉淀池排泥设备  │         └ 吸泥机 ┌ 虹吸式
排泥设备 ┤                              │                  └ 空气提升式
          │                              └ 周边传动式┌支墩式单周边传动┌刮泥机
          │                                         │               └吸泥机
          │                                         └支墩式双周边传动┌刮泥机
          │                                                         └吸泥机
          │ 链条牵引式机械刮泥机
          │ 螺旋排泥机
          ├ 中心与周边传动排泥机
          │ 浓缩池的污泥浓缩机
          └ 机械搅拌澄清池刮泥机
```

4. 冲洗设备

$$冲洗设备\begin{cases}滤池表面冲洗设备\\移动冲洗罩设备\end{cases}$$

5. 消毒设备

$$消毒设备\begin{cases}加氯消毒设备\begin{cases}转子加氯机\\转子真空加氯机\\随动式加氯机\\全玻璃加氯机\\氯瓶\end{cases}\\臭氧发生器\\次氯酸钠发生器\\二氧化氯发生器\\紫外线消毒器\\多功能水消毒器\end{cases}$$

6. 拦污设备

$$拦污设备\begin{cases}格栅除污机\\旋转滤网\\格网起吊设备\\除毛机\\水力筛网\end{cases}$$

7. 曝气设备

$$曝气设备\begin{cases}表面曝气机械\begin{cases}立轴式表面曝气机械\\水平轴式曝气机械\end{cases}\\水下曝气机械(器)\begin{cases}射流曝气机\\泵式曝气机\\自吸式螺旋曝气机\end{cases}\\鼓风曝气\begin{cases}离心鼓风机\\罗茨鼓风机\\各种曝气扩散器\end{cases}\end{cases}$$

8．污泥处理设备及污泥脱水机械

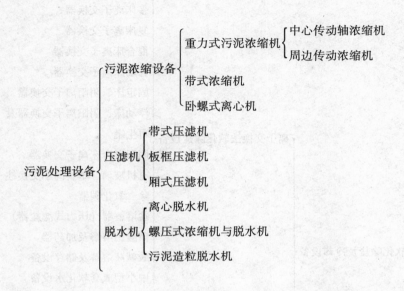

$$
\text{污泥处理设备}
\begin{cases}
\text{污泥浓缩设备}
\begin{cases}
\text{重力式污泥浓缩机}
\begin{cases}
\text{中心传动轴浓缩机}\\
\text{周边传动浓缩机}
\end{cases}\\
\text{带式浓缩机}\\
\text{卧螺式离心机}
\end{cases}\\
\text{压滤机}
\begin{cases}
\text{带式压滤机}\\
\text{板框压滤机}\\
\text{厢式压滤机}
\end{cases}\\
\text{脱水机}
\begin{cases}
\text{离心脱水机}\\
\text{螺压式浓缩机与脱水机}\\
\text{污泥造粒脱水机}
\end{cases}
\end{cases}
$$

9．小型给水设备

$$
\text{小型给水设备}
\begin{cases}
\text{一体化净水器}\\
\text{分体式净水器}\\
\text{过滤净水器}\\
\text{除铁、除锰、除氟、脱盐设备}\\
\text{特殊净水器}\\
\text{饮用水深度处理净水器}\\
\text{玻璃钢水箱}\\
\text{变频调速给水装置}\\
\text{水力自动补气式气压给水设备}\\
\text{隔膜式气压给水设备}
\end{cases}
$$

10. 软化除盐及冷却设备

软化除盐及冷却设备 ⎰
- 离子交换法软化除盐设备 ⎰
  - 单床离子交换器
  - 多床离子交换器
  - 复床离子交换器
  - 混合床离子交换器
  - 移动床离子交换器
  - 固定床、阴阳离子交换器
  - 浮动床、阴阳离子交换器及再生罐
  - 阴阳混合床离子交换器
  - 有机玻璃、塑料离子交换柱
  - 除二氧化碳器
  - 盐溶解器（压力式滤盐器）
  - 磷酸钠溶解及加药器
  - 酸碱液溶解及储存设备
  - 中小型成套软化水设备
- 电渗析设备
- 反渗透设备
- 高纯水处理设备
- 冷却水设备

11. 污水处理一体化设备

污水处理一体化设备 ⎰
- 酸性废水中和处理设备
- 含铬、氰、镍、铜电镀工业废水处理设备
- 生物转盘
- 生物接触氧化塔及活性炭脱色塔
- 离心萃取设备
- 高梯度磁分离装置
- 油水分离设备
- 医院污水臭氧接触氧化消毒及清洗处理设备
- 增氧机、曝气机及转碟
- 综合污水处理设备
- 气浮处理设备

12. 换热设备

换热设备
- 按储热容积分
  - 容积式换热器
  - 半容积式换热器
  - 半即热式换热器
  - 快速式换热器
- 按工作原理分
  - 间壁式换热器
  - 混合式换热器
- 按换热器的构造分
  - 管壳式换热器
  - 板式换热器
  - 螺旋板式换热器
  - 列管式换热器
- 按换热管的形式分
  - 固定 U 形管式换热器
  - 浮动盘管式换热器
- 按换热器的放置方式分
  - 卧式换热器
  - 立式换热器
- 按换热方式分
  - 直流式换热器
  - 蓄流式换热器
  - 间隔式换热器

13. 塔设备

塔设备
- 冷却塔
  - 开放式冷却塔
  - 密闭式冷却塔
  - 玻璃钢冷却塔
    - 逆流式玻璃钢冷却塔
    - 横流式玻璃钢冷却塔
    - 逆流混合式玻璃钢冷却塔
    - 喷射型玻璃钢冷却塔
  - 横流钢结构冷却塔
  - 喷射冷却塔
  - 密闭式蒸发冷却塔
- 离子交换器
  - 阳离子交换器
  - 阴离子交换器
  - 阴阳混合床离子交换器
- 喷雾填料式脱气塔
- 氧化塔
- 生物接触氧化塔
- 活性炭吸附器

14. 其他设备

除以上介绍的设备外，在给水排水工程设备中还包括很多其他类型的设备，如萃取设备、吹脱设备、汽提设备等。

12.2.2 水工程专用设备安装

12.2.2.1 格栅

在城市污水的一级处理中，格栅主要是去除污水中体积较大的悬浮物或漂浮物。

按位置不同，格栅可分为前清渣式格栅和后清渣式格栅两种，前清渣式格栅是顺水流清渣，后清渣式格栅是逆水流清渣。按构造特点不同，格栅分为齿耙式格栅、循环式格栅、弧形格栅、回转式格栅、转鼓式格栅和阶梯式格栅等。

1. 机械格栅分类及其适用范围

污水处理厂一般设置两道格栅，提升泵站前设置粗格栅或中格栅，沉砂池前设置中格栅或细格栅。人工清渣格栅适用于小型污水处理站或作为机械格栅事故时的辅助格栅，当栅渣量大于 $0.2m^3/d$ 时，一般应采用机械清渣格栅。机械格栅的应用范围见表 12-12。

表 12-12 机械格栅分类及适用范围

序 号	名 称	栅条间隙	适用场所	格栅设备举例
1	粗格栅	> 40mm；机械清除时宜为 16 ~ 25mm；人工清除时宜为 25 ~ 40mm；特殊情况下，最大可为 100mm	一般用于水电站、雨水泵站和河道上，用于清除水中的较大固体杂巷	回转式格栅；钢丝绳格栅除污机；单轨悬挂式移动格栅除污机；高链式格栅
2	中格栅	10 ~ 40mm	一般用于污水处理厂和雨水泵站用于清除水中的较大的块状物、杂质	钢丝绳格栅除污机；回转式固液分离机；回转式格栅；高链式格栅；抓斗式格栅
3	细格栅	1.5 ~ 10mm	一般用于污水处理厂、自来水厂，用于清除水中细小固体杂物	网板阶梯格栅除污机；阶梯格栅；回转式固液分离机；弧形格栅；转鼓格栅

2. 常用格栅及其特点

(1) 钢丝绳牵引式格栅除污机

1）工作原理：钢丝绳牵引式格栅除污机是一种比较成熟可靠的格栅除污机，主要由耙斗、提升部件、除污推杆、控制装置、机架等组成。工作时，传动装置带动钢丝绳控制耙斗的提升和开闭，通过耙斗的下行、闭合、上行、卸渣开耙的连续动作，将格栅拦截的栅渣清除。

2）主要特点：①易损件少，水下无传动部件，维护检修方便，运行安全可靠；②捞渣量大，卸渣彻底，效率高；③宽度可达 5m，最大深度可达 30m。

3）适用范围：主要用于雨水泵站或合流制泵站，拦截粗大的漂浮物或较重的沉积物，一般作粗、中格栅使用。特别适用于深井和宽井，以及非常恶劣的工况。

（2）回转式格栅除污机

1）工作原理：回转式格栅除污机包括机架、驱动变速系统、传动导轮、支承轮以及绕其转动的封闭式回转牵引链、齿耙和栅条。在电动机减速器的驱动下，回转牵引链由下往上作回转运动，当牵引链上的齿耙运转到栅条的迎水面时，耙齿即插入栅条的缝隙中作清捞动作，将栅条上所截留的杂物刮落耙中，从而达到清渣的目的。

2）主要特点：①结构紧凑，缓冲卸渣；②耐磨损，运行可靠，可全自动运行；③驱动荷载过大时链条容易变形或拉断，遇硬物时耙齿容易被撞坏。

3）适用范围：一般用作粗、中格栅。

（3）高链式格栅除污机

1）工作原理：高链式格栅除污机主要由驱动装置、机架、导轨、齿耙和卸污装置等组成。三角形齿耙架的滚轮设置在导轨内，另一主滚轮与环形链铰接。由驱动机构驱动分置于机架两侧的环形链，牵引三角形齿耙架沿导轨升降。下行时，三角形齿耙架的主滚轮位于环形链条的外侧，齿耙张开下行。至下行终端，主滚轮回转到链轮内侧，三角形齿耙插入格栅栅隙内。上行时，耙齿把截留于格栅上的栅渣扒集至卸污料口，由卸污装置将污物推入滑板，排至集污槽内，此时三角形齿耙架的主滚轮已上行至环链的上端，回转至环链的外侧，齿耙张开，完成一个工作循环。

2）主要特点：①传动部件均在水面以上，有效防止水中污物的侵入及卡阻，维护检修方便，使用寿命长；②构造简单，制造方便；③没有逐层清污的能力，长时间不开或栅前的垃圾太多时，需要人工清理后才能开机，另外链条运行时间过长后会变形甚至错位，造成耙齿歪斜，需要经常调整。

3）适用范围：用于泵站进水渠（井），拦截捞取水中的漂浮物，一般作中、细格栅使用。

（4）抓斗式格栅

1）工作原理：抓斗式格栅除污机主要由悬挂单轨系统、移动小车、抓斗装置、限位装置等组成。工作时，抓斗装置和有准确定位限位装置的移动小车一起移动，到指定清污位置后抓斗向下运行，将栅渣捞起后上升到井上指定位置，随移动小车沿轨道移到卸渣位置卸渣，卸渣后再移动至下一个工作位进行下一次清渣操作。

2）主要特点：①结构紧凑，运行平稳可靠；②清污能力强，能彻底清除栅条截留污物；③水下无传动部件，维护简单；④抓斗直接将栅渣送至集渣处，不需另设栅渣输送装置；⑤服务面积大，一台清污机能服务于多个井位；⑥自动化程度高。

3）主要设计参数：抓斗宽度 1~5m，最大工作负荷 3000kg，格栅井深度可达 30m，栅条间隙 15~300mm，一台清污机可以同时服务于多个井位。

4）适用范围：适用于泵站前、城市污水处理厂前端，尤其适用于大的进水口，一般作粗、中格栅使用。

（5）回转式固液分离机

1）工作原理：回转式固液分离机是由一组特殊形的耙齿按一定的次序装配在耙齿轴上形成的一组回转式封闭格栅链。在电动机减速器的驱动下，耙齿链逆水流方向自下而上回转，将污水中的固体杂物分离出来，当耙齿链运转到设备的上部时，由于槽轮和弯轨的导向，使每组耙齿之间产生相对自清运动，绝大部分固体物质靠重力落下。粘在耙齿上的杂物则依靠设备后部的一对与耙齿链运动方向相反的清扫器清扫干净。

2）主要特点：①结构紧凑，自动化程度高；②排渣彻底，分离效率高；③耙齿需要经常更换，维修成本高。

3）主要设计参数：机宽 0.3~3.6m，槽深不超过 12m，耙齿栅隙 1~50mm。

4）适用范围：用于泵站前、城市污水处理厂前端，一般作中、细格栅使用。

（6）阶梯式格栅除污机

1）工作原理：阶梯式格栅由驱动装置、传动机构、机架、动栅片、静栅片等部分组成。动、静栅片锯齿形交替布置，通过设置于格栅上部的驱动装置带动分布于格栅机架两边的两组偏心轮和连杆机构，使动栅片相对于静栅片作小圆周运动，将水中的漂浮物截留在栅面上，并将截留渣物从水中逐级台阶上推至格栅顶部排出，从而达到拦污、清渣的目的。

2）主要特点：①采用独特的阶梯式清污方式，可避免杂物卡阻及缠绕，运行安全可靠，清渣效果较好；②水下无传动机构，使用寿命长，维护方便。

3）适用范围：阶梯式格栅除污机是一种典型的细格栅，适用于渠深较浅、宽度不大于 2m 的场合。由于动静栅条中间容易夹进砂砾，磨损栅条，影响使用寿命，因此不适合在含砂量大的场合。

（7）网板式格栅除污机

1）工作原理：网板式格栅除污机是对污废水中垃圾截留能力较强的细格栅之一。驱动机构牵引链条驱动安装在链条上的不锈钢网板回转，网板拦截污水中的固体污物并将截留污物由下向上输送至格栅顶部进行重力自卸，然后通过单独驱动的转刷及压力水冲洗使卸料彻底，并清洁过滤网板。

2）主要特点：①采用回转式网板，过水面积大，垃圾截留率高；②运行载荷低，运行平稳，网板提升不易过载；③无水下传动机构，无水下轴承，维护检修方便，使用寿命长；④垃圾清除彻底，彻底解决纤维、塑料袋及毛发等缠绕问题。

3）适用范围：适用于要求杂物清除率高的场合。

（8）转鼓式格栅除污机

1）工作原理：转鼓式格栅除污机又称细栅过滤器或螺旋格栅机，是一种集细格栅截污、除渣、栅渣螺旋提升和螺旋压榨脱水等几种功能于一体的设备。格栅片按格栅间隙制成鼓形栅筐，污水从栅筐前流入，通过格栅过滤，从转鼓侧面的栅缝流出，栅渣被截留在栅面上，当栅内外的水位差达到一定值时，安装在中心轴上的旋转齿耙回转清污，将污物扒集至栅筐顶点位置靠栅渣自重卸渣。栅渣由槽底螺旋输送器提升，至上部压榨段压榨脱水后外运。

2）主要特点：①集截污、输送、压榨为一体，结构紧凑，节省占地面积，减轻栅渣后继处理费用；②清渣彻底，分离效率高；③过滤面积大，水头损失小。

3）主要设计参数：转鼓式格栅可分为栅框转式和栅框不转式两种形式，栅筐转式转鼓格栅除污机栅筐直径 0.6～3m，格栅间距 0.5～5mm；栅筐不转式转鼓格栅除污机栅筐直径 0.6～3m，格栅间距 6～10mm。

4）适用范围：适用于渠深较浅的场合，一般用于细格栅。

（9）弧形格栅除污机

1）工作原理：弧形格栅除污机主要由机架、栅条、除污耙、清扫装置、偏心摇臂、驱动装置等组成。工作时除污耙在驱动装置的驱动下，由偏心摇臂驱动绕定轴转动，使除污耙上行插入栅条间隙清捞栅渣，当除污耙运转到渠道的上平台面时，栅渣经清扫器清扫落入垃圾小车或栅渣输送机中。此时偏心摇臂继续转动，使除污耙退出栅条进入下一个清捞循环。

2）主要特点：①设有缓冲装置，有效地降低了撇渣耙复位时产生的冲击和噪声；②结构紧凑，运行平稳，易于维护使用。

3）适用范围：适用于渠深较浅的场合，一般作为细格栅使用。

3．格栅安装

1）格栅安装时的定位允许偏差见表 12-13。

表 12-13 格栅安装定位允许偏差

项 目	允许偏差		
	平面位置偏差/mm	标高偏差/mm	安 装 要 求
格栅安装后位置与设计要求	≤20	≤30	
格栅安装在混凝土支架			连接牢固,垫块数小于 3 块
格栅安装在工字钢支架		<5	两工字钢平行度小于 2mm,焊接牢固

2) 机械格栅的轨道重合度,轨距和倾斜度等技术要求的允许偏差见表 12-14。

表 12-14 机械格栅安装允许偏差

序号	项 目	允许偏差	序号	项 目	允许偏差
1	轨道实际中心线与安装基线的重合度	≤3mm	3	轨道倾斜度	1/1000
			4	两根轨道的相对标高	≤5mm
2	轨距	±2mm	5	行车轨道与格栅	0.5/1000

3) 格栅安装允许偏差见表 12-15。

表 12-15 格栅安装允许偏差

项 目	允许偏差				
	角度偏差/℃	错落偏差/mm	中心线平行度	水平度	不直度	平行度
格栅与格栅井	符合设计要求		<1/1000			
格栅、栅片组合		<5				
机架			<1/100			
导轨					0.5/1000	两导轨间不超过 3mm
导轨与栅片组合						不超过 3mm

4) 调试运转及验收要求见表 12-16。

表 12-16 调试运转及验收要求

项 目	检 查 结 果
左、右两侧钢丝绳活链条与齿耙动作	同步动作,齿耙运行时水平,齿耙与格栅片齿合脱开差与冬季构动作协调
齿耙与格栅片	齿合时齿耙与格栅片间隙均匀,保持 3~5mm,齿耙与格栅水平,不得碰撞
各限位开关	动作及时,安装可靠,不得有卡住现象

（续）

项　目	检查结果
导轨	间隙 5mm 左右，运行时导轨不应有抖动现象
滚轮与导向滑槽	两侧滚轮应同时滚动，至少保持在有两只滚轮在滚动
机械格栅的进退机构（小车）	应与齿耙动作协调
钢丝绳	在绳轮中位置正确，不应有缠绕跳槽现象
链轮	主、从动链轮中心面应在同一平面上，不重合度不大于两轮中心距的 2/1000
试运行	用手动和自动操作，全程动作各 5 次，动作准确无误，无抖动、卡阻现象

5）某回转式固液分离机的安装如图 12-4 所示。

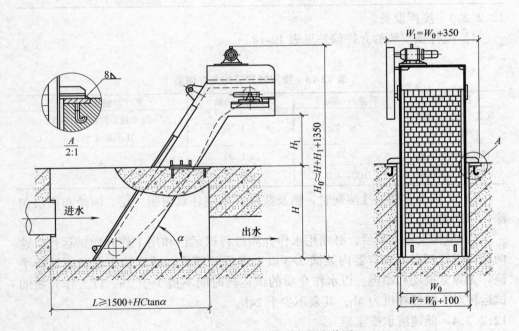

图 12-4　回转式固液分离机安装图

12.2.2.2　栅渣输送设备

栅渣输送设备包括带式输送机、无轴螺旋输送机、无轴螺旋压榨机，见表 12-17。

表 12-17　栅渣输送设备

名　称	工 作 原 理	适 用 范 围
带式输送机	带式输送机主要由驱动装置、输送带、滚筒、托辊、皮带张紧装置、清扫器、机架等组成，工作时由驱动装置驱动皮带在托辊上运动，带上的栅渣由于摩擦力的作用，随输送带一起运动完成输送过程	适用于输送粗格栅栅渣
无轴螺旋输送机	无轴螺旋输送机主要由驱动装置、输送螺旋、U 形槽、衬板、盖板、进、出料口等组成。工作时栅渣由进料口进入，经螺旋逐渐推移至出口，完成输送过程	适用于输送细格栅栅渣
无轴螺旋压榨机	无轴螺旋压榨机在无轴螺旋输送机的基础上多了压榨脱水功能，减小了栅渣的体积，便于栅渣后继的运输及处理。无轴螺旋输送压榨机主要由驱动装置、无轴螺旋叶片、机壳、回水管路等组成。工作时驱动装置带动螺旋叶片旋转，对栅渣进行脱水、压榨	适用于压榨细格栅栅渣

12.2.2.3　搅拌设备

1）搅拌轴安装的允许偏差见表 12-18。

表 12-18　搅拌轴安装的允许偏差

搅 拌 器	转速/$r \cdot min^{-1}$	下端摆动量	浆叶对轴线垂直度
浆式、框式和提升叶轮搅拌器	≤32	≤1.50	为浆板长度的 4/1000 且不超过 5mm
推进式圆盘平直叶涡轮式搅拌器	>32	≤1.00	
	100～400	≤0.75	

2）介质为有腐蚀性溶剂时，轴及浆板宜采用环氧树脂三层、丙纶布两层包涂，以防腐蚀。

3）搅拌设备安装后，必须用水作介质进行试运行和用工作介质试运行。这两种试运行都必须在容器内装满 2/3 以上容积的容量。试运转中设备应运行平稳，无异常振动和噪声。以水作介质的试运转时间不得少于 2h，以工作介质的试运转对小型搅拌机为 4h，其余不少于 24h。

12.2.2.4　低速潜水推流器

低速潜水推流器是一种兼搅拌混合和推流功能为一体的浸没式水处理设备。该设备通过大形叶轮将液体在向前推进的同时，将氧化沟（或其他水处理设施）里的混合液进行充分地搅拌混合，以改善氧化沟污水处理设施的水流条件，使水体获得工艺所要求的流速，有效防止污泥的沉淀，提高污水处理效率。

低速推流器主要用于氧化沟好氧或厌氧段的推流。也可作为创建水流，开辟水道，河床防冰之用。

1．规格及技术参数

低速推流器规格及技术参数见表 12-19 所示。

表 12-19 低速潜水推流器性能参数表

型 号	电动机功率 /kW	叶轮直径 /mm	转速 /r·min^{-1}	推力 /kN	流量 / (m^3/s)	质量（不含支架）/kg
DQT022 × 1400	2.2	1400	52	1.32	4.39	245
DQT030 × 1400	3.0	1400	58	1.64	5.45	260
DQT040 × 1400	4.0	1400	64	2.00	6.67	260
DQT040 × 1800	4.0	1800	38	2.12	7.08	300
DQT055 × 1800	5.5	1800	45	2.63	8.76	320
DQT075 × 1800	7.5	1800	52	3.24	10.78	325
DQT040 × 2500	4.0	2500	35	2.98	9.77	330
DQT055 × 2500	5.5	2500	40	3.83	12.76	340
DQT075 × 2500	7.5	2500	44	4.63	15.45	350

注：低速推流器可以在以下环境中正常工作：液体温度，$t \leqslant 40℃$；液体密度，$\rho_{max} \leqslant 1100kg/m^3$；液体 pH 值，6～9；浸没深度，$H_{max} \leqslant 10m$。

2．安装

1）低速推流器在运行过程中具有反作用力，该力最高可达 4630N，因此安装必须牢固可靠。特别指出的是，各支架与基础的连接不得采用膨胀螺栓方式固定。

2）推流器的布置直接关系到设备能否正常工作，因此必须注意：①推流器前端（流场线约 0.3m/s 处）无阻流物，以防水体撞击后产生涡流，推流器吸入端液流无隔断之处；②推流器推流方向应布置成与水体流向一致，不得受水体侧向流动的影响，切勿布置在池内水体进、出口的侧边；③推流器叶轮的叶梢距池底间距应大于 350mm，距液面间距应大于 500mm；④最适宜布置在以推流为主的渠道形生物反应池内，尽量不要选用在以搅拌为主的池内。

3）低速推流器安装位置旁的走道护栏应开设 1.5m 左右的活动门，以便于设备检修时的吊装。

4）更详细的安装说明请阅读设备的随机技术资料。

3．安装及基础图

各基础的安装参考以下图例。桥梁式安装基础如图 12-5 所示，靠墙式安装基础如图 12-6 所示，高速潜水推流器如图 12-7 所示。

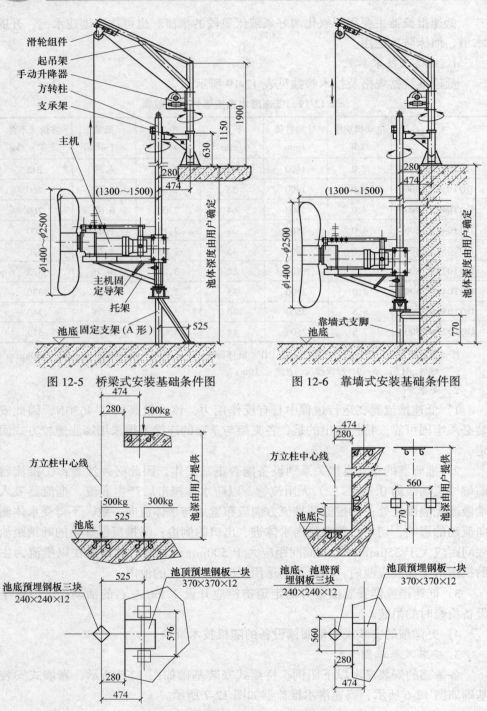

图 12-5 桥梁式安装基础条件图

图 12-6 靠墙式安装基础条件图

图 12-7 高速潜水推流（搅拌）器

12.2.2.5 高速潜水推流（搅拌）器

高速潜水推流（搅拌）器是利用流体力学理论和计算机模型软件优化设计开发的产品，该产品的搅拌和推流性能优越。高速潜水推流（搅拌）器主要用于污水处理厂活性污泥混合液的搅拌混合以及相关工业流程中搅拌含有悬浮物的液体，适用于污水处理厂矩形和圆形的厌氧池、调节池、反应池的混合液的搅拌。

高速潜水推流（搅拌）器安装有靠墙式和桥梁式两种方式，如图 12-8 和图 12-9 所示。两种支架形式由设备制造公司根据具体情况配置。两种方式安装基础条件图如图 12-10、图 12-11 所示。

高速潜水推流（搅拌）器安装要点：

1）设备选型应按容积大小、介质的密度、粘度和搅拌介质深度等确定。

2）安装位置应避免短路循环和有阻流现象，尽可能做到搅拌充分；避免水流与池壁发生不必要的冲撞；不能安装在涡流区；应考虑水流的进出口，不能产生死角（图 12-12）。

3）浸没在液体中的电缆绝不允许有任何接头，电缆必须有可靠的卡扣固定在支架上，防止被叶轮搅断。同时，所有电气设备都必须有效地安全接地。

4）安装位置旁的走道护栏应开设 1m 左右的活动门，以便于设备检修时的吊装。

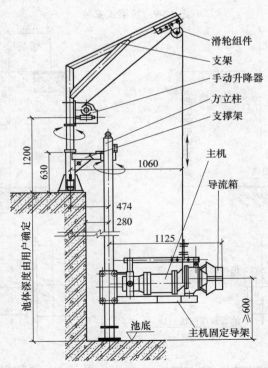

图 12-8 靠墙式安装

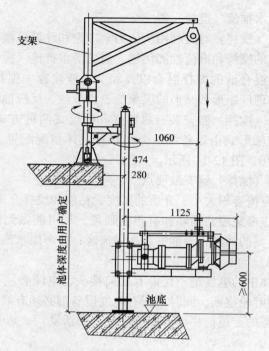

支架

1060

474

280

池体深度由用户确定

1125

≥600

池底

图 12-9 桥梁式安装

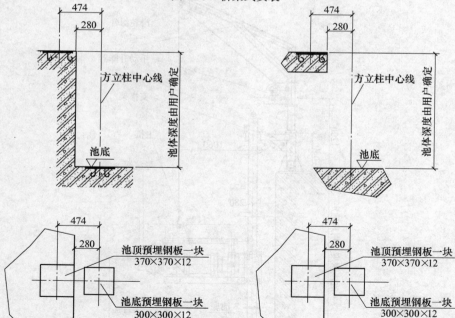

图 12-10 靠墙式安装基础条件图   图 12-11 桥梁式安装基础条件图

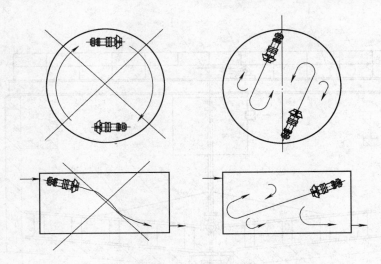

图 12-12　安装位置示意

5）供货时，制造公司会提供更为详细的安装、调试和维护说明。

12.2.2.6　刮泥机安装

刮泥机安装安装要点如下：

1）刮泥耙刮板下缘与池底距离为 50mm、其偏差为 ± 25mm。

2）当销轮直径小于 5m 时，销轮节圆直径偏差为 $_{-2.0}^{0}$mm；销轮端面跳动偏差为 5mm，销轮与齿轮中心距偏差为 $_{+2.5}^{+5.0}$mm。

3）调试运转。试运行时设备运行平稳，无异常齿合杂音。试运行时间不得少于 2h，带负荷试运行时，其转速、功率应符合有关技术条件。

图 12-13 为安装在污水处理厂污泥浓缩池内污泥刮泥机的结构及安装示意图。

12.2.2.7　曝气机

1. 转碟曝气机

转碟曝气机是卧轴式曝气设备。卧轴带动转碟体旋转，转碟表面密布有梯形凸块、圆形凹坑和通气孔。通过碟片的旋转，带动水体水平运动。转碟特殊的形面可以增加带入水体的空气量，并强行均割气泡，提高充氧能力。

转碟曝气机具有充氧量高、混合作用大、推流能力强的特点。采用转碟曝气机的氧化沟工艺，在城市污水以及各种工业污水的处理中广泛应用，并取得良好的处理效果。

（1）结构及特点　转碟曝气机由电动机、减速箱、联轴器、主轴、碟片、轴承座等构成，其特点如下：

1）采用立式户外电动机，下端面距液面近 1m，避免转碟溅起的水雾对电动

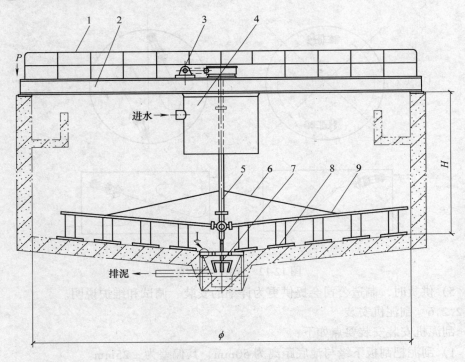

图 12-13 某刮泥机的结构及安装示意图
1—栏杆 2—工作桥 3—传动装置 4—稳流筒
5—传动轴 6—拉杆 7—小刮板 8—刮泥板 9—刮臂

机产生影响，同时整机安装占地小。

2）采用固定式防溅板，可以很好地保护电动机和减速箱不受污水的侵蚀。

3）减速箱采用锥齿轮-圆柱齿轮传动，所有齿轮均为硬齿面（齿轮精度为 6 级），承载能力大、结构紧凑、体积小、重量轻、运转平稳、噪声低、耗电省。

4）采用弹性柱销齿式联轴器，传递扭矩大，体积小，允许一定的径向和角度误差，安装简单。

5）转碟由两个半圆形碟片组成，均匀地安装在主轴上，安装维护方便，且牢固可靠。碟片采用增强型聚丙烯或高强度轻质玻璃钢压制成型，具有强度高、耐腐蚀、刚性好、耐热性好等优点。

6）尾部采用调心轴承及游动支座，可以克服安装误差，自动调心，能补偿转碟轴因温差引起的伸缩，保证正常运行。

7）转碟的负荷及充氧量随调节浸没水深而改变，简单易行。

（2）规格及技术参数 BZD 型转碟曝气机规格表示如图 12-14 所示，其性能参数见表 12-20。

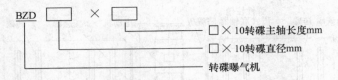

图 12-14　BZD 型转碟曝气机规格

表 12-20　BZD 型转碟曝气机性能参数

型　　号	主轴长度 /mm	转碟数 /盘	充氧能力 / (kg/h)	转速 / (r/m)	电动机功率 /kW	总高度 /mm	整机质量 /kg
BZD140×300	3000	14	21.84	50	11	1550	2000
BZD140×400	4000	19	29.64	50	15	1550	2200
BZD140×500	5000	23	35.88	50	18.5	1665	2400
BZD140×600	6000	27	42.12	50	22	1665	2600
BZD140×700	7000	34	53.04	50	30	1775	2900
BZD140×800	8000	38	59.28	50	30	1775	3100
BZD140×900	9000	45	70.2	50	37	1806	3320

（3）安装　图 12-15～图 12-18 为转碟曝气机安装简图与设备基础图。

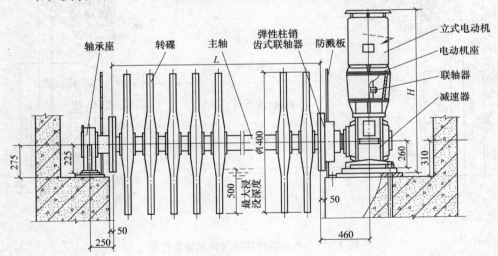

图 12-15　转碟曝气机简图（单出轴）

安装要点：①转碟曝气机最大浸没深度为 500mm；②根据氧化沟的形式要求，转碟曝气机的减速机可配置成双出轴型，也可根据用户要求，主轴长度、碟片数量和功率配置进行特殊设计；③电动机可配双速电动机或变频调速，改变转碟的转速来实现不同曝气量的要求；④转碟曝气机由水流方向及驱动装置的位置来确定正、反两种转向及左、右两种出轴形式。

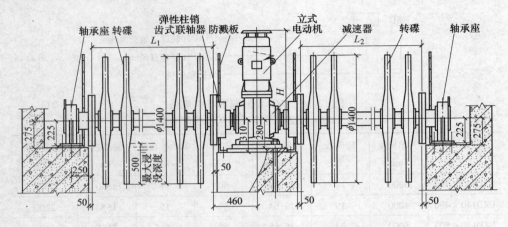

图 12-16　转碟曝气机简图（双出轴）

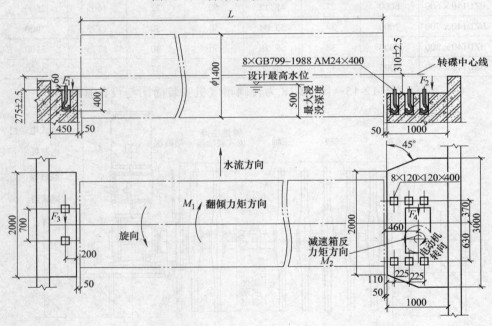

图 12-17　单出轴转碟曝气机基础条件图

2.BZS 型转刷曝气机

转刷曝气机通过刷片的旋转，冲击水体，推动水体作水平层流，同时进行充氧，防止活性污泥沉淀，并使污水和污泥充分混合，有利于微生物生长。通过转刷曝气机的工作，有效地满足氧化沟工艺中对混合、充氧和推流的要求。

BZS 转刷曝气机安装简图和基础条件图如图 12-19、图 12-20 所示。

氧化沟导流板安装要点：

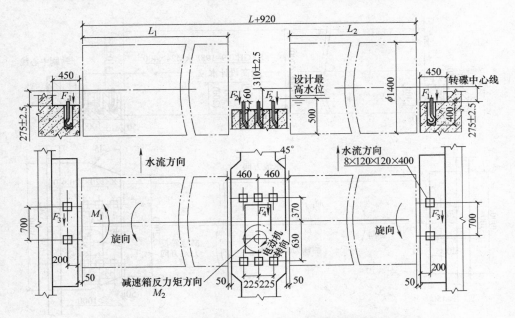

图 12-18 BZD140×（$L_1 + L_2$）双出轴转碟曝气机基础条件图

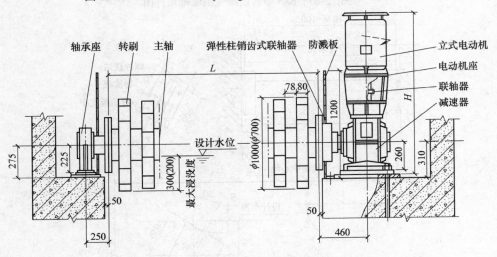

图 12-19 BZS 型转刷曝气机安装简图

1）氧化沟中有效水深为 2.5～3.5m。刷片浸没深度不得超过 200mm（BZS070）和 300mm（BZS100）。

2）为增加氧化沟底部流速，宜在转刷水流下游 3m 处设置箱形导流板，导流板为不锈钢材质，安装如图 12-21 所示（订货时应明确氧化沟宽）。

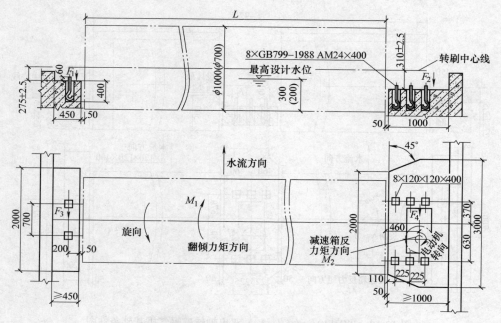

图 12-20　BZS 型转刷曝气机基础条件图

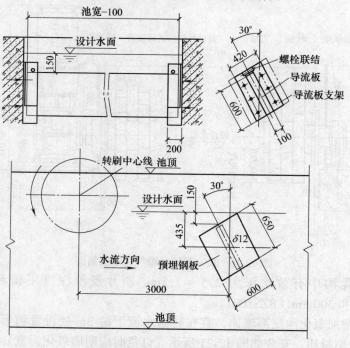

图 12-21　导流板安装条件图

3）氧化沟两端圆环处，水流情况较复杂，应精心设计。设置的导流墙应尽量避免水流产生涡流、回流等情况。

3. 大功率倒伞形表面曝气机

大功率倒伞形表面曝气机工作原理：在倒伞形叶轮的强力推进作用下，水自叶轮边缘甩出，形成水幕，裹进大量空气；由于污水上下循环，不断更新液面，污水大面积与空气接触；叶轮旋转带动水体流动，形成负压区，吸入空气，空气中的氧气迅速溶入污水中，完成对污水的充氧作用，进而加快污水的净化过程。同时，强大的动力驱动，搅动大量水体流动，从而实现推流作用。大功率倒伞形表面曝气机具有结构新颖紧凑、传动平稳、充氧效率高、噪声低、工艺性好、安装调整方便等特点。

（1）结构及特点　大功率倒伞形表面曝气机主要由电动机、联轴器、减速箱、润滑系统、升降平台、倒伞座、叶轮等部分组成。结构上具有如下特点：

1）整机立式结构，占地小，不易受飞溅的污水所腐蚀。

2）根据污水处理厂特定环境专门设计的立式减速箱，齿轮采用优质合金钢经热处理后磨削成型，精度高，运转平稳、传动效率高，设计使用寿命超过 10 年。

3）经水力模型验证后进行优化设计的叶轮，采用倒伞形、直式叶片结构，其充氧、推流、搅拌及自洁性能最佳。

4）升降结构为平板式，通过螺杆调节升降平台，可获取叶轮不同的浸没深度。其结构简单、调节方便。

5）倒伞轴与减速箱输出轴的连接采用浮轴式结构，可实现自动对中，拆卸方便。同时，浮轴结构使减速箱不受轴向力，避免了倒伞轴运转时因水力不平衡造成的偏心力所产生的振动和噪声。

6）根据需要配置双速电动机或变频调速装置来调节叶轮的转速，可获取工艺要求的充氧量，节约能耗。

7）更详细的说明可阅读设备的随机技术资料。

（2）规格及技术参数　DS 大功率倒伞形表面曝气机规格表示如图 12-22 所示。其技术参数见表 12-21。

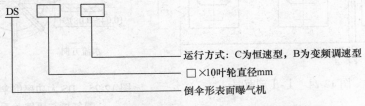

图 12-22　DS 大功率倒伞形表面曝气机规格表示

表 12-21　DS 大功率倒伞形表面曝气机性能参数表

型　号	叶轮直径 D/mm	叶轮高度 H/mm	电动机功率 /kW	充氧量 /（kg/h）	叶轮升降 行程/mm	整机质量 /kg
DS350C 恒速型	3500	860	90	194		≈6585
			110	231		
			132	270		
DS375C 恒速型	3750	964	110	237		≈6710
			132	277		
DS400C 恒速型	4000	1032	132	284	±100	≈6895
DS350B 调速型	3500	860	90	97～194		≈6585
			110	115～231		
			132	130～270		
DS375B 调速型	3750	964	110	118～237		≈6710
			132	138～277		
DS400B 调速型	4000	1032	132	142～284		≈6895

（3）DS 大功率倒伞形表面曝气机安装　基础条件如图 12-23～图 12-25 所示，安装简图如图 12-26 所示。

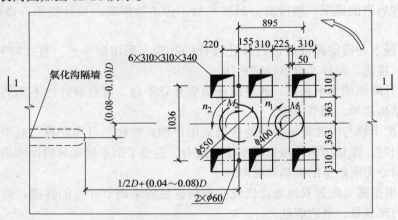

图 12-23　DS 大功率倒伞形表面曝气机安装基础条件图

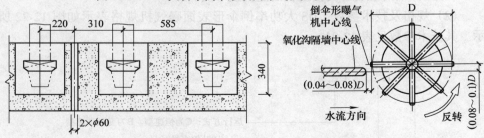

图 12-24　Ⅰ-Ⅰ剖面图

图 12-25　DS 大功率倒伞形表面
曝气机与隔墙关系

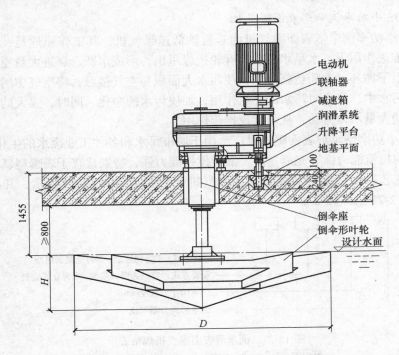

电动机
联轴器
减速箱
润滑系统
升降平台
地基平面

倒伞座
倒伞形叶轮
设计水面

图 12-26　DS 大功率倒伞形表面曝气机安装简图

(4) 安装要点

1) 安装时锚定螺栓应拧入锚定板，并以升降平板定位，其中心距离应符合尺寸要求，然后才能从缝隙中插入垫铁，浇灌混凝土。

2) 图 12-23 中 $2 \times \phi 60$ 通孔为安装或检修时吊装叶轮之用，安装底板时必须注意对准其中两个通孔。

3) 大功率倒伞形曝气机有正、反转两种形式，工程设计时应予明确。

(5) 大功率倒伞形表面曝气机在曝气池及氧化沟的设置要求

1) 普通曝气池。曝气池可以是圆形或方形，形式和尺寸由工程设计决定。建议：圆形池，叶轮直径与曝气池直径之比为 1:4.5 ~ 7（宜取中值）；方形池，叶轮直径与池边长比为 1:4 ~ 7（宜取中值）；水深原则应小于叶轮直径的 1.5 倍。完全混合型曝气池所需功率密度一般不宜小于 $25 W/m^3$。

2) 氧化沟。沟宽约为叶轮直径的 2.2 ~ 2.4 倍（宜取中值），工作水深约为沟宽的 0.5 倍。氧化沟功率密度应不小于 $15 W/m^3$。氧化沟内不宜设置立柱，如需设置立柱，立柱至叶轮边缘的距离应大于叶轮直径，且为圆柱。氧化沟中间隔墙至叶轮边缘间距以 0.04 ~ 0.08 倍叶轮直径为宜。曝气机处如未设置导流墙，倒伞叶轮的中心距应向出水方向偏 0.08 ~ 0.1 倍叶轮间距为宜，曝气机工作平台下梁底面至设计水面距离应大于 800mm。

4. DS 小功率倒伞形表面曝气机

DS 小功率倒伞形表面曝气机为垂直轴低速曝气机，其工作原理是：在叶轮的强力推进作用下，水呈水幕状自叶轮边缘甩出，形成水跃，裹进大量空气；由于污水上下循环，不断更新液面，使污水大面积与空气接触，将空气中的氧气迅速溶入污水中，完成对污水的充氧作用，加快污水的净化。同时，强大的动力驱动，搅动大量水体流动，从而实现推流作用。

DS 小功率倒伞形表面曝气机广泛用于城市污水和各种工业废水的生化处理。该机径向推流能力强、充氧量高、混合搅拌能力强，特别适宜于表曝型氧化沟污水处理工艺。DS 小功率倒伞形表面曝气机规格表示如图 12-27 所示，其技术参数见表 12-22、表 12-23。

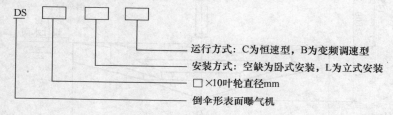

图 12-27　倒伞形表面曝气机规格表示

表 12-22　DS 小功率卧式倒伞形表面曝气机

型　号	叶轮直径 D/mm	叶轮高度 H/mm	电动机功率 /kW	充氧量 /（kg/h）	叶轮升降 行程/mm	整机质量 /kg
DS120C	1200	370	7.5	14.25		1500
DS120B						1520
DS165C	1650	490	15	28.5		2380
DS165B						2400
DS225C	2250	650	22	44	± 140	2650
DS225B						2680
DS255C	2550	740	30	60		2740
DS255B						2800
DS285C	2850	850	37	77.7		3900
DS285B						3950
DS300C	3000	870	45	94.5	+ 180 − 100	3960
DS300B						4020
DS325C	3250	960	55	115.5		4340
DS325B						4400

表 12-23　DS 小功率立式倒伞形表面曝气机

型　号	叶轮直径 D/mm	叶轮高度 H/mm	电动机功率 /kW	充氧量 /kg/h	叶轮升降 行程/mm	整机质量 /kg
DS060LC	600	220	1.5	2.85		750
DS060LB						750
DS285LC	2850	850	37	77.7		3400
DS285LB						3450
DS300LC	3000	870	45	94.5	±100	3460
DS300LB						3520
DS325LC	3250	960	55	115.5		3840
DS325LB						3950

（1）DS 小功率倒伞形表面曝气机安装　图 12-28 为小功率立式倒伞形表面曝气机安装简图，图 12-29 为 DS 小功率倒伞形表面曝气机安装简图。

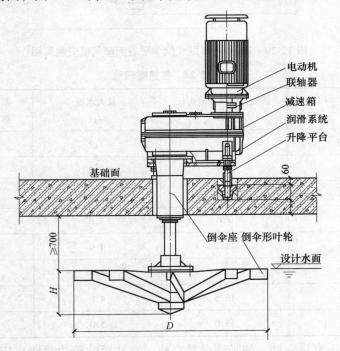

图 12-28　DS 小功率立式倒伞形表面曝气机安装简图

（2）安装要点　使用 DS 小功率倒伞形表面曝气机的生化池尺寸及水深建议值见表 12-24。DS 小功率倒伞形表面曝气机在氧化沟中使用应注意：

1）沟宽约为叶轮直径的 2.2 ~ 2.4 倍（直径大取小值），取中值时，沟深约为沟宽的 0.5 倍，按单位搅拌功率 15～20W/m³ 进行设计。

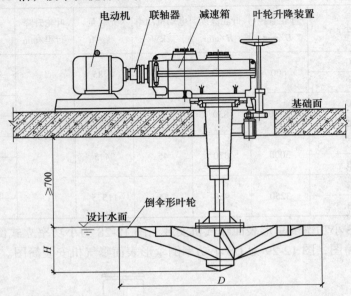

图 12-29　DS 小功率卧式倒伞形表面曝气机安装简图

表 12-24　普通曝气池

型　号	圆池直径或方池边长 /m	最大水深 /m	基础上平面与 静水面间距/m
DS060	2	1.2	1.0
DS120	4.5	2.4	1.1
DS165	6.6	2.8	1.15
DS225	9.6	3.6	1.15
DS255	11.2	4.0	1.15
DS285	12.8	4.4	1.15
DS300	13.5	4.6	1.15
DS325	15.0	5.0	1.2

　2）沟内不宜设立柱。如必须设置立柱，立柱至叶轮边缘距离应大于叶轮直径，且为圆柱。基础平台底面（或梁底面）至水面净距离应大于 700mm。

　3）氧化沟中间隔墙至叶轮缘间距以 0.05～0.1 倍叶轮直径为宜，如无导流墙时，叶轮中心宜向出水侧偏移，偏距约为 0.1 倍叶轮直径，以利于水的流动。

倒伞形表面曝气机有正、反转两种形式，工程设计时应予明确。正转（顺时针旋转）时，基础应按图 12-30 所示作相应调整。设备订货时应明确正、反转的台数。

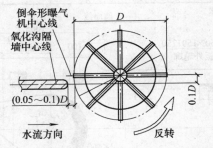

图 12-30　DS 小功率倒伞形表面曝气机与隔墙关系

（3）安装基础图　倒伞形曝气机安装基础如图 12-31 ~ 图 12-35 所示。图 12-31 ~ 图 12-33、图 12-35 中的 $2 \times \phi 60$ 通孔为安装或检修时吊装叶轮之用，安装底板时必须注意对准其中两通孔。

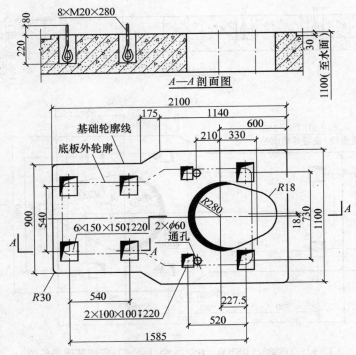

图 12-31　DS120 型（卧式）基础条件图

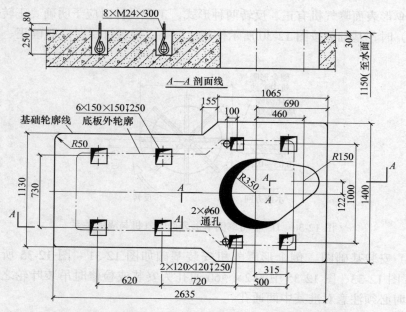

图 12-32　DS165、DS225、DS255 型（卧式）基础条件图

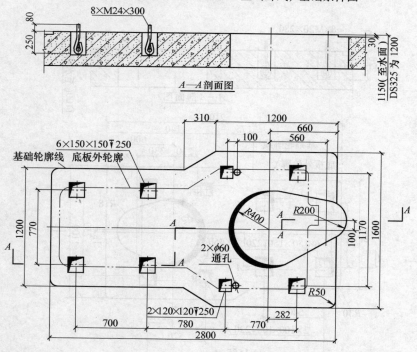

图 12-33　DS285、DS300、DS325 型（卧式）安装基础条件图

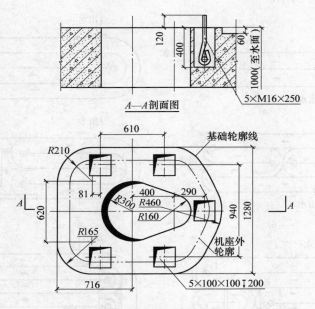

图 12-34　DS060L 型基础条件图

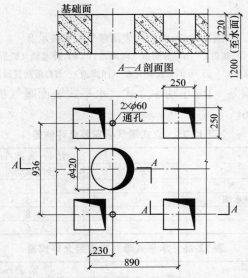

图 12-35　DS（立式）安装基础条图

（4）表面曝气机氧化沟安装 分为普通型、A^2/O 型、带前置反硝化型三类，如图 12-36 所示。

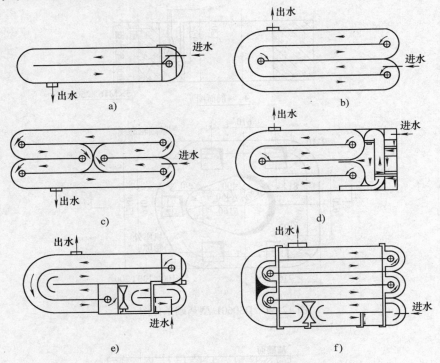

图 12-36 氧化沟表面曝气机安装示意

a）普通型（二廊道） b）普通型（四廊道） c）普通型（转折型六廊道）

d）A^2/O 型（四廊道） e）带前置反硝化型（四廊道） f）带前置反硝化型（六廊道）

（5）安装允许偏差 DS 小功率立式、水平式表面曝气机安装允许偏差分别见表 12-25、表 12-26。

表 12-25 立式曝气机安装允许偏差

项 目	允 许 偏 差/mm		
	水平度	径向跳动	上下跳动
机座	1/1000		
叶片与上、下罩进水圈		1~5	
导流锥顶		4~8	
整体		3~6	3~8

表 12-26 水平式曝气机安装允许偏差

项 目	允 许 偏 差/mm		
	水平度	前后偏移	同轴度
两端轴承座	5/1000	5/1000	
两端轴承中心与减速机出轴中心同心线			5/1000

12.2.2.8 带式浓缩压榨过滤机

带式浓缩压榨过滤机主要用于污水处理厂污泥的脱水，它利用三条滤带连续循环完成对污泥的浓缩和压榨处理。含水率小于 99.2% 的污泥可直接上机处理，经浓缩压榨脱水后泥饼含水率小于 80%。采用带式浓缩压榨过滤机的污水处理厂可省建浓缩池，一次投资费用低且除磷效果好。该设备不但可以应用于市政污水处理中的污泥脱水，也可以用于细微工业料浆的脱水。带式浓缩压榨过滤机结构如图 12-37 所示。

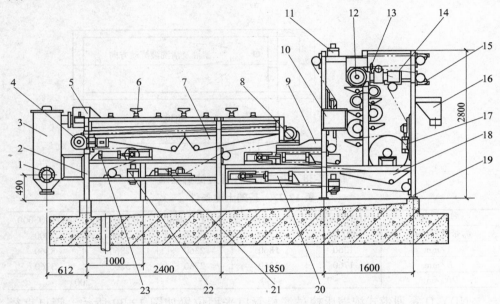

图 12-37 带式浓缩压榨过滤机结构图

1—进料口 2—浓缩机架 3—水中造粒器 4—浓缩驱动装置 5—污泥均布装置
6—浓缩布料框及调整器 7—浓缩接液盘 8—浓缩卸料装置 9—压榨布料框
10—气控箱 11—压榨清洗装置 12—压榨驱动装置 13—跑偏安全控制器
14—调偏信号器 15—压榨卸料装置 16—接料装置 17—压榨调偏装置
18—压榨接液盘 19—压榨机架 20—压榨张紧装置 21—浓缩调偏装置
22—浓缩带清洗装置 23—浓缩张紧装置

带式浓缩压榨过滤机安装要点：

1) 基础集水地坑的四壁和底部应平滑，以防挂脏。

2) 地坑排水口应位于坑内最低处。

3) 基础承受动载荷按设备重量的 1.4 倍计算。

4) 设备安装时，按工艺图首先定位压榨机，水平度为 1/1000，宽度方向以直径最大的压榨辊为基准调水平，浓缩机紧挨压榨机对齐摆放。水平度也为 1/1000，宽度方向以驱动辊为基准调水平。

5) 管道安装时，法兰接口采用橡胶垫密封，螺纹接口采用填料密封。

带式浓缩压榨过滤机基础如图 12-38 所示，基础土建条件见表 12-27。

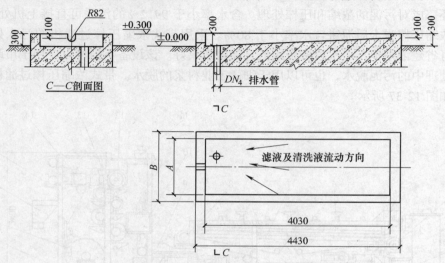

图 12-38 带式浓缩压榨过滤机基础

表 12-27 基础土建条件

型 号	NDY-Q1000	NDY-Q1500	NDY-Q2000	NDY-Q2500	NDY-Q3000
滤带宽度/mm	1000	1500	2000	2500	3000
A/mm	1360	1860	2360	2860	3360
B/mm	1760	2260	2760	3260	3760
DN_4/mm	150			200	

NDY-Q 系列带式浓缩压榨过滤机管口平面位置如图 12-39 所示，管口直径及安装尺寸见表 12-28。

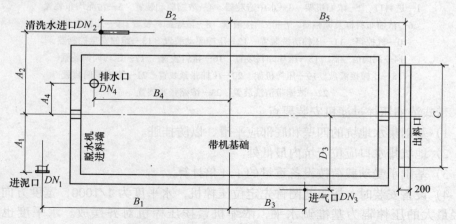

图 12-39 NDY-Q 系列带式浓缩压榨过滤机管口平面位置图

表 12-28 管口直径及安装尺寸表

管口	型号	NDY-Q1000	NDY-Q1500	NDY-Q2000	NDY-Q2500	NDY-Q3000
进泥口（法兰接口 PN0.25MPa）	DN_1/mm	150			200	
	A_1/mm	500	750	1000	1250	1500
	B_1/mm	3542				
	标高/m	0.790				
清洗水进口（管螺纹接口）	DN_2/mm	50				
	A_2/mm	1180	1430	1690	1940	2200
	B_2/mm	2442				
	标高/m	0.300				
进气口（管螺纹接口）	DN_3/mm	15				
	A_3/mm	930	1180	1430	1680	1930
	B_3/mm	1330				
	标高/m	0.300				
基础排水口	DN_4/mm	150			200	
	A_4/mm	280	530	780	1030	1280
	B_4/mm	2580				
	标高/m	± 0.000				
带机出料口	C/mm	1000	1500	2000	2500	3000
	B_5/mm	3332				
	标高/m	1.380				

注：以脱水间地坪为 ± 0.000。

污泥脱水工艺流程如图 12-40 所示。

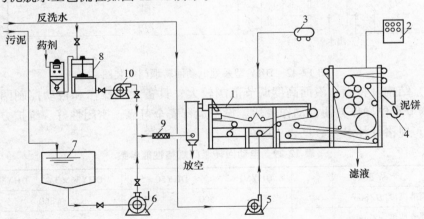

图 12-40 污泥脱水工艺流程图

1—NDY-Q 带式浓缩压榨过滤机 2—电控柜 3—空压机 4—螺旋输送机

5—反冲洗水泵 6—污泥泵 7—污泥池（工程配） 8—加药装置

9—管道混合器 10—加药泵

12.2.3 DHY 型系列电动回转堰门

DHY 型系列电动回转堰门主要用于污水处理氧化沟、配水井及其他需调节水位的明渠和水池。其规格表示如图 12-41 所示。

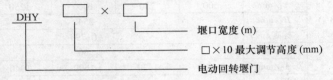

图 12-41 DHY 型系列电动回转堰门规格表示

1）工作原理（图 12-42）。该产品主要由堰门板、滑板、支架、牵引连杆、蜗轮减速机、电动机等组成。工作时采用上部溢流的方式调节、控制水位。

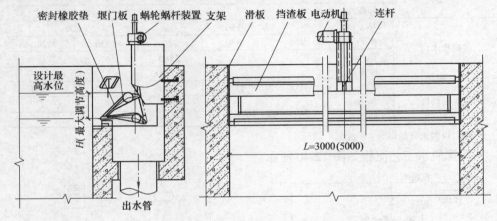

图 12-42 DHY 型系列电动回转堰门安装图

2）结构及特点。液面高度调节范围较大；具备人工操作和自动控制两种方式。调节水位操作方便，动作灵活。设备运行安全可靠，密闭性好、维护方便。

3）规格及技术参数见表 12-29。

表 12-29 电动回转堰门规格性能参数

产 品 型 号	DHY50×3	DHY50×5	DHY36×3	DHY36×5
最大调节高度 H/mm	500		360	
堰门调节速度 v/mm/s	~2.3		~2.3	
堰口宽度 L/mm	3000	5000	3000	5000
电动机功率 N/kW	0.55		0.55	
质量/kg	780	850	700	750

4）安装基础图如图 12-43～图 12-46 所示。

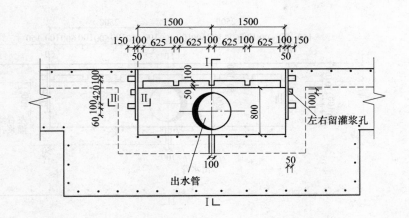

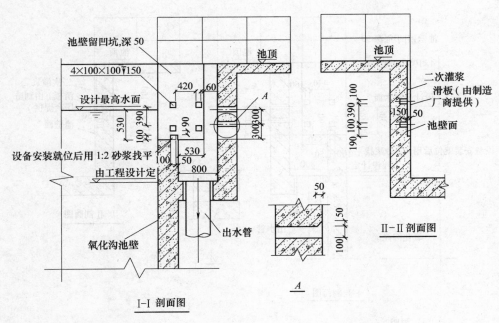

I-I 剖面图

说明:
1. 图中尺寸均以 mm 计, 标高以 m 计。
2. 设备安装找平采用 1:2 水泥砂浆抹光、压平。
3. 安装施工尺寸误差应≤±3mm。

图 12-43　DHY36×3 电动堰门安装基础条件图

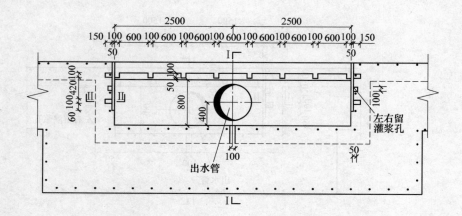

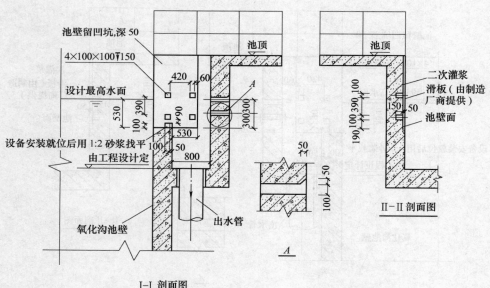

I-I 剖面图

说明:

1. 图中尺寸均以 mm 计,标高以 m 计。

2. 设备安装找平采用 1:2 水泥砂浆抹光、压平。

3. 安装施工尺寸误差应 ≤±3mm。

图 12-44　DHY36×5 电动堰门安装基础条件图

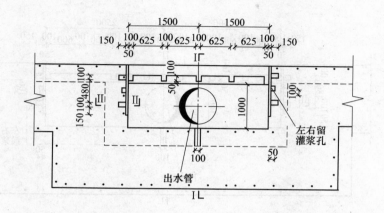

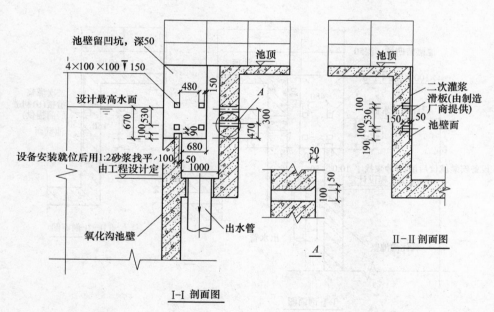

I-I 剖面图

说明:

1. 图中尺寸均以 mm 计,标高以 m 计。

2. 设备安装找平采用 1:2 水泥砂浆抹光、压平。

3. 安装施工尺寸误差应≤±3mm。

图 12-45 DHY50×3 电动堰门安装基础条件图

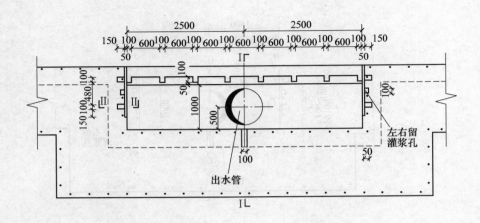

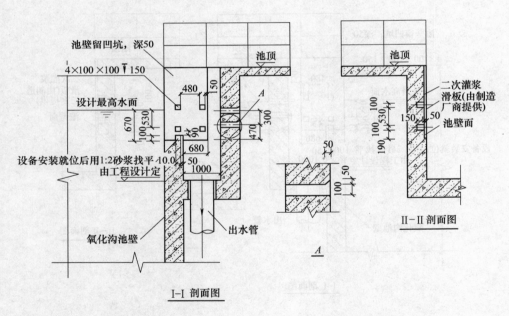

I-I 剖面图

说明:
1. 图中尺寸均以 mm 计,标高以 m 计。
2. 设备安装找平采用 1:2 水泥砂浆抹光、压平。
3. 安装施工尺寸误差应≤±3mm。

图 12-46 DHY50×5 电动堰门安装基础条件图

12.3　自动控制系统的安装

给水排水工程自动化常用仪表与设备，可以分为以下几大类：

1）过程参数检测仪表。包括各种水质（或特性）参数在线检测仪表，如浊度、pH 值、电导率、溶解氧等的在线测量装置，以及流动电流检测仪、透光率脉动检测仪等；给水排水系统工作参数的在线检测仪表，如压力、液位、流量等仪表。

2）过程控制仪表。包括以微型计算机为核心的各种控制器，如微机控制系统、可编程序控制器、微型计算机专用调节器等；常规的调节控制仪表，如各种电动、气动单元组合仪表等。

3）调节控制的执行设备。包括各种水泵、电磁阀、调节阀以及变频调速器等。

4）其他机电设备。如交流接触器、继电器、记录仪等。

1. 仪表安装

给水排水工程常用的探测器和传感器往往都结合组装成取源仪表。常用的取源仪表有流量计、液位计、压力计、温度计、浊度仪、余氯仪等。

取源仪表的取源部件安装可与工艺设备制造、工艺管道预制或管道安装同时进行；需开孔与焊接时，必须在管道或设备的防腐、衬里、吹扫和压力试验之前进行；开孔孔径应与取源仪表相配合，开孔后必须清除毛刺、锉圆、磨光。

取源仪表安装位置、规格型号应符合设计或设备技术文件的要求。一般安装在测量准确、具有代表性、操作维修方便、不易受机械损伤的位置上。安装高度宜在地面上 1.2 ~ 1.5m 处，传感器应尽可能靠近取样点附近垂直安装。室外安装时应有保护措施，防止雨淋、日晒等。

取源仪表的接线端子及电器元件等应有保护措施，防止腐蚀、浸水；连接应严密，不能疏漏。

2. 自动控制设备安装

自动控制设备安装前，应将各元件可能带有的静电用接地金属线来放掉。安装地点及环境应符合设计或设备技术文件的规定。一般地，安装地点应距离高压设备或高压线路 20m 以上，否则应采取隔离措施。自动控制系统安装的接地要求见表 12-30。对于输入负载 CPU 和 I/C 单元等尽可能采用单独电源供电。

3. 控制电缆的铺设

控制电缆铺设前应按设计要求选用电缆的规格、型号，必要时应进行控制电缆质量检验，以防输送信号减弱或外界干扰。

表 12-30　自动控制系统接地要求

项　目	要　求
独立性	应独立接地，不能与零线或其他接地线共接
接地线长度	≤20m
接地电阻	< 100Ω
其他	与系统连接的测量仪表的模拟信号屏蔽应接地

控制电缆配线应输入、输出电缆分开，数字信号电缆与模拟信号电缆分开，不能合用一根电缆。为了避免接线错误对控制设备造成损坏，对于电压等级不同的信号输送不应合用一根电缆。多芯电缆的芯数不应全部用完，应留有 20%左右的余地以满足增加信号或更换个别线芯用。控制电缆应与电源电缆分开，且电源电缆应单独设置。

控制电缆铺设时，每一段电缆的两端必须装有统一编制的电缆号的号卡，以利于安装接线和维护识别。每一电缆号在整个系统的电缆号中应是惟一的。控制电缆应单独铺设在有盖板、能屏蔽的电缆桥架内。电缆长度应留有余量，以保证多次重新接线有足够的长度来补充。根据自动控制系统设计要求和现场仪表等设置的位置按接线图一一对应接线。接线应牢固，不允许出现假接现象。

4．自动控制系统的调试

（1）自动控制设备调试　调试前应对照自动控制设计和设备要求检查安装是否正确，检查各控制点至控制单元的接线是否正确，检查电源接线、电压等是否符合要求。上述检查完毕后进行通电测试。模拟各控制点、测量点输入信号，独立检查控制单元是否有正确指示；然后在各控制点、测量点处模拟输入的信号，检查控制单元是否有正确指示。模拟发出的控制信号，检查各控制点、执行器的状态是否正常；然后从控制单元发出控制信号，进行输出信号和测试软件的检查。

（2）自动控制系统软件的调试　调试前应充分熟悉自动控制系统的控制方案及实现的功能要求，以便在调试的过程中作出正确判断和进行问题的处理；还应熟悉软件结构，确定软件调试方案。系统软件调试必须在所有硬件设备调试完毕的基础上进行。

首先进行子系统调试，它是指单个控制站的软件或几个相关控制站的软件调试。单个控制站的软件调试只需将各输入信号根据控制方案送入，检测控制器输出结果，调试至正确输出即可；几个相关控制站调试必须在单个控制站的软件调试完成后进行，将相关控制站相连，按单个控制站的调试方法进行调试，直到结果正确为止。

最后进行总体调试，它是在所有子系统调试完成的基础上进行的。先开通所有子控制站，在控制中心按总体控制方案和要求逐项进行调试。对于那些在正常状态下不允许出现的情况下自动控制方案的调试，应重新编制调试软件进行辅助模拟调试。总体控制方案全部进行调试，并达到了要求，总体软件调试才算完成。

12.4　水工程设备的运行管理

1. 运行人员的职责

（1）给水排水工程设备运行与管理工作的意义　历史的经验与教训已经证明，给水排水工程设备是城市发展的重点基础设施，是城市供水、水污染控制、水环境保护工作中关键工程中的主要组成部分，它对社会经济的高速、稳定、可持续发展起着保障和促进的作用。目前，我国的给水排水工程设备设施数量的总体规模相对还较小，给水排水工程设备使用率严重不足，水环境污染的趋势还在发展，今后水污染控制、水环境保护工作任重道远。为了真正地改变这一局面，未来的十几年中，国家与各级地方政府将要投资数千亿元建设成千上万座城市集中污水处理设施。因此在未来的十几年中，给水排水工程设备投入及使用将需要一大批具有高度责任感和事业心、具有较高专业技能和一定法规意识、具有求精的工作态度和肯于奉献精神的操作人员、技术人员和管理人员。

（2）常用给水排水工程设备的管理　在给水排水工程设备的日常管理工作中，为了运行好各种设施设备，管理好各种营运工作，保障设备正常稳定地发挥作用，保护、调动员工的积极性及增强其责任感，建立和执行岗位责任制等一整套规范化管理制度，并通过奖惩措施，鼓励职工贯彻执行这一制度。实践证明，这是一种有效的管理方法。

管理制度中首要的是岗位责任制。岗位责任制中要有明确的岗位责任、具体的岗位要求。例如，上海市对污水运行工提出的"四懂四会"，即懂污水处理基本知识，懂厂内构筑物的作用和管理方法，懂厂内管道分布和使用方法，懂技术经济指标含义与计算方法、化验指标的含义及其应用，会合理配气配泥，会合理调动空气，会正确回流与排放污泥，会排除操作中的故障。对机泵工提出的"六勤"：勤看、勤听、勤摸、勤嗅、勤捞垃圾、勤动手等。

与岗位责任制相配套的在运行岗位上的其他制度还有设施巡视制、安全操作制、交接班制和设备保养制。在设备巡视制中制定了具体巡视任务、巡视路线、巡视周期及巡视要求。在安全操作制中明确本工种的具体安全活动、安全防护用品、急救措施与方法。在交接班制度中明确上下班之间"应交"与"应接"的具体内容、交接地点、交班议事要求，如交谈在哪些现场进行，共同巡视、当面交接、签字记录等。在设备保养制中具体规定了对设施设备进行清除、保养的任务、要求与具体做法。

与岗位责任制相关的其他工作与制度、规定、办法、规程还有很多，如给水排水工程设备运行、维护及其安全技术规范手册等，这些都是管理给水排水工程设备中不可缺少的。

给水排水工程设备管理包括技术管理、经济管理等。运行管理的主要内容和任务是：根据给水排水工程设备管理规范和国家的有关规定，制定给水排水工程设备的运行、维护、检修、安全等技术规程和规章制度；搞好给水排水工程设备的机电设备等管理工作；完善管理机构，建立健全岗位责任制，提高管理队伍的政治和业务素质；认真总结经验，开展技术改造、技术革新和科学实验，应用和推广新技术；按照给水排水工程设备技术经济指标的要求，考核给水排水工程设备的管理工作等。

总而言之，为了使以上的规章制度切实得到贯彻执行，给水排水工程设备的各级管理部门还应制定出一套对岗位工作进行考核的科学方法及各种奖惩措施，及时地表彰奖励兢兢业业奉献于此项工作、作出贡献的职工，及时地教育、批评那些不遵章守律、不负责任的行为。给水排水工程设备的如何运行管理，如何充分发挥其经济效益，从而更好地为城市建设和社会发展及国民经济的各个部门服务，还需要加强科学管理。

2．使用、运行及管理

给水排水工程设备的正确使用、运行及维护，对于提高设备的使用率及使用效率是非常关键的，如机组的正确起动、运行与停车是保障系统安全、经济合理的前提。学会设备机组的操作管理技术和掌握设备机组的性能理论，对于从事给水排水工程的技术人员而言都是相当重要的。由于给水排水工程设备类型较多，在使用、运行及维护要求方面总体上是基本一致的，但对不同设备又有不同的要求，本节主要从选择要点及运行中的注意事项对其进行说明。

3．设备的选择及运行中的注意事项

（1）设备的选择　给水排水工程设备的选择除了应根据给水排水工程设备自身的性能特点及一般选用原则外，还应根据水处理的工艺特点及处理规模。具体地讲，应从以下几个主要技术经济指标来选择给水排水工程设备。

1）技术指标。技术指标是指设备的处理能力与效率，该指标是选择设备的首要指标，即只有在达到工艺处理能力与效率的前提下，才可以进一步考核其他指标，否则该设备排除在选择范围之外，因为技术指标的满足是给水排水工程设备选择的前提与基础。

2）经济指标。经济指标是指设备的投资总额、运行费用、有效运行时间以及使用寿命的总称。在给水排水工程设备选型中，除了应满足工艺要求外，经济指标也是选型的重要指标之一。一般选用设备时，总是尽可能选择经济指标低的设备，即设备投资总额（包括设备购买与安装费用、建筑费用、管理费用等）

少，运行费用（如能耗、药剂费用、人工费用等）低，有效运行时间与使用寿命应长。

3）操作管理指标。操作管理指标主要指设备操作与使用的简便性。在给水排水工程设备选型中，应尽可能选择操作简单、管理方便、维修方便的设备。根据自身经济承受能力及发展趋势，尽可能选用自动化程度较高的设备。

上述各项指标相互间往往是有矛盾的，比如自动化程度高的设备，操作管理指标比较好，但经济指标相对较差一些。因此在选择设备时，必须根据给水排水工程设备使用的实际情况，全面分析综合考虑，寻求各项指标的最佳交叉点或最佳重合区域。

（2）运行中的注意事项

1）设备的选型和处理能力及处理工艺紧密相关，应根据设备自身的性能特点和处理工艺与能力的要求，对各项指标进行综合分析，寻找一套最佳的设备。

2）在设备选用时，除了考虑前面几个技术经济指标外，还应结合企业自身的经济承受能力、技术条件以及管理水平等因素。有时这些因素可能成为设备选型的主要因素，因此在设备选型时，还应注意使用者的情况。

3）应考虑企业的发展状态。有些处在发展中的企业，往往目前生产规模不是很大，但经若干年后生产规模将大大增加。这种情况下在给水排水工程设备选择时就应注意目前现状及以后的发展规划，使设备有较大的富余量或具有增加的预留量。

4. 给水排水工程设备的运行

给水排水工程设备由于种类较多，在运行中根据其设备特点的不同，对其要求并不完全一致，这里以具有代表性的离心泵机组为例对其运行情况给以说明。离心泵机组是给水排水工程设备中主要设备之一，为保证其正常运行，在起动前要做好起动的准备工作，运行中要经常观察机组的运转状况，根据设备的运行状况及时进行检修和更新改造。

（1）离心泵机组起动前的准备工作　离心泵机组起动前应该检查一下各处螺栓连接的完好程度，检查轴承中润滑油是否足够、干净，检查出水阀、压力表及真空表上的旋塞阀是否处于合适位置，供配电设备是否完好，然后，进一步进行盘车、灌泵等工作。

盘车就是用手转动机组的联轴器，凭经验感觉其转动的轻重是否均匀，有无异常声响。其目的是为了检查水泵及电动机内有无不正常的现象，如转动零件松脱后卡住、杂物堵塞、泵内冻结、填料过紧或过松、轴承缺油及轴弯曲变形等问题。

灌泵就是起动前，向水泵及吸水管中充水，以便起动后即能在水泵入口处造成抽吸液体所必需的真空值。从理论力学可知液体离心力为

$$J = \rho W \omega^2 r$$

$$(12-1)$$

式中　J——转动叶轮中单位体积液体之离心力（N）；

$\quad\quad W$——液体体积（当 J 为单位体积液体之离心力时，$W = 1m^3$）（m^3）；

$\quad\quad \omega$——角速度（1/s）；

$\quad\quad r$——叶轮半径（m）；

$\quad\quad \rho$——液体密度（kg/m^3）。

由式（12-1）可知，同一台水泵，当转速一定时，液体的密度 ρ 越大，由于惯性而表现出来的离心力也越大。空气的密度约为水的 1/800，灌泵后，叶轮旋转时在吸入口处能产生的真空值一般为 80kPa 左右。而如果不灌泵，叶轮在空气中转动，水泵吸入口处只能产生 100Pa 的真空值，当然是不足以把水抽上来的。

对于新安装的水泵或检修后首次起动的水泵是有必要进行转向检查的。检查时，可将两个靠背轮脱开，开动电动机，观察其转向与水泵厂规定的转向是否一致，如不一致，可以改接电源的相线，即将三根进线中任意对换两根接线，然后接上再试。

准备工作就绪后，即可起动水泵。起动时，工作人员与机组不要靠得太近，待水泵转速稳定后，即应打开真空表与压力表上的阀门。此时，压力表上读数应上升至水泵零流量时的空转扬程，表示水泵已经上压，可逐渐打开压力闸阀。随后，真空表读数逐渐增加，压力表读数应逐渐下降，配电屏上电流表读数应逐渐增大。起动工作待闸阀全开时，即告完成。

水泵在闭闸情况下，运行时间一般不应超过 2～3min，如时间太长，则泵内液体发热，会造成事故，应及时停车。

（2）运行中应注意的问题

1）检查各个仪表工作是否正常、稳定，电流表上读数是否超过电动机的额定电流。电流过大或过小，都应及时停车检查。电流过大一般是由于叶轮中杂物卡住、轴承损坏、密封环互摩、泵轴向力平衡装置失效、电网中电压降太大等引起的。电流过小一般是由吸水底阀或出水闸阀打不开或开启不足、水泵气蚀等引起的。

2）检查流量计上指示数是否正常，也可根据出水管水流情况来估计流量。

3）检查填料盒处是否发热、滴水是否正常。滴水应呈滴状连续渗出，才算符合正常要求。滴水情况一般是反映填料的压紧适当程度，运行中可调节压盖螺栓来控制滴水量。

4）检查泵与电动机的轴承和机壳温升。轴承温升一般不得超过周围环境温度 35℃，轴承的温度最高不超过 75℃。在无温度计时，也可用手摸，凭经验判断，如感到很烫手时，应停车检查。

5）注意油环，要让它自由地随同泵轴作不同步的转动。随时听机组声响是否正常。

6) 定期记录水泵的流量、扬程、电流、电压、功率因素等有关技术数据，严格执行岗位责任制和安全技术操作规程。

7) 水泵的停车应先关出水闸阀，实行闭闸停车。然后，关闭真空及压力表上阀门，把泵和电动机表面的水和油擦净。在无采暖设备的房屋中，冬季停车后，要保证水泵不被冻裂。

(3) 离心泵机组的更新改造　泵站中离心泵机组的用电，通常是城市给水排水企业中的用电大户。泵站运行中水泵机组的工作效率，对于节电有十分重要的意义。国家机械工作部门逐年通过报刊公布一批淘汰的机电产品名单，也提出了替代这些机电产品的新型号，其目的是逐步以节能型的水泵组来替代效率低的水泵机组产品。在一些供排水历史较长的供水企业中，役龄在 20 年以上的机泵设备，所占比例不小，这些设备中，有的因年限过久，机械磨损大，效率低下，有的因本身质量原先就不够完善，经过长期运行，质量方面弱点就暴露无遗。对于这样的供排水企业，应从经济效益和供水安全性出发，提出更新改造计划和措施。

1) 电动机。电动机运行中的效率是否达到额定值，完全由负荷率的大小决定。表 12-31 所示为上海电动机厂对其 JSQ 和 JRQ 系列电动机在不同负荷率时的效率实测值。由该表可以看出，当电动机的负荷为 1/2 时，效率要降低 2% ~ 3%。正确配套的水泵机组，其电动机的负荷率应是大于 0.8 以上。若出现负荷率低时应立即追查原因，如管道情况有否变化、供水情况是否正常、水泵是否正常等。若其他一切正常，则应更换电动机。从负荷率看，电动机更新改造的基本条件之一是当负荷率低于 0.5 时，可以认为水泵与电动机匹配不当、有大马拉小车现象。在其他情况正常的前提下，应调整电动机的容量。

表 12-31　JSQ 和 JRQ 系列电动机在不同负荷率时的效率实测值

效率（%）电动机	负荷率			
	4/4	3/4	1/2	1/4
JSQ 及 JRQ 系列	94	93.5	92	87
Y 系列	93	92.5	91.5	86.5
YKK 系列	92	91.5	90.5	85
JSL 及 JRQ 系列	91	90	88	80.5

近年来，机电产品中损耗较老型号少的电动机在国内已经生产，它们在材料选用上，结构设计上都较老产品有所改进，所以效率较高，大概比老产品高 2% ~ 3%。此外，电动机使用时间长了，首先表现在绝缘性能的降低。所以决定电动机更换的第二个条件是电机绝缘性的低劣，其判断为：①绝缘性能低劣的电

动机在停机 24h 后，定子绕组对地绝缘电阻，低压电动机降至 0.5MΩ 以下，6kV 电动机降至 6 MΩ 以下；②绕组主绝缘明显变脆，历年绝缘试验时，漏电电流呈明显上升趋势。解决此类问题的方案可以是：列出计划更换新型号电动机或者更换定子全部绕组。有的地区，更换全部定子绕组的代价与购买一台电动机相当，则解决方案只有前者。

在水处理厂的生产过程中，有些设备的电动机容量在 155kV 以内，它们大多是老产品系列，效率不高。对于这类电动机，可以订出改造计划，在一定时期内更换为节能型的电动机。

2）水泵。水泵是水处理厂的主要生产设备，所以在水处理厂设计阶段的给水排水工程设备选型时，对水泵的选型应十分慎重，选用效率较高的水泵。但即使这样，由于实际运行工况的变化，会出现高效水泵低效运行的结果。供排水企业应十分重视水泵的运行，制定出制度，定期对水泵的特性进行测定。决定水泵是否应更新改造的条件是：①定期测定水泵的特性（主要是 $Q\text{-}H$ 特性和 $Q\text{-}\eta$ 特性），若实测的结果与原始记录相差很多时，在无其他不正常的情况下，则应该更换叶轮；②水泵制造厂应根据国家的标准制造出合格的水泵。原机械工业部也根据我国实际情况，制定了水泵应有的效率要求，有关参数见表 12-32 ~ 表 12-35。对于单级单吸、单级双吸离心泵，在规定允许使用的流量范围内，其效率应不低于表 12-32。

表 12-32　单级单吸、单级双吸离心泵在规定允许使用的流量范围内对效率的要求

$Q/\text{m}^3 \cdot \text{h}^{-1}$	10	15	20	25	30	40	50	60	70	80	90
η（%）	58.0	60.8	62.8	64.0	64.8	66.1	67.3	68.0	68.8	69.0	69.5
$Q/\text{m}^3 \cdot \text{h}^{-1}$	100	150	200	300	400	500	600	700	800	900	1000
η（%）	69.9	71.0	71.3	72.3	73.1	74.0	74.3	74.5	75.0	75.2	75.4
$Q/\text{m}^3 \cdot \text{h}^{-1}$	1500	2000	3000	4000	5000	6000	8000	10000			
η（%）	76.4	77.0	78.0	78.8	79.0	79.2	79.5	80.0			

流量大于 10000m³/h 的单级离心泵其效率应不小于 80%，表 12-35 是比转速 n_s 为 120 ~ 210 的效率值。比转速 n_s 不在此范围时的修正系数见表 12-33。

表 12-33　比转速 n_s 超出 120 ~ 210 范围时效率的修正系数

n_s	30	35	40	45	50	55	60	65	70	75	80	85	90	95
$\Delta\eta$（%）	20	17	14.3	12	10	8.5	7.2	6	5	4	3.2	2.5	2.0	1.5
n_s	100	110	120 ~ 210		220	230	240	250	260	270	280	290	300	
$\Delta\eta$（%）	1.0	0.6	0		0.3	0.65	1.0	1.3	1.6	2.0	2.3	2.6	3.0	

长轴离心深井泵在规定允许使用的流量范围内，其效率应不低于表 12-34 的要求。

表 12-34　长轴离心深井泵在规定允许使用的流量范围内对效率的要求

$Q/\text{m}^3\cdot\text{h}^{-1}$	5	10	18	30	50	80	160	180
η（%）	48.5	56	60.5	63.5	66.0	67.5	68.8	69.8
$Q/\text{m}^3\cdot\text{h}^{-1}$	210		340		550		900		1000		1500
η（%）	70.2		71.5		72.0		72.3		72.5		72.7

当比转速 $n_s > 210$ 时的修正系数见表 12-35。

表 13-35　比转速 $n_s > 210$ 时效率的修正系数

n_s	220	230	240	250	260	270	280	290	300
$\Delta\eta$（%）	0.15	0.4	0.7	0.95	1.3	1.7	2.0	2.5	3.0

对于混流泵和轴流泵，国家尚未指定效率的最小范围，供排水企业可依据制造厂给出的性能曲线进行对照。如运行中的水泵效率低于上表所列出的值，或者低于制造厂所给出的性能指标时，则应更换效率较高的水泵。

对于采用调节出水阀来控制管网压力的，说明水泵的选型与当前水量供应的情况十分不匹配，应该根据实际情况更换水泵型号或者采用调速技术来改善此类供水情况。城市供水的特点是供水量随时间、季节有较大的变化。若流量的变化与季节有明显的关系，则可以更换合适的叶轮以满足流量变化的需要。取用地下水的深井泵，若地下水位的变化已经超出深井泵的范围，则需列入更新改造计划。

复习思考题

1. 试述常用设备安装的一般要求。
2. 试述水泵进、出水管的安装。
3. 试述空气压缩机安装要点。
4. 试述水下推流器的安装要点。
5. 试述刮泥机的安装要点。
6. 试述转碟曝气机的安装要点。
7. 试述带式压滤机的安装要点。
8. 试述给水排水工程设备选择的原则。

第 13 章

管道及设备的防腐与保温

　　腐蚀主要是材料在外部介质影响下所产生的化学或电化学反应，使材料破坏和质变。由于化学反应引起的腐蚀称为化学腐蚀；由于电化学反应引起的腐蚀称为电化学腐蚀。金属材料（或合金材料）上述两种反应均会发生。安装在地下的钢管、铸铁管、钢制支托架或设备均会遭受地下水侵蚀，受到各种盐类、酸、碱以及电流的腐蚀；设置于地面以上的管道同样会受到空气等其他介质的腐蚀；敷设于地面以下的预（自）应力钢筋混凝土管亦会受到地下水及土壤等因素的腐蚀。故以上各种管道均应进行防腐处理。

　　一般情况下，金属与氧气、氯气、二氧化碳、硫化氢等气体或与汽油、乙醇、苯等非电解质接触所引起的腐蚀都是电化学腐蚀。腐蚀的危害性很大，它使大量的钢铁和其他宝贵的金属变为废品，使生产和生活使用的设施很快报废。据国外有关资料统计，每年由于腐蚀所造成的经济损失约占国民生产总值的 4%。在我国每年由于腐蚀引起的经济损失同样是十分可观的。

　　在室内、外给排水管道系统中，通常会因为管道腐蚀而引起系统漏水、漏气（汽），这样既浪费能源，又影响生产或生活。如管道中输送有毒、易燃、易爆的介质时，还会污染环境，甚至造成重大事故。由此可见，为了保证正常的生产秩序和生活秩序，延长系统的使用寿命，除了正确选材外，采取有效的防腐措施也是十分必要的。

13.1　管道及设备的表面处理

　　为了使防腐材料能起较好的防腐作用，除所选涂料本身能耐腐蚀外，还要求涂料和管道、设备表面能很好地结合。一般钢管（或薄钢板）和设备表面总有各种污物，如灰尘、污垢、油渍、氧化物、焊渣、毛刺等，这些都会影响防腐涂料对金属表面的附着力。如果铁锈（氧化物）未除尽，油漆涂刷到金属表面后，漆膜下被封闭的空气继续氧化金属，使之继续生锈，致使漆膜被破坏，锈蚀加剧。

为了增加油漆的附着力和防腐效果，在涂刷底漆前，必须将管道或设备表面的污物除干净，并保持干燥。

1．金属表面锈蚀等级的划分

根据钢材表面上氧化皮、锈和孔蚀的状态和数量划分锈蚀等级。目前世界上通用的为瑞典标准 SISO 55900，将钢材表面原始锈蚀程度分成 A、B、C、D 四个等级（表 13-1）。

表 13-1　钢材表面原始锈蚀等级

锈 蚀 等 级	锈 蚀 状 况
A 级	覆盖着完整的氧化皮或只有极少量的钢材表面
B 级	部分氧化皮已松动、翘起或脱落，已有一定锈蚀的钢材表面
C 级	氧化皮大部分翘起或脱落，大量生锈，但用目测还看不到锈蚀的钢材表面
D 级	氧化皮几乎全部翘起或脱落，大量生锈，目测时能见到孔蚀的钢材表面

2．表面处理

表面处理是指根据管道或设备表面锈蚀程度、污物及旧涂层的情况所进行的表面清除工作，即对金属表面所有可见到油脂、灰尘、润滑剂等污物进行彻底地擦拭和清洗。具体清洗方法有：抹布擦洗；溶剂喷洗；乳化清洗剂或碱性清洗剂清洗；蒸汽（可添加溶剂）除油等。

3．除锈

管道及设备表面的锈层可用下列方法消除。

（1）人工除锈　人工除锈一般使用刮刀、锤子、铲刀、钢丝刷、砂布或砂轮片等摩擦钢材外表面，将外表面上松动的锈层、氧化皮、铸砂等除掉。对于钢管的内表面除锈，可用圆形钢丝刷来回拉擦。内外表面除锈必须彻底，以露出金属光泽为合格，再用干净的废棉纱或废布擦干净，最后用压缩空气吹扫。人工除锈的方法劳动强度大，效率低，质量差。但在劳动力充足，机械设备不足的情况下，通常采用人工除锈。

（2）机械除锈　采用金钢砂轮打磨或用压缩空气喷石英砂（喷砂法）吹打金属表面，将金属表面的锈层、氧化皮、铸砂等污物除净。喷砂除锈是采用 0.4～0.6MPa 的压缩空气，把粒度为 0.5～2.0mm 的砂子喷射到有锈污的金属表面上，靠砂子的打击使金属表面的污物去掉，露出金属质地的光泽来。喷砂除锈的装置如图13-1所示。用这种方

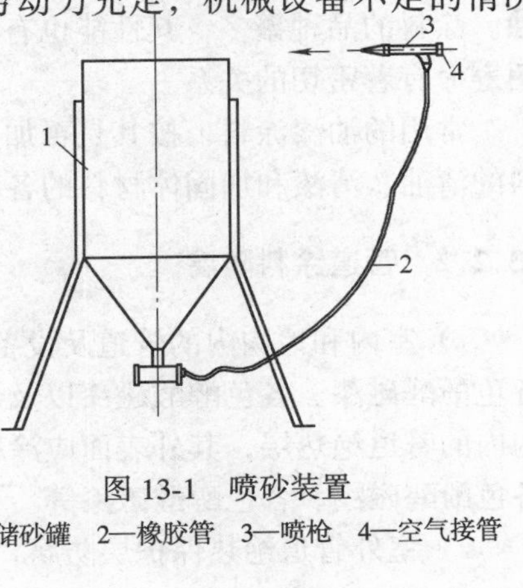

图 13-1　喷砂装置
1—储砂罐　2—橡胶管　3—喷枪　4—空气接管

法除锈的金属表面变得既粗糙又均匀，使油漆能与金属表面很好地结合，并能将金属表面凹陷处的锈除尽，是加工厂或预制件厂常用的一种除锈方法。喷砂除锈虽然效率高、质量好，但由于喷砂过程中产生大量的灰土，污染环境，影响人们的身体健康。为避免干喷砂的缺点，减少尘埃的飞扬，可用喷湿砂的方法来除污。为防止喷湿砂除锈的金属表面再度生锈，需在水中加一定剂量（质量分数为1%～15%）的缓蚀剂（如磷酸三钠、亚硝酸钠），使除锈后的金属表面形成一层牢固而密实的膜（即钝化）。实践证明，加有缓蚀剂的湿砂除锈后，金属表面可保持在短时间内不会再度生锈。

（3）化学除锈　用酸洗的方法清除金属表面的锈层、氧化皮。采用质量分数为10%～20%、温度18～60℃的稀硫酸溶液，浸泡金属物件15～60min；也可用质量分数为10%～15%的盐酸在室温下进行酸洗。为使酸洗时不损伤金属，在酸溶液中加入缓蚀剂。酸洗后要用清水洗涤，并用质量分数为50%的碳酸钠溶液中和，最后用热水冲洗2～3次，用热空气干燥。

（4）旧涂料的处理　在旧涂料上重新刷漆时，可根据旧漆膜的附着情况，确定是否全部清除或部分清除。如旧漆膜附着良好，铲刮不掉可不必清除；如旧漆膜附着不好，则必须清除后重新涂刷。

13.2　管道及设备的防腐

13.2.1　常用涂料的选用

在管道及设备防腐中，应根据管道及设备明敷、暗敷和埋地敷设等不同情况以及内外防腐的不同要求，正确选择防腐材料。常用的防腐材料有涂料类和涂层包扎类。涂料可防止工业大气、水、土壤和腐蚀性化学介质等对金属表面的腐蚀。涂料的品种繁多，其性能也有所不同，正确选择涂料品种对延长防腐层的使用寿命有着密切的关系。

常用的油漆涂料，按其是否加入固体材料（颜料和填料）分为：不加固体材料的清油、清漆和加固体材料的各种颜色涂料。

13.2.2　管道涂料防腐

1）室内和地沟内的管道及设备防腐，所采用的色漆应选用各色油性调和漆、各色酚醛磁漆、各色醇酸磁漆以及各色耐酸漆、防腐漆等。对半通行或不通行地沟内的管道绝热层，其外表面应涂刷具有一定防潮、耐水性能的沥青冷底子油或各色酚醛磁漆、各色醇酸磁漆等。

2）室外管道绝热保护层防腐，应选用耐酸性好并具有一定防水性能的涂料。

绝热保护层采用非金属材料时，应涂刷两道各色酚醛磁漆或各色醇酸磁漆，也可先涂刷一道沥青冷底子油再刷两道沥青漆。当采用焊接钢板做绝热保护层时，在焊接钢板内外表面均应先刷两道红丹防锈漆，其外表面再刷两道色漆。

13.2.3 明装管道及设备涂料防腐层

明装管道及设备的涂料品种选择，一般可不考虑耐热问题，主要根据其所处周围环境来确定涂层类别。

1）室内及通行地沟内明装管道及设备，一般先涂刷两道红丹油性防锈漆或红丹酚醛防锈漆；外面再涂刷两道各色油性调和漆或各色磁漆。

2）室外明装管道及设备、半通行和不通行地沟内的明装管道，以及室内的冷水管道，应选用具有一定防潮、耐水性能的涂料。其底漆可用红丹酚醛防锈漆，面漆可用各色酚醛磁漆、各色醇酸磁漆或沥青漆。

13.2.4 面漆选择

管道内介质种类繁多，目前还没有对各种介质管道制定统一的涂色规定。对一般介质管道，均采用表13-2所列的涂色要求。表中色环的宽度，以管子外径、保温管及保温层外径为准。室内明装给排水管道面漆一般刷两道银粉漆。

表 13-2 管道涂色分类表

管道名称	颜色		备注	管道名称	颜色		备注
	底色	色环			底色	色环	
过热蒸汽管	红	黄		净化压缩空气管	浅蓝	黄	
饱和蒸汽管	红	—		乙炔管	白	—	
废气管	红	绿		氧气管	洋蓝	—	
凝结水管	绿	红	自流及加压	氢气管	白	红	
余压凝结水管	绿	白		氮气管	棕	—	
热力网送出水管	绿	黄		油管	橙黄	—	
热力网返回水管	绿	褐		排水管	绿	蓝	
给水管	绿	黑		排气管	红	黑	

色环涂刷宽度：外径 < 150mm，为 50mm；外径 150~300mm，为 70mm；外径 >300mm，为 100mm。

色环与色环之间的距离视具体情况而定，以分布匀称、便于观察为原则。除管道弯头及穿墙处必须加色环外，一般直管段上环间距离保持 5m 左右为宜。

管道上还应涂上表示介质流动方向的箭头。介质有两个方向流动可能时，应标出两个相反方向的箭头。箭头一般漆成白色或黄色，底色浅者则漆深色箭头。

13.2.5 涂漆施工

涂层施工一般应在管道试压合格后进行。未经试压的大管径钢板卷焊钢管在安装前进行涂层施工，并留出焊缝部位，做出相应标记。管道安装后不易进行涂层施工的部位，应预先进行涂层施工。涂层施工主要是涂漆（包括底漆和面漆）。

1. 涂漆准备工作

涂漆前，被涂的金属表面必须保持干净，做到无锈、无油、无酸碱、无水、无灰尘等。根据被涂管材的要求，除选择合适的涂料品种外，还必须考虑以下各项：

1）在使用涂料前必须先熟悉涂料的性能、用途、技术条件等，再根据规定正确使用。

2）涂料不可随便混合，否则会产生不良现象，只允许配套漆配套覆盖使用。

3）色漆使用前必须搅拌均匀，否则对色漆的覆盖力和漆膜性能都有影响。

4）漆中如有漆皮和粒状物，要用 120 目钢丝网过滤后再使用。

5）根据选用的涂料要求，采用与涂料配套的稀释剂，调配到合适的施工粘度方可使用。

2. 涂漆施工要点

涂漆施工的环境空气必须清洁，无煤烟、灰尘及水气。环境温度宜在 15～35℃之间，相对湿度在 70% 以下。室外涂漆遇雨、降露时应停止施工。涂漆的方法有以下几种：

1）手工涂漆。手工涂漆应分层涂刷，每层应往复进行，纵横交错，并保持涂层均匀，不得漏涂（快干性漆不宜采用手工涂刷）。

2）机械喷漆。采用的工具为喷枪，以压缩空气为动力。喷射的漆流应和喷漆面垂直。喷漆面为平面时，喷嘴与喷漆面应相距 250～350mm；喷漆面如为曲面时，喷嘴与喷漆面应相距 400mm 左右。喷漆时，喷嘴的移动应均匀，速度宜保持在 10～18m/min。喷漆使用的压缩空气压力为 0.2～0.4MPa。

13.2.6 埋地金属管道的防腐

为了减少管道系统与地下土壤接触部分的金属腐蚀，管道的外表面必须按要求进行防腐，敷设在腐蚀性土壤中的室外直接埋地管道应根据腐蚀性程度选择不同等级的防腐层。如设在地下水位以下时，须考虑特殊防水措施。

1. 石油沥青防腐层

沥青是有机胶结构，主要成分是复杂的高分子烃类混合物及含硫、含氮的衍生物。它具有良好的粘结性、不透水和不导电性，能抵抗稀酸、稀碱、盐、水和土壤的侵蚀，但不耐氧化剂和有机溶液的腐蚀，耐气候性也不强。它价格低廉，是地下管道最主要的防腐涂料。

沥青有两大类：石油沥青和煤沥青。

石油沥青有天然石油沥青和炼油沥青。天然石油沥青由石油产地天然存在的或从含有沥青的岩石中提炼而得；炼油沥青则是在提炼石油时得到的残渣，经过继续蒸馏或氧化后而得。在防腐过程中，一般采用建筑石油沥青和普通石油沥青。

煤沥青又称为煤焦油沥青、柏油，是由烟煤炼制焦或制取煤气时干馏所挥发的物质中冷凝出来的黑色粘性液体，经进一步蒸馏加工提炼所剩的残渣而得。煤沥青对温度变化敏感，软化点低，低温时性脆，其最大的缺点是有毒，因此一般不直接用于工程防腐。

沥青的性质是用针入度、伸长度、软化点等指标来表示的。针入度反映沥青软硬稀稠的程度：针入度越小，沥青越硬，稠度就越大，施工就越不方便，老化就越快，耐久性就越差。伸长度反映沥青塑性的大小：伸长度越大，塑性越好，越不易脆裂。软化点表示固体沥青熔化时的温度：软化点越低，固体沥青熔化时温度就越低。防腐沥青要求的软化点应根据管道的工作温度而定。软化点太高，施工时不易熔化；软化点太低，则热稳定性差。一般情况下，沥青的软化点比管道最高工作温度高 40℃以上为宜。

在管道及设备的防腐工程中，常用的沥青型号有 30 号甲、30 号乙、10 号建筑石油沥青和 75 号、65 号、55 号普通石油沥青，其性能见表13-3；沥青防腐绝缘层结构见表13-4。

表 13-3　常用沥青性能

名　　　称	牌　号	针入度 25℃100g 1/100mm) 不小于	伸长度 25℃ /mm 不小于	软化点 /℃ 不低于	溶解度(苯) (%) 不小于	闪点(开口) /℃ 不低于	蒸发损失 (160℃,5h) (%)不大于	蒸发后针 入度比(%) 不小于
建筑石油沥青 （GB/T 494—1998）	10 号	5 ~ 20	1	90 ~ 110	99	200	1	60
	30 号(甲)	21 ~ 40	3	70	99	230	1	60
	30 号(乙)	21 ~ 40	3	60	99	230	1	60
普通石油沥青 （SYB 1665—625）	75 号	75	2	60	98	230		
	65 号	65	1.5	80	98	230		
	55 号	55	1	100	98	230		

2．防腐层结构及施工方法

埋地管道腐蚀的强弱主要取决于土壤的性质。根据土壤腐蚀性质的不同，可将防腐层结构分为三种（表 13-4），应根据土壤腐蚀等级规定（表 13-5）来选用。

表 13-4　沥青防腐绝缘层结构

绝缘等级	总厚度/mm	绝缘结构	绝缘层数								
			1	2	3	4	5	6	7	8	9
普通	≥4	三油二布	底漆一层	沥青(1.5mm)	玻璃布一层	沥青(1.5mm)	玻璃布一层	沥青(1.5mm)	塑料布一层	—	—
加强	≥5.5	四油四布	底漆一层	沥青(1.5mm)	玻璃布一层	沥青(1.5mm)	玻璃布一层	沥青(1.5mm)	玻璃布一层	沥青(1.5mm)	塑料布一层
特加强	≥7	四油四布	底漆一层	沥青(2.0mm)	玻璃布一层	沥青(2.0mm)	玻璃布一层	沥青(2.0mm)	玻璃布一层	沥青(1.5mm)	塑料布一层

表 13-5　土壤腐蚀性等级及防腐措施

土壤腐蚀性等级		轻 微	剧 烈	极 剧 烈
测定方法	土壤电阻率/（Ω/m）	> 20	20 ~ 5	< 5
	w（盐）（%）	< 0.05	0.05 ~ 0.75	> 0.75
	w（水）（%）	< 5	5 ~ 12	25 ~ 12
	在 $\Delta V = 500\,mV$ 时极化电流 $\Delta I = 500\,mA$	> 40	40 ~ 25	—
	密度/（mA/cm²）	< 0.025	0.025 ~ 0.3	0.3
防腐措施		普通防腐层	加强防腐层	特加强防腐层

冷底子油能与管面粘结得很紧，并能与沥青玛蹄脂层牢牢结合。其配合比见表13-6。

表 13-6　冷底子油的成分

使用条件	沥青:汽油（质量比）	沥青:汽油（体积比）
气温在 + 5℃以上	1:2.25 ~ 2.5	1:3
气温在 + 5℃以下	1:2	1:2.5

（1）冷底子油的制备及涂刷方法　调制冷底子油采用 30 号甲建筑石油沥青（相当于原来的Ⅳ号石油沥青）。熬制前，将沥青敲碎成 1.5kg 以下的小块，放入干净的沥青锅中，逐步升温和搅拌，并使温度保持在 180 ~ 200℃范围内（不得超过 220℃），连续熬制 1.5 ~ 2.5h，直至不产生气泡，即表示脱水完毕。待脱水完毕后的沥青温度降至 100 ~ 120℃时，按配合比将沥青徐缓地倒入已称量过的无铅汽油中，并不断地搅拌到完全均匀混合为止。采用机械法或酸洗法除去管子表面上的污垢、灰尘和铁锈后，24h 内应在干燥洁净的管壁上涂刷冷底子油。涂

时应保持涂层均匀，油层厚度为 0.1~0.15mm。

（2）沥青玛蹄脂的制备及涂刷方法 沥青玛蹄脂由沥青与无机填料（如高岭土、石灰石粉、石棉粉或滑石粉等）组成，以增大强度。沥青玛蹄脂的配合比（质量）为，沥青：高岭土 = 3:1 或沥青：橡胶粉 = 95:5。调制沥青玛蹄脂应在沥青脱水后，将其温度保持在 180~200℃的范围内，逐渐加入干燥并预热到 120~140℃的填充料（橡胶粉的预热温度为 60~80℃），并不断搅拌，使它们均匀混合，然后测定沥青玛蹄脂的软化点、伸长度、针入度等三大技术指标（每锅均应测定），达到表13-7所列规定时方为合格。

表 13-7 沥青玛蹄脂的技术指标

施工温度 /℃	输送介质温度 /℃	环球法测得软化点 /℃	延度（+25℃） /cm	针入度/0.1mm
−25~+5	−25~+25	+56~+75	3~4	—
	+25~+56	+80~+90	2~3	25~35
	+56~+70	+85~+90	2~3	20~25
+5~+30	−25~+25	+70~+80	2.5~3.5	15~25
	+25~+56	+80~+90	2~3	10~20
	+56~+70	+90~+95	1.5~2.5	10~20
+30 以上	−25~+25	+80~+90	2~3	—
	+25~+56	+90~+95	1.5~2.5	10~20
	+56~+70	+90~+95	1.5~2.5	10~20

热沥青玛蹄脂调制成后，应涂在干燥清洁的冷底子油层上，涂层应光滑、均匀。最内层沥青玛蹄脂如用人工或半机械化涂抹时，应分为两层，每层各厚1.5~2mm。以石棉油毡或浸有冷底子油的玻璃丝布制成的防水卷材应成螺旋形缠包在热沥青玛蹄脂上，每圈之间允许有不大于 5mm 的缝隙或搭边。前后两卷材的搭接长度为 80~100mm，并用热沥青玛蹄脂将接头粘合。缠包牛皮纸时，每圈之间应有 15~20mm 的搭边，前后两卷的搭接长度不得小于 100mm。接头用热沥青玛蹄脂或冷底子油粘合。管道外壁制作特强防腐层时，两道防水卷材的缠绕方向宜相反。

涂抹热沥青玛蹄脂时，其温度应保持在 160~180℃；施工环境气温高于30℃时，温度可降至150℃，温度高于150℃以上的热沥青玛蹄脂直接涂刷到管壁上是粘固不牢的，必须先在管壁上涂以冷底子油。即使在冬季，冷底子油也能与管子牢牢地粘合。正常、加强和特加强防腐层的最小厚度分别为 3mm、6mm、9mm，其厚度公差分别为 −0.3mm、−0.5mm、−0.5mm。

13.2.7 钢管和铸铁管道内壁的防腐

埋设在地下的钢管和铸铁管，很容易腐蚀。为了延长管道的使用寿命，在管道内壁设置衬里材料。根据介质的种类，设置各种不同的衬里材料，如橡胶、水泥砂浆、塑料、玻璃钢、涂料等，其中以橡胶衬里和水泥砂浆衬里为常用。

1. 橡胶衬里

（1）衬胶管道的性能　橡胶具有较强的耐化学腐蚀能力，除可能被强氧化剂（硝酸、铬酸、浓硫酸及过氧化氢等）及有机溶剂破坏外，对大多数的无机酸、有机酸及各种盐类、醇类等都是耐腐蚀的，可作为金属设备、管道的衬里材料。根据管内输送介质的不同以及具体的使用条件，应衬以不同种类的橡胶。衬胶管道一般适用于输送 0.6MPa 以下和 50℃ 以下的介质。

根据橡胶硫含量（以质量计）的不同，橡胶可分为软橡胶、半硬橡胶和硬橡胶三类。软橡胶硫含量为 2%～4%，半硬橡胶硫含量为 12%～20%，硬橡胶硫含量为 20%～30%。

橡胶的理论耐热度为 80℃，如果在温度作用时间不长时，也能耐较高的温度（可达到 100℃），但在灼热空气长期的作用下，橡胶会老化。橡胶还具有较高的耐磨性，适宜做泵和管子的衬里材料，可输送含有大量悬浮物的液体。

在化学耐腐蚀性方面，硬橡胶比软橡胶性能强，而且硬橡胶比软橡胶更不易氧化，膨胀变形也小。硬橡胶比软橡胶的抵抗气体透过性强，工作介质为气体时，宜以硬橡胶做衬里；当衬胶层工作温度不变，机械作用不大时，宜采用硬橡胶。采取橡胶衬里管材通常为碳素钢管。

（2）衬胶管道的安装　防腐蚀衬胶管道全部用法兰连接，弯头、三通、四通等管件均制成法兰式。预制好的法兰及法兰管件，法兰阀件均编号，打上钢印，按图安装。法兰间需预留衬里厚度和垫片厚度，用厚垫片或多层垫片垫好，将管子管件连接起来，安装到支架上。

衬胶管道安装好后，需做水压试验。试验压力为 0.3～0.6MPa，历时 15min，以压力表指示值不下降为合格。然后拆下衬胶管道送橡胶制品厂进行衬里制作。防腐衬胶管道的第一次安装装配不允许强制对口硬装，否则衬胶后可能安装不上，因此要求尺寸准确，合理安装。

2. 水泥砂浆衬里

水泥砂浆衬里适用于生活饮用水和常温工业用水的输水钢管、铸铁管道和储水罐的内壁防腐蚀。水泥砂浆衬里常采取喷涂法施工。

（1）衬里材料　水泥多采用硅酸盐水泥，且水泥等级应为 32.5 或 42.5 水泥。砂颗粒应选用坚硬、洁净、级配良好的石英砂。

（2）衬里的制作　衬里用的水泥砂浆必须用机械充分混合均匀，达到最佳稠度和良好的和易性。其质量配比为：水泥∶砂∶水 = 1∶1.5∶0.32，且搅拌时间不宜超过 10min。水泥砂浆坍落度宜取 60～80mm，当管径小于 1000mm 时允许提高，但不宜大于 120mm。水泥砂浆的抗压强度不得低于 30MPa。

水泥沙浆衬里厚度与管径有关，厚度为 5 ~ 20mm。各种管径的衬里厚度及允许公差可按表 13-8 采用。当采用手工涂抹时，表 13-8 中规定的厚度应分层涂抹。水泥砂浆衬里的质量，应达到表面无脱落、孔洞和突起的最低标准。

表 13-8　水泥砂浆衬里厚度及允许公差

工程管径/mm	衬里厚度/mm		厚度公差/mm	
	机械喷涂	手工涂抹	机械喷涂	手工涂抹
500 ~ 700	8		+2 -2	
800 ~ 1000	10		+2 -2	
1100 ~ 1500	12	14	+3 -2	+3 -2
1600 ~ 1800	14	16	+3 -2	+3 -2
2000 ~ 2200	15	17	+4 -3	+4 -3
2400 ~ 2600	16	18	+4 -3	+4 -3
2600 以上	18	20	+4 -3	+4 -3

水泥砂浆内防护层成型后，应立即将管道封堵，在终凝前进行潮湿养护。普通硅酸盐水泥养护时间不应少于 7d；矿渣硅酸盐水泥不应少于 14d。通水前应继续封堵，并保持湿润。

埋地钢管的防腐还可采用电化学保护的方法。施工见有关施工手册。

13.3　管道及设备的保温

保温又称绝热，绝热则更为确切，绝热包括保温保冷。绝热是减少系统热量向外传递（保温）和外部热量传入系统（保冷）（给排水管道一般没有保冷要求，只有防结露要求）而采取的一种工艺措施。

保温和保冷是不同的，保冷的要求比保温高。这不仅是因为冷损失比热损失代价高，更主要的是因为保冷结构的热传递是由外向内。在传热过程中，由于保冷结构向外壁之间的温差而导致保冷结构内外壁之间的水蒸气分压力差。因此，大气中的水蒸气在分压力差的作用下随热流一起渗入绝热材料内，并在其内部产生凝结水或结冰现象，导致绝热材料的热导率增大，结构开裂。对于一些有机材料，还将因受潮而发霉腐烂，以致材料完全被损坏。为防止水蒸气的渗入，保冷结构的绝热层外必须设置防潮层。而保温结构在一般情况下是不设置防潮层的。这就是保温结构与保冷结构的不同之处。虽然保温和保冷有所不同，但往往并不严格区分，习惯上统称为保温。

保温的主要目的是减少冷、热量的损失，节约能源，提高系统运行的经济性。此外，对于蒸汽和热水设备及管道，保温后能改善四周的劳动条件，并能避免或保护运行操作人员不被烫伤，实现安全生产。对于低温设备和管道（如制冷系统），保温能提高外表面的温度，避免在外表面上结露或结霜，也可以避免人的皮肤与之接触受冻。对于高寒地区的室外回水或给排水管道，保温能防止水管冻结。由此可见，保温对节约能源，提高系统运行的经济性，改善劳动条件和防止意外事故的发生都具有非常重要的意义。

13.3.1 对保温材料的要求及其选用

1. 保温材料的选用

保温材料应具有：热导率小，密度在 $700 kg/m^3$ 以下；具有一定的强度，一般能承受 1.5MPa 以上的压力；能耐受一定的温度，对潮湿、水分的侵蚀有一定的抵抗力；不应含有腐蚀性的物质；造价低，不易燃，便于施工；保温材料采用涂抹法施工时，要求与管道有一定的粘结力。

在实际工程中，一种材料全部满足上述要求是很困难的，这就需要根据具体情况具体分析，相互比较后抓主要矛盾，选择最有利的保温材料。例如，低温系统应首先考虑保温材料的密度小、热导率小、吸湿率小等特点；高温系统则应着重考虑材料在高温条件下的热稳定性。在大型工程项目中，保温材料的需要量和品种规格都较多，还应考虑材料的价格、货源以及减少品种规格等。品种和规格多会给采购、存放、使用、维修管理等带来很多麻烦。对于在运行中有振动的管道或设备，宜选用强度较好的保温材料及管壳，以免长期受振使材料破碎。对于间歇运行的系统，还应考虑选用热容量小的材料。

2. 保温材料的分类及其特性

保温材料主要可分为以下七类：

1）珍珠岩类：珍珠岩呈粉状，具有堆密度较小，热导率小，适用温度为：$-196 \sim +1200℃$，适用范围广等特性，可制成板、管壳用于管道及设备的保温。

2）玻璃棉类：具有堆密度小，施工方便，弹性好，不怕碰碎，但可刺入等特性。

3）矿渣棉类：具有堆密度小，热导率与玻璃棉相近，其适应温度较高，但强度较低，且可刺入等特性。

4）蛭石类：粒度为 0~30mm，具有适用温度高，强度大，价格低，堆密度在，热导率较石棉低，施工条件好等特性。

5）泡沫塑料类：具有堆密度小，热导率小，保冷性能好，施工方便，不可刺入等特性。

6）橡塑类：具有堆密度小，热导率小，保冷性能好，施工方便，不可刺入等特性。

7）石棉硅藻类：具有堆密度较大，热导率较大，强度较好，施工方便，不可刺入等特性。

8）软木类：具有堆密度小，热导率小，保冷性能好，施工方便，不可刺入等特性。一般制成软木砖或软木管壳使用。

目前，比较常用的保温材料有橡塑、岩棉、玻璃棉、矿渣棉、泡沫玻璃、泡沫石棉、珍珠岩、硅藻土、石棉、水泥蛭石等类材料及碳化软木、聚苯乙烯泡沫塑料。各厂家生产的同一保温材料的性能均有所不同，选用时应按照厂家的产品样本或使用说明书中所给的技术数据选用。

13.3.2　保温结构及施工方法

1）管道保温工程应符合设计要求。一般保温结构有防锈层、保温层、防潮层（对有防结露要求而言）、保护层、防锈蚀及识别标志等组成，并按顺序进行施工。

2）管道保温施工应在管道试压及涂漆合格后进行。施工前必须先清除管子表面污物及铁锈，再涂刷两遍防锈漆，并保持管道外表面的清洁干燥。冬天雨季施工应有防冻、防雨措施。

3）保温层施工一般应单独进行。

4）非水平管道的保温工程施工应自下而上进行。防潮层、保护层搭接时，其宽度应为 30~50mm。

5）保温层毡的环缝和纵缝接头间不得有空隙，其捆扎的镀锌铁丝或箍带间距为 150~200mm。疏松的毡制品宜分层施工，并扎紧。

6）阀门或法兰处的保温施工，当有热紧或冷紧要求时，应在管道热、冷紧完毕后进行。保温层结构应易于拆装，法兰一侧应留有螺栓长度加 25mm 的空隙。

7）油毡防潮层应搭接，搭接宽度为 30~50mm，缝口朝下，并用沥青玛蹄脂粘结密封。每 300mm 捆扎镀锌铁丝或箍带一道。

8）玻璃丝布防潮层应搭接，搭接宽度为 30~50mm，应粘结于涂有 3mm 厚的沥青玛蹄脂的绝缘层上，玻璃丝布外面再涂上 3mm 厚的沥青玛蹄脂。

9）防潮层应完整严密，厚度均匀，无气孔、鼓泡或开裂等缺陷。

10）保温层上采用石棉水泥保护层时，应有镀锌铁丝网。保护层抹面应分两次进行，要求平整、圆滑、端部棱角整齐，无显著裂纹。

11）缠绕式保护层，重叠部分为其带宽的 1/2。缠绕时应裹紧，不得有松脱、翻边、皱褶和鼓包，起点和终点必须用镀锌铁丝捆扎牢固，并密封。

12）金属保护层应压边、箍紧，不得有脱壳或凸凹不平，其环缝和纵缝应搭接或咬口，缝口应朝下，用自攻螺钉紧固时，不得刺破防潮层。螺钉间距不应大于 200mm，保护层端头应封闭。

13.3.3 管道保温结构形式与施工方法

保温层的施工方法主要取决于保温材料的形状和特性，常用的保温方法有以下几种形式。

（1）涂抹式结构 涂抹式结构如图 13-2a 所示。涂抹式结构的施工方法是将石棉硅藻土或碳酸石棉粉用水泥调成胶泥，然后将这种胶泥涂抹在已刷过两道防锈漆的管道上，涂抹前可先在管道上抹一层六级石棉和水调制成的胶泥作底层，厚度约 5mm，用以增大保温材料与管壁的粘结力，干燥后再涂抹保温材料。每层保温材料的涂抹厚度为 10～15mm。等前一层干燥后再涂抹后一层，直到需要的保温厚度为止。

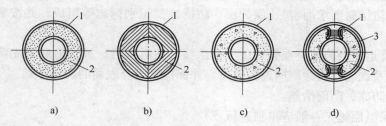

图 13-2　管道绝热结构
a）涂抹式
1—保护壳　2—保温层
b）装配式
1—保护壳　2—预制件
c）缠包式
1—保护壳　2—保温层
d）填充式
1—保护壳　2—保温材料　3—支撑环

在直立管段保温时，为防止保温层下坠，应先在管段上焊接支承环，然后再涂抹保温材料。支承环由 2～4 块宽度与保温层厚度相等的扁钢组成，当管径小于 150mm 时，也可以在管道上捆扎几道铁丝代替扁钢支承环。支承环的间距为 2～4m。

涂抹式保温层的施工，应在环境温度高于 0℃ 的情况下进行，为加速干燥，可在管内通入温度不高于 150℃ 的热介质。

(2) 装配式结构　装配式保温结构如图 13-2b 所示。先将保温材料（泡沫混凝土/硅藻土或石棉蛭石等）预制成扇形块状，围抱管道圆周的预制件块数，最多不应超过八块。块数应取偶数，以便于使横的接缝相互错开。如保温层厚度较大，预制件可做成双层结构，也可以用泡沫塑料/矿渣棉和玻璃棉制成管壳形保温层。

将预制件装配到管道上之前，先在管壁上涂两层防锈漆，再涂敷一层 5mm 厚的石棉硅藻土或碳酸镁石棉粉胶泥。如用矿渣棉或玻璃棉管壳保温，可以不抹胶泥。

预制件装配时，横向接缝和双层构件的纵向接缝，应当相互错开，接缝用石棉硅藻土胶泥填实。当保温层外径小于 200mm 时。在保温层预制件的外面，用 $\phi1 \sim \phi2$mm 镀锌铁丝捆扎，间距为预制件长度的 1/2，但不应超过 300mm，并应使每块预制件至少捆扎两处。当保温层外径大于 200mm 时，应在保温层预制件外面用网格 30mm × 30mm ~ 50mm × 50mm 的镀锌铁丝网捆扎。

(3) 缠包式结构（图 13-2c）　缠包式保温用矿渣棉毡或玻璃棉毡作为保温材料。施工时，先按管子的外圆周长加上搭接宽度，把矿渣棉毡或玻璃棉毡剪成适当的条块，再把这种条块缠包在已涂刷过两道防锈漆的管子上。包裹时应将棉毡压紧，使矿渣棉毡的密度不小于 150 ~ 200kg/m³，玻璃棉毡的密度不小于 130 ~ 160kg/m³，以减少它们在运行期间的压缩变形。如果一层棉毡的厚度达不到规定的保温厚度时，可以使用两层或三层棉毡分层缠包。

棉毡的横向接缝必须紧密结合，如有缝隙应用矿渣棉或玻璃棉填塞，棉毡的纵向接缝应放在管子的顶部，搭接宽度为 50 ~ 300mm，可根据保温层外径的大小确定。保温层外径如小于 500mm 时，棉毡外面用直径 $\phi1 \sim \phi1.4$mm 的镀锌铁丝捆扎，间距为 150 ~ 200mm。保温层外径大于 500mm 时，除用镀锌铁丝捆扎外，还应用网孔 30mm × 30mm 的镀锌铁丝网包扎。

(4) 填充式结构　填充式结构是矿渣棉，玻璃棉式泡沫混凝土等保温材料，填充在管子周围的特殊套子式铁丝网中，如图 13-2d 所示。这种保温结构要用大量支承环，制作耗费时间。施工时，保温材料的粉沫飞扬，影响操作人员的身体健康，因此在热力管道保温中采用较少，常用于制冷管道的保温。此外，铝管道多采用填充式保温结构，支承环焊接到支承角钢上。

(5) 浇灌式结构　浇灌式结构用于不通行地沟内或无沟地下敷设的热力管道，分为有模浇灌和无模浇灌两种。浇灌用的保温材料大多用泡沫混凝土。浇灌前，须先在管子的防锈漆面上涂抹一层润滑油，以保证管子的自由伸缩。

(6) 阀门的保温结构　阀门的保温结构有涂抹式或捆扎式两种形式。涂抹式保温是将湿保温材料直接涂抹在阀体上。所有的保温材料及涂抹方法与管道保温相同。在保温层的外面，用网孔为 50mm×50mm 的镀锌铁丝网覆盖，铁丝网外面涂抹石棉水泥保护壳，作法与管道保温相同。捆扎式保温是用玻璃丝布或石棉布缝制成软垫，内填装玻璃棉或矿渣棉，填装保温材料后的软垫厚度等于所需保温层的厚度。施工时将这种软垫包在阀体上，外面用 $\phi1 \sim \phi1.6mm$ 的镀锌铁丝或直径为 3~10mm 的玻璃纤维绳捆扎。

13.3.4 防潮层施工

目前作防潮层的材料有两种：一种是以沥青为主的防潮材料，另一种是以聚乙烯薄膜作防潮材料。

以沥青为主体材料的防潮层有两种结构和施工方法。一种是用沥青或沥青玛蹄脂粘沥青油毡；一种是以玻璃丝作胎料，两面涂刷沥青或沥青玛蹄脂。沥青油毡因其过分卷折会断裂，只能用于平面或较大直径管道的防潮。而玻璃丝布能用于任意形状的粘贴，故应用广泛。

以聚乙烯薄膜作防潮层是直接将薄膜用粘结剂粘贴在保温层的表面，施工方便。但由于粘结剂价格比较贵，此法应用尚不广泛。

以沥青为主的防潮层方式是先将材料剪裁下来，对于油毡，多采用单块包裹法施工，因此油毡剪裁的长度为保温层外圆周长加搭接宽度（搭接宽度一般为30~50mm）。对于玻璃丝布，一般采用包缠法施工，即以螺旋状包缠于管道或设备的保温层外面，因此需将玻璃丝剪成条带状，其宽度视保温层直径的大小而定。

包缠防潮层时，应自下而上的进行，先在保温层上涂刷一层 1.5~2mm 厚的沥青或沥青玛蹄脂（如果采用的保温材料不易涂上沥青或沥青玛蹄脂，可先在保温层上包缠一层玻璃丝布，然后再进行涂刷），再将油毡或玻璃丝布包缠到保温层的外面。纵向接缝应设在管道的侧面，并且接头应接平，不得刺破防潮层。缠包玻璃丝布时，搭接宽度为 10~20mm，缠包时应边缠边拉紧边整平，缠至布头时用镀锌铁丝扎紧。油毡或玻璃丝布包缠好后，最后在上面刷一层 2~3mm 厚的沥青或沥青玛蹄脂。

13.3.5 保护层施工

用作保护层的材料很多，使用时应随使用的地点和所处的条件经技术经济比较后决定。材料不同，其结构和施工方法亦不同。保护层常用的材料和形式有沥青油毡和玻璃丝布构成的保护层；单独用玻璃丝布缠包的保护层；石棉石膏或石棉水泥保护层；金属薄板加工的保护壳等。

1. 沥青油毡和玻璃丝布构成的保护层

先将沥青油毡按保温层或加上防潮层厚度加搭接长度（搭接长度一般为50mm）剪裁成块状，然后将油毡包裹到管道上，外面用镀锌铁丝捆扎，其间距为250～300mm。包裹油毡时，应自下而上进行，油毡的纵横向搭接长度为50mm，纵向搭接应用沥青或沥青玛蹄脂封口，纵向接缝应设在管道的侧面，并且接口向下。油毡包裹在管道上后，外面将购置的或剪裁下来的带状玻璃丝布以螺旋状缠包到油毡的外面。每圈搭接的宽度为条带的1/2～1/3，开头处应缠包两圈后再以螺旋状向前缠包，起点和终点都应用镀锌铁丝捆扎，且不得少于两圈。缠包后的玻璃丝布应平整无皱纹、气泡，且松紧适当。

油毡和玻璃丝布构成的保护层一般用于室外敷设的管道，玻璃丝布表面根据需要还应涂刷一层耐气候变化的涂料。

2. 单独用玻璃丝布包缠的保护层

单独用玻璃丝布包缠于保护层或防潮层外面作保护层的施工方法同前，多用于室内不易碰撞的管道。对于未设防潮层而又处于潮湿空气中的管道，为防止保温材料受潮，可先在保温层上涂刷一层沥青或沥青玛蹄脂，然后再将玻璃丝布缠包在管道上。

3. 石棉石膏或石棉水泥保护层

施工时，先将石棉石膏或石棉水泥按一定的比例用水调配成胶泥，如保温层（或防潮层）的外径小于200mm，则将调配的胶泥直接涂抹在保温层或防潮层上；如果其外径大于或等于200mm，还应在保温层或防潮层外先用镀锌铁丝网包裹加强，并用镀锌铁丝将网的纵向接缝处缝合拉紧，然后胶泥涂抹在镀锌铁丝网的外面。当保温层或防潮层的外径小于或等于500mm时，保护层的厚度为10mm；大于500mm时，厚度为15mm。

涂抹保护层时，一般分两次进行。第一次粗抹，第二次精抹。粗抹的厚度为设计厚度的1/2左右，胶泥用干一些，待粗抹的胶泥凝固稍干后，再进行第二次精抹。精抹的胶泥应适当稀一些，精抹必须保证厚度符合设计要求，且表面光滑平整，不得有明显的裂纹。

石棉石膏或石棉水泥保护层一般用于室外及有防火要求的非矿纤维材料保温的管道。为防止保护层在冷热应力的影响下产生裂缝，可在趁第二遍涂抹的胶泥未干时将玻璃丝布以螺旋状在保护层上缠包一遍，搭接的宽度可为10mm。保护层干后则玻璃丝布与干胶泥结成一体。

4. 金属薄板保护壳

作保温结构保护壳的金属薄板一般为白铁皮、黑铁皮和铝箔、不锈钢箔等。其厚度根据保护层直径而定，一般保护层直径小于或等于1000mm时，厚度为0.5mm；直径大于1000mm时，厚度为0.8mm。

金属薄板保护壳应事先根据使用对象的形状和连接方式用手工或机械加工好，然后才能安装到保温层或防潮层表面上。

金属薄板加工成保护壳后，凡用黑铁皮制作的保护壳应在内外表面涂刷一层防锈后方可进行安装。安装保护壳时，应将其紧贴在保温层或防潮层上，纵横向接口搭接量一般为 30~40mm，所有接缝必须有利雨水排除，纵向接缝应尽量在背视线一侧，接缝一般用自攻螺钉固定，其间距为 200mm 左右。用自攻螺钉固定时，应先用手提式电钻用 0.8 倍螺钉直径的钻头，禁止用冲孔或其他方式打孔。安装有防潮层的金属保护壳时，则不能用自攻螺钉固定，可用镀锌铁丝包扎固定，以防止自攻螺钉刺破防潮层。

金属保护壳因其价格较贵，并耗用钢材，仅用于部分室外管道及室内容易碰撞的管道以及有防火、美观等要求的地方。

热力管道常用的几种保温结构及热损耗见表 13-9~表 13-13。

热力管道常用保温结构构造见表 13-14。

每 100 延米管道保温工程量计算见表 13-15。室外架空管道保温层厚度选用见表 13-16。

表 13-9　泡沫混凝土保温结构

管径 DN /mm	室外架空管道				室内架空，通行，半通行地沟				不通行地沟			
	运行温度				运行温度				运行温度			
	<100℃		100~200℃		<100℃		100~200℃		<100℃		100~200℃	
	保温层厚度/mm	热损失/(W/(m·K))	保温层厚度/mm	热损失/(W/(m·K))	保温层厚度/mm	热损失/(W/(m·K))	保温层厚度/mm	热损失/(W/(m·K))	保温层厚度/mm	热损失/(W/(m·K))	保温层厚度/mm	热损失/(W/(m·K))
15	35	0.56	50	0.51	35	0.55	40	0.55	35	0.52	35	0.59
20	35	0.60	55	0.56	35	0.59	45	0.58	35	0.59	40	0.60
25	35	0.69	60	0.60	35	0.66	50	0.63	35	0.66	45	0.65
32	40	0.74	65	0.64	35	0.76	50	0.67	35	0.76	45	0.74
40	40	0.80	65	0.70	35	0.81	55	0.72	35	0.81	50	0.76
50	40	0.90	70	0.76	35	0.88	60	0.77	35	0.90	50	0.87
65	45	0.98	70	0.85	35	1.07	65	0.86	35	1.06	55	0.92
80	45	1.15	75	0.92	35	1.22	70	0.93	35	1.21	60	1.00
100	50	1.14	85	0.99	40	1.28	75	1.00	35	1.38	65	1.09
125	55	1.31	90	0.60	45	1.41	80	1.00	40	1.50	70	1.20
150	60	1.41	95	1.16	45	1.59	85	1.21	45	1.59	75	1.30

（续）

管径 DN /mm	室外架空管道				室内架空，通行，半通行地沟				不通行地沟			
	运行温度				运行温度				运行温度			
	<100℃		100~200℃		<100℃		100~200℃		<100℃		100~200℃	
	保温层厚度/mm	热损失/(W/(m·K))	保温层厚度/mm	热损失/(W/(m·K))	保温层厚度/mm	热损失/(W/(m·K))	保温层厚度/mm	热损失/(W/(m·K))	保温层厚度/mm	热损失/(W/(m·K))	保温层厚度/mm	热损失/(W/(m·K))
200	65	1.71	100	1.41	50	1.93	90	1.47	45	2.06	80	1.59
250	70	1.29	105	1.58	65	2.13	100	1.60	50	2.27	85	1.78
300	70	2.29	110	1.76	60	1.31	105	1.78	50	2.61	85	2.05
350	75	2.67	115	1.90	65	2.51	110	1.92	55	2.99	90	2.20
400	80	2.50	120	2.02	70	2.63	115	1.98	55	3.08	90	2.35

表13-10　硅藻土制品保温

管径 DN /mm	室外架空管道				室内架空，通行，半通行地沟				不通行地沟			
	<100℃①		100~200℃		<100℃		100~200℃		<100℃		100~200℃	
	保温层厚度/mm	热损失/(W/(m·K))	保温层厚度/mm	热损失/(W/(m·K))	保温层厚度/mm	热损失/(W/(m·K))	保温层厚度/mm	热损失/(W/(m·K))	保温层厚度/mm	热损失/(W/(m·K))	保温层厚度/mm	热损失/(W/(m·K))
15	35	0.47	40	0.47	35	0.45	35	0.28	35	0.44	35	0.49
20	35	0.51	40	0.51	35	0.50	35	0.53	35	0.49	35	0.52
25	35	0.58	45	0.55	35	0.57	40	0.56	35	0.56	35	1.16
32	35	0.66	50	0.59	35	0.65	45	0.60	35	0.64	40	0.63
40	35	0.71	50	0.64	35	0.70	45	0.65	35	0.69	40	0.69
50	35	0.80	55	0.67	35	0.78	45	0.72	35	0.77	45	0.72
65	40	0.87	55	0.78	35	0.95	50	0.79	35	0.92	45	0.83
80	40	1.00	55	0.90	35	1.05	50	0.91	35	1.01	50	0.90
100	40	1.15	60	0.95	35	1.28	55	0.98	35	1.22	55	0.98
125	45	1.24	65	1.06	40	1.38	60	1.10	35	1.45	60	1.08
150	45	1.42	70	1.15	40	1.44	60	1.22	35	1.63	60	1.22
200	45	1.84	75	1.38	70	1.86	65	1.47	35	2.09	65	1.47
250	50	2.02	80	1.56	45	2.05	70	1.64	35	2.44	70	1.65
300	50	2.33	80	1.78	45	2.37	70	1.91	35	2.85	70	1.90
350	50	2.65	80	2.05	45	2.67	75	2.07	35	3.26	75	2.01
400	55	2.73	85	2.09	45	2.95	75	2.15	35	3.61	75	2.26

① 指介质运行温度。

表 13-11 矿渣棉制品保温

管径 DN /mm	室外架空管道				室内架空，通行，半通行地沟				不通行地沟			
	< 100℃①		100 ~ 200℃		< 100℃		100 ~ 200℃		< 100℃		100 ~ 200℃	
	保温层厚度/mm	热损失/(W/(m·K))	保温层厚度/mm	热损失/(W/(m·K))	保温层厚度/mm	热损失/(W/(m·K))	保温层厚度/mm	热损失/(W/(m·K))	保温层厚度/mm	热损失/(W/(m·K))	保温层厚度/mm	热损失/(W/(m·K))
15	40	0.21	45	0.22	30	0.23	45	0.21	30	0.22	40	0.22
20	40	0.23	45	0.24	30	0.27	45	0.23	30	0.26	40	0.26
25	40	0.26	50	0.27	35	0.27	45	0.29	30	0.29	45	0.26
32	40	0.30	55	0.27	35	0.31	50	0.30	35	0.30	50	0.29
40	40	0.33	55	0.30	40	0.31	50	0.31	35	0.34	50	0.30
50	45	0.34	60	0.31	45	0.33	55	0.33	40	0.36	50	0.34
65	50	0.37	60	0.36	45	0.38	60	0.35	40	0.42	55	0.37
80	50	0.42	60	0.42	45	0.43	60	0.41	40	0.45	60	0.40
100	50	0.49	70	0.43	45	0.51	65	0.44	40	0.55	60	0.47
125	55	0.56	70	0.50	50	0.55	70	0.48	40	0.65	65	0.51
150	55	0.60	70	0.56	50	0.63	70	0.55	45	0.67	70	0.53
200	60	0.76	80	0.65	55	0.77	80	0.64	50	0.81	70	0.70
250	65	0.83	85	0.73	60	0.87	80	0.76	50	0.98	70	0.88
300	65	0.95	90	0.81	60	1.00	80	0.87	55	1.05	75	0.98
350	65	1.07	90	0.91	60	1.12	80	1.00	55	1.21	75	1.02
400	70	1.13	90	1.04	60	1.27	85	1.05	55	1.33	80	1.10

① 指介质运行温度。

表 13-12　石棉硅藻土胶泥保温

管径 DN /mm	室外架空管道				室内架空，通行，半通行地沟				不通行地沟			
	<100℃①		100~200℃		<100℃		100~200℃		<100℃		100~200℃	
	保温层厚度/mm	热损失/(W/(m·K))	保温层厚度/mm	热损失/(W/(m·K))	保温层厚度/mm	热损失/(W/(m·K))	保温层厚度/mm	热损失/(W/(m·K))	保温层厚度/mm	热损失/(W/(m·K))	保温层厚度/mm	热损失/(W/(m·K))
15	25	0.67	45	0.56	15	0.72	35	0.58	15	0.72	35	0.58
20	25	0.77	45	0.63	15	0.81	35	0.65	15	0.81	35	0.65
25	30	0.80	50	0.67	20	0.86	40	0.70	15	0.94	40	0.69
32	35	0.86	55	0.76	25	0.91	45	0.76	20	0.98	45	0.76
40	35	0.90	55	0.77	25	0.99	45	0.81	20	1.07	45	0.80
50	35	1.02	60	0.83	30	1.02	50	0.86	20	1.21	50	0.87
65	40	1.13	60	0.95	30	1.20	50	0.99	25	1.27	50	0.99
80	40	1.19	65	1.04	35	1.28	55	1.07	25	1.48	55	1.07
100	45	1.40	70	1.13	40	1.37	60	1.22	25	1.73	60	1.15
125	50	1.52	75	1.24	45	1.51	65	1.28	30	1.85	65	1.27
150	50	1.74	75	1.41	45	1.77	65	1.45	30	2.15	65	1.44
200	55	2.11	80	1.70	45	2.22	70	1.77	30	2.99	70	1.76
250	60	2.30	85	1.90	50	2.44	75	1.98	35	2.99	75	2.20
300	60	2.65	85	2.19	50	2.80	75	2.29	35	3.44	75	2.26
350	60	3.00	90	2.38	50	3.19	80	2.58	35	3.91	80	2.56
400	65	3.16	95	2.54	50	3.50	85	2.60	35	4.43	80	2.70

① 指介质运行温度。

表 13-13 玻璃纤维制品保温

管径 DN /mm	室外架空管道				室内架空，通行，半通行地沟				不通行地沟			
	< 100℃[①]		100 ~ 200℃		< 100℃		100 ~ 200℃		< 100℃		100 ~ 200℃	
	保温层厚度/mm	热损失/(W/(m·K))	保温层厚度/mm	热损失/(W/(m·K))	保温层厚度/mm	热损失/(W/(m·K))	保温层厚度/mm	热损失/(W/(m·K))	保温层厚度/mm	热损失/(W/(m·K))	保温层厚度/mm	热损失/(W/(m·K))
15	30	0.26	40	0.23	30	0.23	40	0.21	20	0.27	40	0.22
20	30	0.27	40	0.26	30	0.26	40	0.24	25	0.29	40	0.24
25	35	0.28	50	0.25	30	0.29	50	0.26	30	0.28	40	0.28
32	40	0.29	50	0.29	30	0.34	50	0.28	30	0.32	45	0.30
40	40	0.31	50	0.31	35	0.34	50	0.30	30	0.36	45	0.33
50	40	0.36	55	0.33	40	0.35	50	0.34	35	0.37	45	0.37
65	45	0.40	55	0.41	40	0.42	55	0.37	35	0.43	45	0.42
80	45	0.45	60	0.41	40	0.49	60	0.40	35	0.49	50	0.48
100	50	0.48	65	0.44	40	0.55	60	0.48	40	0.53	60	0.47
125	50	0.55	65	0.52	45	0.59	60	0.53	40	0.64	60	0.52
150	50	0.65	65	0.59	50	0.64	65	0.58	40	0.74	60	0.62
200	55	0.80	70	0.71	50	0.81	70	0.70	45	0.97	65	0.73
250	60	0.87	80	0.77	50	0.98	70	0.86	45	1.04	70	0.86
300	60	1.02	80	0.88	50	1.14	80	0.86	50	1.13	70	0.99
350	60	1.16	80	1.00	55	1.21	80	0.98	50	1.28	75	1.01
400	60	1.28	80	1.12	55	1.36	80	1.09	50	1.40	75	1.23

① 指介质运行温度。

表 13-14　热力管道常用保温结构构造

保温制品类别		泡沫混凝土制件			硅藻土制件			石棉硅藻土胶泥材料			矿渣棉制品			玻璃纤维制品		
管道安装类型及形式		室外架空	室内架空、通行、半通行地沟	不通行地沟	室外架空	室内架空、通行、半通行地沟	不通行地沟	室外架空	室内架空、通行、半通行地沟	不通行地沟	室外架空	室内架空、通行、半通行地沟	不通行地沟	室外架空	室内架空、通行、半通行地沟	不通行地沟
		甲型 乙型	甲型 乙型	甲型 乙型	甲型 乙型	甲型 乙型	甲型 乙型	甲型 乙型	甲型 乙型	甲型 乙型	甲型 乙型	甲型 乙型	甲型 乙型	甲型 乙型	甲型 乙型	甲型 乙型
顺序及保温材料品类	防锈漆															
	3~5mm 石棉硅藻土															
	泡沫混凝土构件															
	硅藻土构件															
	石棉硅藻土胶泥层															
	矿渣棉毡															
	矿渣棉壳															
	玻璃棉毡															
	玻璃棉壳															
	φ1~φ1.6mm 镀锌铁丝															
	方格钢丝网															
	φ1~φ1.6mm 镀锌铁丝															
	δ1~δ1.2mm 硬纸板															
	350 号石棉沥青毡															
	φ1~φ1.6mm 镀锌铁丝															
	管道包扎布															
	φ1mm 镀锌铁丝															
	冷底油															
	两层 V 号沥青															
	石棉水泥护壳															
	表面色漆两层															
	醇酸树脂漆两遍															

注：1. 方格铁丝网一般当保温外径小于 200mm 时不采用。当采用玻璃棉毡或矿渣棉毡时，其外径小于 500mm 时不用。
2. 通行及半通行地沟中保温层外的石棉水泥保护壳或保护层应按不通行地沟中的结构施工。
3. 冷底子油的成分比例为沥青:汽油（质量比）=1:3。
4. 表面色漆可用一般油漆或硅酸盐颜料，油漆可采用瓷漆或调和漆、铅油。硅酸盐颜料应与水玻璃调制而成。
5. 一般情况下宜采用甲型。

表 13-15　每 100 延米管道保温工程量计算表

保温层厚度 /mm	管道外径/mm																
	22	28	32	38	45	57	73	89	108	133	159	219	273	325	377	426	478
20	0.26	0.30	0.34	0.40	0.43	0.48	0.58	0.69	0.80	0.96	1.12	1.50	1.84	2.17	2.49	2.80	3.13
25	0.36	0.41	0.46	0.53	0.57	0.64	0.77	0.89	1.04	1.24	1.44	1.92	2.34	2.75	3.16	3.54	3.95
30	0.49	0.54	0.60	0.69	0.73	0.82	0.97	1.12	1.30	1.54	1.78	2.35	2.85	3.34	3.83	4.30	4.79
35	0.63	0.68	0.76	0.86	0.91	1.01	1.19	1.36	1.57	1.85	2.13	2.79	3.38	3.96	4.53	5.07	5.64
40	0.78	0.84	0.93	1.04	1.11	1.22	1.42	1.62	1.86	2.17	2.50	3.25	3.93	4.58	5.24	5.85	6.51
45	0.95	1.02	1.12	1.24	1.31	1.44	1.67	1.89	2.16	2.52	2.88	3.73	4.49	5.23	5.96	6.66	7.39
50	1.13	1.21	1.32	1.46	1.54	1.68	1.93	2.18	2.48	2.87	3.28	4.22	5.07	5.89	6.70	7.47	8.29
55	1.33	1.42	1.54	1.69	1.78	1.93	2.21	2.49	2.82	3.25	3.70	4.73	5.66	6.56	7.46	8.31	9.20
60	1.54	1.64	1.77	1.94	2.03	2.20	2.51	2.81	3.17	3.64	4.13	5.26	6.27	7.25	8.23	9.16	10.1
65	1.78	1.88	2.02	2.20	2.31	2.49	2.82	3.14	3.53	4.04	4.57	5.80	6.90	7.96	9.02	10.0	11.1
70	2.02	2.13	2.29	2.48	2.59	2.79	3.14	3.49	3.91	4.46	5.03	6.35	7.54	8.68	9.83	10.9	12.1
75	2.28	2.40	2.57	2.78	2.90	3.11	3.49	3.86	4.31	4.90	5.51	6.92	8.20	9.42	10.6	11.8	13.0
80		2.69	2.86	3.09	3.21	3.44	3.84	4.25	4.72	5.35	6.00	7.51	8.87	10.2	11.5	12.7	14.0
85			3.18	3.42	3.55	3.79	4.22	4.64	5.15	5.82	6.51	8.11	9.56	10.9	12.3	13.6	15.0
90				3.76	3.90	4.15	4.61	5.06	5.60	6.30	7.04	8.73	10.3	11.7	13.2	14.6	16.1
95						4.53	5.01	5.49	6.06	6.80	7.58	9.37	11.0	12.5	14.1	15.5	17.1
100							5.53	5.93	6.53	7.32	8.13	10.0	11.7	13.4	15.0	16.5	18.2

表 13-16　室外架空管道保温层厚度选用表　　　　（单位：mm）

保温材料名称	石棉硅藻土胶泥							矿渣棉制品						
介质温度	全年运行/℃				采暖季节运行/℃			全年运行/℃				采暖季节运行/℃		
管道公称直径	100以下	100~150	150~200	200~250	100以下	100~150	150~200	100以下	100~150	150~200	200~250	100以下	100~150	150~200
15	25	40	45	55	15	20	25	40	40	45	50	20	25	30
20	25	40	45	55	15	20	25	40	40	45	50	25	25	30
25	30	45	50	60	20	25	30	40	45	50	55	25	30	35
32	35	50	55	65	25	30	35	40	45	55	60	25	30	35
40	35	50	55	65	25	30	35	40	50	55	60	25	35	40
50	35	55	60	70	30	30	35	45	50	60	65	30	35	45
65	40	55	60	70	30	35	40	50	55	60	70	30	35	45
80	40	60	65	70	30	35	40	50	60	60	70	30	40	45
100	45	65	70	75	35	40	45	50	60	70	80	30	40	45
125	50	70	75	80	40	45	50	55	65	70	80	30	40	50

（续）

保温材料名称	石棉硅藻土胶泥							矿渣棉制品						
介质温度	全年运行/℃				采暖季节运行/℃			全年运行/℃				采暖季节运行/℃		
管道公称直径	100 以下	100~ 150	150~ 200	200~ 250	100 以下	100~ 150	150~ 200	100 以下	100~ 150	150~ 200	200~ 250	100 以下	100~ 150	150~ 200
150	50	70	75	85	40	45	50	55	65	70	80	30	40	50
200	55	75	80	90	40	50	55	60	70	80	90	30	50	50
250	60	80	85	95	45	55	60	65	70	85	90	30	50	55
300	60	80	85	95	45	55	60	65	70	90	95	30	50	55
350	60	80	90	100	45	55	60	65	75	90	100	40	50	60
400	65	85	95	105	45	55	60	70	80	90	100	45	50	50
450	70	90	100	110	50	60	65	70	80	90	105	45	50	60
500	70	90	100	110	50	60	65	70	80	90	105	45	55	60
600	70	90	100	115	50	60	65	70	80	95	105	45	55	65
700	75	95	105	120	50	60	70	75	90	95	110	50	60	65

复习思考题

1. 管道及金属设备表面易发生哪几种腐蚀现象？它们的危害有哪些？

2. 管道及设备在防腐处理之前，为什么需要进行表面处理？

3. 试述人工除锈、化学除锈、机械除锈及旧涂料表面除锈的操作要点。

4. 试述绝热管道与明装管道及设备在防腐涂料选择上的区别。

5. 管径为 $DN150mm$ 的热力管网返回水管管道的底色应涂什么颜色？色环什么颜色？其色环宽度多少？

6. 沥青作为防腐材料有哪些特性？

7. 沥青的性质有哪些控制指标？对沥青的性质有什么影响？

8. 如何调制冷底子油？

9. 如何调制沥青玛蹄脂？

10. 为什么说保冷的要求比保温高？

11. 保温的主要目的是什么？有何重要意义？

12. 作为保温材料应具有哪些特点？

13. 常用的保温方法有哪几种形式？并试述各种施工方法的操作步骤。

14. 以沥青为主体材料的防潮层有哪两种结构？它们的施工方法是什么？

15. 保护层常用的材料和形式有哪些？

第 4 篇

水工程施工组织与质量管理

第 14 章
水工程施工组织

14.1　概述

随着社会经济的发展和建筑技术的进步，使得建筑安装工程施工具有生产条件复杂多变、生产周期长、受外界环境干扰大等特点。安装工程施工组织就是针对工程施工的复杂性，研究工程建设的统筹安排与系统管理的客观规律的一门学科，它研究如何按照施工生产的客观规律，运用先进的生产技术、管理方法及当代最先进的施工技术成果，科学地组织和优化工程施工过程中各阶段所使用的人、材料、机械设备等诸多因素，寻求最合理的组织与方法，以保证按期、优质、低耗地完成各项给水排水安装工程任务。

14.1.1　施工组织设计的主要作用

施工组织设计是在充分研究客观情况和特点的基础上制订的。它的作用是全面规划，布置施工生产活动，制定先进合理的技术措施和组织措施，确定经济合理、切实可行的施工方案，节约使用人力、物力、财力，主动调整施工中的薄弱环节，及时处理施工中可能出现的问题，加强各方面的协作配合，保证有节奏地连续施工，高质量、全面地完成施工任务，以使企业以最小的人力、物力和财力，实现最优的经济效果和社会效果。

14.1.2　施工组织设计的任务

施工组织设计的任务就是根据施工图及建设单位对质量、工期要求选择经济合理的施工方案。其具体内容有：

1) 确定工程开工前必须完成的各项施工准备工作。

2) 计算工程量，并据此合理布置施工力量，确定人力、机械、材料的需用量和供应方案。

3）从施工的全局出发，确定技术先进、经济合理的施工方法和技术组织措施。

4）选定有效的施工机具和劳动组织。

5）合理安排施工程序、施工顺序、施工方案，编制施工进度计划。

6）对施工现场的总平面和空间进行合理的布置，以便统筹利用。

7）确定各项技术经济建议指标。

14.1.3　编制施工组织设计的原则

为了实现上述施工组织设计任务，充分发挥施工组织设计的作用，在编制过程中，必须遵循以下原则：

1）认真贯彻党和国家对基本建设的各项方针、政策，严格执行基本建设程序和施工程序，科学安排施工顺序，进行工序排队，在保证工程质量的基础上，加快工程建设速度，缩短工期，根据建设单位计划要求配套地组织施工，以便建设项目交付使用。

2）严格执行建筑安装工程施工验收规范、施工操作规程，积极采用先进施工技术，确保工程质量和施工安全。

3）努力贯彻建筑安装工业化的方针，加强系统管理，不断提高施工机械化和预制装配化程度，努力提高劳动生产率。

4）合理安排施工计划，用统筹方法组织平行流水作业和立体交叉作业，不断加快工程进度。

5）落实季节性施工措施，确保全年连续，均衡施工。

6）尽量利用正式工程、原有建筑和设施作为施工临时设施，尽量减小大型临时设施的规模。

7）积极推行项目法施工，努力提高施工生产水平，一切从实际出发，做好人力、物力的综合平衡，组织均衡施工。

8）因地制宜，就地取材，尽量利用当地资源，减少物质运输量，节约能源。

9）精心地进行现场布置，节约施工用地，力争不占或少占耕地，文明施工。

10）认真进行技术经济比较，选择最优方案，不仅使企业取得最好的经济效益，而且还产生良好的社会效益。

14.2　施工原始资料的调查分析

14.2.1　施工场所自然条件调查

为顺利地完成施工组织设计任务，在工程施工进场之前应先进行施工场所自然条件的调查研究，调查的主要内容有以下几个方面：

1）施工场所的气温调查。数据资料包括：年平均温度；最冷、最热月的逐月平均温度；一年中，温度 ≤ -3℃、0℃、5℃ 的天数与起止日期等；冬、夏季室外温度等。气温调查可为日后施工中的防暑降温，冬季施工防护，混凝土、灰浆强度的增长等做好资料准备。

2）施工场所的降雨调查。数据资料包括：雨期起止时间；全年降水量，昼夜最大降水量；冰雪、暴雨、雷雨日数及雷击情况等。降雨调查可为日后雨期施工，工地排水、防洪，防雷击等作好资料准备。

3）施工场所的地形调查。数据资料包括：工程区域地形图；厂址地形图；该区域的城市规划；控制桩与水准点的位置等。地形调查可为日后施工中的施工总平面布置、选择施工用地、现场平整土方量计算、了解障碍物及数量等作好资料准备。

4）施工场所的地质调查。数据资料包括：土质类别及厚度（地质剖面图）；地质的稳定性、滑坡、流沙、冲沟情况；地质物理力学指标：天然含水率、天然孔隙比、塑性指数、压缩试验；最大冰冻深度；地基土破坏情况；土坑、枯井、古墓、地下构筑物等。地质调查可为日后土方施工方法的选择、地基处理方法、基础施工、障碍物的清除计划、复核地基基础设计等作好资料准备。

5）施工场所的地震调查。数据资料为：地震烈度大小。地震调查可为日后施工中的地震对地基的影响及地基施工措施等作好资料准备。

6）施工场所的地下水调查。数据资料包括：最高与最低地下水位及出现的时间；周围地下水水井开发的情况；地下水流向、流速及流量；水质分析；抽水试验等。地下水调查可为日后土方施工、基础施工方案选择、降低地下水位、临时给水、水工工程施工等作好资料准备。

7）施工场所的地表水调查。数据资料包括：临近江、河、湖的距离；洪水、平水与枯水期发生的时间及其水位、流量与航道深度；水质分析等。地表水调查可为日后施工中临时给水、水工工程施工、航运组织等作好资料准备。

8）施工场所的风调查。数据资料包括：主导风向及频率；大于或等于8级风全年的日数及时间等。风调查可为日后施工中布置临时设施、高空作业及吊装措施等作好资料准备。

14.2.2 施工场所交通运输及用水、用电条件的调查

为顺利地完成施工组织设计任务，在工程施工进场之前还应对施工场所道路及用水、用电条件进行调查研究，调查的主要内容有以下几个方面：

1）公路。了解将主要材料运至工地所经过公路的等级、路面完好程度、允许最大载重量及当地运输能力、效率、运费、装卸费等情况。

2）航运。了解附近有无可利用的航道；工地至航运河流的距离，道路情况；洪水、平水与枯水期通航船只的吨位，租用船只的可能性；航运费、码头装卸费等情况。

3）施工用水及排水。了解临时施工用水的方式、接管地点、管径、管材、埋深、水量、水压、水质与供水可靠性及施工排水（含雨水排除）的去向、距离、坡度、有无洪水影响等情况。

4）施工用电。了解电源位置、引进可能性、允许供电容量、电压、导线截面、保障率、电费、接线地点、至工地的距离、地形地物的情况；是否具备柴油发电的条件；永久电源的现状等情况。

14.2.3　主要设备、材料及特殊物资的调查

主要设备、材料及特殊物资的调查内容见表 14-1。

表 14-1　主要设备、材料及特殊物资的调查内容表

项　　目	内　　容
设备	1. 主要工艺设备名称及来源 2. 分批和全部到货时间
主要材料	1. 钢材的规格、钢号、数量和到货时间 2. 木材的品种、等级、数量和到货时间 3. 水泥的品种、强度等级、数量和到货时间 4. 管道及其配件的规格、数量和到货时间
特殊材料	1. 需要的品种、规格和数量 2. 试制加工和供应情况

14.3　施工组织设计工作

施工组织设计是指导拟建工程进行施工准备和组织施工的技术经济文件，是施工技术组织工作的重点和加强管理的重要措施。施工组织设计必须在施工前编制。大中型项目还应根据施工总体安排编制分部分项的施工组织设计。

施工组织设计的分类与说明见表 14-2。

表 14-2　施工组织设计的分类及内容

分类 说明	施工组织总设计	单位工程施工组织设计		分部（分项）工程 作业计划
		单位工程施工 组织设计	简明单位工程施工组织设计（或施工方案）	
适用 范围	大型建筑项目或群体工程，有两个以上的单位工程同时施工	重点的、技术复杂或采用新结构、新工艺的单位工程	结构简单的单位工程或经常施工的标准设计工程	规模较大、技术复杂或有特殊要求的分部（分项）工程

（续）

分类 说明	施工组织总设计	单位工程施工组织设计		分部（分项）工程 作业计划
		单位工程施工 组织设计	简明单位工程施工组 织设计（或施工方案）	
主 要 内 容	1. 工程概况、施工部署及主要工种施工方案 2. 施工总进度计划 3. 分年度的构件、半成品、主要材料、施工机械、劳动力计划 4. 附属项目施工方案 5. 交通、防洪、排水措施 6. 水、电、热、动力用量及解决办法 7. 各种暂设工程数量 8. 施工总平面布置图 9. 土建、安装、机械化施工的分工和协作配合 10. 主要技术、安全措施和冬、雨期施工措施	1. 工程概况及特点 2. 施工程序和施工方案 3. 施工进度计划 4. 主要材料、构件、半成品、设备、施工机具计划 5. 各工种工人需要量计划 6. 施工平面布置图 7. 施工准备工作 8. 冬、雨期施工技术，安全措施	1. 工程特点 2. 施工进度计划 3. 主要施工方法和技术措施 4. 施工平面布置图 5. 材料、半成品、施工机具、劳动力需要量计划	1. 分项工程特点 2. 施工方法，技术措施及操作要求 3. 工序搭接顺序及协作配合要求 4. 工期要求 5. 特殊材料和机具需要量计划

施工组织设计应在组织施工前编制，且应遵循如下原则：

1）认真贯彻党和国家对工程建设的各项方针和政策，严格执行建设程序和国家颁布的现行有关规范、标准和规定。

2）遵守工程施工工艺及其技术规律，坚持合理的施工顺序及施工程序；尽量采用先进的施工工艺和技术，合理确定施工方案，确保工程质量和安全施工；缩短施工工期，降低工程成本。

3）采用网络计划技术、流水作业原理及系统工程等科学方法，组织有节奏、均衡的施工；合理安排冬、雨期和汛期施工项目，保证全年生产的连续性。

4）认真执行工厂预制和现场预制相结合的方针，不断提高施工的工业化程度。

5）扩大机械化施工范围，提高机械化施工程度，充分利用现有机械设备；改善劳动条件，提高劳动生产率。

6）充分利用现有建筑，尽量减少临时设施，合理储存物资，减少物资运输量；科学布置施工平面图，减少施工用地。

14.4　施工现场暂设工程

现场暂设工程一般包括：生产性临时设施、仓库、行政和生活建筑、水电临时设备和交通运输等。

1. 生产性临时设施

施工现场生产性临时设施主要有以下设施：混凝土搅拌站、混凝土预制构件加工厂、钢筋加工车间、模板加工厂、金属结构及铁活加工厂、其他生产辅助设施（变电站、水泵房、空压机房、发电机房等）、机修车间及机械停放场、试验设施等。

工地常用的几种加工厂，如混凝土预制厂、锯木加工厂、模板加工厂、钢筋加工间等的建筑面积 F 可用下式确定

$$F = \frac{KQ}{\alpha S} \tag{14-1}$$

式中　Q——加工总量（m^2、t）；

　　　K——不平衡系数，取 1.3～1.5；

　　　S——每平方米场地日平均产量；

　　　α——场地或建筑面积利用系数，取 0.6～0.7。

混凝土搅拌站的建筑面积 F 可用下式确定

$$F = NA \tag{14-2}$$

式中　N——搅拌机台数（台）；

　　　A——每台搅拌机所需建筑面积（m^2）。

加工厂临时建筑的结构形式，应根据使用期限及当地条件而定。使用年限较短时，一般可采用竹木结构简易建筑；使用年限较长时，常采用砖木结构或装拆式活动房屋。

2. 工地临时仓库设施

施工现场所需仓库按其用途可分为：

1) 中心仓库（总仓库）：储存整个建筑工地或区域型建筑企业所需材料及需要整理配套的材料仓库。

2) 现场仓库（或堆场）：为某一在建工程服务的仓库，一般均就近设置。

工地临时仓库组织包括：确定材料的储备量；确定仓库面积；进行仓库设计及选择仓库位置等。

3. 行政、生活福利临时设施

确定行政、生活福利临时设施，应尽量利用施工现场及其附近的原有房屋，或提前修建可资利用的永久性工程为施工生产服务，不足部分再修建临时房屋。

修建临时建筑的面积主要取决于建设工程的施工人数。

临时建筑的设计，应遵循节约、适用和装拆方便的原则，按照当地的气候条件、工程施工工期的长短确定结构形式。

4．工地临时供水

工地临时供水设施组织主要包括：需水量的确定、水源的选择及临时给水系统的建设等。

需水量由施工生产用水量、施工机械用水量、现场生活用水量、生活区生活用水量及消防用水量几部分组成。

施工现场临时供水水源，应尽量利用附近现有给水管网，仅当施工现场附近缺少现成的给水管线，或无法利用时，才另选地面水或地下水等天然水源。

临时给水系统根据需水量、扬程选取水泵，确定管径尺寸，选择管材。管网可敷设成枝状、环状或混合状管网。原则是保证不间断供水，使管道敷设最短。

5．工地临时供电

施工现场临时供电组织主要包括：计算用电量；选择电源；确定变压器；布置配电线路及确定导线面积等。

6．工地运输组织与临时道路

工地范围内的运输均由施工单位自行组织。工地运输组织主要包括：确定运输量；选择运输方式；计算运输工具需用量；设计和敷设工地临时道路。

14.5 流水作业法

14.5.1 流水作业

在组织多幢同类型房屋或一幢房屋的给水排水安装工程时，可分成若干个施工区段进行施工，可以采用依次施工、平行施工和流水作业三种组织施工方式。其特点是使生产过程具有连续性和均衡性。

1．依次施工组织方式

依次施工是将拟建工程项目的整个施工过程分解成若干个施工过程，按照一定的施工顺序，前一个施工过程完成后，后一个施工过程才开始施工；或前一个工程完成后，后一个工程才开始施工。它是一种基本的、最原始的施工组织方式。

例如：要进行四栋相同的建筑物卫生三大件（浴盆、洗脸盆、坐式大便器）的安装，其编号为一、二、三、四，它们的安装工程量都相等，而且都是由搬运、安装、试水等三个施工过程组成，每个施工过程的施工天数均为5d。其中，搬运时，工作队由 14 人组成；安装时，工作队由 10 人组成；试水时，工作队由 5 人组成。如按依次施工组织方式安装，其施工进度计划如图 14-1 "依次施工" 栏所示。

工程编号	分项工程名称	人数	天数	施工进度/d																				
				60												15			30					
				5	10	15	20	25	30	35	40	45	50	55	60	5	10	15	5	10	15	20	25	30
一	搬运	14	5	—												—			—					
	安装	10	5		—												—			—				
	试水	5	5			—												—			—			
二	搬运	14	5				—													—				
	安装	10	5					—													—			
	试水	5	5						—													—		
三	搬运	14	5							—											—			
	安装	10	5								—											—		
	试水	5	5									—											—	
四	搬运	14	5										—									—		
	安装	10	5											—									—	
	试水	5	5												—									—
施工组织方式				依次施工												平行施工			流水施工					

图 14-1　施工组织方式

由图 14-1 可以看出，依次施工组织具有以下特点：

1）由于没有充分利用工作面去争取时间，所以工期长。

2）工作队及工人不能连续作业。

3）工作队不能实现专业化施工，不利于改进工作队的操作方法和施工机具，不利于提高工程质量和劳动生产率。

4）单位时间内投入的资源比较少，有利于资源供应的组织工作。

5）施工现场的组织、管理比较简单。

2．平行施工组织方式

在拟建工程任务十分紧迫、工作面允许以及资源保证供应的条件下，可以组织几个相同的工作队，在同一时间、不同的空间上进行施工，这样的施工组织方式称为平行施工组织方式。

在上例中，如果采用平行施工组织方式，其施工进度计划如图 14-1 中平行施工组织方式栏所示。

由图 14-1 可以看出，平行施工组织方式具有以下特点：

1）充分利用了工作面，争取了时间，可以缩短工期。

2）工作队不能实现专业生产，不利于改进工作队的操作方法和施工机具，不利于提高工程质量和劳动生产率。

3）工作队及工人不能连续作业。

4）单位时间内投入的资源成倍增长，现场临时设施也相应增加。

5）施工现场的组织、管理比较复杂。

3．流水作业组织方式

流水作业组织方式是将拟建工程项目的整个施工过程分解成若干个施工过

程，也就是划分成若干工作性质相同的分部、分项工程或工序；同时将拟建工程项目在平面上划分成若干个劳动量大致相等的施工段，在竖向上划分成若干个施工层，按照施工过程分别建立相应的专业工作队；各专业工作队按照一定的施工顺序投入施工，完成第一个施工段上的施工任务后，在专业工作队的人数、使用的机具和材料不变的情况下，依次地、连续地投入到第二、第三……，直到最后一个施工段的施工，在规定的时间内，完成同样的施工任务；不同的专业工作队在工作时间上最大限度地合理地搭接起来；当第一施工层各个施工段上的相应施工任务全部完成后，专业工作队依次连续地投入到第二、第三施工层，保证拟建工程项目的施工全过程在时间、空间上有节奏、连续、均衡地进行下去，直到完成全部施工任务。

在上例中，如果采用流水作业组织方式，其施工进度计划如图 14-1 "流水作业" 栏所示。

由图 14-1 可以看出，与依次施工、平行施工相比较，流水作业组织方式具有以下几点特点：

1) 科学地利用了工作面，争取了时间，工期比较合理。

2) 工作队及其工人实现专业施工，可使工人的操作技术熟练，更好地保证工程质量，提高劳动生产率。

3) 工作队及其工人能够连续作业，使相邻的专业工作队之间实现了最大限度合理地搭接。

4) 单位时间内投入的资源较为均衡，有利于资源供应的组织工作。

5) 为文明施工和进行现场的科学管理创造了有利条件。

14.5.2 流水作业的技术经济效果

流水作业在工艺划分、时间排列和空间布置上的统筹安排，必然会给相应的项目经理部带来显著的经济效果，具体可归纳为以下几点：

1) 由于流水作业的连续性，减少了专业工作的间隔时间，达到了缩短工期的目的，可使拟建工程项目尽早竣工，交付使用，发挥投资效益。

2) 便于改善劳动组织，改进操作方法和施工机具，有利于提高劳动生产率。

3) 专业化的生产可提高工人的技术水平，使工程量相应提高。

4) 工人技术水平和劳动生产率的提高，可以减少用工量和施工临设建造量，降低工程成本，提高利润水平。

5) 可以保证施工机械和劳动力得到充分合理的利用。

6) 由于工期短、效率高、用人少、资源消耗均衡，可以减少现场管理费和物资消耗，实现合理储存与供应，有利于提高项目经理竞技综合经济效益。

14.5.3　流水作业的主要参数

在组织拟建工程项目流水作业时，用以表达流水作业在工艺流程、空间布置和时间排列等方面展开状态的参数，称为流水参数。

1. 施工段

为了有效地组织流水作业，在组织安装工程施工时，通常将施工项目在平面上划分若干个劳动量大致相等的施工段落，这些施工段落称为施工段。施工段是组织流水作业的基础，是基本参数之一。

由于建筑产品生产的单件性，可以说它不适于组织流水作业施工。但是，建筑产品体形庞大的固有特性又为组织流水施工提供了空间条件，可以把一个体形庞大的"单件产品"划分成具有若干个施工段、施工层的"批量产品"，使其满足流水作业的基本要求，在保证工程质量的前提下，为专业工程队确定合理的空间活动范围，使其按流水作业的原理，集中人力和物力，迅速、依次、连续地完成各段的任务，为相邻专业工作队尽早地提供工作面，达到缩短工期的目的。

施工段数要适当，过多势必会减少工人数而延长工期；过少又会造成资源供应过分集中，不等于组织流水作业。因此，为了使施工段划分得更科学合理，通常应遵循以下原则：

1）专业工作队在各个施工段上的劳动量要大致相等，其相差幅度不宜超过 10% ~ 15%。

2）对多层或高层建筑物，施工段的数目要满足合理流水施工组织的要求。

3）为了充分发挥工人、主导机械的效率，每个施工段要有足够的工作面，使其所容纳的劳动力人数或机械台数，能满足合理劳动组织的要求。

4）为了保证建筑工程项目的完整性，施工段的分界线应尽可能性与自然的界线相一致。

5）对于多层的建筑工程项目，既要划分施工段，又要划分施工层，以保证相应的专业工作队在施工段与施工层之间，组织有节奏、连续、均衡的流水作业。

2. 施工层

在组织流水作业时，为了满足专业工种对施工工艺的要求，将建筑工程项目在竖向上划分为若干个操作层，这些操作层称为施工层。

3. 流水节拍

在组织流水作业时，每个专业工作队在各个施工段上完成相应的施工任务所需要的工作延续时间称为流水节拍。它是流水施工的基本参数之一（用 t 表示）。

当施工段数确定之后，流水节拍的长短对总工期也起一定的影响，流水节拍长则工期相应的也长。因此，希望流水节拍越短越好。但是实际上由于工作面的

限制，也就有着一定的界限。每一种施工过程的最短流水节拍可用下式求得

$$最短流水节拍 = \frac{每个工人所需最小工作面 \times 单位工作面所含工程量}{定量定额} \qquad (14\text{-}3)$$

式（14-3）说明最短流水节拍与工作面、单位工作面中的工程量及产量定额有关，而与施工段的大小无关。当式（14-3）所求出的最短流水节拍不是整数时，为工作方便可以用 0.5d 的倍数。

4．流水步距

在组织流水施工时，相邻两个专业工作队在保证施工顺序，满足连续施工、最大限度搭接和保证工程质量要求的条件下，相继投入施工的最短时间间隔，称之为流水步距（用 *K* 表示）。

流水步距的大小对工期起着很大的影响。在施工段不变的条件下，流水步距大，工期就长；流水步距小，工期就短。流水步距一般至少应为一个工作班或半个工作班，正确的流水步距应该是与流水节拍保持着一定的关系。确定流水步距的原则如下：

1）流水步距要满足相邻两个专业工作队在施工顺序上的相互制约关系。

2）流水步距要保证各专业工作队都能连续作业。

3）流水步距要保证相邻两个专业工作队在开工时间上最大限度合理地搭接。

4）流水步距的确定要保证工程质量，满足安全生产。

5．平行搭接时间

在组织流水施工时，有时为了缩短工期，在工作面允许的条件下，如果前一个专业工作队完成部分施工任务后，能够提前为后一个专业工作队提供工作面，使后者提前进入前一个施工段，两者在同一施工段上平行搭接施工，这个搭接的时间称为平行搭接时间。

6．技术间歇时间

在组织流水施工时，除要考虑相邻专业工作队之间的流水步距外，有时根据工艺性质，还要考虑合理的工艺等待间歇时间，这个等待时间称为技术间歇时间。

14.5.4　流水施工组织

流水施工组织按其组织流水作业的方法不同，可分为下列几种形式：

（1）流水段法　将施工对象的所有施工过程分为一样的施工段，使每一个施工段中完成各主要工作量所需劳动量大致相等，组织若干个在工艺上密切联系的工作班组，相继投入施工，各工作班组依次不断地从一个施工段转移到另一个施工段，以同样的时间重复完成同样的工作。这种组织施工方法叫流水段法。

（2）流水线法　若干个在工艺上密切联系的工作队，按一定的工艺上密切联系的工作班组，相继投入施工，各工作队以一定不变的速度沿着线性工程的长度不断向前移动，完成同样长度的工程。这种组织流水施工的方法叫做流水线法。

（3）分别流水法　将设备工艺互相联系的施工过程组成不同的工艺组合，先分别组织各工艺组合成为独立的流水，这些流水的参数可能是不相等的，然后将这些分别流水依次搭接起来，即成为一个设备安装工程流水。这种组织流水的方法叫做分别流水法。

14.5.5　工程实例

1．工程概况

某建筑物平面大小约 16m×9m（围长），最大高度为 91.00m，建筑面积约为 3.98 万 m^2，共 22 层，工程总工期为 365d，即 2005 年 10 月至 2006 年 9 月。

（1）主要工作内容

1）消防系统。该大楼包括消火栓系统和自动喷水系统。消火栓系统分高、低二层，1~9 层为低区，10 层至顶层为高区，高、低区各设两台消火栓系统消防水泵（一用一备），水源取自地下消防水池。10 层设 18m^3 消防水箱，该水箱进水由屋顶（50m^3）供给。室内消火栓置于各楼层走道及消防电梯前室；室外消火栓系统安装于楼外，水源取自市政管网。自动喷水灭火系统也分高、低二区，1~10 层为低区，11 层至顶层为高区，水源取自地下消防水池，高、低区自动喷水灭火系统供水由两台（一用一备）离心式多级双出口泵提供。厨房自动喷水灭火系统喷头采用 93℃ 的高温喷头，其他地方用 68~74℃ 的喷头。

2）给排水系统。给排水系统包括生活给水系统、热水系统、生活污水及废水排放系统、雨水排放系统。

生活给水采用水池→水泵→水箱给水方式，地下室设有 650m^3 的生活水池，由两台生活给水泵（一用一备）自水池取水，经两台紫外线消毒器消毒后，送到屋顶水箱（50m^3）。顶上 4 层（18~21 层）供水设一套气压给水装置，11~17 层靠策略供应，10 层以下用水则通过水箱减压后供给，减压阀设于 10 层。

热水系统按业主要求，本承包方只负责 18~21 层住宅区之热水管道的安装。

生活污水及废水排放系统采用分流制。生活污水收集，经化粪池净化后，排放至市政污水管，废水直接排放至市政污水管道；厨房及停车场所排放的含油废水先经隔油池处理后，再排放至市政污水管道。

雨水系统靠重力排放。雨水经雨水斗、明渠、集水井、潜水泵、检查井至雨水管，排至市政雨水管。

（2）工程特点

1）前期准备工作量大。需要确定设备型号，绘制施工图及预留预埋图，因此大量的图样绘制工作需要去做。

2）合同工期紧，必须在保证质量的前提下加快施工进度。

3）施工场地狭小，材料堆场小，施工机械要合理选用与布置。

4）工程配合量大面广。

2．施工组织

（1）布置原则

1）按交工顺序组织分段施工，根据业主及总包要求，统筹合理安排劳动力、机具。

2）组织配合施工，穿插作业，在前期的预留预埋阶段由有丰富经验的施工人员积极主动配合土建的主体施工。在一次装修时组织穿插相关安装项目施工。同时组织配合土建、安装、装修互创施工条件及成品保护、保证工程总体进度。

3）垂直运输。设备吊装垂直运输由土建统一安排，大型设备垂直运输用土建设置的塔式起重机和卷扬机及吊装平台。塔式起重机无法吊用的设备要另行设置卷扬机或汽车式起重机进行吊运。大型设备在吊运之前要做出详尽计划，提前与土建联系好，由土建统一安排好。如设备到货较晚，可考虑用电梯井吊运设备。

（2）施工组织　建立本工程安装项目经理部、债权处理和施工管理部，公司各部门按质保体系去要求、指导、帮助检查项目经理部的工作。项目经理部的组成如图 14-2 所示。

（3）施工配合

1）安装各工种之间的配合。

a．组织各专业工程师熟悉规范及图样，绘制管线综合布局图，根据综合布局图绘制各专业的施工图。各专业本着小管让大管，有压管让无压管的原则进行施工。

b．设备安装与管道、电气的配合，设备到货后尽快就位，为管道配管与电气接线创造条件。

2）安装与土建的配合。

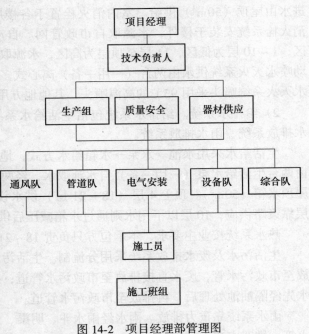

图 14-2　项目经理部管理图

a. 预留预埋配合。预留中若与土建主筋有矛盾时，与土建协商处理。卫生间预留孔洞按洁具位置正确预留。

b. 消防箱按设计位置在墙体砌筑前安装到位，并在墙体上留出管道位置。

c. 成品保护得配合。安装施工不得随意在土建墙上打洞时，应与土建协商，确定位置和孔洞大小。安装施工中应注意对墙面、吊顶的保护，避免污染。土建施工人员不得随意搬动已安装好的管道、线路、阀门，未交工前厕所不得使用，磨石地坪作业时不得利用已安装得下水管排泥浆，不得随意取走预埋管道管口的管堵。

3）安装与二次装修的配合。自动喷淋消防系统干管在吊顶龙骨施工前安装。支管安装与系统清洗吹扫应在吊顶封面前进行。吊顶板面留喷头孔，由二次装修配合开孔，封面完工厚再装喷水喷头。

3．施工方法

1）消防喷水及生活给水、热水系统集中预制，并按各自系统编号，然后集中安装。

2）支架形式及间距按技术规范制作，制作时断管用切割机，钻孔用钻孔机，固定用膨胀螺栓。

3）卫生间支管安装根据卫生间器具位置及由土建给定楼地坪标高基准进行预制，并做出样板间，合格以后再全面展开。

4）竖井内管道安装按每五层为一作业区，在本作业区的管线施工时，由土建在作业区竖井顶部采取临时封闭措施，防止上部杂物坠落。

5）管道安装完毕，必须进行吹污和试压。试验压力为工作压力的 1.5 倍，持续时间为 12h，以无压降或无渗漏为合格。

6）用清水进行管道冲洗直至彻底清除污物、污油和金属屑，并反复检查过滤器。开始运作之前，用碱性洗涤剂溶液对管道循环清洗。

7）排水管道做闭水（灌水）试验，并及时填写记录。

4．施工进度计划

业主要求工程 365d 完成，项目部须通过严密的组织管理和采用先进实用的施工新技术保证工程如期高质量地交付业主使用。具体安排见表 14-3。

表 14-3　分包工程进度计划

开始时间：2005 年 10 月 1 日		竣工时间：2006 年 9 月 30 日										
时间 工程项目	10 月	11 月	12 月	1 月	2 月	3 月	4 月	5 月	6 月	7 月	8 月	9 月
施工准备，预留预埋												
地下层至 4 层通风及防排烟系统												

（续）

开始时间：2005 年 10 月 1 日	竣工时间：2006 年 9 月 30 日											
时间 工 程 项 目	10 月	11 月	12 月	1 月	2 月	3 月	4 月	5 月	6 月	7 月	8 月	9 月
地下层至 4 层消防及给排水系统												
5～8 层通风及防排烟系统												
5～8 层消防及给排水系统												
9～12 层通风及防排烟系统												
9～12 层消防及给排水系统												
13～16 层通风及防排烟系统												
13～16 层消防及给排水系统												
17～20 层通风及防排烟系统												
17～20 层消防及给排水系统												
21～22 层通风及防排烟系统												
21～22 层消防及给排水系统												
综合调试、交工												

（1）劳动力需用计划　该安装工程涉及的工种较多，应按月均衡进场施工，具体安排见表 14-4。

表 14-4　劳动力需用计划

时间 工 种	10 月	11 月	12 月	1 月	2 月	3 月	4 月	5 月	6 月	7 月	8 月	9 月
管工	4	4	15	30	30	40	40	40	40	30	30	20
焊工	2	2	5	8	8	10	10	10	10	10	10	6
起重工				2	2	2	2	2	2	2	2	
钳工				2	4	4	4	6	6	4	4	6
油漆工			1	2	4	4	4	4	4	5	5	5
合 计	6	6	21	44	48	60	60	62	62	51	51	37

（2）施工机具进场计划　该工程安装工程量大、工期紧，为确保 2006 年 9 月底完工，将以提高机械化作业水平来保证，并做好机械设备调试平衡和设备进场前的维护保养，保证施工用设备按计划进场（施工机具计划表略）。

14.6　网络计划技术

网络计划技术是一种科学的计划管理方法，它的使用价值得到了各国的承认。19 世纪中叶，美国的 Frankford 兵工厂顾问 H. L. Grantt 发表了反映施工与时间关系的甘特（Gantt）进度图表，即我们现在仍广泛应用的"横道图"。这是最早对施工进度计划安排的科学表达方式。这种表达方式简单明了，容易掌握，便于检查和计算资源需求状况，因而很快地应用于工程进度计划中，并沿用至今。但它在内容上有很多缺点：不能全面准确地反映出各项工作之间相互制约、相互信赖、相互影响的关系；不能反映出整个计划（或工程）中的主次部分，即其中的关键工作；难以对计划做出准确的评价；更重要的是不能应用计算机计算。这些缺点从根本上限制了"横道图"的适应范围。因此，20 世纪 50 年代末，为了适应生产发展和科学研究工作的需要，国外陆续出现了一些计划管理的新方法，大都是采用网络图来表达计划内容，华罗庚教授概括地称其为统筹法。

14.6.1 统筹法

1. 统筹法的基本原理

统筹法是应用网络图形来表达一项计划（或工程）中各项工作的开展顺序及其相互之间的关系，通过对网络计划寻求最优方案，以求在计划执行过程中对计划进行有效的控制和监督，保证合理地使用人力、物力和财力，以最小的消耗取得最大的经济效果。

2. 统筹法的表达形式

其表达形式是：用箭头线表示一项工作，工作的名称写在箭头线的上面，完成该项工作的时间写在箭头线的下面，箭头和箭尾处分别画上圆圈，填入事件编号，箭头和箭尾的两个编号代表着一项工作，如图 14-3a 所示，i-j 代表一项工作；或者用一个圆圈代表一项工作，节点编号写在圆圈上部，工作名称写在圆圈中部，完成该项工作所需要的时间定在圆圈下部，箭头线只表示该工作与其他工作的相互关系，如图 14-3b 所示。把一项计划（或工程）的所有工作，根据其开展的先后顺序并考虑其相互制约关系，全部用箭头线或圆圈表示，从左向右排列起来，形成一个网状的图形（图 14-4）称之为网络图。

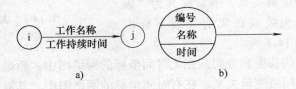

图 14-3 工作示意图

由于这种方法是建立健全在网络的基础上的，且主要用来进行计划与控制，因此国外称其为网络计划技术。

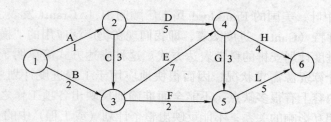

图 14-4 双代号网络图

14.6.2 网络图的组成

双代号网络图由工作、节点、线路三个基本要素组成。

1. 工作（也称过程、活动、工序）

工作就是计划任务按需要粗细程度划分而成的一个消耗时间或也消耗资源的子项目或子任务。它用一根箭头线和两个圆圈来表示。工作名称写在箭头线的上面，完成工作所需要的时间写在箭头线的下面，箭尾表示工作的开始，箭头表示工作的结束。圆圈中的两个号码代表这项工作的名称代号，由于是两个号码表示一项工作，故称为双代号表示法（图 14-5），由双代号表示法构成的网络图称为双代号网络图，如图 14-6 所示。

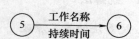

图 14-5 双代号表示法

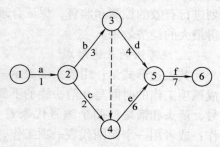

图 14-6 双代号网络图

工作通常可以分为三种：需要同时消耗时间和资源（如管道的敷设）；只消耗时间而不消耗资源（如水压试验）；既不消耗时间，又不消耗资源。前两种是实际存在的工作，后一种是人为的虚设工作，只表示相邻前后工作之间的逻辑关系，通常称其为"虚工作"，以虚箭头线或在实箭头线下标以"0"表示，如图 14-7 所示。

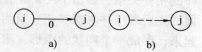

图 14-7 虚工作表示法

工作箭头线的长度和方向，在无时间坐标的网络图中，原则上讲可以任意绘制，但必须满足网络逻辑关系，在有时间坐标的网络图中，其箭头线长度必须根据完成该项工作所需持续时间的长短按比例绘图。

2. 节点（也称结点、事件）

在网络图中箭头线的出发和交汇处画上圆圈，用以标志该圆圈前面一项或若干项工作的结束和允许后面一项或若干项的开始的时间点称为节点。

在网络图中，节点只标志着工作的结束和开始的瞬间，具有承上启下的衔接作用，不需要消耗时间或资源。如图14-6中的节点⑤，它只表示d、e两项工作的结束时刻，也表示f工作的开始时刻。节点的另一个作用如前所述，在网络图中，一项工作用其前后两个节点的编号表示。如图14-6中，e工作用节点"4-5"表示。

表示整个计划开始的节点称为网络图的起点节点，整个计划最终完成的节点称为网络图的终点节点。节点编号由小到大，并且对于每项工作，箭尾的编号一定要小于箭头的编号。

在网络中从起点节点开始，沿箭头线方向连续通过一系列箭头线与节点，最后到达终点节点的通路称为线路。每一条线路都有自己确定的完成时间，它等于该线路上各项工作持续时间的总和，也是完成这条线路上所有工作的计划工期。

工期最长的线路称为关键线路（或主要矛盾线路）。位于关键线路上的工作称为关键工作。关键工作完成的快慢直接影响整个计划工期的实现，关键线路用粗箭头线或双箭头线连接。

关键线路在网络图中不止一条，可能同时存在有几条关键线路，即这几条线路的持续时间相同。

14.6.3 网络图中各工作逻辑关系

在网络图中，根据施工顺序和施工组织的要求，正确地反映各项工作之间的相互制约和相互依赖关系，这些关系是多种多样的。表14-5列出了常见的几种表示方法。

表14-5 网络图中各工作逻辑关系表示方法

序号	工作之间的逻辑关系	网络图中表示方法	说　明
1	有A、B两项工作按照依次施工方式进行		B工作依赖着A工作，A工作约束着B工作的开始
2	有A、B、C三项工作同时开始工作		A、B、C三项工作称为平行工作
3	有A、B、C三项工作同时结束		A、B、C三项工作称为平行工作

(续)

序号	工作之间的逻辑关系	网络图中表示方法	说　明
4	有 A、B、C 三项工作，只有在 A 完成后，B、C 才能开始		A 工作制约着 B、C 工作的开始。B、C 为平行工作
5	有 A、B、C 三项工作，C 工作只当有 A、B 完成后才能开始		C 工作依赖着 A、B 工作，A、B 为平行工作
6	有 A、B、C、D 四项工作，只有当 A、B 完成后 C、D 才能开始		通过中间事件 j 正确地表达了 A、B、C、D 之间的关系
7	有 A、B、C、D 四项工作，A 完成后 C 才能开始，A、B 完成后 D 才能开始		D 与 A 之间引入了逻辑连接（虚工作），只有这样才能正确表达它们之间的约束关系
8	有 A、B、C、D、E 五项工作，A、B 完成后 C 开始，B、D 完成后 E 才能开始		虚工作 i-j 反映出 C 工作受到 B 工作的约束；虚工作 i-k 反映出 E 工作受到 B 工作的约束
9	有 A、B、C、D、E 五项工作，A、B、C 完成后 D 才能开始，B、C 完成后 E 才能开始		这是前面序号 1、5 情况通过虚工作连接起来，虚工作表示 D 工作受到 B、C 工作制约
10	A、B 两项工作分三个施工段，平行施工		每个工种工程建立专业工作队，在每个施工段上进行流水作业，不同工种之间用逻辑搭接关系表达

14.7　施工组织设计的编制

施工组织设计是一总的概念，根据工程项目的类别及其重要性的不同，应相应编制不同范围和深度的施工组织设计。目前在实际工作中，常编制的施工组织设计有：施工组织总设计和单位工程施工组织设计。

14.7.1　施工组织总设计

　　施工组织总设计以一个大型建筑项目或民用建筑群为对象（例如在某一建筑小区内，包括了土建、设备、市政、园林等），在初步设计或扩大初步设计阶段，对整个建筑工程在总体战略布置、施工工期、技术物资、大型临时设施等方面进行规划和安排，以保证施工准备工作按程序合理有效地进行。它是群体工程施工的全面性指导文件，也是施工企业编制年度计划的依据。

　　1. 施工组织总设计的编制程序

　　施工组织总设计的编制程序如图 14-8 所示。

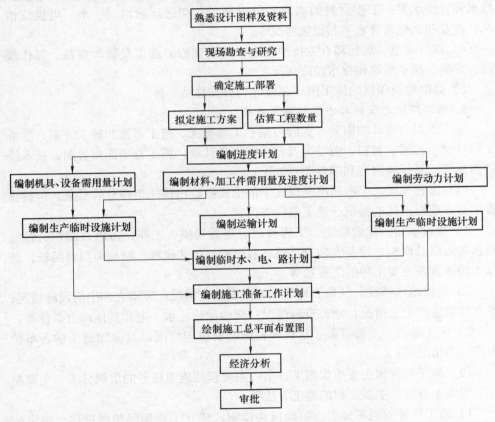

图 14-8　施工组织总设计编制程序

　　2. 编制施工组织总设计的依据

　　为了保证施工组织总设计的编制工作顺利进行并提高质量，使施工组织设计文件能更密切地结合实际情况，从而更好地发挥其在施工中的指导作用，在编制施工组织总设计时，应以如下资料为依据，从而更好地发挥其在施工中的指导作用。

1）计划文件：国家批准的基本建设计划、可行性研究报告、工程项目一览表、分期分批施工项目和投资计划地区主管部门的批件、施工单位上级主管部门下达的施工任务计划；招投标文件及签定的工程承包合同；工程材料和设备的订货指标；引进材料和设备供货合同等。

2）设计文件：建设项目的初步设计、扩大初步设计或技术设计的有关图样、设计说明书、建筑平面图、建筑总平面图、建筑竖向设计、总概算或修正概算。

3）工程勘察和技术经济资料：地形、地貌、工程地质及水文地质、气象等自然条件；可能为建筑项目服务的建筑安装企业、预制加工企业的人力、设备、技术和管理水平；工程材料的来源和供应情况；交通运输情况、水、电供应情况；商业和文化教育水平和设施情况等。

4）现行规范、规程和有关技术规定：国家现行的施工及验收规范、操作规程、定额、技术规定和技术经济指标。

5）类似建设项目的施工组织总设计和有关总结资料。

3．施工组织总设计的内容和编制方法

施工组织总设计的内容一般应包括：工程概况、施工布置和施工方案，准备工作计划、进度、材料、劳动力及各项需用量计划，施工总平面布置图，技术经济指标等。其具体内容和编制要点如下：

（1）工程概况　工程概况是以文字的形式描绘出该项工程总的形象，包括建设项目、建设地区的特征、施工条件等内容。

1）建设项目。建设地点、工程性质、建设规模、工期；占地总面积、管线总长和道路总面积；设备安装总重量、总投资、工艺流程、结构类型及特征，新技术特点及各主要工种的工程量等。

2）建设地区特征。气象、地形、地质和水文情况；劳动力和生活设施情况；地方建筑生产企业情况；地方资料情况；交通运输；水、电和其他动力条件等。

3）施工条件。主要设备、材料和特殊物资供应情况以及参加施工的各单位生产能力情况等。

（2）施工部署和主要单位施工方案　主要包括施工任务的组织分工、主要单位工程施工方案、主要工程的施工方法等。

1）施工任务的组织分工。明确机构体制，建立工程现场指挥机构，确定施工组织，划分各单位的任务和区段，明确主要工程项目及工期。

2）重点单位工程施工方案。根据设计方案和拟采用的新结构、新技术，明确重点单位工程拟采用的施工方法，如管道工程的开槽、顶管的方法及各类管道安装的方法等。

3）主要工种工程的施工方法。

"四通一平"规划，即水、电、通信管线接通，道路畅通和场地平整。

（3）施工总进度计划　包括建设工程总进度、主要单位工程综合进度和土建配合施工进度。其编制要点如下：

1）计算所有项目的工程量，应突出主要项目，对一些附属、辅助工程可予以合并。

2）确定建设总工期和单位工程工期。

3）根据使用要求和施工条件，结合物资供应情况以及施工准备条件，分期分批地组织施工，并明确主要施工项目的开、竣工时间。

4）在同一时期开工项目的多少，取决于人力、物力的情况。在条件不足时，不宜过多。

5）力求做到均衡施工。根据设计出图和材料、设备到货情况均衡安排施工项目和进度。同时必须确定调剂项目作为缓冲。

6）在施工顺序安排上一般应遵守先地下后地上、先主体后附属、先干管后支管等原则。同时还应考虑冬、雨季施工的特点，尽量做到正常施工，减少损失。

按照上述各条进行综合平衡，调整进度计划，编制施工总（综合）进度计划（见表 14-6）和主要分项工程施工计划（见表 14-7）。

表 14-6　施工总（综合）进度计划

序号	工程名称	建筑指标		设备安装指标/t	造价/万元			进度计划						
		单位	数量		合计	建筑工程	设备安装	第一年				第一年	第二年	
								Ⅰ	Ⅱ	Ⅲ	Ⅳ			

表 14-7　主要分部分项工程施工进度计划

序号	单位工程和分部分项工程名称	工程量		机械			劳动力			施工延续天数	施工进度计划 20××年											
		单位	数量	名称	台班数量	机械数量	工种名称	总工日数	平均人数		×月	×月	×月	×月	×月	×月	×月	×月	×月	×月	×月	×月

（4）施工准备工作计划　按照施工部署和施工方案的要求，根据施工总进度计划的安排，应进行编制主要施工准备工作计划（见表 14-8），避免因准备不足，草率开工而造成中途停工的损失。

施工准备工作有以下各项：

1）按照设计图样做好现场控制网，设置好临时水准点。

2）土地征用、民居迁移及障碍物的拆除。

3）对采用的新结构、新材料、新技术进行试制及试验。

4）组织人员编制施工组织计划和制定重要项目的施工技术措施。

5）对现场临时设施的确定和安排。

6）进行技术需用量计划。

表 14-8　主要施工准备工作计划

序　号	项　目	施工准备工作内容	负责单位	涉及单位	要求完成日期	备　注

（5）各项需用量计划　技术、物质供应计划是实现施工计划方案和施工进度计划的物质保证。施工进度计划确定后，必须根据施工进度计划的要求提出技术、物质供应计划。技术物资供应计划的内容，一般包括以下几个方面：

1）劳动力需用量计划。劳动力需用量计划是根据施工速度要求反复平衡以后确定的。施工计划中的劳动力平衡是劳动力需要量计划的数量依据；劳动组织提出了施工中各工种工人的技术等级要求（主要是高级工），它是对劳动力质量的要求。劳动力需要量计划从数量和质量两个方面，保证施工活动的正常进行。

2）设备进场计划和材料，零配件供应计划。施工中的安装工艺设备和材料、零配件必须按施工进度计划要求的时间组织供应，以保证施工的顺利进行。对于编有施工预算的单位工程，可用施工预算代替技术、物资供应计划，但应在说明书中注明物资供应的具体日期。

3）主要施工机具需用量计划。施工机具需用量计划主要包括通用施工机械和专用施工机械两部分。通用施工机械在编制机具计划时只提出型号、数量和需用日期即可；专用施工机械需绘出设计图样，提出材料预算，专门加工制造。

（6）施工总平面图　施工总平面图是布置施工现场的依据。施工总平面图设计的目的是为了正确解决施工区域的空间和平面组织，处理好施工过程中各方面的关系，使施工现场的各项施工活动都能有秩序地进行，实现文明施工，节约土地，减少临时设施费用。因此，搞好施工总平面图设计是施工组织设计中一项十分重要的工作。

施工总平面图的内容包括：

1）原有地形图和等高线，地上、地下已有建筑物和构筑物、铁路、道路、河道和各种管线等。

2）拟建的一切永久性建筑物、构筑物、道路、管线等。

3）施工用的一切临时设施。

设计施工总平面图时，应尽量不占或少占农田，布置紧凑；在堆放物料时应减少二次搬运，尽量降低运输费用；临时设施工程在满足使用的前提下，尽量利用已有的材料，多用装配式结构，以节约临时设施费用。此外，还应做到有利生产，方便生活，符合劳动保护、技术安全防火的要求等。

14.7.2　单位工程施工组织设计

单位工程施工组织设计是以一个单位工程为对象，当施工图到达以后，在单位工程开工前对单位工程所作的全面安排，如确定具体的施工组织、施工方法、技术措施等。单位工程施工组织由直接施工的基层单位编制，内容比施工组织总设计详细具体，是指导单位工程施工的技术经济文件，是施工单位编制作业计划和制定季度施工计划的重要依据。

1. 单位组织施工设计的编制程序

单位组织施工设计的编制程序如图 14-9 所示。

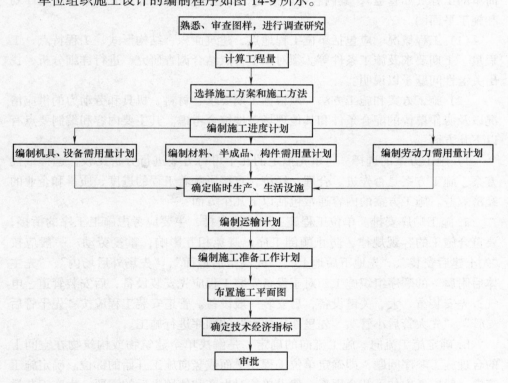

图 14-9　单位工程施工组织设计编制程序

由此可见，单位工程施工组织设计比施工组织总设计的编制程序更具体细致。

2. 单位工程施工组织设计编制的依据

根据单位工程施工组织设计的作用，在编制时需掌握以下资料：

1) 施工图，包括本工程的全部施工图、设计说明以及规定采用的标准图。

2）土建施工进度计划，相互配合交叉施工的要求以及对该工程的开竣工时间的规定和工期要求。

3）施工组织总设计对该工程的规定和要求。

4）国家的有关规定、规范、规程及上级有关指示，省、市地区的操作规程、工期定额、预算定额和劳动定额。

5）设备、材料申请定货资料等。

3. 单位工程施工组织设计的内容和编制方法

单位工程施工组织设计的内容一般包括工程概况、施工方案和施工方法、施工准备工作计划、各项需用量计划、施工平面图及技术经济指标等部分。对于较简单的工程（如管道），其内容可以简化，只包括主要施工方法、施工进度计划和施工平面图。

（1）工程概况　应包括单位工程地点、建筑面积、结构形式、工程特点、工程量、工期要求及施工条件等。须对以上各点结合调查研究，进行详细分析，找出关键性问题予以说明。

（2）施工方案和施工方法　须根据工期要求、材料、机具和劳动力的供应情况以及协作单位的配合条件和其他现场条件综合考虑。其主要内容和编制要点有以下几方面：

1）施工方案的选择　将事先拟定的几个可行方案进行分析比较，选择最优方案。施工方案是否先进、合理、经济，直接影响着工程的进度、质量和企业的经济效益。施工方案的内容通常包括以下几个方面：

a. 施工顺序安排。单位工程施工顺序的安排，主要应考虑施工工序的衔接，要符合施工的客观规律，防止颠倒工序，避免相互影响，重复劳动。一般应按"先土建后安装"、"先地下后地上"、"先高空后地面"、"先场外后场内"、"先主体后附属"的顺序组织施工。对于设备安装工程应先安装设备，后安装管道、电气；先安装重、大、关键设备，后安装一般设备。管道安装工程应按"先干管后支管"、"先大管后小管"、"先里面后外面"的顺序进行施工。

b. 确定施工流向。施工流向的确定，是解决单个建筑物或构筑物在空间上的合理施工顺序问题，即确定单位工程在平面或竖向施工开始的部位。确定施工流向一般应考虑如下几个因素：建设单位对生产和使用先后的需要；生产工艺过程；适应施工组织的分区分段；单位工程各部分施工的复杂程度等。

例如：排水管道工程施工一般先把出水口做好，由下游向上游推进；分几个系统的净、配水厂及污水处理厂工程施工，应以确保某个系统先行投产的原则，再按计划向其他系统铺开，但战线拉得不宜过长，并应合理地使用少数工种工人及关键设备。

2）施工方法的选择。主要项目的施工方法是施工技术方案的核心。编制时首先要根据工程特点，找出主要项目，以便选择施工方法时重点突出，能解决施工中关键问题。在选择施工方法时，应当注意以下问题：

　　a. 必须结合实际，方法可行，可以满足施工工艺和工期要求。

　　b. 尽可能采用先进技术和施工工艺，努力提高机械化施工程度；对施工专用机械设备的设计（如吊装、运输设备、支撑专用设备等）要经过周密计算，确保施工安全。

　　c. 要正确处理需要同可能的关系，紧密结合企业实际，尽可能地利用现有条件，使用现有机械设备，挖掘现有机械设备的潜力。

　　d. 结合国家颁发的施工验收规范和质量检验评定标准的有关规定。

　　e. 要认真进行施工技术方案的技术经济比较。

　　3）质量和安全技术措施。

　　a. 质量方面。对特殊项目的施工应制定有针对性的技术措施，保证工程质量；确保放线、定位及高程正确无误的措施；确保地基处理的措施；保证主体工程或关键部位的质量措施等。

　　b. 安全方面。对特殊项目的施工应制定有针对性、行之有效的专门安全技术措施；防火、防爆措施；高空或立体交叉作业的防保措施及安全使用机电设备的保护措施等。

　　4）技术经济比较。施工方案的选择，通常会有多种可行的施工方法、施工机械和施工组织方案来完成。这些方案在技术经济上各有其优缺点，因而必须进行方案的比选。施工方案的技术经济比较有定性和定量的分析。

　　定性分析，是结合实际的施工经验对方案的一般优缺点、施工条件和费用进行比较。比较时主要考虑：施工操作的难易程度和安全、质量的可靠性；对冬雨期或汛期施工带来困难的多少；施工机械和设备的使用情况；施工协作、材料、技术资源等的供应条件；工期长短；为后续工程提供有利条件的可能性；施工组织管理水平等。

　　定量分析，需要经过实地调查取得确切数据，计算各方案的工期、劳动力、材料消耗、机械类型及台班需用量、成本费用等加以比选确定。对重要施工方案，一般须以定性、定量相结合进行比选确定最适宜施工方案。

　　（3）施工进度计划　施工进度计划是在确定了施工方案的基础上对工程的施工顺序、各个工序的延续时间及工序之间的关系、工程的开工时间、竣工时间及总工期等作出安排。

　　1）施工进度计划的作用及分类。单位工程施工进度计划是组织设计的重要内容，是控制各分项工程施工进度的主要依据，也是编制季度、月度施工作业计划及各项资源需用量计划的依据。它的主要作用是：确定各分部分项工程的施工时间及其相互之间的衔接、配合关系；安排施工进度和施工任务的如期完成；确定所需的劳动力，机械、材料等资源数量；具体指导现场的施工安排。

单位工程施工进度计划根据施工项目划分的粗细程度，可分为控制性和指导性进度计划两类。控制性进度计划按分部工程来划分施工项目，控制各分部工程的施工时间及其相互搭接配合关系。它主要适用于工程结构较复杂、规模较大，工期较长而需跨年度施工的工程，还适用工程规模不大或结构不复杂，但各种资源（劳动力、机械、材料等）不落实的情况。指导性进度计划按分部工程或施工过程来划分施工项目，具体确定各施工过程的施工时间及其相互搭接、配合关系。它适用于任务具体而明确、施工条件基本落实、各项资源供应正常、施工工期不太长的工程。编制控制性施工进度计划的单位工程，当各部分工程的施工条件基本落实后，在施工之前还应编制指导性的分部工程施工进度计划。

2）施工进度计划的编制依据和程序。单位工程施工进度计划的编制依据主要包括：①有关设计图样，台管道工艺设备布置图、设备基础图建筑结构施工图等；②施工组织总设计对本工程的要求及施工总进度计划；③要求的开工及竣工时间；④施工方案与施工方法；⑤劳动定额、机械台班定额等施工以及施工条件（如劳动力、机械、材料、构件等供应情况）。单位工程施工进度计划的编制程序如图 14-10 所示。

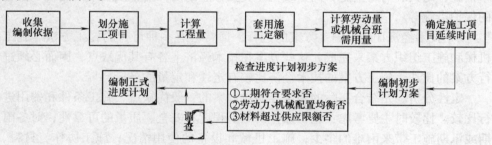

图 14-10　单位工程进度计划编制程序

（4）施工准备工作计划　施工准备工作计划，是施工准备的一项重要内容，也是绘制施工现场总平面图的基础资料。其主要项目内容如下所述：

1）技术准备工作：熟悉并会审图样；编制和审定施工组织设计；编制施工预算；成本、半成品技术资料的准备；新技术项目的试验与试制。

2）现场准备工作：测量放线；拆除障碍物；场地平整；临时道路和临时供水、供热等管线的敷设；有关生产、生活临时设施的搭设；运输设备的搭设等。

3）劳动力、材料、机具和半成品、加工件的准备工作：调整劳动组织、进行计划、技术、安全交底；组织施工机具、材料、构件、加工成品的进场。

（5）施工平面图的设计　施工平面图是布置施工现场的依据，施工平面图设计的目的是为了正确解决施工区域的空间和平面的组织；处理好施工过程各方面的关系，使施工现场的各项施工活动都有秩序和顺利地进行，实现文明施工，节约土地，减少临时设施费用。因此，搞好施工平面图设计，是施工组织设计中一项十分重要的工作。

单位工程施工平面图的比例尺一般为 1:200 ~ 1:500。

1) 单位工程施工平面图的设计内容：总平面图上的已建和拟建地上、地下建筑物、构筑物和管线的位置、尺寸；测量放线标桩、地形等高线及土方取弃场地；垂直运输井架位置，塔式起重机泵车、混凝土搅拌运输车等行走机械开行路线，必要时应绘制出预制构件布置位置；施工用临时设施布置；安全、防火设施布置等。

2) 单位工程施工平面图的设计依据：建设地区原始资料；一切原有和拟建工程位置及尺寸；全部施工设施建造方案；施工方案、施工进度和资源需用量计划；建设单位可提供的房屋和其他生活设施等。

3) 施工平面图的设计原则：在满足施工条件下要尽量布置紧凑，尽量减少施工用地；合理规划工地内的路线，缩短运输距离，尽量减少二次搬运费；尽量利用已有构筑物、房屋和各种管线、道路，降低临时设施费用；尽量采用装配式施工设施，减少搬迁损失，提高施工设施安装速度；各项设施布置须符合劳动保护、技术安全和防火的要求。

4) 施工总平面图的设计步骤：

a. 确定起重机械、垂直运输机具的数量及位置。

b. 确定搅拌站、仓库、材料、构件、堆场及加工厂的位置。

按照施工进度计划和临时设施确定各项内容、规模、面积和形式，它们的布置应尽量靠近使用地点或起重机工作范围内。

仓库、堆场应都适应各个施工阶段的需要，能按使用先后，供多种材料堆放。

c. 布置运输道路。

运输道路应沿仓库、堆场、加工厂布置，且宜采用环行线，并结合地形沿道路两侧设置排水沟，现场主要道路应尽量利用永久性道路，或先修筑路基，待工程完工后再铺路面。

d. 布置门卫、收发、办公等行政管理及生活福利临时用房。

e. 布置水电管网。

临时供水、供电线路应尽量利用现有的管路，将水、电管线引至使用地点，力求线路最短。

f. 为确保施工现场安全，应有统一的消防设施；现场井、坑、孔洞等处应设围栏；工地变压站应设围护；钢制井架、脚手架、桅杆在雨期应有避雷装置；沿江河修建构筑物工程时，应考虑汛期防洪防汛设施等。

g. 在多专业、多单位施工的情况下，应综合考虑各专业工程在各工程阶段中的要求，将现场平面合理划分，使各专业工程各得其所。

复习思考题

1. 施工组织设计的主要作用及其任务是什么？
2. 施工组织设计在编写过程中，必须遵循哪些原则？
3. 试述施工组织总设计内容及其编制依据。
4. 计划文件包括哪些文件？
5. 设计文件包括哪些文件？
6. 对建设地区应考察哪些技术经济条件？
7. 施工准备工作有哪些内容？
8. 为什么要制订劳动力需用量计划？
9. 试述施工总平面图设计的目的及内容。
10. 施工平面图的设计原则是什么？
11. 什么是施工组织设计？
12. 单位工程施工组织设计的编制程序及编制依据是什么？
13. 试简述单位工程施工组织设计的内容及其编制方法。
14. 单位工程施工顺序安排原则是什么？
15. 在选择工程的施工方法时，应注意哪些问题？
16. 你认为采取哪些措施可以保证工程按期完工？
17. 技术准备工作包括哪些方面内容？
18. 现场准备工作包括哪些方面内容？
19. 施工组织方式分为哪几种方式？
20. 什么是依次施工组织方式？它具有哪些特点？
21. 什么是平行施工组织方式？它具有哪些特点？
22. 什么是流水作业组织方式？它具有哪些特点？
23. 试分析图 13-4 中的三种施工组织方式，哪种组织方式更先进？
24. 流水作业从哪些方面可以提高经济效益？
25. 什么是流水参数？
26. 什么是施工段？施工段要科学合理的划分应遵循哪些原则？
27. 什么是施工层？
28. 什么是流水节拍？流水节拍的大小对工程的总工期有什么影响？
29. 什么是流水步距？流水步距的大小对工程的总工期有什么影响？
30. 确定流水步距应遵循哪些原则？
31. 什么是平行搭接时间？
32. 什么是技术间歇时间？
33. 什么是流水段法、流水线法及分别流水法？
34. 试述统筹法的基本原理。
35. 网络图由哪些要素组成？

第 15 章
水工程施工质量管理

15.1 概述

建筑工程产品质量是关系到国计民生的大事，世界著名管理专家桑霍姆教授曾明确指出："质量是打入世界市场的金钥匙。"20 世纪 90 年代全世界反映出这样强烈的质量观，即"当今时代是决策重视质量的时代"。我国一些专家、学者、企业家和政府官员，把质量提高到以质量立国、质量兴国、质量兴业的战略高度。

从我国建筑业的总体发展来看，建筑工程产品已有了很大进步，创造了具有世界一流水平的建筑产品，在质量管理和质量保证方面已有了较大的进步。但是我国的建筑工程质量总体水平与国际工程承包市场的工程质量相比，还有相当大的差距，特别是国内一些省、市、县的地方建筑企业的质量管理，是一个值得重视的问题。近些年出现的建筑工程产品质量事故，已在社会上引起了强烈的反响，工程质量差已是一个较为普遍的现象。

当前，建筑企业正面临着工程质量管理战略性的转变。20 世纪 70 年代末期开始推行全面质量管理，特别是在大型工业企业中取得了显著的成效。建筑企业的质量管理工作由于受本行业特性的影响，在全面质量管理方面起步较晚。分散的生产方式，使得在完善企业质量保证体系和项目质量管理体系方面比一般工业企业要落后一大步。由于建筑企业生产的特殊性，大量的手工作业，复杂的生产工艺，交替作业多，下道工序可能淹没上道工序，返修难度大，如果出现关键性的问题，就可能造成重大的质量安全事故。但由于种种原因和受传统质量管理方法的影响，质量管理的重心放在质量检查方面，而忽视了质量管理体系的健全和完善。

我国建筑企业正处在建立和完善现代企业制度、转换经营体制的时期。ISO（国际标准化组织）族标准本身就是一种现代化的科学管理制度和方法，是企业

"转机建制"的重要内容和必须具备的功能。ISO 族标准又是一种由质量管理高度发展而形成的质量文化。没有良好的质量文化和质量行为，就不可能形成良好的企业文化。质量文化应当成为企业文化的重要的主体，即企业主体文化。ISO 族标准的出现和发展是人类从事社会生产的一种文化的反映，它必然会涉及到企业精神文化（质量指导思想、方针、宗旨、原则和质量价值观）物质文化和行为文化（职业道德规范），因此，企业应高度重视质量文化的培养和教育。

建筑产品的交易过程是先有合同，后有生产，一般是在合同条件下从事企业经营活动，完成全部生产过程。贯彻 GB/T 19000—2000 族标准就是要在生产之前明确质量责任，满足用户要求，这也是进一步规范建筑市场和发展我国社会主义市场经济的需要。此外，建筑产品的复杂性和多样性使越来越多的优胜者（或业主）已无法凭借自己的能力和经验来判断产品的质量水平，也不能满足于建筑企业一般性的担保，因此寄希望于从健全完善质量管理体系方面来明确可靠的质量保证。由此可见，企业贯标不仅是国家政府的要求，也是业主或使用的要求，更是自身发展的需要。

综上所述，贯彻 GB/T 19000—2000 族标准已成为建筑企业的当务之急。要把贯彻 GB/T 19000—2000 族标准与深化企业改革，建立现代企业制度，完善项目机制和实现企业战略目标有机地结合起来。在深化改革中，从企业实际出发，立足于企业内部，从不断提高企业职工素质和整体素质入手，全面满足顾客对产品质量的要求，不断改进企业的产品质量及业绩水平，逐步健全完善质量管理和质量保证体系。在健全完善质量管理体系过程中，首先要抓好企业和项目综合管理的基础工作，完善技术责任制体系，加强技术责任制执行的力度，健全企业技术与质量标准体系，加强技术教育等。在严格执行标准中加强全体职工的执法观念、规范职工的行为，树立良好职业风尚和职业道德。此外，完善质量管理体系要与企业管理标准化相结合。标准化管理是现代化管理的有效形式和内容，标准和标准化是进行质量管理和质量保证的有效依据和基础，没有高标准就没有高质量。建筑企业在深化企业改革、"转机建制"和贯标时，应认真做好企业标准与企业标准化工作，形成企业管理标准化体系。

虽然 GB/T 19000—2000 族标准只是提供指导，选择合同模式，而不是标准化，但它与企业管理标准化并无矛盾。标准化的目的是不断完善各类技术标准和经营管理标准，建立和健全企业内部质量管理体系，使企业经营管理科学化、程序化、制度化、规范化，有利于贯彻 GB/T 19000—2000 族标准，达到国际标准水平。因此，企业贯标能够推动和促进企业的全面发展和进步。

15.2　质量管理体系的组成

ISO 9000 族标准自 1987 年问世以来，已对国际贸易和标准体系产生了巨大的影响。它已被全世界 80 多个国家和地区等同采用为国家标准，并广泛应用于工业、经济和政府的管理领域。ISO 9000 族标准的目标是：为提高组织（企业）的运作能力提供有效的方法；增进国际贸易，促进全球的繁荣和发展；使任何机构和个人，可以有信心从世界各地得到任何期望的产品，以及将自己的产品顺利销到世界各地。

我国于 1994 年发布了等同于国际标准的 GB/T 19000—ISO 9000《质量管理体系》族标准。2000 年 12 月 15 日 ISO 正式发布 ISO 9000、ISO 9001 和 ISO 9004 国际标准。我国于 2001 年 6 月 1 日正式实施 2000 版 GB/T 19000 族标准。

15.2.1　ISO 9000—2000 族标准的组成

我国采用等同 ISO 9000 族标准制定的 GB/T 19000—2000 族标准，由以下四个核心标准组成：

1）ISO 9000—2000《质量管理体系——基础和术语》。

2）ISO 9001—2000《质量管理体系——要求》。

3）ISO 9004—2000《质量管理体系——业绩改进指南》。

4）ISO 19011—2000《质量和（或）环境管理体系审核指南》。

15.2.2　ISO 9000—2000 族标准简介

1）ISO 9000—2000《质量管理体系——基础和术语》。该标准规定了 ISO 9000 族标准中质量管理体系的术语共 10 个部分 87 个词条，表述了质量管理体系应遵循的八项基本原则及质量管理体系的十二条基本说明。

2）ISO 9001—2000《质量管理体系——要求》。该标准是采用以过程为基础的质量管理体系模式。它不仅要求产品的质量得到保证，还要求得到顾客的满意，即以顾客为核心的过程导向模式。

3）ISO 9004—2000《质量管理体系——业绩改进指南》。该标准以质量管理的八项原则为基础，使组织理解质量管理及其应用，从而改进组织业绩。标准还给出了质量改进中的自我评价方法，并以质量管理体系的有效性和效率为评价目标。

4）ISO 19011—2000《质量和环境管理体系审核指南》。该标准遵循"不同管理体系，可以有共同管理和审核要求"的原则，为质量管理和环境管理审核的基本原则、审核方案的管理、环境和质量管理体系审核的实施以及对环境和质量管理体系审核员的资格要求提供了指南。

15.3 质量和质量管理体系的基本概念

15.3.1 质量定义和与建筑产品质量

ISO 9000—2000 中关于质量的定义是："产品、体系或过程的一组固有特性满足顾客和其他相关方要求的能力。"在标准中，对上述定义作了如下注释：

1）从定义可知，质量不仅是产品的质量，也包括了体系的质量和过程的质量。产品包括了硬件、软件、服务和流程性材料及其组合。

2）固有特性是指内在特性，而不是人为赋予的特性。例如：对管路系统而言，管径、管长、管道附件、设备等是固有特性；而造价和施工工期等则不是固有特性，是人为赋予的特性。对体系而言（如质量管理体系），实现质量方针、质量目标的能力、管理的协调性等是固有特性。对过程而言（如施工过程），过程的能力、过程的稳定性、可靠性、先进性和工业水平等属于固有特性。

3）其他相关方是指员工、所有者、供方和社会等。

4）要求可以是明示的、习惯上隐含的或必须履行的需求和期望。要求也具有相对性和时间性，是动态的。要求也包含适用性。

5）不同的相关方对固有特性的要求不同。

通过质量定义的分析，质量概念是一个广义的定义概念。建筑产品的质量也在其定义的范围内。建筑产品是具有固定性、分散性、工艺过程复杂、多功能、高安全性、高可靠性、价值最大以及含有艺术价值等特殊质量特性的产品，正是由于其特殊的、复杂的生产过程，使其具有以下三个方面的综合特性。首先，建筑产品既是实体质量的产品，又是一种复杂的服务过程；其最小单元的质量过程可以分解为一个分部、一个分项以至一个工序过程。一个分部或一个分项可以作为一个"假定产品"存在，并可作为一个单独的合同形式。它既可以是一种具有多功能的有形产品，也可以是具有极高艺术价值的无形价值产品。按建设阶段可分设计/开发、物资采购、生产（施工）安装、交工检验、保修服务等五个质量过程阶段。其次，它既有明确需要和隐含需要，又潜在地具有历史性或发展性产品的价值。再次，它除了具有上述强调的五个方面特性之外，还具有艺术性、历史性等特殊性。很显然，建筑产品的质量管理和质量保证是一个极为重要而复杂的动态系统工程。

15.3.2 质量管理体系

ISO 9000—2000 中关于质量管理体系的定义是："建立质量方针和质量目

标，并实现这些目标的体系。"在标准中，对上述定义作了如下注释：

1）特性、管理体系和质量管理体系构成了两个层次上的从属关系。管理体系可按照管理的对象不同分为不同的管理体系，如质量管理体系、财务管理体系、环境管理体系等。

2）建立和实施质量管理体系是系统方法在质量管理中的运用，质量管理体系是针对企业设定的目标，识别、理解并管理一个由相互联系的过程组成的特性，可帮助企业提高管理的有效性和效率。

3）ISO 9001—2000 族标准按过程方法理论给出了系统的质量管理体系要求。

4）ISO 9001—2000 给出的质量管理体系要求是同产品的要求区分开来的。

15.4　质量管理体系的基本原理

15.4.1　质量管理体系的研究目的

在 ISO 9000—2000 族标准中，质量管理体系是指实施质量管理过程中的组织结构、职责、程序和资源。建立和健全质量管理体系的目的，是鼓励企业分析顾客的要求，使企业始终能提供满足顾客要求的产品，向企业的顾客和其他相关方提供信任，为企业提供持续改进的框架并改进企业的业绩。保证产品或服务的质量能够满足明确的或隐含的需要，实现企业的质量方针和目标，提供有效的质量保证。项目质量管理体系也可称为项目经理部质量管理体系，涉及到项目质量组织、质量责任、质量程序、过程的实施以及资源利用的最优化等，是制定和实施项目质量方针目标的全部质量活动总和。

15.4.2　质量管理体系的研究内容

质量管理体系研究的主要内容是质量管理的系统方法。作为系统方法的研究内容主要由质量方针、目标、顾客的要求（包括产品和体系的要求）、过程方法、最高管理者的作用、体系的文化表达、体系的评价方法、统计技术在组织效益和效率的提高及决策中的作用、持续改进等方面的研究构成。这些内容的研究是以质量管理八项原则为基础的。

15.4.3　质量管理体系八项质量管理原则

（1）原则一：以顾客为关注焦点　顾客是企业存在的基础，企业应把顾客的要求放在第一位。因此，企业应理解顾客当前的和未来的需求，满足顾客要求并争取超越顾客的期望。顾客是使用产品的群体，对产品质量感受最深，他们的期望和需求对企业也最有意义。对潜在的顾客也不容忽视，虽然他们对产品的购买欲望暂时还没有成为现实，但是如果条件成熟，他们就会成为企业的一大批现实的顾客。同时还要认识到市场是变化的，顾客是动态的，顾客的需求和期望也是不断发展的。因此，企业要及时地调整自己的经营策略和采取必要的措施，以适应市场的变化，满足顾客不断发展的需求和期望，还应超越顾客的需求和期望，使自己的产品/服务处于领先的地位。

（2）原则二：领导作用　一个企业的领导者即最高管理者要想指挥好和控制好一个企业，必须做好确定方向、策划未来、激励员工、协调活动和营造一个良好的内部环境的工作。此外，在领导方式上，最高领导者还要做到透明、务实和以身作则。

（3）原则三：全员参与　全体员工是每个企业的基础。企业的质量管理不仅需要最高领导者的正确领导，还有赖于全员的参与。所以要对员工进行质量意识、职业道德、以顾客为关注焦点的意识和敬业精神的教育，还要激发他们的积极性和责任感。此外，员工还应具备足够的知识、技能和经验，才能胜任工作，实现充分参与。

（4）原则四：过程方法　任何利用资源并通过管理，将输入转化为输出的活动，均可视为过程。系统地识别和管理企业所应用的过程，特别是这些过程之间的相互作用，就是"过程方法"。过程方法的目的是获得持续改进的动态循环，并使企业的总体业绩得到显著提高。过程方法通过识别企业内的关键过程，随后加以实施和管理并不断进行持续改进来达到顾客满意。

（5）原则五：管理的系统方法　所谓系统方法，实际上可包括系统分析、系统工程和系统管理三大环节。它从系统地分析有关数据、资料或客观事实开始，确定要达到的优化目标；然后通过系统工程，设计或策划为达到目标而应采取的各项措施和步骤，以及应配置的资源，形成一个完整的方案；最后在实施中通过系统管理而取得高有效性和高效率。

系统方法和过程方法关系非常密切。它们都是以过程为基础，都要求对各个过程之间的相互作用进行识别和管理。但前者着眼于整个系统和实现总目标，使得企业所策划的过程之间相互协调和相容；后者着眼于具体过程，对其输入、输出和相互关联和相互作用的活动进行连续的控制，以实现每个过程的预期结果。

（6）原则六：持续改进　为了改进企业的整体业绩，企业应不断改进其产品质量，提高质量管理体系及过程的有效性和效率，以满足顾客和其他相关方日益增长和不断变化的需求与期望。只有坚持持续改进，企业才能不断进步。最高管理者要对持续改进作出承诺，积极推动；全体员工也要积极参与持续改进的活动。持续改进是永无止境的。因此，持续改进应成为每一个企业永恒的追求、永恒的目标、永恒的活动。

（7）原则七：基于事实的决策方法　所谓决策就是针对预定目标，在一定约束条件下，从诸方案中选出最佳的一个付诸实施。达不到目标的决策就是失策。正确的决策需要领导者用科学的态度，以事实或正确的信息为基础，通过合乎逻辑的分析，作出正确的决策。盲目的决策或只凭个人的主观意愿的决策是绝对不可取的。

（8）原则八：与供方互利的关系　供方向企业提供的产品将对企业向顾客提供的产品产生重要的影响。因此，处理好与供方的关系，影响到企业能否持续稳定地提供顾客满意的产品。在专业化和协作日益发展、供应链日趋复杂的今天，与供方的关系还影响到企业对市场的快速反应能力。因此，对供方不能只讲控制，特别对关键供方，更要建立互利关系。这对企业和供方双方都是有利的。

15.5　质量管理体系基础

15.5.1　质量管理体系的理论说明

1）说明质量管理体系的目的就是要帮助企业增进顾客满意。从这个意义上来说，顾客满意程度可以作为衡量一个质量管理体系有效性的总指标。

2）说明顾客对企业的重要性。企业依存于顾客，这是质量管理八项原则的第一条已阐明了的。顾客要求企业组织提供的产品应能满足他们的要求和期望，这种需求和期望可能是零散的、不系统的、甚至是互相矛盾的。一般需要企业对顾客的需求和期望进行整理、分析、归纳和转化为产品特性，并体现在产品技术标准和技术规范中。对顾客要求采用合同形式作出具体规定，也可采用非合同形式而由企业预测顾客要求后加以确定。不论是合同形式还是非合同形式，最后决定产品是否可以接受的是顾客。顾客有最终的决定权，可见顾客意见的重要性。

3）说明顾客对企业持续改进的影响。由于顾客的需求和期望是不断变化的，这就驱使企业持续改进其产品和过程。这也体现了顾客是企业持续改进的推动力之一。持续改进的其他两个动力来自竞争压力和科技进步。

4）说明了质量管理体系的重要作用。质量管理体系方法是系统方法在质量管理体系中的具体应用。这个方法要求企业分析顾客要求，规定为达到顾客要求所必须的过程，并使这些过程处于连续受控状态，以便实现顾客可以接受的产品。质量管理体系还能为企业持续改进其整体业绩提供一个框架，使持续改进在体系内正常进行，以增加顾客和其他相关方满意的机会。质量管理体系还能提供内、外部质量保证，向企业和顾客以及其他相关方提供信任，使相关方相信企业有能力提供持续满足要求的产品。

15.5.2 质量管理体系要求与产品要求

GB/T 19000—2000 族标准把质量管理体系要求与产品要求加以区分。区分的主要根据是两种要求具有不同的性质。

GB/T 19001—2000 标准是对质量管理体系的要求。这种要求是通用的，适用于各种行业或经济部门的，提供各种类别的产品，包括硬件、软件、服务和流程性材料的各种规模的企业。但是，每个企业为符合质量管理体系标准的要求而采取的措施却是不同的。因此，每个企业要根据自己的具体情况建立质量管理体系。

GB/T 19001—2000 标准对产品质量没有提出任何具体的要求。一般来说，对产品的要求在技术规范、产品标准、过程标准或规范、合同协议以及法律法规中规定。

对每一个企业而言，产品要求与质量管理体系要求缺一不可，不能互相取代，只能相辅相成。

15.5.3 质量管理体系方法

质量管理体系方法是管理的系统方法的原则在建立和实施质量管理体系中的具体应用。GB/T 19000—2000 族标准列举了建立和实施质量管理体系的八个步骤，即

1）确定顾客和相关方的需求和期望。

2）建立企业的质量方针和质量目标。

3）确定实现质量目标必须的过程和职责。

4）确定和提供实现质量目标必须的资源。

5）规定测量每个过程的有效性和效率的方法。

6）应用这些方法确定每个过程的有效性和效率。

7）确定防止产品不合格并消除产生原因的措施。

8）建立和应用持续改进质量管理体系的过程。

可以看出，以上第 1）、2）项是系统分析的工作，其成果是建立质量方针和质量目标。第 3）、4）、5）、7）项是系统工程，即策划和设计的工作，其重点是确定过程、职责、资源、测量方法及纠正措施等。而第 6）、8）项是具体实施过程的系统管理，包括具体测定现有的或改进后的过程的有效性和效率、提供资源及持续改进体系。

15.5.4 过程方法

所谓"过程"就是"一组将输入转化为输出的相互关联或相互作用的活动"。

因此，任何使用资源将输入转化为输出的活动或一组活动均可视为一个过程。所谓"过程方法"，就是"系统的识别和管理组织的管理活动，特别是这些过程之间的相互作用"。这里首先是识别质量管理体系所需的过程，包括企业的管理活动、资源提供、产品实现和测量有关的过程，并确定过程的顺序和相互作用。其次，是要对各过程加以管理，也就是要控制各个过程的要素，包括输入、输出、活动和资源等，这样才能使过程有效。所以过程方法的优点就是在于能对诸过程组成的系统中单个过程之间的联系以及过程的组合和相互作用进行连续的控制。

ISO 9000—2000 族标准把以过程为基础的质量管理体系用一个模型图来表示（图 15-1）。从图中可以看出，质量管理体系的四大过程"管理职责"、"资源管理"、"产品实现"和"测量、分析和改进"彼此相连，最后通过体系的持续改进而进入更高的阶段。从水平方向看，顾客的要求形成产品实现过程的输入。产品实现过程的输出是最终产品。产品交付给顾客后，顾客将对其满意程度的意见反馈给企业的测量、分析和改进过程，作为体系持续改进的一个依据。在新的阶段，"管理职责"过程把新的决策反馈给顾客，后者可能据此而形成新的要求。利用这个模型图，企业可以明确主要过程，进一步开展、细化，并对过程进行连续控制，从而改进体系的有效性。

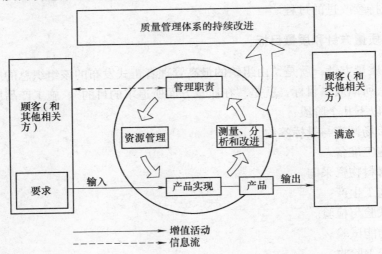

图 15-1 以过程为基础的质量管理体系模型

施工项目质量管理体系必须对施工过程进行科学的设计和计划，明确规定部门和成员的工作程序和过程实施中的要求，并形成书面文件，符合标准的规定，并在合同条件下满足顾客的要求。施工项目质量管理体系运行的主要程序和过程可按下列阶段划分：

1）工程投标、合同洽谈与签订的过程。

2）内部签约和组建项目经理部的过程。

3）确定联合承包、分包或组织劳动队伍的过程。

4）编制项目规划和计划的过程。

5）施工现场准备及开工报告的过程。

6）主要工种工程技术、实施和工序控制的过程。

7）物资采购、供应的过程。

8）原材料、构件试验与检验的过程。

9）技术开发与技术攻关的过程。

10）功能试验的过程。

11）竣工效验的过程。

12）项目目标控制的过程。

13）质量成本控制与核算的过程。

14）质量信息搜集、处理、归档流程。

15）质量教育与技术培训的工作要求。

16）质量审核要求。

17）回访与保修的过程。

18）持续改进的过程。

15.5.5 质量方针和质量目标

所谓质量方针，就是"由组织的最高管理者正式发布的该组织总的质量宗旨和方向"。所谓质量目标，就是"在质量方面所追求的目的"。施工产品质量目标可划分为以下几个阶段：

1）市场调查与投标签约。

2）施工准备。

3）材料物资采购。

4）施工生产。

5）试验与检验。

6）功能试验。

7）竣工验收。

8）回访与保修。

9）改进、提高生产工艺，进一步开拓市场。

1. 质量方针和质量目标的作用

1）指出企业在质量方面的方向和追求的目标，使企业的各项质量活动都能围绕这个方针和目标来进行，让全体员工都来关注它的实施和实现。

2）质量方针指出了企业满足顾客要求的意图和策略，而质量目标则是实现这些意图和策略的具体要求。两者都确定了要想达到的预期结果，使企业利用其资源来实现这些结果。

2．质量方针和质量目标之间的关系

质量方针为建立和评审质量目标提供了框架。质量目标在此框架内确立、展开和细化。质量方针还要具体体现企业对持续改进的承诺。质量目标应与质量方针保持一致，不能脱节和偏离。

3．对质量目标的其他要求

1）质量目标应适当展开。除了有一个总目标外，有关部门和适当层次还应根据总目标确定自己的分目标。

2）质量目标的实现程度应是可测量的。可测量并不意味目标必须定量，有时定性地表示也是可以的。

4．实现质量目标的好处

1）对产品质量、运行有效性、财务业绩都会产生积极的影响。

2）对相关方的满意也会产生积极的影响。

15.5.6　最高管理者的作用

最高管理者指企业的最高领导层，具有决策、指挥和控制的职责和权力。他们的最重要的任务就是要通过他们具体的领导作用和各种措施来创造一个良好的内部环境。在这个环境中，质量管理体系得到有效的运行，全体员工可以充分参与，发挥他们的主动性、积极性和创造性。

最高领导者应发挥其领导作用的九个方面，即

1）制定并保持企业的质量方针和质量目标。

2）通过增强员工的意识、积极性和参与程度，在整个企业内促进质量方针和质量目标的实现。

3）确保整个企业关注顾客要求。

4）确保实施适宜的过程以满足顾客和其他有关方要求并实现质量目标。

5）确保建立、实施和保持一个有效的质量管理体系以实现这些质量目标。

6）确保获得必要资源。

7）定期评审质量管理体系。

8）决定有关质量方针和质量目标的措施。

9）决定改进质量管理体系的措施。

15.5.7　文件

所谓文件，就是"信息及其承载媒体"。

1.文件的价值

文件的价值是传递信息、沟通意图、统一行动。文件的具体用途是：①满足顾客要求和质量改进；②提供适宜的培训；③重复性和可追溯性；④提供客观证据；⑤评价质量管理体系的有效性和持续适宜性。

文件固然重要，但编制文件并不是我们的最终目的。我们要求建立一个形成文件的质量管理体系，并不要求将质量管理体系中所有的过程和活动都形成文件。文件的多少及详略程度取决于活动的复杂性、过程接口的多少、人员的技能水平和培训等诸多因素。文件的目的是使质量管理体系的过程得到有效的运作和实施。文件只有在体系中具体应用、实施后，才能产生增值的效果，否则只是一纸空文。

2.质量管理体系中使用的文件类型

质量管理体系中使用文件的类型主要有下列几种：

1）质量手册，即"规定组织质量管理体系的文件"，它向企业内部和外部提供关于质量管理体系的一致信息。

2）质量计划，即"对特定的项目、产品、过程或合同，规定由谁及何时应使用哪些程序和相关资源的文件"。

3）规范，即"阐明要求的文件"。

4）指南，即阐明推荐的方法或建议的文件。

5）程序、作业指导书和图样，这些都是提供如何一致地完成活动和过程的信息文件。

6）记录，即"阐明所取得的结果或提供所完成活动的证据的文件"。

文件的数量多少、详略程度、使用什么媒体视具体情况而定，一般取决于下列因素：

1）组织的类型和规模。

2）过程的复杂性和相互作用。

3）产品的复杂性。

4）顾客要求。

5）适用的法规要求。

6）经证实的人员能力。

7）满足体系要求所需证实的程度。

工程项目质量管理体系文件包括以下三类文件：

（1）政策纲领性文件

1）以质量求速度，以质量求效益，贯彻质量否决权的工程项目质量管理政策性措施。

2）质量方针目标及管理规定。

3）注重内部协调，与建设、监理等外部单位协调配合的有关规定。

4）工程项目施工管理质量手册。

5）质量保证文件。

（2）管理性文件

1）工程项目质量方针目标展开分解图及说明。

2）组织机构图及质量职责（包括责任和权限的分配）。

3）质量计划，包括新工艺质量计划；原材料、构配件质量控制计划；施工质量控制计划；工序质量控制计划；质量检验计划；分部分项工程一次交验合格计划等。

4）施工组织计划。

5）工程项目施工质量明细表、流程图及管理制度。

6）新材料、新工艺的施工方法、作业指导和管理规定。

7）试验、检验规程和管理规定。

8）质量审核大纲。

9）工程项目质量文件管理规定及修改、补充管理办法。

（3）执行性文件

1）工程变更洽商记录。

2）检验、试验记录。

3）质量事故调查、鉴别、处理记录。

4）质量审核、复审、评定记录。

5）各种统计、分析图表。

15.5.8　质量管理体系评价

质量管理体系建立并实施后，可能会发现不完善或不适应环境变化的情况。所以需要对它的适宜性、充分性和有效性进行系统的、定期的评价。

1. 质量管理体系过程的评价

由于体系是由许多相互关联和相互作用的过程构成的，所以对各个过程的评价是体系评价的基础。

在评价质量管理体系时，应对每一个被评价的过程，提出如下四个基本问题：

1）过程是否被识别并确定相互关系？

2）职责是否被分配？

3）程序是否被实施和保持？

4）在实现所要求的结果方面，过程是否有效？

前两个问题，一般可以通过文件审核得到答案。而后两个问题则必须通过现场审核和综合评价才能得到结论。

对上述四个问题的综合回答可以确定评价的结果。

2. 质量管理体系审核

所谓审核，就是"为获得审核证据并对其进行客观的评价，以确定满足审核准则的程度所进行的系统的、独立的并形成文件的过程"。

质量管理体系审核时，"审核准则"一般指 GB/T 19001—2000 标准、质量手册、程序以及适用的法规等。

体系审核用于确定符合质量管理体系要求的程度。审核发现可用于评定质量管理体系的有效性和识别改进的机会。

体系审核有第一方审核（内审）、第二方审核和第三方审核三种类型。

3. 质量管理体系评审

最高管理者的一项重要任务就是要主持、组织质量管理体系评审，就质量方针和质量目标对质量管理体系的适宜性、充分性、有效性和效率进行定期的、系统的评价。这种评审可包括考虑修改质量方针和质量目标的需求以响应相关方需求和期望的变化。从这个意义上来说，管理评审的依据是相关方的需求和期望。管理评审也是一个过程，有输入和输出。其中，审核报告与其他信息（如顾客需求、产品质量、预防/纠正措施等）可作为输入；而评审结论，即确定需采取的措施则是评审的输出。质量管理体系的评审是一种第一方的自我评价。

审核和评审是两个不同的概念。审核与评审的目的性不同，审核是评价质量管理体系的符合性，评审则是评价质量管理体系的适用性；审核可分为内部与外部质量管理体系两种审核，而评审只用于内部。审核是对体系中不合格因素（或要素）提出纠正意见和措施；评审则是提出改进措施。

（1）质量管理体系审核

1）审核的活动范围。包括①确定要审核的体系要求；②确定审核的部门、范围，其中包括被审核的工序、工作现场、施工部位、装备器材、人员、文件记录等。

2）审核人员的资格。参加审核的人员应与被审核范围无直接责任关系，能胜任此项工作，由具有确认的审核资质的人员组成，以确保审核工作的客观、公正和准确。内部质量审核应由项目经理或领导班子成员具体负责组织进行。审核人员检查由具备初级以上技术职称、高中以上文化水平、三年以上施工管理经验的有关专业人员组成。

3）审核依据。工程项目领导班子可根据管理需要组织定期的质量审核，也可根据项目管理机构的改变，质量事故或缺陷的发生，组织不定期的体系审核、工序审核和分部分项工程审核以及单位工程审核。

4）审核报告应向委托审核的工程项目领导班子提交审核报告，包括审核结果、结论和建议等书面意见。报告内容包括：①上次审核纠正措施的完成情况和效果的评价；②本次审核的结论性意见；③不符合要求的实例，并列出产生问题的原因；④纠正的措施（包括负责人、完成时间、要达到的质量标准等）。

（2）质量管理体系的评审和评价　施工企业或工程项目领导班子应对工程项目质量管理体系的评审和评价做出规定，并由企业承包或项目负责人亲自主持或委托能胜任的与工程项目管理工作无直接关系的人员来进行。应对下列问题做出综合性评价：①质量管理体系各要素的审核结果；②质量管理体系达到质量目标的有效性；③为使质量管理体系适应新技术、新工艺、质量概念以及市场社会环境条件变化而进行修改的建议。对质量管理体系进行评审和评价后，应向企业或项目领导班子提交有关结果、结论和建议的书面报告，以便采取必要的改进措施。

4. 自我评定

企业的自我评定是一种参照质量管理体系或优秀模式（评质量奖）对企业的活动和结果所进行的全面和系统的评审，也是一种第一方评价。

自我评定可以对企业业绩即体系成熟程度提供一个总看法，它还有助于识别需改进的领域及需优先开展的活动。

15.5.9　持续改进

持续改进是八项质量管理原则之一。持续改进原则用于质量管理体系时，其目的在于增加顾客和其他相关方满意的机会。

对质量管理体系实施持续改进时，也要采取管理的系统方法。以下列举了八个步骤，即

1）分析和评价现状，以识别改进的区域。

2）确定改进目标。

3）寻找可能的解决办法以实现这些目标。

4）评价这些解决办法并作出选择。

5）实施选定的解决办法。

6）测量、验证、分析和评价实施的结果以确定这些目标已经实现。

7）正式采用更改（即形成正式的规定）。

8）必要时，对结果进行评审，以确定进一步改进的机会。

15.5.10　统计技术的作用

在质量管理中，强调各个过程，特别是关键过程应处于受控状态之下。但受控并不等于没有变异。即使在明显的稳定条件下，在许多活动的状态和结果中，都可以看到变异。这种变异可以通过对产品或过程的特性的测量观察到，而且在

产品的整个寿命周期（从市场调研到售后服务和最终处置）的各个阶段，均可以观察到变异的存在。有的变异并不会影响产品或过程的质量。但有的变异可能表示某个环节失控，必须采取措施。这就要依靠统计技术来加以识别。

统计技术可以对这类变异进行测量、描述、分析、解释和建立数学模型。即使在数据量相对有限的情况下，也可以做到。这种对数据的统计分析能帮助我们更好地理解变异的性质、程度和产生变异的原因，从而可帮助我们决策，即采取相应的措施，解决已出现的问题，甚至可以预防由变异产生的问题。因此，统计技术是促进持续改进产品质量和过程及体系的有效性的有力武器。

15.5.11 质量管理体系与其他管理体系的关注点

所谓管理体系，就是"建立方针和目标并实现这些目标的体系"。而质量管理体系则是"在质量方面指挥和控制组织的管理体系"。

一个企业的各个部分管理体系，也是互相联系的。最理想的是把他们合成一个总的管理体系，尽量采用相同的要素（如文件、记录等）。这将有利于总体策划、资源配置、确定互补的目标并评价企业的整体有效性。在评价管理体系时，既可以对质量管理体系、环境管理体系分别按 GB/T 19001—2000 标准和 GB/T 24001—2004 的要求进行审核，也可以合并进行审核。

15.5.12 质量管理体系与优秀模式之间的关系

在 ISO 9000—2000 族标准正式颁布以前，欧美各国和日本早已推行全面质量管理（TQC）了。在推行 TQC 时，是通过评选优秀的质量管理企业来推广 TQC 的某些先进经验和做法的。现在这种优秀企业评选的模式日趋成熟，较有名的如美国的马尔柯姆·波得里奇国家质量奖、欧洲的欧洲质量奖、日本的戴明奖等。

ISO 9000—2000 族标准的质量管理体系方法和企业优秀模式之间有共同之处，也有不同之处。

1. 两种方法所依据的原则相同
1) 使企业能够识别它的强项和弱项。
2) 包含按通用模式进行评价的规定。
3) 为持续改进提供基础。
4) 包含外部承认的规定。

2. 质量管理体系与优秀模式之间的差别主要是他们的应用范围不同

GB/T 19000—2000 族标准提出了对质量管理体系的要求（GB/T 19001—2000）和业绩改进指南（GB/T 19004—2000），通过体系评价可确定这些要求是否得到满足。

优秀模式包括了对企业业绩进行水平比较的评价准则，它提供了企业与其他企业，特别是在管理方面比较优秀的企业进行水平比较的基础，它适用于企业的全部活动和所有相关方。

15.6　项目施工的质量保证

施工承包企业通过工程施工向社会和用户提供建筑设施和服务。对外部的质量保证也是通过工程施工来实现的。

15.6.1　项目施工保证模式与引用标准

1. 保证模式

工程项目施工开展质量保证活动，目的在于取得顾客和第三方的认可，或为了企业在进行质量管理体系评审、认证中提供有关工程项目的证实。这种证实是为了取得国际、国内市场的认可，因此，以 ISO 9000—2000 族标准的质量保证模式作为审核和认证的标准。鉴于建筑施工企业独具有的特点，施工项目应尽可能与 ISO 9000—2000《质量管理体系——基础和术语》标准一致，并针对从工程承接到竣工交验、工程回访保修的质量管理体系，提供必要的质量保证。

2. 引用标准

1）ISO 9000—2000《质量管理体系——基础和术语》。

2）ISO 9001—2000《质量管理体系——要求》。

3）ISO 9004—2000《质量管理体系——业绩改进指南》。

质量管理体系保证要素，是从质量保证活动的角度提出的，应本着少而精、抓关键的原则来确定。因此，并非要求完整的质量管理体系，只需满足顾客或第三方的要求即可。

15.6.2　质量保证体系要素允许的剪裁

所谓允许的剪裁，是指："组织可以剪裁质量管理体系要求，但仅限于既不影响组织提供满足顾客和适用法规要求的产品的能力，也不免除组织的相应责任的那些质量管理体系要求"，"若超出了允许的剪裁范围，包括满足法规要求，不能声称符合本标准"的要求。实际上是对剪裁的一种限制，其条件是严格控制的，仅限于在一定情况下使用。

如果企业所提供的产品的性质不要求执行某项活动，或不存在某一过程，可以剪裁。例如：建设项目是施工企业的产品，其产品的性质是按图样、技术规范进行施工生产，其产品实现过程不存在设计和（或）开发，则与此相应的要求可以被剪裁。相反，如果其产品性质存在某一质量活动或过程，则不能被剪裁。值得注意的是，剪裁的要求，一定是与企业建立质量管理体系所覆盖的产品密切联系的，离开了企业所提供产品的场所、活动和过程等因素，就不能简单地说该企业能否剪裁某质量管理体系要求。

另外，只有在不影响企业提供产品的服务功能，且不免除满足顾客要求或法规要求时，才允许剪裁；相反，如果顾客对产品的服务功能和其产品有相应的法规要求时，质量管理体系要求不得剪裁。

所提供的项目质量保证，对不同顾客、不同工程类型所需的质量保证是不同的。这种不同的质量保证，实质上是对项目施工中的职能和组织能力的要求不同。因而可根据工程结构与装修的类型、施工特点、技术和管理水平、建设单位的需要，企业信誉等具体情况，由项目班子与建设单位共同协商，进行剪裁、调整，在共同考虑风险、成本、效益的基础上，确定质量要素的数量、保证程度以及证实范围。可根据以下因素进行剪裁：

（1）工程设计要求的复杂性　包括：①现行施工工艺对工程设计院要求的可用性；②为满足工程设计的板书需要的新技术、新工艺、新材料、新设备；③为了满足设计图样的符合性质量，所需施工工艺的种类及其复杂的程度；④施工工艺对建筑物使用功能的影响。

（2）工程质量特性　指建筑物所具有的质量特性以及各特性对工程施工的影响程度。

（3）工程的安全性　产品的安全性要素是供需双方均要认真考虑和对待的问题，它直接关系到双方的利益和应承担的风险。在质量保证体系要素剪裁时，应考虑发生施工故障的可能性以及对隐患的预防和控制，并应着重考虑建筑物安全故障的风险及其后果。

（4）经济性因素　考虑上述因素给建设单位和施工单位造成的费用以及产品不合格所造成的费用，即由前三项因素而选定的质量保证需要要素所附加的外部质量保证费用，以及工程项目一旦发生故障所造成的经济损失，这两方面对供、需双方都十分重要，要权衡利弊。

施工单位面对不同的建设单位、不同的建设单位和不同的质量保证要求，必须具备不同的技术和管理能力，能以不同的方式来适应外部合同环境。实施外部质量保证，也要承担一定的风险，这就要求施工单位和建设单位在充分考虑风险、成本和利益的基础上，对质量管理体系要素进行正确的剪裁，既要与施工单位的技术和保证能力相适应，又能充分满足建设单位的需要，以最少的投入，获得最佳的质量和最大的经济效益。这是质量保证本质的含义。

15.6.3　证实和文件

项目组织应将经选择和剪裁的质量要素写成文件，并加以证实。证实的目的是证明质量管理体系对质量保证要求的适宜性和对质量要求的满足能力。证实的性质及程度应视具体情况按下列因素确定：

1）工程项目建设的经济性、工程的使用功能和使用条件。

2）建筑设计的复杂性和采用新工艺、新材料的程度。

3）工程施工的复杂性和难度。

4）仅靠工程检验、竣工检验、最终试验判断工程和工程适用性的能力。

5）施工企业过去的施工水平。

项目组织提供的文件可包括质量手册（也可以是合同签订的经选择的质量保证所包含的体系要素）以及与工程质量有关的各种程序的说明、质量管理体系审核报告和其他质量记录等。

15.6.4　合同前评价

签订合同前应对工程项目的质量管理体系进行评价，以确定该工程项目质量管理体系是否满足工程质量的要求，以及是否具备补充要求的能力考核成绩。

以建设单位和施工单位同意，合同前的评价可委托给独立于合同双方之外的单位来进行。一般情况下，可由顾客进行评审。

若该工程项目组织曾按 GB/T 19000—2000 族标准取得过质量管理体系认证资格，经建设单位同意，可免去评价，或缩小要素评价的数量和范围。

15.6.5　合同编制

供需双方可按 GB/T 19001—2000 标准的要求，或选定一个标准作为基础进行剪裁，逐一写入合同。

根据工程质量保证体系要素的增删情况工程预算也随之增减。随体系要素和保证程序的变化，宜单独列出质量保证费用金额。

供需双方应对合同草案进行评审，确保正确掌握有关质量管理体系的要求。在双方考虑各自的经济性和风险的基础上，使合同双方都能接受。

15.6.6　技术要求与补充

在合同中应对工程施工的技术要求作出规定。对于质量保证或质量管理体系，必要时可在合同中规定补充要求，如质量计划、质量审核计划等。

15.7　质量手册的编制

编制质量手册是为使已存在的组织，能够按照 ISO 9000—2000 族标准来健全和完善质量管理体系，使质量工作走上科学化、规范化、制度化、文件化的轨道，以适应国内建筑市场的要求。同时还能深化质量教育，提高全员质量意识，创造良好的企业质量文化，为执行质量论证制度奠定良好的基础。以下简要介绍编制方法。

15.7.1 质量手册的定义

ISO/DIS 8402—1991 国际标准草案征求意见稿将质量手册定义为："阐明一个组织的质量方针，并描述其质量管理体系的文件。"该定义有三个重要的注释：

1）质量手册可以涉及到一个组织的全部质量活动。手册的标题和范围反映其应用的领域。

2）质量手册一般应包含或至少应涉及：质量方针；管理、执行、验证或评审质量活动的人员的职责、职权和他们之间的关系；质量管理体系程序的说明；手册的评审、修改或控制的规定。

3）质量手册在深度和形式上有所不同，以适合各组织的需要为准，它可由几个文件组成。当质量手册是出于质量保证的需要时，可称为"质量保证手册"。

15.7.2 编制依据和基本原则

1．编制依据

1）企业承包和项目的质量方针，质量目标责任制和经营方针、目标。

2）质量环。

3）目前企业质量管理和质量管理体系的有关制度、文件和对现状的调查分析。

2．编制原则

编制质量手册应从企业实际出发。为了保证质量管理体系和质量手册总体设计的科学合理，并能有效地适应遵守以下原则：

1）满足用户（顾客）要求，坚持质量第一的原则。

2）符合系统性原则。

3）按照全面质量管理模式进行设计的原则。

4）科学地组织设计的原则。

5）经济性、实用性、先进性的原则。

6）程序合理、过程有效的原则。

15.7.3 编制程序

质量手册的编制工作内容复杂，涉及范围广泛，工作量巨大，是个复杂的系统过程。它既可以总结现有质量管理体系的经验，巩固现有成果，又可发现某结构体系要素的不足之处，提出改进措施，健全和完善质量管理体系并使其有效地运行。因此，应把编制手册的工作作为一种推动发展的动力，严格按照科学的程序和步骤进行。

1）分层教育培训，统一思想，组建精干、协作、高效的工作班子。根据贯标先行单位的经验，建立和实施质量管理体系的关键是企业最高领导者的高度重视，项目经理的正确决策，亲自参与，一抓到底。领导要先行一步，认真学习，明确贯标的目的、意义、作用和方法，掌握标准的基本内容，深刻领会精神实质，并结合企业实际进行对照，弄清质量上存在的主要问题及解决问题的可能性，要有紧迫感和强烈的责任心。管理层特别是贯标工作班子必须吃透标准的内容、实质和具体做法。对操作层进行宣传动员，赢得全体职工的重视和支持，为全面调研、制定各种类型的质量管理体系文件及质量管理体系的运行准备。在取得共识的基础上，组建精干的班子。编写组成成员应由各部门热心于质量管理，有工作经验，有较强的综合分析、组织协调能力及文字表达能力的人员组成，并由分管质量管理的领导或质量管理综合部门负责人牵头。

2）提出质量方针、质量目标。例如，组织为某建筑安装工程公司，该组织提出的质量方针和质量目标如下：

a. 质量方针　遵纪守法，交优良工程；信守合同，让业主满意；坚持改进，达行业先进。

b. 质量目标　单位工程竣工一次验收合格率；单位工程优良率；工期履约率；顾客满意率；每年开发 1~2 项新的施工方法。

3）提出质量管理和质量管理体系发展历史及现状的调研和评价报告。调研和评价报告的内容可包括下述各项：①对质量管理和质量管理体系现有水平的基本估价；②采用的质量管理体系及有效的程度；③质量管理、体系、要素存在的主要问题；④现在质量管理体系文件的完善程度和有效程度；与国家标准及用户要求的适应程度；⑤内部及外部存在的质量问题；⑥须重点解决问题的建议。

4）起草质量管理体系的基本构思。内容包括：①质量管理体系的目标；②质量管理体系的类型（合同环境或非合同环境）；③质量环设计；④总体系与子体系的层次和结构；⑤质量管理体系要素的目录和要点；⑥质量管理体系要素与·GB/T 19004——ISO 9004 的对照表；⑦质量管理现有文件、缺陷文件、待修改文件和应作废须新编文件的目录。

5）设计质量手册的构成和总纲目。包括：①质量手册与其他层次质量管理体系文件（质量计划、程序文件、质量记录）的构成目录；②质量手册的构成和总纲目；③质量手册各控制文件的编写大纲；④手册必须列入的质量记录、图表的目录；⑤必要的附录件（补充件和参考件）目录。

6）绘制企业组织机构图、质量职能划分和分配表，并建立相应的质量责任制度及考核办法。

7）制定手册编写工作计划。

8）按计划组织编写、初审。

9）最终评审与批准。

手册发布前，应由企业最高领导者召开审定会。审定会除领导小组成员外，可吸收有关部门负责人参加，对手册进行最后的审查，以保证其清晰、准确、适用和结构合理。然后由负责实施此手册的企业最高领导者或其中章节的相应层次领导者批准发行，并在所有文本中标出批准的识别标记。

15.7.4 主要内容及其编制要求

1. 质量手册的内容

其内容结构一般包括：

1）标题、范围和应用领域。

2）目录。

3）介绍本组织及手册本身的前言。

4）组织结构、职责和权限。

5）质量管理体系要素的描述和质量管理体系程序的引用。

6）定义（如需要时）。

7）质量手册的使用指南（如需要时）。

质量手册的结构顺序可按使用者的需要确定。

2. 编制要求

（1）范围和应用领域 标题和范围应明确的应用领域，同时本章应确定适用的质量管理体系要素。为了保证清晰，避免混乱，亦可采用否定法叙述，即质量手册不涉及什么以及不应用该用于哪些场合。这些内容也可以部分或全部在书名页中说明。

（2）目录 目录应该标明手册各章节的题目和查阅方法。各章节的页码、符号、示意图表和表格的编排应清楚合理。

（3）前言 质量手册的前言应介绍本组织及本手册的梗概。对质量手册本身的内容应该介绍以下几下方面：

1）现行或有效版本的发布日期，以及各相应的有效内容。

2）质量手册修订和保持的简单说明，即由谁来评审，评审的周期，授权由谁来更改以及由谁批准。这些内容也可以在有关的质量管理体系要素中简要说明。必要时，还可包括换版的审定方法。

3）简述质量手册在不同情况下的区别使用和控制及其分发程度，说明是否含有机密内容，是否仅供内部使用还是可以对外。

4）负责质量手册实施人员的批准签名（或其他批准方式）。

（4）质量管理体系要素　质量手册应分章描述质量管理体系的全部要素。章节的划分应合理，应能体现质量管理体系良好的协调性。对要素的描述可以直接引用质量管理体系书面程序，也可以参考其内容进行。

（5）定义　在质量手册"定义"这一章一般直接放在"范围和应用领域"之后。它应包括在质量手册中使用的各种专用术语和概念的定义。应该特别注意对不同人员有不同含义或对特殊业务部门有特殊含义的术语。定义的阐述应该完整、统一、明确，以便正确理解质量手册的内容。

（6）质量手册的使用指南　可以考虑增加一个标题、关键词与章节、页码的对照表，或其他有助于迅速查找内容位置的指南。同时还应阐明本质量手册的编制方式以及各章节的简短摘要。

15.8　项目工序质量控制

15.8.1　工序质量的基本概念

工序也称作业，是施工工艺过程中不可再划分的最小的施工过程。工序是由一个作业人（或班组），在作业面上以不变的工具按照操作规定完成的连续相关的一切作业活动的总和。可见，一个分项工程包括多项工序过程，其工序过程的多少，取决于每个分期工程施工工艺过程中工序组合的复杂程度。

工序质量就是与该工序相关的一切作业活动达到操作规程和质量标准要求的总和。质量管理体系应重视并采取预防性措施以避免问题的发生，同时也不能忽视一旦发生问题作出反应和加以纠正的能力。它的目标就是能够有效地控制以质量环展开的一切工序作业活动的质量，以保证工序质量的基础，最终满足顾客需要的建筑产品（或服务）质量。有效地控制工序的作业活动质量是项目经理部健全和完善质量管理体系最基本的落脚点，搞好和加强作业活动的质量控制，是项目经理部一项重要任务。

15.8.2　加强和完善工序质量责任制度

1. 定岗操作责任制

所谓定岗操作责任制在首先明确岗位责任质量目标的条件下，定岗、定任务和定相应的经济赏罚条件，从责任制度上保证工序质量目标的实现。施工管理人员（或工长）在下达施工生产任务时，首先应做好技术交底工作，重点提出质量要求，对影响较大的重点部位、重点项目作出明确的规定和要求，并经签发。

（1）自检　对于操作者而言，在施工过程中应明确质量要求，严格按照操作规程完成所承担的任务，不断进行自我检查和控制，不断改进和提高作业质量，保证工作质量符合质量标准的要求。对于施工或班组而言，是施工队或班组对工程质量的自我把关，应保证交工的产品质量符合质量标准的要求。自检应由班组长、质检员组织按《质量检验评定标准》的规定进行自检评定和验收，据实填写"班组自检记录"，以作为进行分项工程质量检查评定的依据。

（2）互检 互检是操作者（或班组）之间的相互检查和评定，即在班组成员之间、班组与班级之间，或同一工地不同工程的相同工种班组之间进行互检，最好与相互间的劳动竞赛，质量、安全等竞赛活动结合，既有利于保证工程质量，也有利于安全生产和提高劳动生产率。互检工作应由班组长、分包队长或技术工长组织。通过互相检查可以促进班组之间沟通信息、肯定成绩、找出差距，以便及时采取改进措施，不断改进和提高班组作业质量。

（3）交接检 交接检是指前后工序之间的交接检查。检查内容应包括质量、工序完成后现场清理及成品保持等。交接检的组织工作，如属同一工种可由工长负责组织，必要时组织质检员、技术员等有关人员参加；如属不同工种（包括分包单位的工程）应由施工队队长组织各有关工长、质检员、技术员等参加；如属重点工程项目应由有关技术主管如总工程师或技术副经理或技术部门负责组织，并请现场质量监理和其他有关部门主管人员参加。

2. 实施样板制

样板是某分项工程应达到的标准。一般可采取"选"和"做"样板两种方法。选样板是在某分项工程作业活动进行一段时间后，从所完成的某分项工程实物量中，选择优良或合格部分作为样板，并要求以后同类的分项工程作业以样板为标准来满足其质量要求。所谓做样板即按设计图样的要求，按常规指定某个班组，事先作出合格的样板，做样板的工程项目一般多为高级装修工程，如样板卫生间等。推行样板为标准可以统一质量标准，确保工程质量。

贯彻 GB/T 19000—2000 族标准，是我国政府进一步推动企业质量管理的一项重大国策，旨在完善质量管理体系和质量保证，发展社会主义经济，从根本上搞活大中型国有企业，使产品质量达到国际先进水平，与国际市场接轨。我国建筑企业当前面临"工程质量危机"，必须立足内部，把握住提高企业整体素质，完善内部质量的管理机制，根据建筑产品经营的特殊性，把"贯标"作为企业实现战略发展的巨大推动力，促进企业内部的变革与发展。把"贯标"工作与建立现代化企业制度和转换经营机制结合进来，形成有效的项目制机制，不断提高项目综合管理水平，追求建筑工程的高标准、高质量，使建筑业真正成为国民经济的支柱产业，迎接我国工程项目建设高效率、高质量时代的到来。

复习思考题

1. 为什么要贯彻 ISO 9000—2000 族标准？

2．《质量管理体系》族标准由哪些部分组成？

3．我国现行的是什么族标准？

4．GB/T 19000—2000 标准是什么标准，它在族标准中起什么作用？

5．试简述 ISO 9000—2000 族标准的主要内容。

6．建筑产品质量有哪些特性？

7．质量管理体系与质量的概念有何区别？

8．质量管理体系建立的原则是什么？

9．施工项目质量管理体系运行的主要程序与过程应如何划分？

10．在质量管理体系中，审核和评审两个概念有何区别？

11．试述项目施工的保证模式。

12．如何编制质量手册？

13．质量手册的主要内容有哪些？

14．为何要实施样板制？

15．何为定岗操作责任制？

第 16 章
水工程建设监理

16.1 概述

工程建设监理是国际上通行的对投资建设项目实施管理的方法，至今已有上百年历史了。在城市建设和工程建设中，现已将工程建设监理制度纳入了建设程序。

我国自 1988 年开始，在建设领域实行了建设工程监理制度。这是工程建设领域管理体制的重大改革。所谓建设工程监理，是指具有相应资质的监理单位受工程项目建设单位的委托，依据国家有关工程建设的法律、法规，经建设主管部门批准的工程项目建设文件、建设工程委托监理合同及其他建设工程合同，对工程建设实施的专业化监督管理。实行建设工程监理制，目的在于提高工程建设的投资效益和社会效益。这项制度已经纳入《中华人民共和国建筑法》的规定范畴。

由于建设工程监理制度适应了我国发展社会主义市场经济的要求，满足了市场经济的客观需要，因此，十余年来，这项制度在全国范围内健康、迅速地发展起来，形成了一支素质较高、规模较大的监理队伍。全国各省、市、自治区和国务院各部门都已全面开展了监理工作，全国大多数大中型工程项目可行性研究，包括举世瞩目的巨型工程——三峡工程都实施了建设工程监理，并取得了显著成效。建设工程监理在规划建设中发挥着越来越重要、明显的作用，受到了社会的广泛关注和普遍认可。

我国推行建设监理制，实施工程建设监理的范围，按照 GB 50319—2000《建设工程监理规范》包括：大、中型工程项目；市政、公用工程项目；政府投资兴建和开发建设的办公楼、社会发展事业项目及住宅工程项目；外资、中外合资、国外贷款、赠款、捐款建设的工程项目等。

建设监理工作的主要内容包括：协助建设单位进行工程项目可行性研究，优选设计方案、设计单位和施工单位，审查设计文件，控制工程质量、造价和工期，监督、管理建设工程合同的履行，以及协调建设单位与工程建设有关各方的工作关系等。由于建设工程监理工作具有技术管理、经济管理、合同管理、组织管理和工作协调等多项业务职能，因此对其工作内容、方式、方法、范围和深度均有特殊要求。鉴于目前监理工作在建设工程投资决策阶段和设计阶段尚未形成系统、成熟的经验，需要通过实践进一步研究探索，因此，目前尚未制定相应的监理工作规范。

实行建设监理制，工程建设的投资使用和建设的重大问题，实行项目法人负责制；工程建设监理单位按独立法人制度建立，实行总监理工程师负责制；工程承建单位实行项目经理负责制。政府建设主管部门制定一套相应的建设监理法规体系，建立相应的建设监理管理机构，把指导、监督、协调工程建设监理工作及社会监理单位的资质纳入政府建设行政主管部门的职责范围。

16.2　设计阶段的监理

设计阶段的监理工作主要有以下几方面的工作：

1）审查和评选设计方案。

2）提出选择勘察、总设计单位的建议。

3）协助业主签订勘察设计合同，并监督合同的实施。

4）工程结构设计和其他专业设计中的技术问题的审核与建议。

5）核查设计概（预）算等。

16.3　施工阶段的监理

16.3.1　施工准备阶段的监理工作

施工准备阶段监理工作主要有以下几方面的工作：

1）在设计交底前，总监理工程师应组织监理人员熟悉设计文件，并对图样中存在的问题通过建设单位向设计单位提出书面意见和建议。项目监理人员应参加由建设单位组织的设计技术交底会，总监理工程师应对设计技术交底会议纪要进行签认。

工程项目开工前，总监理工程师应组织专业监理工程师审查承包单位报送的施工组织设计（方案）报审表，提出审查意见，并经总监理工程师审核、签认后报建设单位。同时，总监理工程师还应审查承包单位现场项目管理机构的质量管理体系、技术管理体系和质量保证体系，确保工程项目施工过程的实施。对质量管理体系、技术管理体系和质量保证体系应审核以下内容：①质量管理、技术管理和质量保证的组织机构；②质量管理、技术管理制度；③专职管理人员和特种作业人员的资格证、上岗证等。

2) 分包工程开工前，专业监理工程师应审查承包单位报送的分包单位资格报审表和分包单位的有关资质资料，符合有关规定后，由总监理工程师予以签认。分包单位资格应审核以下内容：①分包单位的营业执照、企业资质等级证书、特殊行业施工许可证、国外（境外）企业在国内承包工程许可证；②分包单位的业绩；③拟分包工程的内容和范围；④专职管理人员和特殊作业人员的资格证、上岗证等。

3) 专业监理工程师应按以下要求对承包单位报送的测量放线控制结果及保护措施进行检查，符合要求时，专业监理工程师对承包单位报送的施工测量成果报验申请表予以签认。同时，专业监理工程师还应审查承包单位报送的工程开工报审表及相关资料，具备以下工程开工条件时，由监理工程师签发，并报送建设单位：①施工许可证已获政府主管部门批准；②征地拆迁工作能满足工程进度的要求；③施工组织设计已获总监理工程师批准；④承包单位现场管理人员已到位，机具、施工人员已进场，主要工程材料已落实；⑤进场道路及水、电、通信等已满足开工要求。

4) 工程项目开工前，监理人员应参加由建设单位主持召开的第一次工地会议。会议纪要由项目监理机构负责起草，并经与会各方代表会签。会议的主要内容有：①建设单位、承包单位和监理单位分别介绍各自驻现场的组织机构、人员及其分工；②建设单位根据委托监理合同宣布对总监理工程师的授权；③建设单位介绍工程开工准备情况；④承包单位介绍施工准备情况；⑤建设单位和总监理工程师对施工准备情况提出意见和要求；⑥总监理工程师介绍监理规划的主要内容；⑦研究确定各方在施工过程中参加工地例会的主要人员，召开工地例会周期、地点及主要议题。

16.3.2　工地例会

在施工过程中，总监理工程师应定期主持召开工地例会。会议纪要应由项目监理机构负责起草，并经各方代表会签。工地例会应包括以下内容：

1) 检查上次例会议定事项的落实情况，分析未完成事项原因。

2) 检查分析工程项目进度计划完成情况，提出下一阶段进度目标及其落实措施。

3) 检查分析工程项目质量状况，针对存在问题提出改进措施。

4) 检查工程量核定及工程款支付情况。

5) 解决需要协调的有关事项。

6）其他有关事宜。

总监理工程师或专业监理工程师还应根据需要及时组织专题会议，解决施工过程中的各种专项问题。

16.3.3　工程质量控制

在施工过程中，监理单位应对工程承包单位报送到的以下内容进行审查和验收：

1）施工组织设计内容的调整、补充或变动。

2）工程重点部位、关键工序的施工工艺和确保工程质量的措施。

3）施工中拟采用的新材料、新工艺、新技术及新设备均须组织专题论证。

4）对施工测量放线成果进行复验和确认。

5）对拟进场工程材料、构配件和设备的报审表及其质量证明资料进行审核，并对进场的实物按照委托监理合同约定或有关工程质量管理文件规定的比例采用平行检验或见证取样方式进行抽检。未经验收或验收不合格的工程材料、构配件、设备，应出具书面通知，限期将不合格的工程材料、构配件、设备撤出现场。

6）对施工过程进行巡查或检查。对隐蔽工程的隐蔽过程、下道工序施工完成后难以检查的重点部位进行旁站（旁站即监理人员在现场进行的监督活动），未经监理人员验收或验收不合格的工序，应拒绝签字，并严禁承包单位进行下一道工序的施工。

7）对报送到分项工程质量验评资料进行审核。

8）对施工中出现的质量缺陷，应及时下达整改通知，并检查整改结果。

9）如发现施工工序中存在重大质量隐患，可能造成质量事故或已经造成质量事故时，应及时下达工程暂停令，要求承包方停工整改。整改完毕并经监理人员复查合格后，总监理工程师应及时签署工程复工报审表。

16.3.4　工程造价控制

承包单位统计经专业监理工程师质量验收合格的工程量，专业监理工程师进行现场计量，并按照施工合同的约定审核工程量清单和工程款支付申请表，签署工程款支付证书，并报建设单位。但对于未经监理人员质量验收合格的工程量，监理人员应拒绝计量该部分的工程款支付申请。

专业监理工程师应及时建立月完成工程量和工作量统计表，对实际完成工程量与计划完成工程量进行比较、分析，制定调整措施，并在月报表中向建设单位报告。专业监理工程师还应及时收集、整理有关的施工和监理资料，为处理费用索赔提供证据。

项目监理机构应及时按施工合同的有关规定进行竣工结算，并应对竣工结算的价款总额与建设单位和承包单位进行协商。

16.3.5 工程进度控制

项目监理机构应按下列程序进行工程进度控制：

1）总监理工程师审批承包单位报送到施工总进度计划。

2）总监理工程师审批承包单位编制的年、季、月度施工进度计划。

3）专业监理工程师对进度计划实施情况检查、分析。

4）当实际进度符合计划进度时，应要求承包单位编制下一期进度计划；当实际进度滞后于计划进度时，专业监理工程师应书面通知承包单位采取纠偏措施并监督实施。

16.3.6 设备采购监理与设备监造

1. 设备采购监理

监理单位应依据与建设单位签订的设备采购阶段的委托监理合同，成立由总监理工程师和专业监理工程师组成的项目监理机构。监理人员应专业配套，数量应满足监理工作的需要，并应明确监理人员的分工及岗位职责。

总监理工程师应组织监理人员熟悉和掌握设计文件对采购的设备的各项要求、技术说明和有关的标准。

项目监理机构应编制设备采购方案，明确设备采购的原则、范围、内容、程序、方式和方法，并报建设单位批准。项目监理机构应根据批准的设备采购方案编制设备采购计划，并报建设单位批准。采购计划的主要内容应包括采购设备的明细表、采购的进度安排、估价表、采购的资金使用计划等。项目监理机构应根据建设单位批准的设备采购计划组织或参与市场调查，并应协助建设单位选择设备供应单位。

当采用招标方式进行设备采购时，项目监理机构应协助建设单位按照有关规定组织设备采购招标；当采用非招标方式进行设备采购时，项目监理机构应协助建设单位进行设备采购的技术及商务谈判。项目监理机构应在确定设备供应单位后参与设备采购订货合同的谈判，协助建设单位起草及签订设备采购订货合同。

2. 设备监造

监理单位应依据与建设单位签订的设备监造阶段的委托监理合同，成立由总监理工程师和专业监理工程师组成的项目监理机构，进驻设备制造现场。设备监造的主要工作内容如下：

1）熟悉设备制造图样及有关技术说明和标准，掌握设计意图和各项设备制造的工艺规程以及设备采购订货合同中各项规定，并应组织或参加建设单位组织的设备制造图样的设计交底。

2）审查设备制造单位报送到的设备制造生产计划和工艺方案。

3）审核设备制造分包单位的资质、实际生产能力和质量保证体系情况。

4）审查检验计划和检验要求，确认各阶段的检验时间、内容、方法、标准以及检测手段、检测设备和仪器。

5）审查主要及关键零件的生产工艺设备、操作规程和相关生产人员的上岗资格，并对设备制造和装配场所的环境进行检查。

6）审查设备制造的原材料、外购配套件、元器件、标准件以及坯料的质量证明文件及检验报告，检查设备制造单位对外购器件、外协作加工件和材料的质量验收。

7）对设备制造过程进行监督和检查，对主要及关键零部件的制造工序进行抽查或检验。

8）参加设备制造过程中的调试、整机性能检测和验证。

9）参加由设备制造单位按合同规定与安装单位的交接工作，开箱清点、检查、验收、移交。

10）审查进度付款单、索赔文件、结算文件等。

16.3.7　竣工验收

竣工验收是工程建设程序的最后一个环节。它是全面考核投资效益、检验设计和施工质量的重要环节。竣工验收的顺利完成，标志着投资建设阶段的结束和生产使用阶段的开始。

项目监理机构应参加由建设单位组织的竣工验收，并提供相关监理资料。对验收中提出的整改问题，项目监理机构应要求承包单位进行整改。工程质量符合要求，由总监理工程师会同参加验收各方签署竣工验收报告。

总监理工程师应组织专业监理工程师，依据有关法律、法规、工程建设强制性标准、设计文件及施工合同，对承包单位报送到竣工资料进行审查，并对工程质量进行竣工预验收。对存在地问题，应及时要求承包单位整改。整改完毕由总监理工程师签署工程竣工报验单，并应在此基础上提出工程质量评估报告。工程质量评估报告应经总监理工程师和监理单位技术负责任审核签字。

1. 竣工验收的准备条件

（1）竣工验收的条件　当承建的工程项目达到以下条件时即可报请工程竣工验收：

1）生产性工程建设项目已按设计要求建成完工，并能够满足生产要求；生产工艺设备已安装配套完成，并经联动试车合格；安全生产和环境保护达到环境监测部门的检测要求，并形成生产能力。

2）非生产性工程建设项目，土建工程已完工，室外的各种管线及配套设施已施工完毕，可以向用户保质、保量、保压的供水、电、气，或已达到设计要求，具备正常的使用条件。

3）工程项目符合上述基本条件，但尚有少数设备或特殊材料短期内无法解决，或工程虽未按设计规定的内容全部完成，但对生产、使用影响不大者，也可报请竣工验收。这类项目在验收时，应将所缺设备、材料和未完工程列出项目清单，并注明未完成的原因，报送建设单位，以确定解决方法。

（2）竣工验收的准备　施工单位在工程竣工验收前应做好以下各项准备工作：

1）完成工程收尾工作。工程收尾工作分散而零星，收尾工作如未能按时完成，将直接影响工程项目的竣工验收和交付使用。

2）竣工验收资料的准备。竣工验收资料是竣工验收的重要依据，从施工开始就应及时、完整地收集和保管，并及时编制目录建档，以备后期使用过程中为系统的维护、保养提供技术依据。

2．竣工验收的依据

竣工验收依据主要包括：设计任务书，扩大设计，施工图，设计变更通知单，国家现行规范、标准、规定等。

3．竣工验收的主要内容

工程竣工验收的主要内容分为：工程资料验收和工程内容验收两部分。工程资料验收包括：工程技术资料验收、工程综合资料验收、工程财务资料验收及竣工图验收四部分。工程内容验收可分为：建筑工程验收、安装工程验收及特殊工程验收三部分。

4．工程竣工交接

工程项目虽通过了竣工验收，但通常仍存在部分质量问题、遗漏项目、场地清理等问题。故施工单位应及时制定出工程收尾计划，以便确定工程正式移交的日期。

对竣工的中、小型建设项目、单位工程，在监理工程师协助下，由承建单位向建设单位（或投资者）办理移交手续。对于竣工的大型建设项目，在建设单位接收竣工项目并投入使用1年后，国家有关部委组成验收小组，全面检查项目质量和使用情况后验收。由建设单位向国家办理项目移交手续。

工程技术档案是需要移交的主要技术资料。工程正式竣工验收时就应提供完整的工程技术档案，工程技术档案归整、装订好后，交送当地城建档案馆验收入库。

工程施工单位编制项目竣工结算书，经监理工程师审核签字、生效，施工单位与建设单位双方的经济关系和法律责任予以解除。监理工程师在项目竣工结算的基础上，为建设单位编制竣工决算书，上报主管部门，经银行审核签认，予以核销，至此工程项目全部建设过程即告终结。

复习思考题

1. 我国是何时开始实行建设工程监理制度的？
2. 实行建设工程监理制的目的是什么？
3. 工程项目建设监理制的实施分哪几个阶段？
4. 设计阶段监理工作主要有哪些方面？
5. 施工阶段监理工作主要有哪些方面？
6. 工地例会的主要作用是什么？
7. 在施工过程中，监理单位应对工程承包单位报送的哪些材料进行审查和验收？
8. 建设工程监理如何对工程造价进行控制？
9. 建设工程监理如何对工程进度控制？
10. 什么是设备采购监理？
11. 什么是设备监造？
12. 当工程项目达到什么条件时方可报请工程竣工验收？
13. 施工单位在工程竣工验收前应做好哪些准备工作？
14. 竣工验收的依据有哪些？
15. 工程竣工交接包括哪些内容？

参考文献

[1] 邵林广. 给水排水管道工程施工 [M]. 北京: 中国建筑工业出版社, 1999.

[2] 徐鼎文, 常志续. 给水排水工程施工 [M]. 北京: 中国建筑工业出版社, 1997.

[3] 刘耀华. 安装技术 [M]. 北京: 中国建筑工业出版社, 1995.

[4] 黄廷林. 水工艺设备基础 [M]. 北京: 中国建筑工业出版社, 2002.

[5] 张勤, 李俊奇. 水工程施工 [M]. 北京: 中国建筑工业出版社, 2005.

[6] 孙连溪. 实用给水排水工程施工手册 [M]. 北京: 中国建筑工业出版社, 2006.

[7] 刘灿生. 给水排水工程施工手册 [M]. 2版. 北京: 中国建筑工业出版社, 2002.

[8] 许其昌. 给水排水管道工程施工及验收规范实施手册 [M]. 北京: 中国建筑工业出版社, 1998.

[9] 刘耀华. 施工技术及组织(建筑设备) [M]. 北京: 中国建筑工业出版社, 1992.

[10] 张辉, 邢同青, 吴俊奇. 建筑安装工程施工图集4 给水 排水 卫生 煤气工程 [M]. 2版. 北京: 中国建筑工业出版社, 2002.

[11] 崔福义, 彭永臻. 给水排水工程仪表与控制 [M]. 北京: 中国建筑工业出版社, 1999.

[12] 全国质量管理和质量保证标准化技术委员会秘书处, 中国质量体系认证机构国家认可委员会秘书处. 2000版质量管理体系国家标准理解与实施 [M]. 北京: 中国标准出版社, 2001.

[13] 全国一级注册建造师资格考试用书编写委员会. 市政公用工程管理与实务 [M]. 北京: 中国建筑工业出版社, 2004.

[14] 建筑施工手册编写组. 建筑施工手册 [M]. 4版. 北京: 中国建筑工业出版社, 2003.

[15] 李书全. 土木工程施工 [M]. 上海: 同济大学出版社, 2004.

[16] 朱琪, 李庆林, 等. 管道防腐蚀手册 [M]. 北京: 中国建筑工业出版社, 1994.

[17] 王洪臣. 城市污水处理厂运行控制与维护管理 [M]. 北京: 科学出版社, 1997.

[18] 叶建良, 蒋国盛, 等. 非开挖铺设地下管线施工技术与实践 [M]. 北京: 中国地质大学出版社, 2000.

[19] 李士轩. 市政工程施工技术资料手册 [M]. 北京: 中国建筑工业出版社, 2001.

[20] GB 50268—1997 给水排水管道工程施工及验收规范 [S]. 北京: 中国建筑工业出版社, 1998.

[21] GBJ 141—1990 给水排水构筑物施工及验收规范 [S]. 北京: 中国建筑工业出版社, 1991.

[22] GB 50242—2002 建筑给水排水及采暖工程施工质量验收规范 [S]. 北京: 中国建筑工业出版社, 2002.

[23] GB 50319—2000 建设工程监理规范 [S]. 北京: 中国建筑工业出版社, 2001.

[24] GB 50204—2002 混凝土结构工程施工质量验收规范 [S]. 北京: 中国建筑工业出版社, 2002.

信息反馈表

尊敬的老师：

您好！感谢您多年来对机械工业出版社的支持和厚爱！为了进一步提高我社教材的出版质量，更好地为我国高等教育发展服务，欢迎您对我社的教材多提宝贵意见和建议。另外，如果您在教学中选用了《水工程施工》（邵林广主编），欢迎您提出修改建议和意见。索取课件的授课教师，请填写下面的信息，发送邮件即可。

一、基本信息

姓名：_____ 性别：____ 职称：_____ 职务：_____

邮编：_____ 地址：_____

学校：_____

任教课程：_____ 电话：____-_____ （H）_____ （O）

电子邮件：_____ 手机：_____

二、您对本书的意见和建议

（欢迎您指出本书的疏误之处）

三、您对我们的其他意见和建议

请与我们联系：

100037　机械工业出版社·高等教育分社　刘涛 收

Tel：010-88379542（O），68994030（Fax）

E-mail：ltao929@163.com

http://www.cmpedu.com（机械工业出版社·教材服务网）

http://www.cmpbook.com（机械工业出版社·门户网）

http://www.golden-book.com（中国科技金书网·机械工业出版社旗下网上书店）